Österreichische Bibliothek

Erscheint im
Böhlau Verlag, Wien
und im Verlag
Volk und Welt, Berlin

Egon Friedell
Ist die Erde bewohnt?

Theater Feuilleton Essay
Aphorismus Erzählung

Herausgegeben von
Reinhard Lehmann

Verlag Volk und Welt
Berlin

Mit einem Nachwort und einer Zeittafel
des Herausgebers

ISBN 3-353-00711-3

1. Auflage

L. N. 302
Quellenverzeichnis am Schluß des Bandes
Printed in the German Democratic Republic

Einbandentwurf: Hans-Joachim Petzak
Lichtsatz: Interdruck GmbH Leipzig
Druck und Einband:
Offizin Andersen Nexö Leipzig GmbH
LSV 7310
Bestell-Nr. 649 207 1

Gespräch mit Egon Friedell

Von Karl Marilaun

Ginge es nach Friedells guten Freunden, so gäbe es gegenwärtig zwischen Kritzendorf und, mindestens, Viareggio keinen halbwegs ausgezeichneten Fleck Erde, auf dem man ihn nicht behufs sogenannter Ferienerholung dingfest gemacht hätte. Nun hat er aber, nachdem er bei Reinhardt den Dottore im »Diener zweier Herren«, den Tubal, den Hofmarschall Kalb, den berühmten Herrn im »Schwierigen« spielte, die Erholung wirklich nötig. Infolgedessen kaufte er sich einen neuen Schlafrock und schreibt auf seinem Balkon an einer »Kulturgeschichte der Neuzeit«, von der er mit sachlich gelassenem Sarkasmus sagt: »Dieses Buch ist von keinem Historiker geschrieben, was aber vermutlich niemanden stören wird als die Historiker, auf deren Leserschaft wiederum von der Seite des Autors keinerlei Wert gelegt wird.«

Und Dr. Friedell zündet sich, umrahmt von zwei Pelargonienstöcken, die ihre guten Tage bereits hinter sich gebracht haben, seine lange Pfeife an. Zur Belebung der Riviera wird der Hund Schnack auf den Balkon beordert, der im übrigen den Abscheu seines Herrn vor Leuten, die sich jetzt aus Gründen der Erholung einen Reisepaß, ein Leumundszeugnis und ein Auslandsvisum besorgen, durchaus teilt. Statt von Sonnenuntergängen über einem wildfremden Gletscher sich belästigen zu lassen, schwärmt Friedell für weniger branchenentlegene Naturerscheinungen, zum Beispiel für seinen Direktor Max Reinhardt.

»Ich bin seit zwanzig Jahren«, *sagt er*, »an seiner Arbeit interessiert und hoffe also nicht in den Verdacht zu kommen, meine Reinhardt-Begeisterung erst in dem Augenblick entdeckt zu haben, in dem er mich engagierte. Es war immer meine Überzeugung, daß seine Schauspieler mindestens zwei Drittel ihres Erfolges ihm zu verdanken haben. Bei mir wenigstens ist dies ganz bestimmt der Fall. Reinhardt geht unerhört auf den Schauspieler ein und unterscheidet sich von allen Regisseuren dadurch, daß selbst die besten von ihnen dem Darsteller sehr gut zu zeigen vermögen, wie sie, die Regisseure, es machen würden. Reinhardt aber zeigt, wie er, der Schauspieler, es machen könnte, aber nur merkwürdigerweise nicht macht! Daher kommt es auch, daß Reinhardt dieselbe Rolle jedem Schauspieler anders ›zeigt‹. Das Geniale seiner Arbeitsweise liegt darin, daß er aus dem Schauspieler nicht das Möglichste herauspreßt, sondern ihn auf seine Höhepunkte bringt. Er steigert uns zu den in uns vorhandenen Möglichkeiten, auf die wir ja – da kein Mensch sich selbst kennt – immer erst von anderen aufmerksam gemacht werden müssen.

Und weil Reinhardt ein genialer Mensch ist, ist er auch ein unerhört einfacher, bescheidener, fast möchte ich sagen: kindlicher Mensch, den sich natürlich alle falsch vorstellen, die nicht ihn, sondern nur seine Kommentatoren kennen.«

Friedell unterbricht sich nun, erstens, um sich seiner Pfeife zu widmen, und zweitens, um ein aufdämmerndes Mißbehagen zu bekämpfen. Er möchte nämlich ganz gern auch ein paar Worte über seine eigene Schauspielerei sagen. »Aber nicht gern«, *meint er,* »würde ich es sehen, wenn ich damit in den Verdacht käme, nun von mir blasen zu wollen ...«

Schnack wird berufen, um die Gewissensbedenken seines Herrn zu beschwichtigen. »Man wird ja wissen«, *sagt Friedell nun einigermaßen beruhigt,* »daß ich jetzt ziemlich lange Zeit anderes als eine Schauspielerei betrieben habe. Um so lieber spiele ich nun wieder Theater, denn eine Beschäftigung ist immer sehr schön und angenehm, wenn man von einer anderen kommt. Um das auf meinen Fall zu exemplifizieren: kommt man vom Theaterspielen, so freut man sich über die Intelligenz des Schriftstellertums; kommt man vom Schriftstellern, so zieht einen das Amüsante des Theaterspielens an.

Im übrigen tut man mir bitter unrecht, wenn man es kurios findet, daß ein Mensch mit allerlei Interessen nun auch Komödie spielt. Gar so schwer faßlich wird es doch nicht sein, daß gerade der Schauspieler auch noch an anderen Dingen als an der Zahl seiner Hervorrufe interessiert sein kann. Jedem aber, der mit dem Hinweis auf meine anderen Beschäftigungen behauptet, daß ich als Schauspieler gewissermaßen Outsider bin, kann ich durch Zeugen beweisen, daß ich von dem Stück, in dem ich spiele, absolut nichts verstehe und überhaupt keine andere Szene kenne als die, in der ich beschäftigt bin. Ich bin also geradezu der Prototyp des Berufsschauspielers und im übrigen der Schrecken meiner Mitspieler, weil man mir die psychologischen Zusammenhänge des Stückes viel schwerer begreiflich machen kann als anderen, die nie in ihrem Leben Literat gewesen sind!

Was mich an der Schauspielerei nun aber am meisten freut, hat übrigens schon Reinhardt herausgebracht. Er sagt: Schauspielerei wäre gar kein ›Beruf‹. Wenn ich etwas hinzufügen darf, so behaupte ich in diesem Zusammenhang gleich, daß ich auch das Schriftstellern für keinen Beruf halte. Beide sind Müßiggänger. Nehmen wir die Schauspieler Stanislawskis, so sehen wir, daß jeder einzelne, bevor er zur Bühne ging, alles mögliche trieb. Wir finden Offiziere, Fabrikanten, Schullehrer unter ihnen, aber keinen einzigen, dem es eingefallen wäre, sich auf den Schauspielerberuf, wie es sich für einen Beruf gehört, ›vorzubereiten‹.

Und bei den Dichtern wird es noch viel klarer, daß sie die Insinuation, ihr Dichten als ›Beruf‹ zu betreiben, als Frechheit angesehen hätten. Der Beruf Herders war Pastor. Schiller ist Professor gewesen, Goethe war Staatsmann. Mörike wieder Pastor, Shakespeare Theaterdirektor, was doch ganz sicher ein Beruf ist: Und Theodor Körner war Held; kein Mensch wird anstehen, das geradezu als vollkommen ausreichend für einen Hauptberuf anzusehen.

Ich schreibe also eine Kulturgeschichte und bin anderseits Schauspieler bei Reinhardt, und ich hätte nicht das mindeste dagegen, wenn ich damit Schule machen würde. Ich würde es im Gegenteil aufrichtig begrüßen, wenn sich etwa Herr Kollege Höbling mal an eine Kulturgeschichte machen würde und der Rektor unserer altehrwürdigen

Alma mater zu seiner Erholung den Hofmarschall Kalb spielte.

Nun habe ich aber so viele dunkle Andeutungen von meinem Buch gemacht, daß es vielleicht am besten ist, wenn ich einiges darüber sage. Der Plan dieses Werkes, das ich ›Von der schwarzen Pest bis zum Weltkrieg‹ betitle, ging von dem Gedanken aus, daß es noch keine nach modernen Gesichtspunkten geschriebene, ja eigentlich überhaupt noch gar keine Kulturgeschichte gibt. Unter Kulturgeschichte soll zunächst verstanden werden: ein ebenso einheitliches wie vielseitiges Gemälde sämtlicher Lebensäußerungen eines bestimmten Zeitalters. Herder und Schiller stellten als erste ein ähnliches Programm auf, ohne es auszuführen. Einen einzelnen, aber ziemlich eng begrenzten Abschnitt, die italienische Renaissance, hat Burckhardt in meisterhafter Weise behandelt. Hegels ›Philosophie der Geschichte‹ verzichtet auf alle Detailschilderungen und überhaupt auf jede Anschaulichkeit. Ein glänzendes Bild der französischen Revolutionszeit hat Taine entworfen. Lamprecht verfügt über ein vorzügliches Schema und außerordentliche Kenntnisse, schreibt aber leider das übliche ungenießbare Professorendeutsch. Den Höhepunkt dieser Entwicklung bildet Spengler, der aber ebenfalls nur ein groß angelegtes, durch einzelne blendende Schilderungen belegtes Programm entwickelt.

Was ich persönlich mir unter ›Kulturgeschichte‹ vorstelle, werde ich vor Erscheinen des Werkes vielleicht noch selbst näher auszuführen versuchen. Jetzt nur soviel: man hat ursprünglich Geschichte politisch geschrieben, nämlich als eine stumpfe und taube Registrierung von toten Tatsachen: Schlachten, Parlamentsverhandlungen, Truppenbewegungen und diplomatischen Winkelzügen. Zur Zeit unserer Klassiker hat man sie philosophisch traktiert und in der jüngsten Zeit psychologisch. Es bleibt noch die Aufgabe übrig, sie dramatisch zu behandeln. Ich versuche dies. Ich schlage ein Figurentheater auf, ich entwerfe eine Art seelischer Kostümgeschichte.

Hiedurch gelangt, und gerade aus wissenschaftlichen Erwägungen heraus, in die Geschichtsdarstellung ein anekdotischer Charakter. Was ich zu erzählen versuche, ist unsere Anekdote, unsere Legende von der Neuzeit oder, wenn man will, ihre chronique scandaleuse. Man könnte einwenden, daß für die Lösung der vorliegenden Aufgabe ein einzelner Mensch nicht ausreicht, daß niemand auf allen Gebieten kompetent sein kann. Hierauf ist zu erwidern: da dies zweifellos richtig ist, anderseits eine derartige Aufgabe aber doch sehr erwünscht, ja fast unerläßlich ist, so bleibt nichts übrig, als daß sie von einem inkompetenten Menschen in Angriff genommen wird. Das Buch ist von keinem Historiker geschrieben, daran werden sich aber voraussichtlich nur die Historiker stoßen, und ich habe schon gesagt: daß auf diese Leserschaft der Autor im vornhinein zu verzichten gedenkt ...«

Egon Friedell als Nestroy-Autor

Von Karl Marilaun

Das Theater in der Josefstadt bereitet gegenwärtig die Uraufführung einer »Zauberposse mit Musik« von Johann Nestroy vor, die zum Entsetzen der handelsgerichtlich eingetragenen Nestroy-Kenner die vaterländischen Dichter Egon Friedell und Hans Saßmann zu Verfassern hat.

Da Egon Friedell auch Verfasser einer demnächst erscheinenden Kulturgeschichte ist, verurteilt er zwar sozusagen als Fachmann die Unanständigkeit, nach dem Tode Nestroys einen lebendigen Nestroy zur Welt zu bringen, aber er plädiert auf mildernde Umstände. Und er beruft sich dabei auf Nestroy selbst. Nestroy war ein Genie und er dürfte sich infolgedessen nicht ganz so wichtig genommen haben, wie dies die Nestroy-Kommentatoren und Literarhistoriker tun. »Übrigens«, *sagt Dr. Friedell,* »haben Saßmann und ich als Nestroy-Autoren eigentlich nur philologische Arbeit geleistet und ein Stück aus Stücken gemacht. Wir kommen für die Literaturgeschichte also höchstens als Plagiatoren, keinesfalls aber als Dichterdioskuren in Betracht.

Was das Stück selbst betrifft, so existiert zwar keines mit diesem Titel, dieser Szenenfolge, diesen Personen und dieser Dialogführung, trotzdem aber glaubten wir das Recht zu besitzen, auf den Zettel ›Von Johann Nestroy‹ zu schreiben. Abschwächend steht allerdings darunter, daß wir die Bearbeiter sind. Ich glaube durchaus nicht, daß der selige Nestroy den Philologen und Fachprofessoren den Gefallen tun wird, sich unsertwegen im Grabe umzudrehen. Wie stand denn die Sache mit ihm? Solange er gelebt hat, galt er als Wurstel. Kein Mensch hat eine Zeile von ihm wirklich ernst genommen. Erst nach Jahrzehnten entdeckten die Philologen und Mikrologen, daß der Mann eigentlich ein Genie war. Auch bei Shakespeare, bei Molière war es nicht viel anders, und die ›Wiedergeburt‹, die Entdeckung

Johann Nestroys bestätigt bloß, daß die Genies immer denselben Leidensweg zu durchmessen haben: vom Kasperl zum Seminar.

Seminaristisches wird man unserer Nestroy-Bearbeitung nun kaum nachzusagen vermögen. Wir sind mit dem, was wir an Nestroy-Worten und Gedankengängen benutzten, lediglich mit der Freiheit umgegangen, die einem Text gegenüber beim Theater üblich ist. Im Gegensatz zur weitverbreiteten Ansicht, daß der Text eines Stückes beim Theaterspielen in Frage kommt, möchte ich mich nämlich zur unumstößlichen Überzeugung bekennen, daß dem Schauspieler der vorgeschriebene Text völlig Wurst ist. Er spielt Rollen, der Dichter kann ihm gestohlen werden, der Dichter gehört den Philologen!

Nestroy war, wie übrigens fast alle genialen Komödiendichter, im Technischen bewußt schlampig. Er verachtete es und sah das Wichtige im Detail, in der sublimen und subtilen Charakteristik. Deshalb hatten von seinen Stükken nur die verhältnismäßig wenigen dauernden Erfolg, in denen die Charaktere entwickelt sind und die Handlung durchkomponiert ist. Weniger wertvoll sind aber auch die anderen nicht. Sie tragen alle sein Geniezeichen im sprudelnden Dialog und in der originellen Gestaltenschöpfung.

Nun gibt es heute ja nur eine Bühne, wo Nestroy mit vollendeter Besetzung jeder, auch der kleinsten Partie und unter souveräner Meisterregie zur Darstellung gelangt. Das ist das Vortragspodium von Karl Kraus, dessen Rezitationen und Bearbeitungen im wirklichsten Sinne des Wortes eine Nestroy-Renaissance heraufführten. Er hat uns die entscheidende Anregung zu unserer viel bescheideneren Arbeit gegeben, die, wie gesagt, nichts sein will als eine Restauration – wie man etwa ein altes, wertvolles Bild oder Bauwerk möglichst pietätvoll und gewissenhaft wieder herstellt, bei welcher Arbeit allerdings ja leider einige moderne Retuschen und Ersatzteile unerläßlich sein mögen.

So ist das Stück, das wir schrieben, zwar nicht von Nestroy, aber alle hierin agierenden Figuren kommen bei Nestroy vor. Die Handlung ist ganz einfach. Arnolt Bronnen,

Bert Brecht und sämtliche am Ödipuskomplex schmarotzenden modernen Dichterzeitgenossen dürften mit dieser ›Primitivität‹ wenig Freude haben. In einem kurzen Vorspiel beklagt sich der ›Herr des Flammenreiches‹, daß die Dämonie in der Welt zurückgeht, und die Fee Infamia erbietet sich daraufhin, den Menschen das Dämonische wieder beizubringen. Das ist nämlich sehr einfach: wenn man den Menschen alle ihre Wünsche erfüllt, werden sie immer unersättlicher.

Diese These wird nun an vier Personen illustriert. Da ist ein Sesselträger, der an Unermeßlichkeit der Wünsche leidet. Ein Müllerbursch, der bei Frauen kein Glück hat und sich wünscht, daß alle ›Ja‹ sagen sollen. Ein Stubenmädchen, das eine Madame sein möchte. Und ein Weltreisender, der aber immer bloß nach Fischamend kommt, wo es ihm bereits entrisch wird und dessen trauriges Schicksal es infolgedessen ist, zwischen Fischamend und dem Stephansplatz immer hin- und herfahren zu müssen. Er ist auf dem Nullpunkt seiner Wünsche angelangt, aber er hat nun erst recht den unerfüllbarsten aller Wünsche: er möchte, daß der Stellwagen nach Fischamend pünktlich abgeht.

Nun kommt also die Infamia mit ihrem Füllhorn, aber das Glück macht die vier Opfer nur immer unglücklicher, das Dämonische schlägt ihnen nicht gut an. Der Sesselträger wird schließlich so unersättlich in seinen dämonischen Wünschen, daß er eine Räuberbande mietet, mit der er bei sich selber einbricht. Der Müllerbursche wird trübsinnig, weil er von den Damen in einem fort angeschmachtet wird. Das Stubenmädchen ist unglücklich über ihre Verwandlung in eine Madame, denn der Tambour, den sie liebt, will durchaus ein Stubenmädchen und fürchtet sich vor der Madame. Und auch der Weltreisende kommt zur Einsicht, daß jenseits von Fischamend nicht viel los ist. Mit der Erfüllung dämonischer Wünsche ist den Menschen nicht gedient. Sie brauchen keine Dämonie, sie sind viel glücklicher mit ihren kleinen Wünschen, besonders wenn sie ewig nicht in Erfüllung gehen.

Das ist die ganze Handlung, die wir mit Nestroy-Figuren, mit einer ihm verwandten Szenenführung, mit Musik, Zauberei, Couplets in Bewegung setzen. Auf unerhörte Originalität, Psychoanalyse, Vatermord oder modernen Inzest haben wir uns nicht eingelassen, sondern nur Wert darauf gelegt, Rollen für den Schauspieler zu liefern. Das von Kalbeck inszenierte Stück wird übrigens in einer Besetzung gespielt werden, als ob die Autoren an Unersättlichkeit der Wünsche gelitten hätten.

Und jetzt fürchten wir nur eines: die Dämonie der Literaturhistoriker, die uns feinsinnig und tiefschürfend nachweisen werden, daß Nestroy – wenn er schon verschandelt werden muß – nicht ins Theater, sondern auf ihr Seminar gehört.«

Vorurteile

Unser Leben zerfällt nämlich in zwei Hälften, und jede dieser Lebenshälften hat eine besondere Aufgabe. In der ersten Lebenshälfte werden uns von allerlei fremden Menschen eine Menge von Ansichten, Urteilen und Meinungen mitgeteilt, und wir haben die Aufgabe, diese Ansichten auswendig zu lernen; in unserer zweiten Lebenshälfte haben wir die Aufgabe, diese Ansichten teils zu vergessen, teils durch ihr Gegenteil zu ersetzen.

Der zweite Teil des Pensums ist natürlich viel schwieriger. Einem Urteil zustimmen und sich dabei denken: »Der andere wird's schon wissen«: – das ist leicht. Aber sich gegen eine allgemein verbreitete Ansicht stemmen und sagen: »Wieso? Ich halte es für Quatsch. Ich kann in meiner gesamten bisherigen Lebenserfahrung nichts finden, was diesen Grundsatz bestätigt«: – das ist nicht ebenso leicht und endet meist mit irgendeiner Entlassung.

In der Tat kommen die wenigsten Menschen so weit, um auch nur zu ahnen, daß das, was sie von ihren Lehrern und Erziehern übernommen haben, ihnen gar nicht gehört. Wenn ein Gegenstand eine gewisse Zeit lang in meinem Besitz ist und niemand dieses Besitzrecht bestreitet, so geht dieser Gegenstand schließlich auch juristisch in mein Eigentum über. So ist es mit den Meinungen, die wir aus der Schule mitnehmen: niemand bestreitet, daß wir ein Recht auf sie haben, und so behalten wir sie denn, um so mehr als sie sich als sehr bequeme und nützliche Gebrauchsgegenstände erweisen.

Zum Beispiel: Unsere Klassiker. Wir haben sie auf der Schule gelesen, und nun sagen wir unser ganzes Leben lang: wir kennen die Klassiker. Aber wir haben die interessantesten und persönlichsten Werke der Klassiker gar nicht und die übrigen unter falschen Gesichtspunkten gelesen. Trotzdem sagen wir unser ganzes Leben lang, wenn das Thema auf Goethe oder Schiller kommt, mit Eifer und Überzeugung: »Ja, unsere Klassiker! Das waren noch Kerle!«, und denken uns darüber dasselbe wie die übrigen Menschen, nämlich nichts.

Eine zweite Sache, die lediglich auf Überlieferung und Anpassung beruht, ist die allgemein verbreitete Reisewut. Alle Welt reist oder will doch wenigstens reisen; warum sollten nicht auch wir es tun? Und wir bringen uns in eine künstliche Begeisterung für fremde Völker und Länder. Nun, es ist ja gewiß nicht daran zu zweifeln, daß für manche Menschen das Reisen einen großen Nutzen hat, ja daß es sogar ihr eigentliches Lebenselement ist: Menschen, deren geistiger und physischer Organismus für das Reisen geschaffen ist, wie es ja auch Zugvögel gibt, denen die Winterreise nach dem Süden ein großes Vergnügen bereitet. Das ist aber doch wohl nur die Minorität. Im allgemeinen wird man der Ansicht zuneigen müssen: der Hauptinhalt des Reisens ist Ruß, Staub, Wanzen, freche Kellner, grobe Mitpassagiere, unverschämte Hotelrechnungen und Magenkatarrh. Nachdem eine Reihe edler und heldenhafter Pioniere die Strapazen des Reisens für uns übernommen und ihre Beobachtungen und Erfahrungen in vortrefflichen Bildern und Beschreibungen niedergelegt haben, wäre es eine sinnlose Kraftvergeudung, wenn wir alle diese Strapazen wiederholen wollten, da wir doch die Sachen jetzt ohne alle Anstrengung und ohne jeden Ärger genießen können. Wenn ich zuhause bleibe, so habe ich drei Dinge, die mir keine Reise bieten kann: vollständige Ruhe und Ungestörtheit, meinen Lehnstuhl, der sich meinen Formen bereits liebevoll angepaßt hat, und meine Phantasie. Meine Phantasie habe ich nämlich auf Reisen gewiß nicht: denn das Auge wird so stark beschäftigt und mit äußeren Eindrücken überladen, daß das innere Gesicht gar nichts zu tun bekommt. Die meisten Menschen reisen, weil es so Mode ist und weil sie ein neues ergiebiges Gesprächsthema haben wollen: denn aus sich selber können sie keines holen. Auch hat man ihnen immer gesagt: Reisen bildet, Reisen erweitert den Gesichtskreis, und wenn es so viele Menschen sagen, so wird es wohl auch wahr sein. Dann aber müßten jene reichen Leute, die niemals zuhause sind, sondern immer nur dort, wo die »Saison« ist, die gebildetsten Menschen sein. Aber gerade diese sind die ungebildetsten. Andererseits hat man noch selten beobachtet, daß die Bildung eines wirklich bildungsfähigen Menschen unter dem Mangel an Reiseeindrücken gelitten hätte. Kant, der nie über den Umkreis seiner Vaterstadt hinausgekommen war, wußte nicht nur mehr von der Welt und ihren Bedingungen als alle Weltumsegler, er las auch Kollegien über Geographie, die den größten Zulauf hatten. Als er einmal das Straßenbild Londons entwarf, gab er eine so genaue und anschauliche Schilderung der Westminsterbrücke, daß ihn nach dem Kolleg ein Engländer fragte, wie viele Jahre er in London gelebt habe. Und in der Tat: wir tragen alle Landschaftsbilder der Welt in uns. Wir kennen Bombay, Johannesburg, San Francisco. Wollte man die Sache ein wenig mystisch erklären, so könnte man sagen: irgendeiner unserer Vorfahren hat einmal die Welt gesehen, und seine Eindrucksfülle hat sich auf uns vererbt. Aber wir brauchen gar nicht so weit zu gehen. Wir sehen im Laufe unseres Lebens Tausende von Bildern und lesen Hunderte von Reisebeschreibungen. Das übrige tut die Phantasie. Ja, unsere Phantasie leistet sogar viel mehr, als unser Auge leisten könnte. Ich ließ mich einmal dazu überreden, eine Reise nach Kairo zu machen. Diese Reise hat mich nicht nur vierzehn Tage der Bequemlichkeit und Zufriedenheit, sondern auch meine Illusionen von der Schönheit des Orients gekostet. Daß ich während der ganzen Reise nicht eine einzige ruhige oder vernünftige Stunde hatte, würde ich noch hingenommen haben: daß man mir aber *dieses* Ägypten vorführte, traf mich sehr schmerzlich. Ich hatte Afrika bisher nur aus Märchen und farbigen Naturschilderungen, aus schönen Bilderbüchern und aus der Oper kennengelernt. Ich hatte die »Afrikanerin« in Dresden und Wien in wundervoller Ausstattung gesehen und war nun sehr deprimiert, als ich bemerken mußte, daß das wirkliche Afrika das nicht bieten konnte: es war Afrika in der Ausstattung des kleinen Provinztheaters. Mit den Palmen war gräßlich geknickert worden. Die Kamele waren abgearbeitet und schäbig. Und *die* Kostüme! Sie waren offenbar aus der letzten Leihanstalt bezogen und außerdem gänzlich stillos. Zu einem einzigen Elefanten hatte sich die Regie aufgeschwungen, und der war ein Geschenk der Menagerie Schönbrunn. Der Gorilla der Stadt aber war drei Wochen vor meiner Ankunft gestorben ... Die Haupt- und Grundimpression, die ich von dem Lande empfing, war: heißer Schmutz. Nun, ich tröstete mich damit, daß ich ja noch von Asien und Amerika die abenteuerlichsten Vorstellungen hatte, und war froh, mit einem so geringen Lehrgeld davongekommen zu sein. Trotzdem versuchte ein Mensch mir auseinanderzusetzen, wer in Kairo sei, der müsse sich unbedingt auch Palästina ansehen: es sei eine Sünde, die Gelegenheit nicht zu benützen. Aber er kam niemals nach Palästina, denn ich drehte ihm sofort die Gurgel um.

Eine dritte Irransicht, die sich nur auf das gedankenlose Annehmen fremder Meinungen stützt, ist die Idee: der Mensch muß Zeitung lesen. Ich habe einen Freund, der niemals eine Zeitung ansieht, und er behauptet, diesem Umstand verdanke er seine Bildung. In der Tat hat er über sehr viele Dinge viel unbefangenere und treffendere Ansichten als die meisten übrigen Menschen, weil er seine Urteile immer aus seiner eigenen Anschauung und Erfahrung holt. Und der Verlust, den er hat, ist sehr gering. Um die Neuigkeiten zu erfahren, die wirklich wichtig sind, dazu brauchen wir nicht Zeitungen zu lesen; denn wir erfahren diese Dinge ebenso rasch auf anderem Wege: durch unsere Freunde und Bekannten, durch jeden Menschen, der uns auf der Straße anredet, und vor allem durch unsern Raseur. Dagegen raubt uns das Lesen der Zeitung mindestens dreißig Minuten der behaglichen Frühstückszeit, füllt unser so schön ausgeruhtes Gehirn, das bereit ist, eine Menge der tiefsten Eindrücke zu verarbeiten, mit überflüssigen Daten und trübt uns von vornherein durch allerlei persönliche Zutaten unser Urteil über die Dinge. Die gräßlichen Gerüchte z. B., die über Nietzsches Übermenschen umgehen, sind zum größten Teile auf Zeitungslektüre zurückzuführen. Man kann die sämtlichen fünfzehn Bände, die Nietzsche geschrieben hat, durch und durch schütteln, und nicht ein einziger von diesen Sätzen, die ihm allgemein zugeschrieben werden, wird herausfallen. Aber wenn jemand in einer Gesellschaft schüchtern äußert: »Ich bin ein großer Verehrer Nietzsches«, so findet sich immer mindestens *ein* Mensch, der antwortet: »So, so. Dann wären Sie also jederzeit bereit, Ihren Vater zu ermorden?« Dies kommt daher, daß man Nietzsche nicht aus seinen Werken, sondern aus unverständigen Zeitungsartikeln kennengelernt hat. Ist man aber einmal von den falschen Ansichten infiziert, so nützt es oft nichts mehr, das Original zu lesen: denn wie der erste Eindruck, den ein Mensch macht, oft das Urteil über ihn für immer bestimmt, so wird man auch diese fixe Idee so leicht nicht wieder los. Ich mache es daher seit einiger Zeit wie mein Freund, und lese keine Zeitungsartikel mehr, meine eigenen natürlich ausgenommen.

Das alles wäre aber noch gar nichts. Das schlimmste Vorurteil, das wir aus unserer Jugendzeit mitnehmen, ist die Idee vom Ernst des Lebens. Daran ist nur die Schule schuld. Die Kinder haben nämlich den ganz richtigen Instinkt: sie wissen, daß das Leben nicht ernst ist, und behandeln es als ein Spiel und einen lustigen Zeitvertreib. Aber dann kommt der Lehrer und sagt: »Ihr müßt ernst sein. Das Leben ist es auch.« Lehrer sind Spielverderber. Anderseits heißt es aber immer: Nimm dir die Natur zum Vorbild deiner Lebensführung! Nun, in der Natur wird nichts als Unsinn getrieben. Die Schmetterlinge tanzen, die Käfer musizieren, der Pfau schlägt sein Rad, der Hahn benimmt sich gräßlich albern, und unser nächster Verwandter, der Affe, hat nichts als Schabernack im Kopf. Selbst wo der Ernst der unerbittlichen Notwendigkeit, in Gestalt der Nahrungssorgen, an die Tiere herantritt, scheinen sie noch zu spielen. Die Katze spielt mit der Maus, bevor sie sie frißt: ihr Spieltrieb ist stärker als ihr Hunger. Der Fortpflanzungstrieb, nächst dem Hunger die ernsteste Macht in unserem Leben, kleidet sich bei Mensch und Tier in die Form eines Spiels, der sogenannten Liebe. Und ich habe auch die niedrigeren Lebewesen, die Pflanzen z.B., sehr im Verdacht, daß es ihnen gar nicht darauf ankommt, etwas zu »leisten«: ich glaube, daß einem Apfelbaum seine Äpfel ziemlich unwichtig sind und daß er seinen Hauptspaß im Blühen und Duften und derlei zwecklosem Unsinn findet.

Im Grund ist es unter den Menschen auch nicht anders. Alles wirklich Wertvolle ist aus einer Spielerei hervorgegangen. Ich glaube nicht, daß Shakespeare ein sogenannter »ernster Mensch« war. Jedenfalls sind seine Narren immer die gescheitesten Personen in seinen Stücken, während der bleierne Ernst eines Lear oder Othello mit dem Leben nicht fertig wird und lauter Mißgriffe begeht. Ich glaube auch, daß die große Anziehung, die die Frauen auf uns ausübten, darauf beruht, daß sie so gar nicht ernst sind. Die Idee der Dampfmaschine entstand in einem Kinde, das mit einem Teekessel spielte. Das naturwissenschaftliche Experiment war anfangs eine Spielerei. Ja, man kann so weit gehen, zu sagen: ein Mensch, der nicht weiß, daß er ein Narr ist, ist nicht nur kein Künstler, sondern versteht überhaupt nichts vom Leben. Daß es ernst ist, soll nicht in Abrede gestellt werden. Aber daß wir es ernst nehmen sollen, darauf scheint die Absicht der Natur nicht gezielt zu haben. Überall bemerken wir, daß sie bestrebt ist, die finstere Notwendigkeit ihrer Gesetze zu verhüllen. Es ist daher eine Anmaßung, vom Ernst des Lebens zu reden. Ihn könnte nur ein Mensch erfassen, der bis zum Kern des Daseins vorgedrungen wäre. Uns aber bietet sich immer nur die Oberfläche dar, das Spiel des Lebens ...

Man kann sich nun denken, wie erfreut ich war, als mir vor vier Jahren der Antrag gestellt wurde, an dem Gymnasium einer kleinen süddeutschen Stadt ein paar Aushilfsstunden in Tertia und Sekunda zu geben. Ich begann mit der Anwendung meiner Methode und suchte eine Menge Vorurteile aus den Köpfen meiner Schüler zu verbannen, vor allem natürlich das Hauptvorurteil vom Ernst des Lebens. Aber der Erfolg war nicht so glänzend, wie ich gedacht hatte. Am besten ging die Sache noch bei den dummen Schülern: die kapierten mich nicht. Aber die intelligenteren Jungen gingen ganz entschieden in ihren Leistungen zurück. Eines Tages rief mich der Rektor auf sein Zimmer und teilte mir in sehr ernstem Tone mit: Die Art, wie ich mit den Jungen verkehre, sei doch wohl nicht die richtige, um mich in Respekt zu setzen: zumal bei einem Lehrer, der ohnehin die Würde der Jahre entbehre, sei sie ganz verkehrt. Hätte der Rektor mir das vierzehn Tage früher mitgeteilt, so hätte ich eine kolossale Gegenrede gehalten: nun aber hatte ich längst eingesehen, daß er recht hatte. Der Mensch kommt nämlich mit sehr richtigen Ideen auf die Welt und will, wie alle übrigen Lebewesen, zunächst einmal à tout prix spielen. Diese unmoralischen Grundsätze würden ihm auch gar nicht schaden, und er würde sich naturgemäß zu einem sehr vernünftigen, lebensfähigen Geschöpf entwickeln, wie jeder Baum und jedes Tier, wenn er nicht daneben gewisse intellektuelle Gaben mitbekommen hätte, die dem Baum und dem Tier fehlen und die geeignet sind, seine Richtung ungünstig zu beeinflussen. Hier greift nun der Erzieher ein. Er dämmt die gefährliche Kraft des selbsttätigen Denkens möglichst zurück und übt so lange auf sie einen Zwang aus, bis sie vollständig reif geworden ist und sich selber ihren Manometer schafft. Alle Anschauungen, die der Lehrer vertritt, zielen auf diesen einen Zweck ab. Der Mensch soll nicht zu früh erfahren, daß er ein selbständiges, selbstdenkendes Wesen ist. Ich änderte daher meine Taktik: Wenn ein Junge seinen Ovid nicht ordentlich präpariert hatte, so machte ich ein gräßlich finsteres Gesicht und tat so, als ob er im Begriffe sei, sein Lebensglück zu vernichten; wenn einer die hypothetischen Fälle nicht hersagen konnte, so fragte ich ihn: »Wie sollen Sie später einmal ins Leben hinaustreten?«, und als gar einmal einer die verschiedenen Amenhoteps verwechselte, nannte ich ihn eine »katilinarische Existenz«, obgleich da gar nicht in die ägyptische Geschichte hineinpaßt.

Ich habe aber nicht aufgehört, den Erwachsenen meine Theorie zu unterbreiten. Ich sagte ihnen: Der »Ernst des Lebens« hat seine Berechtigung als pädagogische Maßregel, als regulatives Prinzip der Erziehung und des Unterrichts. Aber außerhalb der Schule ist er Sache des lieben Gotts und nicht der Menschen ... Vorläufig habe ich jedoch nur erreicht, daß die Menschen sich damit begnügen, meine Polemik gegen den Ernst des Lebens nicht ernst zu nehmen.

Julius Cäsar

Zur Aufführung des Wiener Burgtheaters

Wer war Julius Cäsar? Seine Geschichte enthält größere Wunder als die Odyssee. Die abenteuerlichen Fabeln Homers werden zu einfachen, übersichtlichen, rationalistischen Begebenheiten, wenn man sie neben die Taten und Leiden Cäsars hält. Er war der wahre Märchenheld des Altertums, nicht Achill oder Odysseus. Seine Schicksale sind unverständlich, und kein Dichter könnte sie erfinden. Sie sind unglaublich und unwahrscheinlich, weil sie vom Leben gedichtet wurden. Denn die Poeten mühen sich immer nur vergeblich damit ab, etwas Phantastisches auszudenken: ihre Anstrengungen sind jedoch erfolglos: es kommen immer nur ganz nüchterne plausible Sachen heraus, höchst verständige Konstruktionen einer ohnmächtigen Einbildungskraft. Inzwischen haben Natur und Leben längst Dinge und Ereignisse hervorgebracht, die viel unwahrscheinlicher, abenteuerlicher, romanhafter und romantischer sind.

Er beginnt als Catilinarier und endigt als König von Rom: inzwischen erobert er ein ungeheures Land, von dessen Terrainverhältnissen er so gut wie gar keine Ahnung hat: er trägt die römischen Adler nach der britannischen Insel, von der die Römer bis dahin nicht einmal gewußt hatten, ob sie wirklich existiere oder eine bloße Fiktion der Philosophen und Dichter sei; er bewegt sich mit absoluter Sicherheit mitten durch eine Anarchie, von der sich moderne Köpfe nicht einen annähernden Begriff machen können; er konstituiert die römische Weltmonarchie, ordnet die Finanzen, das Gerichtswesen, die Provinzialverwaltung, reorganisiert das Heer, entwirft die Pläne für den Julianischen Kalender, die Tiberregulierung, die Kanalisation Roms, die Kodifikation der Gesetze, die Errichtung eines neuen Rathauses, einer öffentlichen Bibliothek, eines Marstempels und schreibt die Kommentarien zum gallischen Krieg, die schriftstellerisch eines der besten lateinischen Prosawerke, schauspielerisch eines der größten literarischen Meisterstücke sind. Er ist Jurist, Strateg, Demagog, Literat, Astronom, Condottiere, Dandy, Monarch, dabei von zu Hause aus einer schwerer Epileptiker; er kann alles, weiß alles, versteht alles, hat sämtliche menschlichen und unmenschlichen Eigenschaften, hat hundert Arme, Augen und Ohren. Er geht durch die Welt des Irrsinns und Verbrechens mit dem tiefen Fatalismus des Genies, das weiß: ich bin der Sinn der Welt, und dabei doch immer von einem leichten Ekel erfaßt, von jener sublimen Indifferenz, die gerade den Genies der Tat eigen ist, weil nur sie die tiefe Sinnlosigkeit erkannt haben, die auf dem Grunde alles Handelns schlummert. Und darum sagte er bisweilen: »Ich habe schon zu lange gelebt.«

Wer Julius Cäsar war, werden wir nie erfahren. Nicht etwa, weil seine Zeit für uns heute schon historisch, das heißt: unverständlich geworden ist. Sondern weil er ein Genie war. In Natur und Geschichte gibt es nur ein einziges wirkliches »Weltwunder«: die Vernunft, den menschlichen Geist und seine märchenhaften Energien, und nur ein einziges wirkliches Paradoxon: das Genie mit seinen merkwürdigen Eigenschaften. Der geniale Mensch ist das große Absurdissimum. Er ist ein Absurdissimum wegen seiner Normalität. Er hat keine Zacken und Zinken wie der Durchschnittsmensch, an denen man sich anhalten kann, und darum ist er so schwer zu verstehen. Er ist so, wie alle sein sollten: eine vollkommene Gleichung zwischen Zweck und Mittel, Aufgabe und Leistung. Er ist so paradox, etwas zu tun, was sonst niemand tut: er erfüllt seine Bestimmung. Er ist aber noch absurd aus einem zweiten Grunde. Er ist nämlich kein Spezialist. Er ist vorhanden und kann, was die gegebenen Umstände gerade von ihm fordern. Er hat sich auf nichts Bestimmtes »eingestellt«, er ist nur auf »Leben« eingestellt. Darum kann er alles und hat alle Eigenschaften.

Deshalb werden wir nie erfahren, wer Julius Cäsar war.

Er war, was jedes Genie ist: ein Polyhistor des Lebens. Mehr können wir nicht aussagen. Welche Seele besaß dieses hundertköpfige Ungeheuer? Welche psychische Triebkraft bewegte diese kolossale Maschine? War er der Vorauserschauer zweier Jahrtausende, der bewußte Schöpfer der modernen Welt, den Mommsen in ihm erblickt? Oder war er nur ein grandioser Zerstörer, bloß dazu bestimmt, gründlich Platz zu machen für neue Entwicklungen, wie sein neuster Historiograph, Guglielmo Ferrero, ausdrücklich behauptet, also im Grunde nur ein Aventurier unter Aventuriers, eine geniale Anpassungskraft, ein bloßer Virtuos, wie Ferrero zwar nicht ausdrücklich sagt, aber aus fast jeder Zeile durchblicken läßt? Oder war er einfach der vollkommenste Tyrann, wie die Alten ihn zu sehen liebten? Wir wissen es nicht.

So muß der Historiker sprechen. Der Dichter wird sich aber nicht damit zufriedengeben. Die ganze Welt ist für den Dichter geschaffen, um ihn zu befruchten und durch ihn wieder die andern, und auch die ganze Weltgeschichte hat keinen andern Inhalt. Sie enthält Materialien für Dichter. Dichter der Tat oder des Wortes: das ist ihr Sinn.

Drei Dichter haben bisher das Problem Julius Cäsar behandelt: Shakespeare, Mommsen und Shaw. Der Cäsar, den Mommsen konzipiert hat, ist uns heute der geläufigste, und wie er ihn hingestellt hat: als den schöpferischen Genius, den genialen Vorherwisser, das Gehirn der Antike, so steht er heute im Bewußtsein aller Gebildeten, auch jener, die niemals eine Zeile der »Römischen Geschichte« gelesen haben. Signor Ferrero will freilich die materialistischen Erzählungen über Cäsar jetzt wieder rekonstruieren: Gallien als Exerzierfeld für den Bürgerkrieg, die ganze Expedition nach dem Westen ein verzweifelter letzter Coup, um sich zu rangieren, und so weiter. Aber selbst wenn er recht hätte (was wohl schwer festzustellen ist), würde sein Buch über Julius Cäsar ein schlechtes Buch sein; denn es kann uns heute ziemlich gleichgültig sein, was vor zweitausend Jahren passiert ist; es kann uns aber nicht gleichgültig sein, was mit dem Julius Cäsar geschieht, der heute noch lebt und der jetzt wieder die ganze Poesie verlieren soll, die ein großer Künstler – wenn man will: in ihn hineingetragen hat. Was man nach dem kurzatmig und schwunglos geschriebenen Buch Ferreros schließlich in der Hand behält, wäre bestenfalls ein genialer Probierer. Es gibt aber in der ganzen Weltgeschichte keinen Fall, der uns zeigen könnte, daß Probiererei welthistorische Folgen gehabt hat. Ein Probierer war Columbus: er fuhr in einer bestimmten Richtung los, probeweise, und fand Amerika, er probierte an einem Ei so lange herum, bis es stand, und beide Erfolge beweisen gleich viel für seine Genialität. Aber auf dem Gebiet des Geistes, wo es sich um zerebrale Dinge, um Vorauswissen handelt, gibt es keine Probierereien mit dauerndem Erfolg, und um sich vorzustellen, daß Cäsar durch tausend komplizierte Zufälligkeiten seine Ziele erreicht hat, dazu gehört mehr Ideologie und Phantasterei als zu der einfachen Annahme, daß er ein Genie des Kombinierens war.

Was Shaw betrifft, so hätte er wohl seinen Cäsar niemals ohne Mommsen schreiben können, aber er hat uns doch den Menschen im Genie durch eine Reihe neuer Züge auf wundervolle Weise nahegebracht. Daß das Genie nichts ist als der menschlichste Mensch, wird durch den Shawschen Cäsar sehr ins Licht gerückt. Sein Cäsar ist nicht etwa imposant durch die Riesenhaftigkeit seiner Dimensionen, sondern durch die Wohlproportioniertheit seiner Dimensionen, die außer ihm niemand hat. Und niemals hat Shaw die Ironie poetischer verkörpert als hier: in der Ironie des Genies, das die Welt durchschaut. *»Tout comprendre c'est tout mépriser«*, korrigiert einmal Nietzsche: etwas von diesem *»mépris«* für alles hat dieser Julius Cäsar, aber dies macht ihn nicht etwa zum Menschenfeind, sondern gibt ihm einen Zug von unbeschreiblicher Liebenswürdigkeit. Vor ihm nivelliert sich die Menschheit, und so ist er gewissermaßen ein Christ: »vom andern Ende her«.

Shakespeare hatte nun freilich keinen Mommsen, aber er hatte den vorzüglichen Plutarch. Die alten Schriftsteller werden seit vielen Jahrhunderten dazu benützt, um die neuen totzuschlagen: aber in der Kunst, zugleich kompliziert und naiv, lebendig und einfach zu sein, waren sie uns wahrscheinlich über. Wenn das Wort »klassisch« einen vernünftigen Sinn hat, so paßt es jedenfalls am ehesten auf einen so vornehm diskreten Autor wie Plutarch. Dabei ist sein Instinkt für das psychologisch Interessante wiederum ganz erstaunlich modern. Bekanntlich hat ihn denn auch Shakespeare wörtlich abgeschrieben. Manche bedauern, daß dadurch ein häßlicher Fleck auf den großen Dichter fällt. Andre sind toleranter und sagen: Ein Shakespeare durfte sich dies erlauben! Beiden ist jedoch zu erwidern: wenn man von Shakespeare nichts andres wüßte als dies, so würde dies allein ihn schon als echten Dichter kennzeichnen. Es ist wahr: große Dichter sind oft originell, aber immer nur, wenn sie müssen. Sie haben nie den Willen zur Originalität: den haben die Literaten. Der Dichter ist ein Mensch, der sieht und sehen kann, weiter nichts. Und er freut sich, wenn er einmal ganz ohne Einschränkung seinem eigentlichen Beruf obliegen kann: dem des Abschreibens. Wenn Shakespeare den Plutarch abschrieb, so tat er es nicht, obgleich er ein Dichter war, sondern weil er ein Dichter war. Die Halbgenies, die Talente, die Spezialisten suchen sich und überall nur sich. Sie erblicken in allem: in Gott, Natur, Menschen, Ereignissen, Büchern, nur eine Gelegenheit, sich in Szene zu setzen. Das Genie hat eine leidenschaftliche Liebe zum Guten, Wertvollen: es sucht nichts als dieses. Hat schon ein andrer die Wahrheit, zum Beispiel Plutarch, wozu sich auch nur um einen Schritt von ihm entfernen? Was könnte dabei herauskommen? Es besteht die Gefahr, eine Wahrheit, die minder groß und wahr wäre, an die Stelle der alten zu setzen, und diese Gefahr fürchtet das Genie mehr als den Verlust seiner »Originalität«. Lieber schreibt es ab. Lieber ist es ein »Plagiator«.

Was Shakespeare vor allem aus Plutarch herausgeholt hat, ist die poetische Stimmung, die in diesen wunderschönen Anekdotensammlungen begraben lag. Insofern kann man wohl sagen, daß er die ganze Zeit wieder lebendig gemacht hat: als poetische Vision. Keineswegs aber in dem Sinn, daß er eine naturgetreue römische Historie geliefert hat. Das bis zum Überdruß zitierte Wort Goethes von den Römern Shakespeares, die lauter »eingefleischte Engländer« seien, trifft daher im negativen Sinne völlig zu: sie sind keine Römer. Im positiven Sinne jedoch nicht so ganz, denn Shakespeare war in der Tat bemüht, historische Römer zu schildern, nur wurden es nicht die historischen, sondern eben nur Römer, wie man sie sich zur Zeit Shakespeares vorstellte: »klassische«, »antike«. Vielleicht hat es aber überhaupt niemals klassische Römer gegeben, und jene starren Bildsäulenmenschen, die man sich darunter vorstellt, waren vielleicht schon ein frommer Wunsch der Spätrömer selber, geboren aus dem Pessimismus der sinkenden Epigonen. Bestimmtes läßt sich nicht mehr entscheiden. Eines jedoch steht fest, daß nämlich die Römer zur Zeit Cäsars nichts Römisches im traditionellen Sinne mehr an sich hatten. Im Gegenteil, sie waren vermutlich viel »moderner« als wir selber: undisziplinierter, unübersichtlicher, neurasthenischer. Man kann daher sagen, daß Shakespeares »Julius Cäsar« eine doppelte Historie ist, eine historische Historie.

Im Burgtheater wird alles versucht, um dieser Historie ihre Lebendigkeit und ihre poetische Grundstimmung zu erhalten. Das beste ist die Forumszene. Durch einen ebenso glücklichen wie einfachen Gedanken wird das Problem in einer Weise gelöst, die für die Phantasie des modernen Theaterbesuchers eine Menge von störenden Atavismen entfernt. Die Bühne liegt um etwa einen Meter tiefer als die Rampe, so daß man von der Volksmenge nur die Oberkörper agieren sieht. Dadurch, daß hier dem Auge weniger gegeben wird als sonst, wird der Einbildungskraft mehr gegeben. Ein ähnlicher Gedanke liegt auch der Inszenierung der Schlachtenbilder zu Grunde. Man sieht die Krieger immer nur stückweise, wie sie einen Hügel hinunterkämpfen, dabei von Staubwolken verdeckt. In dieser Richtung liegt zweifellos die Entwicklung der modernen Theaterregie.

Endlich beginnt man zu erkennen, daß die Phantasie auch des nüchternsten Zuschauers immer noch ein prunkvollerer Regisseur ist als alle Theatermeister der Welt. Es handelt sich nur darum, die Zuschauerphantasie in eine bestimmte Richtung zu zwingen: das andre mach sie dann schon von selber.

Der Cäsar ist gewiß nicht die Figur, die Shakespeare am meisten interessiert hat, aber gar so kurz, wie viele behaupten, ist er doch auch nicht weggekommen. So sagt zum Beispiel Oechelhäuser in seinen vorzüglichen »Einführungen in Shakespeares Bühnendramen«, die speziell für Schauspieler geschrieben sind, der Darsteller müsse die Charakteristik Cäsars außerhalb des Dramas in der Geschichte suchen, und er führt einige Züge an, durch die Shakespeare diese Figur von der Größe des historischen Vorbildes entfernt haben soll: seine Überhebung, seinen Aberglauben, sein schroffes Benehmen gegen Metellus im Senat, den er eben vorher im Hause noch so cordial behandelt hat. Was dies letzte angeht, so glaube ich, daß gerade das Umgekehrte klein wäre, denn Persönliches von Beruflichem, Subjektives von Objektivem trennen zu können ist die erste Grundlage einer bedeutenden Natur. Darum nennt man ja geniale Menschen so oft herzlos, weil sie frei sind von der Ammensentimentalität der übrigen Menschen und ihre Liebe zur Sache allemal zärtlicher ist als ihre Liebe zur Person. Und auch der Aberglaube ist durchaus keine ungeniale Eigenschaft. Der konsequente Rationalismus ist nur etwas für mittlere Köpfe, er steht freilich viel höher als die kritiklose Dummheit, aber es gibt eine Höhe der Intelligenz, auf der er nicht mehr bestehen kann. Wenn die Vernunft einen gewissen mittlern Breitegrad überschritten hat, so erkennt sie ihre eigene Sinnlosigkeit; sie erkennt die Undeutbarkeit und Unberechenbarkeit des Daseins, und hier ist der Punkt, wo sie wieder zur Mystik zurückkehrt. Und was schließlich die Überhebung angeht, so kann man das tiefe Bewußtsein, das jedes Genie von sich selbst und seiner Bedeutung hat, gar nicht schöner und überzeugender schildern, als es Shakespeare getan hat. Cäsar ist ganz

Cäsar, Weltauge, Weltgehirn, »Nordstern«. Vom Menschen Cäsar erfahren wir durch Shaw mehr, aber die geniale Kräfte-Akkumulation, die ungeheure geistige Energie, die er verkörpert und die ihn notwendig zu dem machen mußte, was er wurde, die spüren wir auch bei Shakespeare. Sie ging auch bei Herrn Devrient nicht verloren. Er hat etwas Standbildartiges in Miene und Gebärde, und indem er den Menschen, der sich hinter dieser Statue des Willens zur Macht verbirgt, nur von fernher erkennen läßt, sichert er ihm die Glaubhaftigkeit.

Daß Shakespeare den Brutus zum eigentlichen Helden des Dramas machte, mag zum Teil an Plutarch liegen, zum Teil liegt es auch in der Natur der Sache. Denn wenn auch Cäsar die größere Figur ist: die tragischere ist Brutus. Cäsar hat keinen Konflikt, kaum eine Katastrophe; er wächst organisch von einem Zweck zum andern, selbstverständlich, vegetativ, wie ein Naturprodukt; er hat die Entwicklungsgeschichte des Genies, in der es keine eigentlichen Konflikte und Tragödien gibt. Dagegen Brutus ist eine gespaltene Natur, erfült von Forderungen und Idealen, die längst nicht mehr zeitgemäß sind, nach innen gekehrt, ohne eigentlichen Zusammenhang mit dem Leben und doch von einem unbezwinglichen Drang getrieben, in diesem Leben zu wirken. Er war ein Ideolog im guten und im schlechten Sinn. Im guten: denn er war der einzige, der sich nur von der republikanischen Idee leiten ließ, ohne irgendwelche persönliche Rücksichten, ja selbst gegen solche; im schlechten: denn er hatte nicht den geringsten Blick für politische und historische Notwendigkeit und handelte, genaugenommen, aus literarischen Motiven. Für den Neffen und Schwiegersohn des Cato, für den vielbelesenen Redner und Philosophen, der am Tage vor der Schlacht bei Pharsalus Polybius exzerpiert, war die Ermordung Cäsars ein logisches Postulat. Der Menschenkenner Cassius wußte, wie er einen solchen Mann zu nehmen hatte: eben mit einem literarischen Argument. Weil einmal ein Brutus Rom von der Königsherrschaft befreit hatte, mußte auch jetzt wieder ein Brutus die Freiheit retten. Im

Grunde ist er bei all seinem teils echten, teils anempfundenen Lakonismus und all seiner kriegerischen Tüchtigkeit ein reiner Spiritualist. Herr Reimers brachte die Heldenfigur imposant zum Vorschein: aber die wichtigere Hälfte, den Spiritualisten, hat er völlig unterschlagen. Absolut vollkommen war dagegen Herr Kainz als Marc Anton. Dieser Künstler ist Schauspieler und nichts als Schauspieler, und hier, wo er einen Schauspieler zu spielen hat, stimmt die Rechnung aufs genaueste. Daß seine Leichenrede ein rhetorisches Meisterstück war, ist selbstverständlich: was sie aber erst zum wirklichen Meisterstück macht, ist der Anschein vollkommener Mühelosigkeit, den sie hat. Diese Selbstverständlichkeit der Technik hat von allen »Rhetorikern« der Bühne nur Kainz, und deshalb ist er eine Klasse für sich.

Die meisten Darsteller der übrigen Rollen machten sich ihre Sache so leicht, wie es eben allgemein üblich ist. Sie sprachen ihre Rollen mit passenden Gebärden. Was man auch aus einer ganz kleinen Rolle machen kann, zeigten Herr Hartmann als Casca und Herr Thimig als der Poet Cinna. Diese beiden hatten ihre Rollen wirklich zu Ende gedichtet. Darauf allein kommt es an und nicht auf die Größe der Rolle. Was der Dramatiker gibt, ist immer nur eine Brouillon von einem Menschen, eine Art Proposition. »Wie wäre es«, scheint der Dichter zu sagen, »wenn man einmal einen solchen Menschen, wie ich ihn hier angedeutet habe, wirklich dichtete?« Alle Kunst ist Dichtkunst, auch die des Schauspielers. Die Skizze, die der Dichter hingeworfen hat, muß der Schauspieler zu Ende denken, und dazu gehört schöpferische Intelligenz. Es gibt keine Kunst ohne hochgespannte Zerebraltätigkeit.

Als ich Regisseur war

Ich habe oft erzählt, wie ich von der Direktion des »Intimen Theaters« in Wien als Literat engagiert wurde. Weil ich aber nun einmal die Literatur nicht mag, so machte man mich eines Tages zum Regisseur, um irgendwie meine Kraft nutzbringend zu verwenden. Ich war damit einverstanden, denn ich hatte mir unter einem Regisseur einen Menschen vorgestellt, der fast nichts weiter zu tun hat, als mit den Damen liebenswürdig und mit den Herren grob zu sein, und beides ist ja ein großes Vergnügen. Als ich aber einige Wochen diesen Beruf ausgeübt hatte, erschien der eine der beiden Direktoren – es gab nämlich zwei, mit getrennten Ressorts, der eine für das »Artistische«, das heißt: für Verweigerung von Kostümen; der andere für das »Administrative«, das heißt: für Vereitelung von Pfändungen –, der »Artistische« also kam und sagte: »Sie müssen einen Maeterlinck inszenieren!« Wir gingen nun alle Stücke von Maeterlinck durch und berieten, welche künstlerisch geeignet wären, das heißt: welche »geschützt« sind und welche nicht, und einigten uns auf »Interieur«. Dann wurde der Theatermaler herbeigerufen, ein barscher Mensch, der sich nach einigem Zögern bereit erklärte, vier Pappstreifen grün zu tünchen, um dem Publikum einen grünen Wald vorzutäuschen, ferner in eine Papplatte ein Viereck zu schneiden und dadurch im Zuschauer den Eindruck zu erwecken, er sehe ein Haus mit Fenster. Nach ihm wurde der Beleuchter gerufen, ein schüchterner Mensch, der sich ohne weiteres bereit erklärte, eine große Glühlampe mit außerordentlicher Geschwindigkeit auf- und abzudrehen, indem er versicherte, niemand im Zuschauerraum werde sich weigern, in dieser Lichterscheinung einen grellen Blitz zu erkennen. Ferner erschienen noch der Theatermeister, der bereits einen Papiersack mitgebracht hatte, in den er blies, welches Geräusch dem Sturmwind durchaus nicht unähnlich war, der Inspizient, in dem ich ohne Mühe den Beleuchter wiedererkannte, und der Requisiteur, der wieder in seiner äußeren Erscheinung an den Theatermeister erinnerte. Alle diese versicherten, indem sie mich »Herr Oberregisseur« nannten, daß sie es in der Täuschung und Irreführung des Publikums an nichts fehlen lassen würden.

Nun kamen die Proben. Proben bestehen lediglich darin, daß einige Leute aus Heften allerlei Reden ablesen, unter der Versicherung, diese Hefte seien nur ein Hilfsmittel für »heute«, das »morgen« bereits überflüssig sei. Dieses »morgen« hat offenbar den Charakter eines bloßen Grenzwertes, es hat nur die rein negative und einschränkende Bedeutung von »nicht heute«.

Dagegen ist wissenschaftlich nicht das geringste einzuwenden, denn die Mathematik und die Mechanik, gerade die exakten Wissenschaften, arbeiten bekanntlich schon seit langem mit solchen Grenzwerten.

Nach mehreren Proben mußte ich erkennen, daß das Ganze von trostloser Langweile war, auch der Dialekt der Schauspieler war nicht komisch genug, um nur einigermaßen zu amüsieren. Indes, als ich gerade mit dem Theatermeister über Regengeräusche verhandelte, kam mir einer jener blitzartigen genialen Erleuchtungen, die in meinem Leben nichts Seltenes sind. Er wollte mich gerade von der illudierenden Kraft trockener Erbsen in Trommeln überzeugen, als mir plötzlich einfiel: wie, wenn wir dem akustischen Sinnesreiz auch den optischen hinzufügten, mit einem Wort: wenn wir wirklich regneten, wirklich, richtig, mit echtem Wasser? Gesagt, getan, und schon bei der nächsten Probe prasselte unaufhörlich rauschender Regen hernieder, eine prächtige Naturerscheinung, die noch den Vorteil hatte, daß sie die Reden der Künstler völlig verschlang.

Es kam die Generalprobe. Eine Generalprobe unterscheidet sich von den übrigen Proben in sehr wesentlicher Weise: Bei diesen wird nur gebrüllt, aber bei der Generalprobe wird gebrüllt und geohrfeigt. Als ich kam, ohrfeigten sich gerade die beiden Herren Direktoren, wobei der Kneifer des einen zerschellte und das rechte Ohr des anderen zu bluten begann.

Inzwischen war jedoch der Kapellmeister mit vier Tonkünstlern erschienen, um eine Musikprobe abzuhalten, denn zur Einleitung sollte ein düsteres Tonstück gespielt werden. Er weigerte sich jedoch, diese Probe abzuhalten, es sei denn, man gebe ihm zehn Kronen Vorschuß. Daraufhin versöhnten sich sofort die beiden Herrn Direktoren und ohrfeigten gemeinsam den Kapellmeister. Infolgedessen bekam eine Schauspielerin einen hysterischen Schreikrampf. Man führte sie jedoch auf die Bühne, und unter der erfrischenden Wirkung des kühlen Regens beruhigte sie sich.

Jetzt konnte die Generalprobe beginnen, denn auch die beiden Herren Direktoren hatten sich inzwischen mit dem Kapellmeister versöhnt. Ich weiß nicht, wen sie dann gemeinsam ohrfeigten. Im übrigen wäre ich beinahe auch geprügelt worden, denn am Schluß hielt ich an die Darsteller eine Ansprache, in der ich ihnen dafür dankte, daß sie trotz der ungünstigen Witterung so tapfer auf der Bühne ausgehalten hätten, und die Hoffnung aussprach, daß am Abend alles vortrefflich gehen werde, worauf vier Leute von der Bühne sprangen und mich bedrohten, weil das, was ich gesagt hätte, ein böses Omen sei. Zum Glück blieb ich beim Hinausgehen an einem Nagel hängen und zerriß mir meinen neuen Rock, was wieder ein gutes Omen war.

Und es ging auch wirklich abends vortrefflich. Als der Vorhang gefallen war, klatschte Peter Altenberg wie besessen, was sechs Hervorrufe zur Folge hatte. Auch die Kritik am nächsten Tage war im ganzen recht günstig. Die meisten erkannten an, daß es eine gutinszenierte Wasserpantomime gewesen sei. Einige andere waren freilich weniger freundlich. So schrieb einer, bloße Pracht der Inszenierung genüge noch lange nicht, solch protzige Ausstattung sei unkünstlerisch, und einer behauptete sogar, der naturalistische Regen habe die symbolische Maeterlinck-Stimmung zerrissen.

Man sollte nun meinen, meine Regietätigkeit wäre damit erledigt gewesen. O nein, denn nach einiger Zeit kam ein Journalist und sagte, dieser Regen sei so natürlich gewesen, fast wie wirklich, und wie denn das gemacht werde, und er wolle darüber einen Artikel schreiben. Ich konnte ihm doch nicht sagen, daß ich mir bloß über einem durchlöcherten Blechstreifen den Mund ausgespült hatte, und erwiderte daher: »Ja, die Sache ist ziemlich kompliziert, aber ich will es Ihnen verraten. Also, Sie wissen doch, daß wir transversale Erdleitung haben? Wenn also der Schaltstrom in das obere Relais eintritt, so geht er nicht, wie gewöhnlich, gleich in den Kommutator, sondern wird vorher über eine Primärspule geleitet. Hierdurch entsteht eine Stromschleife. Das Ganze ist eine Verbindung mit einem longitudinalen Gestänge, das aus neutralem Kupfer hergestellt ist und daher wie ein Rezeptor wirkt. In dem Augenblick nun, wo der Transmitter den Empfängerdraht berührt, entsteht im Schließungskreis ein gleichgerichteter Polarisationsstrom, der Kollektor intermittiert: Und es regnet. Haben Sie alles begriffen?« – »O ja«, sagte der Journalist und verschwand.

Er scheint aber doch nicht alles begriffen zu haben, denn er schrieb nur ganz allgemein, im »Intimen Theater« werde jetzt durch mehrere verwickelte Apparate ein elektrischer Regen erzeugt.

Der Hund von Baskerville

Als Herr Fischer, der Direktor des Wiener »Intimen Theaters«, mir den Vorschlag machte, mich gegen eine kleine, aber unsichere Gage an der Leitung seiner Bühne zu beteiligen, sagte er ungefähr folgendes: »Sie sind dazu berufen, eine große Lücke auszufüllen. Wir haben ganz nette Schauspieler und Schauspielerinnen, einen sehr gewalttätigen Regisseur und einen ungemein langmütigen Dekorationslieferanten. Nur eines fehlt uns noch: ein Literat. Jedes moderne Theater hat jetzt einen oder mehrere Menschen von dieser Sorte. Denn bloß mit Schauspielkräften kann man heutzutage keine Bühne mehr führen. Die Schauspieler verstehen immer nur etwas von ihren Rollen, aber von dem ganzen Stück verstehen sie nichts. Sie wissen nicht, in welchem Jahr es geschrieben wurde, welche Erlebnisse der Dichter vorher gehabt hat und nach welchen ästhetischen Gesetzen es gearbeitet ist. Und überhaupt: sie sind so äußerlich, so effekthascherisch. Und nun, lieber Doktor, entwickeln Sie mir bitte Ihr Programm.«

»Mein Programm ist sehr einfach«, erwiderte ich. »Es lautet: Für das ›Intime Theater‹ ist das Beste gerade gut genug. Dabei dürfen wir aber nicht engherzig sein. Wir werden nicht nur in die graue Vergangenheit zurückgreifen und verschüttete Schätze der Weltliteratur ans Tageslicht heben, sondern wir werden auch den verkannten zeitgenössischen Talenten, den Aschenbrödeln der modernen Dramatik, zum Wort verhelfen. Das ist unsere literarische Ehrenpflicht. Ich habe mir eine Liste solcher Perlen der ältern und neuen Literatur bereits angelegt, und diese Liste lassen wir durch die Zeitungen gehen. Das Publikum wird sich freuen, wenn es das liest, und wird sich sagen: ›Na, wenigstens *ein* Theater in Wien, das etwas für die

Kunst tut.‹ Ansehen würde es sich diese Stücke natürlich nicht. Aber wir werden sie ja auch gar nicht spielen, sondern eine Detektivkomödie.«

»Eine Detektivkomödie?« fragte der Direktor. »Nun ja, aber doch auch Strindberg –«

»Strindberg ist einer der hervorragendsten Psychologen unserer Zeit. Der gehört nicht auf die Bühne.«

»Aber Maeterlinck –«

»Maeterlinck ist einer der subtilsten modernen Impressionisten. Außerdem hat er eine ganz neuartige und originelle Note. Wir dürfen ihn nicht spielen.«

»Aber doch wenigstens Ibsen –«

»Ibsen kommt im Rang gleich nach Shakespeare. Aber er hat eine entsetzliche Schwäche: er ist ein tiefer Philosoph. Seine Dramen sind voll von profunden Gedanken. Wir können ihn nicht aufführen. Aber ich habe Ihnen hier ein Buch mitgebracht. Es heißt ›Der Hund von Baskerville‹. Sehen Sie sich es einmal an. Sie werden Verschiedenerlei daran bemerken. Erstens: es ist voll von groben Unwahrscheinlichkeiten, oder, deutlicher gesagt, es ist von A bis Z erlogen. Das ist wichtig. Denn die Wirklichkeit, das natürliche Leben, das psychologisch Mögliche hat das Publikum ja zu Hause. Dafür braucht es nicht sein gutes Geld auszugeben und mehrere Stunden auf einem unbequemen Sitz zu verbringen. Sondern es bringt diese Opfer, weil es etwas sehen will, was es noch nie gesehen hat, womöglich etwas, was es gar nicht gibt. Zweitens: es treten in diesem Stück fast lauter hochelegant gekleidete Menschen auf, und einer von ihnen hat sogar acht Millionen. Das ist auch wichtig. Denn die abgetretenen Stiefel und den leeren Geldschrank hat das Publikum wiederum zu Hause, und wenn es ins Theater geht, so will es, daß Geld auf der Bühne keine Rolle spielt. Ferner: alle Menschen schweben in beständiger Lebensgefahr, und das ist sehr angenehm anzusehen, wenn man sich dazu sagen kann: ›Ich sitze hier ganz geschützt, und zu Hause ist vom Mittag Lungenbraten für mich gewärmt.‹«

Der Direktor, ein Mann von hohem Gedankenflug,

schüttelte den Kopf und sagte: »Ist das denn wirklich Ihr Ernst, was Sie da sagen?«

»Gewiß. Und ich glaube aus guten Gründen. Jede Institution hat doch schließlich, wie jeder Mensch und jedes Volk, einen bestimmten Entwicklungsweg und eine begrenzte Lebensdauer. Im Altertum war das Theater ein künstlerischer und religiöser Andachtsort. Im Mittelalter überwog das Religiöse das Künstlerische, aber ein Andachtsort war die Mysterienbühne noch immer. In der Neuzeit hat sich das vollständig geändert. Das Theater ist für uns nichts Heiliges mehr, auch im profan-künstlerischen Sinne nicht mehr. Wir erfanden die Theaterform, die unserer Zeit gemäß ist. Wir erfanden eine eigene Theaterpsychologie, die aber gar keine Psychologie war, sondern eine Zusammenfassung der oberflächlichen und unzutreffenden Beobachtungen, die der Normalmensch für gewöhnlich an den Menschen und Ereignissen macht. Wir erfanden eine eigene Theaterethik, die aber gar keine wissenschaftliche oder philosophische Ethik war, sondern ein Auszug aus dem Katechismus und der bürgerlichen Moral. Wir erfanden die Theatergedanken, die noch gerade so viel von der Form des Gedankens hatten, daß man sie für Gedanken halten konnte, und doch flach und konventionell genug waren, daß jeder Zuhörer sie mit Stolz sich zu eigen machen konnte. Ja, wir erfanden sogar eine eigene Theaterlogik, gewiß eine der erstaunlichsten Leistungen.

Das Merkwürdigste aber ist, daß im Theater alle Zuschauer ganz gleich funktionieren. Ich glaube an kein ›Theater der Auserwählten‹. Im Theater wird jeder Mensch zum ›Publikum‹, auch der tiefste und feinste. In dem Augenblick, wo er den Parkettsitz niedergeklappt hat, ist er ein anderes Wesen. Wenn Sie daher statt Theater subtile Stimmungen, bedeutende Gedanken, tiefe Psychologie, mit einem Wort: Kunst bieten, so ist das direkter Betrug. Es ist eine unanständige Geschäftsgebarung, die sich damit bestraft, daß die Kunden ausbleiben. Der Theaterschriftsteller unterscheidet sich von den übrigen Schriftstellern dadurch, daß er ein nützliches Mitglied der Gesellschaft ist. Er schafft etwas Praktisches, während die andern im besten Fall kostbare Spielereien herstellen. Ein richtiges Theaterstück ist ein handlicher Gebrauchsgegenstand, eine Sache, die den Menschen dazu dient, sich drei Stunden lang auf eine ganz bestimmte Weise zu erholen. Lyrik oder Philosophie sind für die wenigsten Menschen unentrinnbare Lebensbedürfnisse, aber das Theater ist für den modernen Großstädter eine Notwendigkeit, genauso wie schwarzer Kaffee und Zigarren. Die Kunst ist ein Luxusartikel. Das Theater ist eine Utilität. Ein Theater ist ein Automat, in den man oben Geld hineinwirft, damit unten falsche Rührung (Theaterrührung), falsche Lustigkeit (Theaterlustigkeit) und falscher Schauder (Theaterschauder) herauskommen. Ein honetter Theaterunternehmer wird daher seinem Publikum nicht Kunst bieten.

Aber auch der Künstler muß wünschen, daß die Kunst dem Theater fernbleibt. Denn wenn man einen modernen Künstler zwingt, in theatralischer Form zu dichten, so zwingt man ihn, seine eigene Höhe zu verlassen, seine Gedanken abzuplatten, seine psychologischen Beobachtungen zu unterdrücken und seine originellen Einfälle in eine altertümliche konventionelle Form zu pressen. Er hat es sich zur Aufgabe gemacht, das Leben in seinen zartesten, fast unsichtbaren Regungen zu verfolgen, und nun verlangt man von ihm ein hastiges, rohes Hin und Her und die Schilderung von leidenschaftlichen, aufregenden, gewaltsamen Vorgängen, die es im Leben des modernen Menschen gar nicht mehr gibt. Je künstlerischer einer denkt, je besser er es mit der zukünftigen Kunst und Kultur meint, desto mehr muß er also wünschen, daß Kunst und Theater zwei scharf getrennte Wirkungsgebiete werden.

Spielen Sie daher den ›Hund von Baskerville‹.«

»Aber wenn das Stück durchfällt?«

»Ja, darüber habe ich auch schon meine Bedenken gehabt. Es ist nämlich vielleicht immer noch zu künstlerisch und zu modern. Der Verfasser hat leider hie und da ganz merkwürdige Anfälle von Schamgefühl. Ich habe es also ein wenig überarbeitet. Aber es ist möglich, daß auch das nichts nützt. Ich habe daher für alle Fälle telegrafisch den ›Schinderhannes‹ bestellt.«

Was ist eine Tournee?

Eines Tages wurde die Tür zu meinem Arbeitszimmer aufgerissen, und herein stürmte der mir nur flüchtig bekannte Impresario Herr Fritz Schieber und rief statt jeder weiteren Begrüßung: »Wollen Sie viertausend Mille verdienen?«

»Ja«, erwiderte ich schlagfertig.

»Famos!« rief Schieber, »dann ist die Tournee perfekt.«

»Welche Tournee?« fragte ich.

»Nun, die Tournee! Die Tournee Ihres Kabaretts! Die Tournee des Kabaretts ›Fledermaus‹! Das Geld liegt auf der Straße! Ich sage Ihnen, Sie werden scheffeln! Scheffeln! Wir machen zuerst Deutschland: München, Augsburg, Ulm, Nürnberg, Stuttgart, Frankfurt, Wiesbaden, Limburg (Limburg hat überhaupt kein Kabarett. *Da* werden wir scheffeln!), dann: Köln, Düsseldorf, Dortmund, Münster, Hannover, Bremen, Hamburg, Dover, Liverpool, Southhampton, Chikago, Uruguay –«

»Das geht nicht«, sagte ich.

»Was sagen Sie? Uruguay geht nicht? – Ja, *Mist*! Mist geht natürlich nicht in Uruguay! Aber wenn man in Uruguay etwas Gutes bietet, etwas wirklich Klassisches, nicht Pikanterien – die ziehen in Uruguay nicht –, sondern etwas Dezentes, Künstlerisches, Vornehmes! Wie? Was? Uruguay, sagen Sie, geht nicht? Ich sage Ihnen: Uruguay ist der beste Boden für Kabaretts!«

»Ja, aber ich vertrage die Überfahrt nicht.«

»So? Nun, dann brechen wir also in Calais ab. Aber es ist Ihr Schaden! Ich sage Ihnen: es ist Ihr Schaden! Wie sind übrigens Ihre Bedingungen? Wollen Sie Anteil oder feste Gage?«

»Ich wünsche feste Gage«, erwiderte ich schlicht.

»Also gut! Aber mehr als viertausend Mark monatlich kann ich Ihnen nicht geben, das sage ich Ihnen gleich!«

»Das genügt«, erwiderte ich.

»Also perfekt! Ich schicke Ihnen noch heute den Kontrakt!« rief Schieber, schon in der Tür. »Aber das sage ich Ihnen: Sie sind ein Esel! Sie werden sich schön ärgern, wenn alle übrigen auf Anteil gehen und das Vier- und Fünffache scheffeln!«

»Nun«, sagte ich stolz, »mein Leben ist der stillen Meditation gewidmet. Ich habe keine Bedürfnisse. Viertausend Mark monatlich genügen mir. Ich –«

»Also gut! Aber es ist ökonomischer Selbstmord! Selbstmord, sage ich Ihnen! Wir sind jetzt in Form! Sie können zehn, zwanzig, dreißig Mille per Monat scheffeln! Aber wie Sie wollen!«

»Meinen Sie wirklich?« sagte ich irritiert.

»Also auf Anteil!« rief Schieber und verschwand.

Von diesem Zeitpunkt an wich er mir nicht mehr von der Seite. Wenn er ausnahmsweise nicht leiblich gegenwärtig war, so kamen unzählige Depeschen, Rohrpostkarten, Expreßbriefe und Eilboten an, mit unverständlichen Mitteilungen. Ein Wort kehrte jedoch mit größter Regelmäßigkeit in allen Reden und Briefen Schiebers wieder, es hieß: »Zusammenstellung des Ensembles«. Was dies bedeuten sollte, verstand ich, und hätte ich es nicht verstanden, so wäre ich hierüber aufgeklärt worden durch den Besuch zahlloser Menschen, die alle behaupteten, daß sie »etwas könnten«, z. B. Zentnerstemmen. Bauchredner waren besonders viele da.

Allmählich rundete sich das Ensemble. Es bestand aus einem musikalischen Leiter, der mich täglich in Theorie und Geschichte der Musik unterrichtete. (Dies hatte sich schon am Anfang unserer Beziehungen als nötig erwiesen, denn ich gab mir manche Blöße.) Sodann aus einem Tenor, der schon durch seinen Körperumfang jedermann imponieren mußte und, wenn man es ihm erlaubte, einen solchen Lärm vollführte, daß man auf die Vermutung kommen mußte, er sei gar kein Mensch, sondern eine »Dampftonwerk GmbH«. Er war früher Opernsänger gewesen, und seine Glanzrolle war der Lohengrin. Aber als er immer dicker wurde, glaubte schließlich niemand mehr daran, daß ihn ein Schwan ziehen könne. Die befreundete Presse verwies zwar darauf, daß der »Lohengrin« eine Märchendichtung sei, und da seien Verstöße gegen die Naturgesetze erlaubt, aber es nützte nichts: die Illusion war weg. Man telegrafierte an Frau Cosima Wagner, ob sie ausnahmsweise für diesen Spezialfall drei Schwäne gestatten wolle. Vergebens. So sank denn der vortreffliche Sänger durch fremde Schuld immer tiefer, und schließlich wurde er Kabarettist. Nun fehlte nur noch eine Dame. Es war indes schwer, ein weibliches Wesen aufzutreiben, das nach Schiebers Ansicht in unseren streng künstlerischen Rahmen gepaßt hätte. Jede hatte irgendeinen Defekt: entweder sie wollte durchaus ›Drah' ma um und drah' ma auf, es liegt nix dran« singen, oder sie wollte als nackte Plastik auftreten, oder sie wollte fixe Gage oder sonstwas Unkünstlerisches.

Es kam jedoch in unseren Kreis seit einiger Zeit eine vornehme junge Dame, die an unserem fröhlichen Künstlerleben Gefallen fand. Sie war durch Peter Altenberg eingeführt worden, der von ihr behauptet hatte, sie sei der einzige »wirklich auf der Höhe stehende moderne Frauenorganismus«. Sie trug eine Cleo-de-Mérode-Frisur mit dicken Zopfschnecken um die Ohrmuscheln und eine Art Pallas-Athene-Helm als Kopfbedeckung. (Andere behaupteten, es sei ein Schiffsmodell.) Im übrigen war sie jedoch sehr hübsch und außerdem begütert und aus guter Familie, was sie durch die lässig hingeworfene Bemerkung: »Die Prostitution ist schließlich eine soziale Einrichtung wie jede andere auch« zu kaschieren suchte. Diese also wurde unser Star. Sie hieß Mizi, weswegen sie allgemein Maja gerufen wurde.

Nun waren wir komplett, und so war es denn nicht zu vermeiden, daß ich eines Tages ein Telegramm von Schieber bekam, in welchem stand: »Abfahrt München heute abend 8 Uhr 50 Westbahnhof.«

Ich sagte Schieber: »Ich kann unmöglich bei Nacht reisen. Ich leide auf der Bahn an Schlaflosigkeit.« – »Kenne ich, kenne ich«, rief Schieber. »Aber ich überwinde jede Schwierigkeit! Kommen Sie mit!« Wir gingen in eine Bodega. Schieber bestellte sogleich eine Flasche Whisky und einen Wagen. Wir tranken. Allmählich wurde mir alles gleichgültig, sogar die Tournee. Selbst Schiebers helles Organ hörte ich nur mehr wie aus gedämpfter Ferne. Ich vernahm noch einige Male die Worte »scheffeln«, »neunzig Mille« und »Kassel perfekt«.

Und dann sagte plötzlich ein Mensch in der Uniform eines bayerischen Schaffners: »In zehn Minuten sind wir in München.«

Für München waren acht Tage in Aussicht genommen. Wir taten alles, um diese alte Kunstmetropole für uns zu gewinnen. Aber es war nicht unsere Schuld, daß das nicht vollständig gelang.

Nach der ersten Vorstellung sagte Schieber zu mir: »Lieber Doktor, wissen Sie denn nicht, daß das große Publikum absolut niemals zu Premieren geht, sondern sich abwartend verhält? Aber bei dem unerhörten moralischen Erfolg, den wir heute gehabt haben, sollen Sie mal sehen, wie sie morgen strömen werden!«

Nach der zweiten Vorstellung sagte Schieber zu mir: »Lieber Doktor, Sie haben ganz recht. Ganz recht! Aber wer trägt die Schuld? Der Idiot vom Plakatierungsbüro. Vier Stunden vor der Vorstellung läßt dieser Trottel die Zettel ankleben! Wo alles schon vor die Stadt gefahren ist! Ja, sollen die Leute *riechen*, daß wir gastieren? Damit sie hineingehen, müssen sie doch wenigstens wissen, daß wir spielen! Ja oder nein? Nun, es ist schließlich nicht mehr als *ein* verlorener Tag. Was will das heißen gegen die Wochen und Wochen, die wir von morgen an überfüllt sein werden!«

Nach der dritten Vorstellung sagte Schieber zu mir: »Ja, lieber Doktor, worüber wundern Sie sich denn? Ohne *Presse* ist nichts zu machen, das sollten Sie sich als intelligenter Mensch doch selbst sagen! Die Kritiken erscheinen aber doch erst morgen früh! Morgen haben wir ausverkauft.«

Nach der vierten Vorstellung sagte Schieber zu mir: »Ja, lieber Doktor, sind Sie denn so theaterfremd, daß Sie nicht einmal wissen, daß der Freitag der schlechteste Theatertag ist? Freitag macht nicht einmal ›Alt-Heidelberg‹ was! Aber morgen ist Samstag: Da passen Sie mal auf!«

Nach der fünften Vorstellung sagte Schieber zu mir: »Ja, lieber Doktor, gehen Sie denn blind durchs Leben? Wissen Sie denn nicht, daß heute in zwei andern Theatern Premièren sind? Das Publikum rennt doch in seiner dummen Neugierde immer zunächst zu den Premièren! Aber warten Sie mal: morgen, wenn diese zwei Machwerke durchgefallen sein werden, kommen alle reuig zu uns. Denken Sie an mich!«

Nach der sechsten Vorstellung sagte Schieber zu mir: »Nein, Doktor, Sie sind wirklich köstlich! Wissen Sie denn nicht, daß am Sonntag nur Schuster ins Theater gehen? Zu einer feinen, noblen Sache, wie es die unsrige ist, kommt doch kein *Sonntags*publikum! Der Tag für das elegante Publikum ist morgen, Montag. Das weiß jeder Bühnenarbeiter, und Sie, ein akademisch gebildeter Mensch, wissen es nicht?«

Nach der siebenten Vorstellung sagte Schieber zu mir: »Lieber Doktor, ich bitte Sie, machen Sie sich nicht lächerlich! Jede Sache muß sich herumsprechen. Dazu gehören genau sieben Tage. Ich bin ein alter Theaterhase, glauben Sie mir, ich weiß das! Es ist ein Theatergesetz. *Sieben Tage!* Statt mir Vorhaltungen zu machen, sollten Sie sich *freuen*! Denn die sieben kritischen Tage sind um, und morgen beginnt die Völkerwanderung!«

Nach der achten Vorstellung sagte Schieber zu mir: »Ja, lieber Doktor, sagen Sie mir, was haben Sie sich eigentlich von diesen Bierphilistern erwartet! Haben Sie im Ernst geglaubt, daß München ein Boden für vornehme Kabarettkunst ist? Hätte man auf *mich* gehört, wir wären längst in Frankfurt!«

Für Frankfurt waren vierzehn Tage in Aussicht genommen. Ehe wir in den Bahnhof einfuhren, zog mich Schieber beiseite und sagte: »Lieber Doktor, ich will nicht wieder nach jeder Vorstellung mit Ihnen Auseinandersetzungen haben wie in München. Und daher sage ich Ihnen gleich: wir werden in Frankfurt unerhörte Erfolge feiern. Aber unter einer Bedingung: daß es nämlich regnet. Bei schönem Wetter geht im Sommer niemand ins Theater. Es sind jedoch für die nächsten zwei Wochen andauernde heftige Niederschläge mit vollster Bestimmtheit vorauszusetzen. Darum Mut! Sie betreten die Stätte Ihrer Triumphe!«

Ich begab mich infolgedessen sogleich zu einem hervorragenden Frankfurter Meteorologen, schilderte ihm unsere Lage und bat ihn um eine Prognose. Der Professor, ein freundlicher alter Herr, hörte mir wohlwollend zu und sagte: »Ja, lieber junger Freund, ich sehe leider aus Ihren Reden, daß Sie eines der vielen Opfer der irreführenden Theorie des Professor Larsen in Köln sind. Welches Unglück hat dieser Mensch schon gestiftet! Und man glaubt ihm, weil er in Mode ist.« Ich sagte: »Herr Professor, es ist nicht so sehr die mir gänzlich unbekannte Theorie des Herrn Professor Larsen als unsere Münchener Erfahrung, welche –«

Doch der Gelehrte unterbrach mich erregt: »Soll ich Ihnen sagen, was dieser Herr Larsen ist? Ein wissenschaftlicher Hochstapler, ein verbrecherischer Dilettant! Wie? Die Trockenheit dieses Sommers soll auf Äquinoktialstürme zurückzuführen sein? Warum nicht gleich auf *Passatwinde*? Ich sage Ihnen, es sind ganz einfach Golfströme und sonst nichts! Übrigens« – er zog ein Zeitungsblatt hervor – »wie liederlich dieser angebliche Forscher arbeitet, zeigt sein letzter Artikel. Da steht wörtlich: ›Die völlige Trockenheit dieses Sommers, die ihresgleichen seit dem Jahre 1895 nicht gehabt hat, wird bis in den September währen.‹ Das ist ganz einfach falsch.«

»Bravo«, rief ich begeistert.

»Sehen Sie«, sagte der Gelehrte triumphierend, »also sogar Sie als Laie wissen es! Nur Herr Larsen nicht! Nur Herr Larsen, der angebliche Fachmann, weiß nicht, daß der letzte vollkommen trockene Sommer im Jahre 1719 stattfand!«

Ich sagte: »Jawohl. Indes die Trockenheit –«

»– ist, theoretisch betrachtet, gar nicht vorhanden. Im Gegenteil: jeder Fachmann muß diesen Sommer als einen der feuchtesten empfinden. Die Trockenheit bezieht sich nämlich nur auf die atmosphärische Hülle der Erde. Die Erdschicht im eigentlichen Sinne dagegen, jene, die für den Geologen allein in Betracht kommt, ist von solcher Feuchte, daß –.« Ich fragte, ob Aussicht bestehe, daß auch die Hülle feucht werde. »Gewiß«, erwiderte der Professor, »wissenschaftlich *ist* sie sogar feucht. Übrigens kann jeden Moment eine Feuchtigkeit eintreten, die auch jeder Laie sofort empfindlich bemerken müßte. Dazu brauchen bloß die kleinen Golfströme, die um die Äquatorialzone gelagert sind, sich nach Nordnordost zu wenden.«

Die Hitze blieb so bedeutend, daß am Presse-Abend kein Vertreter einer Zeitung erschien. Dafür hatten wir aber auch am nächsten Tag in manchen Blättern lobende Kritiken.

Von da an spielten wir mit wechselndem Erfolg. Der Besucher des dritten Abends zum Beispiel war ein gewöhnlicher Mensch von ganz ordinärem Geschmack, der nur bei den groben Pointen lachte und für die fein-komischen oder gar ernsten Nummern kein Verständnis zeigte. Dagegen war der Besucher des fünften Abends ein feingebildeter Mann, der gerade die künstlerisch wertvollen Einzelheiten unseres Programms vollauf würdigte. Der Besucher des sechsten Abends war ein Einbrecher.

Am neunten Abend bekam unser musikalischer Leiter einen Hitzschlag. Zum Glück habe ich jedoch in Frankfurt das Gymnasium besucht, und so erschien denn am elften Abend meine ganze Klasse fast vollständig im Theater. (Nur zwei hatten sich von ihren Eltern wegen Nasenbluten entschuldigen lassen.) So unglaublich es klingen mag, an diesem Abend waren tatsächlich mehr Leute im Zuschauerraum als auf der Bühne.

Am zwölften Abend fuhr eine hochelegante Gesellschaft in zwei Automobilen vor und kaufte zwei Parterrelogen. Es stellte sich jedoch heraus, daß die Herrschaften gemeint hatten, es werde die Operette »Die Fledermaus« aufgeführt.

Unter diesen Umständen verließ ein Mitglied nach dem andern die Tournee. Quartette schmolzen auf Terzette, Terzette auf Duette zusammen. Schließlich bestand das Ensemble nur mehr aus mir und dem dicken Tenor. Der war aber infolge des Geschäftsganges allmählich so mager geworden, daß er wieder den Lohengrin spielen konnte und alsbald nach Bayreuth wegengagiert wurde.

Ich ging daher zu Schieber und sagte: »Ich finde, es wäre das Beste, wenn wir das ganze Künstlerensemble entlassen würden. Denn ich glaube, die Sache hört auf, sich zu lohnen. Wieviel beträgt denn überhaupt mein Anteil bis jetzt?« – Schieber holte ein großes Kassenbuch, rechnete einige Posten zusammen und erwiderte: »Wenn wir den heutigen Abend mitrechnen, 823 Mark und 40 Pfennig.«

»Wie?« sagte ich, aufs höchste erstaunt, »das ist aber viel mehr, als ich erwartet hätte!«

»Ja«, sagte Schieber, »ich hätte auch nicht gedacht, daß es so viel ist. Aber ich will Ihnen gern entgegenkommen. Sie können es ja in monatlichen Raten abzahlen.«

Infolge dieser Mitteilung beschloß ich, das Ensemble-Gastspiel des Kabaretts »Fledermaus« abzubrechen. Ich berief mich also ein, löste mich auf und ging auseinander.

Auf der Rückreise nach Wien war ich gezwungen, in Nürnberg auszusteigen, um mir wegen plötzlichen Witterungsumschlags eine warme Mütze mit Ohrenklappen zu kaufen. Die um die Äquatorialzone gelagerten kleinen Golfströme hatten sich nach Nordnordwest gewendet.

Gustav Meyrink: »Der Albino, ein Nachtgesicht«

Ich sehe nicht ein, warum ich von Gustav Meyrinks Debut als Dramatiker nicht öffentlich und mit höchstem Lob sprechen soll, bloß weil dieses Debut im Wiener Cabaret ›Fledermaus‹ stattgefunden hat, dessen sogenannter »artistischer Leiter« ich bin. Denn ein »artistischer Leiter« hat in einem Cabaret ungefähr so viel zu reden wie ein Dramaturg in einem Theater: nämlich gar nichts, und daher habe ich mit diesem Stück so gut wie nichts zu tun gehabt, außer daß ich eine Rolle darin gespielt habe, die aber jeder andre ebensogut hätte spielen können. Zweitens aber, selbst wenn ich alle möglichen Verdienste um diese Aufführung gehabt hätte, würde ich noch immer keinen Grund sehen, mich nicht auch in der Form öffentlicher Kritik damit zu beschäftigen. Die Frage sollte überhaupt einmal prinzipiell in Erörterung gezogen werden: Warum äußern sich fast niemals die Direktoren, Regisseure und andre spiritus rectores über die Dichtungen, die an ihren Bühnen aufgeführt wurden? Sie wären doch eigentlich die Berufensten dazu, denn sie müßten doch wohl am besten wissen, warum sie diese Stücke gespielt haben, und sicher besitzen sie, schon durch die wochenlange Arbeit, die sie der Sache gewidmet haben, ein intimeres Verhältnis zu dem Werk als irgendein Nachtreferent, der sich übelgelaunt im letzten Moment das Textbuch durchgesehen hat. Ein »Dramaturg« in der echten Bedeutung des Wortes wäre doch gerade ein Mensch, der unablässig bemüht wäre, dem Publikum, den Dichtern, seinem Unternehmen und sich selbst die Wege und Ziele des Theaters klarzumachen, im allgemeinen und im besondern. Für ihn müßte jede Neuaufführung, die seine Bühne bringt, direkt die Verpflichtung zu einer Art öffentlichen Rechenschaftsberichtes in sich schließen, und so hat es auch Lessing gewollt und erreicht, der aber vielleicht der erste und letzte Dramaturg des deutschen Theaters gewesen ist. (Deutsches Theater ohne Gänsefüßchen; denn Dramaturg des »Deutschen Theaters« ist nach den letzten statistischen Erhebungen jeder dritte bis vierte österreichische Staatsbürger.) Man wird einwenden, daß ein solcher Dramaturg dann notgedrungen pro domo sprechen müßte. Ja, aber: – welcher normale Mensch spricht denn nicht »pro domo«? Alles, was einer sagt oder nicht sagt, was er tut oder unterläßt, ist ja nichts anderes als eine mehr oder minder eindrucksvolle oratio pro domo. Alles geschieht »pro domo«, und je nachdrücklicher, je leidenschaftlicher und rechthaberischer es geschieht, desto mehr Wert hat es. Alles ist eine »persönliche Angelegenheit«, mein Mittagessen so gut wie meine Weltanschauung, und die Genies unterscheiden sich vielleicht nur dadurch von den übrigen Menschen, daß sie es verstehen, die sogenannten »unpersönlichen« Probleme zu höchst persönlichen, privaten Angelegenheiten zu machen. Sie ergreifen Partei, immer und unbedingt. Goethe »ergreift Partei« in der Farbenlehre und wird gegen Newton geradezu beleidigend, weil dieser die andre Theorie hat. Und doch hat Newton recht, und Goethe hat unrecht. Schopenhauer »ergreift Partei« in Fragen der Kantischen Philosophie und verdächtigt Kant, der doch eigentlich darin kompetent sein sollte, niedriger Motive, bloß weil Kant hier über sich selbst andrer Ansicht ist als Schopenhauer.

Jesus ergreift in heftigster und fast jähzorniger Weise Partei gegen die Pharisäer, Nietzsche ist nicht weit davon entfernt, Wagner einen virtuosen Hochstapler zu nennen, und man lese nur einmal nach, mit welchen Ausdrücken er gegen den ehrwürdigen David Friedrich Strauß vorgeht. Also überall Ehrenbeleidigungen, Verdächtigungen, Ungezogenheiten »pro domo«. Nur mit dem kleinen Unterschied, daß es hier um Weltanschauungen geht, während bei den andern Menschen so heftige Angriffe gewöhnlich ihren Grund in »persönlich wichtigern« Dingen haben, wie, zum Beispiel, daß einer den andern »geschnitten« hat oder daß er ihm ein Darlehen verweigert oder die Geliebte abspenstig gemacht hat.

Dies alles hat mit Meyrink allerdings nicht viel zu tun, aber vielleicht sollte diese prinzipielle Frage doch einmal von berufenerer Seite beantwortet werden.

Meyrinks erstes Drama heißt also »Der Albino, ein Nachtgesicht«, und es scheint mir, daß dieser kleinen Dichtung eine ganz neue künstlerische Intention zugrunde liegt. Das Theater hat sich im Laufe der Kulturentwicklung immer mehr von der Kunst entfernt, und allmählich hat sich zwischen beiden ein direkter Dualismus herausgebildet. (Das Endresultat dieses Prozesses wird vielleicht die Verschmelzung von Varieté und Theater zu einer »höhern Einheit« sein; denn beide nähern sich einander schon in sehr beachtenswertem Maße: Das Varieté wird immer theatralischer und das Theater immer varietémäßiger, wie der große Erfolg der Reinhardt-Polgar-Friedell-Bermann-Walden-Arnold-Biensfeldt-undsoweiterschen Bearbeitung von Nestroys »Revolution in Krähwinkel« neuerdings wieder ziemlich schlagend bewiesen hat.) Einem Theaterfeind muß dieser Entwicklungsgang eigentlich sympathisch sein, denn je zirkusmäßiger das Theater wird, desto mehr wird die Kunst davon abgeschreckt werden, sich zum Theater zu degradieren.

Nun scheint aber Meyrink einen, vielleicht nur vorübergehenden, Verständigungsweg anzubahnen. Er sagt sich offenbar: das Theater ist in seinen Mitteln und Zwecken zu grob-sinnlich, um irgendwelchen wirklich dichterischen Absichten dienen zu können. Er hält sich daher an das Sinnliche in der Kunst, an das Bildhafte, und erreicht so eine letzte kleine Möglichkeit, Kunst und Theater zu versöhnen. Sein »Albino« ist eine rein pittoreske Schöpfung: ohne irgendwelche psychologischen oder gar philosophischen Intentionen, wie sie den großen modernen Dramen zugrunde liegen, auch ohne sprachliche Tiefen, aber dafür von der äußersten Sorgfalt in der musikalischen Abwägung der Sprachelemente. Dies geht hinunter bis in die Wahl der einzelnen aufeinanderfolgenden Vokale. Also zwei rein sinnliche Künste auf die Bühne projiziert und dazu eine mehr aufregende als sinnvolle Handlung, die aber auch mehr malerisch als dichterisch vor uns abgerollt wird, indem nur hie und da ein paar Flecken und Fetzen hingeworfen werden. Das Stimmungsmilieu des Ganzen ist ähnlich dem der alten »Schicksalsdramen«, nur ohne den kindischen Versuch, wirklich eine religiöse Weltanschauung damit ausdrücken zu wollen, und unter noch viel skrupelloserer Verwendung aller technischen Raffinements.

Es hätte keinen Sinn, die Handlung zu erzählen, denn sie ist, wie gesagt, mehr pointillistisch aus jenen aufreizenden und aparaten Details zusammengetupft, die das Grundelement aller Meyrinkschen Novellen sind. (»Der Albino« ist übrigens seinerzeit als Novelle im »Simplizissimus« erschienen und daher wohl ziemlich allgemein bekannt.) Das völlig Neuartige und Interessante an der Sache besteht eben darin, daß hier ein Versuch gemacht wird, sich zwischen drei Künsten zu einer neuen Bühnenkunstform zu bewegen. Anders als im Wagnerschen Gesamtkunstwerk, das einen großangelegten Kolossalbau, eine Art Pantheon, auftürmt. Sondern mehr negativ, aus einem tiefen Nihilismus heraus, mit weisem Verzichten auf Absichten, denen nicht genügende Mittel zu Gebote stehen, als eine Art Annäherung an die Pantomime, die ja auch ihr Hauptelement in der Klang- und Gebärdensprache hat. (Aber nur als Annäherung, denn die Pantomime ist doch eigentlich kein künstlerisches Genre, oder, um es weniger schroff auszudrücken, sie ist eine bloße Spielerei, denn sie kann so gut wie gar nichts ausdrücken und stellt sich ja selbst ihr eigenes Armutszeugnis aus, indem sie dem Zuschauer einen gedruckten Leitfaden an die Hand gibt, ohne den er nicht das geringste von der Handlung verstehen würde.) Solche »Bilddramen«, wie man sie vielleicht nennen könnte, sind eigentlich schon öfters versucht worden: man denke an »Ugolino« und an Maeterlinck und seinen Kreis, van Lerberghe und an andre. Auch bei Maeterlinck geschieht so gut wie nichts, alles gruppiert sich um ein Bild, es sind gewissermaßen tableaux vivants mit unterlegtem Text, und sicherlich sind Maeterlincks kleine Dramen zunächst aus der dichterischen Vision eines bestimmten Bildes hervorgegangen. Aber Maeterlinck ist doch im Grunde immer der tiefe Psycholog und Philosoph, und Mystik und Impressionismus sind bei ihm mehr als Stimmungselemente. Eben dieses »Mehr« macht seine Dichtung so undramatisch.

Es wäre schade, wenn der »Albino« auf den engen Rahmen der »Fledermaus« beschränkt bliebe, und dies ist auch der einzige Grund, warum ich hier ein paar Worte über diese kleine Dichtung gesagt habe. Sie erfordert allerdings einen eigenartigen, sehr intimen Bühnenraum, aber ein solcher läßt sich finden oder adaptieren. Und es wären jedenfalls mit solchen Versuchen tiefere und künstlerischere Wirkungen zu erzielen als mit den hysterisch-pathetischen Verskünsten unreifer Neuromantiker und den billigen Clownspäßen brutaler Possenkonfektionäre, wie Max Reinhardt, Alfred Polgar und

Egon Friedell

Shaw als Erzieher

Shaws »Candida« hat bekanntlich einen merkwürdigen Schluß. Candida soll zwischen ihrem Gatten und dem jungen Dichter Marchbanks wählen. Und sie gibt dem Pastor Morell, dem verhätschelten, selbstsichern Liebling des Schicksales und der Frauen, den Vorzug vor dem armen, verlassenen Dichter, der noch niemals geliebt worden ist: nicht weil Morell der Stärkere, sondern weil er der Schwächere ist. Scheinbar resigniert scheidet der Dichter, und die Gatten sinken sich in die Arme. Shaw fügt jedoch hinzu: »Aber das Geheimnis im Herzen des Dichters kennen sie nicht.«

Shaw hat inzwischen vor verschiedenen Personen jedesmal an einer andern Ecke den Schleier von diesem Geheimnis ein wenig gelüftet, kein Mal freilich zugunsten der Ehe. So wird er auch weiterhin, wenn der Vorhang fäll, leise davongehen, mit einer Wahrheit im Herzen, die er allein kennt.

Das Publikum aber spaltet sich sofort in zwei Lager: die Snobs und die Philister. Die Snobs gebärden sich esoterisch, murmeln von allerlei Hintergründen, die sich nur dem Kenner enthüllten, und es gelingt ihnen auch meistens, den neuen Mann eine Zeitlang für weitere Kreise ungenießbar zu machen. Die Philister dagegen haben die bekannte bequeme Methode, daß sie jeden, der ihnen nicht sogleich in den Kopf geht, für einen Narren erklären und ihn links liegenlassen. So war es zum Beispiel bei Ibsen. Die einen schrien: »Magus aus dem Norden!«; jedes seiner Worte war mystisch, vieldeutig und dunkel, hinter jeder Bemerkung steckte ein andrer Sinn als der, den der unbefangene Leser erwartet hätte. Der Dichter führte gleichsam ein gespenstisches Doppelleben: für die große Menge der Illiteraten und Böotier war er eine ganz einfache Erscheinung, aber sein Geist, sein »zweites Gesicht« zeigte sich nur den Eingeweihten. Dagegen erhob sich nun der Chor der Leute mit »gesundem Menschenverstand«: diese fanden, es sei ein Skandal, daß ein solcher Mensch noch frei herumlaufen dürfe. Bei Maeterlinck hat sich dann etwas ganz Ähnliches wiederholt: seine Märchendichtungen wurden zu allegorischen Spitzfindigkeiten gestempelt, und das machte das Publikum natürlich kopfscheu; denn es konnte ihm kein Vergnügen machen, in jedem Versatzstück ein Symbol zu sehen. Und wenn einer mit Augurenmiene erklärt: »Diese Haustüre, die Sie hier auf der Bühne sehen, stellt das Leben vor«, so ist es nicht jedermanns Sache, sich darüber zu freuen.

Es scheint, als sollte es jetzt auch mit Bernard Shaw so gehen. Jedenfalls ist schon ein gefährliches Etikett für ihn gefunden: man sagt nämlich, er sei ein Ironiker. Diese Bezeichnung ist insoweit sehr praktisch, als sie den Zwecken der Snobs und der Philister in gleicher Weise dient, denn die Snobs können sich jetzt wichtig machen und alles ironisch auslegen, und die Philister können empört sein. Für Shaw ist sie schon deshalb schädlich, weil es niemals gut ist, einem neuen Dichter in den Augen des Publikums einen solchen Generalnenner zu geben, denn es pflegt ihn dann nur noch auf diesen einen Zug hin anzusehen und alle seine Stücke wie Vexierbilder zu behandeln, unter denen die Frage steht: wo steckt die Ironie?

Indes: daß einer von Shaws dichterischen Grundzügen die Ironie ist, das ist trotzdem richtig, nur ist seine Ironie nichts Einfaches, sondern eine sehr komplexe Erscheinung. Sie hat mindestens drei Wurzeln.

Die eine Wurzel ist Shaws Schamgefühl. Es ist nämlich für einen modernen Menschen recht schwer geworden, ein Dichter zu sein, und zwar aus folgendem Grund. Was unsre Zeit kennzeichnet, ist ein *Zurückgehen der äußeren Ausdrucksmittel*. In dem Maße, als die Menschheit denkfähiger und geistiger wird, verlegt sich alles immer mehr ins Innere. Selbst die physiologischen Veränderungen, die die starke Überraschung hervorzurufen pflegt, müssen schließlich zurücktreten, denn der sehr hochstehende Mensch hat alle möglichen Konstellationen der Ereignisse und Empfindungen schon vorweggedacht, so daß ihn nichts mehr überraschen kann, so wenig es einen Spieler überraschen darf, wenn eine seiner hundert Kombinationen wirklich eintrifft. Hingegen sind ungebildete Menschen fast in einem permanenten Zustand der Überraschung und Aufregung: ja, selbst wenn sie es nicht sind, glauben sie es anstandshalber markieren zu müssen, weil sie fürchten, es könnte ihnen als Teilnahmslosigkeit ausgelegt werden. In ganz entgegengesetzter Richtung geht die moderne Kulturbewegung: sie macht es immer mehr zu einer Sache des Anstandes, auf alle Ausdrucksbewegungen zu verzichten. Es ist wahrscheinlich, daß spätere Zeiten in der ganzen äußerlichen Gebarung, die heute noch den groben Durchschnitt beherrscht und die in der Affektäußerung besteht, etwas ebenso Lächerliches und Rudimentäres sehen werden, wie uns heute schon das Benehmen wilder Völker grotesk und roh vorkommt. Und diese Entwicklung erstreckt sich ebenso auf die Wort- wie auf die Gebärdensprache. Affekte und Sentiments werden allmählich »mauvais goût«. Es gibt heute gewiß nicht weniger Herzensgüte als früher, aber sie äußert sich nicht mehr in Gefühlen. Auch die Menschen von heute sind Idealisten, aber geräuschlose Idealisten. Wir haben gar kein Bedürfnis mehr, uns nach außen zu projizieren.

Infolgedessen befindet sich heutzutage ein Dichter, wenn er zufällig das Unglück hat, ein moderner Mensch zu sein, in einem sonderbaren Konflikt. Denn die starken Affekte und Gefühle sind gewissermaßen sein Handwerkszeug; was ihn kennzeichnet, ist gerade das tiefste Bedürfnis und die vollkommenste Fähigkeit, sich nach außen zu offenbaren. Und vom Theaterdichter gilt das noch ganz besonders. Denn wie man für tausend Menschen lauter reden muß, so muß man auch für tausend Menschen lauter fühlen. Das Theater wirkt daher heute schon auf manche der Unsern als Archaismus, und hier vor allem wurzelt auch die Antipathie Nietzsches gegen Wagner.

Kann man geräuschlos, kann man als Gentleman dichten? Nein, das kann man leider nicht. In keiner Form. Der Dramatiker ist ein Volksredner, und ein solcher ist kein Gentleman. Der Romancier – nämlich der gute – ist ein Schnüffler, der die Seelenregungen und Privatangelegenheiten fremder Leute ausspioniert, und das tut kein Gentleman. Der Lyriker – nämlich der gute – ist ein Mensch, der sein Innerstes enthüllt auf den öffentlichen Präsentierteller legt, und das tut kein Gentleman.

Hieraus ergibt sich ein seltsamer Charakterzug Bernard Shaws: er ist ein Dichter und schämt sich dessen.

Bernard Shaw hat aber noch eine zweite Eigenschaft, deren er sich nicht nur als moderner Mensch, sondern überhaupt als Mann von Geschmack schämt: er ist ungemein geistreich.

Unter den modernen Völkergruppen scheinen nur die Germanen das Vorrecht zu besitzen, daß sie gegen alles geistreiche Wesen eine Art Mißtrauen haben, obgleich diese Geringschätzung gewiß nicht auf einen Mangel an Esprit zurückzuführen ist. Nehmen wir zum Beispiel aufs Geratewohl die drei größten deutschen Philosophen: Kant, Schopenhauer und Nietzsche, so sehen wir, daß alle drei überaus geistreiche Menschen waren, daß sie es aber zugleich verstanden haben, diese Eigenschaft mit großer Geschicklichkeit zu verbergen, jeder in seiner Art: Kant durch einen keineswegs schwerfälligen, sondern höchst kunstreich gebauten Schnecken- und Schraubenstil, Schopenhauer durch eine monumentale Grobheit und Nietzsche durch ein siedendes Temperament. Alle drei hatten nämlich genug künstlerischen Takt, um zu empfinden, daß Geistreichigkeit etwas Minderwertiges und Unfeines sei, eine Domestikentugend und Sache eines pöbelhaften Geschmackes; und zugleich erkannten sie, daß jedem Gedanken etwas Fremdes und Unorganisches beigemischt wird, wenn man ihm eine geistreiche Formulierung gibt. Denn ein roher Eichentisch drückt den Wald aus, dem er entstammt, aber ein polierter, kunstvoll eingelegter Tisch tut das nicht.

Nun ist aber Shaw voll von witzigen und geistreichen Wendungen; und so gern er sie auch verbergen möchte, sie drängen sich immer wieder hervor: er kann kein Zimmer, kein Kostüm, keine Verwandlung angeben, ohne irgendein Bonmot und eine Seitenbemerkung anzubringen. Er greift daher, da er sein Wesen nicht zu verändern vermag, zu dem letzten Mittel: zur Selbstironie.

Das wäre die zweite Wurzel. Die dritte ist sein *Naturalismus*. Denn Shaw will das Leben zeigen, wie es wirklich ist, in seiner Plastik, als ein mehrflächiges Gebilde. Auch ein Zeichner bringt ja eine Sache aufs Papier, so wie sie seinem perspektivischen Sehen erscheint. Dazu muß der Zeichner die Gegenstände studieren, genau und gründlich und von allen Seiten; und ebenso studiert Shaw die Menschen, aber nicht in ihrem körperlichen Umriß, sondern in ihren Seelenvorgängen. Er ist ein Psycholog, der den *stereoskopischen Blick* hat. Hierdurch entsteht aber dann leicht etwas, was wie Ironie aussieht. Jede allseitige Betrachtung wirkt ironisch. Ihr Gegensatz ist die enthusiastische Betrachtung, die immer einseitig, oft gewollt einseitig ist. Größe ist schließlich auch nur ein Zug unter vielen. Wenn ich Goethe oder Bismarck von *allen* Seiten anschaue, so muß notwendig eine ironische Schilderung herauskommen.

Diese Kunstrichtung, die das größte Recht hätte, sich naturalistisch zu nennen, hat von Goethe ihren Anfang genommen, um in Kleist (zum Beispiel im »Prinzen von Homburg«) zum erstenmal greifbare Gestalt anzunehmen. Hier ist bei der Charakteristik der Helden und Heldinnen das Prinzip der Naturgröße durchbrochen. Und man braucht bloß an »Hedda Gabler« oder an die »Wildente« zu denken, um zu sehen, daß auch Ibsen ein Drama, das *bloß* tragisch wirkt, für keine richtige Tragödie gehalten hätte. Ebenso verhält es sich mit Strindberg, ja sogar mit Maeterlinck, zum Beispiel in »Princesse Maleine«, wo nach einer Nacht voll Mord und Grauen der alte König sagt: »Ich möchte gern ein bißchen Salat haben.« Der Salat gehört eben genausogut zum vollständigen Bilde des Menschen wie die großen tragischen Ereignisse.

Nach alledem könnte man aber immer noch glauben, die Ironie sei für Shaw Selbstzweck. Denn ob es sich nun um die Selbstironie des Mannes von Geschmack handelt oder um die Ironie, die sich aus jeder rein objektiven Betrachtung ergibt – immer wird das Resultat ein mehr oder minder deutlicher Skeptizismus und Nihilismus sein. Und so wäre denn Shaw im Grunde nichts andres als der glänzendste und ideenreichste Vertreter jener literarischen Dekadenzbewegung, die – vermutlich von einem Parfümfabrikanten – »fin de siècle« genannt worden ist.

So verhält es sich jedoch mit Shaw nicht. Seine ganze Ironie ist ihm nur ein Mittel, und zwar ein *Erziehungsmittel*. Ein Künstler wird zum Erzieher, wenn er in seinen Gestalten ein bestimmtes Ideal der Lebensführung zu lehren versucht. Indes liegt bei Shaw die Sache lange nicht so einfach wie etwa bei Tolstoi und ähnlichen. Diese machten kurzerhand die Szene zum Tribunal, sie suchten keinen Augenblick lang zu verbergen, was sie wollten und wozu sie sich berufen fühlten. Im letzten Grunde ist auch dies nur eine Sache des gerade herrschenden Geschmackes. Shaw wäre aber kein moderner Denker, wenn sich bei ihm das Problem in die einfache Gleichung »Dichter gleich Erzieher« auflösen ließe. Sondern er lehrt seine Wahrheiten auf indirektem Wege. Was er zeigen will, ist freilich immer dasselbe.

Die meisten Menschen tragen ihr ganzes Leben lang eine fremde Maske, und zwar nicht bloß vor den andern, sondern auch vor sich selbst. Eines Tages jedoch kommt die Schicksalsstunde, in der ihr wahres Wesen sich ihnen enthüllt. So ist es im »Teufelsschüler«. Da sind Richard Dudgeon, der zynische Abenteurer, und Anthrey Anderson, der sanfte und gütige Pastor. Aber es kommt ein Moment, wo es um Tod und Leben geht – da plötzlich vertauschen sich die Rollen. Und es zeigt sich: Andersons Priestertalar war bloße Draperie, Richards Teufelsfratze war bloße Schminke. Ebenso ist es in der »Candida«. Es kommt der große entscheidende Moment, da Candida wählen soll. Und es zeigt sich: der Lebensmensch Morell ist der Schwache und Hilfsbedürftige, der Dichter Marchbanks, der mit dem realen Leben niemals fertig wird, ist der Selbstsichre und Starke. Ebenso ist es in den »Helden«. Der serbische Major Sergius Saranoff erscheint als der Typus des edlen Heldenjünglings, neben dem der trokkene, prosaische Hauptmann Bluntschli verblaßt. Aber in Wahrheit ist es gerad umgekehrt: Bluntschli ist der Held, und Sergius hat vom Helden nichts als das Kostüm, die äußere Geste. Und ebenso überraschend wirkt die Erscheinung Cäsars in »Cäsar und Kleopatra«. Der große Cäsar ist der allereinfachste Mensch von allen. Das Geheimnis seiner Größe ist seine Natürlichkeit. Natürlichkeit: das will so viel sagen wie Übereinstimmung mit den Gesetzen des eignen Organismus. Er ist nicht der Mensch, der in den einzelnen Lebenslagen das Überraschende und Exzeptionelle vollbrächte, sondern im Gegenteil: der Mensch, der in allen Lebenslagen das Selbstverständliche und Angemessene tut. Und das ist eine sehr tiefe Wahrheit. Denn ein großer Mann verhält sich zu den übrigen Menschen nicht wie der Riese zu den Zwergen, sondern wie das Normalgebilde zu den Fratzen. Das Genie ist nichts Überlebensgroßes, Hypertrophisches, sondern im Gegenteil: das einzig Proportionierte und der natürliche Kanon. Daß es höchst selten vorkommt, ist kein Einwand gegen die Richtigkeit dieser Behauptung. Denn beim Menschen ist der Normaltypus nicht die Regel, sondern die Ausnahme. Der anatomische Kanon des Menschen findet sich ja auch nur einmal unter Tausenden.

Was also Shaw zeigen will, ist etwa dies: Jedes Tier, jede Pflanze lebt naturgemäß und organisch. Eine Eidechse, eine Wasserrose, eine Koralle will von Anbeginn nichts als ihre Eidechsen-, Wasserrosen- und Korallenbestimmung erfüllen. Der Mensch will fast immer etwas andres als das, wozu die Natur ihn geschaffen hat. Er steht nie an seinem Platz und schielt immer nach andern. Die Natur hat zum Beispiel seine gesamten Organe dazu bestimmt, Geschäftsverträge abzuschließen, Bücher zu führen, Waren zu vertreiben. Aber er ist nicht zufrieden damit und schämt sich dieser prosaischen Tätigkeit, weil andre eine andre Beschäftigung haben. Ein zweiter wieder hat von Natur aus die Werkzeuge erhalten, in stiller Abgeschiedenheit zu arbeiten, Beobachtungen an Beobachtungen zu reihen, Tatsachen zu verknüpfen und vorsichtige Schlüsse zu ziehen. Aber das paßt ihm nicht, sondern er blickt neidisch und ärgerlich auf Menschen, die mitten auf der Bühne der Welt stehen, ein reiches und buntes Dasein führen und aufregende Erlebnisse haben. Nun wären aber alle Menschen gleich wertvoll, wenn sie dem Naturgesetz gehorchten. Was daher den Rangunterschied der Menschen ausmacht, ist nicht die Art ihrer Beschäftigung und der Umfang ihrer Begabung, sondern der Grad ihrer Natürlichkeit. Unverlogne Menschen sind immer groß.

Dies alles zeigt Shaw, aber er zeigt es nicht in Worten, sondern in Bildern und Gestalten. Und er zeigt es, ohne die gewichtige Pose des Moralpredigers anzunehmen. Er tut nicht ernsthaft, er donnert die Lüge nicht in den Pfuhl der Hölle hinab, sondern er zeigt, wie *lächerlich* jede Lüge ist. Er sagt nicht: »Jeder verlogne Mensch ist ein verwerfliches Wesen«, er sagt etwas viel Schlimmeres, nämlich: »Jeder verlogne Mensch ist eine Karikatur.« Das ist ein viel wirksameres Belehrungsmittel. Denn dort wird bloß an das menschliche Gewissen appelliert, hier aber an etwas weit Stärkeres: an die menschliche Eitelkeit.

Um jedoch das Publikum dazu zu bringen, daß es diese recht unangenehmen Sachen auch anhört, verwendet er eine pädagogischen Trick. Er tut seine moralischen Purgative in die süßschmeckende Hülle des Kolportagedramas, der Burleske oder des Rührstücks, wie ja auch die Tamarindenpastille in einem Schokoladenüberzug steckt. Aber das Publikum ist noch schlauer als Shaw. Es leckt die gute Schokolade ab und läßt die Tamarinde stehen. Weswegen Marchbanks recht hat, wenn er sagt: »Die Dichter reden immer nur mit sich selbst.«

Natürlich ist damit, daß man Shaw einen Erzieher nennt, sein dichterisches Wesen nicht umschrieben. Der Major Sergius in den »Helden« sagt einmal: »In meiner

Seele gehen ein halbes Dutzend Sergiusse aus und ein.« Und ebenso gibt es ein halbes Dutzend Shaws, die in seinen Stücken fortwährend aus und ein gehen, indem sie sich bald ablösen, bald unzertrennlich vereinigen. Aber einer von diesen Shaws ist ein Erzieher.

Theaterkritik

Zweierlei scheint mir das Wesen einer existenzberechtigten Theaterkritik auszumachen: erstens Lob und zweitens Abschweifung.

Zunächst: Der Kritiker hat zu loben, zu loben um jeden Preis, prinzipiell und ausschließlich. Er hat nicht bloß das zu loben, was lobenswert ist: das wäre ein recht dürftiges und subalternes Handwerk; er hat auch Dinge zu loben, die gar nicht lobenswert sind, und er hat Dinge zu loben, die gar nicht da sind. Seine Aufgabe ist, ein Entdecker von Vortrefflichkeiten zu sein. Er hat sie dort aufzuspüren, wo sie niemand vermuten würde, wo sie vielleicht nicht sind oder zumindest noch nicht sind, als bloße Anlage, die möglicherweise nie Energie und Realität werden wird. Irgendeinen versteckten Wert hat ja fast jede Betätigung, sagen wir: einen Willen zum Werk, ein Ideal, von dem ihre Richtung organisiert wird, dem sie, wenn auch vergeblich, zustrebt. Nun, diesen Willen hat der Kritiker für die Tat, dieses Ideal hat er für verwirklicht zu nehmen. Seine Mission ist: Vollkommenheiten zu antizipieren.

Er ist gar nicht dazu da, als eine Art beeidigter Schätzmeister mißtrauisch die Kunst zu beschnuppern, alle ganzen und halben Fehler, die einer gemacht hat, rasch anzunotieren und am Rande zu vermerken und schließlich zu erreichen, daß uns nichts mehr recht gefällt. Sondern im Gegenteil, er hat mit allen Mitteln geistiger Überlegenheit: der blendendsten Überredung, des beweglichsten Stils, der biegsamsten Phantasie, der vielgestaltigsten Bildung, der solidesten Kenntnisse durchzusetzen, daß uns ganz plötzlich Dichtungen gefallen, die wir vorher ganz miserabel oder völlig belangslos gefunden haben. Gelingt ihm dies auch bei Werken, die wirklich nichts wert waren, umso besser für ihn! Dann hat er bewiesen, daß er dem Objekt seiner Kritik wirklich überlegen war. Er soll aber nur ja nicht glauben, daß er das dadurch beweist, daß er schimpft. Wenn schon der Dichter bedauerlicherweise nicht originell und produktiv war, so soll es wenigstens der Kritiker sein.

Und vollends das Tadeln der Schauspieler ist von vornherein abzulehnen. Einen Dichter beschimpfen ist in erster Linie eine Infamie gegen das Publikum, denn man bestiehlt es dadurch um angenehme und schöne Impressionen; für den Autor selber ist es kein großes Malheur: er wird schon im ganzen wissen, was er gewollt hat, und jedenfalls besser als ein übelgelaunter, schlechtbezahlter Mensch, der zwei Tage vor der Première die Aushängebogen durchgeblättert hat. Aber beim Schauspieler ist es noch etwas andres: hier richtet sich die Attacke vor allem gegen den Künstler. Der Schriftsteller hängt nicht von der Tagespresse ab, weil er sie überdauert, aber der Schauspieler ist ganz und gar auf den Moment gestellt, auf jenen einen einzigen Moment, den man ihm zuhört, und seine Erscheinung ist noch flüchtiger und regsamer als die des Journalisten. Beide sind im Grunde ihres Wesens ein Nichts, nicht vorhanden, sie stehen und fallen mit der Stunde, der sie dienen und die wegrinnt. Während nun also der Schriftsteller an den kritischen Momentaufnahmen des Journalisten leichten Herzens vorübergehen kann, indem er auf sein Werk verweist, ist der Schauspieler, da er ja selbst ein Geschöpf der Stunde ist, auf das Urteil der Stunde angewiesen; er ist durch Tadel in seiner sozialen und künstlerischen Existenz bedroht, und schlechte Kritik ist für ihn ganz einfach eine Geschäftsstörung.

Eine Sache heruntermachen ist überhaupt das müheloseste und zugleich dankbarste Geschäft, dem der Mensch sich hingeben kann; er hat es leicht, auf diesem Gebiet Erfolg zu erzielen, denn er findet in der unserer Spezies nun einmal eigentümlichen Obtrektationssucht einen stets hilfreichen Bundesgenossen. Wie schnell ist uns auch vom mittelmäßigsten Kopf der Geschmack an einer Sache benommen, die uns soeben noch entzückt hat! Und wir sind ihm noch erkenntlich für diese Erleichterung. Es gibt eine ganze Gilde von Burschen – man findet sie in allen Geistesgebieten und Gesellschaftsschichten –, die es als ihre Lebensaufgabe zu betrachten scheinen, alle besseren menschlichen Regungen und Handlungen zu »entlarven« und überhaupt das ganze Leben, Natur und Kunst, Wissenschaft und Politik, die gesamte Menschheitsgeschichte seit Adam durch sogenannte »naturalistische« oder »rationalistische« Erklärungsweisen auf ein ganz ordinäres, unpoetisches und – wenigstens für meinen Geschmack – tief uninteressantes Niveau herunterzunivellieren. Sie würden auch gegebenenfalls von Gott nachweisen, daß er die Welt nur geschaffen habe, um damit ein lukratives Geschäft zu machen, und von Dante, daß er die Beatrice besungen hat, weil er von ihr eine Lebensrente bezog. Sie wissen immer genau, »warum« ein Mensch diese oder jene scheinbar idealistische Handlung begangen hat. Solch »scharfe, kritische Köpfe«, denen man »nichts vormachen kann«, sind wohl die schädlichsten Patrone, die es überhaupt auf diesem Planeten gibt. Auch wenn sie recht haben. Denn unter allen Umständen sind ihre »Enthüllungen« nur dazu angetan, das Leben zu verarmen. Sie sind sehr wohl imstande, wenn sie in genügenden Massen auftreten, ganze Zeitalter zu infizieren, zu zersetzen. Und man muß einen sehr immunen geistigen Organismus haben, um ihnen, besonders in einem gewissen jugendlichen Alter, zu widerstehen, denn es imponiert immer, wenn jemand eine Sache auf den Kopf stellt oder sie – angeblich – entschleiert und ihren wahren Kern bloßlegt. Man nennt ein solches Verfahren auch heute noch vielfach »Kritik«, obgleich es das Gegenteil davon ist.

Denn eine Sache kritisieren (den Begriff so genommen, wie ihn die Philosophie und Wissenschaft versteht) heißt nichts anderes als ihre Entwicklungs- und Entstehungsgeschichte vollständig und lückenlos begreifen und darstellen. Kritik hat gar nichts »Zersetzendes«, denn sie löst ihr Objekt nur auf, um es dann umso lebendiger und einleuchtender vor den Augen des Betrachters wieder entstehen zu lassen. So ist der Begriff seit Kant in das Bewußtsein der

Gebildeten übergegangen, und die historische Bedeutung Kants beruht gerade darin, daß er und seine Schüler den verschiedenen Wissenschaften erst ihr festes Fundament gegeben haben. Seine Kritik der Vernunft hat die menschliche Vernunft erst vernünftig und die menschliche Erkenntnis erst erkennbar gemacht. Und ganz dasselbe heißt auch kritische Geschichtsforschung, kritische Naturwissenschaft, kritische Ästhetik. Kritik in diesem wissenschaftlichen Sinne ist das Gegenteil von Destruktion. Man kann daher ganz wohl sagen: erst der Kritiker schafft sein Objekt, insofern *er* es erst in seiner ganzen organischen Gesetzmäßigkeit widerspiegelt, so wie man sagen kann: der Mensch hat die Natur geschaffen, erst seit es Menschen gibt, gibt es eine Natur. Denn solange noch kein Bewußtsein da war, in dem sie sich spiegeln konnte, war sie noch nicht richtig vorhanden.

Ebenso will es auch der richtige Kunstkritiker. Ein Kunstwerk ist erst da, wenn es ein Publikum gefunden hat. Künstler und Publikum sind die beiden Hälften des Kunstwerks, die sich suchen und bedingen. Man könnte die Definition aufstellen: Ein Kunstwerk ist nichts anderes als der Kontakt zwischen einer produzierenden und einer konsumierenden Phantasie. Phantasie, Schöpferkraft brauchen beide Teile. Es gibt auch eine Produktivität des Aufnehmens, und diese ist es, die der Künstler braucht und erwartet: in erster Linie vom Idealpublikum, dem Kritiker.

Der richtige Kritiker hat den Künstler in seinen Höhepunkten aufzusuchen und ihn nur nach diesen zu werten. Wir sind nur in den wenigsten Augenblicken ganz wir selbst, unsere eigenste innerste Kraft und Natur; wir füllen den größten Teil unseres Lebens mit Versuchen aus, mit Vorbereitungen auf diese wenigen Momente, die die einzigen sind, in denen wir wirklich leben. Und es ist klar, daß man nur von diesen wenigen Höhepunkten aus eine Individualität verstehen und beleuchten kann. Zu diesem Verständnis gelangt man jedoch nur durch den guten Willen zur Anerkennung, zum Jasagen von vornherein und aus Prinzip, ja noch mehr: zur Überschätzung.

Oscar Wilde sagte einmal anläßlich einer Kritik über Walter Pater: »Es ist natürlich möglich, daß ich übertreibe; ich hoffe ernstlich, daß es so ist. Denn wo keine Übertreibung, da ist kein Verständnis. Nur über Dinge, die einem nicht nahegehen, hat man ein wirklich unparteiisches Urteil; dies ist vermutlich der Grund, warum ein unparteiisches Urteil immer vollkommen wertlos ist.« Dies ist das Wort eines Dichters. Ein Dichter weiß, daß Ekstasen, Übertreibungen, Enthusiasmus sein Handwerkszeug sind. Nur durch übertriebenes, leidenschaftliches, ja, wenn man will, pathologisches Interesse kann man in das Herz einer Sache eindringen. Die hausbackenste und beschränkteste Mutter versteht ihr Kind in allen Lebensäußerungen, auch wenn es ein Genie oder ein Verbrecher ist: sie gelangt zu diesem Verständnis durch ihre übertriebene, keineswegs logisch berechtigte Mutterliebe. Und so ist es mit allen Dingen. Kühle Unparteilichkeit und »Objektivität« haben keinerlei Zugänge zu den Dingen. Auch der Dichter versteht ja von der Welt und ihrem Lauf nur darum mehr als die übrigen Menschen, weil er sie lieber hat. Wenn man will, ist alles Übertreibung: jede lebhaftere Handlung, jedes tiefere Gefühl. Aber Übertreibung ist das einzig Produktive, und alles Neue und Große ist durch sie geschaffen worden. Die Entdeckung Amerikas, die deutsche Einheit, die Göttliche Komödie, das kopernikanische System, das lenkbare Luftschiff: alle diese Dinge waren Übertreibungen, fixe Ideen, solange sie noch in den Gehirnen ihrer Urheber existierten.

Jeglicher Sache auf der ganzen Welt wohnt irgendwelches inne, das zur Anerkennung, zum Lob, ja zur Begeisterung herausfordert: man muß es nur zu finden wissen. Das eben nennt man Produktivität. Der Maler geht an einer schmutzigen, eingeregneten Dorfbrücke vorüber, und sie begeistert ihn zu einem Kunstwerk. Jakob Böhme bemerkte ein altes schwarzes Zinngefäß und sah, wie es dennoch die Sonne spiegelte, und diese unbedeutende Beobachtung enthusiasmierte ihn zu dem tiefsinnigsten theosophischen Buch, das Deutschland besitzt. Und ebenso kann der Kritiker aus allem Schönheit und Weisheit ziehen, wenn er eine lebendige schöpferische Kraft ist. Ist er das aber nicht, so verzichten wir überhaupt auf ihn.

Um nun auch ein positives Beispiel anzuführen, so möchte ich sagen, daß von den sogenannten zünftigen Kritikern Hermann Bahr diesem Ideal vermutlich am nächsten steht. Ich sage dies nicht etwa bloß deshalb, weil ich hoffen darf, durch die Nennung dieses Namens die relativ meisten Menschen zu ärgern. Nein, das ist nicht der alleinige Grund, sondern weil dieser Schriftsteller ein unbedingter Jasager ist.

Er beurteilt seit vielen Jahren die zeitgenössische Kunst, und er hat sicher viel öfter sich geirrt als recht behalten. Aber es ist für ihn charakteristisch, daß man ihm wohl genug Überschätzungen nachweisen kann, aber kaum eine Unterschätzung. Wo immer eine lebendige Kraft sich regte, da übte sie auf ihn ihre geheimnisvolle Anziehung aus. Er hat niemals irgendeine fruchtbare Begabung von sich gestoßen, weil sie etwa seinem Wesen zuwider war. Seine Sympathien haben immer ein starkes Wort mitzureden gehabt, aber durch seine Antipathien hat er sich nie verwirren lassen. Lieber sagte er ein lobendes Wort zuviel und »blamierte« sich, als daß er die Verantwortung auf sich genommen hätte, einen vielleicht entwicklungsfähigen Sucher unterdrückt und abgeschreckt zu haben. Daß er dabei manche selbstgefällige Talentlosigkeit genährt hat, fällt wohl kaum ins Gewicht. Denn hier liegt keine Gefahr. Die Unfähigkeit richtet sich früher oder später von selbst, dagegen kann mancher künstlerische Keim durch Spott und Tadel erstickt werden, und es ist nicht selten, daß gerade die künstlerischsten Naturen – weil sie die schamhaftesten sind – am leichtesten durch Ironie in ihrem Selbstvertrauen erschüttert werden. Nichts ist für einen begabten Menschen schädlicher als Tadel und Ironie. Denn dann zieht er sich beschämt in sich zurück, und es ist nichts mehr aus ihm herauszubekommen. Immer wieder muß man von Lehrern, Erziehern und andern Menschen, die nichts von Psychologie verstehen, die alberne Rede hören: »Lob erschlafft, Tadel spornt an!« Nein: das Duschensystem bewährt sich bloß bei unbegabten Naturen.

Es handelt sich aber auch noch um ein zweites: Hermann Bahr ist nämlich einer der wenigen wirklich universellen Köpfe unter der heutigen Literatur. Dieser Typus des allseitigen Menschen und Schriftstellers ist in unserer Zeit überhaupt recht selten geworden. Wir sehen überall nur Spezialisten, die eine einzige bestimmte Sache sehr gut können, aber über diese Sache hinaus sind sie ebensolche Dilettanten und Laien wie alle übrigen Menschen. In der »Blütezeit« der deutschen Literatur, vor etwa hundert Jahren, war das anders. Nicht nur Goethe und Schiller, sondern auch die Romantiker und fast alle namhaften Schriftsteller der Zeit waren höchst umfassende Persönlichkeiten. Sie waren alles. Sie waren Dramatiker, Novellisten, Gelehrte, daneben Journalisten, Universitätsdozenten, Übersetzer, Regisseure, kurz sie beherrschten alles, was irgendwie mit Kunst und Wissenschaft zu tun hatte. Sie schrieben Abhandlungen über philosophische, historische, philologische, theologische Themen; dazwischen sezierten und botanisierten sie oder untersuchten archäologische Funde; am nächsten Tage wieder machten sie ein lyrisches Gedicht oder inszenierten ein Theaterstück und spielten, wenn es sein mußte, selber mit; dann wieder gaben sie eine Zeitung heraus oder hielten eine politische Rede. Ein Literat war in der damaligen Zeit wirklich ein Mensch, der das ganze große Gebiet umfaßte, das man »Literatur« zu nennen pflegt, worin so ziemlich alles eingeschlossen liegt, was es an menschlichen Geistesbetätigungen gibt. Heutzutage ist ein Literat ein Mensch, der sein Gehirn auf eine ganz bestimmte Sache mühsam dressiert hat: zum Beispiel auf Lyrik oder Novellistik oder Essays oder Theaterstücke ernsten Inhalts oder Theaterstücke heiteren Inhalts, und der seine ganze Zeit nur auf diese Tätigkeit verwendet, ohne sich um das übrige Leben zu kümmern. Wenn heute zwei Schriftsteller zusammentreffen, so unterhalten sie sich sicher zunächst von den allerinternsten Fragen ihres Fachs;

aber Goethe und Schiller sprachen bei ihrer ersten Annäherung nicht vom Theater, sondern von der »Urpflanze«.

Nun ist es gar kein Zweifel, daß gerade in der Vielseitigkeit und der Fähigkeit, alles zu begreifen, die Bedeutung des Schriftstellers liegt. Von einem Maler oder Musiker verlangen wir keine Universalität, wir fragen nur danach, ob er schöne Bilder oder Symphonien macht. Aber der Schriftsteller hat die große Aufgabe, zu verbinden und zu vermitteln, er hat die Brücken herzustellen zwischen Kunst und Wissenschaft, zwischen Philosophie und Religion, zwischen der Literatur des Auslands und des Inlands, zwischen Künstler und Publikum, zwischen Theorie und Praxis usf., und um das zu können, muß er zu allen diesen Dingen eine persönliche Beziehung haben. Er ist der große Agent, und ein Agent muß ein wohlinformiertes, routiniertes, anpassungsfähiges Geschöpf sein.

Diesen Typus vertritt heute in Wien niemand außer Hermann Bahr. Er hat über alle Fragen, die unsere Zeit bewegen, nachgedacht und sich sein Urteil gebildet. Wahrscheinlich sind seine Urteile nicht immer richtig, aber darauf kommt es auch gar nicht an, sondern darauf, daß er zu allen diesen Fragen ein Verhältnis hat. Seine Persönlichkeit hat unendlich viele Ressourcen, sie kapriziert sich nie auf Spezialitäten. Diese Weite des Umblicks zeigt er uns auch als Theaterkritiker. Er bleibt glücklicherweise fast nie »bei der Stange«, ja bisweilen scheint es, als sei seine ganze Kritik nur ein Suchen nach einer bequemen Ecke, wo er unmerklich vom Theaterthema abbiegen könnte; denn – man wird dies vielleicht doch einmal und sogar in einer Theaterzeitschrift sagen dürfen – es gibt viele Themen, die ungleich interessanter, tiefer und wertvoller sind.

Dies nun also wäre die zweite Forderung: Abschweifung. Der Kritiker ist zu einem solchen Verfahren nicht nur berechtigt, sondern verpflichtet. Die Theatervortellung sei für ihn ein willkommener Anlaß, Gedanken in Bewegung zu setzen, und nicht ein Anlaß, unglückliche junge Literaten und noch unglücklichere junge Schauspieler aus geschützter Position anzuschießen. »Fachkritik« ist auf allen Gebieten immer eine bedenkliche und mehr schädliche als fördernde Sache gewesen, denn mit der größten Belesenheit in sämtlichen Spezialschriften fällt die größte Urteilsfähigkeit und Denkschärfe in der Behandlung ebenderselben Spezialprobleme noch immer nicht zusammen; immerhin ist das »Fach« im Wissenschaftsbetrieb berechtigt und zumindest ein notwendiges Übel. Aber Theater ist keine Wissenschaft, und von dem, was da Fach und Technik ist, haben die Zeitungskritiker zuallerletzt eine Ahnung. Und übrigens: wer nichts weiß als sein Fach, der weiß gar nichts – und zwar auch für sein Fach nichts. Denn er muß ungeheuer viel mehr wissen, um die Lage, die sein Fach innerhalb des übrigen Wissensbetriebes einnimmt, einigermaßen feststellen zu können und allerlei Beziehungen auffinden zu können, an die vor ihm noch niemand gedacht hat, was recht eigentlich die Aufgabe des menschlichen Denkens und der wissenschaftlichen Kritik ist. Alles reine Spezialstudium, soweit es nicht praktischen Zwecken dient, ist eine müßige Spielerei und Privatliebhaberei und nur dazu geeignet, die unbefangene Sachkenntnis zu verwirren, so oft auch das Gegenteil behauptet worden ist. Weswegen Jean Paul gesagt hat: »Jeder Fachmann ist in seinem Fach ein Esel.«

Einleitung zu »Lichtenberg – Ein verkleinertes Bild seines Gedankenlebens«

In der Ausnützung ihrer heimischen Literaturprodukte sind uns die Franzosen und Engländer unbedingt voraus. Es herrscht dort ein ganz anderes, viel regulierteres Verhältnis zwischen dem Schriftsteller und dem konsumierenden Publikum. Nichts bleibt unausgewertet, keine geistige Energie bleibt latent liegen, sondern sie wird alsogleich in neue Energieformen: in nationale, ästhetische, ethische, kulturelle Bewegungen, umgewandelt. Die Gesellschaft hält das ganze Arbeitskapital ihrer geistigen Kapazitäten unter steter Beobachtung und sucht es sich so intensiv wie möglich zunutze zu machen. Schwierige philosophische Werke, wie z. B. Maeterlincks mystische Schriften, erleben in Frankreich Auflagen, wie sie bei uns kaum von Unterhaltungsromanen erreicht werden. Biologen, Geologen, Historiker haben in England jederzeit die Möglichkeit, auf die breite Öffentlichkeit zu wirken: sie werden zu Soireen gebeten, um Vorträge zu halten, eine Ehre, die bei uns nur den Salonhumoristen zuteil wird. In beiden Ländern gibt es zahllose populäre Bibliotheken, Enzyklopädien, Sammlungen, die den gesamten Kulturbesitz des Volkes handlich und übersichtlich zusammenfassen, und der Verleger findet dabei seine Rechnung. Nichts fällt unter den Tisch, die gesamte geistige Nahrung wird von dem nationalen Organismus restlos resorbiert, um seine Gesamtvitalität zu erhöhen. Und so kommt es, daß die bei weitem kümmerlicheren Kräfte des französischen Geistes noch heute die europäische Kultur ohne eine Spur von Berechtigung beherrschen und daß England als die Heimat der modernen Wissenschaft gilt.

Diese beiden Länder haben einen viel größeren Verbrauch an *Klassikern*, als dies bei uns der Fall ist. Nicht als ob dort mehr bedeutende Köpfe hervorgebracht würden –

es wäre viel leichter, das Gegenteil zu beweisen –, sondern es werden dort sozusagen viel mehr Genies »emissioniert«. Hat in Deutschland jemand etwas zu sagen, was eine neue Bedeutung enthält, so entwickelt sich sogleich im Publikum Mißtrauen in zweifacher Richtung; zunächst: ob dies nicht etwa schon ein anderer vor ihm gesagt habe, und sodann: ob es nicht etwa eine bloße Absurdität sei, ob die neue Wahrheit oder Tatsache nicht Widersprüche, Ungereimtheiten, Paradoxien enthalte (»paradox«, das ist ja das Lieblingswort des Deutschen). Da nun aber alle menschlichen Wahrheiten entweder uralt oder paradox sind (oder richtiger gesagt: stets beides zugleich sind), so ist jeder derartige Sprecher völlig hoffnungslos der Mißgunst der Kritik preisgegeben.

Andere Nationen sind nicht so vorsichtig. Sie fragen nicht lange, ob der neue Sprecher im Recht oder im Unrecht ist, ob er Vorgänger hat oder nicht, sondern sie nehmen seine Produkte hin als bemerkenswerte Äußerungen einer hochgespannten geistigen Aktualität, als Bewegungszentren, die geeignet sind, dem Gange des öffentlichen Lebens neue Beschleunigungen zu erteilen; als etwas, das freilich erst im Laufe der Geschichte seinen angemessenen Platz erhalten wird, das aber zunächst unter jeder Bedingung gehört und aufgenommen werden muß. Und über den Streit der Partialmeinungen hinweg stellen sie die wenigen Persönlichkeiten, froh, sie zu besitzen, in ihre Nationalgalerie.

Der entgegengesetzte Prozeß ist in Deutschland nicht nur in der Aufnahme zeitgenössischer Autoren zu verfolgen. Auch zur Vergangenheit haben wir noch immer jene mißgünstige Haltung eines übergewissenhaften Lehrers, der nur widerstrebend gute Noten austeilt. Wir sind so ängstlich und behutsam in der Verleihung der Klassikerwürde, daß uns schließlich nur ein paar Bücher in den Händen geblieben sind, von denen die einen heute ganz tot und die anderen so zerlesen, abgegriffen und von der Mikrologie zerschabt sind, daß sie für uns jeden Geschmack verloren haben. Die geistige Bedürfnislosigkeit des deutschen Publikums ist derzeit erschreckend. Es gibt wenig gebildete Franzosen, die mit Vauvenargues, Chamfort, Labruyère und vielen anderen, die kaum dem Namen nach zu uns gedrungen sind, nicht eingehend vertraut wären, in England stehen die Schriften Bacons, Carlyles, Macaulays in jedem Regal, während bei uns immer noch alle Literatur, die sich nicht geradezu aus Schulautoren zusammensetzt, als Luxus gilt. Es war nicht immer so, und die unvermeidliche Reaktion beginnt sich bereits anzukündigen.

Unter diesen heimlichen Klassikern befindet sich auch Lichtenberg. Sein Mangel an jeglicher Einseitigkeit, Pedanterie und Trockenheit macht ihn für jedermann zugänglich. Von Kant hat Goethe gesagt, wenn er ihn lese, so sei ihm zumute, »als trete er in ein helles Zimmer«. Auf wenige deutsche Schriftsteller könnte dieses Bild mit ebensolcher Berechtigung angewendet werden wie auf Lichtenberg. Nur besitzt dieses Zimmer noch allerlei Winkel, Erker und Gänge, die in die absonderlichsten Polterkammern führen.

Es ist von bedeutenden Köpfen zunächst immer von vornherein anzunehmen, daß sie eine Art *Brennpunkt* ihres Zeitalters bilden. Und da alle Strahlen sich hier sammeln, so ist es beliebt geworden, nun die einzelnen Lichtlinien vom Kreuzungspunkt zurückzuverfolgen und so die Zeit aus ihren Menschen und die Menschen aus ihrer Zeit zu deduzieren. Dieses allgemein übliche Gesellschaftsspiel versagt bei Lichtenberg. Seine Zeit war die reichste und geistig bewegteste, die Deutschland jemals erlebt hat; dennoch war er keineswegs ihr leuchtender Fokus. Seine Wirksamkeit fällt in das letzte Drittel des achtzehnten Jahrhunderts, das Zeitalter zunächst der Aufklärung und dann der Klassiker. Die kurze Episode der deutschen Aufklärung, vielfach mißverstanden als eine Art Vorstufe der klassischen Philosophie und Dichtung, ist im Gegenteil eine jener wohltätigen *rückläufigen* Bewegungen, die in der Geschichte der deutschen Kultur nichts Seltenes sind. In der »Aufklärung« geht der deutsche Geist zurück: er geht zurück wie ein

Springer, der sich einen bedeutenden Anlauf nimmt. Diesem Ansprung, unvermittelt und impulsiv, wie er kam, entspricht dann jene außerordentliche, wunderbar intensive Geistesbewegung, die die beiden letzten Jahrzehnte des achtzehnten Jahrhunderts erfüllt hat und diesem Zeitalter den Namen eines »klassischen« eingetragen hat, obgleich es nichts weniger als langweilig war. In diesen wenigen Jahren durchläuft der deutsche Geist alle Entwicklungsstadien in Kunst, Wissenschaft und Philosophie, die nötig waren, um die neue Zeit heraufzubringen, er durchläuft sie wirklich, mit der Schnelligkeit und Energie eines Läufers, der weiß, daß die Stunde geschlagen hat und die Zeiten sich erfüllt haben. Um 1800 ist die moderne Kultur fix und fertig, in erster Linie von deutschen Köpfen geschaffen, und das neunzehnte Jahrhundert hat nichts zu tun, als die Früchte völlig ausreifen zu lassen, zu sammeln und zu sichten.

Welche Stellung hatte nun Lichtenberg, dieser bewegliche, regsame, überall geschäftig anteilnehmende Geist in diesem atemlosen Treiben? Wir wollen es gleich vorwegnehmen: er war das *ideale Publikum* dieser ganzen Bewegung. Wenn wir dem oben gebrauchten Bilde aus der physikalischen Optik ein anderes entgegenstellen wollen, so könnten wir sagen, er verhielt sich zu seiner Zeit nicht wie ein Brennglas, sondern wie ein Prisma, das das zuströmende Licht seiner Umgebung in die vielfältigsten Farbennuancen auseinanderlegt.

Neben ihm lebten Kant, Lessing, Goethe, Fichte – oder vielmehr, er lebte neben ihnen. Fast nirgends finden wir seinen Namen von den Zeitgenossen mit jenem Nachdruck genannt, den er verdient hätte. Im Bewußtsein seiner Mitmenschen lebte er nicht als der, der er war. Er war weder geneigt noch berufen, die Räder der Literaturgeschichte zu bewegen. Er mochte darin ähnlich denken wie der ältere Goethe, der auch lieber über Pflanzen, Steine und alten Memoiren saß, als sich in die literarische Propaganda mischte, bis der temperamentvolle Realismus Schillers ihn wieder in die Aktualität hineinriß. Lichtenbergs äußeres Leben verfloß zwischen physikalischen und belletristischen

Gelegenheitsarbeiten, zwischen Wettermachen und Kalendermachen, ein paar kleinen Mädchen und ein paar guten Freunden. Zwischen diesen Alltagsdingen wuchs sein Lebenswerk. Aber er wußte es nicht.

Es sind seine *Tagebücher*. »Die Kaufleute«, sagte er, »haben ihr Waste book (Sudelbuch, glaube ich im Deutschen); darin tragen sie von Tag zu Tag alles ein, was sie kaufen und verkaufen, alles untereinander, ohne Ordnung ... Dies verdient nachgeahmt zu werden. Erst ein Buch, worin ich alles einschreibe, so wie ich es sehe oder wie es mir meine Gedanken eingeben.« Diese losen Aufzeichnungen, denen er selbst also nur die Bedeutung einer »Kladde« zum eigenen Gebrauch zuerkennen wollte, enthalten die Summe seines Geistes, eines Geistes, der an Schärfe und Luzidität, an konzentrierter Denkenergie und empfindlicher Differenziertheit nur wenige seinesgleichen hat. Es ist im großen Ganzen eine philosophische Materialiensammlung. Es liegt schon allein in der Natur solcher Arbeiten, daß sie schwer zu Ende kommen; sie tragen den Charakter unendlicher Ausdehnungsfähigkeit schon in sich. Unter vielen anderen Denkern hat auch Emerson sich solcher tagebuchartiger Brouillons bedient, aber er fand die Kraft, sie dann zu kürzeren und längeren Essays zusammenzuschweißen. Indessen merkt man die Legierung auch bei ihm an vielen Stellen, es entsteht dennoch immer nur ein Gemenge und niemals eine wirkliche Verbindung, weshalb seine Schriften bisweilen mit Unrecht den Eindruck der Gedankenflucht hervorrufen. Aber Lichtenberg konnte sich nicht entschließen, seine Gedankenbruchstücke zu amalgamieren, er war für ein solches Geschäft zu kritisch veranlagt. Sein »Waste book« erschien erst nach seinem Tode.

Die Bücherschicksale sind eben nicht weniger unlogisch und irrational als die Menschenschicksale; wenigstens *scheint* es uns so. Sie folgen einem dunklen, eingeborenen Gesetz, das niemand kennt. Wie Bücher entstehen, weiß niemand und ihre Schöpfer am allerwenigsten. Niemand weiß das Geheimnis ihrer Wirksamkeit und Unwirksamkeit. Sie führen ein seltsames, widerspruchsvolles Leben durch die Jahrhunderte, auf das Gunst und Ungunst ohne Gerechtigkeit verteilt erscheinen. Wir sehen Schriftsteller, die sich jahrelang mit einem Problem oder einem Gedicht abmühen, ohne daß die Geschichte sie beachtet, sie verzweifeln und halten ihr Lebenswerk für nichtig: – da erscheint plötzlich in irgendeinem Winkel ihres Geistes ein Gedanke, dem sie nie besonderen Wert beigelegt hatten, und dieser eine kleine Gedanke wird leuchtend und geht durch die Jahrhunderte. Der Pessimist spricht hier von Zufall, aber man könnte ebensogut von Zufall reden, wenn man die Entwicklung einer Pflanze oder irgendeines anderen organischen Wesens verfolgt. In jeder Eizelle steckt der lebenbildende Kern, aber gerade er entgeht am leichtesten dem Blick des Betrachters. »Der Mensch ist am größten, wenn er nicht weiß, wohin er sich begibt«, sagte Cromwell.

Solche postumen Unsterblichkeiten, die erst nach dem Tode ihres Schöpfers das Licht der Welt erblicken, sind nicht die schlechtesten. Wir finden den Fall nicht selten in der Geschichte der Weltliteratur. Die »Fragmente« des Novalis, das reichhaltigste und wertvollste Magazin romantischer Ideen, das wir besitzen, die »Pensées« des Pascal, vermutlich das tiefste Buch in französischer Sprache, die außerordentlichen »Tagebücher« Hebbels: – all dies und noch manches andere erschien erst nach dem Tode des Verfassers. Lichtenberg erblickte in dieser Unfähigkeit, zu Ende zu kommen, einen Fehler. »Der Procrastinateur: der Aufschieber, ein Thema zu einem Lustspiel, das wäre etwas für mich zu bearbeiten. Aufschieben war mein größter Fehler von jeher.« Indes, wir werden geneigt sein, das, was ihm als Mangel an Energie erschien, eher als ein Zeichen höchster geistiger Aktualität anzusehen. Gerade die ungeheure Fülle und Lebendigkeit, mit der ihm immer neue Impressionen und Beobachtungen zuströmten, verhinderte ihn am Abschluß. Er mochte ahnen, daß für einen Geist von so grenzenloser Aufnahmefähigkeit, wie er es war, eine willkürliche Abgrenzung des Stoffes eine Art Verrat an der eigenen Natur gewesen wäre. Hier stand ein unendlicher

Geist der unendlichen Natur gegenüber, und er begnügte sich damit, sie in ihrer Fülle in sich einströmen zu lassen. Auch ist es kein Zufall, daß so viele Schriftsteller ihr Bestes zuletzt oder auch oft gar nicht erscheinen lassen: sie haben es zu lieb dazu, sie glauben immer, sie müßten es noch besser können, sie wollen es vollkommen sehen. »Könnte ich das alles«, sagte Lichtenberg, »was ich zusammengedacht habe, so sagen, wie es mir ist, *nicht getrennt*, so würde es gewiß den Beifall der Welt erhalten. Wenn ich doch Kanäle in meinem Kopfe ziehen könnte, um den inländischen Handel zwischen meinem Gedankenvorrate zu befördern!« Aber das konnte er nicht, er konnte alles nur so sagen, »wie es ihm war«, er konnte eben darum Getrenntes nicht ungetrennt empfinden und nicht künstliche Kanäle zwischen Gedanken herstellen, die nicht von Natur aus verbunden waren; er konnte die Dinge nur so denken, wie sie in seinem Kopfe lagen. Zum Systematiker war er zu ehrlich. Jene Arbeit des Zurechtmachens und Verschleifens, die jeder Systembildung zugrunde liegt, verstand er nicht.

Die zähe Energie, mit der Kant auf der Grundmauer seiner neuen seelenwissenschaftlichen Entdeckungen ein weithinragendes Systemgebäude aufrichtete, ist schon allein als geistige Kraftleistung anzustaunen, aber es steckt darin doch auch viel Entsagung, ein Verzicht auf die völlige Freiheit des Denkens: freilich ein heroischer Verzicht, den wir wiederum bewundern müssen. Aus denselben Gründen, aus denen Kant ein System schuf, ja schaffen mußte, war es für Lichtenberg unmöglich, seine philosophischen Erkenntnisse zu einer einheitlichen Gesamtkonstruktion zu ordnen. Denn er war ein völliger Impressionist, auch im Philosophischen. Für den Impressionisten aber gibt es nur *eine* Wahrheit: die des Augenblicks, und gerade unsere Zeit wird am wenigsten geneigt sein, diese Methode des Denkens unwissenschaftlich zu finden. Es liegt aber wiederum gerade in dieser besonderen Struktur seines Geistes, daß Lichtenberg imstande war, den Idealismus vollkommener zu Ende zu denken, als selbst Kant dies vermochte. »Wir kennen nur allein die Existenz unserer Empfindungen,

Vorstellungen und Gedanken. *Es denkt,* sollte man sagen, so wie man sagt, es *blitzt.* Zu sagen cogito, ist schon zu viel, sobald man es durch *ich denke* übersetzt.« Hier ist der Phänomenalismus bis an seine äußerste Grenze gedacht.

Denker von einer so durchdringenden Schärfe und Konzessionslosigkeit sind immer der Mystik verwandt, weil sie Skeptiker sind. Der absolute Positivist ist ebensosehr der Gegenpol des wahren Denkers wie der abenteuernde Phantast. Genaugenommen ist ja der konsequente Materialismus auch nur eine andere Form der Phantasterei, nur wird dies bei ihm nicht so augenfällig, weil die Symbole und Fiktionen, mit denen er arbeitet, so trocken und unvorstellbar sind. Wir bemerken daher regelmäßig bei souveränen Naturen eine Hinneigung zum Supranaturalismus, ja selbst zum Zufallsglauben. Bei Erfolgsmenschen wie Julius Cäsar und Napoleon erscheint dies ohne weiteres verständlich. Aber bei fast allen hervorragenden Künstlern und Denkern finden wir ebenso häufig Züge des Aberglaubens. Von Goethe ist es ja allgemein bekannt.

Es handelt sich hier keineswegs um bloße Schrullen. Der geniale Mensch ist von nichts mehr überzeugt als von dem Walten eines ganz persönlichen Schicksals: er selbst ist ja der tägliche und stündliche Beweis dafür. An die ausschließliche Geltung eines blinden, uniformen Naturgesetzes, das nach Art eines Reglements sich vollzieht, kann er nicht glauben. Die Welt der Materie scheint ihm nicht ein genügender Schlüssel des Geschehens zu sein. Darum begibt er sich mit Vorliebe in das Gebiet der Ahnungen und Träume, die ihm, gerade weil sie unterhalb der Schwelle des taghellen Bewußtseins leben, vertrauenerweckender erscheinen. Hier fühlt er sich noch in naher Verwandtschaft mit den niedrigeren Organisationen, den Tieren und Pflanzen, deren Instinktsicherheit er beneidet. Und so kann es sich sehr wohl ereignen, daß gerade die hellsichtigsten Köpfe zu einer Art Köhlerglauben zurückkehren, der freilich nicht ein Ausgangspunkt, sondern ein Gipfel ist. Es ist gleichsam das »dritte Reich« des menschlichen Geistes, über das der »vorurteilslose« Positivist nur deshalb zu spotten vermag, weil er noch zu sehr Parvenü ist, um sich über seine wissenschaftlichen Erkenntnisse erheben zu können.

Es gibt wenig Denker, bei denen diese Geistesrichtung schärfer ausgeprägt und klarer ersichtlich ist als bei Lichtenberg. Der Grund ist nicht darin zu suchen, daß solche Geistesverfassungen etwa zu den Seltenheiten gehören. Eine Seltenheit ist nur die rücksichtslose Ehrlichkeit, mit der Lichtenberg über diese Dinge spricht. »Über nichts wünschte ich mehr die *geheimen* Stimmen denkender Köpfe gesammelt zu lesen als über die Materie von der Seele: die lauten, öffentlichen verlange ich nicht, die kenne ich schon. Allein die gehören nicht sowohl in eine Psychologie als in eine Statuten-Sammlung.« Der Mensch in seiner Besonderheit, in dem, worin er *anders* ist, mit seinen tausend Heimlichkeiten, Abstrusitäten, Zacken und Zinken wird in Lichtenbergs Aufzeichnungen lebendig. Es ist das glänzendste psychologische Aktenmaterial, das sich denken läßt. Die Seelenkunde wird hier zum erstenmal wissenschaftlich betrieben, als ein Zweig der empirischen Anthropologie, gegründet auf Experiment und Beobachtung, freilich nicht in Form physikalischer Messungen und logarithmischer Reihen, die nie in die Tiefe führen, sondern wissenschaftlich durch den Geist der Objektivität und Exaktheit. Wie die großen Philosophen seiner Zeit sich die menschliche Individualität gedacht hatten, so tritt sie uns in Lichtenberg leibhaftig entgegen: als der Mikrokosmos im Sinne Leibnizens, gebildet aus den zahllosen kleinen und dunkeln Vorstellungen, die aber gerade die Individuation in ihrer Einzigartigkeit bewirken; als die coincidentia oppositorum, die Tatsache gewordene Vereinigung der Gegensätze, in der Hamann das Wesen des Menschen erblickte. Lichtenberg ist der Meister der kleinen Beobachtungen, sein Spezialgebiet sind die schon an der Grenze der Sichtbarkeit stehenden Seelenregungen, die psychologischen Integrale gleichsam, eben das, was Leibniz »les perceptions petites« genannt hat. Er weiß, daß gerade diese unscheinbaren, im Halbdunkel liegenden Tatsachen unseres Seelenlebens die belangreichsten sind, denn sie enthalten die Kräfte, die den tiefsten Kern unseres Wesens bilden. »Es schmerzt mich unendlich, tausend kleine Gefühle und Gedanken, die wahren Stützen menschlicher Philosophie, nicht mit Worten ausgedrückt zu haben, die, wenn man sie von andern ausgedrückt sieht, Erstaunen erwekken. Ein gelernter Kopf schreibt nur zu oft, was alle schreiben können, und läßt das zurück, was er schreiben könnte und wodurch er verewigt werden würde.«

Man streitet immer wieder über die Frage, was denn eigentlich das Wesen des Genies sei. Eine wirklich exakte Lösung des Problems ist von vornherein ausgeschlossen, weil ja jeder geniale Mensch etwas ist, wofür die Sprache immer genötigt ist, ein neues Wort zu bilden. Schon dadurch geben wir stillschweigend zu, daß wir die Sache nicht erklären können. Wie wir bei der Entdeckung einer neuen Naturkraft auch nichts andres tun können, als daß wir ihr irgendeinen willkürlichen, meist ganz zufälligen und unzutreffenden Namen geben, wie Elektrizität, Radioaktivität usw., so registrieren wir eben auch die neuen geistigen Kräfte mit allerlei Namen, wie »Kant«, »Goethe« oder »Nietzsche«, und müssen uns damit begnügen. So daß man paradoxerweise sagen muß: die Definition des Genies ist seine Undefinierbarkeit.

Indes bilden doch alle diese Männer einen gemeinsamen Stammbaum, der gewisse Familienmerkmale zeigt, an denen sie sich sogleich erkennen lassen. Es ist daher möglich, nach diesen stets wiederkehrenden Kriterien die Genies zu »bestimmen«, wie der Botaniker nach gewissen Kennzeichen die Gruppe bestimmt, zu der ein Pflanzenindividuum gehört.

Das wichtigste dieser Merkmale ist nun dieses: der geniale Mensch glaubt nur an das, was er selbst persönlich erfahren hat. Für die meisten Menschen ist das ganze Leben nicht eine unmittelbare persönliche Erfahrungstatsache, ein Erlebnis, sondern nur eine Art Mitteilung aus zweiter Hand. Das Genie stellt sich zu jeder, der kleinsten wie der größten Tatsache zunächst skeptisch, es läßt die Dinge an sich herankommen, um sie zu prüfen. Der Durchschnitts-

sehr Mißliches: sie nehmen sich auf dem Papier sehr gut aus und dienen dem allgemeinen menschlichen Generalisationstrieb, der sehr oft nichts weiter ist als Denkfaulheit: aber die Wirklichkeit geht meistens andre Wege.

Thales inszenierte einmal mit Erfolg eine Art Öltrust: er tat dies nicht aus Gewinnsucht, sondern um zu beweisen, daß der Philosoph sehr gut die kaufmännischen Dinge beherrschen könne, während das Umgekehrte nicht der Fall sei. Friedrich der Große war einer der feinsten Schriftsteller seiner Zeit. Schiller war ein Finanzgenie. Als eine Bank, bei der Schopenhauer hohe Depots hatte, fallierte, war Schopenhauer der einzige, der durch ein höchst geschicktes Manöver seine ganze Einlage rettete. Kant, der von Bettlern abstammte und sein Leben lang von Büchern und Kollegien ein Bettelhonorar bezog, brachte es dennoch durch kluge Transaktionen zuwege, daß er bei seinem Tode ein ansehnliches Vermögen hinterlassen konnte. Bacon, Locke, Leibniz hatten verantwortungsvolle Staatsposten inne. Thoreau hatte eine Bleistiftfabrik. Shakespeare war Bodenspekulant. Tizian war ein gerissener Holzhändler. Und so weiter.

Es wäre auch ganz absurd, wenn es anders wäre. Warum sollte ein bestimmtes Maß an organisatorischer Kraft und psychologischem Scharfblick, das gewöhnlich für Dramatik oder Vernunftkritik verwendet wird, plötzlich versagen, wenn es auf Handel oder Politik angewendet werden soll? Der Feldherr, der Dramatiker und der Kaufmann haben im Grunde dasselbe Thema. Es hat keinen Sinn, zwischen der Tätigkeit eines Napoleon und eines Shakespeare einen essentiellen Unterschied zu machen.

Aber lassen wir die Heroen und wenden wir uns zu den kleinen Wirkungskreisen. Es ist klar, daß auch hier Idealismus etwas Aktives ist. Ein Schwätzer oder Träumer ist niemals ein Idealist, sondern ein Schwächling und Schwachkopf. Es ist ein gleich niedriges Schauspiel, wenn geistlose und ordinäre Menschen mit ihrem »Realismus« großtun und wenn unfähige und schlappe Naturen sich als »Idealisten« aufspielen. Und es ist nur gerecht, wenn ein solcher

Realist der Verachtung und ein solcher Idealist der Lächerlichkeit verfällt.

Der echte Idealismus ist nichts Weltfremdes und Abstraktes: er blickt nicht verächtlich und selbstgefällig aus unnahbaren Gedankenhöhen auf die gemeine Welt der Wirklichkeiten, sondern er hat einen unwiderstehlichen Zug zum Wirken und Handeln. Der echte Idealist hat einen wahren Paroxysmus, seine Ideen durchzusetzen. Nur der falsche Idealismus des Verkümmerten rächt sich an der Realität, mit der er nicht fertig wurde, durch dunkle und geringschätzige Reden. Einen einzigen Fall allerdings müssen wir gerechterweise ausnehmen. Es gibt in der Tat einige wenige Menschen, die wirklich mit dem realen Leben nichts anzufangen wissen, weil sie in bezug auf Reinheit, Schönheit und Vornehmheit gewissermaßen hyperästhetisch sind. Jedoch diese Menschen sind viel seltener, als man glaubt, und man würde gut tun, immer erst sehr genau und lange nachzuprüfen, ehe man einen Menschen in diese Ehrenklasse einreiht.

Überhaupt: wenn man die Begriffe Realist und Idealist richtig faßt, so decken sie sich; wenn man sie falsch faßt, so fallen sie auseinander und können im Munde eines vernünftigen Menschen nur Schimpfworte bedeuten. Die Menschheit ist niemals realistisch oder idealistisch: sie ist immer beides zugleich. Bisweilen scheint es, als habe die eine Richtung die andre dauernd verdrängt: aber als geheime Unterströmung besteht jene doch fort. Der Realismus ist die Kraft, die das Leben auf eine höhere Stufe hebt und ihm einen tieferen Sinn gibt. Der Realismus macht das Leben möglich, der Idealismus macht das Leben erträglich. Und die Natur hat die merkwürdige und wunderbare Fähigkeit, diese beiden Kräfte im steten Gleichgewicht zu halten und immer die eine gegen die andre auszuspielen. Vor etwa hundert Jahren befand sich das deutsche Geistesleben in einer eigenartigen Krise. Das öffentliche Leben konnte den geistigen Potenzen keine Nahrung und kein Arbeitsfeld bieten. Die Folge war bei den hervorragenden geistigen Kapazitäten eine lebhafte und bewußte Abkehr von der Außenwelt und eine liebevolle und tiefe Versenkung in das Innenleben: dies wurde die Parole des Zeitalters. So kam es, daß in dieser Zeit Deutschland einen außerordentlichen politischen Tiefstand und zugleich den Höhepunkt seines geistigen Lebens erreichte. Aber hier lag auch eine große Gefahr. Alles drohte sich zu vergeistigen und in reine Begriffe und Ideen zu sublimieren. Die Welt war im Grunde nichts mehr als ein bloßer Schattenwurf des Geistes, eine Realität zweiter Ordnung, eine Illusion. Aber in demselben Augenblick erschienen Männer wie Napoleon, Goethe und Humboldt und lenkten die Blicke wieder auf die konkrete Welt. Und umgekehrt: wenn die menschliche Gesellschaft sich in eine große Fabrik oder Aktiengesellschaft zu verwandeln droht, so schickt die Natur immer wieder einige auserlesene Männer, die der Welt der Dividende den Krieg erklären und mit der Kraft ihres Herzens alle geltenden Werte ins Schwanken bringen. Nirgends hatte der Materialismus gefahrdrohendere Dimensionen angenommen als in Amerika, aber auch nirgends sind so begeisterte Dichter und Denker als Vorkämpfer der idealistischen Weltanschauung erschienen wie dort.

Die Bösen

Wir müßten nun wohl auch ein Wort über die Bösen reden. Aber diese sind schwer zu charakterisieren, denn sie haben eigentlich nur negative Eigenschaften. Sie sind die Ungenialen, die Menschen ohne Dichterkeim, die Nichtidealisten, die Unpoetischen. Sie sind unsicher. Sie haben stets ein heimliches, tastendes Wesen, als ob sie etwas zu verbergen und zu vertuschen hätten. Sie sind von der Natur abgefallen, und da sie dies dunkel fühlen, so haben sie fortwährend ein schlechtes Gewissen. Sie sind fortwährend in Fechterstellung. Das kleinste Geräusch erschreckt sie. Sie suchen zwar zumeist ihre ängstliche Unsicherheit durch ein besonders dreistes und aggressives Wesen zu verhüllen, aber ihre Dreistigkeit ist die eines Schauspielers, der aus Lampenfieber übertrieben lebhafte Bewegungen macht.

Sie sind häßlich. Schon ihre Gesichter haben einen sonderbar gespannten, verzerrten Ausdruck. Sie sind unglücklich. Weil sie sich keine Stunde voll hingeben können, darum gehört auch keine Stunde ihnen. Sie sind krank. Sie sind Mißbildungen, Freaks, pathologische Probleme. Sie sind lächerlich. Sie sind verzeichnet, krumm, Karikaturen der Natur. Sie sind unbedeutend. Sie sagen und denken nie etwas von Belang, weil sie selbst nicht von Belang sind.

Weil sie nicht unter der Herrschaft einer Idee stchen, darum sind sie ohnc Balance und innere Selbstregulierung. Sie haben sich ganz auf sich selbst und die ohnmächtigen Kräfte ihres kleinen Einzelorganismus gestellt, statt die gesamten Kräfte des Weltalls zu Hilfe zu rufen, was jeder Idealist tut. Daher kann man sagen: Sie sind vor allem dumm. Sie sind Lebensanalphabeten. Sie sind Dilettanten. Sie sind ihr ganzes Dasein lang in irgendwelchen plumpen Versuchen befangen, die sie Macht oder Reichtum nennen, und daher Zeit ihres Lebens grenzenlos borniert, und sie sterben, ohne den Sinn des Lebens erkannt zu haben. Sie verstehen die Menschen nicht, denn sie haben keine Brükken zu ihnen. Sie verstehen die Natur nicht, denn sie wissen nicht, daß die Natur idealistisch ist.

In der Tat besteht ein bestimmtes Wechselverhältnis zwischen Güte und Intelligenz. Dies zeigt sich schon im Tierreich. Die intelligentesten Tiere – Elefanten und Hunde – sind auch die gutmütigsten, und die Bosheit des Affen ist mehr sprichwörtlich als wahr, den sie ist nichts andres als Spieltrieb und Humor, eine Eigenschaft, die stets Güte voraussetzt. Und was die Menschen betrifft, so gibt es sicher eine bestimmte Stufe der Intelligenz, auf der es schlechthin nicht mehr möglich ist, anders als gut zu sein. Dabei darf man freilich nicht an Sentimentalität denken. Sentimentalität und Güte sind Gegensätze. Das hat niemand deutlicher bewiesen als Nietzsche.

Ebenso wie Intelligenz und Güte sind auch Dummheit und Bösartigkeit bis zu einem gewissen Grade korrespondierende Erscheinungen. Die sprichwörtliche Doppeleigenschaft »dumm und gutmütig« ist in der Empirie selten.

Ausgesprochen dumme Menschen sind niemals wirklich gutmütig. Wie wäre das auch möglich? Sie sehen viel zuwenig Beziehungen, als daß sie liebevoll und gütig sein könnten. Sie sind zu blind und beschränkt, um das Recht im Unrecht zu erkennen und daher andern Menschen Geltung einzuräumen. Auch sind sie viel zu sehr damit beschäftigt, ihre eigene Dummheit möglichst ungefährdet durchs Leben zu lotsen, als daß sie die Zeit fänden, sich um andre zu kümmern.

Die Dichter

Aber kehren wir zu den Dichtern zurück. Wir sagten vorhin, daß sie in der Gruppe der Guten eine Sonderstellung einnehmen. Und zwar tun sie das durch zweierlei. Zunächst: sie haben die Gabe des Realisierens. In den übrigen Menschen ihres Schlages schlafen die Dichtungen einen tiefen, ewigen Schlaf, den kein noch so lauter Weckruf von draußen erwecken kann. Auch die andern sind Dichter, aber stumme, hilflose Dichter. Dichter ohne Organe. Diese wenigen Ausnahmenaturen aber haben die erstaunliche, ja paradoxe Fähigkeit, Dichtungen in Taten umzusetzen, Phantasien zu Körpern zu verdichten. Sie sind die großen Verwirklicher und Umsetzer. Sie sind vielleicht die einzigen positiven Größen in einer Welt, in der alles vorgestellt und relativ ist. Sie sind eine Art Zauberer. Auch sind die Vorstellungen bei ihnen keineswegs so vage wie bei den andern. Sie erleben, was die andern träumen. Worin sonst sollte wohl der Unterschied liegen? Die Welt war zu allen Zeiten voll von Heilanden, und doch gibt es nur einen Heiland, weil es nur einen gab, der diese Dinge nicht träumte, sondern erlebte.

Sodann: die Fähigkeit der Assoziation ist bei ihnen weit höher entwickelt. Sie sehen mehr Verbindungsmöglichkeiten als die andern. Die Phantasie des Dichters ist nichts andres als eine unter vervielfachtem Hochdruck arbeitende Gehirntätigkeit. Phantasie, die anders arbeitet, ist leer. Um es physiologisch auszudrücken: der Dichter exzelliert durch die Fähigkeit, auf einen empfangenen Reiz komplizierter, reichhaltiger und intensiver zu reagieren. Seine Apperzeption arbeitet fleißiger und beziehungsvoller. Mit einem Wort: er hat mehr innere Selbsttätigkeit. Dies ist das Gemeinsame eines Kant, Shakespeare, Bismarck und Helmholtz.

Daher die viel bestaunte Gabe der Dichter, allerlei zu erraten, aus Rudimenten Totalitäten zu machen. Daher ihre prophetischen Kräfte. Daher ihre Fähigkeit, sich in die Vergangenheit zu versetzen. Sie beweisen uns durch all dies, daß die menschliche Seele keine tabula rasa ist, wie Locke behauptet hat, sondern daß sie sich ähnlich verhält wie die Abziehbilder der Kinder, die, entsprechend angefeuchtet, allmählich zum Vorschein kommen. In uns steckt eine kolossale Summe von Vorerlebnissen, und diese können durch entsprechende Reize aus uns herausgelockt werden.

Ihr Hauptmerkmal aber ist dies: Ihr Idealismus hat ein größeres Objekt. Sie sind gewissermaßen abstrakter als die andern Idealisten. Wir Alltagsmenschen haben ein Privatherz für die Base, den Bruder, die Braut, den Kanarienvogel. Aber das wahre Genie mag nichts von diesen Privatdingen wissen. Es kennt nur einen Gegenstand zärtlicher Neigung: die Evolution der Menschheit.

Daher kommt es, daß kurzsichtige Menschen immer wieder behaupten können, zwischen den Biographien der großen Genies und dem, was diese Genies gelehrt haben, bestehe kein Einklang. Sie sagen: Diese sogenannten großen Männer waren im Grunde die größten Egoisten: sie haben ein paar schöne Kunstwerke geschaffen oder ein paar große Schlachten geschlagen, aber gute Menschen waren sie nicht.

Diese Leute gehen von der Ansicht aus: um ein guter Mensch zu sein, müsse man alle seine Schulden bezahlt und alle seine Geliebten geheiratet haben. Sie weisen darauf hin, daß Bacon als Beamter bestechlich war, daß Goethe die Friederike sitzenließ, daß Hegel seinen Kollegen Beneke hinausgebissen hat, daß Schopenhauer ein Aufwarteweib die Treppe hinunterwarf und daß Ibsen ein Grobian war.

Aber darauf läßt sich mancherlei erwidern. Zunächst: jedes Leben setzt sich aus Handlungen zusammen, und Handlungen sind eine unsichere und zweideutige Sache. Man müßte alle Triebfedern kennen, und man kennt niemals alle Triebfedern. Zudem gehören diese Handlungen einer Vergangenheit an, die es nicht mehr gibt. Aber die Werke, die diese Männer geschaffen haben, gehören der Gegenwart und leben.

Sodann kommt auch alles auf die Beurteilungsart an. Sie waren Alkoholiker, aber vielleicht nur aus Zorn über gewisse häßliche Realitäten; sie waren treulose Liebhaber, aber vielleicht nur, weil das Weib die höchsten Anforderungen, die ihr Idealismus an den Menschen stellte, nicht befriedigte; ja sie waren sogar bisweilen Neurastheniker, aber vielleicht befähigte gerade dies sie zu feinerer Nachempfindung und unmittelbarerer Erkenntnis fremder Leiden.

Und schließlich sind alle diese biographischen Fragen sekundär und äußerlich. Vielleicht hatten sie wirklich keine Zeit für die landläufige Güte. Vielleicht hatten alle diese Standpunkte einer vulgären Ethik in ihrem ethischen System keinen Platz. Überhaupt ist diese ganze Problemstellung falsch. Wenn wir Bacons Werke lesen, so sind wir nicht berechtigt zu sagen: Dieser Mann war in seiner Amtsführung nicht einwandfrei, folglich können seine Bücher keinen ethischen Wert haben. Wohl aber dürfen wir den umgekehrten Schluß ziehen, indem wir sagen: Wer die Gabe besaß, so tief in das Wesen und die Geheimnisse der Natur einzudringen, der kann kein verwerflicher Charakter gewesen sein, denn unsaubere Gesellen pflegt die Natur nicht zu ihren Vertrauten zu machen. Niemals noch hat man gehört, daß ein boshafter, geiziger, verlogener und hochmütiger Mensch ein großer Naturforscher war. Und ebensowenig können wir uns vorstellen, daß ein Mensch, der sich durch eine solche Kühnheit und Unabhängigkeit des Denkens auszeichnete, eine gemeine Seele gehabt haben soll. Wir hören, daß Ibsen ein grober, unzugänglicher und rücksichtsloser Mensch war. Aber was soll uns dieser Klatsch? Hier sind seine Werke. Wer Ibsens Herz kennen will, der frage die kleine Hedwig Ekdal, den unglücklichen Ulrik Brendel, den Doktor Stockmann, den Kaiser Julian. Diese Gestalten sind ein größerer Beweis von Herz als liebenswürdige Reden und freundliches Benehmen.

Dem Genie ist die Menschheit wichtiger als die Menschen. Kein Einzelwesen vermag seine Liebe auszufüllen. Was kann ihm eine Gattin oder ein Sohn bedeuten? Aber gerade dadurch zeigt es, daß sein Idealismus dem aller andern Menschen ungeheuer überlegen ist. Welchen andern Sinn könnte das Wort Jesu haben: »So jemand zu mir kommt und hasset nicht seinen Vater, Mutter, Weib, Kinder, Brüder, Schwestern, auch dazu sein eigenes Leben, der kann nicht mein Jünger sein.« Das ist nicht Askese und Weltflucht: das ist ein Wort der höchsten, der tätigsten Nächstenliebe, die nicht beim Nachbarhaus haltmacht, sondern den Planeten umspannt.

Die Wurzel der Genialität

Und damit kommen wir endlich zur Wurzel der Genialität. Die geheimnisvolle Kraft, die dem Genie und nur dem Genie eigen ist, erklärt sich aus einer einfachen Tatsache. Es hat nämlich das größte Herz. Es hat mehr Herz als alle andern Menschen zusammengenommen. Darum haben seine Worte die Wirkung eines Orakels. Darum weiß es auch an jedem Ding eine neue Eigenschaft zu erblicken. Denn die Dinge pflegen sich vor einem allzu strengen Blick zurückzuziehen und zu verschließen, gleich den Schulkindern, aus denen auch mit Kälte und Schärfe selten etwas herauszubekommen ist. Das Genie folgt in seiner Methode der Natur, die ihre harten Mittel nur verwendet, wenn sie vernichten will, und alle Entwicklung durch Güte fördert: durch erfrischenden Regen, saftiges Erdreich und Sonnenlicht. Der Wärme des Dichters öffnen sich alle Dinge.

Ein Dichter ist ein Mensch, der überall Vortrefflichkeiten sieht. Er hat die Gabe, im Schlechten das Gute zu finden. Entweder entdeckt er es unter einem Überzug von Lüge, Unfähigkeit und Beschränktheit, oder er trägt es ganz einfach in die Menschen und Dinge hinein. Andre machen Abstriche und Reduktionen. Aber der Dichter setzt hinzu und vermehrt, und wenn die Dinge durch seinen Kopf und sein Herz hindurchgegangen sind, so kommen sie reicher wieder ans Tageslicht, als sie jemals vorher gewesen sind. Daher sind die Dichter die großen Entdecker und Umwerter. Ihr Blick verwandelt.

Unsre Gehirntätigkeit macht uns nicht zu Individuen: im Gegenteil: sie ist es, die uns zu Gattungswesen macht. Wir werden noch ein paar neue Fortbewegungsarten erfinden und eine Reihe von technischen Verbesserungen an unsrer Lebensmaschine anbrigen: aber das wird unsern Vorstellungskreis wohl kaum erweitern. Der fliegende Mensch wird vermutlich keine andern Gedanken haben als der Mensch vor dreitausend Jahren. Unser Gehirn ist eine uralte Sache: wir können uns gar nicht vorstellen, daß es jemals jung war. Dagegen unser Herz ist eine Sache, die sich immer erneuert und niemals wiederholt. Nur die Taten und Augenblicke der Liebe machen uns zu Individuen: in allem andern sind wir Gattung. Die Taten und Augenblicke der Liebe sind bei allen Menschen gleich und bei allen Menschen verschieden. Ihre Geschichte ist unsre Geschichte. Das Herz ist die Quelle der Originalität.

Auch die Einfachheit und Selbstverständlichkeit, die allen Genies eigen ist, kommt daher, daß sie ihre Gedanken nicht aus dem Kopf holen, sondern aus dem Herzen: denn das Herz kennt keine Irrtümer, keine Unsicherheiten, keine Widersprüche. Nur dadurch erhebt sich das Genie weit über das Talent; denn das Talent macht ein Kunstwerk, aber das Genie ist ein Kunstwerk.

Diese Hypertrophie des Herzens ist die Grundeigenschaft des Genies, an der man es leicht erkennen kann und durch die es sich mit allen andern Genies auf einen Boden stellt. Alle genialen Menschen stehen miteinander in einer Art Kryptogamie. Goethe und Napoleon verstanden sich sofort. Wir legen gewöhnlich ein zu großes Gewicht auf die sekundären Merkmale, die solche Geister trennten: auf die zeitlichen, lokalen, nationalen und sozialen Gegensätze, auf die Verschiedenheit der Wirkungskreise. Aber wenn wir näher zusehen, so bemerken wir, daß sie sich im Grunde alle sehr ähnlich waren, wie etwa Angehörige derselben Familie, die bei allen persönlichen Differenzen doch schließlich dasselbe fühlen und wollen. Zwischen zwei genialen Menschen ist kein so großer Unterschied wie zwischen Hinz und Kunz.

L'art pour l'art

Aus alledem ist hoffentlich zur Genüge hervorgegangen, daß der Begriff »Dichter« sich keineswegs bloß auf jene wenigen bezieht, die sich mit Dramen, Novellen und Gedichten beschäftigen. Anderseits aber verdienen auch viele von denen, die gemeinhin so genannt werden, diesen Namen nicht. Nicht alle Berufsdichter sind Dichter. Sie schreiben schöne Verse und spannende Dramen, aber oft lassen ihre Verse und Dramen uns kalt. Wir erteilen ihren Arbeiten die Note »sehr gut« und schieben sie fort. Der Grund hierfür liegt immer darin, daß ihre Dichtungen nur sich selbst ausdrücken. Hinter diesen Dichtungen aber steht nichts.

Nun gibt es allerdings eine allbekannte Theorie, die behauptet: die echte Kunst müsse ihren Zweck in sich selbst finden; sie sei nur für sich da und es genüge, wenn sie als Form, als Gestalt, als Stimmung, als Bild, oder wie man es sonst nennen will, kurz, als einheitliche und eigenartige Impression gelungen und vollkommen sei. Der Dichter setzt sich hin und »gestaltet«. Er denkt dabei nicht viel darüber nach, wo das etwa hinauswolle, sondern er schwelgt in der Freude am Formen. »Ich singe, wie der Vogel singt, der in den Zweigen wohnet«, sagt er. Ein solch merkwürdiger Mensch ist der Dichter.

Ich möchte mir nun erlauben, diese Ansicht als völlig falsch zu bezeichnen. Ja, sie erscheint mir so falsch, daß ich das Gegenteil für richtig halte. Wenn die Kunst nur für sich da wäre, wenn sie keinen andern Zweck hätte als den, irgend etwas treffend und eigenartig wiederzugeben, so könnten wir auf sie ohne weiteres verzichten. Dann wäre sie nichts Unentbehrliches in unserm Leben. Denn formen und gestalten können wir ja alle. Dazu brauchen wir die Dichter nicht. Wie wäre denn jemals das entstanden, was wir Natur nennen, wenn nicht schon der erste Mensch ein solcher Dichter gewesen wäre? Wie könnte denn irgendein Mensch etwas Zusammenhängendes denken und empfinden, wenn er nicht ein solcher Dichter wäre? Und man zeige mir einen Dichter, der so schön, originell und pakkend gestalten kann wie der nächtliche Traum des gemeinsten Handwerkers. Wozu also diese armseligen Berufsdichter? Wenn sie nur zum »Gestalten« da sind, so sind sie überflüssige Müßiggänger.

Man könnte nun allerdings einwenden: Ja! »Gestalten« können vielleicht alle Menschen, aber diese Dichter sind vor allem auch Meister der sprachlichen Form. Nun ja: diesen Vorzug will ich ihnen gern einräumen, aber ich räume ihn auch jedem begabten Kunstschlosser, jedem geschickten Ziseleur und Stukkaturenmacher ein. Zwischen einem guten Goldschmied und einem guten Reimschmied ist kein essentieller Unterschied.

Vor allem aber: die Kunst, so aufgefaßt, müßte dann eine einzigdastehende Anomalie in der gesamten Naturordnung sein. Denn nirgend sonstwo findet man irgend etwas, das Selbstzweck wäre. Gerade die Natur kann hier als Vorbild dienen, denn sie macht keines ihrer Kunstwerke bloß zum Vergnügen, bloß um zu gestalten, sondern jedes hat einen bestimmten Zweck, der schon in der Keimanlage präformiert ist. Die Blumen sind schön. Aber Farbe und Geruch sind bei ihnen nicht Selbstzweck, sondern dazu da, um die Insekten anzulocken und die Befruchtung herbeizuführen. Die Schönheit der menschlichen Gestalt ist das Lieblingsthema des bildenden Künstlers. Aber die menschliche Figur hat ihren geraden, kräftigen und ebenmäßigen Bau nicht, um bloß schön zu sein, sondern dieser Bau ist vor allem ein nach den feinsten Gesetzen der Mechanik konstruierter Komplex von Hebeln und Maschinen, von chemischen und physikalischen Laboratorien. Das Auge, das Schönste am Menschen, ist zugleich der vollendetste optische Apparat.

Im Grunde ist aber diese Unterscheidung zwischen Schön und Zweckmäßig ganz unpassend. Das sehen wir gerade am Auge. Gerade weil das Auge in so außerordentlicher Weise dazu geeignet ist, eine ganze Welt in sich aufzunehmen, gerade weil es das zweckmäßigste technische Instrument ist, das wir kennen, liegt auch ein so schöner und tiefer Ausdruck darin. Ähnlich ist es mit der Hand. Die Hand ist schön, weil sie eine so wunderbar schöne Arbeit verrichten kann. Jedes Organ ist in dem Maße schön, in dem seine Funktion tief und bedeutend ist.

Und eine Dichtung ist in dem Maße schön, in dem sie ein bedeutsames und wertvolles Instrument unsrer Welterkenntnis ist. Sie ist schön in dem Maße, in dem sie Auge ist, um die Welt zu durchschauen, Hand, um die Dinge zu erfassen. Ein Glasauge ist häßlich, eine Wachshand ist abscheulich. Eine Dichtung, die bloß die Form der Dichtung besitzt, ist weder schön noch überhaupt etwas Lebendiges. Nicht in ihrer Gestalt, sondern in ihrer Funktion liegt ihre Schönheit.

Mit einer echten Dichtung muß man irgend etwas anfangen können. Es genügt nicht, daß sie träge und majestätisch vor unserm Auge sich ausbreitet und behauptet, schön zu sein. Sie muß über sich hinausweisen auf Schlösser, die sie zu erschließen, Leichen, die sie zu beleben, Träume, die sie zu enträtseln vermag. Sie muß eine Deuterin des Lebens sein. Man muß sie in jeder Lebenslage ans Ohr halten und befragen dürfen. Sie muß immer gegenwärtig sein, auch wenn man ihre Verse nicht hört, ihre Figuren nicht sieht. Diese Verse, diese Bilder sind das Kostüm, in dem sie auftritt. Die wirkliche Dichtung fängt dort an, wo die sichtbare und hörbare Dichtung aufhört.

Jede echte Dichtung hat eine »Tendenz«. Ja, hierin besteht sogar ihr Hauptwert. Sie hat eine Tendenz, oder mit andern Worten: Hinter ihr steht ein Mensch. Ein Mensch, der Fragen und Antworten, Gedanken und Leidenschaften hat.

Kunst als Selbstzweck ist ein mehr oder weniger hübscher Zeitvertreib, wie der Ankersteinbaukasten, die Perlenstickerei oder die Spritzmalerei. Gegen diese Art Kunst läßt sich nichts einwenden, aber es ist gleichgültig, ob sie Vertreter findet oder nicht: Denn sie läßt sich entweder bis zu einem gewissen Grade von jedermann erlernen, oder aber sie beruht auf irgendeiner angeborenen Geschicklichkeit, auf der Hypertrophie irgendeines Nebenorgans, wie das Zentnerstemmen oder die Gedächtniskunst. Die sogenannten »Artisten«, die sie betreiben, mögen ja in ihren Künsten und Kunstfertigkeiten erste Fachleute sein, aber als Dichter sind sie unter allen Umständen hoffnungslose Dilettanten.

Der Dichter wird zum unentbehrlichen Teil der menschlichen Kultur weder durch seine Fähigkeit, gut zu photographieren, noch durch seine Fähigkeit, schöne Worte und Sätze zurechtzupolieren, sondern dadurch, daß er der Evolution dient, daß er Wahrheiten auffindet. Er hat kein Privileg. Wenn seine Leistungen durch keinen idealen Zweck organisiert sind, so sind sie eine ebenso nutzlose und zerbrechliche Spielerei wie die Spielereien auf irgendeinem andern Gebiet. Die Kunst um der Kunst willen mag eine hübsche und amüsante Sache sein, aber sie ist eine unbedeutende Fachsimpelei. Die Kultur geht langsam und unbeirrt vorwärts und sieht sie gar nicht an. Sie hat keine Zeit für Dinge, die um ihrer selbst willen da sind.

Und überhaupt: bloßes Talent ist uninteressant. Diese Varietékünste: schöne Sprache, geistreicher Dialog, brillante Technik, subtile Stimmung fangen an, uns zu langweilen. Das sind tote Masken und Draperien. Außerdem: Talent ist selbstverständlich. Aber es ist nicht mehr als ein Vehikel, das erst durch eine treibende Kraft und einen regierenden Geist Leben und Zweck bekommt. Wir haben jetzt genug schöne und glänzende Formen gesehen: wir wollen Menschen und Herzen und lebenskräftige Gedanken, die alle Formen sprengen. Wir wissen jetzt zur Genüge, wie geschickt der Mensch sein kann und daß er das akkomodabelste, vielseitigste, dressurfähigste Tier des Planeten ist. Wir wollen keine Reckkünstler, Knockabouts und Brillantfeuerwerker, keine Taschenspieler, Spiritisten und Schlaftänzer, keine Naturwunder mit zwölf Fingern und zwei Köpfen. Das ist Barnum-Kultur. Wir wollen Dichter. Was aber ein Dichter ist, das wissen wir sehr gut, wenn wir es auch bisweilen gern vergessen. Die meisten Schriftsteller schreiben, um zu zeigen, daß sie Schriftsteller sind. Sie betrachten die Schriftstellerei als ein Ventil für ihre besondern Fähigkeiten und Geschicklichkeiten. Ihre Bücher sind ihnen wichtiger als alles andre. Ein Dichter aber ist kein Talentmann, sondern etwas viel Einfacheres, Besseres und Unbegreiflicheres. Er ist kein Organ seines persönlichen Talents, sondern ein Organ der ganzen fühlenden Welt, die ihn umgibt. Ein Dichter ist ein Mensch, der den Herzschlag jedes Geschöpfes, jeder Seele, jedes Ereignisses in seinem eigenen Herzen spürt, der in jedem Augenblick seines Daseins das Leben in seinem ganzen Reichtum und seiner ganzen Tiefe umfaßt. Ein Dichter ist ein Mensch, der ohne Mühe und Gewolltheit, ohne »Kunst« schafft, weil er aus innerer Not schafft: diese Not ist seine höchste Tugend, seine Dichtertugend. Ein Dichter ist ein Mensch, dessen Haupttalent das seltene, schwierige und beschwerliche Talent zur Wahrheit ist; er ist ein geistiger Organismus, ein Wesen, das alles, ohne Ausnahme, organisch aus seiner Natur entwickelt; denn nichts andres kann man unter Wahrheit bei einem Menschen verstehen. Ein Dichter ist ein Mensch, der mit der größten Freiheit und Unbefangenheit jeder Stimmung seiner Seele Ausdruck verleiht, der alles sagt, was er denkt, und es genau so sagt, wie er es denkt. Jeder Mensch kann eigene Wahrheiten finden: aber die meisten haben ein Mißtrauen gegen alles, was ihnen allein gehört. Sie halten ihre Gedanken für falsch, wenn sie nicht allen andern als richtig erscheinen, und sie halten ihre Gedanken für dumm, wenn sie sie nicht schon von jemand anderm gehört haben. Wir rühmen die

Originalität der Dichter. Aber sie waren wahrscheinlich nicht origineller, als wir alle von Natur aus sind, sondern sie hatten nur mehr Mut, mehr Mut zu ihrer Originalität. Indes: es ist bekannt, daß der Mut eine übertragbare Eigenschaft ist, und daher haben solche Dichter den unschätzbaren Wert, daß sie auch die übrigen Menschen zu selbständigem Denken und eigener Beobachtung anregen. Ohne diese Männer würden wir nie zu einem innern Gleichgewicht, nie zu uns selber kommen.

Daher darf das Publikum nur von solchen Dichtern eine wirkliche Förderung erwarten, denn nur solche besitzen die Gabe, Geister zu befreien. Sie wirken wie ungeheure Motoren und Elektromagneten. Sie ziehen an und stoßen vorwärts. Sie sind wie Dynamomaschinen. An ihrer eigenen Begeisterung begeistern sie sich immer wieder von neuem. Sie tragen Dinge in ihrem Herzen, die gebieterisch nach außen drängen, die sie tragen müssen, von denen sie leidenschaftlich wünschen, jeder möge sie auch denken, die sie, wenn es in ihrer Macht stünde, in jedes Fenster rufen, über jeden Türpfosten schreiben, an jeder Litfaßsäule plakatieren würden. Sie reden nicht »objektiv« und unter Vorbehalten, sondern laut und rechthaberisch. Sie können nur in Majuskeln schreiben. Ihre Art ist pathetisch, hyperbolisch und gewalttätig. Aber sie haben ein Recht dazu, denn sie wissen etwas, was die andern nicht wissen. Sie haben Augen, die tiefer sehen, schärfer sehen, mehr sehen als die Augen der Welt. Man sagt deshalb bisweilen: Sie blicken in die Zukunft. Aber eigentlich blicken sie nur in die tiefere, reichere und wahrere Gegenwart. Sie haben schon der Gegenwart gegenüber die historische Vogelschau. Daher wirken sie wie Anachronismen. Ihre Wahrheiten, ihr ganzes Sein wird erst langsam mehr. Es braucht immer eine gewisse Zeit, bis ihre Tiefe heraufsteigt, nach oben kommt und sichtbar, das heißt: oberflächlich wird.

Dies ist schließlich das Schicksal aller Wahrheiten. Die Menschen von gestern halten sie für absurd, und die Menschen von morgen halten sie für banal. Wahrheiten sind nichts Bleibendes. Etwas Bleibendes sind aber die Dichter, die sie fanden. Denn die fortdauernde Kraft dieser Menschen liegt nicht in der Neuheit, sondern in der Größe ihres Denkens. Ihr Ton und ihre Haltung machten sie zu dem, was sie sind. Nicht was sie sprachen, ist wertvoll, sondern wie sie sprachen.

Der Kritiker

Ästhetik und Naturwissenschaft

Jemand, der gutmütig genug war, meinen Aufsatz »Der Dichter und seine Zeit« (in der »Schaubühne« vom 22. und vom 29. Dezember 1910) von Anfang bis zu Ende durchzulesen und sich sogar einige Gedanken darüber zu machen, schrieb mir dieses: »Sie haben gesagt, welche Aufgabe der Dichter hat und welche Aufgabe das Publikum hat. Wo aber bleibt da noch Platz für den Kritiker? Welche Aufgabe hat dieser? Oder hat er am Ende gar keine?«

Nun, in der Tat, man muß sagen: die meisten Kritiker von heutzutage sind ja wirklich nicht viel mehr als lästige Nebenschößlinge der Kunst, müßige Volontäre ohne rechten Zweck. Aber vielleicht müssen sie gar nicht so sein, wie sie sind. Mit einem Wort: wir können die Frage nur in der Form beantworten, daß wir diesen Begriff »Kritiker« ein wenig revidieren.

Wenn es wahr ist, daß wir in einem Zeitalter der Naturwissenschaft leben, so kann dies keineswegs bloß in der äußern Physiognomie der Gegenwart seinen Ausdruck finden: in elektrischen Trambahnen und bakteriologischen Kliniken, Schnellpressen und Aeroplanen und wie alle diese neuen und nützlichen Dinge heißen: auch nicht in irgendwelchen Fortschritten und Entdeckungen auf Spezialgebieten der Naturkunde; alles dieses ist nur das oberflächliche Mienenspiel unsrer Zeit. Es muß sich vor allem bekunden in der Gesamtmethodik unsres Geisteslebens, in unsrer szientifischen Praktik. Eine Wissenschaft ist Methodik und sonst nichts. Eine Wissenschaft herrscht, wenn ihre Methode die führende ist.

Dann darf es also mit unsrem Geschmack und unsrem Gewissen nicht mehr vereinbar sein, zur ganzen Welt, zum Menschen sowohl wie zur Natur, eine andre Stellung einzunehmen als die naturwissenschaftliche. Wir experimentieren, beobachten, ziehen Schlüsse aus Experimenten und Beobachtungen und forschen weiter. Wir beschreiben. Wir erklären. Wenn eine Sache vollständig beschrieben ist, ist sie erklärt.

Es handelt sich um die Gleichung von Ästhetik und Naturforschung. Jede Gleichung hat zwei Seiten, die umkehrbar sind. Die Naturwissenschaft hat Ästhetik zu werden: ihre Aufgabe ist, ein Magazin der Naturschönheit zu bilden. Die Ästhetik hat Naturwissenschaft zu werden; sie hat nichts zu sein als ein Repertorium von Formen und eine Aufzählung von Merkmalen. In dem Maße, als die Naturwissenschaft zu einer fast spirituellen, schöngeistigen Untersuchungsmethode gelangen wird, zu einer Art Belletristik der Natur (freilich nicht in der abgeschmackten, anthropomorphisierenden Art der beliebten Wochenblättchenplaudereien), in demselben Maße wird die Ästhetik zu einer immer trockenern, realistischern, unpersönlichern Wissenschaft werden. Eine solche Austrocknung dieses total versumpften Gebietes wird wohl kein Verständiger bedauern: denn nichts hat den Fortschritt der Kunst, das Emporkommen der neuen Werte mehr verlangsamt, nichts hat das Absterben unsrer Klassiker, den Verfall der alten Werte mehr beschleunigt als der bisherige Betrieb der offiziellen Ästhetik, der sich auf Professoren und Journalisten verteilt. So grundverschieden beide auch äußerlich sein mögen: die Germanisten in ihrer Tinte und die Ästheten in ihrem Fett – sie sind darin einander verwandt, daß ihnen jede Sachlichkeit abgeht. Beide haben zu wenig Ehrfurcht vor ihrem Objekt; indem sie es beide beschwatzen, statt es zu beobachten. Sie meinen, mehr zu tun, und tun weniger; sie würden einem Objekt der Kunst viel mehr Ehre erweisen, wenn sie es trocken sachlich auf seine Biologie hin erforschen wollten wie ein Objekt der Natur. Eine komplette Beschreibung einer Sache ist an sich schon der klarste und deutlichste Kommentar dieser Sache. Einen andern gibt es nicht. Die »Literar-Historiker« aber beschreiben zumeist sich anstatt die Dinge.

Hier könnten die Lehrer der »Geisteswissenschaften«,

die noch immer so geringschätzig auf die empirischen Disziplinen herabsehen, von den Naturwissenschaften manches lernen. Denn diese sind nicht nur viel geistvoller, sondern auch viel humanistischer und historischer. Denn was heißt humanistisch denken? Eine Sache in ihren innerlichsten Zusammenhängen sehen; eine Sache aus ihrem eigenen Geist heraus begreifen und darstellen. Der Naturhistoriker ist ein wirklicher »Historiker«. Er fragt nach den Bedingungen. Er fragt nach den Leistungen: aber diese sind für ihn nichts als Summen von Bedingungen, die er berechnet. Er fragt nach den Energieverhältnissen. Er fragt nach dem Zweck. Aber Zweck heißt für ihn nur: Energien anhäufen und weitergeben.

Tritt eine neue Varietät auf, so fühlt und erfüllt er vor allem die Verpflichtung, sie zu beschreiben, möglichst genau und möglichst vollständig. Hat diese Pflanze Steinboden, Sumpfboden, Wasserboden? Ist sie hängend, kletternd, sitzend? Ist sie eine Kalipflanze, eine Kieselpflanze, eine Kalkpflanze? Wie nimmt sie Licht auf, wie erzeugt sie Wärme?

Nun, jeder neue Dichter ist auch eine neue Varietät. In welchem Klima, in welcher Luft- und Bodenschicht lebt er, wie sieht sein Zeitalter aus? Was ist sein »Standort«, seine Lokalität, sein Boden? Wie nimmt er Licht auf, wie erzeugt er Wärme? Wie sind die Verhältnisse seiner Stoffaufnahme und Stoffleitung? Wie sind seine Befruchtungsvorgänge, seine Biologie? Welchen linearen Aufbau hat sein morphologischer Grundriß? Welche Stellung hat er im »System«: in der Literatur- und Kunstgeschichte seiner Zeit? Und welchen Zweck hat er: welche Energie macht er frei?

Die Moral des Naturforschers

Eine Erscheinung naturwissenschaftlich betrachten heißt aber noch ein Zweites. Die Sache hat noch eine Rückseite, die man die moralische Seite nennen könnte. Die Moral des Naturforschers ist seine Objektivität. Objektivität: darunter versteht er, sich auf jeden Fall und von vorherein mit seinem Objekt einverstanden erklären. Es ist da als diese bestimmte Bildungsform, als diese Erscheinung gewisser, ihm zum Teil unbekannter Naturkräfte, mit diesen und diesen Organen, diesen und diesen morphologischen Bestandteilen, diesen und diesen Stoffwechselprodukten. Er fragt nicht: Hat diese Pflanze das Recht darauf, ihre Wurzel schraubenförmig zu bewegen, Galle abzusondern, Zukker zu bilden? Ist es am Platze, daß sie Warzen besitzt? Ist es vernünftig, daß sie des Nachts sich nicht schließt? Ist diese Funktion überflüssig, jene notwendig? Er fragt nur: Ist dieses Beobachtungsobjekt eine Pflanze, ein Lebewesen oder nicht? Wenn es nämlich keines ist, sagt er, dann geht es mich als Botaniker, als Biologen nichts an: ich beschäftige mich nämlich nur mit Organismen. Hat er sich aber einmal diese Frage beantwortet, dann fragt er nur noch nach der Erklärung. Und wenn er eine Funktion vorfindet, die er sich nicht erklären kann, so nimmt er als ganz selbstverständlich an, daß sie sehr vernünftig und sehr zu diesem Geschöpfe passend ist, und sagt bloß: Allerdings verstehe ich sie nicht.

Ebenso hat sich der Kritiker zum Künstler und zu dessen geistigen Stoffwechselprodukten, den Kunstwerken, zu verhalten. Er hat lediglich zu fragen: Habe ich es hier überhaupt mit etwas Lebendigem zu tun, ja oder nein? Wenn ja, dann habe ich es hinzunehmen als eine sich nach bestimmten inneren und äußeren Bedingungen entwickelnde Naturerscheinung, und ich habe diese Bedingungen zu ergründen, und von denen, die ich nicht ergründen kann, habe ich anzunehmen, daß ich sie nicht verstehe, und zu hoffen, daß ein andrer sie besser verstehen wird. Handelt es sich aber gar nicht um ein lebendiges Wesen, mit produktiven Kräften und Energiematerial, dann geht es mich überhaupt nichts an, und ich beschäftige mich gar nicht mit ihm. Mein Amt ist, festzustellen, ob dieses Objekt in mein Ressort gehört oder nicht. Man kann nun natürlich nicht verlangen, daß der Kunstkritiker auf diesem Wege immer das Richtige trifft. Aber den guten Willen kann man von ihm verlangen oder mit einem andern Wort: die richtige Optik.

Die prinzipiell panegyrische Kritik

Der Naturforscher geht von dem Gesichtspunkt aus, daß alles Organische vollkommen ist. Und daher zensiert er die Leistungen der Natur nicht, sondern er kritisiert sie. Aber eine Sache kritisieren heißt nichts andres als ihre Entwicklungs- und Entstehungsgeschichte vollständig und lückenlos begreifen und darstellen. Kritik hat gar nichts »Zersetzendes«, denn sie löst ihr Objekt nur auf, um es dann umso lebendiger und einleuchtender vor den Augen des Betrachters wieder entstehen zu lassen. So ist der Begriff seit Kant in das Bewußtsein der Gebildeten übergegangen. Er und seine Schüler haben den verschiedenen Wissenschaften erst ihr festes Fundament gegeben. Seine Kritik der Vernunft hat die menschliche Vernunft erst vernünftig und die menschliche Erkenntnis erst erkennbar gemacht. Und ganz dasselbe heißt auch kritische Geschichtsforschung, kritische Naturwissenschaft, kritische Ästhetik. Kritik in diesem wissenschaftlichen Sinne ist das Gegenteil von Destruktion. Man kann daher ganz wohl sagen: erst der Kritiker schafft sein Objekt: insofern er es erst in seiner ganzen organischen Gesetzmäßigkeit widerspiegelt, so wie man auch sagen kann: der Mensch hat die Natur geschaffen, erst seit es Menschen gibt, gibt es eine Natur. Denn solange noch kein Bewußtsein da war, in dem sie sich spiegeln konnte, war sie noch nicht richtig vorhanden.

Die Art, wie die Naturwissenschaft ihre Gegenstände beschreibt, ist gerade durch ihre Sachlichkeit allemal auch eine Verherrlichung dieser Gegenstände. Und nach dieser Analogie erwächst auch für die Geisteswissenschaften die Aufgabe der prinzipiell panegyrischen Kritik. Der Kritiker hat den Künstler auf seinen Höhepunkten aufzusuchen und ihn nur nach diesen zu werten. Wir sind nur in den wenigsten Augenblicken ganz wir selbst, unsre eigenste innerste Kraft und Natur: wir füllen den größten Teil unsres Lebens mit Versuchen aus, mit Vorbereitungen auf diese wenigen Momente, die die einzigen sind, in denen wir wirklich leben. Und es ist klar, daß man nur von diesen wenigen Hochblicken aus eine Individualität verstehen und beleuchten kann. Zu diesem Verständnis gelangt man jedoch nur durch den guten Willen zur Anerkennung, zum Jasagen von vornherein und aus Prinzip, ja noch mehr: zur Überschätzung.

Der Kritiker hält sich an das Positive des Kunstwerks, an das Plus, an das, was darin anders ist. In seinen Mängeln und Impotenzen deckt sich nämlich der Künstler mit allen übrigen Menschen: hierüber zu reden ist also völlig uninteressant und überflüssig. Kritiker, die sich vorwiegend auf diese Seite der Mängel und Fehler verlegen, sind ebendeshalb immer so langweilig und belanglos. Was einer nicht kann, das wissen wir schon von alleine: im Nichtskönnen sind wir ja selber erste Fachleute.

Die »parteiische«, »subjektive« Kritik ist die objektivste, sie ist die einzige objektive. Die Forderung, »unparteiisch« zu sein, ist gleich der Forderung, sich für eine Sache nicht zu interessieren. Der einzige Zugang zu einer Sache ist aber eben gerade das »vorurteilsvolle« Interesse. Denn nur dem voreingenommenen »Liebhaber« erschließt sich das Wesen der Dinge. Das Mittelalter hatte keine blasse Ahnung von der Antike, weil es sich über die Antike stellte und in den Griechen und Römern »blinde Heroen« sah. Aber als mit der Renaissance die rückhaltlose, fanatische, fast pathologische Begeisterung für das Altertum begann, in dem Augenblick begann auch das Verständnis des Altertums. Auch Goethe und Winckelmann haben zweifellos die griechische Kunst überschätzt, indem sie sie für den Kanon aller Kunst hielten, aber sie haben ebendeshalb am weitaus meisten unter allen ihren Zeitgenossen von griechischer Kunst verstanden. Hundert Jahre später erschien Nitzsche und fand wiederum, von ganz anderen Wegen herkommend, die Vorsokratiker seien die Idealgriechen gewesen: und in einer gewissen Zeit wird man zweifellos wiederum erkennen, daß er übertrieben, gefälscht, verschoben hat, daß er mit seiner Auffassung völlig in die Irre ging, und trotzdem hat er bis jetzt die Griechen dieses Zeitalters am weitaus tiefsten und klarsten erkannt, und durch ihn haben wir überhaupt erst etwas über die Hellenen vor Sokrates erfahren. Ja selbst die höchst fadenscheinige und herausgeputzte Kultur Ludwigs des Vierzehnten hat auf Deutschland außerordentlich befruchtend gewirkt durch den Enthusiasmus, den sie hervorrief: sie hat in Deutschland Größeres und Dauerhafteres geschaffen als in ihrem eigenen Mutterlande, infolge jener skrupellosen, weit übers Ziel hinausschießenden Anerkennung. Nein: man wird nicht behaupten können, daß Überschätzung und Übertreibung eine Hemmung der Kritik seien.

Der Kritiker ist gar nicht dazu da, als eine Art beeidigter Schätzmeister mißtrauisch die Kunst zu beschnuppern, einen großen Korrektur-Rand zu machen, alle ganzen und halben Fehler anzustreichen, »Einflüsse aufzuzeigen«, vor Überschätzung zu warnen und schließlich zu erreichen, daß uns nichts mehr recht gefällt. Seine Aufgabe ist genau das Gegenteil: er hat den Bestand an Talenten direkt zu vermehren, indem er sie entdeckt, dazu stempelt, meinetwegen sogar erfindet. Er hat zu zeigen, daß die Alten es vielleicht ganz gut gekonnt haben, daß wir es aber jedenfalls anders machen müssen und daß aus der Verpflichtung, es besser zu können, auch notwendig die Fähigkeit dazu sich eines Tages organisch entwickeln wird.

Es gibt nur ein paar Laster, und die sind überall gleich, aber es gibt unzählige Tugenden, und täglich entstehen neue, und es sind sicher noch lange nicht alle gefunden und betätigt. Daher wird ein Mensch, ein Buch ganz anders klar, wenn man seine Vorzüge ins Licht stellt, als wenn man seine Fehler zeigt. Auch ist zu beobachten, daß selbst der dümmste Leser immer noch genug Bosheit und Dünkel besitzt, um die Schwächen der zeitgenössischen Autoren auszufinden, während er von ihren Schönheiten erst eine blasse Ahnung bekommt, wenn man ihn mehrmals mit dem Kopf darauf stößt.

Eine Sache heruntermachen ist das müheloseste und zugleich dankbarste Geschäft, dem ein Mensch sich hingeben kann: er hat es leicht, auf diesem Gebiet Erfolge zu erzielen, denn er findet in der unsrer Spezies nun einmal eigentümlichen Obtrektationssucht einen stets hilfreichen Bundesgenossen. Wie schnell ist uns auch vom mittelmäßigsten Kopf der Geschmack an einer Sache benommen, die uns soeben noch entzückt hat! Und wir sind ihm noch erkenntlich für diese Erleichterung. Denn dunkel und instinktiv fühlen wir, daß neue Werke, neue geistige Kräfte dadurch, daß sie uns zuströmen, auch Gegenbewegungen fordern: daß sie keineswegs ein bloß einseitiges Geschäft darstellen, sondern daß sie auch von uns gewisse Leistungen verlangen, daß sie verpflichten. Der Mensch ist aber nicht gern verpflichtet, wenn er nicht absolut muß: und so wirken menschliche Mißgunst und menschliche Faulheit zusammen, um in einem derartigen Verschlechterer und Verhäßlicher des Lebens nicht, wie billig, den Erbfeind, die bösartige, giftige, in aller ihrer Winzigkeit lebenszerstörende Tuberkel zu erblicken, sondern den willkommenen Erlöser von neuen Pflichten und neuen Bewegungen. Es gibt eine ganze Gilde von Burschen, die es als ihre Lebensaufgabe zu betrachten scheinen, alle besseren menschlichen Regungen zu »entlarven« und überhaupt das ganze Leben: Natur und Kunst, Wissenschaft und Politik, die gesamte Menschheitsgeschichte seit Adam durch sogenannte »naturalistische« oder »rationalistische« Erklärungsweise auf ein ganz ordinäres, unpoetisches und – wenigstens für jeden feineren Geschmack – tief uninteressantes Niveau herunterzunivelieren. Sie würden gegebenenfalls von Dante nachweisen, daß er die Beatrice besungen hat, weil er von ihr eine Lebensrente bezog, und von Jesus, daß er das Christentum gegründet hat, um sich eine wirksame Zeitungsreklame zu verschaffen, und von Gott, daß er die Welt geschaffen hat, um damit ein lukratives Geschäft zu machen. Sie wissen immer genau, »warum« ein Mensch diese oder jene scheinbar idealistische Handlung begangen hat. Solche »scharfe, kritische Köpfe«, denen man »nichts vormachen kann«, sind wohl die schädlichsten Patrone, die es überhaupt auf diesem Planeten gibt. Denn unter allen Umständen sind ihre »Enthüllungen« nur dazu angetan, das Leben zu verarmen. Sie sind sehr wohl imstande, wenn sie in genügenden Massen auftreten, ganze Zeitalter zu infizieren, zu zersetzen. Und man muß oft einen sehr immunen geistigen Organismus besitzen, um ihnen zu widerstehen, denn die Paradoxie – auch die falsche und gesuchte – hat immer einen gewissen Glanz für sich, und wenn jemand die Dinge auf den Kopf stellt, so hat er zumeist darauf zu rechnen, daß er mit dieser wirksamen Varieténummer Zulauf findet.

Man nennt solche Menschen kritisch, obgleich sie genau das Gegenteil davon sind. Im allgemeinen gilt ein Mensch um gerade so viel gescheiter, als er mehr an den Dingen auszusetzen weiß. In Wirklichkeit ist eben das der Beweis seiner Dummheit. Man findet sein Verfahren scharfsinnig, aber er ist im eigentlichsten Sinne des Wortes stumpfsinnig. Stumpfheit der Sinne, Mangel an Hellhörigkeit, Gesicht, Feinfühligkeit ist die erste Voraussetzung absprechender Kritik. Es gibt keine »Einwände«; nur beschränkte Menschen haben Einwände. Und was die »Mängel« betrifft, so gehen sie uns nichts an. Sie sind Müll, Abfall, Hobelspäne; wertlose Arbeitsüberschüsse, die für niemand charakteristisch sind.

Neue Kunst erschreckt

Der Künstler ist zu allen Zeiten eine sehr unhandliche, chokante, mißverständliche Sache gewesen. Als Schiller noch kein Klassiker war, war er ein ebensolcher outsider wie alle andern. Seine Dramen waren ebenso Ekrasit für seine Zeit wie heute die Petarden, die Nietzsche oder Ibsen in die moderne Gesellschaft geworfen haben. Heute ist ein Klassiker ein höchst harmloses, putziges und ungefährliches Tier. Aber eben nur deshalb, weil er nicht mehr zeitgemäß ist. Und man möge doch nicht vergessen, wie erschrecklich den Philistern immer noch Shakespeare sein müßte, wenn er nicht schon seit zweihundert Jahren registriert wäre: Shakespeare mit der Überlebensgröße seiner Figuren und Affekte, der Schilderer der »Nachtseiten des Lebens«, der »Poet des Häßlichen« (man denke einmal an »Maß für Maß«), der Vermittler raffinierter Nervenkitzel, maßlos, übertrieben, ungeordnet, ohne künstliche Harmonie – – ja, ist er denn das nicht alles? Sittlichen Halt hat er auch keinen gehabt, er wühlt im Grausigen, und das Dasein verklärt er so gut wie gar nicht. Wenn man ihm glauben wollte, so müßte die Welt zu zwei Dritteln ein Irrenhaus, ein Spital oder eine Verbrecherkolonie sein. Er ist voll Schwulst und fällt furchtbar leicht von einer Stimmung in die entgegengesetzte, was ein wichtiges Stilgesetz verletzt. Auch von Flüchtigkeiten und Ungeschicklichkeiten, von allerlei Schlampereien und Eselsbrücken sind seine Arbeiten nicht freizusprechen, die, wie gesagt, ein starkes, aber auf Abwege geratenes Talent offenbaren.

Manet malte ein Bund Spargel. Sogleich erhob sich eine Springflut von Beschimpfungen, Drohungen, Verwünschungen. Geben wir zu, daß es ein ganz miserabler Spargel war. Aber sind die Explosionen von Haß, Wut und Verachtung, die er hervorrief, damit erklärt? Welches der heiligsten Güter der Menschheit ist dadurch verletzt, daß einer nicht imstande ist, Gemüse zu malen? Mit Ibsens Stücken war es dasselbe, sie waren sogar zum Teil verboten. Warum? Wird in ihnen die Hostie verhöhnt, die freie Liebe gepredigt, das Gottesgnadentum geleugnet? Nichts von alledem: es sind exzessiv bürgerliche Stücke. Sie sind nicht einmal kraß, das bißchen Paralyse in den »Gespenstern« etwa ausgenommen. Aber was ist das gegen die Roheiten bei Schiller, Dante, Homer? Hat man vergessen, daß im »Lear« dem Gloster auf offener Bühne die Augen ausgetreten werden? Und so wenig nett wie Franz Moor benimmt sich kein einziger Mensch bei Ibsen.

Die Sache läßt sich nur so erklären, daß diese Kunstwerke erschreckten, weil sie neu waren. Und es zeigt sich hier die geheimnisvolle Wirkung, die das Werk des Genies auf jedermann ausübt. Auf jedermann: die einen zieht es an, die andern stößt es ab, aber beide mit der gleichen magischen Kraft. Die Philister waren von der neuen Kunst geradeso fasziniert wie die »Modernen«, sie fühlten instinktiv, daß hier die Entwicklung einen neuen gewaltigen Anstoß bekommen habe, aber sie spürten nur den Stoß und taumelten betäubt und erbittert zurück. Wären die neuen impressionistischen Bilder wirklich nur rohe und häßliche Farbenpatzen gewesen, wie die Gegner behaupteten, dann hätten sie sie einfach übersehen, statt mit Regenschirmen darauf loszugehen, und wäre Ibsen ein Revolutionär vom Schlage Sudermanns gewesen, dann hätte er sich alles erlauben können, und sie hätten ihm ebenso augenblicklich zugejubelt wie diesem.

Der »Entwickler«

In diesen prekären Situationen bedarf es eines Unterhändlers, Agenten, Vermittlers. Das sind die Kritiker: sie sind die Geschäftsträger der Dichter: Plänkler und Parlamentäre zwischen Künstler und Publikum. Jedes Zeitalter hat die Aufgabe, seine Dichter zu resorbieren, zu verdauen. Aber dieser Assimilationsvorgang, so unvermeidlich er sich mit naturgesetzlicher Sicherheit vollzieht, geschieht doch nur schrittweise und allmählich. Ihm hat ein vorbereitender Prozeß voranzugehen, die Überführung des Materials in einen verdaulichen Zustand, die Aufschließung der neuen geistigen Nahrung. Zunächst sind diese Werke da als provisorische Entwürfe für die Vervollkommnung unsres psychischen Apparats, als subtile, schwierige und unscheinbare Modelle für kommende technische Werkzeuge des menschlichen Geistes, und es kann daher leicht geschehen, daß man geflissentlich an ihnen vorbeigeht, weil sie zu neu und zu verwickelt sind, oder daß man sie nicht ernst nimmt, denn sie sind ja zunächst nur kleine Modelle, die leicht mit einem bloßen Spielzeug verwechselt werden können. Es entsteht daher zunächst die Aufgabe, sie zu studieren, zu beschreiben und zu erklären. Jeder Dichter hat etwas hinter seinen Worten, das gesucht, gefunden, veröffentlicht werden will. Seine Bücher erscheinen zunächst inkognito; was sie eigentlich sind, enthüllt sich erst allmählich, durch Berührung mit der Öffentlichkeit. Ihr Entwicklungsgang ist mit ihrem Druck keineswegs beendigt, er beginnt erst damit. Das Buch des Dichters ist ein Angebot an das Publikum, nichts weiter. Ein Anerbieten, daraus eine Dichtung oder eine Lebenskunst zu machen.

In jedem Dichter ist viel mehr, als er selber weiß. Wäre das nicht der Fall, so wäre er gar kein Dichter. Er eröffnet eine neue Entwicklung, er legt gleichsam nur Schienen, auf denen man beliebig fahren kann. Ein Dichter ist ein Mensch, der über sich hinausweist. Nur dadurch unterscheidet er sich von den übrigen Menschen. Diese stellen in den nicht übermäßig zahlreichen wohlgeratenen Exemplaren sich selbst dar, diesen bestimmten, ihnen von der Natur vorgezeichneten Bauplan, den sie erfüllen; während die Majorität der Menschen nicht einmal das tut, sondern fortwährend ihren Ehrgeiz darein setzt, etwas andres zu sein, als sie ist. Aber der Dichter weist auf neue Baupläne, die noch im Begriffe sind, entworfen zu werden. Er ist eben darum ein so zerbrechliches, überempfindliches Geschöpf, weil er ein Experiment der Natur ist, die fortgesetzte Versuche anstellt, um zu neuen Formen und neuen Zweckmäßigkeiten zu gelangen. Die Natur macht es nicht wie die bureaukratischen Verwaltungen, die nach dem Prinzip vorgehen: was sich bisher bewährt hat, ist das Beste: sondern sie sagt sich: wenn sich dieses gut bewährt hat, liegt darin nicht eine Garantie dafür, daß es etwas noch Besseres gibt? Das Gute ist fast schon ein Beweis des Besseren! Sie sagt nicht: die Dinge sind ja soweit in Ordnung, also wozu Experimente? Nein, ganz im Gegenteil, sagt die Natur, alles Bestehende ist wert, zugrunde zu gehen, ist zu nichts anderm nütze als dazu, Neuem eine gesicherte Unterlage, ein breites Operationsfeld zu bieten. Diese absonderlichen, tastenden, unsichern, gefahrvollen Essays der Natur sind die Dichter. Sie sind komplizierte, kostbare und schwerverständliche Versuchsmaschinen der Evolution.

Ihre Werke sind Anstöße, Auslöser von Bewegungen, nicht mehr. Da sie aber nichts sind als Anreger und Andeuter, so müssen ihre Andeutungen zunächst ausgeführt werden, mit einem Wort: ihr Wesen muß »entwickelt« werden, etwa in der Art, wie man eine photographische Platte entwickelt, auf die wohl die Sonnenstrahlen schon das vollständige Lichtbild aufgezeichnet haben, das aber doch erst, soll es für jedermann sichtbar werden, einigen Verfahren und Prozeduren unterzogen werden muß. Diese Arbeit ist nicht mehr Sache des Dichters und kann gar nicht mehr seine Sache sein, denn sein Wesen ist nichts als Empfindlichkeit für Licht.

Die Dichter sind die großen Unvollkommenen. Was ihnen ihren Singulärwert verleiht, ist gerade das Labile, Unkonsolidierte an ihnen, das Ungarantierte ihrer Existenz. Sie sind ein völlig dubioser Posten im Haushalt der Natur, aber vielleicht der wichtigste. Sie sind gewissermaßen Aushängebogen der kommenden Entwicklung, Versuchsblätter und Provisorien, »Ansichtslieferungen« der Natur. Sie sind verwischte, dunkle, zweifelhafte Probedrucke der Zukunft.

Und der Kritiker? Der hat gar nicht die Aufgabe, höhnisch auf diese Mängel hinzuweisen oder sie gar noch zu unterstreichen. Sondern, o nein: – er hat zu sagen: Dies ist unausgeführt und verwischt – Grund genug für mich, es auszuführen; dies ist dunkel – bravo! ich will es hell machen; dies ist dubios – nun, ich will ihm eine solide Unterlage geben.

Das nämlich ist seine verdammte Pflicht und Schuldigkeit.

Die Schaubühne

Ein Dialog

Guten Tag, Franz. Was liest du da?

Pflanzenphysiologie.

Hm. Es ist wohl sehr bildend?

Nein, es ist gar nicht »bildend«. Das heißt: wenn du unter Bildung Erweiterung der Kenntnisse verstehst. Im Gegenteil: es veringert die Kenntnisse, und es vermehrt die Unkenntnisse. Seit ich wissenschaftliche Botanik studiere, muß ich gestehen, daß jeder Laie von Botanik mehr versteht als ich. Ich selbst habe früher über diese Dinge mehr gewußt als jetzt. Jetzt weiß ich gar nichts mehr. Aber vielleicht ist gerade das Bildung: Erweiterung der Unkenntnisse.

Das ist wieder eins von deinen vielen Paradoxen.

Nein. Es ist einer von meinen vielen Gemeinplätzen. Du wirst die Beobachtung, die ich dir soeben mitgeteilt habe, überall bestätigt finden. Alle Menschen haben einen klaren Begriff von der Elektrizität – bis auf die Elektrotechniker. Die Gründungsgeschichte Roms kann jeder Sextaner erzählen, aber Mommsen kann sie nicht erzählen. Was Ernährung, Wachstum, Fortpflanzung ist, kann dir jeder sagen, außer dem Physiologen. Und infolgedessen glaube ich, daß es die Aufgabe jedes Gebildeten wäre, auf möglichst vielen Gebieten bis zu dem Punkt vorzudringen, auf dem er seine positiven Kenntnisse fast ausnahmslos preisgeben muß.

Und darum studierst du Pflanzenphysiologie?

Nein, nicht deshalb. Sondern zu meiner Zerstreuung.

Nun, da würde ich dir doch lieber empfehlen, heute abend zu Shakespeare zu gehen oder einen Band Hamsun zu lesen.

Da tätest du sehr unrecht. Denn Shakespeare ist sehr abspannend, und Hamsun ist ein wissenschaftliches Studium.

Die Botanik dagegen ist eine Erholung, obgleich sie angeblich das Wissenschaftlichere ist. Hamsun setzt eine ungeheure Menge von Vorkenntnissen voraus, während die Botanik nur die Bekanntschaft mit ein paar einfachen chemischen und physikalischen Tatsachen verlangt, die du dir in wenigen Tagen erwerben kannst. Willst du aber das wissen, was du brauchst, um überhaupt an Hamsun herangehen zu können, so mußt du mindestens zehn Jahre gearbeitet haben. Du mußt eine Masse von persönlichen Erlebnissen und Beobachtungen in dir parat haben, sonst finden die psychologischen Entdeckungen, die Hamsun gemacht hat, in dir keinen Nährboden. Es entsteht dann keine chemische Verbindung zwischen dir und Hamsun. Und nun gar Shakespeare. Shakespeare ist das Ermüdendste, was ich kenne. Es ist fast unmöglich, diesen blitzschnellen Bewegungen eines Geistes zu folgen, der mit Ideen und Impressionen so überfüllt ist, daß ihn diese Überfülle und das Bedürfnis, sie loszuwerden, ganz hysterisch macht. Shakespeare leidet an Gedankenübervölkerung. Nimm irgendeinen seiner Monologe her und versuche, ihn »vom Blatt« zu lesen. Du wirst nach der dritten Zeile erschöpft innehalten müssen. Shakespeare stopft in einen Satz ein halbes Dutzend Beobachtungen, Empfindungen, Gleichnisse, Interjektionen, zu denen mindestens zwei Seiten gehören. Mit Shakespeare verglichen, sind wissenschaftliche Erörterungen, die in breitem Fluß, immer rekapitulierend, langsam von Punkt zu Punkt schreiten, ein Ausspannen des Geistes, eine Erholung.

Nun, man muß sich nicht darauf versteifen, in einem Drama jedes Wort bis auf den letzten Sinn auszuschöpfen. Du kannst ganz gut Shakespeare lesen, indem du nur die allgemeine Stimmung, den dramatischen Grundbaß festhältst. Wenn du auch nicht alle Details richtig aufnimmst: das Ganze, die Handlung, die psychologische Entwicklung – also das Wesentliche jedes Dramas – verstehst du darum doch.

Ja: aber wenn du einmal so weit gehst, erkläre ich dir, daß Shakespeare, bloß als Dramatiker, mich langweilt.

Soll diese Ansicht etwa auch ein Gemeinplatz sein?

Vorläufig noch nicht. Aber sie wird gewiß einmal einer werden. Denn sage mir einmal aufrichtig: Was ist es denn, das dich an Shakespeare – ich betone nochmals: an Shakespeare, den Dramatiker – so sehr fesseln könnte? Nimm irgendeines seiner Meisterwerke. Etwa den »Othello«. Man hat ihn das Drama der Eifersucht genannt, und in der Tat: es ist das großartigste Gemälde dieser Leidenschaft und ihrer Verstrickungen, das jemals geschrieben wurde. Aber dies ohne weiteres zugegeben: Ist die Eifersucht denn ein Drama? Oder genauer gesagt: Wird sie es noch lange bleiben? Ich glaube, diese furchtbare und verheerende Leidenschaft müffelt heute schon ein wenig. Oder nimm den »Macbeth«. Der Ehrgeiz, der »Wille zur Macht«. Diese Leidenschaft wird vermutlich nie aussterben, ja, es ist wahrscheinlich, daß sie den kommenden Menschen in noch viel heftigerem Maße beherrschen wird als den vergangenen. Sie wird sich verstärken. Aber das heißt: sie wird sich verfeinern. Wir sind ehrgeizig und machtbegierig. Aber eine Krone scheint uns nicht mehr das richtige Mittel, um diese Leidenschaften zu befriedigen. Und überhaupt: Wir ermorden nicht mehr. Man hat die Mordlust, die in vielen, vielleicht in allen Menschen steckt, bisher dadurch in Schranken halten wollen, daß man sie als etwas Entsetzliches, grauenhaft Tierisches hinstellte. Das war wohl nicht die rechte Pädagogik. Aber wir sind im Begriff, eine bessere zu finden, und zwar aus unseren tiefsten Instinkten heraus. Der Mord fängt nämlich an, etwas Lächerliches zu werden. Eine wirklich humane Kultur wird erst in dem Augenblick die Welt beherrschen, wo alle Gebildeten einen Mörder furchtbar komisch finden werden. Dann werden die rudimentären Formen aus früheren Zeiten, eben jene Menschen mit atavistischer Mordlust, vielleicht eher in sich gehen, denn sie werden an ihrer schwächsten Seite gepackt werden, an ihrer Eitelkeit. Bisher hat man sie nur an der Furcht zu packen gesucht. Und dann wird man vielleicht auch über »Macbeth« laohen, jenes Drama, das wahrscheinlich das größte aller Zeiten ist. Es wird uns vorkommen wie eine Knockaboutkomödie. Nimm ferner »König Lear« –

Nein. Nimm den »Hamlet«.

Ah, der »Hamlet« bedeutet auch für uns noch etwas. Aber warum? Eben wegen seines Mangels an Handlung. Weil er ganz Philosophie, Psychologie und Undrama ist. Er ist als Drama eine der schwächsten Arbeiten Shakespeares. Er ist schlecht komponiert, und die Katastrophe ist ganz künstlich und unorganisch. Aber das sind Mängel, die man heute nicht mehr spürt, während die außerordentlichen Vorzüge der Shakespeareschen Dramen, die sonst von diesem Moloch »Handlung« verschlungen werden, hier ins vollste Licht treten. Über den »Hamlet« sind Tausende von Büchern und Aufsätzen geschrieben worden, aber es ist sicher noch nicht alles über ihn gesagt worden. Denn Hamlet, das Werk eines Genies, ist selbst ein Genie, und das Genie ist tausenddeutig, weil es ein Extrakt aus jedem einzelnen Menschen ist. Jeder Mensch findet sich im Genie wieder, und gerade das findet er im Genie wieder, was ihn von allen übrigen Menschen unterscheidet. Aber: – im Hamlet hat Shakespeare wie in einem Gleichnis das Schicksal der dramatischen Kunst gezeichnet. Sie geht umher, gequält und verfolgt von nächtlichen Gesichten, angetrieben zu weitausladenden, geräuschvollen Handlungen, zu Mord und Totschlag, Kampf und Tat, und indem sie den Sinn und Wert aller dieser Lebensäußerungen erwägt und prüft, erkennt sie: Alle diese Dinge haben keine innere Existenzberechtigung, sie sind nichts als Konzessionen, die wir dem Milieu machen, in dem wir leben, nämlich dem großen Irrenhaus von Unweisheit und Ungüte, das man »Menschheit« nennt. Und wie Hamlet in solchen Reflexionen sich selbst zersetzt und lebensunfähig macht, so gelangt im langsamen Prozeß der Selbstbespiegelung auch die dramatische Kunst zu ihrer Selbstauflösung. Und so sinkt denn das Drama allmählich auf die Stufe einer recht interessanten, aber etwas rückständigen und rudimentären Betätigung heran; es wird ein Überbleibsel aus frühern Kulturperioden, etwa das, was englische Ethnologen ein survival nennen. Stücke schreiben, aufgeregte Menschen gegeneinanderhetzen, die ganze Welt in drei Stunden erklären wollen: das sind etwas kindische und primitive Unternehmungen. Die dramatische Kunst hat etwas Pöbelhaftes, ja, sie muß es sogar haben. Denn sie hat die Optik der Rampe, und sie kann überhaupt nur gewöhnliche Naturen schildern.

Na, erlaube mal! Sind Wallenstein, Holofernes oder Faust gewöhnliche Naturen?

Der »Faust« gehört in die Gruppe »Hamlet«, und Wallenstein, Holofernes und alle die zahllosen andern, die du noch hättest nennen können, sind in gewissem Sinne gewöhnliche Naturen. Nämlich in dem Sinne, daß ihre Motive und Affekte für den modernen Menschen etwas höchst Vulgäres haben. Ich leugne natürlich nicht, daß eben solche Triebfedern und Leidenschaften in der Zeit, wo diese Menschen lebten, gerade das Heroische und Großartige an ihnen ausgemacht haben. Aber das hindert doch nicht, daß wir heute in diesen Seelenbewegungen nichts andres mehr sehen können als historische Spezialitäten.

Nun, der Dramatiker ist ja nicht ausschließlich auf die Historie angewiesen. Er kann ja aus der Gegenwart schöpfen.

Ja, siehst du, das ist aber der wunde Punkt! Wenn der Dichter nicht geradewegs lügen will, wo findet er denn dann im Leben der Gegenwart dramatische Bewegungen? Wo sind die großen Explosionen und weithin sichtbaren Gesten, die man »dramatisch« nennt? Sie kommen noch vor, aber nur bei den ganz uninteressanten Menschen, nämlich bei der großen Masse und bei den Dummköpfen. Dramatisches Leben ist, zum Beispiel, heute noch in Rußland zu finden: aber glaubst zu wirklich, daß eine Dramatisierung etwa der russischen Revolution für einen Menschen von modernem Kunstgeschmack einen andern Reiz hätte als höchstens den des Exotismus? Und daß in einem solchen Drama nicht lauter gewöhnliche Naturen vorkämen, die höchstens als Ausdruck der Totalität ihres Volkes eine gewisse Größe zeigen? Ein wirkliches Drama mit überragenden Menschen als Akteuren wie wir es bei Shakespeare, Schiller und Hebbel sehen, läßt sich aus den Menschen der Gegenwart gar nicht mehr zusammensetzen. Wir leben geräuschloser. In den Dramen des Lebens von heutzutage »geht nichts vor«. Das heißt: Die einzigen wirklichen Vorgänge des menschlichen Lebens, die Seelenvorgänge, die gibt es auch heute noch, und mehr als früher. Aber die sind nicht »dramatisch«. Und deshalb könnte Shakespeare heute kein einziges seiner Stücke mehr schreiben. Er müßte sich sagen, daß Othello die Desdemona nicht töten wird, wenn er nicht gerade betrunken ist, sondern daß er etwas andres tun oder reden wird, irgend etwas scheinbar Unbedeutendes und Nebensächliches, irgend etwas, das sich schwer vorausberechnen läßt, das aber vielleicht tiefer treffen wird als sein Dolch. Bei einem Othello der Shakespearezeit lag die Gleichung klar und deutlich vor Augen: Er wird sie töten. Was sollte er denn sonst tun, wenn er nicht gerade betrunken ist? Die Menschen waren damals eben viel übersichtlicher, einfacher, schematischer. Ein genialer und kenntnisreicher Seelenforscher konnte mit ihnen ebenso Astronomie treiben wie Galilei mit seinen Sternen. Man mußte nur die Gesetze der Epizyklen kennen, die sie beschreiben würden.

Aber dann gibst du ja selbst dem Dramatiker das Recht, Menschen aus der Shakespearezeit so zu schildern, wie Shakespeare es getan hat.

Gewiß tue ich das. Und ich glaube auch, daß die Historie noch eine Zeitlang die letzte Zufluchtsstätte sein wird, in die die Dramatik sich retten kann. Hier braucht der Dramatiker wenigstens nicht zu lügen. Und noch einen großen Vorteil hat er auf diesem Gebiete: den der Distanz. Je mehr wir von einer Sache wissen, desto unpoetischer ist sie. Daher ist die Gegenwart fast immer unpoetisch. Das Leben, das ich mit meinen Mitmenschen lebe, wird gleichsam in lauter kleine Molekularbewegungen zerlegt, und darüber kann ich zu keinem Gesamtbild kommen, das sicher auch seine eigenartige Poesie hätte. Dagegen: je ferner wir einer Sache stehen, desto leichter wird sie poetisch. Die

Natur hat immer etwas Poetisches, weil sie uns so fremd ist, weil wir so gar nichts von ihr wissen. Ein Tier ist schon nicht mehr so poetisch wie eine Pflanze, weil die Tiere uns etwas näher stehen. Aus demselben Grunde erscheint uns ein Tier fast immer poetischer als ein Mensch, ein Kind poetischer als ein Erwachsener, eine Frau poetischer als ein Mann, ein fremdes Volk poetischer als das eigene, ein unbekannter Mensch poetischer als ein bekannter, ein Toter poetischer als ein Lebender. Und dasselbe gilt natürlich von der Vergangenheit. Schon unsere eigene Vergangenheit hat einen eigentümlichen halbromantischen Charakter: wir denken an vergangene Erlebnisse, selbst wenn sie peinlich waren, immer mit einem gewissen Neid und finden, das Leben sei damals schöner gewesen. Dieses Gespräch, das wir eben führen, so prosaisch es ist, wird für dich in zwanzig Jahren, wenn du dich noch daran erinnern solltest, etwas eigentümlich Stilisiertes haben. Und deshalb kann der Dramatiker noch am ehesten zur Historie greifen, und je weiter er zurückgreift, desto besser.

Das wird er immer können, und ich sehe daher keinen Grund, der dramatischen Kunst ein baldiges Ende zu prophezeien.

Das historische Drama bietet aber gewisse Schwierigkeiten, die vielleicht bald unüberwindlich sein werden. Zunächst: es kann nicht mehr das sein, wodurch früher die Historien ihre große Wirkung hatten: eine Projektion der Gegenwart in Vergangenheit. So hat noch Shakespeare seine Historien gedichtet. Seine Römer waren eben keine kunstvoll konstruierten Fossilien, sondern echte Menschen von der Straße. Heute müßte der Dramatiker gerade umgekehrt verfahren: er müßte den äußersten historischen Naturalismus anwenden, um die Handlungen und Gefühle seiner Helden, die sonst verlogen wirken würden, wahrscheinlich und möglich zu machen. Dadurch wird die Dramatik zu einer Art von archäologischem Museum. Es ist sicher, daß sie hierdurch an Interesse gegen die frühere Historiendramatik sogar gewinnen wird, aber die lebendige Wirkung in die Gegenwart, die, zum Beispiel, noch die

Schillerschen Historien in so hohem Maße hatten, muß sie dadurch verlieren. Sodann aber wird dem Dichter sehr bald die Sprache für diese veralteten Affekte und Aktionen ausgehen und überhaupt die Fähigkeit der Einfühlung, die ja das Wesen des Dichterischen ausmacht.

Also mit einem Wort: Das Drama hat in der Kunst nichts mehr zu suchen. Aber wie kommt es denn dann, daß man immer noch im Theater so lebhaft ergriffen wird? Das habe ich doch auch an dir schon sehr oft beobachtet.

Lieber Freund, das beweist gar nichts. Wir werden von einer Menge von Dingen ergriffen, die uns im Grunde gar nicht ergreifen, und wir spüren eine Menge von Dingen nicht, die uns dennoch aufs tiefste beeinflussen. Der momentane Affekt des Hörers ist niemals ein Gradmesser für den Wert eines Kunstwerks. Wenn du mir versprichst, es bei dir zu behalten, so will ich dir gestehen, daß meine Lieblingsautoren heute noch Cooper und die Marlitt sind. Ich lese diese Bücher mit dem größten Interesse, und sie sind auch in der Tat rührender und aufregender als die Romane von Hamsun und Jacobsen: aber wenn du mich nach dem Inhalt fragst, so weiß ich dir ihn nicht zu sagen. Und dann: bei jeder Entwicklung läuft immer sehr lange allerlei Gefühlsatavismus mit, als ein sehr heilsames Gewicht, das verhindert, daß die Bewegung in ein überschnelles ungesundes Tempo gerät oder über ihr Ziel hinausschießt. Kein noch so überzeugter Atheist wird beim Anblick einer Kirche dieselben Empfindungen haben wie beim Anblick eines Klublokals, obgleich sie ja seiner Ansicht nach nichts andres ist.

Wenn das Theater aber immer noch so schöne und starke Eindrücke vermittelt, so ist kein Grund, es abzuschaffen.

Man soll es auch nicht abschaffen. Ich bin so wenig für die Abschaffung des Theaters, wie ich für die Einstampfung des »Lederstrumpf« bin. Ich bin nur für eine richtige Wertung. Und vor allem bin ich dafür, daß diese an sich untergeordnete und im Gange der heutigen Kulturentwicklung unwirksame Kunstbetätigung nicht andere wichtigere

Betätigungen des menschlichen Geistes überwuchert und auf einen zu bedürftigen Nährboden beschränkt. Denn das Theater verkümmert den dramatischen Sinn. Das klingt paradox. Aber der dramatische Sinn des Menschen ist viel allgemeiner, als man gemeinhin annimmt, und deckt sich durchaus nicht mit dem theatralischen. Der dramatische Sinn ist ein in allen unsern Lebensäußerungen stets gegenwärtiger und aktiver Sinn, so gut wie der Gesichtssinn oder der Temperatursinn. Er beherrscht die ganze Welt. Er wirkt bereits in den merkwürdigen schraubenförmigen Bewegungen der Wurzelspitze, des »Gehirns der Pflanze«, er organisiert den Ameisenstaat mit seinem Sklavereisystem, seinen Melkkühen und Gemüsegärten, er ist die Ursache der Kräfte-Umwandlung im galvanischen Element und des Kampfs der Atome, aus dem die Gestirne hervorgehen. Wir aber haben diesen Sinn künstlich unterdrückt und beschränkt, indem wir ihn fast ausschließlich auf ein kleines Feld konzentrierten, auf dem nicht viel zu finden war und auf dem alles Auffindbare schon längst gefunden ist. Unter dem despotischen Druck der Theatrokratie ist unser ganzer dramatischer Sinn für das Theater aufgebraucht worden. Auf allen andern Gebieten aber haben wir diesen natürlichen Trieb gewaltsam verschnitten und seiner produktiven Kräfte beraubt. Auf allem, was nicht Theater ist, lastet heute noch der Fluch der Langweiligkeit und der Unlebendigkeit. Alles andre ist »Arbeit«, »Studium«; nur das Theater gilt als »Vergnügen«. Wenn die Wissenschaft und mit ihr das Denken heute noch als eine bloße Gehirnangelegenheit kompromittiert ist, so ist nur die Theatrokratie daran schuld. Aber das Denken ist eine Leidenschaft, und wahrscheinlich die furchtbarste und fruchtbarste, die es gibt. Wenn einmal die Herrschaft des Theaters gebrochen ist, wird diese Leidenschaft ihr Haupt erheben und ihre Dramen schaffen, die sich zu den bisherigen Dramen verhalten werden wie tiefe Romane zu Lesestücken aus Abc-Büchern. Sie wird Gebiete der Seele entdecken und exploitieren, von denen wir noch keine Ahnung haben. Und auch unser Leben, das heutzutage so undramatisch und unpoetisch verläuft, wird eine höhere Bewegung bekommen, wenn unsre dramatischen Bedürfnisse nicht mehr im Theater eine so billige Befriedigung finden werden. Der dramatische Sinn wird dem Leben direkt zugute kommen und nicht mehr bloß den Theaterdirektoren.

Aber die Dramen des Theaters sind Werke der Phantasie, und die Dramen der Wissenschaft und des Lebens, von denen du sprichst, können das nie sein.

Ich will aber gar keine Phantasie. Was ist denn eigentlich jene vielgerühmte Phantasie, die früher das Privileg des Dichters war? Sie ist nichts als schlechte intellektuelle und künstlerische Erziehung. Sie ist die Subjektivität irgendeines Einzelorganismus, die sich ungebührlich vordrängt und uns verhindert, die Poesie der Natur und des Lebens voll zu erfassen. Und doch haben Natur und Leben zehntausendmal mehr Poesie und Phantasie als der größte Dichter. Ist die Poesie der Welt etwa im menschlichen Gehirn, dieser mehr oder minder schadhaften Begriffsrechenmaschine? Ganz im Gegenteil: gerade dort ist sie am wenigsten. Der vollkommenste Dichter ist der unpersönlichste, derjenige, der einen möglichst vollkommenen Aufnahme- und Durchgangsapparat für die Poesie der Natur und des Lebens bildet, der der Poesie der Welt möglichst geringe Leitungswiderstände entgegensetzt. Ein Dichter ist ein Mensch, der Poesie empfangen und weitergeben kann, keineswegs ein Mensch, der Poesie »macht«. Um es in eine Formel zu bringen: der Grad seiner »Permeabilität der Weltpoesie« bezeichnet die Höhe seiner dichterischen Kapazität. Selbsttätige Phantasie hingegen ist eine Gehirnkrankheit und ebenso interessant, aber auch ebenso belanglos wie alle übrigen pathologischen Phänomene. Selbsttätige Phantasie ist überdies langweilig. Es gibt nur eine einzige amüsante Sache: die Wirklichkeit. Subjektive Poesien sind daher nicht nur belanglos, sie sind geradezu schädlich. Denn sie schieben das fade Ich vor die interessanten Objekte. Man vergleiche, zum Beispiel, einmal die Spiele, die die Menschen erfunden haben, mit den Spielen der Tiere. Jene sind langweilige Gehirnfunktionen, diese sind organische Produkte des Lebens. Man kann stundenlang zusehen, wenn junge Hunde oder irgendwelche andre Tiere miteinander spielen, aber man muß schon ziemlich von Gott verlassen sein, um bei einer Partie Billard oder Skat stundenlang kiebitzen zu können. Phantasie ist etwas für Kinder, Frauen und Naturvölker. Phantasie von der Art, wie das Theater sie braucht, ist nichts als eine Folge lückenhafter Lebensbeobachtungen, ungeordneten Denkens und defekter Wahrheitsliebe. Ich bin für die Phantasie der photographischen Platte, des Mikroskops, des Fernrohrs, des Röntgenapparats. Diese Instrumente sind gar nicht »produktiv«, und dennoch haben sie unserm Vorstellungsleben mehr neues Assoziationskapital zugeführt als alle »Phantasieschöpfungen« der ganzen Weltliteratur. Und warum? Einfach deshalb, weil sie bessere Organe hatten, schärfere, subtilere, genauere, unphantastischere. Und ganz ebenso steht es mit der geistigen Arbeit des Menschen. Einen genialen Menschen nenne ich den, der für uns dieselbe Bedeutung hat wie ein neuer physikalischer Apparat. Das Genie braucht keine Phantasie, es braucht nur Augen. Die Augen des Genies sind ein neues optisches Instrument mit bis dahin unerhörten Vervollkommnungen und Verfeinerungen, das zerlegt und zusammensetzt, aber natürlich nur mit objektiven Strahlen arbeitet, die von draußen kommen. Das Genie hat gar nichts »aus sich«. Was einer »aus sich« hat, ist Spiegelfechterei oder Selbstbetrug. Ich bin für die Phantasie eines Newton, eines Kant, eines Bismarck.

Wenn du so weit gehst, warum bist du dann nur gegen die unglücklichen Dramatiker? Denn was du soeben eingewendet hast, richtet sich gegen die ganze Dichtkunst überhaupt.

Nun, ich hätte große Lust, auch diesen letzten Schritt zu tun. Jedenfalls hat alle Dichtkunst etwas von schlechter Erziehung.

Es wird ja immer besser!

Nun, du kennst doch das Epigramm Hartlebens: »Der Lyriker wird nie als Gentleman geschätzet, weil er vor aller

Welt von seiner Liebe schwätzet.« Übrigens: – auch wenn der Lyriker seine Liebesgeschichten diskret bei sich behält, so plaudert er doch immer noch über seine eigenen Seelengeheimnisse und Privatangelegenheiten, und auch das tut kein Gentleman. Der Romancier wieder riecht in fremde Familienverhältnisse und bekümmert sich leidenschaftlich um Intimitäten, die nicht die seinigen sind, und das tut auch kein Gentleman. Der Dramatiker vollends ist ein Volksredner, der jeden Abend für zweitausend Menschen arbeitet, und das tut wiederum kein Gentleman.

Aber zum Teufel, das ist doch keine vernünftige Wertung! Ich wenigstens finde einen Dichter wertvoller und interessanter als tausend Gentlemen.

Aber es ist nicht bloß etwas Äußerliches. Das Dichten ist wirklich eine Art Unkultiviertheit, auch im höhern Sinne. Das »Sich-strömen-Lassen« der Dichter setzt immer einen gewissen Mangel an Selbstzucht, an geistiger Disziplin und an Scham voraus. Zudem ist jeder Dichter bis zu einem gewissen Grade unehrlich. Er soll eine abgerundete, in sich geschlossene Schöpfung hervorbringen, und da geht es nie ohne ein bißchen Draperie und Arrangement ab. Er muß die Dinge erst in seinem Kopf zurechtlügen, damit sie »ästhetisch« wirken: er muß sie erst zu einer künstlichen Einheit zusammenlügen, damit sie organisch ineinandergreifen. Ein gewisser Mangel an dem, was Nietzsche »intellektuelles Gewissen« nennt, ist die Voraussetzung aller Dichtkunst. Und schließlich läuft auch bei allem Dichten ein großes Stück Unbildung mit. Das Grobhandgreifliche, die Anschaulichkeit um jeden Preis, die Konzentration auf den individuellen Fall: das sind Momente, die in der Dichtkunst eine rudimentäre Betätigung des menschlichen Geistes erkennen lassen. Man kann auch beobachten, daß Unbildung die dichterische Produktivität direkt unterstützt, während Bildung sie hemmt. Naturvölker dichten viel leichter als Kulturvölker, Kinder leichter als Erwachsene, Frauen leichter als Männer, Leute aus dem Volke leichter als Gelehrte. Es gab eine Zeit, in der jeder Mensch dichtete: das war die Urzeit des Menschengeschlechts. Dichten ist eben vorwiegend eine Funktion der Phantasie, und daher gilt in der Tat von der gesamten Dichtkunst, was ich vorhin von der Dramatischen Kunst sagte. Übrigens wirst du bemerken, daß mit zunehmender Kultur die Phantasie und damit die Dichtkunst zurückgeht. In der »Ilias« ist schon weniger Phantasie als in »Tausendundeiner Nacht«. Und unsre modernen Dichter haben, mit den frühern verglichen, überhaupt keine Phantasie mehr. Phantasie haben heute nur noch die Schmierer, aber Ibsen, Strindberg, Liliencron, Hamsun, Altenberg haben keine. Gott sei Dank, so weit sind wir schon. Infolgedessen steht zu hoffen, daß die Dichtkunst mit der Zeit überhaupt aufhören wird.

Nun, ich für meinen Teil halte es mit Novalis, der gesagt hat: Erst dadurch, daß es Dichter gibt, habe die Welt eine Existenzberechtigung bekommen.

Ja, aber derselbe Novalis hat auch gesagt – ich kann mich an den Wortlaut nicht mehr erinnern –: Der Musiker dichtet mit Tönen, der Maler mit Farben, der Mechaniker mit Kräften, der Philosoph mit Begriffen und der Romantiker mit dem Leben. Der das empfunden hat, war ein echter Romantiker. Und wenn ich vorhin gegen die Dichtkunst war, so wollte ich damit noch lange nicht gesagt haben, daß ich gegen die Dichter bin. Im Gegenteil: wenn die Dichtkunst aufhört, wird es mehr Dichter geben und größere. Die Dichter, die wir bis jetzt gesehen haben, haben alle ihre verfügbare Poesie und Romantik auf lyrische Gedichte abgezogen oder in einen Roman eingedünstet. So bleibt nichts für das Leben übrig. Auch von den Theaterkomikern wird ja behauptet, daß sie im Leben zumeist recht morose Leute seien. Es ist außerdem auch gar nicht ausgemacht, daß zum Dichten notwendig »Werke« gehören. Ja, es ist noch sehr die Frage, ob jene Genialität nicht höher steht, die sich in den täglichen improvisierten Lebensäußerungen eines Menschen offenbart. Die »Werke« zeigen uns ja immer nur eine präparierte Genialität, die die Frucht langer Erwägungen, Übungen und Versuche ist. Vielleicht wäre der größte Künstler derjenige, der sagen könnte: Das einzige Kunstwerk, das ich geschaffen habe, ist meine Biographie. Bei andern floß die Genialität in die Feder oder in den Pinsel. Aber ich verzettelte mein Genie nicht mit diesen Dingen und hatte diese Instrumente nicht nötig. Ich hätte sie nicht einmal brauchen können, denn sie wären für mich viel zu plump gewesen ... Ein solcher Dichter wäre größer als Dante und Homer und unsterblicher.

Unsterblicher?

Jawohl. Die »Odyssee« und die »Göttliche Komödie« sind etwas Fertiges, etwas Abgeschlossenes und daher gewissermaßen etwas Totes. Ein Menschenleben aber wirkt weiter, indem es sich fortwährend in den Augen der Nachwelt verwandelt. So hat, zum Beispiel, Goethe eine Dichtung geschaffen, die höher steht und länger und tiefer wirken wird als der »Faust«, der »Tasso« und seine andern Meisterwerke. Sie heißt: Das Leben Johann Wolfgang Goethes, 1749–1832.

Aber Goethes Leben und Goethes Dichtung hängen doch genau zusammen.

Ja, aber in besonderer Weise. Nämlich: seine Dichtungen hätte er niemals schreiben können ohne ein solches Leben, aber ein solches Leben hätte er wohl führen können, ohne eine Zeile zu dichten. Daß er der einzige Mensch war, der den »Faust« schreiben konnte, das war das spezifisch Goethische: daß er den »Faust« schrieb, war ein Zufall. Die Kunst ist immer nur ein Nebenprodukt. Das Wort »Berufsdichter« ist ein Unsinn. Der Beruf des Dichters ist der jedes andern Menschen: leben, assimilieren und assimiliert werden, Energien anhäufen und weitergeben, eine von den Millionen Komponenten der Weltbewegung bilden. Daneben fällt dann bisweilen etwas Lyrik oder Drama ab. Der echte Dichter »sezerniert« Dichtungen.

Immerhin aber haben die großen Dichter bis jetzt immer auch solche Sekrete abgegeben.

Durchaus nicht immer. Die einzigen Dichtungen zum Beispiel, die Sokrates hinterlassen hat, sind die Dialoge des Plato. Aber das beste Beispiel eines Dichters ohne Bücher ist Jesus. Ich glaube, Jesus war ein größerer Dichter als Shakespeare. Schon deshalb, weil sein Material ein großartigeres war. Shakespeare hat mit einigen Figuren gedichtet, aber Jesus hat mit der ganzen Menschheit gedichtet, oder vielmehr: er hat die ganze Menschheit dazu gebracht, mit ihm zu dichten, und das tut er jetzt schon fast zwei Jahrtausende lang. Der Othello bleibt immer Othello, der Jago immer Jago; aber Jesus hat sich schon in tausend Dichtungen umgesetzt, die von Jahrhundert zu Jahrhundert von einem Dichter zum andern überspringen.

Das mag vom Mittelalter oder von der Reformationszeit gelten, aber heutzutage ist das Christentum keine lebendige Macht mehr.

Dieses Christentum, das heute tot ist, verhält sich zu der Gesamtpersönlichkeit Christi, wie eine Seite des »Faust« sich zu Goethe verhält. Das Christentum wäre niemals Weltreligion geworden, wenn es in einer Bagatelle von neunzehnhundert Jahren sich ausleben könnte. Ich glaube, im Gegenteil, daß wir erst heute anfangen, einige bescheidene Konsequenzen aus dem Leben und den Lehren des Dichters von Nazareth zu ziehen. Denn was er doch vor allem in einem Beispiel zeigen wollte, das war: daß es möglich sei, ein schönes Leben zu führen, oder in andern Worten: mit dem Leben zu dichten. Es gibt eben verschiedene Sorten von Dichtern. Die zwei größten Gegentypen, die man bis jetzt erlebt hat, sind Jesus und Zola: Jesus, der seine ganze poetische Kraft auf seine eigene Existenz verwendet und ein schönes Leben dichtet, und Zola, der seine ganze poetische Kraft auf die schriftstellerische Darstellung der bête humaine verwendet und häßliche Bücher dichtet. Aber das sind zwei seltene Extreme. Die landläufigen Typen liegen in der Mitte. Ich glaube nämlich, daß jeder Mensch ein Dichter ist und daß der Unterschied nur darin besteht, womit einer dichtet und auf welcher Stufe er stehenbleibt. Ob einer bei seiner »Menschlichkeit« stehenbleibt und sich darauf beschränkt, bloß mit diesem Material zu hantieren. Das ist die erste Stufe: die Dichter des häßlichen Lebens, die große Majorität der Menschheit. Sodann: ob einer die Kraft hat, aus seiner Menschlichkeit in die Welt der Lügen, das heißt: der Bücher zu flüchten. Das ist die zweite Stufe: die Dichter der schönen Bücher, also das, was man so für gewöhnlich Dichter nennt. Ferner: ob einer die größere Kraft hat, in die Welt der Bücher das Gesetz des Lebens, das heißt: das Gesetz der Wahrheit zu tragen. Das ist die dritte Stufe: die Dichter der häßlichen Bücher, die Naturalisten. Und endlich, ob einer die größte Kraft hat: die Häßlichkeit des Lebens Lügen zu strafen und schön zu machen. An solche Dichter hat wahrscheinlich Schopenhauer gedacht, als er vom »Heiligen« sprach, und Nietzsche, als er das Ideal des Übermenschen aufstellte. In dieser Stufenleiter zeigt sich übrigens die welthistorische Bedeutung des Naturalismus. Der Naturalismus war ganz gewiß kein künstlerischer Rückschritt, wie manche alte Herren behaupten. Er hat allerdings nur eine außerordentliche negative Bedeutung. Er ist eine Art Sperrhaken. Denn man mag über den ästhetischen Wert dieser ganzen Kunstrichtung denken, wie man will – eines steht fest: zurück können wir nicht mehr. Die Dichtung wird niemals wieder werden, was sie war: eine zweite Welt neben und außerhalb der wirklichen Welt, ein Himmel über der Erde. Der Dualismus zwischen Leben und Dichtung, an dem sich unsre Väter genügen ließen, ist endgültig unmöglich geworden: das ist das große Verdienst des Naturalismus. Von da müssen wir aber zum Monismus fortschreiten, und dazu brauchen wir die Dichter. Diesen Monismus von Leben und Dichtung meinte Jesus, wenn er vom »Himmelreich auf Erden« sprach, und Novalis, wenn er sagte: Die Welt ist kein Traum, aber sie soll und wird vielleicht einer werden; und Emerson, wenn er sagte: Poets should be lawgivers. Bis zu diesem Ziel ist freilich noch ein weiter Weg, aber vorläufig haben wir wenigstens die Wahrheit, und das ist schon sehr viel. Schöne Bücher verträgt heute kein Mensch von Geschmack mehr. Man wird sie erst wieder vertragen, wenn sie direkt aus dem Leben geschöpft werden können. Aber ich glaube, dann wird man sie nicht mehr brauchen.

Das Zeitalter Shakespeares

Es wäre ein Buch zu schreiben: Das Zeitalter Shakespeares.

Wenn es erlaubt ist, das Zeitalter eines Dichters etwa mit seiner Vegetationszone zu vergleichen, so würde man zunächst die Aufgabe haben, sich zur Bestimmung dieses Vegetationskreises gewisser Charakterpflanzen zu bedienen, nämlich jener Gewächse, die der betreffenden Flora durch ihre besondere Ausbildung ihr eigenartiges Gepräge geben. Das Zeitalter Shakespeares ist – im großen gerechnet – die Übergangsscheide vom Mittelalter zur Neuzeit. Es handelt sich aber um Vergangenheit, um Historie; diese Zeit lebt nicht mehr, wir können zu ihrer Bestimmung nur die wenigen Relikte verwenden, die den Wandel der Lebensbedingungen überdauert haben: diese Relikte nennt der Paläontologe Leitfossilien, und sie sind in unserm Falle die Dichter und Denker, denn außer diesen bleibt nichts zurück. Die größten Petrefakten, die uns zur Betrachtung vorliegen, heißen in unserm Fall Francis Bacon, René Descartes und Blaise Pascal. Jedes Zeitalter hat einen bestimmten großen Konflikt im Mittelpunkt seiner Handlung: der Konflikt dieser Zeit ist der zwischen Glauben und Wissen, und er hat in jedem dieser drei seine besondere Ausprägung gefunden.

Zunächst in Bacon, der ihn innerlich schon völlig überwunden hatte und bei dem man nur noch von einem Kampf zwischen seinen eigenen Ansichten und den Anschauungen der Welt reden kann: er sah auf den Geist seiner Zeit herab wie der Lehrer und Erzieher auf die kindlichen Irrtümer und Beschränktheiten seiner Schüler. Für ihn gibt es nur Wissen oder Nichtwissen, und er steht auf der Seite des Wissens: *wisdom is power.* Bacon ist der erste vollkommene *man of science,* den die Neuzeit hervorgebracht hat: exakt, klar, informiert; mit einer großen Leidenschaft für Positives, für Tabellen, Tatsachensammlungen und Versuchsreihen und weit geringerem Interesse für Dinge der Phantasie: immer bereit, die Erscheinungen auf eine Formel zu bringen, und voll Mißtrauen gegen alles, was sich nicht beweisen läßt. Es ist der vornehme, wohlunterrichtete, nüchterne und weitblickende Engländer, Gentleman, Gelehrter und Weltreisender in einer Person, in der einen Hand den Kompaß, in der andern die »Times«, der Polyhistor und Empirist.

Verwickelter ist der Konflikt schon bei Descartes. Er hat die ganze Philosophie seines Landes revolutioniert und allem den Krieg erklärt, was dem Bewußtsein seiner Zeit als unanfechtbar und heilig galt: dem eingeborenen Glauben, den unmittelbaren Eindrücken der Sinne, der durch Tradition und Autorität übermittelten Überzeugung, und er läßt nur eine einzige Sicherheit gelten: den Zweifel an allen diesen Kräften. Er war ohne Zweifel einer der größten geistigen Anarchisten. Aber der Mann des *»de omnibus dubito«* hat als Mensch niemals aufgehört, der französische Alt-Aristokrat und Sohn der heiligen römischen Kirche zu sein. Er ist immer der geblieben, als der er geboren war: chevalier René Descartes, seigneur de Perron. Er hat ein Buch über den »Kosmos«, welches, wenn auch nicht auf galileischer, so doch auf heliozentrischer Grundlage ruhte, sofort unterdrückt, als er erfuhr, in welche Differenzen mit der Kirche Galilei durch seine Dialoge gebracht worden war. Es ist keineswegs logische Inkonsequenz oder Mangel an persönlichem Mut, wodurch dieses Doppelverhältnis bestimmt wird, das der Denker zu den Begriffen der Dinge und zu den Dingen selbst einnimmt. Er kannte die Welt und ihre Gesetze zu gut. Er wußte, daß Theorie und Praxis, Denken und Sein zweierlei sind. Man kann das Richtige erkannt haben, ohne seine Verwirklichung auch nur entfernt im Auge zu haben. Jede neue Idee hat erst dann das Recht, in die reale Welt umbildend einzugreifen, wenn die Zeiten sich erfüllt haben. Das Verhalten des Descartes zu den positiven Mächten der Welt war nichts weniger als ein Zeichen geistiger Unfreiheit und Schwäche. Denn die wahre Geistesfreiheit, die nur aus der klarsten Erkenntnis der Dinge hervorgeht, ist auch zugleich die Einsicht in die Macht der Dinge. Wir sehen in Descartes eine neue Form des Helden; an die Stelle der traditionellen Märtyrer des Todes treten die Märtyrer des Lebens, und die Heiligung durch Askese wird nicht mehr in den Klostermauern, sondern mitten im Drängen der Welt gesucht. Der Tod erscheint nicht mehr als Glorifikation des Lebens, und als Held gilt nicht mehr, wer dem Leben entsagt, sondern wer im Leben entsagungsvoll weiterkämpft. In Descartes betritt der Weltmann, der chevalier penseur die Bühne.

Der Größte und Modernste von den dreien ist aber Pascal. In ihm findet jener Konflikt die tragischste und dramatischste Verkörperung. *Quel amas d'incertitude!* In ihm sieht man den mittelalterlichen und den neuen Geist wie zwei leibhaftige Mächte miteinander ringen. Für ihn ist der Zweifel Selbstzweck. *»Nier, douter et croire sont à l'homme ce que le courir est au cheval.«* Bei ihm stieß eine exzeptionell scharfe Intelligenz und Denkkraft mit einer exzeptionell leidenschaftlichen abgründigen Religiosität zusammen. Er ist der luzideste Denker, den das Mutterland der *clarté* hervorgebracht hat, und der feinste Seelenanalytiker der Zeit, neben ihm erscheint Descartes als bloßer Rechenkünstler und Apsycholog; zugleich aber ist er ein hysterischer Religiöser und Gottsucher, ein Theomane. Auch Kant war bis zu einem gewissen Grade gläubig, aber dieses gutmütige Geltenlassen gewisser blasser Schuldogmen wird niemand Religiosität nennen. Religiosität, als ein ungeheures, verzehrendes, vernichtendes Pathos, geschmiedet an eine Logizität des Denkens und einen zerlegenden Forschergeist ersten Ranges – dies war die merkwürdige, einzigartige Psychose Pascals, ein pittoreskes und spannendes Schauspiel des Geistes, wie es wenige gibt.

Die drei Phänomene, die wir skizziert haben, wären nunmehr in ihrer psychologischen und physiologischen Verschiedenheit hinreichend zu erklären: aus dem spezifischen geistigen und physischen Stoffwechsel, den jeder einzelne hatte, und dann wäre zu zeigen, daß sie überhaupt die drei

Stoffwechseltypen der Zeit waren, daß die ganze damalige Menschheit aus lauter Baconmenschen, Descartesmenschen und Pascalmenschen bestand und wie alle Sitten und Gebräuche, alle Reden und Gesten, alle Worte und Taten: das ganze Mienenspiel jener Zeit baconisch, cartesianisch und pascalisch war.

In diesem Buche braucht der Name Shakespeare nicht ein einziges Mal vorzukommen: und dennoch würde es in jeder Zeile von Shakespeare handeln.

Peter Altenberg

Vor Jahren erschienen in Wien eine kurze Zeit lang dünne abscheulich grasgrüne Wochenhefte, die den Titel »Liebelei« führten. Der Name knüpfte unmittelbar an Schnitzlers Schauspiel an, das erste erfolgreiche Bühnenwerk der österreichischen »Moderne«, das das Wiener Publikum offenbar für ein rührendes Volksstück genommen und dementsprechend bejubelt hatte. Die kleine Zeitschrift desselben Namens, angefüllt mit verschlungenen Lyrismen, polemischen Donquixoterien und Gymnasiastenerotik, eine Art billige Öldruckkopie der Berliner »Freien Bühne«, galt als das Organ der Jungen und Revolutionären, erregte allenthalben unbändigen Verdruß durch ihre Überspanntheit und jugendliche Hast und ging sofort wieder ein. Am meisten aber erbitterte eine Anzahl von Skizzen, mit denen ein Autor debütierte, der sich als ebenso unverständlich wie albern erwies: es waren lauter ganz kurze Sachen, konfuse Zwitterprodukte aus geistreichelnder Aphoristik, affektierter Prosalyrik und larmoyanter Miniaturnovelle. Man forschte nach dem Verfasser und eruierte, daß er mit einem exaltierten Sonderling identisch sei, der sich auch schon vorher, ohne zu schreiben, lästig gemacht hatte, indem er in Caféhäusern aufrührerische Reden gegen den Philister und für die Frau hielt, nie einen steifen Kragen trug, dagegen lederne Reitgamaschen, ohne jedoch jemals zu Pferde erblickt zu werden, die Nacht zum Tage machte, gemeinen Straßendirnen in zartester Weise hofierte, nicht selten mit Kellnern, Fiakern und Zuhältern in angeregter Konversation betroffen wurde und sämtlichen Frauen, von der Caféhauskassiererin bis zur Doktorin der Philosophie, durch lächerliches und widersinniges Geschwätz den Kopf verdrehte. Da er seine Skizzen mit dem Eingehen der »Liebelei« nicht einstellte, wurde sein Name zu einem Kollektivbegriff für moderne Paranoia, Sensationslust, Selbstberäucherung und Originalitätshascherei, und man sagte von da an, wenn man über die Arbeit eines strebsamen jungen Literaten ein besonders vernichtendes Urteil abgeben wollte, in aller Kürze: »Das ist echter Peter Altenberg.« Über Nacht war dieser Name aus einem *nomen proprium* zu einem Gattungsbegriff geworden, und man sagte »Altenberg«, wie man »Cagliostro«, »Casanova« oder »Catilina« sagt.

Schließlich wäre das ja auch schon etwas. Ein Schlagwort wird nicht jeder erste Beste. Es ist immer etwas Wahres an allen diesen Etiketten, die der Kollektivgeist des Publikums erfindet. Cagliostro war ja wirklich der genialste und vollkommenste Schwindler, der je gelebt hat, man möchte sagen: die platonische Idee des Schwindlers. Und ebenso hatte die Menge auch sogleich ganz richtig erfaßt, daß dieser Dichter eben wirklich die kühnste und extremste Zusammenfassung alles dessen war, was als »modern« gebrandmarkt zu werden verdiente. Man hatte diesen Namen zum Generalnenner einer bestimmten – höchst verwerflichen – Geistesrichtung gemacht; aber, wie man es auch nehmen will, es war ein verstecktes Avancement. Man traute diesem Namen die Kraft zu, eine Ehrenbeleidigung zu sein; also hielt man seinen Träger jedenfalls für die höchst intensive, konzentrierte Verkörperung gewisser schlechter Eigenschaften, also für eine Persönlichkeit. Wie Jago als der Gipfel schwärzester Verruchtheit gilt, so galt dieser Dichter als der Gipfel schwärzester Modernität. Nun, mehr werden auch seine größten Verehrer nicht von ihm behaupten wollen.

Der Wille zur Chiffre

Das Publikum hatte also hierin ganz recht. Es hatte aber auch weiterhin völlig recht in sämtlichen miserablen Einzeleigenschaften, die es ihm beilegte. Das Publikum hat nämlich immer recht, weil es den Instinkt hat. Aber: – es drückt sich zumeist falsch aus. Oder eigentlich nur: zu wenig genau, zu allgemein, zu undifferenziert. Es hat einen zu geringen Sprachschatz. Es hat immer nur ein einziges Wort für zwanzig divergente Begriffe. Wir sahen, daß es Goethe einen Olympier nennt, und mit Recht; aber was ist ein Olympier? Daß es behauptet, der moderne Mensch sei dekadent, und damit zweifellos den Nagel auf den Kopf trifft; aber was ist dekadent? Ferner heißt es Ibsen den »Magus aus dem Norden«. Eine höchst glücklich gewählte Bezeichnung, die nichts dadurch verliert, daß sie schon einmal mit ebensoviel Glück auf den tiefsinnigen Hamann angewendet wurde. Die Beobachtung ist sogar so treffend, daß man darüber ein ganzes Buch schreiben könnte, ein Buch, das dann diesem Schlagwort als Kommentar angehängt würde. Dieses Buch zu schreiben oder vielmehr zu denken, unterläßt aber das Publikum, und darin hat es unrecht. Es begnügt sich mit dem Stichwort. Es sagt: Nietzsche sei unmoralisch. Nun, Nietzsche hat selber niemals etwas anderes behauptet. Aber wie dies im Näheren gemeint sei, darüber war er genötigt zehn Bände der tiefsten deutschen Prosa zu schreiben. Das Publikum aber zieht es vor, sich an das bloße Resultat zu halten, ohne die dicken zehn Bände, es liebt ein abgekürztes Verfahren. Es ist für prägnante, einmalige Formeln: »Der Mensch stammt vom Affen ab«, »Die Kunst soll uns erheben« und »Unsere Zukunft liegt auf dem Wasser«.

So einfach ist der Fall aber nicht. Der Wille zur Chiffre, wie man diese allgemeine Tendenz der Menge nennen könnte, ist etwas sehr Löbliches; aber die Chiffre ist entweder die Urzelle einer langen Entwicklung, oder sie ist das organische Endprodukt einer ebenso langen Entwicklung. Man kann diese Entwicklung nicht willkürlich überspringen, sonst ist der Schlußpunkt ein Unsinn. Man kann nicht sagen: »Shaw ist ein Ironiker. Punktum.« Er ist es zweifellos, und zwar in so hohem Maße, daß er in jedem seiner Lustspiele ein ganz anderer Ironiker ist. Wenn man eben nur wüßte, was das ist: ein Ironiker? Jesus war ein Ironiker, als ihn Pilatus fragte, ob er der König der Juden sei, und ererwiderte: »Du sagst es«; und Falstaff ist ein Ironiker; Aristophanes war ein Ironiker, als er gegen seinen vollkommensten Antipoden, den Ironiker Sokrates, die »Wolken« schrieb; Hus war ein Ironiker, als er auf dem Scheiterhaufen *»sancta simplicitas«* rief, und der Oberkellner in meinem Stammcafé ist es schließlich auch.

Also recht hat das Publikum immer, aber es weiß gar nichts mit seinen richtigen Urteilen anzufangen. Und wenn es Schiller einen Feuergeist, Napoleon einen Usurpator und Kaiser Maximilian den letzten Ritter nennt, so ist es dadurch nicht klüger geworden.

Ebenso verhält es sich auch mit Peter Altenberg. Er ist, was man von ihm sagt, er ist kein Umfassender und überhaupt in keiner Richtung ein Vollkommener. Er ist kein Gestalter weithin leuchtender Typen; aber auch das Individualisieren versteht er nicht. Er ist nicht einmal ein Schriftsteller, soweit man unter Schriftstellerei die Gabe versteht, die Dinge zu sagen, so unzweideutig und eindringlich, daß sie alle verstehen müssen und nahezu alle glauben müssen. Er ist kein Lyriker, denn er hat keine Form. Er ist kein Epiker, denn er hat keine Handlung. Er ist kein Philosoph, denn er hat kein System. Seine Gedanken sind barock, sein Stil ist salopp, seine Pathetik ist überheizt. Und im Leben ist er ein Narr.

Inwiefern er dies aber im genaueren ist, das wollen wir im nachfolgenden ein wenig betrachten.

Der protokollierte Schriftsteller

Mit der Schriftstellerei hat sich in den letzten Jahrzehnten eine bemerkenswerte Wandlung vollzogen. Nach vielen Kämpfen und Mißhelligkeiten ist sie jetzt endlich ein Beruf geworden, ein ehrlicher, wohlakkreditierter Beruf wie jeder andere; mit bestimmten technischen Fähigkeiten und Fertigkeiten, straffer innerer Organisation und fortlaufenden gewerblichen Traditionen. Man hat den Dichter sozusagen in die Matrikeln der menschlichen Gesellschaft aufgenommen. Und nicht bloß moralisch, das Dichten ist auch ein nationalökonomischer Wert geworden. Der »darbende Dichter« kommt heute nur in der »Gartenlaube« vor. Wie seinerzeit das Dachstübchen die unvermeidliche Begleiterscheinung des Poeten war, so gehört heute zu einem richtigen Dichter die Villa. Anfangs war der schreibende Mensch einfach ein Verfemter gewesen, verfemt und befeindet, wie es alle neuen Dinge sind; man witterte in ihm irgendeine geheimnisvolle, auflösende Kraft. In der Tat hat ja auch dieser Instinkt vollkommen recht gehabt: die Schriftsteller machten die Französische Revolution, stürzten das Papsttum und begründeten die Sozialdemokratie. Niemand anderer hat diese gefährlichen Dinge in Szene gesetzt als diese Taugenichtse, die nur so neben dem Leben herumzulungern schienen. Kein Wunder, daß sie zunächst als eine höchst verdächtige Gesellschaft angesehen wurden. Aber aus siegreichen Revolutionären werden bekanntlich immer im Verlauf der Entwicklung wohlangesehene Machthaber und Konservative. Heute zieht jedermann vor dem Schriftsteller den Hut, niemand bezweifelt seine bürgerliche Existenzberechtigung; und sie selbst bilden eine geschlossene Zunft, mit Qualifikationsattesten, Gesetzen gegen unlauteren Wettbewerb und wohlgeordneten Produktions- und Konsumverhältnissen, wie die anderen Gewerbetreibenden. Selbst die Zeit, wo man im Dichten eine Liebhaberei und Nebenbeschäftigung, eine Art Gesellschaftsspiel für Erwachsene sah, ist längst vorüber; sie sind heute die ernstest genommenen Menschen von der Welt.

Es ist aber gar nicht ausgemacht, ob das für die Dichter selber besonders gut war. In dem Augenblick, wo eine Sache anfängt, ein Beruf zu werden, und somit aufhört, etwas allgemein Menschliches zu sein, verliert sie zumeist ihre beste Kraft und ihren geheimnisvollen Reiz. Wir haben das nacheinander schon mit mehreren Berufen erlebt. Im Altertum war der Politiker Amateur, nämlich jeder Mensch war eben Politiker, es bedurfte dazu keines besonderen Befähigungsnachweises und keiner speziellen Vorbildung. Infolgedessen gab es im Altertum ein wirkliches politisches Leben. Die Politiker zerfielen in Begabte und Unbegabte, aber keineswegs in Berufene und Unberufene. Man denkt mit modernem Entsetzen an die Mißstände in Griechenland und Italien, an die athenische Demokratie und die römische Plebs – nun ja: aber wenn sich die Menschen wirklich für staatliche und militärische Dinge interessieren sollen, dann müssen sie auch in alles dreinreden dürfen. Heute interessieren sich für Politik nur einige Fachleute, die auf diese Dinge ihr ganzes Leben lang gedrillt wurden, und einige beschränkte Provinzler und Kleinbürger, die sich kein besseres Biergespräch wissen. Der Gebildete liest in der Zeitung nach, was passiert ist, und wirft sie weg. Das ist heute unsere Stellung zur Politik. »Deutsches Reich«, »Großbritannien«, »Vereinigte Staaten« sind staatsrechtliche Begriffe und sonst nichts; aber »Rom« und »Athen« waren lebendige politische Realitäten.

Eine ähnliche Entwicklung hat auch unser religiöses Gefühl genommen. Heute ist Religiosität eine Spezialität bestimmter Menschen, die zehn Semester Theologie studiert haben. Im Mittelalter und in der frühen Neuzeit war der religiöse Mensch ebenso Amateur, wie es der politische Mensch im Altertum war. Es mußte niemand nachweisen, ob er auch die nötigen Schulen oder Weihen habe, um in diesen Dingen mitsprechen zu dürfen. Daher waren religiöse Bewegungen und Neuschöpfungen, Wiedergeburten des Glaubens nichts Seltenes. Die Religiosität konnte sich aus sich selber heraus reorganisieren, wenn sie zu zerfallen drohte. Das war nur dadurch möglich, daß jeder Außenseiter mittun durfte. Denn die neuen Gedanken kommen fast immer nur von den Außenseitern. Der Fachmann, auch der geistig überlegenste, steht immer zu sehr in seinem Berufskreise, er ist daher fast nie in der Lage, eine wirkliche Revolution hervorzurufen: er kennt die Tradition genau und hat, ob er will oder nicht, zu viel Respekt vor ihr. Auch weiß er zuviel Einzelheiten, um die Dinge noch einfach genug zu sehen, und gerade damit fehlt ihm die erste Bedingung jeder wirksamen Neuentdeckung; denn wertvoll und fruchtbar sind immer nur die einfachen Gedanken.

Die Beispiele ließen sich noch beliebig vermehren. Erinnern wir uns an das Kunstleben der Renaissance. Jeder durfte malen, dichten und musizieren, natürlich auf die Gefahr hin, sich gehörig zu blamieren; aber Empfehlungen einflußreicher Kritiker und Atteste von Universitätsprofessoren brauchte man damals noch nicht, um überhaupt vor die Öffentlichkeit treten zu können.

Der berufene Dillettant

Mit einem Wort: die menschlichen Betätigungen haben nur so lange eine wirkliche Lebenskraft, als sie von Dilettanten ausgeübt werden. Es ist im Grunde daran gar nichts Unnatürliches; paradox ist das Gegenteil. Und zwar aus zwei Gründen. Erstens: weil beim Dilettanten, beim Amateur das, was er gerade betreibt, nichts von ihm Losgelöstes ist, sondern sich mit seinem ganzen Menschen deckt. Er ist nicht gewissermaßen in zwei Hälften gespalten: die Vormittag- und Nachmittaghälfte schreibt mit großer Emsigkeit, Sachkenntnis und Sorgfalt eine Geschichte des Spanischen Erbfolgekrieges, ist unter diplomatischen Finessen, Generalstabskarten, Kanonaden, brennenden Kastellen und eleganten Kurtisanen zu Hause, und die Abend- und Nachthälfte sitzt im Wirtshaus und spielt Skat. Das sind keine lebendigen Identitäten. Aber die Memoiren und Geschichtsbücher aus früheren Zeiten waren das. Und so ist es mit allen Dingen, die berufsmäßig betrieben werden. Man kann im Gegenteil sagen: sie alle haben etwas Dilettantisches; irgendeine Einseitigkeit, Beschränktheit, Subjektivität, einen zu engen Gesichtswinkel. Nur beim Dilettanten decken sich Mensch und Beruf; und darum strömt bei ihm der ganze Mensch in seine Tätigkeit und sättigt sie mit seinem ganzen Wesen, und dann entstehen jene wirklich mit Blut gefüllten, reichen Schöpfungen, die voll von sachlichen Fehlern und Ungeschicklichkeiten sind, die aber kein gelernter Fachmann jemals zustande bringt.

Der zweite Grund dafür, daß nur Dilettantismus fruchtbar ist, liegt darin, daß der Dilettant von seinen Fähigkeiten und sogar von seiner ganzen Tätigkeit so gut wie nichts weiß. Er schafft vollkommen unbewußt, ganz von selbst, wie ein Baum, der Früchte abwirft. Es kommt ihm niemals in den Sinn, nach seinem »Können« zu fragen. Können: diesen Begriff kennt er gar nicht. Er wird auch niemals gewahr, daß er »arbeitet«. Für ihn ist das keine Arbeit; er könnte ebensogut Essen und Trinken als mechanische Arbeitsleistung werten. Nun sind aber gerade die Tätigkeiten, von deren Wesen und Bedeutung man nichts weiß, die allerwertvollsten, eigentlich die einzig wertvollen. Der Mensch, und zumal der Künstler, gleicht einem Schlafwandler; er setzt mit größter Sicherheit seinen Fuß über Abgründe, klettert äußerst gewandt über Dächer und Türme, aber wenn man ihn anruft und ihm expliziert, was er da mit größter Geschicklichkeit vollbringt, so fällt er sofort herunter. Man muß sich daher fragen, ob die günstigen Lebensverhältnisse, in die die Dichtung jetzt geraten ist, für ihr wirkliches Leben eine Förderung bedeuten. Sie hat viel nach außen gewonnen, aber vielleicht hat sie daneben ihre beste innere Kraft verloren.

Der Seher

Peter Altenberg ist nun einer von jenen wenigen gewesen, die in unserer Zeit noch immer so dichteten, als ob das Dichten gar kein Beruf wäre. Er dichtete, dichtete ununterbrochen, bei Tag und bei Nacht, im Traum und im Wachen, im Gehen, Stehen, Sitzen und Liegen; es war, wenn man so sagen darf, eine Form seines organischen Stoffwechsels. Damit hängt es wohl auch zusammen, daß er eigentlich sehr wenig »produziert« hat. Denn die wahren Dichtungen haben eine Scheu davor, zu Buchstaben zu gefrieren. Die besten Gedichte sind nur mit dem Herzen aufgeschrieben und kommen niemals in die Setzmaschine.

Als er zum ersten Male auftrat, befand sich rings um ihn herum »Literatur«; nichts als Literatur. Alles war in Artistik aufgelöst. Auf der einen Seite verknöcherte, verkalkte Epigonen, die sich vergeblich bemühten, einige tiefe und schöne Wahrheiten, die aber vor hundert Jahren entdeckt worden waren und daher unmöglich mehr die ihren sein konnten, noch galvanisch am Leben zu erhalten; auf der anderen Seite müde und überreife oder kindische und unreife Herumsucher, die in allen Stilen redeten, nur nicht in dem einzigen, zu dem sie berechtigt waren: dem ihrer Zeit. Dichter, die etwas wußten, das nicht mehr wissenswert war, und Dichter, die noch gar nichts wußten: das war der Zustand.

In diese Situation trat er ein. Nicht als Schriftsteller. Er hatte achtunddreißig Jahre gewartet; nein: nicht einmal gewartet, er hatte nie daran gedacht, etwas zu schreiben. Er hätte es noch weitere zwanzig Jahre unterlassen können. Er hätte es immer unterlassen können. Seine Funktion in dieser Welt war nicht die, zu schreiben, sondern zu *sehen;* zufällig schrieb er dann das Gesehene einige Male auf. Daß er damit plötzlich nun doch in die Gilde der Schreiber geraten war, das bildete keine Zäsur in seinem Leben. Seine Tätigkeit blieb dieselbe, die sie vorher gewesen war: Dinge zu erblicken, soweit es seine eigenen beschränkten Augen gestatteten; Teile, Stücke, Abrisse der Wirklichkeit: aber Wirklichkeiten.

Dies ist denn auch in der Tat die Lebensaufgabe eines jeden Dichters. Er ist nicht mehr, nicht weniger. Er ist ein Seher in der doppelten Bedeutung des Wortes: ein Seher gegenwärtiger Dinge und ein Seher zukünftiger Dinge. Er geht durch das Leben und betrachtet. Das ist seine ganze Leistung. Und dabei erblickt er Dinge, die vor ihm noch kein Mensch gesehen hat; aber kaum hat er sie erblickt, so können auf einmal auch alle anderen sie sehen, ja es ist von nun an gar nicht mehr möglich, diese Dinge *nicht* zu sehen: diese Gesichte sind nun plötzlich in das Reich der Wirklichkeit getreten. Darum sollte man auch keinen essentiellen Unterschied machen zwischen einem Dichter und irgendeinem anderen Naturforscher, denn beide tun ganz dasselbe: sie entdecken neue Wirklichkeiten, die bisher verborgen waren, neue Kräfte und deren Verbindungsmöglichkeiten, und es ist im Grunde einerlei, ob es neue chemische oder neue seelische Affinitäten sind, die ein solcher Naturforscher ans Licht bringt.

Darum ist es auch vollkommen unmöglich, einen Dichter in eine bestimmte Kunstgattung zu rangieren, denn dies sind Fragen der Form, und die Form kommt hier ebensowenig in Betracht wie etwa das Format einer photographischen Platte für die Schärfe und Richtigkeit des Lichtbildes. Beethoven dichtet mit Tönen, Kant mit Begriffen, Newton mit Atomen, Bismarck mit Staaten. Aber Dichter sind alle vier. Und es ist ein reiner Zufall, daß sie gerade dieses Dichtermaterial unter die Hände bekamen. Nichts verhindert uns, anzunehmen, daß Beethoven ebensogut ein Philosoph, Bismarck ein Dramatiker und Newton ein Organisator geworden wäre. Und im Grunde waren sie es ja auch.

Es gibt natürlich unter den Dichtern vielerlei Gradunterschiede. Was sie aber alle gemeinsam haben, ist dies, daß ihre Tätigkeit nicht registrierbar ist. Nicht registrierbar wie alles Wirkliche.

Als Peter Altenberg sein erstes Buch »Wie ich es sehe« nannte, verstanden die Leute den Titel so wenig wie den Inhalt. Sie legten den Akzent auf das »ich« und dachten, hier melde sich wieder einmal ein »Subjektiver« zum Wort, ein »Eigener«, ein »Neutöner« und wie alle die törichten Schlagworte jener Zeit lauteten. So war es aber nicht gemeint, und so war es auch nicht im Buch zu lesen. Als ob es jemals einen »subjektiven« Dichter gegeben hätte! Der äußerste Gegensatz zur Genialität ist die Subjektivität. Je subjektiver ein Mensch in die Welt blickt, desto weniger kann er Genie, das heißt Weltauge sein. Je »unpersönlicher« er ist, je mehr er sich in allem und jedem zu objektivieren vermag, je mehr er allen Dingen und Ereignissen gegenüber nichts zu sein strebt als photographische Platte, desto genialer ist er, desto mehr ist er Künstler.

Was der Titel versprechen wollte und auch hielt, war daher etwas ganz anderes. Nichts Besonderes, Eigenes, nicht sich wollte der Dichter abbilden, sondern die Dinge; die Dinge, nicht wie *er* sie sah, sondern wie er sie *sah*. In dem

Buche sollte nichts enthalten sein als reale Netzhautbilder, freilich Netzhautbilder eines bestimmten Menschen, bestimmter Augen, aber darum doch objektive, allgemeine Dinge, so wirklich wie irgendeine andere physiologische Erscheinung: diese realen optischen Eindrücke sollten aufgezeichnet werden, sonst nichts.

Um dies nun möglichst vollkommen zu erreichen, bediente er sich so gut wie gar keiner künstlerischen Mittel. Er arbeitete gewissermaßen rein mechanisch, gleich dem Schreibhebel eines telegraphischen Apparats, der einfach niederschreibt, was ein geheimnisvoller elektrischer Strom ihm zuträgt.

Dadurch kam freilich manches Sonderbare und Schwerverständliche in seine Dichtungen. Wie ein Morsetaster: Punkt – Strich – Strich – Punkt, abgerissen, chriffriert, stenographisch, gehackt: so schrieb er. Er folgte minutiös den Bewegungen des Lebens und machte auch alle seine überraschenden Schwankungen und unlogischen Wendungen mit.

Man konnte dies alles nicht verstehen. Ein Schriftsteller, der keiner ist? Das gibt es nicht, konnte es nicht geben. Also war er entweder ein völlig Unfähiger oder einer, der um jeden Preis originell sein wollte. Die Meinungen hierüber blieben geteilt.

Gedankenflucht und Gedankenschnelligkeit

Wer Peter Altenbergs Skizzen zum ersten Male liest, der wird eine ähnliche Impression haben wie einer, der zu spät zu einem öffentlichen Vortrag kommt und nun, in eine entlegene Ecke des weiten, überfüllten Saales gedrückt, mit großer Anstrengung dem Redner zu folgen versucht. Anfangs vernimmt er nur undeutliche, abgerissene Worte und Sätze, bis er endlich, an die Akustik des Saales und das Organ des Redners gewöhnt, aus den einzelnen Bruchstücken einen Sinn zu bilden vermag. Aber über einen gewissen Atomismus wird es der Leser Peter Altenbergs zunächst nicht hinausbringen. Er wird glauben, in eine phantastische und fragmentarische Märchenwelt versetzt zu sein, in der alles viel freier und unverantwortlicher zugeht, losgelöst vom Gesetz der logischen und psychologischen Gesetzmäßigkeit, und er wird zu dem Schlußresultat kommen, daß hier ein Dichter gearbeitet habe, der viel tiefe Menschenkenntnis und Beobachtungsgabe besitze, dem es aber nicht gegeben sei, die Dinge in ihren Zusammenhängen zu überblicken: ein Dichter gleichsam mit einem sehr kurzen Gedächtnis, der bei der zehnten Zeile schon völlig vergessen hat, was er in der dritten Zeile gesagt hat; ein poetischer Pointillist, der persönliche Impressionen hat, aber keine persönliche Welt; ein Zeichner, der Linien und Ornamente entwirft, aber keine Bilder.

Viele geben sich nicht die Mühe, über diesen ersten irrtümlichen Eindruck hinauszukommen. Er ist irrtümlich, weil das, was beim ersten Anblick den Eindruck von Zusammenhanglosigkeit, ja Gedankenflucht macht, nichts anderes ist als außerordentliche Knappheit und Schnelligkeit des Denkens, die so und so viele Zwischenglieder überspringt, weil sie vom Leser eine zu gute Meinung hat.

Das Zeitalter der Extrakte

Das ist das eminent Moderne an Peter Altenbergs Dichtungen. Nur im Zeitalter der Telegraphie, der Blitzzüge und der Automobildroschken konnte ein solcher Dichter erstehen, dessen leidenschaftlichster Wunsch es ist, immer nur das Allernötigste zu sagen. Für nichts hat ja unsere Zeit weniger Sinn als für jenes idyllische Ausruhen und epische Verweilen bei den Gegenständen, das früher gerade für poetisch galt, und nichts ist ihr verhaßter als Langsamkeit und Breite. Wir lassen uns nicht mehr behaglich über den Dingen nieder. Unsere gesamte Zivilisation steht unter dem Grundsatze: *Le minimum d'effort et le maximum d'effet!* Schon in der Schule beginnt heutzutage die »Erziehung zum Extrakt«. Wir empfangen Extrakte von Philologie, Extrakte von Weltgeschichte, Extrakte von Naturkunde: niemals die Wissenschaft selbst, immer nur den

Extrakt. Die Photographie entwirft uns kondensierte Miniaturbilder der Welt. Wir reisen nicht mehr gemächlich in der Postkutsche, sondern im Schnellzug und empfangen hastige Schnellbilder der Gegenden, die wir passieren.

Vor etlicher Zeit wurde eine kleine Zeitschrift gegründet, die den Titel »Der Brief« führte und die das Ziel verfolgte, die alte Briefkultur wieder aufleben zu lassen, die Zeit, in der der Mensch einen großen und oft den besten Teil seines Gedanken- und Gefühlslebens in Briefen hergab. Man könnte ebensogut eine Zeitschrift »Das Segelschiff« gründen und darin die Wiederherstellung der schönen Zeiten anstreben, da der Mensch noch in diesen prächtigen romantischen Fahrzeugen herumfuhr. Ob dieses Verkehrsmittel wirklich poetischer war, ist übrigens an sich schon fraglich; vielleicht erscheint es uns nur so: denn alles Vergangene wirkt ja poetisch. Aber nehmen wir an, es sei so gewesen: es würde uns dennoch nichts helfen; denn Poesie kann nur aus der Wirklichkeit geschöpft werden. Alle diese Dinge *waren,* sind Irrealitäten. Wir können keine Briefe mehr schreiben. Vielleicht aus Phantasielosigkeit, aus geistiger Indolenz, aus Mangel an Sinn für »Höheres«; alles zugegeben; aber schreiben können wir sie nicht mehr. Das achtzehnte Jahrhundert war ein vollendetes Briefzeitalter. Ganz einfache und gewöhnliche Menschen schrieben damals die wunderschönsten Briefe. Selbst ein so gänzlich auf sich konzentrierter Mensch wie Goethe hat in seinem Leben Hunderte und Tausende von Briefen geschrieben. Dieser Charakter übertrug sich nun natürlich auch auf das gesamte Geistesleben der Zeit. Der Brief war damals der vollendetste geistige Ausdruck des Menschen.

Das Buch für den modernen Menschen darf daher nicht etwas Zeitraubendes sein, sondern es muß Zeit ersparen. Bücher sind Surrogate für Erlebnisse, Notbehelfe für Menschen, die keine Zeit haben. Daher ist Knappheit und Kürze die erste Forderung, die das moderne Buch erfüllen muß, aber nicht die dürftige oder die aphoristische Kürze, sondern die gehaltvolle, gedrängte Kürze, die gerade dem gedankenreichsten Schriftsteller ein stetes Bedürfnis ist.

Die Menschen, die nichts zu tun haben, greifen allerdings mit besonderer Vorliebe zu Büchern; aber gerade für diese sind sie eigentlich nicht geschrieben. Für diese ist das Leben in seiner vollen Breite da: die Natur, die Frauen, das Reisen. Einem glücklichen *Fainéant* ist es vergönnt, sich all das eigenhändig, mühevoll und langsam zu erwerben, was ihm ein Buch durch die Hand eines andern mühelos und in wenigen Stunden gibt. Die Menschen, die die Bücher dazu benützen, um sich zu »zerstreuen«, sich »abzulenken«, die Zeit »totzuschlagen«, verdienen die Bücher, die sie zu diesem Zweck zu wählen pflegen. Wer aber in Büchern das Richtige sucht, nämlich nicht Zerstreuung, sondern Sammlung, nicht Ablenkung, sondern Konzentration, wer mit ihnen seine wenigen freien Stunden nicht totschlagen, sondern beleben will, der ist fast immer ein müder, ungeduldiger, abgehetzter Mensch, und jede Minute, die ihm ein Buch überflüssig abnimmt, ist ein Verbrechen des Autors. Allerdings: es handelt sich auch hier wiederum, wie bei allen menschlichen Dingen, um eine ideale Forderung. Ein Buch, das wirklich gar nichts Überflüssiges enthält, gibt es nicht, und Vauvenargues sagt mit Recht: *»Les meilleurs auteurs parlent trop.«* Aber man kann verlangen, daß der Autor doch wenigstens den guten Willen habe und diesem Ideal unablässig zustrebe.

Die »Fünfminutenszenen«

Dies ist das Grundprinzip Peter Altenbergs. Er schreibt »Telegrammstil«. Es kommt ihm niemals darauf an, etwas möglichst schön zu sagen, sondern es möglichst präzis und kurz zu sagen. Er will überhaupt nicht die Schönheit, sondern die Wahrheit; denn er ist überzeugt, daß die Wahrheit immer auch die Schönheit enthält. Bezeichnend für sein leidenschaftliches Bestreben nach Kürze sind seine »Fünfminutenszenen«, eine Reihe von ganz kurzen dramatischen Skizzen. Es sind aber gar keine »Fünfminutenszenen«, sondern sie dauern höchstens zwei oder drei Minuten. Sie fixieren irgendeinen dramatischen Moment und überlassen das andere dem Leser. Es gelangt einen Augenblick lang Licht auf irgendeine gefährliche Situation der Seele, irgendeine fragwürdige Verwicklung, einen mysteriösen Konflikt, und dann fällt der Vorhang. Diesen Versuchen liegt der treffende Gedanke zugrunde, daß das Leben eben nur minutenlang dramatisch ist und daß der dramatischste Dramatiker daher nur Minutenstücke schreiben dürfte, und fernerhin abermals die für den Leser so ehrende Annahme, daß es genüge, einen Impuls, eine Anregung zu geben, und daß sich jeder schon selber den Rest an Exposition, Aufbau, Nachgeschichte aus eigenem Phantasiekapital dazudichten könne. Man wird dabei an ein vorzügliches Wort erinnert, das Abbé Brotier in seiner Ausgabe des La Rochefoucauld sagt und das Lichtenberg einmal zitiert: *»Corneille, La Fontaine et La Rochefoucauld ont pensé et nous pensons avec eux, et nous ne cessons de penser, et tous les jours ils nous fournissent des pensées nouvelles; que nous lisons Racine, Neuville, Voltaire, ils ont beaucoup pensé, mais ils nous laissent peu à penser aprés eux.«* Dies ist vielleicht überhaupt der Hauptunterschied, der dem Schrifsteller seinen Rang anweist und unterscheidet, ob er ein bloßes Talent oder ob er eine geniale Naturkraft ist: die einen denken bloß selber, aber die anderen bringen auch die übrige Welt zum Selbstdenken.

Der Wert des Fragments

Peter Altenbergs Skizzen sind abgehackt und zerstückelt wie Stenogramme und Depeschen, und zwar aus Naturalismus: denn das Leben macht es ebenso. Sie sind aber auch als Ganzes Bruchstücke, Torsi; und aus demselben Grunde. Sie sind fragmentarisch wie die Wirklichkeit. Peter Altenberg läßt selbst einmal eine junge Dame in ihr Tagebuch schreiben:

»Wenn man ein Bild malt und man wollte durchaus zu einem ganz bestimmten Ziele kommen, dann wird es nichts, sicherlich nichts. Zu einem bestimmten, allzu bestimmten Ziele könnte man niemals vordringen. In gar nichts. Man müßte hingegen geradezu erstaunt sein, was es geworden ist. Das wäre das Richtige. Man müßte direkt erstaunen können, paff, verblüfft sein, daß etwas sich ereignet hätte, gleichsam gegen uns selbst! Ein echter Harzer Edel-Roller bricht immer plötzlich gerade in seinem wunderbarsten Geschmetter ab, stellt das Köpfchen schief und lauscht sich selbst verwundert nach. Ganz erstaunt ist er über sein eigenes Geschmetter, lauscht, wie fremden Tönen von ferne her! Ja, man müßte erstaunen können über sich selbst, über fremde Töne von ferne her!«

Dies ist zweifellos eine sehr künstlerische Erkenntnis und gerade das Gegenteil von Barbarei und Dilettantismus, wie man vielleicht im ersten Augenblick glauben könnte. Urzustand und höchste Entwicklung gleichen sich oft auf sonderbare Weise. Der Naturmensch ist Mystiker; aber der endentwickelte Kulturmensch ist es auch. In der Mitte zwischen beiden steht der Rationalist. Der Mann aus dem Volke ist primitiv; aber das Genie ist es auch. Zwischen beiden steht das komplizierte »Talent«. Und ebenso verhält es sich mit der künstlerischen Komposition. Der ganz unkünstlerische Mensch komponiert nicht; und der ganz künstlerische Mensch komponiert ebensowenig.

Und im Grunde ist ja jedes Kunstwerk, wie immer es auch »angelegt« sei, fragmentarisch, seiner innersten Natur nach. Die große Trauer der Philologen um die unvollendeten Werke großer Dichter ist in vielen Fällen recht unbegründet. Sie sind oft die schönsten, und vielleicht gerade darum, weil sie unvollendet sind. Grillparzers reizvollstes Theaterstück ist die »Esther«. Schillers weitaus bedeutendste Schöpfung ist der »Demetrius«. Ich wage sogar zu behaupten, daß der »Urfaust«, als Drama genommen, ein viel vollkommeneres Kunstwerk ist als der vollständige Faust. Und das größte Drama, das Kleist geschrieben hat, vielleicht das größte, das die deutsche Literatur besitzt, ist der »Robert Guiscard«. Was von diesem »Fragment« vorliegt, ist allerbester Shakespeare; ich leugne jedoch, daß es ein Fragment ist: es fehlt absolut nichts.

Der Künstler sollte von der Natur lernen, die auch immer über sich hinausweist und niemals einen Abschluß zeigt. Bisher war der Dichter ein Mensch, der die Wirklichkeit so lange zurechtbiegt, zurechtlügt, bis sie ästhetisch wirkt. Er hielt es für seine Aufgabe, die »Defekte« der Realität zu korrigieren. Aber der Defekt war im Betrachter. Die ganze bisherige Ästhetik ist ein Irrtum. Das Kunstwerk hat nicht »harmonisch« zu sein; harmonisch hat der Mensch zu sein, der es hervorbringt. Und es scheint fast so, als ob viele von den Künstlern, die so ungemein abgerundete, ausgeglichene, abgewogene Werke schufen, ihr ganzes Kapital an Harmonie in ihre Werke investiert hätten, so daß für sie selber nichts mehr übrigblieb.

Guy de Maupassant

Ein Romancier ist Peter Altenberg nicht, darin hat er vollkommen recht; schon deshalb, weil ihm jene tiefe Erzählerfreude, die das Wesen jedes Epikers ausmacht, vollständig fehlt. Um uns dies klarzumachen, brauchen wir ihn nur einmal mit einem wirklichen »Romancier« zu vergleichen. Auch unsere Zeit hat ein ganz großes Erzählertalent hervorgebracht: Guy de Maupassant. Dieser Dichter hat sein ganzes Leben damit ausgefüllt, Begebenheiten aufzuschreiben, in unermüdlicher, leidenschaftlicher Emsigkeit: das war das Pathos und der Inhalt seines Daseins. Alle Dinge, die sich je begeben haben, alle Dinge, die sich je begeben könnten, hat er in seinen Magazinen aufgehäuft; mit der fieberhaften und fast pathologischen Besitzwut eines Menschen, der nie genug bekommen kann, hat er da zusammengespeichert, was sich erraffen läßt, alles, alles, was es gibt, Menschen, Beziehungen, Gesichter, Leidenschaften, Seltsamkeiten, Alltäglichkeiten, Überirdisches, Gemeines, ohne »Kritik« und »Auswahl«: alles Erzählbare. Für ihn gibt es nichts Interessantes und nichts Uninteressantes, alles gehört zu ihm, alles: wenn es sich nur erzählen läßt! Und er kann alles erzählen. Er repräsentiert die ewige Figur des Geschichtenmachers, des Raconteurs, die durch die ganze Weltliteratur geht, angefangen von Homer, im

Grunde eine zeitlose Erscheinung. Sie ist nicht »modern«, sie ist nicht »alt«. Maupassant wird nie veralten – weil er niemals neu war. Aber Peter Altenberg wird sicher eines Tages veralten. Wir wollen es völlig dahingestellt sein lassen, was wertvoller ist.

Maupassant ist auch darin der absolute Epiker, daß er eigentlich niemals mit seinen Figuren fühlt. Das heißt: er fühlt mit ihnen, aber bloß mit den Nerven, nicht mit dem Herzen; gewissermaßen rein peripherisch. Er hat die Brutalität des Lebens; darum macht die Lektüre seiner Geschichten fast immer melancholisch. Der richtige Epiker ist identisch mit der Natur, die ebenfalls ohne Pathos vernichtet. Er ist eine geheimnisvolle Kraft, die fremd über dem Leben thront, es kalt abschildert: ein klarer, glatter, glänzender Spiegel, der die Dinge auffängt; während andere Dichter an ihren eigenen Geschöpfen aufs tiefste leiden. Sein Herz bleibt unbewegt, ergreift niemals Partei: das eben macht sein Genie aus. Er ist nicht das Opfer seiner poetischen Visionen. Was wertvoller ist, wollen wir abermals unentschieden lassen.

Les riens visibles

Peter Altenberg ist aber auch kein eigentlicher Lyriker, obgleich es bisweilen so aussehen könnte; denn viele seiner Sachen erscheinen in der Tat wie kleine Gedichte, die bloß auf das Hilfsmittel des Verses verzichtet haben.

Im ganzen werden wir aber doch sagen dürfen: was ihn als Lyriker charakterisiert, ist im wesentlichen nur seine außergewöhnliche Beobachtungsgabe, und zwar im Genaueren seine Empfänglichkeit für psychophysiologische Details. Dies ist ja überhaupt die hervorstechende Eigentümlichkeit aller modernen Künstler. Sie sehen gewissermaßen, was nicht ist, und vermögen es aufzuzeichnen. Ein Astronom hat einmal jene fernsten Sterne, die ihre Existenz erst nach wochenlanger Belichtung auf der Platte des Himmelsphotographen anzeigen, *»des vieus visibles«* genannt. Sie sind nicht: in unserem Leben deutet nichts, keine äußere Veränderung und kein noch so schwacher Sinneseindruck, auf ihr Vorhandensein. Und dennoch sind sie sichtbar: durch das Medium der geduldigeren photographischen Platte. So auch verhält es sich mit dem modernen Dichter. Wie die Trockenplatte gewissermaßen ein ausdauerndes Auge ist, so ist auch er mit Sinnesorganen ausgestattet, die empfindlicher sind als die gewöhnlichen und die die Gabe haben, *länger stillezuhalten.* So zeichnen sich in seiner Seele Dinge ab, die im realen Leben eigentlich so gut wie nicht vorhanden sind. Sie greifen nicht ein in unser Dasein, dennoch macht er sie sichtbar. Was er gibt, ist das notierte Nichts.

Die Netzhautbilder Ibsens

Wir wären hierbei versucht, an Ibsen zu denken; denn auch er erzielt seine psychologischen Wirkungen vielfach durch Aufsummieren kleinster Einzelheiten. Aber gerade bei dieser Vergleichung zeigt sich der ausgesprochen lyrische Charakter Peter Altenbergs; denn seine Figuren sind von denen Ibsens eben dadurch sehr verschieden, daß sie alle Peter Altenberg reden. Alle seine Menschen stammeln dieselbe Sprache, sein eigenes sprödes Dichteridiom. Sie sind natürlich ebenfalls bis zu einem gewissen Grade nuanciert, aber nur soweit sich die Eindrücke in der Seele des Dichters selbst differenzieren. Sie stehen nicht losgelöst vom Dichter da und führen ihr eigenes Leben. Bei den Gestalten Ibsens hat man den Eindruck, daß sie eigentlich nur bei Ibsen zu Besuch sind; sie treten in das Stück ein, von irgendwo draußen, gehen eine Zeitlang im Stück herum und begeben sich dann wieder nach draußen. Sie waren auf der Welt, ehe das Stück anfing, und leben weiter, wenn das Stück aus ist. Auch hat man die Möglichkeit, die Bekanntschaft mit ihnen intimer zu gestalten, wenn man öfter mit ihnen beisammen ist, ganz wie das bei wirklichen Menschen der Fall ist. Wer zum Beispiel die »Wildente« fünfmal gelesen hat, wird von den Personen des Stückes eine ganz andere, viel vertrautere Kenntnis haben, als er sie nach der ersten Lektüre hatte. Eine Fülle kleiner

Besonderheiten und Einzelzüge wird ihm allmählich auffallen; auch wird er mehr über ihr Vorhaben und ihre Lebensverhältnisse wissen als früher, denn anfangs pflegen sie diese Dinge meist nur andeutungsweise zu behandeln, so daß man vieles nicht versteht, wie wenn man zum ersten Male in einen fremden Kreis tritt. Ich glaube zum Beispiel nicht, daß der Leser gleich beim erstenmal die unumstößliche Überzeugung hat, daß Hedwig die Tochter des alten Werle ist; aber mit der Zeit kommt man durch eine Menge von Einzelheiten zu der Gewißheit, daß sie es ist. Ich las aber erst letzthin in einer Kritik die Behauptung, daß sie die Tochter Hjalmars sei, und gerade darin bestehe die Tragödie. Solche irrtümlichen Auslegungen wären aber ganz im Sinne Ibsens; denn er will gar keine Klarheit, er will das Leben, das ja auch fast niemals eindeutig ist. Man könnte sagen: er hat sehr scharfe und intensive Netzhautbilder der Dinge und *projiziert sie wieder hinaus* in die Außenwelt, in der sie dann leibhaftig herumgehen; also genau so, wie wir es beim Sehen machen. Peter Altenberg hat *auch* sehr scharfe Netzhautbilder, aber er projiziert sie *nicht* hinaus; es ist alles bei ihm nur innerlich gesehen. Darum haben seine Gestalten etwas Unplastisches, Verwischtes, Traumhaftes; es sind Visionen und Imaginationen eines einzelnen Menschen: und das ist lyrisch. Lyrisch ist ferner seine ausgesprochene Vorliebe für den Refrain, für einen gewissen Symmetrismus; auch bisweilen eine archaisierende Naivität der Diktion; endlich sein prinzipieller Optimismus. Denn jeder Lyriker ist Optimist, auch wenn es so aussieht, als sei er das Gegenteil; denn er ist der Mensch, der am intensivsten lebt, und das, nicht die theoretische Weltanschauung, macht den Optimisten.

Porträttechnik

Er geht immer ins Detail, aber er verliert sich nie darin. Die Mikrophilie, in der wir eine charakteristische Eigenschaft des Menschen der achtziger Jahre erblickten, ist auch bei ihm noch zu bemerken, aber schon zur Einfachheit geläutert. Er arbeitet gewissermaßen mit *lapidaren Kleinigkeiten.* Seine Kunst, durch irgendein apartes Adjektiv oder eine ungewohnte Assoziation plötzlich einen Menschen, eine Landschaft, ein Zimmer ganz plastisch vor den Leser hinzustellen, ist oft überraschend. Er ist der geborene Porträtmaler.

Es ist ein sehr intensives Naturgefühl, aber das Naturgefühl des Großstädters; und während die Dichter sonst die Erscheinungen des Kulturlebens durch Bilder aus der Natur zu verdeutlichen versuchen, versucht er umgekehrt dem Leser die Natur durch Gleichnisse nahezurücken, die aus der Vorstellungswelt des Kulturmenschen geholt sind; er spricht von »hellgrünen, modefarbigen Kukuruzfeldern«; von »Blumen im Herbstkleid wie grauseidene Watte«; es regnet, und »die braunen Wege beginnen zu glänzen wie Glaserkitt«; »die Suppengemüse standen aus der Erde heraus wie *julienne naturelle*«; »im Walde an der Berglehne sind alle Braun und Rot und Gelb der Welt. Eine junge Buche ist sogar schokoladenfarbig, und ein alter Ahorn hat die Farbe und den matten Glanz von englischen dogskin-Handschuhen.«

Was allemal zuerst ins Auge fällt, ist ein radikaler Impressionismus. Impressionismus: darunter verstehen wir eine verschärfte Empfindlichkeit für Sinnesreize, verbunden mit der prinzipiellen Tendenz, nichts anderes geben zu wollen als eben nur jene physiologischen Eindrücke.

Die Worte »banal« und »prosaisch« existieren vermutlich nicht in dem Begriffsschatz dieses Dichters. Er schildert, was er sieht, ohne eine ästhetische »Auswahl« zu treffen. Viele Passagen in seinen Skizzen könnten ebensogut in einem Ausstellungsbericht, dem Preisverzeichnis eines Delikatessenhändlers oder in einem Modejournal stehen, so rein deskriptiv, trivial deskriptiv sind sie. Bisweilen sinkt er bis zum Stil der Zeitungsannonce herab.

Die Sprache des elektrischen Stroms

Hat er überhaupt das, was man bei einem Schriftsteller »Sprache« nennt? Er schreibt mit als ein Kammerstenograph des Lebens, was ihm eben ins Diktat kommt, also eigentlich ohne eigene Individualität. Es sei denn, daß man gerade dies seine Individualität nennen wollte. Er verfährt dabei ganz skrupellos. Er behandelt die Sprache, als ob sie nie vorher von anderen benützt worden wäre und er der erste wäre, der sie als Instrument in die Hand bekommt. Es wimmelt bei ihm von Fremdwörtern, zum Teil von ganz überflüssigen. Manchmal schreibt er einen ganzen Absatz französisch oder englisch, ohne ersichtlichen Grund. Man sollte meinen, die deutsche Sprache sei reich und ausdrucksvoll genug. Aber er ist ja gar kein deutscher Schriftsteller, so wenig wie er ein französischer oder englischer Schriftsteller ist. Seine Sprache ist international wie die Sprache des elektrischen Stromes.

Die Fremdwörterfrage steht seit einiger Zeit wieder im Mittelpunkt der philologischen Debatten. Von jenen, die das Deutsche aus patriotischen Gründen von Fremdwörtern zu säubern wünschen, wollen wir gar nicht reden. Aber auch die anderen Einwände sind zumeist recht wenig stichhaltig. Ein für allemal muß es eine Verarmung der deutschen Sprache bedeuten, wenn man ihr die Fremdwörter nimmt, denn diese sind zu neun Zehnteln tatsächlich unübersetzbar. Es ist einfach nicht wahr, daß die schönen guten deutschen Wörter dasselbe bedeuten wie die unschönen und unklaren Fremdwörter, sondern die Wahrheit ist, daß wir beide brauchen. Das haben auch alle hervorragenden deutschen Stilisten begriffen, Lessing und Goethe so gut wie Schopenhauer und Nietzsche. Der größere oder geringere Reichtum an Fremdwörtern gibt erst dem Ausdruck eines Schriftstellers die persönliche Farbe, und wenn er sich mit Fremdwörtern ein wenig übernimmt, so ist das eben *seine* Farbe. Im Grunde entspringt der ganze Sprachreinigungsbetrieb der philiströsen Tendenz, die auch alle anderen Lebensformen uniformieren will, und wurzelt in dem laienhaften Mißverständnis, daß ein guter Stil notwendig ein korrekter Stil sein müsse. Das ist ebenso falsch wie die Forderung nach dialektfreiem Umgangsdeutsch. Ein Mensch, der ein völlig reines Hochdeutsch spricht, ist einfach unerträglich. Allerdings muß man erst ein richtiges Deutsch schreiben können, ehe man sich erlauben darf, es durch Fremdwörter zu »verunstalten«; deshalb ist die Sprachreinigungstendenz in den Schulen ganz gerechtfertigt; aber nur dort. Die englische Sprache besteht zur Hälfte aus Fremdwörtern, und welchen Vorsprung das Englische dadurch vor anderen Sprachen besitzt, wird jeder bemerkt haben, der einmal versucht hat, aus dem Englischen zu übersetzen. Der Engländer hat für die meisten Begriffe zwei Worte: ein germanisches und ein romanisches, aber sie bedeuten niemals dasselbe.

Grammophondeutsch

Peter Altenberg hat zur Sprache ein rein dynamisches Verhältnis. Sie ist ihm ein Vehikel für Entladungen angestauter seelischer Energien, sonst nichts. Das geht sogar bisweilen bis zum ausgesprochen *schlechten* Deutsch. Und auch dies ist wiederum nur ein Kennzeichen für seinen reinen Impressionismus. Wenn er das Leben will, das er ja nur nachschreibt, so hat das Deutsch eben schlecht zu sein; er kann nichts dagegen tun.

Hier liegt auch der tiefere Grund für seine vielverspottete Überproduktion an Fragezeichen, Rufzeichen, Gedankenstrichen, spationierten Worten. Er bevorzugt diese rein typographischen Mittel eben darum, weil sie ihm ermöglichen, reine *Quantitätswirkungen* zu erzielen. Alle diese Notbehelfe sind ja nichts anderes als der Versuch, dem toten, gedruckten Buchstaben die Lebendigkeit des akzentuierten gesprochenen Wortes zu verleihen. Auch wenn er schreibt, spricht er bloß oder versucht es doch wenigstens. Man müßte alle seine Sachen eigentlich laut lesen oder sich vorstellen, daß sie uns durch ein Grammophon zugerufen werden. Man kann sich nicht vorstellen, daß er jemals seine

Sachen ausgearbeitet, gefeilt, nach einem passenden Ausdruck gesucht hat. Er hat eben gar keine Beziehung zum geschriebenen Wort. Der wesentliche Unterschied, den das Geschriebene vom Gesprochenen hat, daß es ein geläuterter, gereinigter, geklärter Ausdruck, gewissermaßen ein Feinschliff des menschlichen Gedankens ist, fällt bei ihm vollständig fort. Er ist eben ganz und gar kein Schriftsteller.

Er hat keinen Stil. Er schreibt weder ernst noch heiter, weder feierlich noch leichtgeschürzt, weder stilisiert noch vulgär. Er ist der differenzierteste, komplizierteste Seelenbeobachter, und daneben stehen oft Sätze im primitiven Ton des humorhaften Kindererzählers, Wendungen, die von Andersen sein könnten.

Maschinenpathos und Plakatstil

In seiner Sprache sind alle Geräusche der modernen Welt eingefangen, bisweilen verfällt er in ein überheiztes, sich überstürzendes, knatterndes Pathos, zu dem sich das Pathos früherer Dichter etwa verhält wie Posaunenstöße zu dem ratternden Lärm einer Dynamomaschine, dem Krachen von Mitrailleusen, Petarden, Pelotons; es sind Schüsse um die Ecke, mitten in Gedankenketten.

Er hat für lärmende Prunkreden eine ganz neue Tapisserie erfunden. Es ist ein Pathos, das zweifellos eines Tages veralten wird wie jedes Pathos. So befremdend es auf den ersten Blick erscheinen mag: alle pathetischen Formen, die doch gerade durch die Einfachheit und Wucht ihrer Linien Monumentalität und Überlebensgröße prätendieren, sich eine Art Ewigkeitszug geben wollen, sind gerade darum am schnellsten der Verwitterung unterworfen. Sehr bald legt sich auf diese Reliefs die Patina, die vielleicht ihren Kunstwert erhöht, aber ihren Lebenswert vermindert. Es sind eben allemal bloße Repräsentationsstücke. Aber wir haben große Formen und Linien heute nicht mehr in Stein und Erz, sondern nur noch auf Plakaten. Und das Pathos Peter Altenbergs ist mit glücklichem Instinkt aus der Zeit gegriffen: es hat Plakatstil, Tapetenstil. Aber hinter diesen lärmenden und grellen Arabesken steht doch immer ein Mensch. Dies ist auch der Grund, warum Schillers dröhnende Militärmusik mit ihren Trommeln, Pfeifen und Pauken noch heute ihren zwingenden Impetus nicht eingebüßt hat, während seine Epigonen längst unerträglich geworden sind. Es ist der unnachahmliche Entrain, der Schillers Pathos für jeden Geschmack etwas unbedingt Poetisches verleiht. Das Geheimnis seiner dauernden Wirkung ist jener übermächtige, konzentrierte Wille zum Idealismus, der in ihm lebte. Idealismus ist das Geheimnis jeder dichterischen Wirkung.

Frauenlob

Die Frau steht im Zentrum aller Dichtungen, die Peter Altenberg jemals geschrieben hat. Er hat eigentlich niemals etwas anderes beschrieben als die Frauen, die Männer sind blaß gezeichnet. Sie sind nur da, damit sich die Frauenseele in ihnen reflektiere; also gerade umgekehrt wie bei allen anderen Dichtern. Und er sagt selbst von sich: »Ich habe nie irgend etwas anderes im Leben für wertvoll gehalten als die Frauenschönheit, die Damengrazie, diese süße, kindliche! Und ich betrachte jedermann als einen schmählich Betrogenen, der einer anderen Sache hienieden irgendeinen Wert beilegte!«

Dieser Frauenkult machte ihn zum Typus jener Dekadenz vom Ende des vorigen Jahrhunderts, die ziemlich kurzlebig war und in ihm allein noch fortlebt. Er überlebte sie, denn er hatte wohl dekadente Nerven und mußte sie haben, denn dekadente Nerven sind nichts anderes als höchstimpressionable Nerven; aber er hatte kein dekadentes Herz. Er übernahm von dieser ganzen Richtung den Feminismus, aber der Feminismus war bei ihm nicht Schwäche, sondern Stärke, nämlich eine erhöhte und bisher unerreichte Fähigkeit, sich in das Seelenleben der Frau zu versetzen. Hierin ist er eine vollkommen einzigartige literarhistorische Spezialität. Es hat nie vorher einen Dichter gegeben, der ihm hierin nur nahegekommen wäre. Die anderen stellten sich zur Frau als mehr oder minder glückliche Deuter. Aber Peter Altenberg ist kein Deuter der Frau, er erlebt die Frau in sich selbst in der vollkommensten Weise, und wenn er die Frau schildert, so liest er gar nicht in einer fremden Seele, sondern in seiner eigenen. Er verhält sich zu allen bisherigen Frauenpsychologen wie der wissenschaftliche Naturforscher zum mythologischen Erklärer der Natur. Dieser steht unter dem Banne des Anthropomorphismus, er kann die Natur nie begreifen, denn er erklärt sie nicht von ihr aus, sondern von sich aus. Ebenso standen alle bisherigen Frauenpsychologen unter dem Banne des »Andromorphismus«: sie sahen die Frau vom Manne aus. Infolgedessen ist Peter Altenberg ein absolutes Novum. Er besitzt die Vorstellungs- und Gefühlswelt der Frau, verarbeitet sie aber mit der überlegenen Intelligenz des Mannes. Er hat, um es bildlich auszudrücken, ein Gehirn, das der Materie nach weiblich und der Struktur nach männlich ist.

Der Wille zur Chiffre, von dem wir sprachen, hat daher beschlossen, in ihm einen »modernen Frauenlob« zu erblicken. Nun ja: ein Frauenlob ist er freilich; aber eben ein moderner. Der arme Frauenlob: – wenn er heute lebte, er würde nicht weniger glühend und nicht weniger unglücklich lieben. Und dennoch: er würde vielleicht ganz anders *dichten*, das will sagen: er wüßte vielleicht ganz andere, viel verfänglichere, verstricktere, hintersinnigere, vieldeutigere Dinge von den Frauen zu sagen als dazumal; er würde anderes und vielleicht Tieferes und Seltsameres an ihnen zu *loben* wissen. Weil die Frau heute anders geworden ist? Oder weil der Mann anders geworden ist und nun ein anderes, abgestufteres, vielfältigeres, vielfarbigeres Licht sich an diesen glatten Spiegeln bricht, die man »Frauen« nennt? Oder vielleicht auch, weil wir heute unter Lob etwas anderes verstehen und wiederum etwas weit Verzwickteres, Oszillierenderes, schwieriger gerade zu Biegendes; eine Sache, die von vorne wie ein Tadel aussieht und erst von hinten wie ein Lob glänzt? Es ist eben alles anders geworden.

Peter Altenberg *versteht* die Frau: und das ist das beste Frauenlob. Der Dichter lobt, indem er malt. Das ist seine Form des Lobes und die höchste Form des Lobes überhaupt.

Die vergeßlichen Dichter

Jeder Mensch ist verliebt, jeder Mensch ist begeistert, jeder Mensch ist weise – aber nur in ganz wenigen, seltenen Augenblicken. Wie Peter Altenberg die Frau immer sieht, so hat sie jeder Mensch mindestens einmal in seinem Leben schon gesehen: als er liebte; wie Peter Altenberg die Natur, jedes Stück Rasen, jeden verschneiten Baumstumpf, jedes Tulpenbeet, jede alte Dorfbrücke empfindet, so hat jeder schon irgendwann einmal Rasen, Baum, Blume und Brücke empfunden, aber nur ein kurzes Zeitteilchen, dann sank alles wieder hinab, er hatte es sofort wieder vergessen. Die meisten Menschen sind eben *vergeßliche Dichter.* Und wer war nicht schon weise, freilich zumeist gerade dann, wenn er es am wenigsten zu sein glaubte? Gespräche von Holzfällern, Schmieden, Fuhrleuten, Handwerksburschen enthalten oft überraschende Wahrheiten, Tiefblicke, schärfste Sachurteile. Jeder Mensch, der einer Sache kundig ist, vermag über sie die vorzüglichsten Bemerkungen zu machen. Aber er weiß es nicht. Und er sammelt es nicht auf: er ist kein *Reservoir* seiner Weisheiten.

Der Dichter ist ganz einfach das ununterbrochen, was die übrigen Menschen alle fünf Jahre einmal sind. Er unterscheidet sich in nichts anderem von ihnen. Er lebt mit den Dingen in *dauernder Kryptogamie.* Er ist immer begeistert, immer verliebt und darum immer weise. Durch den Dichter allein ist geistige Energie überhaupt erst auf der Welt. Er ist die geheimnisvolle Leydnerflasche, die anderen ihre Elektrizität erst freimacht: ein Kräfteentbinder, der andere zu sich selbst bringt.

Sie sind nichts Vollkommenes, diese Dichter, wir sagten es schon. Auch sie sind nur flackernde, suchende Irrlichter, ohnmächtige Träumer, Zwittergeburten aus Wunsch und Irrtum. Aber daß sie wahr sind, daß sie ganz sind, das wird aufgeschrieben und gebucht. Einer einmal ganz, einer einmal wahr: das Universum notiert es. Und dann: sie sind Kraftzentren, winzige, minimale; aber eben Kraftzentren. Energie geht nicht verloren im Weltall. Dieses Atom Kraft, Kraft zu wandeln, das in ihnen lebt: das ist; und ist vielleicht das einzige Stückchen Wirklichkeit auf dieser Welt, in der alles bloß vorgestellt und relativ ist. Es bleibt; und wird hinüberspringen von einer Milchstraße zur anderen.

Prolog vor dem Film

Ich muß um Entschuldigung bitten, wenn ich in drei Dimensionen vor Ihnen erscheine, denn die dritte Dimension scheint ja jetzt langsam im Theater aus der Mode zu kommen. Und da, wie schon Oscar Wilde nachgewiesen hat, nicht die Kunst das Leben nachahmt, sondern umgekehrt das Leben sich nach der Kunst richtet, so werden wir vielleicht auch im Leben allmählich die dritte Dimension verlieren. Nun, wie dem auch sei, vorläufig haben wir sie noch und vielleicht mehr. Jedenfalls wird wohl niemand unter Ihnen leugnen wollen, daß *ich* drei Dimensionen besitze.

Ich soll nun so etwas wie eine einführende Conférence sprechen. Das ist jetzt in Berlin so üblich: immer wenn ein neues Kino eröffnet wird, so holen sie sich einen Literaten, um zu beweisen, daß das Kino mit der Bildung zu tun hat. Das ist natürlich eine sehr undankbare Aufgabe, und ich glaube, Sie werden mir nicht wiedersprechen, wenn ich die Definition aufstelle: eine Conférence ist eine Sache, bei der jeder froh ist, wenn sie aus ist.

Ich soll natürlich *für* das Kino sprechen. Das ist nun wieder nicht schwierig; denn für das Kino sprechen ja die Tatsachen. Es ist, das wird jedermann zugeben, aus der Physiognomie unseres heutigen Daseins gar nicht mehr wegzudenken. Ebensowenig wie jene anderen verrufenen neuen Dinge, die unserm modernen öffentlichen Leben seine spezifische Signatur geben: die Eisenbahn, der Fernsprecher, der Autobus, das Grammophon, die Untergrundbahn. Ich weiß, es gibt eine ganze Gruppe von Menschen, die in allen diesen Dingen ebenso viele Mittel sehen, um alle Kultur und Geistigkeit aus unserem Dasein zu entfernen, und die infolgedessen unsere ganze Gegenwart in Bausch und Bogen verdammen. Aber was soll uns dieses Lamento? Ein tüchtiger Mensch wird mit seiner Zeit niemals unzufrieden sein, sie ist sein Medium, genau jenes Medium, dem er mit seinen sämtlichen Organen angepaßt ist und in dem er zu wirken und zu leben hat. Dies ist seine Aufgabe, diese Aufgabe hat er zu lösen, eine andere kann er sich nicht aussuchen. Er finde sich mit der Tatsache ab, oder noch besser, er denke gar nicht darüber nach. Es ist eigentlich eine Ungezogenheit, über sein Zeitalter zu schimpfen, und es ist eine Dummheit, denn die Sache läßt sich ja doch nicht ändern: dies sind nun einmal die treibenden Kräfte unserer Zeit. Der Dichter, der versunkenen Kulturen nachträumt, wird niemals viel wert sein. Homer, Dante, Shakespeare, Ibsen schilderten die unmittelbarste Gegenwart, eben darum waren sie Dichter. Und auch wir schätzen sie heute nur noch darum, weil sie resolut in ihrer Zeit lebten und diese für das Beste hielten, was es gab, schon aus dem Grunde, weil sie das einzige war, was es gab. Bestrebungen dagegen, wie sie dem französischen Klassizismus oder der deutschen Aufklärung zugrunde lagen, haben immer etwas Lächerliches. Diese Menschen waren im übelsten Sinn Dilettanten, sie glaubten, man könne sich plötzlich vornehmen, so zu denken und zu leben wie tote Griechen, noch dazu wie tote Griechen, die auch bei ihren Lebzeiten ganz anders ausgesehen haben. Denn inzwischen hat sich ja die bedauerliche Sache herausgestellt, daß die alten Griechen gar nicht antik waren. Es ist nichts als Zeitverschwendung, wenn man historischen Phantomen wie »Athen«, »Florenz« oder »Weimar« nachtrauert. Diese Kulturen waren, wie gesagt, eben darum groß, weil sie aus der aktuellen Gegenwart des Tages entstanden waren. Heute sind sie tot und nur noch für Aufsatzthemen zu brauchen.

Berlin zum Beispiel verdient gerade darum die höchste Anerkennung, weil es seine Aufgabe als deutsche Reichshauptstadt so richtig erfaßt hat: die Aufgabe, ein Zentrum der modernen Zivilisation zu sein. Berlin ist eine wundervolle moderne Maschinenhalle, ein riesiger Elektromotor, der mit unglaublicher Präzision, Energie und Geschwindigkeit eine Fülle von mechanischen Arbeitsleistungen vollbringt. Es ist wahr, diese Maschine hat vorläufig noch keine Seele. Berlin hat vielleicht selber nur das Leben eines Kinematographentheaters, eines virtuos konstruierten *homme machine*. Aber das genügt fürs erste. Berlin befindet sich in den Flegeljahren einer kommenden Kultur, die wir noch nicht kennen und die sich erst herausarbeiten muß. Und die Berliner Geschmacklosigkeiten sind doch wenigstens moderne Geschmacklosigkeiten, und die sich immer noch besser als die geschmackvollste Unmodernität, weil in ihnen Entwicklungsmöglichkeiten stecken.

Solche Entwicklungsmöglichkeiten stecken, glaube ich, auch in dem verrufenen Kino. Es ist, wenn man etwas näher zusieht, ein sehr prägnanter und charakteristischer Ausdruck unserer Zeit. Zunächst: es ist kurz, rapid, gleichsam chiffriert, und es hält sich bei nichts auf. Es hat etwas Knappes, Präzises, Militärisches. Das paßt sehr gut zu unserem Zeitalter, das ein Zeitalter der Extrakte ist. /.../ Für nichts hat ja unsre Zeit weniger Sinn als für jenes idyllische Ausruhen und epische Verweilen bei den Gegenständen, das früher gerade für poetisch galt, und nichts ist ihr verhaßter als Langsamkeit und Breite. Wir lassen uns nicht mehr behaglich über den Dingen nieder. Unsre gesamte Zivilisation steht unter dem Grundsatze: *Le minimum d'effort et le maximum d'effet!* Schon in der Schule beginnt heutzutage die »Erziehung zum Extrakt«. Wir empfangen Extrakte von Philologie, Extrakte von Weltgeschichte, Extrakte von Naturkunde: niemals die Wissenschaft selbst, immer nur den Extrakt. Die Photographie entwirft uns kondensierte Miniaturbilder der Welt. Wir reisen nicht mehr ausführlich in der Postkutsche, sondern im Schnellzug und empfangen hastige Schnellbilder der Gegenden, die wir passieren. Und ganz typisch ist es auch, daß die Postkarte unsern heutigen schriftlichen Verkehr beherrscht: sie vertritt den modernen Gedanken, daß für fast jede Mitteilung ein Oktavblatt ein genügend großer Raum ist.

Sodann, was mit dem eben Gesagten zusammenhängt: das Kino hat etwas Skizzenhaftes, Abruptes, Lückenhaftes,

Fragmentarisches. Das ist im Sinne des modernen Geschmacks ein eminenter künstlerischer Vorteil. Die Erkenntnis der Schönheit des Fragmentes beginnt sich allmählich in allen Künsten Bahn zu brechen, schließlich ist ja alle Kunst nichts anderes als ein geschicktes und bisweilen geniales Auslassen und Zwischengliedern. Ein Künstler, der gar nichts ausläßt oder verschweigt, wäre die langweiligste Sache von der Welt, ja, er wäre eigentlich überhaupt gar kein Künstler. »Le secret d'ennuyer est celui de tout dire«, sagte schon Voltaire.

Und bedenken Sie doch, welche Möglichkeiten sich für einen ingeniösen und temperamentvollen Dramatiker im Kino eröffnen würden, der es verstände, die unbelebte Umgebung des Menschen, also das, was man bisher ziemlich abfällig Dekoration genannt hat, entsprechend auszunutzen. Ich meine nicht bloß in dem äußerlichen Sinne, daß im Kino weniger technische Hindernisse bestehen als im Theater und daß der Kinodichter eigentlich die ganze Erdoberfläche als Bühne zur Verfügung hat, sondern noch in dem anderen Sinne, daß ein solcher Dramatiker es verstehen müßte, die stumme Außenwelt als einen wirksamen Faktor in die Handlung einzuführen und in die Schicksale der Menschen als handelnde Person mit eingreifen zu lassen, nicht als bloße Ausstattungsangelegenheit, die man auch ebensogut weglassen kann, sondern als das Gegenteil von Staffage, so zwar, daß man eher den Eindruck hätte, daß die Menschen die Staffage, die Dekoration sind. Ansätze dazu sind schon vorhanden. Denken Sie an Richard Wagner oder an Maeterlinck; die Hauptfigur im »Tod des Tintagiles« ist ja eigentlich eine Tür. Auch bei Zola läßt sich der Versuch beobachten, tote Dinge gewissermaßen zum Romanhelden zu machen, das zeigen schon die Titel einiger seiner Werke.

Dies führt uns nun zu dem Haupteinwand, der gewöhnlich gegen das Kino erhoben wird: daß ihm nämlich die Worte fehlen und daß es daher nur ganz grobe und primitive Dinge zu schildern vermag. Aber ich glaube, wir werden heutzutage nicht mehr so geneigt sein, dem Wort eine so absolute Hegemonie einzuräumen. Man darf vielleicht eher sagen, daß Worte für uns heutzutage schon etwas Überdeutliches und dabei etwas merkwürdig Undifferenziertes haben. Das Wort verliert allmählich ein wenig an Kredit. Es vollzieht sich so etwas wie eine Art Rückbildung der Lautsprache. In dem Maße, als die Menschheit zunehmend denkfähiger und vergeistigter wird, wird alles immer mehr ins Innere verlegt. Wir reden weniger, aber nicht, weil wir die Fähigkeit, gut zu reden, eingebüßt haben, sondern weil wir weniger Reden nötig haben. Wir leben geräuschloser. Es ist wie beim Homerischen Zeus: er bewegt die Augenlider, und es erbebt der ganze Olymp. So auch der heutige Mensch: ein Zucken der Wimpern, ein Senken der Lider, und es bewegt sich eine ganze Welt. Auch hierfür sind schon Anfänge vorhanden. Erinnern Sie sich an Ibsens unterirdischen Dialog oder an Maeterlincks Technik des Schweigens. Die Menschen in diesen Stücken werden vom Leben gewissermaßen nur beschattet, und bei jedem dieser beiden Dichter geschieht das auf eine andere Weise. Ibsen zeigt den Schatten, den die Vergangenheit über die Menschen breitet. Maeterlinck zeigt die Schatten, die Kommendes über die Seelen wirft. Aber weder jenes Vergangene noch dieses Kommende betritt jemals die Bühne.

So könnten wir uns denn auch ganz gut vorstellen, daß Wallenstein, von einem modernen Dichter gestaltet, seinen ganzen großen Monolog schweigend spricht. Es würde genügen, wenn er etwa nur, in tiefes Nachdenken versunken, langsam über die Bühne ginge. Er braucht keine Jamben zu reden, die Jamben stören uns, wir wissen Bescheid. Die schönsten und tiefsten Verse können nicht annähernd das ausdrücken, was der einfachste Galeriebesucher stumm und unartikuliert empfindet.

Der menschliche Blick, die menschliche Gebärde, die ganze Körperhaltung eines Menschen vermag heutzutage bisweilen schon mehr zu sagen als die menschliche Sprache. Man darf Schweigen nicht mit Stummheit verwechseln. Das Schweigen ist nicht stumm, es ist nur eine andere und vielleicht energischere Mitteilungsform. Das zeigt sich doch schon im gewöhnlichen Leben jeden Tag. Ein Mensch, der uns auf der Straße mit den Worten begrüßt: »Oh, ich habe die Ehre, Ihnen ganz ergebenst guten Abend zu wünschen!«, wird in uns nicht den Eindruck erwecken, daß er eine besonders große Verehrung für uns empfindet. In diesem Fall wird er sich darauf beschränken, schweigend den Hut zu ziehen. Und wenn Sie, was ich von Ihnen allen hoffen will, schon einmal richtig verliebt waren, so werden Sie sich wohl auch mehr durch Blicke als durch Worte verständigt haben.

Dadurch, daß den Sinnen weniger gegeben wird, wird der Einbildungskraft mehr gegeben. Die Phantasien des nüchternsten, beschränktesten Zuschauers sind immer noch hundertmal packender und geheimnisvoller als sämtliche gedruckten Bücher der Welt. Der echte Dichter läßt auch der Phantasie den größten Spielraum. Die bedeutendsten Dichtungen der Weltliteratur sind auch die vieldeutigsten. In jedem Leser erwächst ihnen ein neuer Versteher. Hundert Deutungen sind möglich, und alle sind richtig. Der echte Dichter sieht seinen höchsten Ehrgeiz nicht darin, selber zu dichten, sondern darin, möglichst viele andere zum Dichten zu bringen. Denn er weiß: der wahre Dichter jedes Kunstwerks kann immer nur das Publikum selber sein.

Nun, das sind natürlich alles schreckliche Übertreibungen. Aber warum soll man nicht übertreiben? Ich glaube, man sollte allen Dingen gegenüber eine solche übertrieben wohlwollende Haltung einnehmen, das wäre vielleicht für uns sowohl wie für die Dinge das Allervorteilhafteste. Schließlich ist jedes Ding ein Symbol, das über sich hinausweist in unberechenbare Möglichkeiten.

Damit aber nur ja zwischen uns keine Meinungsverschiedenheit zurückbleibt, so möchte ich zum Schluß noch betonen: ich bin nicht einmal *gegen* die jetzige, zweifellos unkünstlerische Form des Kinos, denn es erfüllt denselben Zweck wie unsere Durchschnittstheater, also jene Theater, in die das Publikum hineingeht, nur daß es diesen Zweck viel vollkommener und idealer erfüllt. Denn was will das

Publikum von einem Theaterstück? Ein Theaterstück ist ein handlicher Gebrauchsgegenstand, der den Menschen dazu dient, sich einige Stunden lang auf eine bestimmte Weise zu erholen. Lyrik oder Philosophie sind für die wenigsten Menschen unentrinnbare Notwendigkeiten. Aber das Theater ist für den modernen Großstädter ein Bedürfnis genauso wie schwarzer Kaffee oder Zigarren. Die Kunst ist ein Luxusartikel, das Theater ist eine Utilität. Ein Theater ist ein Automat, in den man oben Geld hineinwirft, damit unten falsche Rührung, falsche Lustigkeit und falscher Schauder herauskommen. Ein honetter Theaterunternehmer wird daher seinem Publikum nicht Kunst bieten. Wenn er ihm Kunst bietet, so ist das direkter Betrug.

Ob also das Kino gut oder schlecht ist, es ist auf alle Fälle einem Schauspielhaus hundertmal vorzuziehen, und ich muß an dieser Ansicht unerbittlich festhalten. Es sei denn, daß eines der vielen neuen Schauspielhäuser, die uns die nächste Berliner Saison sicher wieder bringen wird, an mich die ehrende Aufforderung richten sollte, zur Eröffnung einen einleitenden Vortrag zu sprechen.

Originalität

Wir müssen uns fragen, ob das, was man so gemeinhin *Originalität* nennt, wirklich das Wesen der bedeutenden Persönlichkeit ausmacht. Das große Publikum pflegt in der Regel von einem genialen Menschen zweierlei zu verlangen: daß er etwas ganz Neues sage und daß er ein ganz exotisches Geschöpf sei. Das Genie soll unerhörte, noch nie dagewesene Ideen verkünden, durch die seltsamsten Geisteskapriolen alle Welt in Erstaunen versetzen und eine Menge von höchst verzwickten Dingen können, die sonst niemand kann; es soll eine Art Messerschlucker, Gedächtniskünstler und Klopfgeist sein. Aber welches Genie hat diese Forderungen bisher erfüllt? Welches Genie hat etwas schlechthin Neues geschaffen? Was ist denn »neu«? Neu ist der Auer-Brenner, das Mannlicher-Gewehr, der Morse-Telegraph. Trotzdem werden wenige behaupten, daß Auer, Mannlicher und Morse Genies gewesen seien. Dagegen an der Ilias oder am Zarathustra ist gar nichts »neu«? Die Ilias ist aus Rhapsodien zusammengestohlen, der Zarathustra hat seinen Stil aus der Bibel und seine Gedanken aus einer Menge von früheren Philosophen gestohlen. Stehlen ist ja gar nicht so leicht. Zum Stehlen gehören Geschmack, Takt, weiter Horizont. Die Ilias lag auf der Straße. Sie war nicht einmal gesetzlich geschützt. Aber stehlen konnte sie nur ein Homer. Und es ist bis heute noch keinem Nietzscheaner gelungen, Nietzsche zu plagiieren. Sie können es nicht; es kommt niemals Nietzsche heraus, sondern immer nur der Nietzscheaner Herr Soundso. Man muß ihnen im Gegenteil vorwerfen, daß sie vor dem geistigen Eigentum Nietzsches viel zuviel Respekt haben. Sie haben zum Beispiel ganz aus Eigenem die Figur des skrupellosen Übermenschen geschaffen, die bei Nietzsche gar nicht vorkommt.

Die ganze Geistesgeschichte der Menschheit ist eine Geschichte von *Diebstählen*. Plato bestiehlt Sokrates, Augustinus bestiehlt Jesus. Giotto bestiehlt Cimabue, Goethe bestiehlt Shakespeare, Schopenhauer bestiehlt Kant. Und wenn einmal eine Stockung in der geistigen Entwicklung der Menschen eintritt, so liegt immer der Grund darin, daß zu wenig gestohlen wird. Im Mittelalter wurden nur die Kirchenväter und Aristoteles bestohlen. Das war zuwenig; deshalb war es eine geistig arme Zeit. In der Renaissance wurde alles zusammengestohlen, was man nur irgend zu Gesicht bekam; deshalb war es eine reiche Zeit. Und wenn ein großer Künstler oder Denker sich nicht durchsetzen kann, so liegt das immer daran, daß er zu wenig Diebe findet. Sokrates hatte das seltene Glück, in Plato einen ganz skrupellosen Dieb zu finden, der sein Handwerk von Grund aus verstand; ohne Plato wäre er unbekannt.

Das Genie ist nichts Überlebensgroßes, Hypertrophisches, Exzeptionelles, sondern die richtige Lebensgröße und der natürliche Kanon. Ein genialer Mensch verhält sich zu den übrigen nicht wie der Riese zu den Zwergen, sondern wie das *Normalgebilde* zu den *Freaks**. Daß das Genie eine organische Form ist, die höchst selten vorkommt, ist nur ein Beweis hierfür. Denn das Normale ist ja überhaupt in der Natur die höchst seltene Ausnahme, und Mißbildungen und Unregelmäßigkeiten sind die Regel. Auch die körperliche Erscheinung des Menschen ist in Millionen von Fällen einmal vollkommen den anatomischen Gesetzen entsprechend. Und einen geistig ganz normalen Menschen, dessen Seele absolut nach dem Kanon gebaut ist, nennt man Genie. Man hat bei solchen Menschen nicht den Eindruck von etwas Absonderlichem und Außergewöhnlichem. Sondern im Gegenteil, man denkt sich: wenn es in der Welt richtig zuginge, müßten alle Menschen einen ebensolchen Weltblick besitzen wie Bismarck, ebensolche Gehirne haben wie Kant, ebenso zu leben verstehen wie Goethe und ein ebenso gebautes Herz haben wie Emer-

* Mißgeburten

son. An allen diesen Menschen ist nichts von »Kunst« zu spüren: niemand kann ihnen irgendwelche Handgriffe abmerken, denn sie haben gar keine angewendet. Verwunderlich ist an ihnen nur dies eine: daß nicht alle übrigen Menschen ihnen gleichen. Und das Charakteristische ihrer Schöpfungen besteht darin, daß jedermann von ihnen den Eindruck hat: »Es ist ein Zufall, daß *ich* es nicht gemacht habe.« Und so falsch dieses Urteil auch im Grunde ist, so ist es doch das einzige Merkmal, das uns die sogenannten »ewigen« Kunstwerke von den bloß modischen Meisterstücken unterscheiden läßt. Denn diese letzteren erfüllen ihre Zeitgenossen zwar regelmäßig mit der allergrößten Bewunderung, aber dafür sehen spätere Zeitalter in ihnen nur noch »historische Belege für den damaligen Kulturzustand«.

Der originelle Mensch glaubt nur an das, was er selbst *persönlich* erfahren hat. Für die meisten Menschen ist das ganze Leben nicht eine unmittelbare persönliche Erfahrungstatsache, ein Erlebnis, sondern eine Art Mitteilung aus zweiter Hand. Das Original aber stellt sich zu jeder, der kleinsten wie der größten Tatsache zunächst skeptisch, es läßt die Dinge an sich herankommen, um sie zu prüfen. Der Durchschnittsmensch verhält sich passiv zur umgebenden Welt, er läßt sie auf sich einwirken, seine Vorstellungen sind tote Abdrücke und nicht Resultate einer lebendigen Aktion, einer Reaktion gegen die Eindrücke. Der originelle Mensch hingegen hat den Grundsatz: es muß alles von vorn angefangen werden. Und hierin liegt die gemeinsame Bedeutung aller genialen Menschen auf allen Gebieten, in Kunst und Wissenschaft, in Religion und Politik. Es ist gleichgültig, auf welche besondere Lebensphäre sie ihren Blick richten: immer ist dies ihr Standpunkt und ihre Aufgabe. Descartes und die Scholastik, Richard Wagner und die Oper, Virchow und die Pathologie, Luther und der Katholizismus, Ibsen und das Drama, Bismarck und die deutsche Politik, Lavoisier und die Chemie: es ist immer dieselbe Stellung. Es muß alles von vorn angefangen werden. Sie glauben nicht daran, daß etwas richtig ist, weil es bisher von allen für richtig gehalten wurde. Es kommt gar nicht darauf an, daß ein solcher Denker auf diesem Wege zu neuen, überraschenden und entgegengesetzten Resultaten kommt (sehr oft erkennt er die Richtigkeit des *Bestehenden*), sondern es ist eben der *Weg*, diese bestimmte Methode des Denkens, die ihn von anderen unterscheidet.

Die genialen Bücher setzen uns immer wieder von neuem in Erstaunen. Wir erwarten etwas Geistreiches und finden statt dessen das Gegenteil: etwas Wahres.

Die Originalität jedes Menschen besteht in seiner Tüchtigkeit. Wer irgend etwas wirklich kann, der ist originell und *unersetzlich*. Darum ist die landläufige Bemerkung »Kein Mensch ist unersetzlich« so ziemlich das Dümmste, was gesagt werden kann. Sie wurde von jenen Menschen aufgebracht, die allerdings ersetzlich sind und auch in der Tat immer wieder ersetzt werden: von den Kretins. Ein bedeutender Mensch stirbt. »Das Leben geht dennoch weiter«, sagt man. Natürlich, es geht weiter. Aber wie? Mit einem Schlage ist aus einer wohlorganisierten, zentralisierten Institution ein jämmerlicher Mißbetrieb geworden. Ein Mensch, der auf die Hirnschale fällt, »geht auch weiter«, aber als ein trostloses, bemitleidenswertes Zerrbild seiner selbst. Wenn Julius Cäsar nicht ermordet worden wäre, würden Europa, Afrika und Asien heute ein anderes Antlitz haben. Natürlich, sie sind nicht bei seinem Tode vor Schreck in den Ozean versunken, aber die Menschen haben sich jahrhundertelang vergeblich um Dinge abplagen müssen, die fast schon realisiert waren; und das ist ebenso schlimm. Man denke, daß Goethe bei Valmy gefallen wäre. Die ganze deutsche Kultur würde heute anders aussehen. Oder daß das Attentat auf Bismarck im Jahre 1866 geglückt wäre. Oder man wage sich auszudenken, daß Nietzsche heute noch*, als noch nicht Siebzigjähriger, schaffend unter uns lebte. Das ist schon ganz unvorstellbar in seinen Wirkungen. Kleist erschoß sich im Alter von vierunddreißig Jahren. Infolgedessen haben wir kein deutsches Drama.

* Der Essay erschien 1912.

Aber die Menschen sagen: »Niemand ist unersetzlich; war es nicht der, so war's ein anderer.« Jawohl: Kotzebue.

Bekanntlich hat Shakespeare im »Julius Cäsar« den Plutarch wörtlich *abgeschrieben*. Manche bedauern, daß dadurch ein häßlicher Fleck auf den großen Dichter fällt. Andere sind toleranter und sagen: Ein Shakespeare durfte sich dies erlauben! Beiden ist jedoch zu erwidern: Wenn man von Shakespeare nichts wüßte als dies, so würde dies allein ihn schon als echten Dichter kennzeichnen. Es ist wahr: große Dichter *sind* oft originell, aber immer nur, wenn sie müssen. Sie haben nie den Willen zur Originalität; den haben die Literaten. Der Dichter ist ein Mensch, der sieht und sehen kann, weiter nichts. Und er freut sich, wenn er einmal ganz ohne Einschränkung seinem eigentlichen Beruf obliegen kann: dem des Abschreibens. Wenn Shakespeare den Plutarch abschrieb, so tat er es nicht, *obgleich* er ein Dichter war, sondern *weil* er ein Dichter war. Die Halbgenies, die Talente, die Spezialisten suchen sich und überall nur sich. Sie erblicken in allem: in Gott, Natur, Menschen, Ereignissen, Büchern, nur eine Gelegenheit, sich in Szene zu setzen. Das Genie aber hat eine leidenschaftliche Liebe zum Guten, Wertvollen; es sucht nichts als dieses. Hat schon ein anderer die Wahrheit, zum Beispiel Plutarch – wozu sich auch nur um einen Schritt von ihr entfernen? Was könnte dabei herauskommen? Es bestünde die Gefahr, eine Wahrheit, die minder groß und wahr wäre, an die Stelle der alten zu setzen, und diese Gefahr fürchtet das Genie mehr als den Verlust seiner »Originalität«. Lieber schreibt es ab. Lieber ist es ein »Plagiator«.

Kurzum: es gibt eine bestimmte, ziemlich kleine Zahl von unveränderlichen Wahrheiten. Aber die Stellung, die die einzelnen Menschen zu diesen Wahrheiten einnehmen, ist eine recht verschiedenartige. Der Durchschnittsmensch *zweifelt* sie an. Das Talent macht den vergeblichen Versuch, sie zu *vermehren*. Und das Genie *wiederholt* sie.

Aphorismus gegen die Germanisten

Die Germanistik ist ungebildet in der umfassendsten Bedeutung des Wortes. Ihre indiskrete, unfeine Art, dem Dichter auf den Leib zu rücken, seine Taschen nach Briefen und Zettelchen zu durchstöbern, die Intimitäten verraten könnten; ihre ebenso taktlosen wie ungeschickten Versuche, seine psychologischen Mysterien zu enträtseln; ihr roher Materialismus der »Materialien«, der Anbetung positiver Zahlen und Fakten; ihre plumpe, schematisierende, sektiererhafte Methodik; ihr vollkommener Mangel an persönlicher Weltanschauung, aus der heraus sie seine andere persönliche Welt verstehen könnte; die Zufälligkeit ihrer Themenwahl, die bei ihr von dem brutalen Gesetz der momentanen akademischen Nachfrage bestimmt wird; ihr fast durchweg barbarisches Deutsch und ihr Hang für die ausgemünzte, gangbare Phrase; ihre völlige Unwissenheit auf allen nichtgermanistischen Gebieten, verbunden mit dem Parvenüstolz und Dünkel auf ihrem Fachgebiet: dies alles macht die Germanistik und Literaturwissenschaft zu einer ebenso lächerlichen wie furchtbaren Attacke gegen die Bildung.

Die Germanistik ist durchaus nicht der Gegenpol des Journalismus. Wenn man von ihr die Philologie (Philologie in jedem Sinne: alle Mikrologie und Kleinwissenschaft) abzieht, so bleibt nichts übrig als schöngeistige Rhetorik, platter Tatsachenkram und trivialer Rationalismus; also alle jene Bestandteile, aus denen sich der Journalismus zusammensetzt. Es bleibt: verlangweilter Journalismus, um den letzten einzigen Reiz gebracht, den er besitzt: seine Aktualität. Für Literaturhistoriker gibt es freilich nichts als die Vergangenheit; man kann sogar sagen: sie haben die Vergangenheit erfunden, sie besitzen die mysteriöse Fähigkeit, alles durch ihre Berührung zu etwas Historischem,

Abgelebtem, Überholtem zu machen. Daß unsere Klassiker derartig abgeplattet und entseelt sind, daß wir uns nicht vorstellen können, wie sie jemals lebendig waren, ist die nunmehr glücklich vollzogene Arbeitsleistung ganzer Seminargenerationen. Sie gleichen darin einem Physiologen, der die Funktion des Lebens durch Obduktion eruieren wollte; sie haben es sich in den Kopf gesetzt, den dichterischen Organismus in allen seinen kleinsten vitalen Äußerungen zu ergründen – aber ehe sie darangehen, bringen sie ihn jedesmal vorher um. Nun gibt es allerdings in der Medizin ein geeigneteres Verfahren, dessen analoge Anwendung den Germanisten zu empfehlen wäre: nämlich die Röntgenstrahlung. Dazu ist aber einige Gabe des Durchleuchtens nötig und überhaupt zunächst die Gabe, zu sehen; und diese beiden Fähigkeiten wird man in diesen Kreisen freilich vergeblich suchen. Denn das Auge ist kein Germanistenorgan, sondern die Hand, die schreibt, blättert und blind seziert.

Demgemäß ist auch ihr Beruf ein Handwerk, und hierin zeigen sich die Germanisten gleichfalls als bloße gelehrte Vettern der Journalisten. Beide leben von der robusten Anwendung einer bestimmten, durch die Zukunft in jahrzehntelanger Übung vorgebildeten Routine. Sie sind niemals Dilettanten.

Nun weiß man ja ziemlich genau, was ein Dilettant ist, denn darin sind sich alle Berufsmenschen einig. Ein Dilettant ist ein Mensch, der Temperament, Universalität, philosophische Begabung, Verachtung für Einzelheiten und eine neue Technik hat; lauter Dinge, die der Fachmensch absolut nicht gebrauchen kann und verabscheut.

Beim Gelehrten äußert sich der Dilettantismus vorwiegend in ungenügender Kenntnis der Materie. Jakob Burckhardt war ein vollkommener Laie in der Hellenistik – darin haben die Archäologen sicher recht; aber es genügt schließlich, daß er diese Wissenschaft vollständig modernisiert und damit wieder für weitere Kreise genießbar gemacht hat. Herman Grimm war in keinem der vielen Fächer, über die er unberechtigterweise geschrieben hat, kompetent; aber die Nachwelt gibt sich damit zufrieden, daß er einer der kultiviertesten Menschen gewesen ist, die seit Goethe in Deutschland literarisch tätig waren. Alle diese Dilettanten erkennt man übrigens sehr leicht daran, daß sie regelmäßig von allen Fachautoritäten bekämpft werden. Was sogar fast immer berechtigt ist; denn wenn man sich zum Beispiel vorgesetzt hat, eine neuartige, aus den historischen Bedürfnissen unserer Zeit erwachsene Darstellung der gesamten deutschen Kulturentwicklung zu geben, wie Lamprecht, so kann man über alle Einzelheiten nicht so erschöpfende Studien gemacht haben wie eine Obskurität, die davon lebt, einen Fehler in der Schätzung der Zahl der Bogenschützen, die im Geplänkel bei Pfäffikon beschäftigt waren, erschöpfend nachzuweisen oder über den Stammbaum der Margarete Maultasch neue überraschende Aufschlüsse zu geben. Man kann sogar noch weitergehen und sagen: der wirklich produktive Forscher, selbst wenn er »Autorität« ist, wird das gar nicht sein wollen. Der feine Kopf wird den Dilettantismus allemal instinktiv bevorzugen, denn Dilettantismus ist die einzige Form, in der ein kultivierter Intellekt sich überhaupt zu äußern vermag, weil sie die einzige ist, die weit genug ist, um einem umfassenden Geist ausreichende Bewegungsmöglichkeit zu bieten. Daher die vielgerühmte und gänzlich mißverstandene Bescheidenheit der großen Gelehrten, die keine »Fachgrößen« sein wollten, weil sie wußten, daß sie Größen sind.

Wer nichts weiß als sein Fach, der weiß gar nichts – und zwar auch für sein Fach nichts. Denn er muß ungeheuer viel mehr wissen, um die Lage, die sein Fach innerhalb des übrigen Wissensbetriebes einnimmt, einigermaßen feststellen zu können und allerlei Beziehungen auffinden zu können, an die vor ihm noch niemand gedacht hat, was recht eigentlich die Aufgabe des menschlichen Denkens und der Wissenschaft ist. Alles reine Spezialistentum, soweit es nicht praktischen Zwecken dient, ist eine müßige Spielerei und Privatliebhaberei und nur dazu geeignet, die unbefangene Sachkenntnis zu verwirren, sooft auch das Gegenteil behauptet worden ist. Weswegen Jean Paul gesagt hat: »Jeder Fachmann ist in seinem Fach ein Esel.«

Boheme

Zu den vielen törichten und irreführenden Schlagworten, mit denen unsere Umgangssprache operiert, gehört auch das von der Boheme. »Bohemien« ist in den Augen des großen Publikums identisch mit »Künstler«. Dieses geht nämlich von der Ansicht aus, daß ein genialer Mensch sich von den übrigen doch irgendwie schon äußerlich, durch eine Art Zunftzeichen oder Kostüm unterscheiden müsse.

Ich weiß nicht, ob es in Frankreich eine Menschenklasse namens Boheme jemals gegeben hat oder ob sie auch dort immer nur in Romanen und Spielopern vorgekommen ist; aber ich weiß, daß ich auf deutschem Boden nie und nirgends einem solchen Schwerenöter und Tausendsassa begegnet bin, daß ich mir ein solches Geschöpf im realen Leben überhaupt gar nicht vorstellen kann. Ich weiß hingegen, daß es Menschen gibt, die lange, ungekämmte Haare haben, sich salopp und geschmacklos kleiden, vorlaut und unangenehm benehmen und Schuldenmachen und Faulenzen für eine Ehre, hingegen Vernunft und Arbeit für eine Rückständigkeit halten. Daß diese Eigenschaften mit Künstlerschaft in einer tiefern Beziehung stehen, wird niemand behaupten; und ich behaupte, daß sie jede Künstlerschaft ausschließen.

Man vermag weder in Leonardos noch in Goethes, weder in Ibsens noch in Nietzsches Biographie etwas von Zigeunertum zu entdecken, und in gewissen Lebensabschnitten Lessings, Schillers oder Wagners vermag man nur Not zu erkennen, niemals aber die Freude an diesen ungeordneten Zuständen, die für den »Bohemien« charakteristisch ist. Denn ein bedeutender Mensch ist ein Mensch, der von einer tieferen Mission durchdrungen ist, der sich als höchst notwendig empfindet, und ein solcher wird schon aus Verantwortungsgefühl sich nicht psychisch und physisch vergeuden.

Der Künstler ist der große Revolutionär. Er ist sozusagen das »böse Gewissen« der Menschheit. Die Menschheit will Ruhe, er aber will ewige Bewegung. Die Menschheit will Festes, Kompaktes, Resultate, er aber will immer wieder auseinanderbrechen, verflüssigen, in Probleme auflösen. In allem Geistigen ist er der größte Anarchist. Aber gerade dazu bedarf er in allen äußerlichen Lebensdingen der größten Ordnung und Solidität, sonst würde er ja vor lauter materiellen Ablenkungen nie zu einer inneren Konzentration kommen. Kurz: der echte Künstler ist in seiner äußeren Lebensform der vollendete *Philister*, und wer das nicht versteht, dem fehlt die primitivste Voraussetzung zur Erkenntnis des künstlerischen Schaffens. Was der Künstler am Philister tadelt, sind nicht dessen bürgerliche Tugenden: seine Arbeitsamkeit, Korrektheit und Wirtschaftlichkeit, sondern das unbändige Behagen, das dieser über seine Tugenden empfindet, seine platte Selbstzufriedenheit, seine geistige Genügsamkeit und der verderbliche Wahn, daß materielle Arbeit ausreiche, um ein menschenwürdiges und Gott wohlgefälliges Leben zu führen.

Wenn jemand in seinen häuslichen und ökonomischen Verhältnissen ungeordnet ist, so ist das unter allen Umständen ein persönlicher Defekt, vielleicht ein verzeihlicher, aber keineswegs etwa deshalb verzeihlich, weil dieser Jemand ein Dichter ist. Wenn es auch allerdings selten vorgekommen ist, daß Dichter und Denker sich große Vermögen erwarben oder sehr hohe Staatsstellungen bekleideten, so muß man doch hierbei sehr wohl zwischen Nichtwollen und Nichtkönnen unterscheiden. Es ist freilich nicht gut möglich, daß jemand gleichzeitig Tragödien schreibt und Fabriken leitet, Philosophie treibt und große Staatsaktionen durchführt, wenn er nämlich beides gründlich nehmen will. Aber man darf daraus noch lange nicht folgern, daß es sich hier um Fähigkeiten handelt, die einander ausschließen. Es ist überhaupt mit allen diesen Fächerungen etwas sehr Mißliches: sie nehmen sich auf dem Papier sehr gut aus und dienen dem allgemeinen menschlichen Generalisationstrieb, der sehr oft nichts weiter ist als Denkfaulheit; aber die Wirklichkeit geht meistens andere Wege.

Thales inszenierte einmal mit Erfolg eine Art Öltrust: er tat dies nicht aus Gewinnsucht, sondern um zu beweisen, daß der Philosoph sehr gut die kaufmännischen Dinge beherrschen könne, während das Umgekehrte nicht der Fall sei. Friedrich der Große wäre sicher einer der ersten Schriftsteller seiner Zeit geworden, wenn er nicht durch seine Abstammung genötigt worden wäre, einer der ersten Politiker und Strategen seiner Zeit zu werden. Schiller war ein Finanzgenie, was allein schon seine Korrespondenz mit den Verlegern beweist. Als eine Bank, bei der Schopenhauer hohe Depots hatte, fallierte, war Schopenhauer der einzige, der durch ein höchst geschicktes Manöver seine ganze Einlage rettete. Kant, der von Bettlern abstammte und sein Leben lang von seinen Büchern und Kollegien ein Bettelhonorar bezog, brachte es dennoch durch kluge Transaktionen zuwege, daß er bei seinem Tode ein ansehnliches Vermögen hinterlassen konnte. Bacon, Locke, Leibniz hatten verantwortungsvolle Staatsposten inne. Thoreau hatte eine Bleistiftfabrik. Tizian war ein gerissener Holzhändler. Shakespeare war Bodenspekulant. Und so weiter.

Es wäre auch ganz absurd, wenn es anders wäre. Warum sollte ein bestimmtes Maß an organisatorischer Kraft und psychologischem Scharfblick, das gewöhnlich für Dramatik oder Vernunftskritik verwendet wird, plötzlich versagen, wenn es auf Handel oder Politik angewendet werden soll? Der Feldherr, der Dramatiker und der Kaufmann haben im Grunde dasselbe Thema.

Und dazu bedürfen sie der »genialen Nüchternheit«, die Mommsen als den Hauptcharakterzug Julius Cäsars bezeichnet hat. Der schöpferische Mensch ist vor allem besonnen; in allen Dingen. Diese Besonnenheit, schon von den alten Griechen als das Gottähnliche im Menschen erkannt, ist die Grundfarbe seines Wesens. Hingegen der leichtfertige, tirilierende, vagabundierende, immer gepfändete, in ausgeliehenen Hosen durchs Leben tanzende Bohemekünstler, der zwischen zwei Päuschen ein großes Bild malt und zwischen zwei Liebschaften seine gesammelten Werke schreibt, gehört in jene Lügenwelt voll schlecht kolorierter Karikaturen, mit der der Philister sich umgibt, weil er nicht genug Mut und vor allem nicht genug Phantasie besitzt, um die Realitäten des Lebens nacherleben zu können.

Büberei

In Frankfurt am Main war ich nur drei Jahre auf dem Gymnasium. Dann wurde ich hinausgeschmissen. Mein Ordinarius erklärte plötzlich eines Tages, einer von uns beiden könne die Klasse nicht mehr betreten. Der Rektor entschied sich für mich. Als meine Anverwandten weinend bei jenem Lehrer erschienen und ihn fragten, was denn um Gottes willen gegen mich vorläge, erwiderte er: »Es ist nichts Bestimmtes gegen ihn zu monieren. Aber er ist ein Lausbub.« Er strich seinen kakaofarbigen Vollbart und fügte drohend hinzu: »Mit fünfzehn Jahren!«

Ich habe inzwischen über diese Frage noch öfters nachgedacht und gefunden, daß ein Lausbub etwas sehr Erfreuliches ist. Denn ich habe erkannt, daß die Menschen überhaupt nur in zwei Gruppen zerfallen: in Lausbuben und sogenannte »ernste Menschen« oder, wie ich es manchmal zu nennen pflege, in »Samumisten«, das heißt: Menschen, die wie Samum wirken, indem sie alles Lebendige im Keime ersticken.

Lehrer, zum Beispiel, sind meistens Samumisten und daher so ziemlich die unbegabtesten Mitglieder der menschlichen Gesellschaft. Künstler dagegen sind immer Lausbuben und daher so ziemlich die begabtesten Lebewesen.

Ich sagte: ein Lausbub sein heißt ungefähr ebensoviel wie: Talent haben, und ich muß hinzufügen, daß der Grad, bis zu dem die Büberei in einem Menschen entwickelt ist, im graden Verhältnis zu der Tiefe und dem Umfang seiner Begabung steht. Um dies empirisch zu beweisen, müßte ich die ganze Weltgeschichte erzählen; ich beschränke mich daher auf ein paar notwendige Beispiele. Bismarck hat doch wohl ziemlich unbezweifelbare positive Leistungen vollbracht. Seine Freude am Witzereißen und Anulken war aber so unbezähmbar, daß sie ihn nahezu niemals verließ.

Statt irgendeiner der zahllosen Anekdoten, die hierüber berichtet werden, will ich nur auf ein einziges Faktum hinweisen, das mehr beweist als alle Anekdoten, nämlich eine Stelle aus dem Tagebuch Kaiser Friedrichs. Dieser, Bismarck, Roon und Moltke waren am fünfzehnten Juli 1870 König Wilhelm, der von Ems nach Berlin kam, bis Brandenburg entgegengefahren. Unterwegs hielt dann Bismarck dem König einen zusammenfassenden Vortrag über die europäische Lage, und der Kronprinz fügte hinzu: »... mit großer Klarheit und würdigem Ernst, frei von seinen sonst so gewöhnlich beliebten Scherzen.« Man denke sich in die Situation: zwischen Emser Depesche und allgemeiner Mobilmachung entwickelt der Kanzler des Norddeutschen Bundes dem König, dem Kronprinzen, dem Kriegsminister und dem Chef des Generalstabes die maßgebenden Gesichtspunkte, bleibt dabei vollkommen ernst, macht nicht einen einzigen Witz, und der Kronprinz notiert diese auffallende Tatsache in sein Tagebuch. Hieraus geht doch wohl hervor, daß es Bismarck im allgemeinen am nötigen Ernst gefehlt haben muß, was ihn aber nicht gehindert hat, das größte praktische Genie zu sein, das Deutschland seit Friedrich dem Großen hervorgebracht hat. Dem es übrigens auch am nötigen Ernst gefehlt hat. Von ihm sagt Macaulay: »Er besaß eine Liebhaberei, die bei einem Knaben verzeihlich sein mag, die aber bei einem Manne von reifen Jahren und gutem Verstande, wenn er sich ihr gewohnheitsmäßig und mit voller Überlegung hingibt, fast unfehlbar auf eine böse Gemütsart schließen läßt. Dies war eine Freude an boshaften Streichen (severe practical jokes). Wenn ein Höfling eitel auf seine Kleider war, wurde ihm Öl über seinen reichsten Anzug geschüttet. Hing er am Gelde, so wurde ein Trick ersonnen, durch den er gezwungen war, mehr zu zahlen, als er zurückbekam. Wenn er hypochondrisch veranlagt war, wurde ihm eingeredet, er habe die Wassersucht. Hatte er sich fest vorgenommen, nach einem bestimmten Ort zu fahren, so wurde ein Brief fingiert, der ihn von der Reise abschreckte.« Mit diesen Dingen befaßte sich Friedrich der Große, während er im Begriffe stand, sein Heer zum schlagkräftigsten, seine Verwaltung zur leistungsfähigsten und seinen Staat zum gefürchtetsten im damaligen Europa zu machen. Und nun will ich, um das nüchterne Preußen nicht zu verlassen, nur noch Moltke nennen, dessen finsterer, schweigender Ernst sprichwörtlich geworden ist. Als Bismarck Moltke Mitte Juni 1866 zu sich gebeten hatte, um ihm mitzuteilen, daß der König sich endlich entschlossen habe, den Operationen an der böhmischen Grenze eine kriegerische Wendung zu geben, womit der seit mehr als hundert Jahren drohende große Entscheidungskampf endlich zum Ausbruch kam, drehte sich Moltke beim Verlassen des Zimmers noch einmal um und fragte Bismarck, ob er schon wisse, daß die Dresdner ihre große Brücke gesprengt hätten. »Schade!« sagte Bismarck, »die schöne Brücke! – Wann ist sie denn gesprengt worden?« – »Gestern«, erwiderte Moltke, »aber nur mit Wasser.«

Bei den Künstlern wird man mir den Beweis erlassen, denn die ganze Kunst ist ja nichts als eine große Lausbüberei. Es ist gewiß kein Zufall, daß bei Shakespeare die Humoristen immer die gescheitesten Menschen sind.

Auch daß die Philosophen ernste Menschen sind, ist nur eine Legende. Ja, ich möchte sogar behaupten: der Philosoph fängt erst dort an, wo der Mensch damit aufhört, sich und das ganze Leben ernst zu nehmen. Das hat schon Pascal gewußt, der doch gewiß um die Probleme des Glaubens und Erkennens so ernst gerungen hat wie nur irgendeiner und der dennoch den Satz sprach: *Le vrai philosophe se moque de la philosophie.* Und denselben Gedanken findet man in allen möglichen Variationen bei Nietzsche ausgesprochen. Auch Kant läßt in vielen seiner kleineren Schriften einen unverkennbaren Zug von Ironie durchblicken, und Hegel war einer der witzigsten Köpfe seiner Zeit. Die Vorrede zu Schopenhauers monumentalem Hauptwerk schließt bekanntlich ebenfalls mit einem Witz. Oder denken wir an Sokrates. Erst die humorlosen Aufklärungsphilosophen des achtzehnten Jahrhunderts haben aus ihm einen langweiligen Doktrinär und Tugendprediger, eine Art griechischen

Quäker gemacht. Aber seine Zeitgenossen sahen in ihm etwas ganz anderes als einen perorierenden Moralphilosophen: für sie war er in erster Linie ein unterhaltsames Original. Alle liefen ihm nach, ganz Athen war von diesem liebenswürdigen, witzigen und geistreichen Poseur fasziniert, der nicht glaubte, weil er ein Philosoph sei, müsse er in seinem Zimmer sitzen, der sich mit allem möglichen niederen Volk unterhielt, mit Schmieden, Topfdrehern, Markthelfern und Dirnen, und an ihnen seine Begriffe entwickelte, der am meisten trinken konnte, jeden Spaß vertrug und eine Art wandelndes satirisches Flugblatt von Athen war. Und zwei der größten Dichterphilosophen des neunzehnten Jahrhunderts haben sogar für Kinder geschrieben: Busch und Andersen. Freilich glauben infolgedessen viele Erwachsene, diese beiden seien für sie nicht gescheit genug.

Nun wollen wir aber zum besonderen Verdruß aller Samumisten einen Schritt weitergehen und rundheraus erklären: alles Wertvolle ist lediglich Spielerei, und alle menschlichen Betätigungen bleiben nur so lange wertvoll, wie sie eine Spielerei sind, oder bekommen erst in dem Augenblick einen Wert, wo sie zur Spielerei werden.

Der Philister besitzt jedoch die Gabe, aus allem etwas Zweckvolles, Nützliches und Ernstes zu machen und es dadurch zu entwerten. Doch der Künstler ist in der Lage, alles zum Spiel zu erhöhen und es dadurch zum Erfolg zu führen. Wenn man in der Kunst, deren Wesen in sämtlichen Lehrbüchern der Ästhetik als »holde Zwecklosigkeit« definiert wird, materielle Absichten verfolgt, so wird sie natürlich ebenso wertlos wie jede andere Schiebertätigkeit, über welchen Gegenstand ich mich ja wohl in den heutigen Zeiten, wo man die Büchermacher von den Buchmachern nicht mehr zu unterscheiden vermag, nicht weiter zu verbreiten brauche.

Übrigens ist für den talentlosen Durchschnittsmenschen auch das Spiel kein Spiel. Billard, Skat, Schach, angeblich »Spiele«, sind ganz ebenso trostlose Beschäftigungen wie Bilanzmachen und Aktenrevidieren. »Sport« heißt bekanntlich auf deutsch »Spiel«: aber auch das Pferderennen, Turnen und Jagen wird für den Normalmenschen zum tödlichen Ernst und zu einer niedrigen Knechtstätigkeit, die sich in nichts von den häßlichen, aber doch wenigstens unentbehrlichen Arbeiten der Fuhrleute und Dachdecker unterscheidet. Ja, sogar aus der Wissenschaft haben die Schullehrer etwas Ernstes gemacht.

Und nun bleibt zum Schluß nur noch übrig, sich klarzumachen, daß und warum nur die Spielerei einen Erfolg haben kann. Denn was ist »Erfolg«, die Sache im weitesten Sinne genommen? Erweiterung und Differenzierung des menschlichen Daseins. Ein Mensch, der auf Nutzen und Sinn ausgeht (»Sinn« ist nichts anderes als Nutzen, theoretisch gewendet), ist aber niemals in der Lage, sich intensiv und extensiv zu steigern. Intensiv nicht, weil die fortwährende Rücksicht auf den Endzweck einer Betätigung von dieser Betätigung selbst ablenkt und es daher unmöglich macht, sich in sie zu vertiefen. Extensiv nicht, weil die Rücksicht auf Nutzen und Sinn einer Beschäftigung diese Beschäftigung notwendigerweise in den alten Formen festhält und somit niemals etwas Neues entstehen kann. Denn als nützlich wird immer betrachtet, was bisher genützt hat; als sinnvoll gilt, was einen Sinn bereits hat.

In der Tat sind denn auch alle großen, tiefen und neuen Dinge immer spielend gefunden worden. So verdanken, zum Beispiel, alle praktischen Erfindungen, von der Urzeit angefangen, ihre Entstehung höchst unpraktischen Beschäftigungen. Das Wurfgeschoß, der Feuerstein, der Hammer: all dies war anfangs Spielerei. James Watt beobachtete zum Zeitvertreib einen summenden Teekessel, und infolgedessen hat die Erdoberfläche ihr Aussehen gänzlich verändert. Graf Mirabeau, ein geistreicher Schauspieler, der gut reden konnte und sich gern reden hörte, hält eine Reihe von öffentlichen Deklamationsübungen, und das soziale Gebäude Europas geht aus den Fugen. Jener bereits genannte gutgelaunte ältere Herr namens Sokrates vertreibt sich die Zeit mit Aphorismen, ein ebenso gutgelaunter Landsmann von ihm, namens Plato, macht sich daraus eine Reihe amüsanter Dialoge, und Bibliotheken schichten sich auf, Bibliotheken werden auf dem Scheiterhaufen verbrannt, Bibliotheken werden als Makulatur verbrannt, neue Bibliotheken werden geschrieben, und hunderttausend Köpfe und Mägen leben von dem Namen Plato.

Der ernste Mensch hingegen erreicht ausnahmslos nichts. Er will das Leben zu einer verzinslichen Bankanlage machen, aber es zeigt sich, daß nur tote Sachen Zinsen tragen. Er stellt sich vor die Dinge hin und will ihnen ihren Sinn abfragen, aber sie drehen ihm belästigt den Rücken. Denn die Geheimnisse der Welt machen es wie die Kinder: vor einem ernsten, kalten und würdevollen Wesen ziehen sie sich ängstlich zurück, und es ist nichts aus ihnen herauszubekommen.

Das Leben als Spiel

Das menschliche Leben bewegt sich zwischen zwei Klippen: der Gefahr der geistigen Stagnation, Verstockung, Verknorpelung, Eintrocknung: physiologisch ausgedrückt: Arterienverkalkung, und der Gefahr der Überreizung, Überlastung, sozusagen der geistigen Überbevölkerung: physiologisch ausgedrückt: Zuckerkrankheit. Das erste ist die schleichende Todeskrankheit des Philisters, die fast schon mit seiner Geburt einsetzt, das zweite das Schicksal aller »Aktivisten«. Es ist daher jedem Menschen die Aufgabe gestellt, zwischen diesen beiden Klippen hindurchzukommen und den totalen Mangel an Aufregungen ebensosehr zu vermeiden wie den schädlichen Überschuß an solchen. Mit anderen Worten: er muß versuchen, sich Aufregungen zu schaffen, die im Grunde keine sind, seine Emotionen wie eine Art Kostüm zu tragen; und daher lautete das zweite, das psychologische Rezept, das ich für die Verlängerung des Lebens zu empfehlen versuchte: lebe unernst. Hier nun fand eines jener typischen Mißverständnisse statt, von denen ich letzthin sprach: indem nämlich viele das Wort »unernst« in seinem alten wörtlichen Sinne nahmen, während ich es in einer etwas modifizierten, speziellen und subjektiven Bedeutung gebraucht wissen wollte. Ich verstehe unter dem ernsten Menschen den Menschen, der in der Realität *befangen* ist, den praktischen Menschen; und unter dem unernsten Menschen ganz einfach den geistigen Menschen, den souveränen Menschen, der imstande ist, das Leben von oben herab zu betrachten, indem er es bald humoristisch, bald tragisch nimmt, aber niemals ernst. Beide, der humoristische und der tragische Aspekt, gehen nämlich auf ein und dieselbe Wurzel zurück und sind nichts anderes als zwei entgegengesetzte und eben darum komplementäre Äußerungen desselben Weltgefühls. Zur tragischen Einstellung gehört ganz ebenso das Nichternstnehmen des Daseins wie zur humoristischen Einstellung: beide ziehen ihre Nahrung aus der tiefen Überzeugung von der Nichtigkeit und Vanität der Welt, daher denn auch alle großen Humoristen auf einem deutlichen, wenn auch nur selten sichtbaren Untergrund von Pessimismus gemalt haben und umgekehrt nur der humoristisch begabte Mensch in der Lage ist, eine Tragödie zu schaffen: denken wir bloß an die drei größten dramatischen Ingenien, die die europäische Kulturentwicklung bisher hervorgebracht hat: Euripides, Shakespeare, Ibsen: aber im Grunde trifft dies alle dramatischen Dichter der Weltliteratur von Kalidasa bis heute.

Ja, ich könnte mir sogar ganz gut einen alten Mystiker vorstellen, der die Behauptung aufgestellt hätte: Gott nimmt die Welt nicht ernst, sonst hätte er sie nicht schaffen können. Nur der Künstler kann nämlich etwas erschaffen, kann Leben erzeugen. Die Kraft Gottes ist, unendlich potenziert, die Kraft, die in jedem Künstler wirkt. Nun aber vermag der Künstler nur deshalb etwas zu gestalten, aus sich heraus zu projizieren, *außer sich* zu stellen, weil er zu diesen Gestalten, zu seinen Geschöpfen bereits das Verhältnis der Distanz besitzt, weil er von ihnen (wenigstens im grob realen Sinne) nicht mehr affiziert wird: weil er sie nicht ernst nimmt.

Und hierauf, auf jener Fähigkeit einer unernsten, künstlerischen, rein geistigen Einstellung beruht denn auch in der Tat die Überlegenheit des Menschen über seine übrigen Mitgeschöpfe, ja sie beruht vielleicht allein hierauf: über die ganze Natur, mit Ausnahme des Menschen, ist eine tiefe Trauer gebreitet.

Ströme und Steine, Wiesen und Wälder, Pflanzen und Tiere zeigen uns immer dasselbe ernste, klagende Antlitz.

Das Kabarett

Bisweilen werde ich gefragt, was ich von dem gegenwärtigen Zustand des Kabaretts halte und ob ich glaube, daß es noch eine Zukunft habe. Abcr wenn ich die Wahrheit sagen soll oder, vorsichtiger ausgedrückt: das, was ich für die Wahrheit halte, so kann ich auf diese Frage nur mit einer Platitüde antworten. Die Wahrheit ist nämlich immer entweder ein Paradoxon oder eine Platitüde, und ob man sie für das eine oder für das andere hält, das hängt lediglich von der Zahl der Menschen ab, die an sie glauben. Hat sie sich bloß bei einigen wenigen durchgesetzt, so erscheint sie allen anderen als Irrsinn oder bestenfalls als Originalitätshascherei; haben sich dann allmählich alle Menschen von ihrer Richtigkeit überzeugt, so nennt man sie einen öden Gemeinplatz. Jede Wahrheit, die größte wie die kleinste, ist dazu bestimmt, die Entwicklungslinie von »absurd« zu »trivial« zurückzulegen. Aber wenn sie trivial geworden ist, bleibt sie darum doch nicht minder wahr, und man muß daher den Mut haben, in einem solchen Falle etwas Plattes zu sagen. Es ist dies etwa so, wie wenn man jemanden fragte: »Gestatten Sie, verehrter Herr, was ist eigentlich nach Ihrer Ansicht die Additionssumme von drei und fünf?« Darauf hat der Betreffende ohne Zögern und auch auf die Gefahr hin, etwas sehr Unoriginelles auszusprechen, die Antwort zu geben: »Meiner Ansicht nach unbedingt acht!« Es wird aber nie an solchen fehlen, die, um zu zeigen, was für besonders gedankenreiche Menschen sie sind, den Beweis versuchen werden, daß drei und fünf, genaugenommen, das heißt also, wenn man in der Sache wirklich tief und auf den Grund blickt, eigentlich siebendreiviertel oder achtdreiachtel ergibt.

Nachdem ich mich also genügend salviert habe, rücke ich mit meiner Platitüde heraus: ich glaube, daß die Institution des Kabaretts nur so lange existenzberechtigt ist, als sie den Charakter des Dilettantismus und der Improvisation trägt. Ich sage: den Charakter. Damit ist also nicht gemeint, daß in einem Kabarett nur Menschen auftreten dürfen, die künstlerisch nichts gelernt haben, oder daß dort nur aus dem Stegreif gespielt werden darf. Aber es muß immer so aussehen, als ob es dort nur Dilettanten gäbe, und es muß alles so herauskommen, als ob es im Augenblick entstanden wäre. Das Publikum, das überhaupt viel mehr versteht, als die sogenannten Berufskünstler anzunehmen pflegen, hat für dieses Stilgesetz eine sehr feine Empfindung und verhält sich im Kabarett gegen alles andere, und sei es an sich noch so tüchtig und wertvoll, innerlich ablehnend.

Mit anderen Worten: die Zuhörer müssen spüren, daß jeder einzelne Auftretende ein Amateur geblieben ist, das Wort in seiner ursprünglichen Bedeutung genommen: ein Mensch, der seine Sachen riesig gern macht, dem es ein wirkliches Vergnügen bereitet, aufzutreten, der aus Passion, aus Laune, aus Mitteilungsbedürfnis und nicht infolge eines unter Konventionalstrafe abgeschlossenen Kontrakts vor das Publikum tritt. (Womit natürlich wiederum nicht gemeint ist, daß er für seine Leistungen nicht bezahlt werden darf.) Dies ist es, was ich unter dem Charakter des Dilettantismus verstehe. Es muß über dem Ganzen immer die Atmosphäre einer Liebhaberbühne liegen; die Vorträge können noch so gelungen, das Ensemble noch so geschult sein: der Zuschauer muß doch immer die vage Empfindung haben, hier sind Menschen, die sich einen vergnügten Abend machen, und ich sehe zu.

Ferner darf das Programm nicht in Einzelleistungen zerfallen. »Programm« ist überhaupt schon ein Wort, das zum Begriff des Kabaretts nicht paßt. Sondern man muß spüren: jede Einzelleistung ist aus dem Gefühl des Ganzen hervorgegangen, und ein jeder ist erst komplett, wenn man alle anderen dazunimmt. Man muß spüren: dieser Mensch, der jetzt hier oben auf der Bühne steht, könnte dieselbe Sache nicht in jedem beliebigen Raum, in jedem beliebigen

Ensemble, in jeder beliebigen Stimmung ebensogut zusammenbringen (was sämtliche Artisten können, die alle nichts anderes sind als kostbare Grammophonplatten). Es gibt unter den Protozoen gewisse Arten, die sich zu großen Zellkolonien, »Coenobien«, vereinigen. Diese Geschöpfe sind zwar selbständige Einzelorganismen und besitzen daher jedes seine Individualseele, aber außerdem hat auch noch der ganze Zellstock ein eigentümliches Seelenleben, eine Art Überseele, die man »Coenobialseele« nennt. Nun, eine solche Coenobialseele muß auch jedes richtige Kabarett besitzen. Dies meine ich mit dem Charakter der Improvisation, der sorgfältige Vorbereitung durchaus nicht ausschließt.

Da also ein Kabarett eine Lebenseinheit, ein Organismus ist, so ist es auch nötig, daß es organisch entstanden sei wie ein natürliches Gewächs. Alle echten Kabaretts haben auch einen solchen Ursprung gehabt, und es hat deren, soviel ich weiß, auf deutschem Sprachgebiet nur vier gegeben: Wolzogens »Überbrettl«, die Münschener »Elf Scharfrichter«, das Wiener »Nachtlicht« und die »Fledermaus« in ihren Anfängen. Bei dem ersten dieser Kabaretts kam ein geistreicher und liebenswürdiger deutscher Schriftsteller auf die Idee, eine Episode aus Otto Julius Bierbaums »Stilpe« in die Realität zu übersetzen. Und das Experiment gelang und hatte großen Erfolg, genau so lange, als es nichts anderes war als ein bizarrer literarischer Scherz, den ein geschmackvoller Gentleman mit dem Publikum machte. Aber alsbald wurde es ein Geschäftsunternehmen, und in dem Augenblick begann das Publikum sich langsam zurückzuziehen. Dann kamen die »Elf Scharfrichter«, die in ihrer damaligen Zusammensetzung eine wirkliche Vereinigung von ausgelassenen und vorurteilslosen Bohemiens waren: Ihre Seele war der Franzose Marc Henry, ein letzter Ausläufer der provenzalischen Sängervagabunden, und unter ihnen befand sich Frank Wedekind. Das »Nachtlicht« war dann eine Art Wiener Kolonie der »Elf Scharfrichter«. Und in der »Fledermaus« saßen dann in der buntgekachelten Bar eine Reihe von gutgelaunten und medisanten Menschen zusammen. Diese Menschen sagten sich ununterbrochen gegenseitig die größten Sottisen, und zwischendurch versöhnten sie sich und sagten gemeinsam über die gesamte übrige Welt die größten Sottisen. Und dann kam dazu die ungeheure amerikanische Energie Fritz Wärndorfers und machte unter einem gewaltsamen Hochdruck von zehntausend Volt aus diesen Bargesprächen einen Kabarettabend. Auf die Dauer war es aber unmöglich, dieses boshafte und launische Gesindel zusammenzuhalten, und nachdem Fritz Wärndorfer zwei Jahre lang seine Nerven, sein Geld und sein gesellschaftliches Ansehen aufs Spiel gesetzt hatte, wurde es ihm zu dumm, und er verkaufte das Lokal an einen ruhigen und nüchternen Geschäftsmann, unter dem es nicht schlechter, ja sogar eine Zeitlang besser ging; aber es war eben kein Kabarett mehr.

Von dieser letzteren Art sind nun heutzutage alle deutschen Kabaretts: in Berlin, in Wien, in Köln, in Hamburg, überall. Es sind korrekt betriebene kleine Variétés. Es gibt da natürlich Abstufungen, die pauvresten nähern sich schon bedenklich dem Café chantant, die elegantesten haben unter acht oder neun langweiligen oder albernen oder geschmacklosen Nummern auch einmal ein wirkliches Original. Aber eine einzelne gute Kraft kann wohl Publikum anziehen, aber sie kann nicht ein Kabarett machen; so wenig, wie ein einzelner Mensch, und wenn er noch so viel Humor und Phantasie hat, ein Witzblatt machen kann. Alle guten Witzblätter sind denn auch ganz ähnlich entstanden wie die Kabaretts, zum Beispiel der »Simplicissimus«. Auch damals saßen eine Anzahl Münchener Maler und Schriftsteller um einen Biertisch herum und machten sich über alles mögliche lustig. Und auch damals kam eine amerikanische Energie in Gestalt Albert Langens dazu und schweißte diese Elemente zu einer Zeitung zusammen.

Woraus sich also heutzutage so ein Kabarett zusammensetzt, das sind entweder Marodeure, Menschen, die für ein reguläres Theater zu untalentiert oder zu unzuverlässig sind, oder tüchtige, solide Artisten. Diese wissen: meine

Nummer beginnt um elf Uhr zwanzig, und dann werde ich fünfzehn Minuten arbeiten, mit Zugabe neunzehn. Sie kommen eine halbe Stunde früher, ziehen sich um, schminken sich, und wenn sie fertig sind, schminken sie sich ab, nehmen ihren Winterrock oder ihre Boa und fahren nach Haus. Am Ersten und Sechzehnten holen sie sich ihre Gage, abzüglich zehn Prozent für den Agenten, und ihre einzigen Erschütterungen bestehen darin, daß sie sich nach einem neuen Chanson umsehen müssen, denn im zweiten Monat muß man kontraktlich Programm wechseln, oder daß sie ihren Manager antelephonieren, ob er ihnen noch immer nicht für April einen Abschluß verschafft hat.

Trotzdem sind aber solche zwanglosen Institutionen wie Witzblätter und Kabaretts eine Notwendigkeit, denn es wird immer originelle und lebhafte Naturen geben, die in die bestehenden Kunstformen nicht passen, die ihnen sowohl zu weit wie zu eng sind. Aber die Kabarettform ist dazu nicht mehr zu gebrauchen, schon aus dem einfachen Grund, weil jede Kunstinstitution, die auf einen bestimmten aparten Einfall aufgebaut ist, immer nur eine beschränkte Lebensdauer hat. Es ist mit den Witzblättern geradeso. Die »Fliegenden Blätter« waren, so schwer wir uns das heute vorstellen können, einmal ein höchst gefürchtetes und verhaßtes, als frivol und revolutionär verschrienes Blatt; eben damals, als die Witze über die Professoren, die Schwiegermütter und die Leutnants noch neu waren. Und umgekehrt mutet der »Simplicissimus« heute schon recht philiströs an und ist selber schon reif für die Parodie. Und ebenso ist es mit den Kabaretts, den gesprochenen und gespielten Witzblättern. Und darum ist mein Resümee: man muß einen neuen Schwindel erfinden.

Meine Nestroy-Vorstellung

Infolge meiner persönlichen Beziehungen zu einigen einflußreichen Redakteuren besitze ich jederzeit die Möglichkeit, mich über meine schauspielerische Tätigkeit öffentlich lustig zu machen.

Dies ist ein Trick von ganz unberechenbarem Nutzen, den ich hiermit freimütig aufdecke (wie das ja auch neuerdings die modernen Taschenspieler tun).

Es wird nämlich dadurch erstens den Kritikern, die ja eigentlich die hierzu berufenen Persönlichkeiten sind, das Vergnügen am Verhöhnen erheblich reduziert, weil Selbstironie den Verdacht erweckt, daß man wenig empfindlich sein; zweitens aber wird jede eigene Lächerlichkeit dadurch, daß man sie selber konstatiert, ganz bedeutend verringert. Ein Kunstgriff, der überhaupt für alle erdenklichen Lebenslagen zu empfehlen ist. Wenn jemand dick ist, so versuche er nur ja nicht, diese Tatsache durch enge Kleider zu kaschieren, sondern trage seine Dicke möglichst deutlich und heiter zur Schau. Wenn jemand auf dem Eislaufplatz oder im Tanzsaal der Länge nach hinschlägt, so erhebe er sich vor dem anwesenden Damenflor nicht mit ärgerlicher, sondern mit möglichst belustigter Miene, und er wird dadurch zwei Drittel seiner Lächerlichkeit einbüßen.

Zum Thema. Es ist wohl überflüssig, zu erwähnen, daß meine Nestroy-Vorstellung einer Anregung des Herrn Siegfried Meyer vom »Residenzblatt« zu verdanken ist, denn die meisten Dinge, die sich ereignen, sind einer Anregung des Herrn Siegfried Meyer vom »Residenzblatt« zu verdanken. Ich bin sehr im Zweifel, ob nicht schon die Erschaffung der Welt auf eine Anregung des Herrn Siegfried Meyer vom »Residenzblatt« zurückzuführen ist; jedenfalls muß er dabei irgendwie seine Hand im Spiel gehabt haben.

Ich vermute dies deshalb, weil auch im Kosmos bekanntlich Verschiedenes ganz und gar nicht klappt, wenngleich keine so haarsträubende Unordnung herrscht wie bei meiner Nestroy-Aufführung; auch hat man die verschiedenen Schlampereien, die in der Natur vorkommen, nicht – wie dies in unserem Fall geschah – damit zu entschuldigen versucht, daß dies alles absichtlich so gemacht und »parodistisch« gemeint sei. Und schließlich und endlich hoffe ich im Interesse der Menschheit, daß bei der Schlußbilanz die Schöpfung ein wesentlich besseres Geschäft bedeuten wird als meine Nestroy-Vorstellung.

Immerhin hatte ich doch gedacht, daß die intimen Beziehungen, die Herr Siegfried Meyer zu sämtlichen Wiener Redaktionsdienern unterhält, auf die Kritik günstiger einwirken würden. Die Genialität, die in dem Gedanken des Regisseurs lag, mit schlechten, aber billigen Dekorationen und Schauspielern und keinerlei Proben, sondern einigen angsterfüllten Beratungen eine Vorstellung zustande zu bringen und alle daraus erfolgenden Defekte dann als ein Füllhorn satyrischen Feuerwerks darzustellen, wurde nirgends genügend gewürdigt.

Was meine Wenigkeit anbetrifft, so habe ich mich nicht im geringsten zu beklagen, denn ich darf sagen, daß ich mich seit der Pfingst-Aufführung von »Einen Jux will er sich machen« als Schriftsteller endlich allgemein durchgesetzt habe. Kritiker, die mich bisher verachtet oder totgeschwiegen haben, gaben nunmehr freimütig zu, daß ich eine wirklich feine Feder besitze. Ich kann daher meinen Schriftsteller-Kollegen nur aufs angelegentlichste raten, sich ebenfalls hie und da einmal schauspielerisch zu versuchen. Einer unserer ersten Kritiker machte die ebenso witzige wie schmeichelhafte Bemerkung, ich erinnere lebhaft an Wedekind, denn ich könne als Schriftsteller viel und als Schauspieler nichts. Das ist gewiß sehr liebenswürdig, wenn man bedenkt, daß er ja auch hätte schreiben können: »Herr Friedell erinnert lebhaft an Wedekind, aber leider nur als Schauspieler. Als Schriftsteller besitzt er eine frappante Ähnlichkeit mit dem hervorragenden Menschendarsteller Ferdinant Bonn.« Trotzdem war ich von dem Vergleich befremdet, weil ich nicht nur Mitarbeiter des »Neuen Wiener Journals«, sondern außerdem mit seinem sehr geschätzten Kritiker gut bekannt bin. Ich stellte ihn auch gleich am nächsten Tage ernsthaft zur Rede, und er gebrauchte die plumpe Ausrede, daß das, was er geschrieben habe, seine wirkliche Meinung gewesen sei. Ein etwas sehr naiver Standpunkt, das muß ich schon sagen: welchen Zweck hat es denn dann eigentlich, mit einem Kritiker gut zu stehen, wenn er bei jeder Gelegenheit rundheraus sagt, was er über einen denkt? Man mißverstehe mich übrigens nicht: Ich bin ein viel zu kluger und charaktervoller Mensch, um nicht für gerechten und ehrlichen Tadel empfänglich zu sein, ich kann aber von einem Menschen, dem ich angeblich sympathisch bin, verlangen, daß er derartige, im Prinzip ja sehr förderliche und dankenswerte kunstphilosophische Auseinandersetzungen ganz privat und diskret behandelt und nicht an die große Glocke hängt; in der Zeitung, die von Tausenden wildfremden Menschen gelesen wird, beschränke er sich auf einige wenige neutrale Schlagworte wie »überwältigend« und »unvergleichlich«.

Meine Mitspieler (die Bezeichnung »Kollegen« werden sie sich wahrscheinlich nicht gefallen lassen) waren fast durchwegs Komiker, und das sagt alles. Ein Komiker ist nämlich ein Mensch, der unter gar keiner Bedingung gestattet, daß irgendwann irgendwo über irgend etwas anderes gelacht wird als über ihn. Besonders ängstlich wacht er über die Komik seiner Partner. Ich versuchte zwar die Herren in bezug auf meine Person zu beruhigen, aber ihr Mißtrauen war nicht einzuschläfern. Einer von ihnen (den Namen sage ich nicht, weil er sich sonst heute abend weigert, mit mir zu spielen) trat auf mich zu und sagte: »Wenn Sie diesen längeren Satz im ersten Akt zu sprechen haben, werde ich hinter Ihrem Rücken auf den Händen auf und ab gehen. Die Nummer ist todsicher, Sie als Dilettant haben natürlich Bedenken, aber verlassen Sie sich auf meine Theatererfahrung, in Passau hat es bei dieser Stelle Lachstürme gegeben.« Ich kann übrigens – eitel, wie wir Mimen nun einmal sind – die Mitteilung nicht unterdrücken, daß bei einem Satz von mir tatsächlich gelacht wurde. Nach der Vorstellung trat jedoch Herr Eisenbach, der Star des »Wiener Jüdischen Possentheaters«, der als Gast mitgewirkt hatte, auf mich zu und sagte: »Wissen Sie, warum bei dieser Stelle über Sie gelacht worden ist?« – »Selbstverständlich infolge meiner fabelhaften *vis comica*«, erwiderte ich stolz. »Nein«, sagte Herr Eisenbach gekränkt, »sondern weil ich Sie so komisch angeschaut habe.«

Auf gespanntem Fuße stand ich auch mit dem Claquechef. Die Preise sind nämlich ziemlich beträchtlich. Ein beifälliges Gemurmel behaglicher Laune stellt sich ungefähr so hoch wie eine Flasche Heiligensteiner Riesling, und für einen spontanen Applaus bei offener Szene bekommt man bereits eine ganze Erdbeerbowle. Ich habe daher auch an den bisherigen Abenden meine sämtlichen Empfänge und Abgänge restlos versoffen.

Mein erbittertster Feind war jedoch der Kapellmeister. Er erklärte, ich sei geradezu ein Phänomen und es sei ebenso leicht, einer Sau das Schreiben wie mir das Singen beizubringen. Ich ärgerte ihn offenbar, denn während der Musikproben rief er mir immer aus dem Orchester allerlei Spitznamen zu, wie »Es«, »Des« und »Fis«, und einmal nannte er mich sogar entrüstet »Fisis«. Ich erklärte ihm jedoch kaltblütig, daß ich über dererlei Sottisen erhaben sei, da ich zum Glück nicht wisse, was sie bedeuten. Drauf schrie er empört: »Daß Sie jede Note falsch singen, damit habe ich mich abgefunden, aber die Einsätze könnten Sie doch wenigstens richtig bringen.« – »Gern«, erwiderte ich, immer meine vornehme Haltung bewahrend, »aber dann müssen Sie mir zuerst mitteilen, was Einsätze sind; ich bin nämlich in Ihre Gaunersprache nicht eingeweiht.« Zum Glück gab es nur wenig Proben, denn auf die Dauer hätte ich mich von diesem hochmütigen Menschen nicht schikanieren lassen, der sich immer einbildete, ich müsse mich nach ihm richten. Er hielt mich offenbar für einen Laien, dem man alles einreden kann, aber ich weiß ganz gut, daß es nicht so ist, sondern daß die Musik sich nach dem Auftretenden zu richten hat; denn ich bin seit Jahren mit dem Kapellmeister eines Hippodrom befreundet.

Der Leiter der Veranstaltung jedoch, der Regisseur, ist überglücklich, obwohl er ziemlich verrissen wurde, denn er ist noch nie in seinem Leben außerhalb der Gerichtssaalrubrik so ausführlich besprochen worden. Und mit diesem vortrefflichen kleinen Scherz wollen wir schließen, wobei ich nicht unerwähnt lassen will, daß ich auch diesen einer Anregung des Herrn Siegfried Meyer verdanke.

Einleitung
zu Hans-Christian Andersens Satiren

Das große Publikum nimmt zu Andersen ungefähr dieselbe Stellung ein wie jener preußische Gardeleutnant, der behauptete, Julius Cäsar könne unmöglich ein großer Mann gewesen sein, denn er habe ja bloß für untere Lateinklassen geschrieben. Weil nämlich Andersen ein so großer Dichter war, daß er sogar von Kindern verstanden wird, glauben die Erwachsenen, er sei für sie nicht gescheit genug. Nun ist es ja zunächst sehr zu begrüßen, daß die Kinder Andersen lesen, denn man sollte von dem Prinzip ausgehen, daß für die Kinder das Beste gerade gut genug ist. Gewöhnlich ist man ja der Ansicht, daß die jugendliche Phantasie gerade gut genug ist, um mit Unverdaulichkeiten oder mit Kitsch gefüttert zu werden. Die sogenannte Jugendlektüre ist nichts als eine systematische Erziehung zum falschen Sehen, weil sie fast ausnahmslos von untalentierten Schriftstellern bestritten wird. Man entschuldigt dies meistens damit, daß die Werke der großen Dichter für Kinder zu kompliziert oder zu unmoralisch seien. Aber ein echter Dichter ist eigentlich niemals »kompliziert«; das sind immer nur die Literaten und Journalisten. Und ebensowenig sind Dichter jemals unmoralisch. Denn es gibt nur eine einzige Form der Unmoral: die Lüge; und wenn man nach dem Charakteristischen suchen wollte, das den Dichter am allerschärfsten von allen übrigen Menschen unterscheidet, so würde man vermutlich kein anderes finden als einen außergewöhnlichen, tiefgewurzelten, fast pathologischen Haß gegen die Lüge auf allen Gebieten.

Nun besitzen aber Andersens Dichtungen sozusagen einen doppelten Boden. Äußerlich betrachtet scheinen sie nichts anderes zu sein als einfach Märchen, und man kann sie so lesen, wie dies ja auch von den Kindern tatsächlich geschieht. Man *kann* sie so lesen, aber man *muß* sie nicht so lesen: denn ihrem innersten Wesen nach sind sie Satiren, die bloß die Form des Märchens gewählt haben. Andersen gibt sich zwar zunächst als ein Erzähler, der zu Kindern spricht, ja selbst als ein Kind: aber dieser Standpunkt ist nur ein angenommener; er ist nicht die Naivität als Zustand, sondern als Rolle, und man könnte diese Kunstform daher als eine ironische bezeichnen in dem Sinne, den schon Sokrates diesem Worte gegeben hat. Andersens Märchen sind Kunstmärchen, die sich ebensosehr von echten Volksmärchen unterscheiden wie die Odyssee vom Nibelungenlied. Die vollendete Einfachheit und Natürlichkeit ihres Vortrags ist das Werk höchsten artistischen Raffinements. Nur dem Naturmenschen und dem Genie ist es gegeben, den Eindruck der Simplizität zu erwecken, aber darum darf man die beiden nicht miteinander verwechseln, sie bilden vielmehr die äußersten Gegenpole menschlicher Ausdrucksfähigkeit. Gerade durch seine künstlerische Objektivität, die ihn völlig in den dargestellten Gegenständen verschwinden läßt, wird Andersen zum tiefsten und wirksamsten Satiriker.

Im Grunde ist ja eigentlich *jeder* Dichter ein Satiriker. Der Dichter blickt mit vorurteilslosen und scharfsichtigen Augen in die Welt, und dabei entdeckt er natürlich eine Menge von Dingen, die ihm wesentlich, aber nicht genügend beobachtet erscheinen oder die ihm falsch beobachtet erscheinen oder die ihm überhaupt falsch erscheinen. Und es erwacht in ihm das Bedürfnis, diese Übelstände dadurch zu bessern, daß er sie möglichst energisch ins Licht rückt. Das beste Mittel hiezu ist und bleibt aber immer die Satire. Also tiefer sittlicher Ernst, reformatorisches Wohlwollen und die Gabe, richtig zu sehen: das sind die Wurzeln der echten, der lebensfördernden, der dichterischen Satire. Ein Satiriker in diesem Sinne war Plato ebensogut wie Molière und Schiller ebensogut wie Shaw. Und ein solcher Satiriker war auch Andersen, der Kindererzähler.

Das Grundthema Andersens ist der ewige Kampf des Genies gegen das Philistertum, gegen den geistlosen Materialismus, die träge Selbstzufriedenheit, die unduldsame

Borniertheit, die satte Eitelkeit, den feigen Konventionalismus des Durchschnittsmenschen. Alle Nuancen menschlicher Beschränktheit, Verlogenheit und Ichsucht spiegeln sich in diesen Geschichten. Nur daß es zumeist nicht an Menschen gezeigt wird, sondern an Tieren, Pflanzen, Haushaltungsgegenständen, etwa nach Art der Fabel. Aber gleichwohl wird kein Mensch auf den Gedanken kommen, diese Dichtungen Fabeln zu nennen. Denn das Wesen der Fabel hat immer etwas Rationalistisches: wenn der Fabelerzähler von der Dummheit der Gans, der Einbildung des Pfaus, der Feigheit des Hasen spricht, scheint er uns immer mit einem Auge verschmitzt anzublinzeln: an wen erinnert euch das wohl? Es wird immer allzu durchsichtig, daß alles nur allegorisch gemeint ist. Bei Andersen hingegen vergißt man vollständig, daß es sich um Erscheinungen handelt, auf die menschliche Gedanken und Gefühle nur übertragen wurden. Der Fuchs der Fabel ist schließlich nichts als eine *Idee* der Verschlagenheit, es ist kein bestimmter, individueller Fuchs, ja eigentlich überhaupt gar kein Fuchs. Die Wesen Andersens sind keine personifizierten Tugenden oder Untugenden, sondern lebendige Originale. Wir sind fest überzeugt von der Blasiertheit der Gurke, dem Größenwahn des Mistkäfers, der Protzigkeit des Geldschweins, der Renommiersucht des Halskragens, der Eitelkeit der Stopfnadel, der Prüderie des Strumpfbands: alle diese Phantasiegeschöpfe verdichten sich zu Realitäten, werden zu persönlichen guten Bekannten.

Eine der Haupteigenschaften des Philisters besteht darin, daß er sich für den Mittelpunkt der Welt hält und seine Funktionen als die allerwichtigsten, ja im Grunde als die alleinwichtigen ansieht; er beurteilt den Wert seiner Mitgeschöpfe nur nach dem Grade, in dem sie ihm ähnlich sind, und nimmt an, daß alles, was anders ist als er, schon dadurch naturgemäß minderwertig sei: die Fachsimpelei ist daher ein häufig wiederkehrendes Motiv bei Andersen. Dazu tritt zumeist ein zweiter verwandter Zug, der Berufsdünkel: die meisten Wesen Andersens sind echte Bürokraten, die von der Ansicht ausgehen, daß sie nicht ihres Berufes wegen, sondern der Beruf ihretwegen da sei. Die Schneckenfamilie ist fest überzeugt, daß der Klettenwald nur dazu auf der Welt ist, um sie zu ernähren, und der Regen, um für sie etwas Trommelmusik zu machen, und seit keine von ihnen mehr gekocht und gegessen wird, erscheint es ihnen als ganz ausgemacht, daß die Menschheit ausgestorben sein müsse. Der Kater erklärt, daß ein Wesen, das nicht einen Buckel machen und Funken sprühen könne, absolut unberechtigt sei, eine Meinung zu äußern, und der Mistkäfer hat beim Anblick der Tropen nur den einzigen Gedanken: das ist eine unvergleichliche Pflanzenpracht, die wird schmecken, wenn sie fault! Im philiströsen Charakter liegt es aber ferner auch, daß keiner mit dem Plan zufrieden ist, den ihm die Vorsehung angewiesen hat, daß jeder über seine natürliche Bestimmung hinauswill und sich einbildet, mehr zu sein, als er ist. Die Stopfnadel hält sich von vornherein für eine Nähnadel und später sogar für eine Busennadel; das Plätteisen glaubt ein Dampfkessel zu sein, der auf die Eisenbahn soll, um Wagen zu ziehen; der Schiebkarren erklärt, er sei eine »Viertelskutsche«, weil er auf einem Rade läuft; das Schaukelpferd spricht von nichts als von Training und Vollblut und so weiter. Jeder hat seine besondere Lebenslüge, alle wollen sie über ihre Verhältnisse leben, sich patzig machen, einander Sand in die Augen streuen.

Von diesen Typenschilderungen, die in ihrer Gesamtheit den breiten Querschnitt des ganzen Alltagslebens darstellen, schreitet nun aber Andersen zu noch höheren Satiren empor, die oft eine ganze Philosophie der menschlichen Natur in nuce enthalten. Ist zum Beispiel die Lage der Kobolde in »Der Kobold und der Höker« nicht die Lage aller Menschen, schwanken wir nicht alle zwischen der Liebe zum Haferbrei mit guter Butter darin und der Liebe zur Poesie, die man nicht essen kann? Oder enthalten die »Nachtigall« und der »Schweinehirt« nicht eine ganze Kunstphilosophie, eine erschöpfende Satire auf die zünftigen Ästhetiker aller Zeiten? Die meisten Literaturhistoriker sind noch heute der Ansicht, das Schönste an der

Nachtigall sei, daß sie an eine Spieldose erinnere, und diese habe vor jener sogar noch das voraus, das bei ihr »alles bestimmt« sei: »Man kann sie aufmachen, man kann sie erklären und zeigen, wie die Walzen liegen.« Oder die Geschichte von »Des Kaisers neuen Kleidern«: die enthält wiederum ein Stück philosophischer Soziologie. Alle behaupten, die Gewänder des Kaisers zu sehen, obgleich er gar nichts anhat, denn es heißt, wer sie nicht sehe, der müsse entweder dumm oder für sein Amt untauglich sein. Und die Erzählung vom häßlichen jungen Entlein schildert im Grunde nichts anderes als das Schicksal und den Entwicklungsgang des Genies. Das Genie zeichnet sich vor allen anderen Wesen gerade durch seine Bescheidenheit aus: weil es anders ist als die übrigen, hält es sich für weniger, für besonders minderwertig, und die anderen wiederum verhöhnen es, feinden es an und setzen es zurück: »Es ist zu groß und ungewöhnlich«, sagen alle Enten, »und deshalb muß es gepufft werden.« Bis sich schließlich herausstellt, daß es keine der landläufigen Ententugenden und Entenschönheiten besitzt, weil es ein Schwan ist.

Fast alle Andersenmärchen ließen einen langen, ausführlichen Kommentar zu, man könnte über sie ebenso dicke Bücher schreiben, wie sie jene chinesischen Gelehrten über die Nachtigall schrieben, und man würde damit ein ungefähr ebenso nützliches Werk verrichten. Denn Andersens Dichtungen vertragen im Grunde gar keine »Erklärungen«. Was ihnen einen so hohen Reiz verleiht, ist ja eben das scheinbar völlig Unreflektierte, der kunstvolle Impressionismus der Schilderung, der Eindrücke neben Eindrücke reiht und sie durch sich selbst wirken läßt, und die verstehende Liebe, die nur darstellen will und alle moralisierenden Tendenzen verschwinden macht.

Denn dadurch wird Andersen erst zum ganz großen Satiriker, daß er trotz aller Schärfe und Unerbittlichkeit der Beobachtung uns dennoch die Geschöpfe, die er so schonungslos abzeichnet, lieben lehrt. In der Tat ist dies das Wesen des wirklich schöpferischen Satirikers. Sein Ziel ist immer und überall die Wahrheit, und wo er daher eine logische, moralische oder ästhetische Ungleichung findet, da ist er freilich bemüht, sie plastisch zur Darstellung zu bringen, aber im Grunde ohne feindliche Absicht. Denn jeder echte Satiriker ist Künstler; und der Künstler kann nicht polemisieren, befeinden, er ist ein Steigerer, Verklärer und Rechtfertiger des Lebens, und wenn die Menschen und Dinge durch seinen Kopf und sein Herz hindurchgegangen sind, so kommen sie schöner wieder ans Tageslicht, als sie jemals zuvor gewesen sind. Goethe war nur dadurch imstande, aus seinem Leben ein so vollendetes Kunstwerk zu machen, weil er das Leben immer als berechtigt anerkannte, in allen seinen Bildungen, deshalb vermochte er es zu beherrschen. Und Shakespeare konnte nur darum die menschlichen Leidenschaften so meisterhaft gestalten, weil er sie alle gelten ließ. Hätte er sich pharisäisch und hochnäsig über seinen Falstaff gestellt und ihn als einen Auswurf der Menschheit betrachtet, so hätte er ihn niemals schildern können. Aber er hat ihn geliebt in allen seinen Infamien, Hohlheiten und Verlogenheiten, und so wurde dieser miserable Kerl ein Liebling der Menschheit. Und er hat seinen Macbeth geliebt, seinen Jago, seinen Richard Gloster, alle diese schwarzen Schurken waren ein Stück von seinem Herzen. Franz Moor dagegen wird an allen Ecken und Enden Karikatur oder Psychose, er ist kein wirklicher Mensch, wir glauben nicht recht an ihn. Und warum? Weil sein Erzeuger selbst nicht recht an ihn glaubte, weil er ihn nicht genug lieb hatte, sich nicht sagte: auch dieser hat recht, denn sie haben ja alle recht, alle, alle! Haßt der Zoologe den Maulwurf? Nein, das überläßt der dem Gartenknecht. Aber darum *versteht* er auch den Maulwurf.

Zweifellos ist jeder Dichter mehr oder weniger Ironiker, das ist gar nicht zu vermeiden. Der souveräne Mensch durchschaut das ganze Leben als belanglose Komödie, die man von oben herab kalt und lächelnd zu betrachten hat. Aber dieser überlegene Standpunkt muß aus der Güte hervorgehen, aus dem liebevollen Verstehen, nicht aus bornierter Mißgunst und kleinlichem Mißtrauen. Das ist die richtige Ironie, die das gutmütige, das verstehende, das liebevolle Leben auslöst. Aber eine Ironie, die das freche Hohnlachen der Schadenfreude auslöst, ist ein gefährliches Giftattentat, das den Haß unter den Menschen noch mehr befördert. Es ist zum Beispiel unmöglich, den deutschen Philister in seinen sämtlichen Beschränktheiten lächerlicher hinzustellen, als dies Wilhelm Busch getan hat. Aber alle diese Menschen, die er schildert: den Tobias Knopp, den Maler Klecksel, den Vetter Franz, den Balduin Bählmann hat man aufrichtig lieb. Und das Gegenstück dazu ist die Konzeption des Goethischen Mephisto. Mephistos Ironie ist die echt satanische Ironie, die in der Bosheit ihre Wurzel hat, und darum kann sie auch nicht lachen machen; denn die Bosheit ist das Ernsteste und Traurigste, was es auf der Welt gibt. Und darum muß Mephisto immer wieder unterliegen, er ist zu ewiger Sterilität verurteilt. Denn nicht der Haß ist produktiv, sondern die Liebe.

Diese produktive Liebe besitzt auch Andersen, und darum ist er ein Dichter, der alles zu lesen versteht. Es ist, als ob er den Zauberstein in Maeterlincks »Oiseau bleu« besäße: er braucht ihn nur zu drehen, um den Dingen sogleich ihre Seele zu entlocken: und nun tritt sie heraus, die Seele der Katze, die Seele des Hundes, die Seele der toten Dinge sogar: der Milch, des Brotes, des Zuckers. Und alles wird schöner und prächtiger: die Stunden verlassen die Uhr und werden zu leuchtenden Jungfrauen, die einander die Hände reichen. Für ihn gibt es nichts Seelenloses und nichts Lebloses. Die ganze Welt ist voll von Gedanken und Empfindungen; man muß sie nur zu lesen wissen. Und der Dichter liest sie. Er liest die zarten und liebevollen Gedanken der Nachtigall, die falschen und feindseligen Gedanken der Katze, die sanften und bescheidenen Gedanken der Rose, die hoffärtigen Gedanken der Schnecke, die neidischen Gedanken des Maulwurfs: aber auch die scheinbar toten Dinge, der Brunnenkreisel, das Tintenfaß, die Kleiderbürste, die Stutzuhr, die Teetassen, sie alle haben allerlei Empfindungen, die man entziffern kann.

Und wie der kleine Tyltyl braucht der Dichter nur an seinem Stein zu drehen und er befindet sich im Reich der

Vergangenheit bei den Toten; aber sie sind nicht mehr tot: sie sitzen vergnügt vor der Haustür und plaudern. Und er steigt in das Reich der Zukunft, zu den noch ungeborenen Seelen, und sie werden lebendig und geben ihm Antwort. Was er aber überall sucht, das ist der blaue Vogel: denn wer den besitzt, dem erschließt sich das letzte Geheimnis der Dinge. Aber das ist allerdings das einzige, was Andersen ebensowenig gefunden hat wie Tyltyl oder einer der Dichter vor ihm und nach ihm.

Nach diesem Vogel sucht der Dichter immerfort, nur seinetwegen durchwandert er alle Reiche des Werdens, rührt er an die Seele aller Dinge. Er wird ihn freilich niemals finden. Aber das ist vielleicht sehr gut; denn sonst würde er ja nicht mehr suchen.

Der Kommende

Wir dürfen annehmen, daß noch niemals, so weit die Geschichte reicht, Schönheit und Humanität vereinigt gewesen sind. Unter Humanität verstehen wir kein moralisches Phänomen, sondern einfach die volle geistige Selbstbeherrschung des Menschen, Vernunft, Güte, Menschlichkeit, wie man es nennen will, im wesentlichen aber doch nur dies eine: Wissen um sich selbst. Denn aus dieser einen Wurzel wächst dann alles andere: ein Mensch, der *weiß*, kann niemals »unsittlich«, »böse«, »unmoralisch« sein. Aber es scheint, daß der Preis für diese höchste Betätigung unserer natürlichen Bestimmung bisher immer der Verlust der Schönheit war. Wir sahen bereits mehr als einmal wirkliche Schönheit auf der Welt, worunter allein dies verstanden werden kann, daß nicht einzelne oder einzelnes: Säulen, Tafeln, Geschichten oder Lieder schön sind, sondern alles in allem; daß das ganze Dasein ein Kunstwerk ist, wie es die Natur allemal ist. In Athen muß es so gewesen sein: die Stadt nicht eine Ansammlung unvergleichlicher Bildwerke, sondern eine unvergleichliche Ansammlung von Bildwerken. Ob den attischen Tragikern nicht Shakespeare oder Ibsen voranzustellen seien, darüber läßt sich wohl streiten; worüber sich aber nicht streiten läßt, das ist die Einzigkeit und Unerreichtheit jenes antiken Theaters selber, in dem Publikum und Bühne ein Gesamtkunstwerk bildeten. Und sogar die Philosophie, die wir uns als eine weltabgewandte Geheimwissenschaft vorzustellen pflegen, war damals eine allgemeine Angelegenheit. Die Philosophen gingen auf den Straßen, in Säulenhallen, in Gärten umher und machten ihre Philosophie; das ganze Volk arbeitete daran mit. Sokrates ist nicht der einzige dieser Art, er ist das Modell für fast alle griechischen Denker. Ein solches Leben muß schön gewesen sein. Und dennoch, von einer anderen Seite gesehen: Dieses unvergleichliche Schönheitsparadies war daneben ein schmutziges Gewimmel von verkommenem, verlogenem, räuberischem Gesindel, eine Stadt, in der kein Mensch ein wahres Wort sprach, in der Verleumdung, Bestechung, Intrige, Denunziation die Hauptbeschäftigung bildeten, in der gerade die Besten stündlich befürchten mußten, fälschlich angeklagt und verbannt oder hingerichtet zu werden: ein wahrer Hexenkessel von Neid, Habgier, Niedertracht und Irrsinn, der jeden Moment zu explodieren drohte.

Ein solches harmonisches Ineinander von Leben und Kunst ist noch ein zweites Mal erblickt worden: im Italien der Renaissance, vor allem in Florenz. Für uns sind die künstlerischen Genüsse: Theater, Bildergalerie, Roman, Konzerte, eine angenehme Draufgabe zum Leben, eine Sache, an der wir uns erholen, zerstreuen, ausruhen, meinetwegen auch erheben, aber schließlich doch nur eine kostbare Annehmlichkeit mehr, ein Komfort, wie Sekt oder Importen. Wir empfinden es als Überfluß, als Luxus, wir könnten uns das Leben auch ohne das denken. Aber in Florenz oder Rom war die Kunst eine Lebensfunktion des Menschen, die für seinen Stoffwechsel ebenso notwendig war wie das Fliegen für den Vogel: sie war ein unerläßlicher Bestandteil seiner Vitalität. Ihre Karnevalsaufzüge, ihre Spiele und Feste waren nicht wie bei uns eine rohe Volksbelustigung oder ein Aperitif für die überfeinerte Gesellschaft, sondern eine Lebensangelegenheit, die für jeden wichtig war, bei der alles aktiv dabei sein wollte; die schönen glänzenden Maskeraden waren kein Ulk, keine Komödie, sondern eine hochernste Angelegenheit. Es war eine Nation von Kunstkritikern, und dazu noch von solchen, die etwas verstanden. Als Bandinelli, ein ganz tüchtiger Künstler, der sicher heutzutage Hofmaler wäre, in Florenz seinen Herkules aufstellte, gab es fast eine Revolution. Und trotzdem: dieselben Menschen waren eine Bande von Meuchelmördern, Räubern und Wahnsinnigen. Weil wir dieses friedliche Nebeneinander von Talent und Laster, von feinstem Geschmack und raffiniertester Niedertracht, diesen Wetteifer vollendetster Geistesbildung mit vollendetster Verruchtheit nicht mehr begreifen können, pflegen wir zu sagen: es kann nicht so gewesen sein, im Innern müssen sich diese Menschen doch schuldig und unglücklich gefühlt haben. Wir müßten aber im Gegenteil sagen: diese Menschen müssen sich unbedingt schuldlos und glücklich gefühlt haben, sonst hätten sie diese Dinge niemals begehen können. Der Mord gehörte damals ganz einfach zur Ökonomie des Daseins, wie heutzutage ja auch noch die Lüge zur Ökonomie des Daseins gehört. Unser Zeitungswesen, unser Parteiwesen, unsere politische Diplomatie, unser Geschäftsverkehr: dies alles ist auf einem umfassenden System des gegenseitigen Sichanlügens, Übervorteilens und Bestechens aufgebaut, und niemand findet etwas dabei. Die Menschen befanden sich eben im XVI. Jahrhundert noch in einer seelischen Verfassung, die den gelegentlichen Mord zu einem Ferment des sozialen Stoffwechsels, man möchte fast sagen: zu einer gesellschaftlichen Umgangsform machte; so wie eben heute noch Tatsachenfälschung, Heuchelei, Verleumdung und jede Art der Korruption ein unentbehrliches Ingrediens des öffentlichen und privaten Verkehrs bildet. Dies sind nur Grade.

Es hat aber auch Wendungen in der Geschichte gegeben, in denen der sittliche Trieb des Menschen mit elementarer Kraft hervorbrach, die Zeiten des ersten Christentums zum Beispiel oder einzelne Perioden des Mittelalters. Aber wie lebten diese Menschen? In häßlichen, verrauchten Hütten oder finsteren, dumpfigen Verließen, in armseligen, verwahrlosten Kleidern, ohne bessere Gerätschaften, ohne saubere Straßen, ohne Licht und Luft, ohne Bäder und Bücher, ohne feinere Formen, ohne Kunst und Wohlerzogenheit. Ja, dies ging so weit, daß Schönheit sogar absichtlich gemieden wurde und für Sünde galt. Und doch war dies nur logisch: denn so lag es einmal, der Verlust der Schönheit war eben der Kaufpreis für ein gutes und sündloses Leben.

Oder nehmen wir das XVIII. Jahrhundert, die größte Epoche des modernen Geistes. In dieser Zeit wurde einfach alles hervorgebracht, was wir heute besitzen; die Chemie, die Philosophie, die Kunstgeschichte, die Staatswissenschaft, der Roman, die Physik, alles wurde damals neu geschaffen. Es war wohl das klügste Zeitalter der bisherigen Geschichte. Aber wie sah das Leben aus? Platt, gewöhnlich, ohne jeden dramatischen Schwung, von langweiliger Selbstverständlichkeit. Das Dasein floß so dahin, es war gewissermaßen in lauter Dialog aufgelöst. Es fehlte an Handlung, an Glanz. Darum wurde die französische Revolution fast wie ein artistisches Phänomen begrüßt: diese leuchtende Feuergarbe, die über Europa emporstieg und den Himmel rötete. Und darum war Napoleon, jener geniale Akteur, der dann sein blendendes Kräftespiel entfaltete, der Sinn und die tiefste Erlösung dieser grau in grau dahindämmernden Zeit, was aber von allen Zeitgenossen eigentlich nur Goethe vollständig begriff.

Die höchste Aufgabe der Zukunft ist die Geburt des neuen Menschen, der jene Ausgeglichenheit besitzen wird zwischen der Vernunft, ohne die wir nicht leben *können*, und der Schönheit, ohne die wir nicht leben wollen, der nicht mehr sittliche und intellektuelle Überlegenheit mit reduzierter physischer Vitalität erkaufen wird und nicht mehr Poesie mit Blindheit und Geisteskrankheit; der nicht mehr wird wählen müssen zwischen »Sinnenglück« und »Seelenfrieden«, wie Schiller erkannt hat oder wie man auch etwas unpathetischer sagen könnte: zwischen Schmutz und Langeweile.

Auf dem Wege zum neuen Menschen liegen die Gefallenen: die für die Eroberung der Vernunftherrschaft ihre besten Lebenssäfte hergaben, Asketen und Anachoreten des Daseins, Büßer und Märtyrer des Geistes; und die für den Genuß der Lebensfülle, des Reichtums und Glücks, zu *sein*, ihre Gesundheit und Selbstherrschaft hingaben, Irre und Selbstmörder. Die einen mußten für ihre Ruhe bezahlen und die anderen für ihre Bewegung; aber der kommende Mensch wird Ruhe haben und Bewegung, Schönheit und Güte, Leben und Wissen und alles umsonst: er wird für nichts mehr bezahlen, denn er wird Erbe sein.

Frank Wedekind

Frank Wedekind war, wenn man ihn nach seinen Höhepunkten beurteilt – und das muß man selbstverständlich immer –, der feurigste, persönlichste, suggestivste, mit einem Wort: der unvergeßlichste unter allen Dramatikern, die gegen Ende des vorigen Jahrhunderts Literaturrevolution gemacht haben. Bei den übrigen ging alles ins Detail, bei Wedekind ging alles ins Große; sie hatten Einfälle, aber er hatte Phantasie; sie hatten Nerven, aber er hatte Temperament; sie hatten Stimmung, aber er hatte Atmosphäre. Die anderen haben die Menschen und Dinge der Gegenwart so treu und vollkommen abgespiegelt, daß wir sie sofort wiedererkennen; Wedekind hat unsere Zeit in Bildern aufgefangen, die uns ganz und gar fremd sind und die so neuartig wirkten, daß sie grotesk erschienen. Die Worte, die er sprach, waren kalt, höhnisch und brutal, und dennoch hatte er mehr Empfindung als irgendeiner der modernen Dichter; die Lebensphilosophie, die er vertrat, war materialistisch, pessimistisch und zynisch, und dennoch erreichte ihn vielleicht kein zeitgenössischer Denker an hochsteigendem Idealismus. Er war wahrscheinlich die komplizierteste, widerspruchsvollste und problematischste Natur unter allen Künstlern seiner Epoche; aber vielleicht gerade darum wird er zu den wenigen gehören, die auch für spätere Menschen noch Kraft und Eindringlichkeit besitzen werden.

Ich weiß nicht, ob schon einmal jemand auf die merkwürdige Ähnlichkeit hingewiesen hat, die zwischen Wedekind und Schiller besteht. Man darf dabei freilich nicht an den Klassiker Schiller denken, sondern an den Dichter der »Räuber« und der »Louise Millerin«, und selbstverständlich muß man auch den ungeheuren Unterschied in Anschlag bringen, der durch den Zeitcharakter bedingt wird.

Schiller verhält sich zu Wedekind wie der Rationalismus des achtzehnten Jahrhunderts zum Agnostizismus des zwanzigsten; ihm entspricht es, daß Schillers Jugenddramen bei aller Verworrenheit eine gewisse Geradlinigkeit der Lebensanschauung zeigen, während sich bei Wedekind alles unendlich viel verwickelter und differenzierter ausprägt. Ist nun dies in Abzug gebracht, so treten die Übereinstimmungen um so deutlicher hervor. Zunächst wollte Wedekind wieder das regelrechte Theaterstück auf die Bühne bringen, und hierin stellte er sich in einen prinzipiellen Gegensatz sowohl zum Naturalismus, der die belanglosen Vorgänge des täglichen Lebens zu seinem Hauptinhalt machte, wie zur Neuromantik, die alle Geschehnisse in innere Seelenvorgänge, oder spiritistische Abstraktionen auflöste. Er wollte das Leben wieder in seiner abwechslungsreichen Bewegtheit zeigen; statt Zustandsschilderung gab es starke und aufregende Handlung.

In seinen Stücken ist Erpressung, Totschlag, Millionenschwindel, Notzucht, Selbstmord etwas Gewöhnliches; aber dies alles macht nicht den Eindruck, als ob es vorher vom Dichter ausgedacht worden wäre, sondern es vollzieht sich überraschend und unlogisch wie das Leben selbst. Seine Dialoge sind ebensosehr vom Zufall und der Laune bewegt wie die Gespräche der wirklichen Menschen; er zeigt uns von seinen Charakteren immer nur gerade so viel, als sich gelegentlich ergibt, seine Dramen sind aus lauter Bruchstücken zusammengesetzt: sie bestehen nicht nur aus aphoristischen Reden, sondern auch aus aphoristischen Handlungen. Kein anderer unter den modernen deutschen Dramatikern hat es auch nur versucht, das Leben so in seiner unberechenbaren Wildheit zu zeigen. Bei ihnen spielt das Leben nur die Rolle der Königin in Maeterlincks »Tod des Tintagiles«: es wirkt als drohender unsichtbarer Hintergrund, bei Wedekind aber tritt es leibhaftig und glaubhaft auf die Bühne. Diese Zone knüpft unmittelbar an das Sturm-und-Drang-Drama an, wie es vom jungen Schiller am glänzendsten verkörpert worden ist.

Schiller war seinem Grundzug nach Satiriker, und Wedekind war es auch. Es gibt allerdings zweierlei Satiriker. Bei den einen ist die Satire Selbstzweck, sie ist ihnen eine willkommene Gelegenheit, ihren Witz zu zeigen und ihre Bosheiten loszuwerden. Anderen aber ist sie nur ein bewegliches und scharfes Instrument, mit dem sie allem Verächtlichen an den Leib rücken können, sie dient ihren Ideen, die auf einen Fortschritt der Menschheit im Großen und im Einzelnen gerichtet sind und die sich nur durchsetzen können, wenn es gelingt, die herrschende Dummheit und Gemeinheit durch die Satire so bloßzulegen, daß jeder sie erkennt. Darum waren fast alle großen Idealisten Satiriker. Wedekind kämpfte freilich nicht mehr gegen dieselben Mächte wie Schiller. Das achtzehnte Jahrhundert bewegte sich um politische Fragen, das zwanzigste richtet sich auf soziale. Das Zentralproblem, zu dem Wedekinds Dichtungen immer wieder zurückkehren, ist die Beziehung der Geschlechter. Er schildert die dämonische und zerstörende Wirkung, die das Weib auf den Mann ausübt, aber er sieht in den Frauen weder böse verbrecherische Geschöpfe wie Strindberg noch edle romantische Wesen wie Altenberg, sondern er wertet sie ganz objektiv und vorwiegend philosophisch: er hält die Männer für roh und beschränkt, weil sie von den Frauen eine intellektuelle und moralische Verantwortlichkeit verlangen, die sie nicht leisten können, und er erwartet die Milderung dieser Konflikte einzig und allein von einer Höherentwicklung der männlichen Sexualethik.

Auch Wedekinds gesamte Dichtung ist von einem außerordentlichen Pathos getragen, aber es ist nicht das Pathos Schillers. Wir leben in einer Zeit, deren Grundzug die Schamhaftigkeit ist. Auf eine Periode der hervorbrechenden Subjektivität, die sich in Klassizismus und Romantik gründlich austobte, folgte das Zeitalter der verhaltenen Subjektivität. Darum ist auch Wedekinds Philosophie eine Kunst des Verschweigens, das deutlicher spricht als alle Reden und Gesten. Andere sind pathetisch in Worten, Wedekind ist es in seinen Gedanken.

Aus diesen so völlig heterogenen Momenten hat nun

Wedekind einen Tragikomödienstil geschaffen, der völlig neu ist. In seinen Charakteren und Vorgängen lösen sich nicht etwa Tragik und Groteske wechselseitig ab, wie zum Beispiel bei Shakespeare, sondern beides ist völlig vermischt, wie es denn auch in der Tat im Leben ist. Hierdurch entsteht eine Zwiespältigkeit und Unklarheit der Stimmung, die oft geradezu peinlich wirkt, aber hierdurch gelingt es auch Wedekind, das vollkommenste Bild einer objektiven Lebenstragik zu schaffen, denn bei ihm hat niemand unrecht, weil alle unrecht haben. Alle seine Menschen stehen unter dem Gesetz des »Erdgeistes«, jenes blinden Lebenswillens, der sie zwingt, sich zu behindern und zu zerstören. Seine Dichtungen haben denn auch eine höchst erschütternde Wirkung, aber durchaus keine gegenständliche: sie machen den Eindruck gespenstischer Visionen; die überlebensgroße Schärfe der Konturen und Grellheit der Farben verleiht seinen Figuren etwas Unwirkliches, alles hat Traumrealität. Nun wird aber jedermann, der viel geträumt hat, wissen, daß dasselbe Ereignis, wenn man es träumt, oft viel eindringlicher und nervenaufrüttelnder wirkt, als wenn wir es wirklich erlebten; und das war es, was ich vorhin meinte, als ich sagte, Wedekind sei der unvergeßlichste unter den modernen Dramatikern gewesen.

In seiner phantastischen Nacktheit, seinem leidenschaftlichen Drang nach Seelendurchforschung und seinem träumerischen Weltverbesserungsglauben vertrat Wedekind so recht eigentlich das dichterische Element in der letzten großen Literaturbewegung. Weil er ein Dichter war, darum wußte er, daß er die Wirklichkeit niemals ganz ergründen werde; aber weil er ein Dichter war, darum wußte er auch, daß er das Recht habe, in die Geheimnisse einer idealen kommenden Zeit einzudringen und mit lauter Stimme von den Entwicklungsmöglichkeiten der Menschheit zu reden. Denn ein Dichter ist ja schließlich nichts anderes als ein Mensch, der von der Zukunft mehr versteht als von der Gegenwart.

Über Dilettantismus

In dem Augenblick, wo eine Sache anfängt, ein Beruf zu werden, und somit aufhört, etwas allgemein Menschliches zu sein, verliert sie zumeist ihre beste Kraft und ihren geheimnisvollen Reiz. Wir haben das nacheinander schon mit mehreren Berufen erlebt. Im Altertum war der Politiker Amateur, nämlich jeder Mensch war eben Politiker, es bedurfte dazu keines besonderen Befähigungsnachweises und keiner speziellen Vorbildung. Infolgedessen gab es im Altertum ein wirklich politisches Leben. Die Politiker zerfielen in Begabte und Unbegabte, aber keineswegs in Berufene und Unberufene. Man denkt mit modernem Entsetzen an die Mißstände in Griechenland und Italien, an die athenische Demokratie und die römische Plebs – nun ja: aber wenn sich die Menschen wirklich für staatliche und militärische Dinge interessieren sollen, dann müssen sie auch in alles dreinreden dürfen. Heute interessieren sich für Politik nur einige Fachmenschen, die auf diese Dinge ihr ganzes Leben gedrillt werden, und einige beschränkte Provinzler und Kleinbürger, die sich kein besseres Biergespräch wissen. Der Gebildete liest in der Zeitung nach, was passiert ist, und wirft sie weg. Das ist heute unsere Stellung zur Politik. »Deutsches Reich«, »Großbritannien«, »Vereinigte Staaten« sind staatsrechtliche Begriffe und sonst nichts; aber »Rom« und »Athen« waren lebendige politische Realitäten.

Eine ähnliche Entwicklung hat auch unser religiöses Gefühl genommen. Heute ist Religiosität eine Spezialität bestimmter Menschen, die zehn Semester Theologie studiert haben. Im Mittelalter und in der frühen Neuzeit war der religiöse Mensch ebenso Amateur, wie es der politische Mensch im Altertum war.

Es mußte niemand nachweisen, ob er auch die nötigen

Schulen oder Weihen habe, um in diesen Dingen mitsprechen zu dürfen. Daher waren religiöse Bewegungen und Neuschöpfungen, Wiedergeburten des Glaubens nichts Seltenes. Die Religiosität konnte sich aus sich selber heraus reorganisieren, wenn sie zu zerfallen drohte. Das war nur dadurch möglich, daß jeder Außenseiter mittun durfte. Denn die neuen Gedanken kommen fast immer nur von den Außenseitern. Der Fachmann, auch der geistig überlegenste, steht immer zu sehr in seinem Berufskreise, er ist daher fast nie in der Lage, eine wirkliche Revolution hervorzurufen: er kennt die Tradition zu genau und hat, ob er will oder nicht, zu viel Respekt vor ihr. Auch weiß er zu viel Einzelheiten, um die Dinge noch einfach genug zu sehen, und gerade damit fehlt ihm die erste Bedingung jeder wirksamen Neuentdeckung: denn wertvoll und fruchtbar sind immer nur die einfachen Gedanken.

Die Beispiele ließen sich noch beliebig vermehren. Erinnern wir uns an das Kunstleben der Renaissance. Jeder durfte malen, dichten und musizieren, natürlich auf die Gefahr hin, sich gehörig zu blamieren: aber Empfehlungen einflußreicher Kritiker und Atteste von Universitätsprofessoren brauchte man damals noch nicht, um überhaupt vor die Öffentlichkeit treten zu können. Ferner war damals der Straßenkampf, das Überfallen von Menschen und ähnliche Gewaltakte auch noch nicht die Spezialität einiger vom Staat dazu sorgfältig vorbereiteter und approbierter Berufsmenschen. Jeder nur einigermaßen zur guten Gesellschaft gehörige Mensch konnte vortrefflich schießen, stechen und totschlagen. Es ist ja natürlich sehr zu begrüßen, daß diese Dinge heutzutage in geordnete Bahnen gelenkt sind, aber das eine läßt sich nicht ableugnen, daß die Menschen damals auf diesem Gebiete unvergleichlich talentierter waren und weit Vorzüglicheres leisteten als heutzutage.

Mit einem Wort: die menschlichen Betätigungen haben nur so lange eine wirkliche Lebenskraft, als sie von Dilettanten ausgeübt werden. Es ist im Grunde daran gar nichts Unnatürliches; paradox ist das Gegenteil, und zwar aus zwei Gründen. Erstens, weil beim Dilettanten, beim Amateur das, was er gerade betreibt, nichts von ihm Losgelöstes ist, sondern sich mit seinem ganzen Menschen deckt. Er ist nicht gewissermaßen in zwei Hälften gespalten: die Vormittags- und Nachmittagshälfte schreibt mit großer Emsigkeit, Sachkenntnis und Sorgfalt eine Geschichte des spanischen Erbfolgekrieges, ist unter diplomatischen Finessen, Generalstabskarten, Kanonaden, brennenden Kastellen und eleganten Kurtisanen zu Hause, und die Abend- und Nachthälfte sitzt im Wirtshaus und spielt Skat. Das sind keine lebendigen Identitäten. Aber die Memoiren und Geschichtsbücher aus früheren Zeiten waren das. Und so ist es mit allen Dingen, die berufsmäßig betrieben werden. Man kann im Gegenteil sagen: sie alle haben etwas Dilettantisches; irgendeine Einseitigkeit, Beschränktheit, Subjektivität, einen zu engen Gesichtswinkel. Nur beim Dilettanten decken sich Mensch und Beruf: und darum strömt bei ihm der ganze Mensch in seine Tätigkeit und sättigt sie mit seinem ganzen Wesen, und dann entstehen jene wirklich mit Blut gefüllten, reichen Schöpfungen, die voll von sachlichen Fehlern und Ungeschicklichkeiten sind, die aber kein gelernter Fachmann jemals zustande bringt.

Der zweite Grund dafür, daß nur Dilettantismus fruchtbar ist, liegt darin, daß der Dilettant von seinen Fähigkeiten und sogar von seiner ganzen Tätigkeit so gut wie nichts weiß. Er schafft vollkommen unbewußt, ganz von selber, wie ein Baum, der Früchte abwirft. Es kommt ihm niemals in den Sinn, nach seinem »Können« zu fragen. Können: diesen Begriff kennt er gar nicht. Er wird auch niemals gewahr, daß er »arbeitet«. Für ihn ist das keine Arbeit; er könnte ebensogut Essen und Trinken als mechanische Arbeitsleistung werten. Nun sind aber gerade die Tätigkeiten, von deren Wesen und Bedeutung man nichts weiß, die allerwertvollsten, eigentlich die einzig wertvollen. Der Mensch, und zumal der Künstler, gleicht einem Schlafwandler: er setzt mit größter Sicherheit seinen Fuß über Abgründe, klettert äußerst gewandt über Dächer und Türme, aber wenn man ihn anruft und ihm expliziert, was er da mit größter Geschicklichkeit vollbringt, so fällt er sofort herunter.

Die ganze Geschichte der Wissenschaften ist ein fortlaufendes Beispiel für den Wert des Dilettantismus. Das Gesetz von der Erhaltung der Energie verdanken wir einem Bierbrauer namens Joule. Auf welche Weise die Dampfmaschine erfunden wurde, weiß jedes Kind, wie man zugeben wird, auf einem nicht sehr wissenschaftlichen Wege. Fraunhofer war Glasschleifer, Faraday Buchbinder. Goethe entdeckte den Zwischenkieferknochen, Pfarrer Mendel sein grundlegendes Bastardierungsgesetz. Der Herzog von Meiningen, ein in den Künsten dilettierender Fürst, ist der Schöpfer eines neuen Theaterstils, und Prießnitz, ein in den Wissenschaften dilettierender Bauer, der Schöpfer einer neuen Therapie. Dies sind bloß Beispiele aus dem neunzehnten Jahrhundert und gewiß nur in kleiner Bruchteil.

Wir kommen heutzutage mit Gehirnen zur Welt, die gleichsam schon gefächert sind. Wir vermögen uns nicht vorzustellen, daß ein Mensch mehr als *eine* Sache kann. Wir kleben jedem eine bestimmte Etikette auf und sind erstaunt, mißtrauisch, beleidigt, wenn er sich nicht an diese Etikette hält. Wir bemerken jedoch in wirklich kultivierten Zeiten bei sämtlichen begabten Menschen die größte Vielseitigkeit. Sie beschäftigten sich mit allem und konnten auch alles. In Griechenland war ein Mensch, der für hervorragend gelten wollte, genötigt, in nahezu allem hervorzustechen: als Musiker und Rhetor ebensogut wie als Feldherr und Ringkämpfer. Der Spezialist wurde von den Hellenen geradezu verachtet: er galt als »Banause«. Und vollends in der Renaissance war Begabung, virtù, einfach dasselbe wie Vielseitigkeit. Ein begabter Mensch war damals ein Mensch, der so ziemlich alle Gebiete beherrschte, auf denen sich Begabung zeigen läßt. Nur in entarteten Kulturen taucht der Spezialist auf.

Und schließlich muß man sich klarmachen, das »Dilettantismus« nahezu immer die Form ist, in der sich das Neue äußert. Als die naturalistische Schule in der Schauspielkunst aufkam, wurden ihre Hauptvertreter Rittner, Sauer, Reicher, die Lehmann sofort als Dilettanten verschrien. Man behauptete, sie hätten keine Ahnung vom Theaterspielen, sie könnten weder eine Rede gliedern noch ihren Körper ebenmäßig bewegen. Von Richard Wagner erklärte man ebenfalls, er sei ein vollkommener Laie in der Musik, er wisse nicht einmal, wie man eine Fuge schreibt. Ebenso erging es Monet und den übrigen Impressionisten: man sagte, sie verstünden nicht zu zeichnen; und von Nietzsche behaupteten sämtliche Philosophieprofessoren, er sei unfähig, systematisch zu denken. Nun lag aber die Sache sehr einfach: Nietzsche *wollte* gar nicht systematisch denken, denn er fand, das sei nur eine Eselsbrücke für Menschen, die nicht zu Ende denken könnten: Richard Wagner wollte gar nicht kontrapunktieren, weil er die bisherige Harmonielehre für einen Unsinn hielt, die naturalistischen Schauspieler hatten mit vollem Bewußtsein auf schönes Sprechen und abgerundete Bewegungen verzichtet, und die Impressionisten verachteten die Kunst des Zeichnens, weil sie beobachtet hatten, daß die Kontur etwas ist, das in Wirklichkeit nirgends vorkommt. Und so käme man denn zu dem Resultat: ein Dilettant ist sehr oft nichts anderes als ein Mensch, der eine neue Technik hat.

Eine Frage

Seit längerer Zeit beschäftige ich mich damit, allen möglichen Menschen eine Frage vorzulegen, eine kleine, unverfängliche, für jedermann leicht faßliche Frage; und dennoch habe ich bis zum heutigen Tage noch keine befriedigende Antwort bekommen. Infolgedessen bleibt mir nichts anderes übrig, als »mich in die Öffentlichkeit zu flüchten«, wie man das schon schön auszudrücken pflegt. Diese ungeheuer einfache und ungemein naheliegende Frage lautet: Welchen Zweck hat es für die einzelnen Angehörigen eines Staatswesens, daß dieses Staatswesen groß, mächtig, geachtet und gefürchtet in der Welt dastehe?

Da ich mir keineswegs die Fähigkeit zutraue, ein so schwerwiegendes, universell bedeutsames und verantwortungsvolles Problem selber zu entscheiden, so habe ich mich, wie gesagt, an zahlreiche andere Personen gewendet. Ich teile diese Menschen, die von mir interpelliert wurden, in vier Gruppen.

Die Mitglieder der ersten Gruppe trugen alle einen Vollbart. Sie strichen ihn und antworteten: »Ja, mein Lieber, so ohne weiters kann ich Ihnen das nicht erklären. Da müßten Sie sich schon ein wenig mehr mit Politik, Weltgeschichte und Nationalökonomie befaßt haben.« Da muß ich aber nun doch sagen: Was sollen dann erst die anderen anfangen, die sich *noch* weniger mit Politik, Weltgeschichte und Nationalökonomie befaßt haben als ich, und es gibt doch auch solche? Man sollte doch meinen und wünschen, daß eine Angelegenheit von solcher Wichtigkeit und Allgemeinheit für jedermann ohne weiters zugänglich sein sollte, also auch für alle, die sich *gar nicht* mit Politik, Weltgeschichte und Nationalökonomie befaßt haben! Was übrigens diese letztere Wissenschaft anbetrifft, so möchte ich es mit Ruskin halten, der gesagt hat: »Unter allen Verirrungen des menschlichen Geistes ist vieleicht die seltsamste, sicherlich aber die entehrendste die angebliche Wissenschaft der Nationalökonomie.«

Die zweite Gruppe erging sich in höchst weitschweifigen Erörterungen, in denen Ausdrücke wie »Ausfuhrbilanz«, »Bedarfsdeckungswirtschaft«, »Absatzkrise«, «Unterkonsumtion« und dergleichen die Oberhand hatten. Diese Auseinandersetzungen waren in der Tat dazu angetan, zu beweisen, wie recht die erste Gruppe gehabt hatte: ich verstand nämlich nicht ein Wort. Infolgedessen wendete ich mich an eine dritte Gruppe von Menschen, zu denen ich unbedingt mehr Vertrauen habe: nämlich an die Toten. Von diesen bekam ich eine Reihe höchst überraschender Bemerkungen zu hören, die ich nicht verschweigen will.

Lichtenberg zum Beispiel scheint sich auch nicht recht auszukennen, indem er sagt: »Ich möchte was darum geben, genau zu wissen, für *wen* eigentlich die Taten getan worden sind, von denen man öffentlich sagt, sie wären für *das Vaterland* getan worden.« Schopenhauer hingegen wird schon deutlicher: »Die Raubtiere des menschlichen Geschlechts sind die erobernden Völker, welche wir, von den ältesten Zeiten bis auf die neuesten, überall auftreten sehen, mit wechselndem Glück, indem ihr jeweiliges Gelingen und Mißlingen durchweg den Stoff der Weltgeschichte liefert: daher eben Voltaire recht hat zu sagen: *Dans toutes les guerres il ne s'agit que de voler.* Daß sie sich der Sache schämen, geht daraus hervor, daß jede Regierung laut beteuert, nie anders als zur Selbstverteidigung die Waffen ergreifen zu wollen. Statt aber die Sache mit öffentlichen, offiziellen Lügen zu beschönigen, die fast noch mehr als jene selbst empören, sollten sie sich, frech und frei, auf die Lehre des Macchiavelli berufen. Diese ist für die Raublust immer noch eine viel anständigere Hülle als die ganz durchsichtigen Lappen palpabelster Lügen, welche auf die bekannte Geschichte vom Kaninchen welches den Hund angegriffen haben soll, hinauslaufen.«

Deutschen Oberlehrern möchte ich einige Aussprüche

unserer Klassiker empfehlen, die doch gewiß immer das Wahre, Schöne und Gute hochgehalten haben.

Lessing versichert: »Ich habe von der Liebe des Vaterlandes keinen Begriff, und sie scheint mir aufs höchste eine heroische Schwachheit, die ich recht gern entbehre.« Goethe schreibt: »Wenn wir einen Platz in der Welt finden, da mit unseren Besitztümern zu ruhen, ein Feld, uns zu nähren, ein Haus, uns zu decken, haben wir da nicht Vaterland? Und haben das nicht Tausend und Tausende in jedem Staat? Und leben sie nicht in dieser Beschränkung glücklich? Wozu nun das vergebene Aufstreben nach einer Empfindung, die wir weder haben können noch mögen? Römerpatriotismus? Davor bewahre uns Gott wie vor einer Riesengestalt.« Und Schiller: »Das vaterländische Interesse ist nur für unreife Nationen wichtig, für die Jugend der Welt; es ist ein armseliges, kleinliches Ideal, einem philosophischen Geiste ist diese Schminke durchaus unerträglich.«

Adolf Harnack, den man wohl, ohne Widerspruch befürchten zu müssen, als den größten lebenden Theologen bezeichnen darf, sagt mit der ihm eigenen Kürze und Klarheit in zwei Sätzen alles, was eigentlich über diese Frage zu sagen ist: »Wie armselig ist doch der Mensch, der im Patriotismus sein höchstes Ideal erkennt oder im Staate die Zusammenfassung aller Güter verehrt! Welch ein Rückfall, nachdem wir in dieser Welt Jesus Christus erlebt haben!«

Und am deutlichsten wird Tolstoi, indem er sagt: »Durch den Patriotismus sind alle Völker der christlichen Welt bis zu einem solchen Grade der Vertierung gebracht worden, daß ihnen nichts eine größere Freude und Begeisterung gewährt als der Gedanke an vergangene und zukünftige Massenmorde. Der Patriotismus ist ein rohes Gefühl, weil er nur Menschen eigen ist, die auf der niedrigsten sittlichen Stufe stehen; er ist ein schädliches Gefühl, weil er die vorteilhaften und friedlichen Beziehungen zu anderen Völkern stört und eine Organisation hervorruft, bei der der Schlechteste die Gewalt an sich zu reißen vermag und es auch immer tut; er ist ein schimpfliches

Gefühl, weil er den Menschen zu einem Kampfhahn, einem Stier, einem Gladiator macht; er ist ein unmoralisches Gefühl, weil ein jeder Mensch unter seiner Einwirkung sich für den Sohn seines Vaterlandes, für den Sklaven seiner Regierung hält, anstatt sich für ein Kind Gottes zu halten, wie es das Christentum lehrt. Wer ihr auch sein möget – Franzosen, Russen, Polen, Engländer, Iren, Deutsche, Tschechen –, begreift doch, daß alle eure wirklichen menschlichen Interessen, welcher Art sie auch sein mögen – Interessen des Ackerbaues, der Industrie, des Handels, der Kunst und Wissenschaft –, ebenso wie alle Vergnügungen und Freuden in nichts den Interessen anderer Völker und Staaten zuwider sind; begreift doch, daß euer Leben in keiner Weise dadurch verbessert werden kann, ob das Elsaß deutsch oder französisch ist, Irland oder Polen selbständig oder unterworfen sind: wem diese Länder auch gehören mögen, ihr könnt leben, wo ihr wollt.«

Ich wage trotz alledem noch immer nicht, mir die erwähnte Frage selber zu beantworten: aber ich schöpfe aus diesen (und vielen anderen) Aussprüchen den Mut, nun auch mitzuteilen, was die weitaus zahlreichste vierte Gruppe jener Menschen erwidert hat, die ich fragte, welchen Zweck es denn eigentlich für den anständigen, vernünftigen und bescheidenen Staatsbürger habe, daß sein Vaterland groß, einflußreich und mächtig sei. Die Antwort lautete: »Gar keinen.«

Haresu

In einer seit kurzem erscheinenden Revue schrieb ich letzthin über den Sekretär in Rittners »Unterwegs«: »Er ist Leporello, aber freilich ein vergeistigter, verfeinerter, seelisch gesteigerter Leporello, der Stendhal und Haresu im Blute hat.« Seitdem bin ich mehrfach von Bekannten, die den Namen Haresus flüchtig oder auch gar nicht gehört hatten, ersucht worden, doch einiges Nähere über ihn mitzuteilen. Ich habe nun allerdings niemals geglaubt, daß Haresu heute schon zum geistigen Besitzstand des deutschen Bildungsphilisters gehört (und ich möchte diesem feinen und weltfernen Geist ein solches Schicksal auch gar nicht wünschen, obgleich es ihm höchstwahrscheinlich nicht erspart bleiben wird); aber ich dachte doch, daß der eine oder andere »Conoisseur« ihn bereits einem breiteren Publikum zugänglich gemacht habe. Dies scheint jedoch nicht der Fall zu sein, und so ergreife ich denn mit Vergnügen die Gelegenheit, zu sagen, was ich über ihn weiß. Es ist freilich wenig genug, und auch dies Wenige ist schwer in Worte zu fassen.

Die Verlegenheit beginnt schon bei dem Versuch, Haresu in eine bestimmte Gruppe zu rangieren. Denn eine Gruppenbezeichnung, eine Etikette und Nomenklatur muß ja bei uns jedermann haben, sonst nimmt man ihn nicht ernst. Wir Westler würden nun wohl keinen Augenblick zögern, Haresu einen Dichter zu nennen, aber ich glaube, er selbst wäre mit dieser Klassifikation kaum einverstanden gewesen. Er hat einmal von sich geschrieben: »Ich habe nie etwas anderes im Leben für wertvoll gehalten als die andächtige und willenlose Betrachtung des Weltalls und seiner Schönheit, wie sie sich in allem und jedem tausendfältig und ununterbrochen offenbart, sei es in einer Blume, in einem Frauenantlitz, in einem Wasserspiegel oder in einer großen Seele, und ich betrachte jedermann als einen schmählich Betrogenen, der einer anderen Aufgabe oder Tätigkeit hienieden irgendeinen Wert beilegt.« Und ein andermal: »Was wir sagen können, geht uns nichts mehr an. Unsere tiefsten und wirklichsten Gefühle haben eine Scheu davor, zu Worten zu gefrieren.« Er schätzte also die literarische Tätigkeit offenbar nicht sehr hoch ein, wie ja überhaupt im Orient der Mensch mit dem Dichter noch eine innigere Einheit bildet als bei uns. Er wollte nicht schreiben, sondern leben. Seine Bücher betrachtete er nur als zufällige Nebenprodukte.

Ich verdanke die Bekanntschaft mit Haresu Hermann Bahr, der heute vielleicht im ganzen deutschen Sprachgebiet, sicher aber in Deutschösterreich der einzige Geist von wahrhaft kosmopolitischem Format und Zuschnitt ist, von lebendigem Gefühl für das, was Goethe »Weltliteratur« genannt hat, und dessen feine und starke Witterung für Menschheitswerte auch vor dem Gelben Meer nicht haltgemacht hat. Haresu ist übrigens nur in Mitteleuropa ein Fremder, in England und Frankreich, ja selbst in Rußland ist er ziemlich bekannt: McCollins, der Biograph Swinburnes, hat über ihn einen kritischen Essay geschrieben, und Cornish F. Warren hat einige seiner Werke ganz vorzüglich ins Englische übersetzt; und die beiden feinen gelben Lederbände mit den schimmernden japanischen Farbenholzschnitten finden sich im Strandkorb oder im Boudoir mancher träumerischen Lady. Georg Müller, der in London auf ihn aufmerksam geworden war, plante eine deutsche Ausgabe, und zwar auf Grund des japanischen Originaltextes, aber der Weltkrieg verhinderte die Ausführung dieses Projektes.

Rennosuke Haresu wurde Anfang der dreißiger Jahre des vorigen Jahrhunderts geboren; das genauere Datum ist nicht bekannt. Er besuchte das Seminar in Hiroshima und die Hochschule Semnon Gekko und widmete sich dann der Lackmalerei. Erst im reiferen Mannesalter entdeckte er seinen Dichterberuf. Er begann mit Märchen und Gedichten. Einige dieser Märchen sind in George Holidays

Sammlung »Erzähler des Ostens« enthalten. Sie sind leicht und anmutig geschrieben, von feiner, weltkundiger Charakteristik und durch halb melancholische, halb ironische Lichter angenehm belebt. Besonders die Geschichte von der »kleinen lasterhaften Kirschblüte« ist voll Humor und Poesie. Wenn man aber an die große Begabung denkt, die fast alle ostasiatischen Völker gerade für dieses literarische Genre besitzen, so wird man nicht finden, daß Haresu hier etwas Außergewöhnliches geleistet hat. Seine Lyrik ist vor etwa zwanzig Jahren in Auswahl ins Französische übersetzt worden; die »Anthologie des Haresu« habe ich mir jedoch nicht beschaffen können.

Man wird aber wohl nicht irren, wenn man annimmt, daß Haresus Haupttalent auf dem Gebiet der Philosophie und des Dramas lag. Er hat eine große Anzahl kleiner Theaterstücke verfaßt: lauter Miniaturdramen, wir würden sie vielleicht Einakter nennen, farbige und durchgeistigte Dialoge, die bald an Gobineaus Renaissanceszenen, bald an Plato, am häufigsten aber an Maeterlinck erinnern; sie sind meist ziemlich locker komponiert, stellen aber doch immer irgendeine dramatische Situation höchst bildhaft und eindrucksvoll vor den Leser. Haresu berührt sich übrigens auch darin mit Maeterlinck, daß er sich in seinen Theaterstücken bewußt an frühere dramatische Formen anlehnt. Wie Maeterlinck die alten flämischen Puppenspiele wiederbelebte, so griff Haresu auf den »No« zurück. Der »No« war eine Art dramatischer Aufführung, die etwa mit unserer Oper verglichen werden kann. Der Text wurde von Schauspielern gesungen, außerdem spielte der Chor eine bedeutende Rolle. Die Handlung war nicht sehr kompliziert, aber fein durchgearbeitet. Was nun Haresu wollte, war, wie er sagte, ein »No« ohne Musik. »Denn«, äußerte er sich, »wozu die äußere Melodie, da doch alle tiefen Dinge einen inneren Gesang in sich tragen? Poesie ist musikalisches Denken. Der Dichter ist ein Mensch, der auf diese Weise denkt. Sieh tief genug und du siehst musikalisch, das Herz der Natur ist immer Musik.« Dieses Prinzip zeigt sich schon in der ganzen Architektonik, die Haresu seinen Werken gibt: sie sind immer irgendwie symphonisch angelegt. Da ist zum Beispiel ein Dramenzyklus »Der schwarze Ritter«, der eine Art *comedie humaine* darstellt: lose Bilder aus der Geschichte der Menschheit. Leider enthält die englische Ausgabe nur das erste Stück. Dieses führt uns unter die ersten Menschen, in eine Art Paradies, wo der Urmensch in Unkenntnis der Krankheit, des Todes und aller irdischen Leiden mit seinen zahlreichen Kindern lebt. Unter diesen befinden sich die Brüder Aschikaga, eine finstere, grüblerische, von Herrschsucht gequälte Gewaltnatur, und Jhehasu, ein sonniger Instinktmensch, glücklich und von allen geliebt, wir würden sagen: Kain und Abel, und in der Tat hat ja der ostasiatische Mythus große Ähnlichkeit mit der Bibel. Beide Brüder lieben ihre Schwester Sada, doch diese neigt sich Jhehasu zu; das Motiv der Geschwisterliebe wird hierbei ganz unbefangen verwendet. Aschikaga, der Jhehasu schon längst eifersüchtig haßt, als den Freien, Reinen und Sicheren, dem alles von selbst zufällt, beschließt, sich seiner zu entledigen. Er lockt ihn in den labyrinthischen »Wald der Schlangen«, aber mit nachtwandlerischer Sicherheit findet Jhehasu wieder den Weg ins heimische Paradies zurück. Neuer Streit entbrennt zwischen den Brüdern, und der Vater, der herbeieilt und erfährt, daß Sada die Ursache ist, schleudert seinen Fluch auf diese, denn »alles Unheil kommt immer vom Weibe«. In seiner Erregung stürzt er plötzlich kraftlos zusammen. »Ich sehe fast nichts mehr … außer mir ist es ganz dunkel … als ob ich blind wäre. Aber nun beginne ich wie von innen zu sehen (plötzlich in höchstem Schreck und Erstaunen): Ha … ah … was muß ich sehen? (Er fällt zurück, seine Glieder strecken sich.) Sada: Er schläft ganz seltsam … wie ein Tier! Jhehasu (zittert unaufhörlich, bewegt die Lippen, will etwas sagen, kann es aber nicht aussprechen). Sada: Was soll das … sagt, was soll das alles? Jhehasu (im Aufblitzen einer Erkenntnis): Er wird nicht wieder erwachen! (Er verstummt und erschrickt über seine eigenen Worte.) Sada (verständnislos): Nicht wieder erwachen? Aschikaga (murmelt vor sich hin): Nicht wieder erwachen … (Er steht dicht hinter Jhehasu. Seine Hand tastet nach dem Hammer. Es wird ganz finster. Man sieht nur noch das Leuchten seiner Augen.)« Hiermit schließt das erste Stück, das für uns zweifellos etwas Befremdendes hat. Denn dieser Gedanke, daß die erste Erfahrung von der Sterblichkeit des Menschen sogleich den Plan erzeugt, zu töten, ist von einem ungeheuerlichen, radikalen, ganz uneuropäischen Pessimismus und Immoralismus. Und ebenso pessimistisch ist die Einkleidung des ganzen Dramenzyklus. Sie besteht nämlich darin, daß der »schwarze Ritter«, ein gottfeindlicher Dämon, eine Art Luzifer, zur Strafe für seine Auflehnung die *Welt träumen* muß: alles, was auf Erden geschieht, ist nichts als der schaurige Alpdruck eines gefallenen Engels. Am Schluß der Szenenreihe, die bis in die Gegenwart führt, schüttelt der Geist mit übermächtiger Kraft seinen quälenden Traum von sich ab, denn zu entsetzlich sind die Gesichte, die ihn bedrängen. Aber nur für eine kurze Frist ist ihm Erholung gegönnt, noch ist seine Schuld nicht gesühnt, bald wird er wieder in den Schlaf versinken müssen, in dem ihn immer schrecklichere Visionen erwarten. Das ist Haresus Ausblick in die Zukunft der Menschheit.

Eine zweite Serie heißt »Der Eroberer«. Sie ist durch die Gestalt Noritomos zu einer Einheit zusammengeschlossen, eines gewaltigen »Tenno«, der beschlossen hat, die ganze bewohnte Erde zu erobern, und in einer bunten Bildergalerie wird nun gezeigt, wie ihm dies tatsächlich gelingt. Aber je weiter er vordringt, desto unbefriedigter wird er, ohne sich recht den Grund erklären zu können. Schließlich gelangt er in ein fernes Land, in dem der Buddhismus herrscht. Dort hat er eine Unterredung mit einem Buddhapriester. Dieser sagt zu ihm: »Ich will dir eine Geschichte erzählen. Als Gotama geboren wurde, sagten die Zeichendeuter: wenn er ein weltliches Leben erwählt, wird er zum Weltbeherrscher werden, entsagt er der Welt, so wird er zum Buddha. *Noritomo:* Und was tat Gatoma oder Glotama oder wie er heißt? *Der Priester:* Er wurde natürlich zum Buddha. Hätte er sich der Welt ergeben, so wäre die Erdscheibe ihm untertan geworden und du stündest nicht hier. Aber er wurde zum Buddha; das war das Schwere. Und es war auch das Bessere. *Noritomo:* Sage mir: Glaubst du, wenn ich der Welt entsagte, könnte ich da auch noch zum Buddha werden? *Der Priester:* Nein. *Noritomo:* Und warum nicht? *Der Priester:* Weil du, wenn du zum Buddha begabt wärst, niemals die Welt hättest wählen können. Aber ich will dir etwas ins Ohr sagen: du kannst immer noch zum Buddha werden. Für dich. Nicht für die Welt. Aber für dich. Das kann jeder werden (mit einiger Geringschätzung), selbst du.« Und nun erkennt Noritomo, daß man die Länder der Erde und ihre Bewohner bloß erobern, aber nicht besitzen kann, und ebenso die Frauen, die man liebt, und alles auf der Welt, bis auf eines: sich selbst; aber wenn man sich selbst besitzen will, gerade dann darf man kein Eroberer sein. Und er läßt sich von seinem Leibarzt ein Gift geben, das ihn scheintot macht; und während um seinen Sarg sich alles in wilde Parteikämpfe und Anarchie auflöst, flieht er heimlich in die Einsamkeit.

Auf Haresus Philosophie kann ich leider hier nicht mehr näher eingehen. Sie ist im wesentlichen in einer Sammlung von Aphorismen, Parabeln und kleinen Abhandlungen niedergelegt, die den Titel »Der Steinbruch« führt und als Motiv die Worte: »Mein Ziel ist nicht, recht zu behalten, sondern Gedanken in Bewegung zu setzen.« Der letzte Satz des Buches lautet: »Also besteht die vornehmste Aufgabe des Menschen darin, der Steuermann seines Narrenschiffes zu sein.« Haresu scheint übrigens so etwas wie ein *decadent* gewesen zu sein, wenigstens läßt ein Aphorismus seines Buches darauf schließen, welcher heißt: »Wenn dem Reiher neue Federn wachsen, ist er krank und gereizt. Vom Weisen, dem die neuen Gedanken wachsen, soll man nicht erwarten, daß er gesund sei.«

Haresu starb im Jahre 1896, kurz nach dem Frieden von Shimonoseki. Den letzten Aufstieg seines Vaterlandes zur Weltgeltung hat er nicht mehr erlebt. Aber es ist zu vermuten, daß er, dessen Lieblingssatz lautet: »Die Welt ist nicht draußen«, diesen Ereignissen nicht allzuviel Bedeutung beigelegt hätte. Seine letzten Worte sollen gewesen sein: »Ich komme wieder.« Wer den Buddhismus kennt, weiß, daß darin kein triumphierender Glaube an die Unvergänglichkeit ausgesprochen ist, sondern das resignierende Bekenntnis der Unvollkommenheit. Diejenigen aber, die sich mit Andacht in seine Werke versenken, werden finden, daß diese trotz mancher sonderbarer Einzelheiten, in die sich der Europäer erst hinüberdenken muß, kleine Vollkommenheiten sind, und sie werden mit Wilde sagen: *»I love Haresu.«*

Wie ich zu Haresu kam

Vor einiger Zeit schrieb ich für das »Neue Wiener Journal« einen Aufsatz über den japanischen Philosophen und Dramatiker Rennosuke Haresu. Seitdem bin ich öfters gefragt worden, wie ich denn eigentlich zu Haresu kam.

Ja, das ist eine ziemlich komplizierte Geschichte, das heißt: Im Anfang ist sie sehr einfach; aber später wird sie kompliziert.

Also, wie ich schon erwähnte: seit ein paar Monaten erscheint in Wien wieder einmal eine neue Revue, die zur Abwechslung mal von einer Dame redigiert wird. Diese kam nun, da sie den festen Vorsatz hatte, ihre Zeitschrift gleich von vornherein großzügig und bedeutend anzulegen, auf den ebenso naheliegenden wie fruchtbaren Gedanken, mir das Burgtheater-Referat anzutragen. Ich lehnte nun zunächst ab, weil ich nämlich in Erfahrung gebracht hatte, daß ein Burgschauspieler, mit dem ich seit Jahren befreundet bin, noch in dieser Saison eine große Shakespearerolle spielen werde, und dann sagte ich mir überhaupt: es ist dir bis jetzt unter ungeheuren Opfern an Intelligenz und Charakter gelungen, dich so ziemlich mit allen Leuten gut zu stellen, kaum bist du aber Kritiker, so ändert sich das sofort; denn schimpfst du auf einen Dichter oder sonstigen Zeitgenossen, so hast du ihn zum Feind, lobst du ihn aber, so hast du alle seine Kollegen zu Feinden. Die liebenswürdige Redaktrice beruhigte mich aber, indem sie sagte: »*Mit Ihrer Feder* dürfen Sie sich erlauben, was Sie wollen, Ihnen wird man nichts verübeln, denn Sie nimmt ja kein Mensch ernst.«

Nun hat aber diese Zeitschrift neben anderen aparten Eigentümlichkeiten auch diese, daß sie nicht dazu zu bringen ist, Korrekturen zu verschicken. Dies hatte zur Folge, daß meine kritischen Untersuchungen in zum Teil wesentlich anderer Gestalt vor den Leser traten, als sie ursprünglich von mir projektiert waren.

Ich muß hier eine kurze Bemerkung über die Psychologie des Setzers einschalten. Dieser ist nämlich nicht, wie manche Laien glauben, nachlässig oder gar dumm, sondern im Gegenteil viel zu sorgsam und gescheit. Er glaubt nämlich, daß er die Verpflichtung habe, den Text zu verbessern. Kommt ihm also etwas unter, das ihn befremdet, so ändert er es unerbittlich. Hat man zum Beispiel irgendein neues Wort gebildet, auf das man nicht wenig stolz ist, so kann man sicher sein, daß er es durch ein anderes längst bekanntes und gewohntes korrigiert. Bisweilen aber ereignet sich auch das Umgekehrte. So hatte ich einmal anläßlich einer Schillerfeier den, wie ich selbst zugeben muß, nicht übertrieben originellen Satz niedergeschrieben, Schiller sei ein großer Idealist. Der Setzer machte daraus den Ausspruch: Schiller war ein großer Ikarist. Ich ließ den Druckfehler natürlich stehen und bekam am nächsten Tag allerlei Schmeichelhaftes über diese interessante Bereicherung der deutschen Sprache zu hören.

Aber kehren wir zum Faden unserer Fabel zurück. Ich bekam also meine Kritik über Rittners »Unterwegs« erst gedruckt zu lesen, als sie bereits in zahllosen Exemplaren wie ein Lauffeuer durch die Stadt eilte. Sie hatte diesmal ganz besonders steile Metamorphosen durchgemacht. Ich verstand durchaus nicht alles, was darin niedergelegt war, und mußte mich in diesen etwas änigmatischen Stil erst ein wenig einlesen, ehe ich ihm zu folgen vermochte. Ein Satz war aber da, der mir ganz besonderes Kopfzerbrechen verursachte. Ich muß nämlich bemerken, daß ich die Behauptung aufgestellt hatte, der Sekretär in »Unterwegs« sei Leporello, aber ein vergeistigter, seelisch gesteigerter Leporello, der Stendhal und Haresu im Blute habe. Ich fragte mich wiederholt kopfschüttelnd, wie bist du denn auf Haresu gekommen? Wo hast du denn diesen Namen aufgeschnappt? Es gehört zwar zu meinen kleinen schriftstellerischen Finessen, bisweilen im Tone der Selbstverständlichkeit einen Namen einzuführen, den fast niemand kennt, aber daß ich diesen Namen dann selber nicht wiedererkenne, das war mir noch nicht vorgekommen.

Ich muß nun eine Bemerkung über die Psychologie der Lesewelt einschalten. Hat man etwas geschrieben, was geeignet ist, Bewunderung zu erwecken, so hat es regelmäßig niemand gelesen; ist einem aber eine logische Entgleisung, ein grober grammatikalischer Fehler, eine offenkundige Stupidität oder sonst etwas Blamables passiert, so hat jeder Mensch gerade diese Stelle aufmerksam studiert. So auch diesmal. Auf einmal bestand die ganze Stadt ausschließlich aus Lesern dieses Satzes. Die Reaktion fiel je nach der Gemütslage der einzelnen verschieden aus. Die einen sagten zu mir: »Was ist das schon wieder für eine neue Patzigmacherei mit diesem Haresu? Ich finde es geradezu lächerlich von Ihnen, daß Sie von jedem böhmischen oder jüdischen Winkelschreiber annehmen, alle Welt müssen ihn im kleinen Finger haben.« Die anderen erklärten augenzwinkernd:» Mir scheint, von dem Haresu wissen Sie auch nicht mehr, als im Kleingedruckten von irgendeiner Literaturgeschichte steht. Sie wären wohl in großer Verlegenheit, wenn Sie nähere Auskunft über ihn geben müßen.« Und einer sagte gar: »Wie Sie den Haresu mit Stendhal zusammenstellen konnten, das ist mir einfach unbegreiflich. Eine solche Urteilslosigkeit hätte ich selbst Ihnen nicht zugetraut.«

Um nun allen diesen Anschuldigungen die Spitze abzubrechen, schrieb ich den Aufsatz über Haresu. Ich ging zunächst zu Hermann Bahr und sagte zu ihm: »Ich bin fest entschlossen, an den Angaben meines Setzers festzuhalten; sind diese aber richtig, so ist es klar, daß wir die Sache so darstellen: nur Sie können Haresu entdeckt haben. Es handelt sich nun um die Frage, die allein Sie beantworten können: wo lebte Haresu? wann lebte Haresu?« Nach längeren Verhandlungen einigten wir uns auf den Kompromiß: tot, aber Gegenwart.

Im ganzen bereue ich es nicht, den Aufsatz über Haresu geschrieben zu haben. Zunächst habe ich diesmal nicht einen einzigen Brief bekommen, in dem mir allerlei krasse

Fehlurteile und grundfalsche Daten nachgewiesen werden, was sicher geschehen wäre, wenn ich einen Essay über Lessing oder Jehovah verfaßt hätte. Ferner: wenn man gewußt hätte, daß ich die geistige Produktion Haresus immerhin stark beeinflußt habe – glauben Sie, daß sich dann ein Mensch gefunden hätte, der mir geschrieben hätte, einer der Aussprüche Haresus (ich will ihn nicht nochmals zitieren) lasse alles hinter sich, was das Abendland bisher auf dem Gebiet des Aphorismus hervorgebracht hat, und es sei sehr unrecht von mir, über die mitgeteilten Dramenszenen zu sagen, sie erinnerten an Maeterlinck, während doch der viel dünnere Maeterlinck höchstens an *sie* erinnere? Auch haben sich meine Beziehungen zu den Theaterdirektoren seither wesentlich gefestigt. Einer telegraphierte mir mit bezahlter Rückantwort: »Erbitte umgehendste Einsendung der in Ihrem Bühnenvertriebe befindlichen Werke von Hamesie (das nähert sich ja schon wieder einigermaßen Hamsun!) und Angabe äußerster Aufführungsbedingungen. Vorschuß spielt keine Rolle.« Das hatte ich freilich schon immer gewußt, daß bei diesem Direktor der Vorschuß nie eine Rolle spielt. Aber immerhin: verlockend. Ein anderer fragte an, ob man aus »Goethe« und der »Musteroperette« (zwei bekannten Meisterwerken von Alfred Polgar und mir) und Haresu nicht einen Abend machen könnte. Na also, das Geschäft hebt sich. Ein anderer Theaterdirektor ging freudestrahlend auf mich zu und sagte: »Das ist ja eine famose Entdeckung, die Sie da gemacht haben! Den spiele ich unbedingt, der ist ja noch unbekannter als die Roswitha von Gandersheim. Übersetzen Sie ihn so schnell wie möglich, ich lasse dann gleich die Rollen ausschreiben.« Als ich aus begreiflichen Gründen zögerte, mißverstand er das und deutete an, er sei auch gar nicht mehr abgeneigt, der Aufführung meiner »Judastragödie« näherzutreten, höchstwahrscheinlich komme sie noch in dieser Saison. (Bisher fehlten Leim, ein Bergkegel, Blech und der Darsteller des Pilatus. Auf einmal war alles da.)

Der einzige Mensch, der sofort erklärte: Mein Lieber, den Haresu gibt's nicht!, war mein Direktor Hans Ziegler

(»Volksbühne«, Wien VII, Neubaugasse 36, das linke Haus neben dem großen Zuckerlgeschäft); der ist aber durch ein zweijähriges Zusammenarbeiten mit mir bereits so verbittert, daß er mir überhaupt nichts mehr glaubt und höchstwahrscheinlich auch Japan für eine böswillige Erfindung von mir hält. Bei dieser Gelegenheit möchte ich übrigens gleich bemerken, daß jener Stendhal (der, den der Sekretär im Blute hat) zwar auch erfunden ist, aber weder vom Setzer noch von mir, sondern von Monsieur Henri Beyle, der sich diesen Namen als literarisches Pseudonym gewählt hat. Diesen Stendhal hat es also in gewissem Sinne wirklich gegeben, und er hat sogar eine Anzahl vielbewunderter Bücher geschrieben. So sagt zum Beispiel Nietzsche über ihn: – aber auch das wird jetzt sicher nicht mehr geglaubt, da der Ausspruch Oscar Wildes über Haresu, den ich zitierte, ja auch falsch war.

So weit wäre nun alles ganz gut und schön, aber jetzt beginnt die Sache etwas unheimlicher und verwickelter zu werden. Ich fange nämlich langsam an, zu bezweifeln, daß es den Haresu nicht gibt. Es glauben schon so viele Leute an ihn, daß ich irre werde. Täglich, wenn ich die Zeitung aufmache, erwarte ich eine Notiz zu lesen: »Die Werke Haresus sind in größerer Anzahl bei Buchhändler Heller eingetroffen und kosten, elegant gebunden, Kr. 86,40.« Letzthin habe ich mich sogar dabei ertappt, wie ich im großen Meyer Haresu suchte. Ich fand aber nur »Harndrang« und »Harke, siehe Rechen«. Das will aber nichts besagen, denn Debussy, Altenberg und Weininger stehen auch nicht in der neuesten Auflage des Meyer.

Kurz: solange man mir nicht das Gegenteil beweist, was sehr schwierig ist, werde ich glauben, daß Haresu keine bloße Phantasie ist, sondern eine geniale Divination. Dergleichen kommt bei mir öfters vor. So las ich einmal auf dem Plakat einer Wohltätigkeitsakademie, bei der ich mitwirken sollte: »Cäcilie Ingolstadt, Lieder zur Laute«. Dieser suggestive Name ließ mich nicht mehr los. Ich fragte mich fortwährend: Ingolstadt ... Cäcilie Ingolstadt ... wie muß die aussehen? Ich kam zu dem Resultat: achtundvierzig Jahre, Papageiennase, Hornzwicker, vorstehende Zähne. Auch hatte ich die Empfindung, daß Plattfüße nicht unbedingt von der Hand zu weisen seien. Als ich am Vortragsabend das sogenannte »Künstlerzimmer« betrat, saß dort ein junges Mädchen von etwa neunzehn Jahren mit braunen gescheitelten Haaren und sanften blauen Augen. »Mein Fräulein«, sagte ich höflich, aber streng, »hier haben nur Künstlerinnen Zutritt, und Sie dürften, da Sie offenbar unter vierzig sind, kaum zu diesen gehören.« – »Entschuldigen Sie«, erwiderte die Dame schüchtern, »mein Name ist Ingolstadt.« – »Wie?« rief ich barsch. »Sie wollen die Ingolstadt sein? Aber die hat ja vorstehende Zähne, Hornzwicker, eine Papageiennase und Plattfüße!« – »Pardon«, sagte das Fräulein errötend, »das ist meine Mama.« Man sieht also: *etwas* ist immer an den Sachen, die wir uns einbilden, ob sie sich nun auf Japan beziehen oder andere Kulturkreise.

Die Judastragödie

In vier Bühnenbildern und einem Epilog

Lina Loos gewidmet

Kein bestimmtes Antlitz ist Dir gegeben, o Adam, damit du Dir jedes beliebige Antlitz nach Deinem eigenen Dafürhalten auswählen kannst. Weder zum himmlischen noch zum irdischen, weder zum sterblichen noch zum unsterblichen Wesen bist Du gebildet, auf daß Du als Dein eigener freier Bildhauer Dir die Züge meißeln kannst, die Dir am besten zusagen.

O unbeschreibliche Güte des göttlichen Vaters, o unbeschreibliches Glück des Menschen, da ihm verliehen ist, alles zu sein, was er will! Ihm sind bei seiner Geburt vom Vater die Samen zu jeder Art von Lebensmöglichkeit eingepflanzt worden: welche er pflegt, die werden sich zur Frucht entwickeln. Sind es die dumpfen Triebe, so wird er zur Pflanze werden, sind es die rohen Sinne: zum Tier, sind es die Verstandesgaben: zum Menschen, sind es die Seelenkräfte: zum Engel. Wenn ihm aber das Los keines einzigen geschaffenen Wesens genügt und er sich in die heilige Einheit seines Innern zurückzieht, dann wird er wie Gott selbst sein und allen andern voranleuchten.

Nach dem Lateinischen des Giovanni Pico della Mirandola (1463–1494).

Figuren

PONTIUS PILATUS, Prokurator von Judäa
CLAUDIA PROCULA, seine Gemahlin
QUIRINIUS, Censor
STROBYLUS, Legat
LUCILIUS, PASSIENUS, } Sekretäre
JAIRUS, Primipilus
LIVIA, seine Tochter
HERODES, Tetrarch von Galiläa
KAIPHAS, Hoherpriester
NIKODEMUS, ein Mitglied des Synedriums
MARIA AUS MAGDALA
SIMON PETRUS, JOHANNES, MATTHÄUS, ANDREAS, } Galiläer
JUDAS AUS KARIOTH
DER ROTE THEUDAS
MENACHEM, dessen Schwestersohn,
BARRABAS, ein Straßenräuber
DIE GESCHWÄTZIGE, DIE AUFFALLENDE, DIE STILLE, DIE PHÖNIZIERIN, } Frauen am Bach
CENTURIO
RÖMER ÄGYPTER, GRIECHE, } Wachen am Grab
WACHE VOR DEM GARTEN
VORLESER
DREI GEHEILTE
EIN BESESSENER
ZWEI TEMPELDIENER
EINIGE AUS DEM VOLK
ZWEI JÜDISCHE KAUFLEUTE

ZWEI PERIPATETIKER
DER MANN IM MAUSGRAUEN MANTEL

ZEIT DER HANDLUNG: Das Jahr 33, von der fünften Morgenstunde des 14. Nisan bis zur vierten Nachtwache des 17. Nisan

Schauplätze:

ERSTES BÜHNENBILD: Vorhalle des Richtsaals auf Burg Zion
ZWEITES BÜHNENBILD: Gethsemane
DRITTES BÜHNENBILD: Vor der Villa des Prokurators in der Neustadt Bezetha
VIERTES BÜHNENBILD: Ein anderer Teil von Bezetha

Erstes Bühnenbild

Vorhalle des Richtsaals auf Burg Zion

Ein breiter hoher Raum mit Oberlicht, hinten durch offene Arkaden abgeschlossen. Durch diese gelangt man über einige Stufen auf die Straße; den Hintergrund bildet das große Tor zum Vorhof des Tempels, prachtvoll in Gold und Marmor ausgeführt. Rechts vorne Tür zum Richtsaal, links vorne ein großer Aktentisch mit Papierrollen, Schreibtafeln und Rohrfedern und zwei kleine Türen zu den Dienstgemächern der Prokuratur. Hinten eine breite marmorne Opferschale mit Flamme. Über die Straße gehen hie und da Leute. Es ist ein glühend heißer Frühlingstag, etwa um die fünfte Morgenstunde (11 Uhr Vormittag).

Beim Aufgehen des Vorhangs ist die Bühne leer. Dann kommt MARIA AUS MAGDALA *vorsichtig von hinten; sie trägt ein schönes dunkelblaues Gewand von großer Einfachheit. Sie schleicht an die Saaltür rechts und versucht zu horchen. Sie hört Schritte und zieht sich in einen Winkel zurück.* NIKODEMUS, *ein stattlicher Mann in mittleren Jahren, ansehnlich gekleidet, kommt von der Straße, sehr geschäftig, geht suchend zuerst nach links, dann nach rechts, öffnet die Tür zum Sitzungssaal und begibt sich hinein. Solange die Tür offen ist, hört man lautes Durcheinanderreden erregter Stimmen. Maria lauscht wieder an der Tür, blickt gleich darauf scheu nach links und zieht sich auf die Straße zurück, wo sie zunächst nicht mehr gesehen wird.*
LUCILIUS *und* PASSIENUS *kommen nachlässigen Schrittes von links. Lucilius tritt an den Tisch und kramt zerstreut in den Papieren. Passienus bleibt hinten an eine Säule gelehnt und schaut gelangweilt auf die Straße. Kleine Pause.*

LUCILIUS *blickt auf die Wasseruhr und sagt gereizt* Nichts – noch immer nichts.
PASSIENUS Die rote Jüdin schleicht wieder ums Haus.
LUCILIUS Jetzt streiten sie schon drei Stunden lang um des Esels Schatten. Ich möchte nicht Prokurator von Judäa

sein. Ich glaube, Pilatus versteht nie etwas von dem, was sie sagen. Ich glaube, sie selbst verstehen es auch nicht.

PASSIENUS Sie scheint jemanden zu suchen.

LUCILIUS Ein wahres Glück, daß morgen ihr großes Blutfest beginnt – oder was es ist. Da können sie wenigstens nicht zanken. Ich glaube, nur die Streitsucht erhält dieses Volks so lange.

PASSIENUS Sie hat einen sonderbaren Blick. Es ist, als ob sie an den Dingen vorbeisähe.

LUCILIUS Jedes Jahr um diese Zeit haben wir die Narzissenblüte, das Austernschiff aus Tarent und einen großen jüdischen Prozeß. Der Aberglaube dieses Volkes ist der häßlichste, den ich kenne.

PASSIENUS Glaubst Du, daß eine Jüdin einen Römer lieben kann?

LUCILIUS Glaubst Du, daß ein Weib einen Mann lieben kann? Ich glaube es nicht. *Er tritt zu Passienus und blickt auf die Straße:* Sie fragte mich, wie der Prokurator über jenen Rabbi denkt.

PASSIENUS Wie er über den Rabbi denkt! Wir denken über Rabbis nicht nach. Diese Menschen glauben, alle wären solche Narren wie sie. *Sie schlendern zum Tisch zurück.*

LUCILIUS Die Juden beten nur zu einem einzigen Gott. Ich wundere mich, daß sie keine Angst haben, dadurch den Zorn aller anderen Götter zu erregen.

PASSIENUS Ich glaube, sie behaupten, die anderen Götter gebe es nicht.

LUCILIUS In der Tat? Nun, jedenfalls stiften sie mit dem einen Gott mehr Verwirrung als wir mit unseren vielen.

PASSIENUS Ich habe alle Philosophen gelesen und schließlich entdeckt: es gibt nur eine Wahrheit, und das ist das Weib.

LUCILIUS Und diese Wahrheit lügt.

PASSIENUS *blickt in die Papiere* Wer ist Jesus?

LUCILIUS Ein galiläischer Goët. Einige da drinnen behaupten, er habe sich König der Juden genannt.

PASSIENUS Das ist ja Herodes.

LUCILIUS So scheint es mir auch.

PASSIENUS Und was wird mit ihm geschehen?

LUCILIUS Sie wollen, daß man ihn töte.

PASSIENUS Ja, warum denn?

LUCILIUS Weil er gesagt hat, man müsse die Gesetze nicht halten.

PASSIENUS Die römischen?

LUCILIUS Nein, die jüdischen.

PASSIENUS Die kennt ja niemand. Und dann – sie sind auch ganz unverständlich.

LUCILIUS So scheint es mir auch; aber sie wollen ihn kreuzigen.

PASSIENUS Ich glaube nicht, daß Pilatus es tut. Wir haben in der letzten Zeit zu viele Hinrichtungen gehabt. Sie nützen uns nichts und bringen uns nur in den Ruf einer grausamen Prokuratur.

LUCILIUS Ich wüßte, was Cäsar täte, wenn er hier wäre. Er würde alle Synagogen sperren und die Juden nach Gallien verschicken.

PASSIENUS Damit sie auch dort Unfrieden stiften? Nein, man sollte sie einfach gewähren lassen. Sie würden sich dann langsam selbst auffressen.

LUCILIUS Und jetzt fressen sie unsere Zeit.

PASSIENUS *blickt hinaus* Da kommt ja Strobylus.

LUCILIUS Schon zurück? *Sie eilen ihm entgegen.*

STROBYLUS *der Legat, kommt lebhaft die Treppe herauf; er ist ein eleganter Römer von etwa dreißig Jahren, ein liebenswürdiger und heiterer Realpolitiker. Lucilius und Passienus gehen ihm entgegen und schütteln ihm die Hand.*

STROBYLUS Sei glücklich, Lucilius! Heil Dir, Passienus! An den Kalenden noch in Rom, gestern in Cäsarea und seit heute morgen wieder auf dieser Narreninsel.

PASSIENUS Wer schreit jetzt am lautesten in der Curie?

LUCILIUS Ist Sejanus gesund?

STROBYLUS Vorläufig; obschon sein Zustand nicht ohne Lebensgefahr ist. Er leidet seit kurzem an der ... an der Imperatorenkrankheit. Ich glaube übrigens, wir werden ein sehr aufgeregtes Passahfest haben.

PASSIENUS Hier ist doch immer Aufregung.

STROBYLUS Nein, diesmal ist es etwas ganz Besonderes. Kaiserbildnisse in ganz Palästina …

LUCILIUS Erzähle!

STROBYLUS Ja, aber nicht hier – in diesem Raum herrscht ja eine Siriushitze. *Sie gehen auf die Straße und verschwinden. Die Tür zum Richtsaal wird aufgestoßen.* NICODEMUS *kommt eilig heraus und geht auf die Straße.* MARIA *wird wieder sichtbar und fragt ihn etwas. Er winkt hastig ab und verschwindet nach rechts. Maria will wieder an die Tür, um zu horchen; in diesem Augenblick kommt* JUDAS *von links hinten, geht langsam, in Gedanken versunken die Treppe hinauf und will nach der Saaltür. Er ist ein hochgewachsener Mann von prachtvoller Erscheinung, die ihm besonders in dem Moment des Affekts etwas Romantisches und Überwirkliches verleiht. Alles an ihm ist schwarz: die Augen, die Locken und der gewaltige blaue Bart, der ihm bis zum Gürtel reicht. Sein Gewand ist aber nicht schwarz. Er sieht ungefähr so aus wie der Moses von Michelangelo.*

MARIA *erblickt ihn* Judas! Wohin?

JUDAS *mit energischer Gebärde nach der Tür* Da hinein!

MARIA O Dank – ich wußt es ja! *Sie fällt vor ihm nieder und versucht seinen Mantel zu küssen.*

JUDAS *entzieht ihr den Mantel* Laß. Deine Küsse dem Nazarener.

MARIA O Judas, jetzt ist alles gut! Wenn Du vor diese trittst, so schmilzt die Macht der Widersacher wie Schnee vom Hermon.

JUDAS Ich bin kein Redner.

MARIA Du brauchst nicht zu reden. In Deinem Blick ist mehr Beredsamkeit als in der Weisheit, die von aller Priester Lippen träufelt. Wenn sie Dich sehen, wird ihre Bosheit zum toten Rohr, dem Spott der Winde. Dein Antlitz wird sie niederwerfen, und alle, alle werden rufen: Der Meister ist groß.

JUDAS *finster* … ist groß. *Nach einer kurzen Pause, nachdenklich:* Euch Weibern ist er sonderlich gekommen. Liegt er nicht über Euern zagen Seelen wie der bleiche Mond auf schwarzen schwankenden Gewässern? Wer hat Euch alle so geliebt wie er?

MARIA *seufzt* Er liebt uns alle – und er liebt doch keine. Er sieht nur unsre Seele. Was ist ihm das Gefäß? *Die Stimmen im Sitzungssaal werden lauter und senken sich gleich wieder. Judas fährt auf und blickt gespannt nach der Tür.* Oh, Du bist die Mauer, die der Herr Zebaoth um ihn gezogen hat. Du bist die Kraft zu seiner Rechten, auf Deinem Scheitel ruht der Abglanz seines Lichts. Ich liebe ihn in Dir! Ich liebe Dich wie eh und je, wie damals, als ich von Deinem Blick gebannt die Hütte Eleazars floh und alles, alles ließ, um Dein zu sein. Seit Monden lausch' ich in der Kammer, Nacht für Nacht, ob nicht die Fliesen unter Deinem Fuß erklingen. Die Steine blieben stumm – so stumm wie Du. Laß mich Dein heißes Flüstern hören! Nur einmal noch! Zum letztenmal! Du bist so stark und schön, so schön und finster!

JUDAS Laß mich! Bei meinem Zorn!

MARIA *leidenschaftlich seine Knie umfassend* Ich liebe Deinen Zorn! Die blauen Blitze Adonais sind in Deinem Zorn, Du königlicher Mann! Deine Augen sind Saphire, Deine Stirne ist Kristall. Des Dornbuschs Feuer verblaßt vor Deinem Blick. Dein Bart sprüht Funken, gleich dem Barte Elias. Elias, hör mich!

JUDAS Schweig, Weib, sprich nicht von Elias, ich kann solche Worte nicht hören.

MARIA *in äußerster Ekstase* Deine Liebe will ich oder Dein Blut!

JUDAS *entwindet sich ihr* Nimm das Deine! *Er geht in den Saal. Es rotten sich* JUDEN *auf der Straße zusammen, unter unverständlichen Rufen des Mißfallens.*

DER EINE Zählung alles Volks! Man weiß, was das bedeutet. Erst zählen sie unsere Köpfe, dann zählen sie unser Geld, und schließlich zählen wir es auf den römischen Tisch.

DER ANDERE Das ist die Strafe des Herrn, weil Ihr die Fasten nicht haltet und die heidnischen Bücher leset von links nach rechts, auf die der Fluch gelegt ist.

MARIA *erhebt sich mühsam und geht auf die Straße.*

DER ANDERE *auf Maria zeigend* Weicht dieser aus – sie ist im Bunde mit dem Ketzer von Nazara, dem Feinde des Tempels.

EINIGE Steinigt sie! Die Buhlerin. Die Gottesleugnerin!

MARIA *bricht mit einem angstvollen Ausruf erschöpft zusammen.*

EIN VORNEHM GEKLEIDETER MANN *kommt und stützt sie.*

DER EINE Seht diesen, er berührt die Unreine, die Ehebrecherin! *Die Juden wollen auf ihn los und ihn schlagen.*

DER ANDERE *fährt zurück* Laßt ab – kommt ihm nicht nah, er ist aus Samaria!

DER EINE Ein Samariter? Ein solcher ist unreiner denn einer, der den Aussatz hat.

STROBYLUS, PASSIENUS und LUCILIUS *kommen von links.*

LUCILIUS Was geht hier vor? Geht auseinander!

STROBYLUS Müßt Ihr sogar vor Eurem Tempel streiten?

PASSIENUS Eine wehrlose Frau zu bedrohen! Steht das auch in Euren Gesetzen? *Zu Maria:* Gestatte mir, Herrin, Dich zu begleiten.

MARIA *leise* Dank, der Freund aus Sichem hilft mir. *Ab mit dem Samariter.*

Die Juden haben sich zerstreut; Strobylus, Passienus und Lucilius gehen in die Vorhalle.

LUCILIUS Dieses Land ist ein vergiftetes Ameisenloch.

PASSIENUS Und die Kaiserbilder werden diesen Haufen wieder unangenehm lebendig machen. Ist es denn authentisch?

STROBYLUS In einer Stunde wird es öffentlich bekannt sein.

LUCILIUS Und das mit Sejan?

STROBYLUS Ja, das mit Sejan –

PASSIENUS Claudia kommt.

CLAUDIA *kommt aus einer der Türen von links. Sie ist eine Dame der besten römischen Gesellschaft, etwa Mitte der Zwanzig, sehr dekorativ und weltgewandt, vom Typus der Patronessen. Sie erblickt Strobylus und geht erfreut auf ihn zu.* Strobylus – sei gegrüßt! Du kommst aus meinem goldenen Rom! Sprich, erzähle! Was gibt es Neues auf dem Palatin?

STROBYLUS *küßt ihr die Hand* Das Neue ist das Alte: Cäsar ist wohl, Marullus ist mit seinem neuen Pantomimus durchgefallen, Campia Sabina hat sich zum viertenmal scheiden lassen, und wir haben einen Triumph über die Bructerer. Infolgedessen ist in der Haartracht unserer Herrinnen das germanische Blond wieder obenan, und seit dem großen Schlachtopfer für den Sieg gibt es in Rom fünftausend Ochsen weniger.

CLAUDIA Ma theous! Was gäbe ich darum, wenn ich nur eine Stunde lang wieder auf der heiligen Straße den Atem Roms spüren könnte. Hier wird man zur Barbarin! Hier gibt es keine Naumachieen, keine Pferderennen, keine Buchläden, in denen man plaudern kann, und nur eine einzige finstere Therme. Nicht einmal Statuen und Wandbilder sieht man hier, denn der Gott, der hier herrscht, ist ein Feind der Künste. Und weit und breit kein Wasser! Und ich liebe so sehr die Wettfahrten der geschmückten Boote und die Rosenfeste, bei denen die Fackeln sich im stillen See spiegeln, und die Gespräche der Nereiden in den grünen Flüssen. Ne Di! Wenn ich noch lange hier bleibe, werde ich nicht mehr wissen, wie eine Arena aussieht.

STROBYLUS Ich bringe Dir einen kleinen Bruchteil Deiner Sehnsucht: spanische Wolle und alexandrinische Leinwand und Fächer aus Pfauenwedeln aus dem Tuskerquartier und Zimtöl aus dem glücklichen Arabien, das Du hier nicht bekommst. Denn will man die echten orientalischen Wohlgerüche haben, so muß man vom Orient nach Rom fahren.

CLAUDIA *entzückt* O charin, charin, philtate!

STROBYLUS Auch das neueste Gewand, das man jetzt in Rom trägt, befindet sich in meinem Gepäck. Es besteht aus einem einzigen Stück koïscher Seide und wiegt mit dem Kameenschmuck nicht mehr als ein halbes Pfund. Es wird Dich entzückend kleiden – das heißt, wenn Pontius es erlaubt.

CLAUDIA Ach, Pontius hat jetzt gar keine Zeit, sich um

mich zu kümmern. Er hat nichts als Ärger und schläft die halbe Nacht nicht. Hast Du Mandragora mit?

STROBYLUS Ich habe sogar Theriak aus den kaiserlichen Magazinen. Du weißt, Theriak ist ein Universalmittel gegen jede Unvollkommenheit des Körpers. Es wird daher jedermann nützlich sein, außer Dir.

CLAUDIA Sage das lieber der kupferhaarigen Tullia. Oh, ich weiß, ich weiß. – Aber jetzt muß ich fort.

STROBYLUS Wohin, schönste Herrin?

CLAUDIA *geheimnisvoll* Wohin man mich nicht begleiten darf. Ich gehe einen jungen Rhetor zu hören.

STROBYLUS Treiben sogar hier schon die Griechen ihr Wesen?

CLAUDIA Er ist kein Grieche. Er kommt vom Salzmeer, das heißt, eigentlich weiß niemand, woher er kommt und wohin er geht. Er ist bald dort, bald da, oudamou kai pantachou!

STROBYLUS Claudia als Philosophin – das ist neu.

CLAUDIA Er ist sehr schön. Ich habe ihn schon einmal vom Fenster aus gesehen. Und er soll wunderbar sprechen. Er hat höchst eigenartige Ansichten. Er sagt zum Beispiel: die Menschen seien wie Lilien auf dem Felde und sollten sich ebensowenig um den morgigen Tag kümmern wie diese, weil jeder Tag für sich selbst sorge.

STROBYLUS *lachend* Das ist nun freilich nach Deinem Geschmack.

CLAUDIA Sicherlich mehr als die Philosophie des Passienus. Er sagt immer, alles bestehe aus Atomen. Ich finde das häßlich. Wenn ich wiederkomme, werde ich Dir alles genau erzählen, was er gesagt hat. Und dann werden wir wieder streiten wie in Cumä, in der Grotte der Sibylle mit den grünen Eroten aus numidischem Marmor – erinnerst Du Dich noch? Leb wohl, Teuerster. *Zu Lucilius und Passienus:* Chairete, philoi, chairete. *Sie nimmt ihren Sonnenschirm und geht nach links über die Straße ab.*

Strobylus, Lucilius und Passienus geleiten Claudia bis an die Stufen und verabschieden sich von ihr; sie gehen dann wieder zum Tisch zurück.

LUCILIUS *im Zurückgehen zu Strobylus* Sprich, Strobylus, was weißt Du über Sejan?

STROBYLUS *sieht sich vorsichtig nach allen Seiten um* Dinge, die besser unerörtert bleiben. Nur so viel kann ich Dir sagen: Caesar ist kein Sejaner mehr.

LUCILIUS *will noch etwas fragen; in diesem Augenblick wird die Tür des Richtsaals geöffnet: zwei Soldaten treten heraus und stellen sich rechts und links von der Tür auf. Man hört lautes Stimmengewirr.*

PILATUS *kommt mit raschem Schritt heraus, geht quer über die Bühne nach links an den Tisch und sagt* Ich kann keine Schuld an ihm finden.

Hinter ihm sind KAIPHAS *und etwa ein Dutzend Mitglieder des Synedriums herausgetreten und bleiben rechts in aufgeregtem Gemurmel stehen. Auch* JUDAS *ist unter ihnen und hält sich während des Folgenden unbemerkt im Hintergrund.*

KAIPHAS Du findest also schuldlos einen, der das Volk aufwiegelt, indem er lehrt hin und her im ganzen jüdischen Lande?

PILATUS *gibt Strobylus die Hand* Nie habe ich mehr erkannt als heute, daß jeder Mensch des andern Mißversteher ist und keine Brücke von einer Seele zur andern führt. Jeder von uns lebt auf einer Insel.

STROBYLUS Du nimmst alle diese Dinge viel zu schwer.

KAIPHAS So einen also findest Du schuldlos!

PILATUS *setzt sich* Er tut nur, was fast jeder männliche Jude tut: er disputiert über Religion.

KAIPHAS Er hat den Sabbath geschändet!

PILATUS Indem er Kranke heilte.

KAIPHAS Er hat sich Sohn Gottes genannt! Und Gott hat keinen Sohn!

PILATUS Von den hellenischen Rhetoren und Philosophen behauptet jeder zweite, er sei der Sohn des Herakles oder Apollo. Wenn wir alle diese töten wollten, so müßten wir halb Griechenland entvölkern.

KAIPHAS Er hat gesagt, er wird den Tempel niederreißen und wieder aufbauen in drei Tagen.

PILATUS Nun, so wartet so lange. Drei Tage sind rasch vorbei.

KAIPHAS Ist das der Schutz, den Rom Judäa bietet? Und daß er die Tische der Wechsler im heiligen Vorhof umstieß, verdient das auch keine Strafe?

PILATUS Ich habe hier nicht über Strafwürdigkeit zu entscheiden, sondern nur über Todeswürdigkeit. Und ich bin nicht genug mit Euren heiligen Gebräuchen vertraut, um mit Bestimmtheit sagen zu können, ob ein Eingriff in Eure Geldgeschäfte den Tod verdient.

KAIPHAS Aber die römischen Gebräuche kennst Du hoffentlich genau genug, um zu wissen, daß der den Tod verdient, der sich König eines Landes nennt, das dem Kaiser gehört.

PILATUS Das weiß ich allerdings. Obschon ich gerade von Eurer Seite keine so strenge Auffassung vermutet hätte. Ich habe aber allen Grund, anzunehmen, daß dieser Ausspruch bildlich gemeint war.

KAIPHAS Bildlich, bildlich!

PILATUS Ihr redet doch sonst so gern in Gleichnissen, und nun soll dieser –

EIN BOTE *kommt von der Straße und übergibt Pilatus eine Pergamentrolle* Geheime Eilpost aus Antiochia. *Salutiert und geht ab.*

KAIPHAS Dieser hat sich vergangen mit frevelnder Hand an allem, was da groß ist in Israel, und hat gehäuft Schuld auf Schuld im Angesicht vieler Zeugen.

PILATUS *hat inzwischen die Rolle geöffnet und sieht hinein* Schuld? Was ist Schuld! In diesen Dingen – *er liest weiter, schüttelt den Kopf, blickt auf Strobylus, schiebt ihm den Bogen hin und fragt ihn:* Hast du Kenntnis von diesem Edikt?

STROBYLUS Ja, man sprach davon in Rom.

PILATUS *blickt abermals hinein* Auch das noch. *Zu Kaiphas:* Ich muß für kurze Zeit Eure Geduld erbitten – eine Angelegenheit von höchster Dringlichkeit und Wichtigkeit erfordert –

KAIPHAS Die unsrige ist auf jeden Fall dringlicher; denn

heute beginnt unser heiliges Passahfest, und dann ruhen alle Gerichte.

PILATUS *nervös* Also nehmt ihn! *Bewegung unter den Juden.* Die Dokumente werden in kürzester Zeit ausgestellt werden. So lange müßt Ihr warten.

KAIPHAS *geht zu den übrigen Mitgliedern des Synedriums und bespricht sich aufgeregt mit ihnen.*

PILATUS *zu Strobylus* Das ist eine sehr gewagte Maßregel. Kaiserbilder an allen öffentlichen Gebäuden Judäas! Das Volk duldet doch nun einmal keine Bildnisse. Als vor zwei Jahren die fünfte Legion hier durchzog, hätte es fast Straßenkämpfe gegeben, bloß weil sie die römischen Adler an ihren Feldzeichen trug. Wir haben jetzt zum Passahfest das halbe Palästina in Jerusalem. Ein Aufruhr könnte gerade jetzt sehr bedenkliche Dimensionen annehmen. Was rätst Du mir?

STROBYLUS Ich halte es für das Beste, die Sache dilatorisch zu behandeln. Du weißt, das ist immer mein Prinzip.

PILATUS *lächelnd* Ja ja, dilatorisch. Aber wie denkst Du Dir das in diesem Fall?

STROBYLUS Wir bringen den Befehl vorläufig nur an einigen wenigen Stellen zur Ausführung und machen gleichzeitig an die Oberbehörde in Antiochia energische Gegenvorstellungen. Man hat ja dort von der Beschränktheit und Wildheit dieses Volkes keine Ahnung.

PILATUS *fertigt einige schriftliche Befehle aus und sagt während des Schreibens* Der Pöbel hier ist lange nicht so aufsässig wie zum Beispiel der von Alexandria. Nur in zwei Punkten verstehen sie keinen Spaß: in Geldsachen und in Religionssachen. *Er siegelt, dann zu Lucilius:* Rufe mir Jairus. Und Du, Passienus ... *Er spricht leise mit ihm weiter.*

NIKODEMUS *kommt atemlos die Treppe herauf, mit ihm ein* VORLESER.

NIKODEMUS *zum Vorleser* Hier tritt her und lies aus den heiligen Büchern, was ich Dir sagen werde.

KAIPHAS Ha, Nikodemus! Du bist unwürdig, im Hohen Rat zu sitzen.

NIKODEMUS Ich werde niemals dulden, daß dem Größten, den Israel geboren, durch Euch ein Leid geschieht.

KAIPHAS Oh, edomitischer Verräter! Ist das Gift schon bis ins Haupt des Volks gedrungen?

NIKODEMUS Was Du Gift nennst, ist uns Balsam und Leben.

KAIPHAS Hat er nicht gesagt, man brauche die Opfer nicht zu halten?

NIKODEMUS *zum Vorleser* Lies Jesaia über Opfer!

DER VORLESER *in monotonem singendem Tonfall* Höret des Herrn Wort, Ihr Fürsten von Sodom! Nimm zu Ohren unsers Gottes Gesetz, Du Volk von Gomorrha! Was soll mir die Menge Eurer Opfer, spricht der Herr. Ich bin satt des Blutes der Kälber und des Fettes der Lämmer und Böcke. Bringet nicht mehr Speiseopfer so vergeblich. Habe ich Gefallen an Tausenden von Widdern, an unzähligen Bächen Oels? Es ist Dir gesagt, o Mensch, was frommt und was Dein Gott von Dir fordert, Recht tun und Liebe üben und demütig wandeln vor Deinem Gott.

KAIPHAS Das war damals! Und Jesaia war ein Prophet! Aber die Zeiten der Gottgesandten sind vorüber. *Zum Vorleser:* Lies Maleachi über Propheten!

VORLESER An jenem Tage, spricht der Herr, schaffe ich die Propheten weg aus dem Land. Und wenn dann ein Mann noch weissagen sollte, so werden sein Vater und seine Mutter ihn totschlagen darum, daß er geweissagt hat. An jedem Tage, spricht der Herr, werde ich den Namen des Propheten aus dem Lande ausrotten, nicht soll seiner mehr gedacht werden.

NIKODEMUS Wer redet von Propheten? Der ist mehr als ein Prophet! Es steht geschrieben in Sacharja, daß einer kommen wird, Frieden bringend, arm und niedrig und doch ein König. Lies Sacharja!

VORLESER Juble laut, Tochter Zions! Jauchze, Tochter Jerusalems! Siehe, Dein König kommt zu Dir, arm und demütig und reitend auf einem Esel. Er rottet den Streitwagen aus Ephraim und das Streitroß aus Jerusalem;

ausgerottet wird auch der Kriegsbogen. Und alle wohnen in Sicherheit, denn Er ist der Friede.

KAIPHAS *geringschätzig* Sacharja! Sacharja!

JUDAS *tritt plötzlich vor, herrisch* Lies den namenlosen Propheten aus den Tagen des Makkabäers.

VORLESER Wie schön ist der König Messias, der aufstehen wird aus dem Hause Juda, der Gesalbte des Herrn. Er gürtet seine Lenden und tritt auf den Plan und ordnet die Schlacht gegen seine Feinde. Und die Könige und Mächtigen der Erde werden in Furcht und Schrecken geraten und werden sein wie ein Nichts, dem Speichel ähnlich und wie ein Tropfen am Eimer. Und sie werden vor ihm niederfallen zur Erde aufs Angesicht und seiner Füße Staub lecken. Und die Heiden –

KAIPHAS *mit einem ängstlichen Blick auf Pilatus* Schweig, schweig, willst Du uns zugrunde richten?

JUDAS *hingerissen* Ja! So muß, so wird es kommen, der Löwe Davids, der Hammer des Herrn!

JAIRUS *der Primipilus tritt auf, in voller Ausrüstung. Zu Pilatus:* Herr, irgend etwas liegt über der Stadt. Es ist eine Unruhe wie in einem Bienenstock vor dem Schwärmen.

PILATUS Verhindere alle größeren Ansammlungen. Jeder Neuangekommene hat sogleich seine Herberge aufzusuchen. Eine Centurie ans Wassertor, eine ans Roßtor, eine Manipel an den Berg des Ärgernisses. Nimm Verstärkung aus den Auxiliartruppen des Quadratus. Dies alles ohne Aufsehen.

Jairus geht, trifft auf der Straße einige Anordnungen und entfernt sich während des Folgenden.

PILATUS Und nun zu dieser zweiten Sache! *Er schreibt weiter.*

STROBYLUS Man sollte das Ganze doch noch überdenken. Es wäre vielleicht angezeigt, die Sektenbildung zu fördern, weil sie das Volk von uns ablenkt.

PILATUS Jetzt werden die Signa angeheftet, der neue Steuercensus ist unterwegs – eine Konzession müssen wir ihnen doch machen.

MARIA *taucht plötzlich im Rücken des Pilatus auf und flüstert leidenschaftlich* Du darfst ihn nicht verdammen, Du mußt ihn schirmen, retten, schützen! *Hysterisch:* Ich will mich schmücken mit pelusischer Seide und salben mit köstlicher Narde; Purpurdecken will ich auf Dein Lager breiten und der Schemel Deiner Füße sein. Nimm mich, Herr, und töte mich bei der ersten Umarmung, nur laß ihn frei – ihn frei.

PILATUS *ein wenig verwirrt, was er durch Ironie zu verbergen sucht* Du liebst Pilatus?

MARIA Nicht Pilatus ist es, den ich liebe.

PILATUS Du weißt in der Tat zu schmeicheln. Es ist also nicht Pilatus, der Prokurator, den Du liebst, sondern Pontius der Mann?

MARIA Auch Pontius liebe ich nicht, nur ihn – ihn!

PILATUS Es ist das eine sonderbare Art, Gunst zu bezeigen. Aber sage mir: findest Du es nicht unklug, mir das zu sagen? Du verringerst dadurch den Wert Deines Geschenks.

MARIA Ich kann wohl meinen Leib verschenken, doch meine Seele nicht mehr, seit ich sein Wort vernommen habe, und das müßt ich, wenn ich eine Lüge sagte.

PILATUS *blickt sie mit erwachendem Interesse lächelnd an und sagt langsam* In der Tat ... so ist es. *Nach einer kleinen Pause:* Dieser Nazarener ... Sage mir – was ist denn eigentlich der Sinn dieses –

In diesem Augenblick hört man links hinten den Ruf: Der Tetrarch nähert sich der Burg Zion!

Ein herrlich gekleideter HEROLD *des* HERODES *tritt auf, bleibt im Hintergrund stehen und verneigt sich tief vor Pilatus.*

PILATUS *zu Strobylus* Herodes! Das trifft sich sehr günstig.

DER HEROLD *stößt dreimal mit dem goldenen Stab auf den Boden.*

HERODES *tritt lebhaft auf, mit Gefolge. Er ist nicht das traditionelle verfettete Monstrum, sondern ein hübscher Mensch in noch jugendlichem Alter, etwa Mitte Dreißig. Er ist immer in sehr gewählter Toilette, diesmal in großer Gala, in einem prachtvollen Mantel, den er nicht ohne Anstand trägt. Im Verkehr ist er von einer gemacht impulsiven, etwas aufdringlichen*

Liebenswürdigkeit. Seine ganze Art hat etwas Parvenühaft-Kavaliermäßiges. Er tritt rasch auf Pilatus zu, der ihm drei Schritte entgegengegangen ist, küßt ihn auf beide Wangen und sagt Ich grüße den besten Diener des Tiberius.

PILATUS Du kommst gerade im rechten Augenblick, um über einen Deiner Untertanen zu richten.

KAIPHAS *zu den anderen vom Synedrium* Herodes soll richten? Was kann Gutes kommen von dem Blutschänder aus Idumäa, dem Sohn der Araberin?

HERODES Gern Teuerster.

KAIPHAS Gotteslästerer gehören vor den Tempelrat von Jerusalem.

PILATUS Auf die religiösen Punkte der Anklage lasse ich mich nicht ein. Ich sehe nur e i n e Tatsache, die für eine Staatsbehörde in Betracht käme: daß er sich König der Juden genannt hat.

KAIPHAS *macht eine energisch-zustimmende Gebärde.*

PILATUS Aber Cäsar ist nur unmittelbarer Beherrscher von Judäa. *Kaiphas will etwas erwidern.* Einen Augenblick! Die Sache ist genauer noch die: Euer Angeklagter ist Galiläer, und Herrscher von Galiläa ist meines Wissens Herodes. Es handelt sich also in der Tat um ein Verbrechen gegen die Majestät – aber gegen die des Tetrarchen.

HERODES Von wem ist die Rede?

PILATUS Von dem Wanderlehrer Jesus von Nazareth.

STROBYLUS *leise* Vortrefflich, Pontius! Eine Jurisdiktion, die Cicero imponiert hätte. So haben wir die ganze Sache los.

HERODES *ist bei der Nennung des Namens in große Aufregung geraten und spricht von jetzt an sehr heftig* Ich lasse mich auf nichts ein! Dieser Jochanaan verfolgt mich – er ist mein Unglück.

PILATUS Es handelt sich aber doch um –

HERODES *einfallend* Er könnte derselbe sein.

PILATUS Derselbe? Aber Du selbst hast doch Jochanaan enthaupten lassen.

HERODES Immerhin. Wir leben in merkwürdigen Zeiten. Es gibt Dinge –

PILATUS *lächelnd* Die möglich und die unmöglich sind. Diese, scheint mir, gehören zu den unmöglichen.

HERODES Nicht so ganz. Denn Dein eigener Hauptmann Jairus hatte auch eine Tochter, die tot war.

PILATUS Livia! Nun und jetzt?

HERODES Ist sie nicht mehr tot.

PILATUS Du willst doch nicht sagen, daß –

HERODES Sprechen wir es lieber nicht aus. Gewisse Dinge werden durch Worte angezogen. Und kurz und gut, ich will mit Propheten nichts mehr zu schaffen haben. Als ich heute morgens das Haus verließ, saß ein Uhu auf einem Seil. Das bedeutet eine Warnung. Ich habe immer viel fürs Volk getan, ich habe am See Genezareth eine große Stadt gebaut.

KAIPHAS *vor sich hin* Ja, mit heidnischen Theatern und Stadien, in denen nackte Menschen um die Wette laufen.

HERODES *tritt nahe an Pilatus heran, leise* Ich würde auch Dir raten, Deine Hände von dieser Sache zu lassen. Unternimm nichts, laß ihn ruhig predigen – ich kenne das Volk, früher oder später wird es uns selbst von ihm befreien – sie haben bisher noch alle gesteinigt. Oder mach, was Du willst; nur mich laß aus dem Spiel. Leb wohl, Gottgeliebter, auf Wiedersehen beim Kaiserrennen in Cäsarea. Und wenn Du an Tiberius schreibst, so vergiß nicht, zu erwähnen, wie glücklich wir alle unter meiner Regierung sind! *Er verbeugt sich tief vor den Priestern und geht rasch ab.*

KAIPHAS *zwischen den Zähnen* Fahr hin, spaltzüngiger Zöllnersohn! Möge Dir nichts gelingen!

PILATUS *vor sich hin* Was für ein ungewöhnlicher Mensch muß dieser fremde Lehrer sein! Die einen zieht er an, die andern stößt er ab, aber beide mit der gleichen magischen Kraft.

Während Pilatus spricht, ist ein Soldat auf eine Leiter gestiegen und hat ein Medaillon mit dem Bildnis des Kaisers an das Tempeltor genagelt; es sammeln sich sofort Menschen an unter unwilligen Zurufen.

KAIPHAS Ein Menschenbildnis am Tor zum Allerheiligsten. *Zu Pilatus:* Steht nicht geschrieben: Du sollst Dir von Gott kein Ebenbild machen? *Zum Vorleser:* Lies Moses!

PILATUS *abwinkend* Laß! Ich werde in dieser Sache tun, was ich kann; ich rechne aber bei der Aufrechterhaltung der Ordnung auf Deine volle Mitwirkung.

NIKODEMUS Ist nicht die ganze Natur unaufhörlich bestrebt, Gott abzubilden?

KAIPHAS *verhüllt sein Haupt* Schrecklich! Das ist die Saat des Nazareners! *Mit plötzlichem Entschluß in bedrohlichem Tone zu Pilatus:* Gib uns das Todesurteil sofort heraus.

PILATUS Gebt mir einen Tag Bedenkzeit.

KAIPHAS Das ist unmöglich; Du weißt warum.

PILATUS Hat dieser Rabbi sich – *Ungeheurer Lärm von der Straße.* Hat dieser Rabbi sich zum König der Juden machen wollen?

KAIPHAS Das tat er.

PILATUS *fixiert den ganz in Gedanken versunkenen Judas, dessen Erscheinung ihm aufgefallen ist, und sagt währenddessen* Schreibe, Lucilius: Es erscheint Joseph Kaiphas, Vorsitzender des Senats von Jerusalem, und erklärt, daß der Angeklagte sich in Reden und konkludenten Handlungen die Funktionen des derzeitigen Tetrarchen von Galiläa angemaßt hat. Demzufolge –

KAIPHAS Wer redet vom Tetrarchen? Ich werde nach Rom melden, wie hier Recht gesprochen wird. Du tastest unsere Bräuche an, die uns feierlich gewährleistet sind. Du trittst in einer Weise für fremde Thronanwärter ein, die höchst verdächtig ist, Du –

PILATUS *ein wenig gereizt* Ich trete für nichts ein als für mein Amt. Eure Sitten taste ich nicht an, denn ich kenne sie gar nicht. Aber römische Sitte ist es nicht, zwecklos zu töten.

KAIPHAS Milde war bisher nicht Sache Roms und seiner Richter.

PILATUS Wenn wir auch die Milde oft vergessen haben, die Würde selten. Und für diese steh ich hier. Rom hat es satt, der Büttel Eures kleinen Hasses zu sein.

KAIPHAS Landpfleger, höre mein und dieser feierliches Wort: Er oder Israel – Beide zusammen niemals, niemals, niemals! *Zustimmende Bewegung des ganzen Synedriums.*

Pause.

PILATUS *blickt Strobylus an; dieser zuckt die Achseln* Ihr wollt also wirklich einen Menschen töten, bloß weil er ein wenig liebevoller und freier dachte als Ihr?

KAIPHAS Sein Blut komme über uns und unsere Kinder.

PILATUS *will unterschreiben, zögert* Das Volk hat das Recht, zu jedem Passahfest von uns die Amnestie eines Verurteilten zu verlangen.

KAIPHAS Wir haben noch einen zweiten, der dem Kreuz verfallen ist: Barrabas.

PILATUS *überrascht* Barrabas, der Straßenräuber?

KAIPHAS Tritt auf das Bema und frage sie selbst; es ist Volks genug versammelt.

PILATUS *geht rechts ab auf die Straße; man hört, wie er mit lauter Stimme fragt* Wen soll ich vom Kreuze lossprechen: Jesus oder Barrabas?

Das VOLK *hinter der Szene, tumultuös:* Barrabas! Barrabas!

PILATUS *kommt zurück, setzt sich; zu Strobylus* Verstehst Du dieses Volk? Einer, der am Sabbat eine Ähre ausgerauft hat, scheint ihnen todeswürdiger als einer, der brandschatzt und mordet.

STROBYLUS In diesem Lande überrascht mich nichts mehr.

PILATUS So nehmt ihn. Ich habe mir sagen lassen, es sei bei Euch Herkommen, daß Ihr Eure Propheten tötet.

KAIPHAS Ja, die falschen, die da Irrlehren ins Volk träufeln.

PILATUS Jede Wahrheit tritt zuerst als Irrlehre in die Welt, denn die Welt ist immer von gestern. *Kaiphas will etwas erwidern.* Nehmt ihn, nehmt ihn! Passienus, gib mir das Todesurteil. *Indem er unterschreibt, zu Strobylus:* Ich habe alles versucht, jetzt bin ich mit meinem Griechisch zu Ende.

STROBYLUS Laß mich machen. *Er nimmt das Todesurteil und gibt es Kaiphas.*

KAIPHAS *wirft einen Blick auf die Papiere* Hier fehlt noch etwas.

STROBYLUS *sieht ihn fragend an.*

KAIPHAS Der Haftbefehl für Eure Legionäre.

STROBYLUS *stellt sich erstaunt* Ihr habt ja das Recht, Leute Eures Stammes durch die Tempelwache in Gewahrsam zu nehmen.

KAIPHAS Du weißt doch, daß heute abend das Passah beginnt und wir während der heiligen Woche an niemand Hand anlegen dürfen.

STROBYLUS Ja, das ist nun Eure Sache.

KAIPHAS *zerreißt sein Kleid* O weh – inzwischen wird er entfliehen!

PILATUS *aufgeräumt zu Strobylus* Da hätten wir ja nun wieder Deine dilatorische Methode.

NIKODEMUS *entfernt sich in höchster Eile.*

KAIPHAS Landpfleger, ist das Dein letztes Wort?

PILATUS Ich habe jetzt –

EIN CENTURIO *kommt nach vorn und erstattet ihm eine leise Meldung.*

PILATUS Die ganze ituräische Kohorte ans Korinthertor! *Zu Kaiphas:* Ich habe jetzt in dieser Sache nichts mehr zu reden.

KAIPHAS Bedenke die Folgen! Rom ist verpflichtet, uns Waffenschutz zu leihen.

PILATUS Nein.

STROBYLUS Jairus kommt.

KAIPHAS *ist ratlos.*

JUDAS *tritt an ihn heran, leise* Er geht heute über den Berg, ich will ihn Euch schaffen.

KAIPHAS *glückselig, küßt Judas* O Retter Israels, Gott segne Deinen Stamm und lasse ihn grünen bis ins tausendste Glied. *Ab mit Judas, alle anderen Mitglieder des Synedriums gehen auch nach und nach ab.*

MARIA *will in höchster Angst auch fort.*

PILATUS Bleib. Das Volk ist heute sehr gefährlich und sucht etwas, woran es seinen Zorn kühlen kann.

MARIA Nein, ich gehe.

PILATUS Wohin?

MARIA Wohin ich muß – zum Nazarener. *Ab.*

PILATUS *vor sich hin* Zum Nazarener.

CLAUDIA *kommt mit Zeichen großer seelischer Erschütterung.*

PILATUS Claudia – Du bist bleich – so hab' ich Dich noch nie gesehen – woher kommst Du?

CLAUDIA Vom Nazarener. *Sie bricht in Tränen aus.*

PILATUS *fährt auf und gibt Strobylus ein Zeichen, sie in ihre Gemächer zu geleiten, was geschieht.*

JAIRUS *kommt* Herr, die Synagoge ist kaum mehr zu halten, das Volk ist außer sich. Es war nicht klug.

PILATUS Man sperre den Tempelplatz vollständig ab.

JAIRUS *salutiert und geht; wie er schon am Ausgange ist, ruft ihn Pilatus noch einmal zurück.*

PILATUS Jairus! Er soll Deine Tochter vom Tode erweckt haben?

JAIRUS Ja, Herr, so ist es.

PILATUS *lächelnd* Aber Jairus –

JAIRUS Herr, ich denke mir, er weckte ihre Seele mit seiner Seele; für ihn schlief sie nur.

PILATUS *schaut erstaunt auf und entläßt ihn mit einer raschen Bewegung, murmelt vor sich hin* Für ihn schlief sie nur ...?

STROBYLUS *kommt zurück; blättert in den Papieren* Was soll man über den Tetrarchen nach Rom berichten?

PILATUS *in Gedanken vertieft* Nichts ...

STROBYLUS Und was die Sache mit diesem Rabbi – *er blickt in die Akten* – Jesus anlangt, so denke ich, da sie doch sagen, er sei die größte Gefahr für ihren Glauben, es wäre gut, wenn die Dinge ihren Lauf nähmen; denn es ist besser, einer verdirbt als ein ganzes Volk.

PILATUS *der ganz in sich versunken ist, wirft einen verwunderten Blick auf Strobylus, erhebt sich und sagt mit starker Betonung* Warum?

Pilatus und Strobylus sehen sich an und verharren in unbeweglicher Stellung.

Der Vorhang fällt langsam.

Zweites Bühnenbild

Gethsemane

Die ganze Vorderbühne wird von einer breiten, zum Teil mit Moos und Kräutern bewachsenen Straße eingenommen; es ist die Straße, die von Jerusalem nach Bethanien führt. Im Hintergrund ein massiver Bergkegel, um den ein schmaler Serpentinenweg führt. Personen, die diesen Hügel besteigen, betreten zunächst die unterste, ziemlich steil ansteigende Serpentine, werden dann für kurze Zeit unsichtbar, erscheinen dann auf der zweiten, entsprechend kürzeren Serpentine, verschwinden abermals und werden schließlich noch ein drittes Mal auf der obersten Serpentine gesehen. Links hinten tiefes Buschwerk; rechts vorne ein Felsblock, aus dem eine Quelle kommt, davor eine natürliche Bank. Wenn auf der Bühne völlige Stille herrscht, ist das Rieseln der Quelle vernehmbar. Hinter der Szene ertönt von Zeit zu Zeit Waffengeklirr und verworrenes Rufen. Spätnachmittag.

Beim Aufgehen des Vorhangs hört man hinter der Bühne links den langsam sich entfernenden Gesang von zarten Frauenstimmen. Nach einer kleinen Pause kommt JUDAS *von links, blickt grollend in die Kulisse, geht zur Felsbank rechts, setzt sich, murmelt einige unverständliche zornige Worte und versinkt allmählich in tiefes Nachdenken. Der Gesang verklingt.*

SIMON PETRUS *kommt tief ermüdet ebenfalls von links, ein totes Lamm auf den Schultern. Er bleibt stehen, wischt sich die Stirn, blickt sich um, bemerkt Judas; erfreut* Ich danke Gott, der mich Dich finden ließ! Wir wähnten Dich verirrt! *Er lädt das Lamm ab.*

JUDAS *blickt auf* Verirrt?

SIMON Ich habe viel mit Dir zu reden. Mein Herz ist voll von Kummer. Unser Meister –

JUDAS *vor sich hin* Unser? Und Meister?

SIMON Ja, ich bin bedrückt. Ich glaube, ich habe nicht

klug gehandelt und auch nicht gut. Ich nannte ihn Messias. Er lächelte und schwieg. Da war mir's, als könnte ich in seinen Augen einen Vorwurf lesen. Doch mag es sein, daß ich mich hierin täuschte.

JUDAS Hierin.

SIMON Er sagte, ich würde ihn, noch eh der Hahn kräht, dreimal verleugnen. Und dann nannte er mich Fels. Wie ein Vermächtnis war's. Als ob er sterben sollte.

JUDAS *zuckt die Achseln.*

SIMON Er hat auch gesagt, daß einer von uns zwölfen ihn verraten wird.

JUDAS Wenn Du das Feuer aus dem Herde fallen siehst und trittst es aus, um Haus und Stadt vor Brand zu schützen, ist das Verrat?

SIMON Gedenke Kains und Abels.

JUDAS Kain war der größere der beiden Brüder.

SIMON Ich fürchte mich vor Dir.

JUDAS Fürchte Dich nicht, Fels.

SIMON Mich Fels zu nennen! Ich ein Fels! Ich bin doch alt! Ich fühle mich zu schwach. Kaum trag ich dieses Lamm. Judas, sei Du der Fels! Du bist's.

JUDAS Fels! Fels für welchen Bau? Zieh Du nur, predigend sein Wort, durch alle Welt! Die Welt ist bilderfroh, und Bilder hat er ja in Menge. Aber: – die Welt ist wie die kleine Quelle da, die alle bunten Bilder ihrer Ufer willig spiegelt und dann geschwätzig weiterrauscht und neue Bilder spiegelt, wie die Landschaft eben wechselt. Doch was behält sie von alledem? Nun stets sich selbst. Und was ist sie selbst? Eintönig törichtes Gemurmel und leeres Wasser .... Ein Reich der Worte hat er gesät!

SIMON Sein Name ist das Wort, sein Acker ist die Zeit.

JUDAS Die Zeit ist hier und nicht – *zum Himmel weisend* – dort! Wie hat's der Römer gemacht? Mit Duldung, Liebe, edlen Reden? In einer Zeit wie dieser ist Liebe Feigheit, milder Sinn Verbrechen. Die Sadduzäer blähen sich in Gold und Purpur und salben sich und mästen sich, die glauben nicht an den, der kommen wird. Wozu auch? Fettre Opferstiere und zartre Kälber wird ihnen der Messias auch nicht bringen. Ihr Messias ist ihr Bauch.

SIMON So bist Du Pharisäer?

JUDAS Pharisäer! Diese Narren, die ihr Leben darüber vergrübeln, ob man am Sabbath zwei oder drei Buchstaben schreiben und eine dürre Feige von einem Haus ins andere tragen darf. Vor lauter Gesetz und wiederum Gesetz ist Gott für sie verschwunden.

SIMON Aber an wen glaubst Du denn dann?

JUDAS An den Ersehnten, der daherbraust im Feuerhauch des Herrn und den Bedrückern seinen Zorn heimzahlen wird im Schmettern der Trompeten mit den Funkenstürmen seines Schwerts! Der endlich Israel emporhebt aus der Asche und die stolze Hure in Rom darniederstreckt in Finsternis!

SIMON *zaghaft* Aber wo ist er, und von wannen soll er kommen, dieser König?

JUDAS Er meldet sich nicht. Er ist plötzlich da. Er kommt wie das Schicksal.

SIMON Und doch hieltst Du die Zügel des Eselsfüllens, als der Meister in Jerusalem einzog.

JUDAS Ja! Das tat ich damals, weil ich glaubte, er sei der Rechte! Weil er anfangs machtvoll auftrat und die Händler aus dem Tempel stieß. Doch als das Volk, von seinem Wort geblendet, ihn zum König ausrufen wollte, da hatte er die Kraft nicht, solchen Glanz zu tragen, und zog sich scheu zurück auf Berg und See und Blumenwiesen und predigte! Von seinem Gott, der alle Kleinen liebt, die Müden, Mißgewachsenen, Verdorbenen, die Dummen und die Dumpfen! Damals ward mir's klar: der ist nicht der Messias.

SIMON Er hat sich ja auch niemals so genannt.

JUDAS Wär's nur das, daß er der Rechte nicht ist! Doch er ist Schlimmeres. Er ist das größte Hindernis für den, der kommen soll, er ist der Felsblock, der dem Großen, auf den wir harren, im Weg liegt. Er verdirbt das Volk, statt es, wie unser aller Pflicht, für seine Siegestage würdig zu bereiten. Das Römerreich ist im Verfall, man sieht's an tausend Zeichen. Über seinen Trümmern werden wir ein Reich errichten, ein neues Reich auf sichrem Grunde, nicht wie das römische auf einem Frevelglauben aufgebaut, in dem der hohle Wahnwitz aller Völker bunt sich mengt – nein, auf einen Geist gegründet, des Ewigen Geist, und darum ewig während. Doch ein Prophet, der wie ein Bräutigam im Hochzeitszuge durch das Land zieht, Lieder singend, Feste feiernd und mit Kindern spielend – was soll uns der? An seiner Seite sollen Helden schreiten, mit scharfen Lanzen statt der weichen Reden! Er schlägt sein Lager auf in grünen Matten, zum Zwiegespräch mit Bäumen und mit Lämmern, der Messias wird ein andres Lager schlagen.

SIMON Kann Gott nicht im stillen Strauch, im stummen Tier verkünden, was er meint?

JUDAS Zu Moses sprach Gott im brennenden Strauch und durch schwarze Wolken, und ich höre seine Meinung, seit Israel am Boden liegt, nur noch im Blitz, in Sturm und Wetter!

SIMON Ich seh's, der Meister ist um einen Jünger ärmer. *Er will sein Lamm aufnehmen.*

JUDAS Und Du hast ihn in diesem Augenblick zum erstenmal verleugnet.

SIMON *läßt das Lamm fallen* Judas! Du sprichst Dinge, die erst sind, wenn man sie sagt. Ich könnt' ihn nie verlassen, selbst wenn ich glaubte, er hat unrecht. *Fast weinend:* Ich liebe ihn! Er ist wie die Frucht in der Blüte.

JUDAS *halb für sich* Oder wie die Frucht in der Reife ... Du hast zwei Wege. Entweder folge diesem – *er deutet nach links* – und baue aus trägen Wünschen, kranken Träumen und armen Worten den Zöllnern, Bettlern, Dirnen einen Nebelgott! Oder harre mit mir auf den, dessen Zunge Feuer und dessen Leben Macht und Schwert ist! Du kannst wählen, doch wähle bald, denn nahe ist der Tag. *Er geht rechts ab.*

SIMON *bleibt allein, sieht einmal nach links, einmal nach rechts, dann wieder nach links und geht schließlich in der Mitte durch die Büsche.*

Ein Trupp Legionäre zieht vorüber; JÜDISCHES VOLK *folgt mit Haß, unterdrückten Flüchen und geballten Fäusten in einiger Entfernung.*

DER EINE Wehe, römische Kaiserbilder am heiligen Tempeltor! Adler am Bethaus!

EIN ANDERER Das Haus des Herrn geschändet, Gottes Gesetz in den Kot getreten!

EIN DRITTER Wir sind in der Gewalt des Tieres mit den eisernen Zähnen. Fluch über die Hundesöhne aus Rom!

THEUDAS *in eine Ecke gedrückt, bucklig, mit struppigem rotem Bart, in düsterem Prophetenton* Das ist die Hand des Herrn, weil Ihr duldet in Eurer Mitte Götzendiener, Sabbatschänder und Tempellästerer und lasset den ungestraft, der kam mit den zwölfen, und weil Ihr besucht griechische Schulen, auf denen mehr Fluch lastet als auf dem Manne, der das Schwein züchtet.

EIN SCHRIFTGELEHRTER Schweig von unseren Schulen, der Du nicht weißt, wie man das Heilige liest, wenn wir es Dir nicht an den Mund reichen wie dem unmündigen Kinde.

EINER AUS DER MENGE Seht den Hellenisten!

THEUDAS Ich aber sage Euch: nicht die Priester sind's, die das Volk führen werden zur Errettung, und nicht die Schriftgelehrten und nicht der Weißgewaschene überm See – höret auf m i c h! Als ich nachts lag, erschienen mir zwei Engel, weißer gekleidet denn Kreide, ein großer und ein kleiner. Und der große sagte: ziehe hin mit denen, die Dir glauben, an die Wüste am Jordan, dort wird das Wasser sich teilen in zwei Teile auf Deinen Wink. Und im nämlichen Augenblick werden die Mauern von Jerusalem einstürzen und der Weg frei sein für die Deinen, auf daß sie dort einziehen und herrschen auf immerdar.

EINER Ist es wahr, was er da redet?

MENACHEM *bisher unbemerkt* Wahr ist's – und er ist auch aus Davids Stamm.

EIN ANDERER *tritt hinzu* Was? Schon wieder ein Messias?

Ein Mann in einem weiten mausgrauen Mantel bewegt sich langsam, fast schwebend, bisweilen stockend, quer über die

Bühne, immer starr vor sich hin blickend und niemanden beachtend. Er kommt von links hinten nach vorne rechts. Während er geht, sagen die JUDEN:

Wer ist das?

Ein ganz Fremder.

Er sieht aus wie eine Fledermaus.

Er ist immer unterwegs.

Niemand hat ihn noch je einkehren, sitzen oder schlafen gesehen.

Vielleicht hat er ein Gelübde getan.

Wie er geht! Es ist, als ob er gar nicht den Erdboden berührte.

Sucht er etwas?

Was sucht er?

Er sieht niemanden an.

Es ist, als ob er durch alle Dinge hindurchsähe, wie durch die Luft.

Wer ist er denn?

Alle zucken die Achsel. Schließlich sagt einer: Ich kenne ihn auch nicht. Aber seinen Namen hab ich einmal gehört. Er heißt A – Aha – Ahasver.

Die Juden sind instinktiv vor ihm zurückgewichen wie eine geängstigte Schafherde und lassen ihn vorbei. Während er rechts abgeht, ist eine tiefe beklommene Pause. Die Juden tuscheln hinter ihm her, ohne noch einmal den Namen »Ahasver« auszusprechen, und gehen ihm nach.

SIMON *und* JOHANNES.

SIMON Trauere nicht, denk an des Meisters Wort. Wir sehen uns alle wieder.

JOHANNES Ich trauere nicht um sie allein.

SIMON Und wen noch sonst?

JOHANNES *ausbrechend* Um mich – um mich – und nur um mich! Sie ist ja glücklich – wo sie auch weilen mag, um sie muß Sonne sein. Doch ich! Vor mir liegt nichts mehr als ein endlos langes Leben, bis an den Rand gefüllt mit Reue!

SIMON Reue? Wer hat je reiner, tiefer ein Weib geliebt als Du die weiße Rose, des Jairus bleiche Tochter?

JOHANNES Ich habe sie geliebt und nicht geliebt. Was ist denn Liebe, die tief im Innern verborgen liegenbleibt? Ein Edelstein im Grund des Meeres. Das Weib braucht Liebe, die es sehen, fühlen kann wie Licht und Sonne. Das vermag nur er allein zu spenden, der große Zauberer. Ich dachte nur an mich, ich glaubte, meine Liebe sei für meine Seele da, und sie war doch für sie, für sie bestimmt! Sie hat es nie gewußt, und hätt sie's ganz gewußt, vielleicht wär sie so jäh nicht hingewelkt!

SIMON Sie hat's gewußt.

JOHANNES Doch nicht genug, zu wenig. Nur ein Tausendstel hat sie gespürt, und das durch meine Schuld, durch meine Schuld! *Ab, Simon folgt ihm kopfschüttelnd. Auf der nun frei gewordenen Bühne bemerkt man an der Quelle vier* FRAUEN, *die Wäsche waschen und plaudern.*

DIE GESCHWÄTZIGE Wo ist eigentlich Gott? Die einen sagen, er thront auf Zion, aber dort ist doch der Römer; die andern sagen, er wohnt in der Wüste, andere wieder beten auf Garizim.

DIE AUFFALLENDE Gott wohnt überall, sonst könnte er ja nicht allwissend sein.

DIE PHÖNIZIERIN Ich bin froh, daß ich keine Jüdin bin. Ein Gott, der alles sieht, das muß ja schrecklich sein. Unsere Götter in Tyrus kümmern sich nur um die Opfer.

DIE GESCHWÄTZIGE Der fremde Lehrer aus Galiläa sagt, Gott wohne sogar bei den Heiden, sie wissen es nur nicht.

DIE AUFFALLENDE Ist er schön, dieser fremde Lehrer?

DIE GESCHWÄTZIGE Schön wie der Tag; einige sagen, er sei der wiedererstandene Jochanaan, den Herodes töten ließ.

DIE AUFFALLENDE Herodes ist auch ein schöner Mann. Sein Weib war früher seines Bruders Weib; aber sie hat ihren Ersten verlassen des Herodes wegen.

DIE STILLE Die kannst Du so etwas laut sagen?

DIE AUFFALLENDE Warum nicht? Der andere war ja bucklig, und Herodes ist schön.

Die Geschwätzige Der fromme Rabbi sagt, alle Menschen seien gleich schön.

Die Phönizierin Warum soll man darüber nicht laut reden?

Die Geschwätzige Ja weißt Du denn nicht, daß es Blutschande ist, wenn man das Weib seines Bruders zur Frau nimmt?

Die Phönizierin Wie ist das möglich? Der Weihrauchhändler, der neben uns wohnt, mußte doch die Frau seines Bruders heiraten, als dieser starb. Er hat es nicht einmal gern getan, denn ihm gefiel eine andere besser.

Die Geschwätzige Wenn der Bruder stirbt, muß man seine Witwe heiraten, sonst begeht man eine große Sünde.

Die Phönizierin Und wenn man sie heiratet, solange der Bruder noch lebt?

Die Geschwätzige Dann ist es Blutschande.

Die Phönizierin Das sind ja häßliche Sitten!

Die Geschwätzige Ihr habt häßliche Sitten! Bei Euch muß ein Weib sich im Tempel einem Fremden hingegeben haben, ehe sie heiraten darf.

Die Phönizierin Das ist doch für Astarte. Wir haben Priesterinnen, die sich ihr ganzes Leben lang für die Gottheit Fremden hingeben.

Die Auffallende Ich finde diese Sitte nicht häßlich.

Die drei *schicken sich an, mit ihrer Wäsche zu gehen.*

Die Phönizierin *zur Stillen* Kommst Du nicht mit?

Die Stille Ich will nicht nach Hause – ich fürchte mich allein. Mein Kind ist gestern gestorben.

Die Geschwätzige Du hast doch Deinen Mann.

Die Stille Mein Mann hat den Aussatz und wohnt in den leeren Gräbern am Kidron. *Die drei ohne die Stille ab nach rechts.*

Zwei Kaufleute *ein sehr alter schwerhöriger und ein weniger alter, von links.*

Der Schwerhörige *deutet mit dem Stock vor sich hin in die gegenüberliegende Kulisse* Was geht da vor – was für Menschen?

DER JÜNGERE *ihm ins Ohr* Sie lärmen wegen der Adler.

DER SCHWERHÖRIGE *ihm ins Ohr* Die Adler –ich hab keine Adler gesehen!

DER JÜNGERE *noch lauter ihm ins Ohr* Adler an der Betschule!

DER SCHWERHÖRIGE Was schreist Du so? Ich will nichts hören. Ich bin neunundachtzig Jahre alt geworden und gut dabei gefahren. Ich hab schon als Junger nichts gehört, wo meine Ohren noch hell waren, unter dem alten Herodes, der sich genannt hat der Große – Gott hat ihn gestraft! Da waren wir Juden die Herren im Land! Nun – und war es da besser? Die Idumäer sind schlimm, die Römer sind schlimm, alle Menschen sind schlimm – gut sind sie nur zum Geschäft. Und was ist die Mutter von jedem Geschäft? Die Freundschaft. Ich hab nichts gegen die Römer: sie bringen Waren, sie nehmen Waren, was gehn mich ihre Adler an? Ich hab mein Leben lang nichts gehört – jetzt als alter Mann werd ich auch nichts sehen. Ich seh keine Adler – ich bin auch auf den Augen taub. *Rechts ab mit dem Jüngeren.*

An der Quelle entsteht eine kleine Bewegung. Einige Menschen sammeln sich an, mit Zeichen großer Erregung und Verwunderung. Unter ihnen ist SIMON.

SIMON Eine Tote erweckt! Das ist die Krone aller Wunder. Das hat noch keiner vor ihm vollbracht. Wer vermag nun noch zu zweifeln? Gott wird nun wieder vor aller Augen sichtbar wie einst zu Moses Zeiten. Zu Johannes! Zu Johannes! *Sie haben sich unter diesen Worten über die Bühne bewegt und verlieren sich nach links.*

DIE STILLE *schreit auf* Der Mann ... oh, der Mann ... sagt mir, wo find ich ihn ... den Mann ... den Mann ... *Sie tastet sich nachtwandlerisch über die Szene, ihnen nach.*

Posaunen vom Tempelberg.

NIKODEMUS *und* MATTHÄUS *treffen sich in der Mitte der Bühne.*

NIKODEMUS Wo ist der Meister? Er verließ mein Haus. Er soll noch heute vom Tempelrat ergriffen werden. In kurzer Zeit ist aber Passaheingang. Jeder Augenblick ist kostbar. Ich warnte ihn. Gerade heute!

MATTHÄUS Der Weg zum Wasser ist noch frei. Dort muß er sein. Andreas ist ein guter Ruderer.

NIKODEMUS Gerade heute! *Sie gehen nach verschiedenen Seiten ab.*

QUIRINIUS *der Zensor, ein hagerer, trockener Altrömer von etwa fünfzig Jahren, und* STROBYLUS *kommen im Gespräch.*

QUIRINIUS Kein Karthago, bei weitem kein Karthago. Und dennoch sage ich: zu zerstören.

STROBYLUS Glaube mir, Quirinius, der geschlossene Janustempel ist der geöffnete Tempel Merkurs und Apolls.

QUIRINIUS Für mich ist Merkur der unterste der Götter. Wüßte ich nicht so bestimmt, daß Äneas ihn aus Troja mitgebracht hat, ich würde darauf wetten, die Juden haben ihn eingeschleppt. Wir haben die Welt nicht mit Hilfe Merkurs erobert, und jetzt besteht die Gefahr, daß er uns erobert.

STROBYLUS Du catonisierst schon wieder.

QUIRINIUS Sei's drum. Und ich mache mir auch nichts aus Apoll. Das sind griechische Idiosynkrasien. Die Griechen sind Schwätzer, ihre Dichter haben aus ganz Hellas ein Tollhaus gemacht.

STROBYLUS Augustus war kein Grieche und hat doch auch die Künste geliebt und sogar selber Gedichte gemacht.

QUIRINIUS Augustus war Kaiser; ein Kaiser muß alles können. Ich bin bloß Censor.

STROBYLUS *lachend* Die Werke, die du schreibst, sind eben die Steuerlisten. Und das ist die angefeindetste Art von Literatur, die es gibt.

QUIRINIUS Leider ist heutzutage ein Censor nur für diese Dinge da. Ich wollte, ich wäre auch Censor für die Sitten, wie es einst war. Rom gefällt mir schon lange nicht mehr.

STROBYLUS Wir sind jetzt kein Bauernstaat mehr, wir sind ein Imperium. Und da herrschen notwendig andere Sitten.

QUIRINIUS Imperialismus! Ein neues Schlagwort. *Sie gehen vorüber.*

KAIPHAS *kommt mit drei Tempeldienern.*

KAIPHAS Habt Ihr alles abgesucht? Ihr habt nicht alles abgesucht! Seht mir nur überall hinein. Man hat schon Fälle erlebt! Es ist schon vorgekommen, daß Gewisse aus reiner Bosheit gegen das Sanhedrin, ohne dafür bezahlt zu sein, Feinde des Glaubens verborgen haben. Wenn ich nur einen von seinen Schülern fände, man könnte ihm etwas androhen oder Geld geben. Doch die sind wie die Feldmäuse, man bekommt sie nie zu sehen, aber sie schaden im Dunkeln. *Nach hinten:* He – da hab ich was gehört! Malchur, leuchte mir doch einmal in diesen dunklen Busch hinein! *Ein Tempeldiener zündet eine Fackel an, sie gehen in den Busch, man sieht im Busch ein Licht hin und her gehen.*

ZWEI PERIPATETIKER *schreiten vorüber.*

DER ERSTE Er hat Dämonen ausgetrieben?

DER ZWEITE In großer Anzahl.

DER ERSTE Es wird sich um gewöhnliche Epileptiker gehandelt haben.

DER ZWEITE Nein, es waren richtige Besessene.

DER ERSTE Ein übrigens auch bereits von Hippokrates vollständig aufgeklärter Prozeß. Was für Kuren hat er noch gemacht?

DER ZWEITE Lahmenheilung durch Handauflegung.

DER ERSTE Ein im wesentlichen auf Kontraktion der Säfte basierendes Vorgehen. Nach der Methode der kleinsten Teile.

DER ZWEITE Er ist aber doch ein höchst eigenartiger Kopf. Er hat doch tiefe und neue Gedanken.

DER ERSTE Ja, aber er spricht so einfach darüber, daß man fast glauben möchte, er versteht sie nicht.

DER ZWEITE Manches in seinen Reden erinnert an die Apopthegmaten des Timotheus von Agrigent. Was hältst Du von diesem?

DER ERSTE Timotheus von Agrigent? Ja, das – *Sie gehen ab.*

NIKODEMUS *und* MATTHÄUS *von verschiedenen Seiten.*

NIKODEMUS *wirft einen angstvoll fragenden Blick auf Matthäus.*

MATTHÄUS Ich finde ihn nicht – er hat wohl einen einsamen Platz gesucht, um ungestört beten zu können. Er sagte, es sei seine Schicksalsstunde.

NIKODEMUS Wir müssen ihn finden.

Die Posaunen ertönen abermals.

NIKODEMUS Der zweite Tempelruf! *Beide zusammen ab.*

Die Tempeldiener kommen aus dem Busch zurück. SIMON *wird sichtbar.*

DER EINE Wer ist da?

DER ANDERE Hörst Du's denn nicht an seiner Sprache? ein Galiläer. Sicher einer von den Fischessern.

DER EINE *zu Simon* Bist Du einer von den Begleitern des Rabbi von Nazara?

SIMON Nach wem frägst Du?

DER EINE Nach dem Nazarener.

SIMON *verhüllt sein Gesicht, kaum hörbar* Ich kenne ihn nicht.

DER EINE Dann laßt uns weitergehen. *Im Abgehen zum anderen:* Wie kommt es aber, daß er aus Galiläa ist und nichts von ihm weiß?

DER ANDERE Nicht alle sind verführt. *Beide ab.*

SIMON *weinend* O Herr, ich bin unwürdig, Dein Diener zu sein!

NIKODEMUS *und* MATTHÄUS *kommen zurück* Nichts, nichts!

SIMON Oh, wir sind nicht die Freunde, deren er bedarf!

In diesem Augenblick ertönen ungeheure Posaunenklänge vom Tempelberg, von Harfen begleitet.

NIKODEMUS Passaheingang! Er ist gerettet!

MATTHÄUS *fällt auf die Knie* Dank, Herr in der Höhe – gerettet!

SIMON *sinkt halb ohnmächtig ebenfalls in die Knie* Gerettet!

Sie beten zum Gesang, und zwar nach jüdischem Ritus.

Sonnenuntergang, es wird allmählich finster.

Während der folgenden Szene reden sie im Hintergrund mit an-

deren Jüngern und Anhängern, auch Frauen, die ihre Freude äußern.

QUIRINIUS *wird rechts vorne an der Rampe sichtbar, in ruhiger wartender Stellung.*

JAIRUS *erscheint nach einer kleinen Pause auf der linken Seite der Bühne, ebenfalls ganz vorne an der Rampe, in spähender Haltung; er bemerkt Quirinius, sie salutieren einander, ohne ein Wort zu sprechen. Er wirft einen kurzen, wachsamen Blick nach hinten, nähert sich vorsichtig Quirinius und flüstert ihm etwas zu.*

QUIRINIUS *nickt* Wie ich sagte. Auch am Ostufer?

JAIRUS Die ganze Stadt ist auf!

QUIRINIUS Wir haben zu lange zugesehen. Nun heißt es rasch handeln.

JAIRUS Was soll geschehen?

QUIRINIUS Wir müssen zeigen, daß Judäa römisch ist. Wo zwei Wege sich kreuzen, wo ein größeres Haus ist, kurz überall, wo Menschen sich treffen, stehe ein römischer Soldat – und wenn's nur einer ist. Jeder Verdächtige wird sofort verhaftet. *Von ferne ein sanfter, heiterer Gesang.* Was ist das?

JAIRUS Die Griechen.

QUIRINIUS *bitter* Das halbe Land brennt im Aufruhr, die Schwerter klirren, und die Griechen singen! *Beide ab. Während des Nachfolgenden Tuben, bald fern bald näher.*

MARIA *kommt erschöpft auf die Bühne und setzt sich auf einen Stein.*

JUDAS *kommt von der anderen Seite.*

MARIA *auf ihn zu.*

JUDAS *mit einer unwilligen Gebärde* Was wieder? Klagen? Bitten? Vorwürfe? *Maria wehrt ab.* War ich es, der Dich von Deinem Gatten zog? Das war nicht ich. Das war die Natur selbst. Das war Gott.

MARIA *schaudert* Du lästerst.

JUDAS *lacht kurz* Ja, ich weiß es, es ist Lästerung in Eurem Munde und in Euren Ohren. Freilich, Euer Gott muß gut und gnädig sein, weil Ihr einen starken nicht ertrügt. Doch wenn er stets das Gute wollte, hätt' er Euch nicht längst zerschmettert? Aber er läßt Euch lieber leben, weil alles Große langsam reifen soll.

MARIA Sprich weiter! Wie herrlich bist du, wenn Du so in Flammen stehst! Wie eine rote Wolke ist's um Dich, wenn Du im Grimm emporschwillst, ein andrer Moses!

JUDAS Schweig, o schweig! Ich – Moses, der nichts, zum Schutz des Tempels nichts vermag! *Verzweifelt ab.*

MARIA *erstaunt* Judas! Judas! *Sie folgt ihm in einiger Entfernung. – Bewegung im Hintergrunde.*

NIKODEMUS Neue Gefahr! Der Garten ist voll von Häschern – es ist offenbar Aufruhr in Jerusalem! Jeder Mann, der sich außerhalb der Stadt aufhält, kann auf Anzeige irgendeines beliebigen verhaftet werden. Wenn das den Meister träfe! *Sie horchen.* Nichts regt sich als die Stämme der Platanen, in deren Blätterdach der Nachtwind rauscht!

SIMON Wie Flammen züngelt's durch die Büsche – überall Fackeln und Menschen und Fackeln.

Pause. Die Quelle rauscht.

NIKODEMUS Halt, hier – ein Schatten.

EIN DRITTER JÜNGER *nur seine Stimme* Wer ist hier?

SIMON Ich, Simon, der Fels.

DER DRITTE JÜNGER *nur seine Stimme* Ich bin's – Andreas aus Bethsaida – wo ist der Meister?

SIMON *laut* He – he –he!

NIKODEMUS So schweig doch!

SIMON Ich muß meine Stimme hören.

JOHANNES *kommt vorne vorbei.*

NIKODEMUS Da ist Johannes!

JOHANNES Ihr Toren – glaubt Ihr, sein Schicksal sei in Eurer Hand? In irgendeines Erdgeborenen Hand? Wer seid Ihr, daß Ihr es wagt, ihm zu helfen? Wenn Ihr seiner wahren Meinung folgen wollt, so richtet Euer kleines Leben ein, so gut Ihr's könnt, in Wahrheit, Demut, Liebe. Ihm laßt seinen Weg und wagt nicht, ihn zu kreuzen. Oder wagt es, es ist völlig gleich.

SIMON Wir sollen ruhig zusehn, wie ihm ein Leid geschieht?

JOHANNES Vielleicht ist Leid der Sinn. Wer darf so kühn sein, hier zu deuten?

ANDREAS Den Meister retten ist der Jünger Pflicht.

JOHANNES Den Meister retten. Welch tolle Vermessenheit! Ihr habt ihn nie verstanden! *Ab.*

Der Mond tritt aus den Wolken.

MARIA *taucht plötzlich aus dem Dunkel* Wo ist er? *Alle fahren erschreckt auf.* Sucht ihn! Helft ihm! Warum zaudert Ihr? *Schweigen.* Wo ist er?

SIMON Er ist verschwunden.

Ein ferner Ruf: He – he!

DIE JÜNGER *durcheinander* Wer ist der?

EIN MANN *wird auf der dritten Serpentine des Berges sichtbar, winkt und verschwindet.*

DIE JÜNGER Das ist Matthäus!

MATTHÄUS *wird auf der zweiten Serpentine sichtbar und ruft laut* Er ist gefunden! *Verschwindet.*

DIE JÜNGER Gott sei gelobt!

MATTHÄUS *wird auf der ersten Serpentine sichtbar.*

DIE JÜNGER Wo ist er?

MATTHÄUS Er ist – er ist – *Eilt ihnen entgegen.*

DIE JÜNGER *ihm ebenfalls entgegen* Pst – nicht so laut!

Alle drängen auf Matthäus ein, ein großes Durcheinander.

SIMON Oh, das ist gut, da wird ihn niemand finden!

NIKODEMUS Ich eile zu Claudia, sie ist ihm wohl gewogen.

Er geht nach vorne.

EINE RÖMISCHE WACHE *steht plötzlich da* Zurück!

NIKODEMUS Laßt mich durch, ich gehe zu Claudia, der Gattin des Prokurators.

DIE WACHE Zurück!

Neuerlicher Trubel; alle reden durcheinander: Hinauf! Zu ihm! Nicht übern Berg, das könnte auffallen! Lieber am Fuße des Berges! Durch die Büsche! *Ein Teil verliert sich, einige, darunter Simon und Maria, bleiben zurück.*

JUDAS *kommt suchend, geht unruhig hin und her.*

MARIA *sieht ihn anfangs nicht, stürzt dann mit einem freudigen Ausruf auf ihn zu* Du mußt ihn schützen, denn Du kannst's allein! In Dir ist Kraft! Er kann sich – will sich ja nicht schützen. Einer muß ihn schützen!

JUDAS Hab ich die Macht? Bin ich Cäsar? Bin ich der Oberpriester?

MARIA Du bist der Wille!

JUDAS *wird aufmerksam* Du weißt, wo er ist?

MARIA Ja, und Dir will ich's sagen!

JUDAS *blickt gespannt Maria an.*

MARIA Doch nein, jetzt ist mir's plötzlich, als ob ich Dir's nicht sagen wollte – Du bist so anders heut – größer – nein – nicht größer – aber anders. In Deinen Augen ist etwas ... *schreiend:* Böses! *Will fort.*

JUDAS *faßt sie an den Händen* Bleibe!

MARIA *blickt ihn starr an.*

JUDAS *langsam* Wo ist er?

MARIA *blickt ihn an und schweigt.*

RÖMISCHE WACHEN *mit Fackeln kommen von links nach vorne.*

JUDAS *mit raschem Blick auf diese, hastig, leidenschaftlich* Ich will es wissen – ich will!

MARIA *sinkt in die Knie, bewegt wie geistesabwesend die Lippen.*

JUDAS *beugt sich über sie und lauscht.*

MARIA *haucht etwas.*

JUDAS *schleudert sie mit der linken Hand zu Boden, geht zu den Wachen und deutet mit der Rechten gebieterisch nach der Bergspitze.*

DIE WACHEN *eilen polternd die erste Serpentine hinauf und verschwinden.*

MARIA *liegt am Boden, wimmernd* Judas!

DIE WACHEN *werden auf der zweiten Serpentine in höchster Eile sichtbar und verschwinden.*

MARIA *richtet sich halb auf, faßt mit beiden Händen in die Luft und kreischt* Judas!

DIE WACHEN *sind mit ihren Fackeln auf der höchsten Serpentine zu sehen.*

MARIA *in sich zusammensinkend, verhallend* Judas ... ich! ...

SIMON *stürzt sich in einer Art krampfhaften Anfalls auf einen römischen Soldaten und sticht ihn mit einem Messer nieder. Der Vorhang fällt rasch.*

Drittes Bühnenbild

Vor der Villa des Prokurators in der
Neustadt Bezetha

Links eine hohe Terrasse mit breiten Stufen, die in die Villa führt. Den größeren (rechten) Teil der Bühne bildet ein Fußweg, der gerade vor der Terrasse ein Knie macht. Ganz rechts sieht man eine hohe Terebinthe. Es ist gedacht, daß die Villa auf einen etwa mannshohen steil abfallenden Hügel gebaut ist, der Fußweg über die Anhöhe hinuntergeht und ihr dann parallel läuft. Personen, die sich auf diesem unteren Teil des Weges befinden, sind daher nicht zu sehen; kommen sie von unten herauf, so werden sie zuerst mit dem Kopf und dann allmählich mit dem übrigen Körper sichtbar. Ein wolkenloser klarer Vormittag.

Beim Aufgehen des Vorhangs ist die Bühne leer. Dann hört man einen Pfiff von rechts und einen leisen, entfernteren von links.
THEUDAS *taucht hinter dem Baum auf.*
MENACHEM *kommt, vorsichtig spähend, von hinten herauf. Er trägt einen Sack. Beide flüstern lebhaft gestikulierend miteinander und blicken bald auf die Straße, bald auf die Terrasse.*

MENACHEM *öffnet den Sack, in dem sich allerlei Waffen befinden.*

THEUDAS *zählend* Zehn ... zwanzig ... achtundzwanzig.

STROBYLUS *tritt auf die Terrasse, eine Rolle in der Hand, die er öffnet und aufmerksam liest.*

THEUDAS *und* MENACHEM *entfernen sich nach rechts.*

CLAUDIA *und* PILATUS *kommen ebenfalls auf die Terrasse.*

PILATUS Du wirst doch nicht im Ernst an Träume glauben.

CLAUDIA *setzt sich seufzend und starrt vor sich hin.*

PILATUS *zu Strobylus* Claudia hat nämlich wieder einmal geträumt.

STROBYLUS *weiterlesend* Sehen wir doch einmal im Traumbuch des Artemidorus nach.

QUIRINIUS *kommt hinter der Terrasse hervor und steigt die Treppe hinauf.*

PILATUS Heil Quirinius!

QUIRINIUS Ich komme wegen des Census.

STROBYLUS *auf die Rolle blickend* Ernste Bestimmungen. Unglücklicher Zeitpunkt. Alles kommt zusammen.

QUIRINIUS Die Sache mit den Adlern ist geordnet. Eilbote aus Antiochia, daß nur der Namenszug des Kaisers angebracht werden soll.

STROBYLUS Der fremde Rabbi hat auch einen größeren Anhang, als man denkt.

PILATUS *nervös* Laß den Rabbi.

EIN BOTE *tritt auf* Der Staatsanzeiger. *Übergibt ihn Pilatus und geht ab.*

PILATUS *nimmt den Staatsanzeiger und beginnt zu lesen.*

Eine seltsam geformte, bleifarbene Wolke zieht über die Sonne und verdunkelt für einige Augenblicke die Bühne.

CLAUDIA Oh, die Wolke, wie sie aussieht!

PILATUS Sei nicht überspannt.

Es wird wieder hell.

PILATUS *liest weiter und sagt teilnahmslos* Sejan ist tot.

STROBYLUS Ich wußte es.

QUIRINIUS *nimmt aufgeregt die Rolle* Sejan ist tot?

STROBYLUS Überrascht Dich das? Konntest Du glauben, daß Cäsar die Ermordung seines Sohnes ungerächt lassen würde?

QUIRINIUS Die Ermordung? Drusus hat immer so viel gegessen und getrunken, daß sein Tod nur zu natürlich schien. *Liest kopfschüttelnd weiter.* Der allgewaltige Sejan, um den sich die Klienten drängten wie die Fliegen um den Koch, liegt erdrosselt auf der Verbrecherstiege am Tiber, und jeder Lump darf seinen Leichnam mit dem Fuß treten. So kommen und so gehen die Herren des römischen Weltreichs.

PILATUS Das römische Weltreich ist eine Anekdote.

STROBYLUS *hat inzwischen auch in die Rolle geblickt* Und auch der Tod des großen Pan bestätigt sich. Ägyptische Steuerleute haben deutlich gehört, wie seine Mitdämonen laute Wehklagen um ihn anstimmten, und die griechischen Hofgelehrten haben es in die Annalen aufgenommen. Es ist der erste Fall, daß der Tod eines Gottes amtlich anerkannt wird.

PILATUS Cäsar wird sich unter die Götter versetzen, und die Lücke ist ausgefüllt.

STROBYLUS Tiberius war nie entfernter davon, sich vergöttern zu lassen, als jetzt. Er ist furchtbar einsam geworden. Als ich zuletzt in Capreä war und über die Neuordnung der Getreideflotte mit ihn sprach, da unterbrach er mich plötzlich und fragte: »Du hast meinen Sohn gekannt, Du hast Drusus geliebt?« Und als ich ging, nahm er meine Hand, was er sonst nie tat, und fragte: »Ist es wahr? Ist es wahr?« Ich erwiderte nichts, aber noch vom Schiff aus konnte ich sehen, wie er dasaß und unverwandt in die blauen Wellen starrte.

PILATUS Der verzweifelte Blick dessen, der erkannt hat. Auch dieser fremde Lehrer hat ihn.

CLAUDIA Was sprichst Du, Pontius – Du hast ihn gesehen?

PILATUS *erregt* Ja, ich habe ihn gesehen, ich habe ihn gesprochen. *Pause.* Und ich habe gesehen, daß Kaiphas in der Tat recht hat. Er ist ein König. Freilich einer, den ich nicht absetzen kann, denn er herrscht über ein Reich, das Rom nicht untertan ist.

STROBYLUS Dieses Reich ist ein Traum.

PILATUS *halb vor sich hin* Den vielleicht alle träumen werden.

CLAUDIA Warum hast Du mir verschwiegen, daß Du –

PILATUS *unterbricht sie, ablenkend* Ich vergaß. *Liest weiter im Staatsanzeiger, auflachend.* Und der Rabe des Arruntius, der jeden Morgen die Senatoren mit Namen anrief, ist auch tot. Man hat ihn aus Neid umgebracht. Die Welt verträgt nicht einmal, daß ein Rabe menschlich spricht, wie sollte sie es ertragen, daß ein Mensch göttlich denkt! Sie tun also nur, was sie müssen, indem sie ihn kreuzigen.

CLAUDIA Was sagst Du? Man will ihn kreuzigen?

PILATUS Mein Kind, man muß immer bedenken –

CLAUDIA Man will ihn kreuzigen, und Du wirst es zulassen?

HERODES *kommt in größter Eile, zwei Stufen auf einmal nehmend, die Treppe herauf, mit Helm und vergoldeten Arm- und Beinschienen, aber ohne Mantel. Er umarmt Pilatus, winkt den anderen heftig ab und spricht sehr schnell und aufgeregt* Ich bin nur als Privatmann hier, niemand darf etwas erfahren. In der Sache mit dem Nazarener muß sofort etwas unternommen werden – ich will es nicht – ich habe es satt. Dir brauche ich doch meine Familienverhältnisse nicht zu schildern – und überhaupt niemandem. Wir – *lacht nervös* – wir haben ja eine Art Berühmtheit deswegen. Alle Welt weiß, wie mein Vater, Herodes der Große, zur Regierung gekommen ist. Er hat elf Frauen gehabt, zwei davon hat er enthaupten lassen, eine soll er übrigens zu Tode geliebt haben – *lächelnd* – nun, das wäre ja immerhin – meinen Oheim Aristobul hat er vergiften lassen, den Antigonus hat er im Rausch erstochen, meine beiden älteren Brüder haben wieder ihm nach dem Leben getrachtet und mußten hingerichtet werden, der Antipater von der Doris wurde im Bade ertränkt. Wo die sieben goldenen Armleuchter im Allerheiligsten hingekommen sind, weiß bis heute noch niemand. Und warum hat er in Machärus zwanzig Rabbinen zusammenhauen lassen? An diesem Tage bebte die Erde im ganzen Jordanland. Der Kindermord in Bethlehem ist auch bis heute im Volk unvergessen. Sterbend noch hat er Befehl gegeben, daß in jedem Hause ein Mensch getötet werde, damit bei seinem Tode überall Trauer herrsche. Und ich bin doch nur durch einen Zufall auf den Thron gelangt, weil alle anderen irgendwie ums Leben gekommen waren. Und die Sache mit der Herodias hat schreckliches Aufsehen gemacht. Ich weiß, ich hätte sie nicht heiraten sollen – aber ihr Gatte Philippus hat sich selbst entleibt! Und dann hat dieser Jochanaan sie überall als Blutschänderin ausgeschrien – nach dem Gesetz ist sie es ja auch –, und er hatte vielleicht überhaupt nicht so unrecht, denn ich habe mich mit dem Araberkönig durch die Verstoßung seiner Tochter für immer verfeindet – aber Jochanaan hat es sehr ungeschickt gemacht! Ich habe ihn sehr geschätzt, er war voll Gedanken, und ich habe ihn nur gefangennehmen lassen, um ihn vor der Rache des Herodias zu schützen. Und dann kam diese Geschichte mit der Salome: ich hatte viel getrunken, ich war auch von ihrem Tanz berauscht, und mein Wort hatte ich einmal gegeben – der König von Kappadozien war als mein Gast zugegen – ich konnte es doch nicht brechen! Aber jetzt ist es genug! Du hast mir ja angetragen, ich soll über den Nazarener richten – ich habe es abgelehnt – also gut, ich lehne es nicht mehr ab – ich nehme es an – ich spreche ihn frei! Religiöse Bedenken kommen da nicht in Betracht – unter uns gesagt: ich bin in solchen Sachen nicht empfindlich, ich bin doch kein Idumäer! Vor zweihundert Jahren haben unsere Leute noch Steine angebetet und gar nichts Jüdisches geglaubt. Es sind ja auch in der Tat lauter Haarspaltereien, aber in diesen Dingen ist mit dem Volk nicht zu reden. Immerhin: wegen Sabbathschändung – ein so dehnbarer Begriff –kann man jemanden nicht kreuzigen. Ich glaube an den Sabbath, solange ein Pharisäer in der Nähe ist. Und im übrigen glaube ich an den Sabbath so wie Du! *Er hält erschöpft inne.*

JAIRUS *ist, schon während Herodes sprach, unauffällig mit* LIVIA *hinzugekommen.*

CLAUDIA Livia –

LIVIA *geht auf Pilatus zu, will etwas sagen, fällt aber weinend zu seinen Füßen nieder.*

Pause.

STROBYLUS Du zögerst noch?

PILATUS *steht unbeweglich* Ich zögere nicht. Ich sage nein.

Allgemeine Überraschung.

JAIRUS Herr, das Recht der Gnade –

PILATUS Gnade! Sprich mir nicht das Wort Gnade aus. Wie kann ich ihm Gnade erweisen?

CLAUDIA Wie, Pontius? Du kannst diesen sterben lassen,

nachdem Du ihn gesehen, nachdem Du einmal in diese Augen geblickt hast?

PILATUS Ich habe in diese Augen geblickt, und ich habe nur eines gesehen – die schmerzliche Frage: so also sieht die Welt aus? Auf diese Frage gibt es nur eine Antwort, und er ist soeben im Begriffe, sie selbst zu geben.

HERODES Was Du tust, ist sinnlos.

PILATUS Sinn? Wer sagt Dir, daß es einen gibt? Wir Menschen leiden alle an der Sinnkrankheit.

CLAUDIA Pontius, ich erkenne Dich nicht wieder! Du willst ihn also kalt seinem Schicksal überlassen?

PILATUS *mit erhobener Stimme* Ja, seinem Schicksal!

HERODES Noch ist es Zeit – rasches Handeln könnte ihn noch retten!

PILATUS Handeln! Die Seele alles Handelns ist Blindheit! Wer einmal weiß, kann nicht mehr handeln. Wissen heißt die Tat wegwerfen und die Leidenschaft verleugnen. Alle Eure Taten sind für mich nichts als ebenso viele Tollheiten. *Zu Jairus:* Hast du nicht selbst ihm zur Flucht verhelfen wollen, und er tat es nicht?

JAIRUS Er tat es nicht. Doch meine Pflicht war's, ihn zu schonen und nicht dem Unrecht freien Lauf zu lassen; wie es die Deine ist. *Mit Livia ab.*

HERODES Ich wasche meine Hände in Unschuld. *Rasch ab.*

PILATUS *nach einer Pause vor sich hin* Welch ein Mensch!

CLAUDIA Du hast die Macht – er hat sie nicht.

PILATUS Die Macht! Meine Macht ist von dieser Welt, und die seinige –

STROBYLUS Es gibt nur diese Welt, oder glaubst Du an Zauberei?

PILATUS Nicht an Zauberei – aber an zweierlei Menschen.

STROBYLUS *blickt ihn verständnislos an.*

PILATUS ich glaube – ich meine – es gibt Menschen wie Du, und Du und ich und fast alle anderen, die sind aus Fleisch gemacht. Und dann aber gibt es welche, die sind aus Geist gemacht. Sie leben gleichsam im Luftleeren.

Wer darf wagen, sie zu berühren? Wer *vermöchte* sie zu berühren, selbst wenn er wollte?

QUIRINIUS Das sind hellenistische Gedankendichtungen, die ein echter Römer nicht versteht.

PILATUS Ich wüßte einen Römer, der es verstanden hätte. *Alle sehen ihn fragend an.* Der, nach dem unsere Herrscher genannt sind.

QUIRINIUS Cäsar, der sich zum Herrn der Welt gemacht hat?

PILATUS Um darüber zu lächeln.

QUIRINIUS Der ein Leben voll Ruhm und Tat gelebt hat?

PILATUS Um es durch Selbstmord zu beschließen.

QUIRINIUS Selbstmord?

PILATUS Ja, Selbstmord. Wahrer Heldengröße geschieht nur, was ihr durch sie selbst geschieht. Glaubst Du, ein Nichts von Brutus könnte einen Cäsar töten? Oder ein Nichts von Kaiphas diesen? Kaiphas ist zu klein, ihn zu töten, aber Pilatus ist nicht klein genug, ihn zu retten.

CLAUDIA Das sind die Gedanken eines Mannes. Ich bin ein Weib. *Weint.* Ich kann nur an seinen Tod denken.

STROBYLUS Ich war immer dagegen, daß Du die Prokuratur in Judäa annimmst. Geh nach Spanien, nach Sizilien, nach Picenum, wir haben so viele Länder! Das Klima allein macht hier den Menschen verrückt.

PILATUS Was bedeutet der Himmelsstrich? Alle Orte sind gleich beschwerlich. Überallhin muß ich doch immer mich selbst mitschleppen.

QUIRINIUS Aus Dir spricht die wahnwitzige Weisheit der Griechen. Für mich gibt es nur eine Wahrheit: geradeaus zu blicken und ein rechter Steuermann zu sein.

PILATUS In einem Narrenschiff. *Ab.*

Ein langer Blitz zuckt über den Himmel.

CLAUDIA *betroffen* Ein Blitz am hellen Himmel! Was mag das bedeuten?

STROBYLUS Da mußt Du Quirinius fragen. Über Prodigien ist er am genauesten unterrichtet.

QUIRINIUS Nach der alten etrurischen Blitzlehre bedeutet es Änderung des ganzen bestehenden Zustandes.

CLAUDIA Was für ein Tag. *Sie geht ins Haus.*

Schon während des vorhergehenden Gesprächs haben sich Soldaten aufgestellt und hie und da Menschen angesammelt.

DER LIKTOR *kommt langsam die Treppe herauf und bleibt in abwartender Haltung stehen.*

QUIRINIUS *nickt.*

STROBYLUS So kurz wie möglich.

DER LIKTOR *gibt ein Zeichen, man hört gleich darauf Tubenstöße, die sich fortpflanzen. Immer mehr Volk sammelt sich an.*

EIN CENTURIO *wird hinten sichtbar.*

THEUDAS *ist wieder hinter dem Baum hervorgekommen, trifft sich mit* MENACHEM, *dem er Zeichen gemacht hat* Unternimm heute noch nichts, halte nur vorläufig fleißig Dein Feuer unter den Topf.

MENACHEM Die ganze Oberstadt kocht schon.

THEUDAS Hast Du ihnen gesagt –?

MENACHEM Ich habe ihnen gesagt – *spricht wie auswendig gelernt –:* Steht nicht geschrieben: Du darfst nur untertan sein dem Herrn, Deinem Gott? Und nur dienen dem Tempel? Wer Abgaben zahlt an Fremde, der verrät Gott; wer jetzt die Waffen nimmt, tut es für Gott. Wie Geier schweben die römischen Adler über dem jüdischen Lande. Wehe uns ob des Hauses Hanans, wehe uns ob ihres Schlangengezisches. Sie sind Hohepriester, und ihre Knechte schlagen das Volk mit Stöcken.

THEUDAS Und sag ihnen noch das: Wenn es wahr ist, daß der Messias alles erneuern wird, wozu braucht man dann die wertvollen Tempelgeräte; die kann man fürs Volk verwenden.

Auf dem unteren unsichtbaren Teil der Straße hat sich inzwischen eine große Menschenmenge gesammelt, deren dumpfes Durcheinanderreden nach oben dringt. Ein Teil von ihnen ist über die Böschung heraufgedrängt und füllt die rechte Hälfte der Bühne, von Legionären zurückgehalten.

NIKODEMUS *kommt vorne von rechts und will ins Haus.*

THEUDAS *drängelt sich an ihn* Ich habe mit Euch zu reden.

NIKODEMUS Ich habe Eile, laßt mich.

THEUDAS Ihr seid doch vom Sanhedrin.

NIKODEMUS Ich werde mich zu verantworten wissen.

THEUDAS Es gehen große Dinge vor. Seid auf Eurer Hut, man will etwas gegen den Tempel unternehmen.

NIKODEMUS *stampft mit dem Fuß* Ich will mit Euch nichts zu schaffen haben. *Ab ins Haus.*

JAIRUS *ist wieder auf die Terrasse getreten und beobachtet das Volk.*

LIVIA *ist mit Jairus gekommen.*

JOHANNES *steht in einer Ecke und verzehrt sie mit den Blicken. Drei Tubenstöße; erwartungsvolles Gemurmel.*

QUIRINIUS *entfaltet die Rolle und verliest* Im Namen des Cäsars Tiberius Claudius! Für die Iden des Mai wird eine Zählung der Gesamteinwohnerschaft von Judäa, Samaria und Idumäa zwecks Erhebung der direkten Steuern ausgeschrieben. Jeder zu Schätzende hat sich persönlich zu melden und seinen Besitz an Vieh, Schiffen und Sklaven selbst anzugeben. Die Steuerbemessung erfolgt in jeder Toparchie gesondert. Kopfsteuer bezieht sich auf jedermann – *unwilliges Gemurmel* –, Bodensteuer nach Maßgabe bis zur Höhe von Zehn vom Hundert. *Tumult; Quirinius mit erhobener Stimme:* Wer dies versäumt, dem wird sein Haus gepfändet. Falls der Erlös die Höhe nicht ... – *Tumult* –, ... er selbst als Sklave verkauft. *Große Bewegung; Quirinius ist bemüht, sich verständlich zu machen; man hört aber nur noch:* Zählort Capernaum!

EINER AUS DEM VOLK Seufzet auf und stöhnet, Ihr Gesetze unserer Väter!

EIN WEIB MIT EINEM KINDE Treibt Gelder auf, baut Eure Felder, nehmt Euer Blut dazu! Der Römer wird's schon fressen.

THEUDAS *in der Menge* Nur Geduld! Euer Retter ist nicht mehr fern!

DAS WEIB *hebt das Kind in die Höhe* Nehmt auch das Kind dazu!

CENTURIO Zurück!

DAS WEIB Nehmt auch die Milch der Mutterbrust!

CENTURIO Schweig. – Oder –!

QUIRINIUS Laß. Sie sollen schwätzen und zahlen.
Die Legionäre können das Volk kaum mehr zurückhalten.

PILATUS *kommt; bei seinem Erscheinen einen Augenblick respektvolles Gemurmel: »Pontius Pilatus kommt«, »Der Statthalter«. Dann ein Ruf von hinten: »Seht den Räuber in Toga!« Pilatus wendet sich angeekelt ab; wie er schon auf der Schwelle ist, ertönen Bucinen; er wendet sich noch einmal um und sagt:* Was ist?

POSTEN VON DER STRASSE Vortrab der syrischen Kohorte!
Das Volk zieht sich nun doch langsam, unter betretenem Gemurmel zurück. Man hört Rufe wie: »Der Tag wird kommen«, »Fluch den Wölfen aus Rom«, »Wir werden Euch alles anzünden!«, »Herodes ist an Allem schuld!«. Quirinius und Strobylus ins Haus, Jairus nach rechts ab.

LIVIA *bemerkt Johannes, tritt auf ihn zu* Johannes, laß mich Deine Stirn küssen. Auf ihr hat oft des Meisters Blick voll Liebe geruht.

JOHANNES *steht unbeweglich unter ihrem Kusse* Livia ... ich –
Er beginnt zu zittern.

LIVIA Johannes, Du bist bleich –

JOHANNES Leb wohl, Livia ... ich ... Du ... der Meister ist sehr glücklich, so geliebt zu sein.

LIVIA Ich liebe ihn sehr ... und Dich.

JOHANNES So laß mich Deinen Kuß Dir wiedergeben.
Macht eine leidenschaftliche Bewegung. Livia – *Er bezwingt sich.* So küß ich Deine Seele mit des Meisters Seele – *Er berührt ihr Haar, wankt.*

LIVIA Was ist Dir?

JOHANNES Nichts – nichts – ich dachte an den Meister – und an Dich und wie Ihr beide mich so herzlich liebt. *Sie gehen ins Haus.*
Pause.
Die Bühne ist vollkommen leer. Man hört näherkomendes Menschengemurmel, dann ein scharfes römisches Kommando und den regelmäßigen Schritt der Legionäre. Gleichzeitig sieht man die Spitzen von acht Lanzen von rechts nach links hinter dem Abhang vorüberziehen. Hierauf abermals Gemurmel und

aufgeregtes Reden, dann eine Kreuzspitze, die langsam vorüberschwankt. Den Beschluß bildet wieder der taktmäßige Schritt der Legionäre und verhallendes Gemurmel, zuletzt fliegt ein Stein in der Richtung des Zuges. Pause.

Die beiden PERIPATETIKER *kommen hinter der Villa hervor und schreiten über die Bühne nach rechts.*

DER ERSTE Du ersiehst aus alledem, daß das System des Timotheus von Agrigent durchaus nicht frei von Widersprüchen ist.

DER ZWEITE Das kann man aber von jeder Philosophie behaupten.

DER ERSTE Nicht von der meinigen. Sie enthält nichts, was sich kontradiziert.

DER ZWEITE Aber die Widersprüche des Lebens vermag sie doch nicht aufzulösen.

DER ERSTE *gereizt* Das Leben! Das Leben ist ein Schwindel!

DER ZWEITE *triumphierend* Also billigst Du meine Lehre von der organischen Askese!

DER ERSTE Die Askese ist ein anderer Schwindel!

DER ZWEITE *empört* Meine organische Askese! Dann will ich Dir nicht mehr länger verheimlichen, daß Deine Auffassung vom Weltäther lückenhaft und kindisch ist!

DER ERSTE *außer sich* Was? Mein Weltäther – *Sie gehen streitend ab.*

Der Kopf des JUDAS *taucht plötzlich hinter dem Abhang auf. Er steigt langsam höher und blickt angestrengt ins Tal hinab.*

PILATUS *kommt aus dem Hause, blickt unruhig zum Himmel, über den einige zerfetzte Wolken jagen, geht auf und ab, sieht Judas, will ihn anreden, zögert, entschließt sich endlich und geht schnurstracks auf ihn zu.*

PILATUS Du bist Judas?

JUDAS So heiß ich.

PILATUS Aus Korinth?

JUDAS Ich weiß es nicht. Die Leute sagen's. Ich habe nie eine Heimat gehabt.

PILATUS Ich dachte, Jerusalem sei aller Juden Heimat.

JUDAS Ich wurzle in der Stadt, doch in den Menschen nicht.

PILATUS Und doch bist Du ihr Führer gegen jenen.

JUDAS Königliche und Bettler ziehen oft die gleiche Heerstraße. So mag es denn auch scheinen, als hätten sie ein Ziel.

PILATUS Wer ist Euer König?

JUDAS David!

PILATUS Der ist ja schon lange tot.

JUDAS Sein Geist ist nicht tot.

PILATUS Was ist ein König unter den Juden, und was vermag er?

JUDAS König ist immer der, der der Stärkste ist im Glauben.

PILATUS An Eure Satzungen?

JUDAS Nicht an unsere Satzungen, sondern an die Größe unsres Volks.

PILATUS Und wann ist Euer Volk am größten?

JUDAS Wenn es von seinem Gott das Größte glaubt und erwartet.

PILATUS Ist Euer Gott so groß, was bedarf er vergänglicher Menschen?

JUDAS Gott bedarf der Mittler unter den Menschen.

PILATUS Ist er ein wahrer Gott, so bedarf es nicht der Mittler, wohl aber seid Ihr nicht wahre Gläubige, wenn Ihr den Mittler fordert und erwartet.

JUDAS Seit Juden leben, hat Gott sich der Propheten bedient.

PILATUS Viel eher haben die Propheten sich Gottes bedient!

JUDAS Unsere heiligen Urkunden wissen es anders.

PILATUS Eure Urkunden – ich kenne sie nicht! Aber glaube mir, nie wird Gott zu den Menschen kommen.

JUDAS Und Moses? Sah er nicht im Dornbusch den Allerhöchsten?

PILATUS Er fand ihn im Dornbusch, da er ihn suchte.

JUDAS Wir suchen nicht. Wir warten. Er wird kommen. Er muß kommen. Er ist unter uns. Er wird erscheinen.

PILATUS Wer?

JUDAS Der Held, der Sieger, der Überwinder!

PILATUS Und was soll er überwinden?

JUDAS Die Welt, die ganze Welt!

PILATUS Ja – wenn man nur wüßte, was das heißt: die Welt überwinden!

JUDAS Die Welt, die Ihr Römer überwunden habt, die wird er überwinden; zum zweitenmal und für immer.

PILATUS Und wird er darum frei sein? Ist ein Herrscher frei, der herrschen w i l l? Der Herrscher braucht Knechte, und diese sind ebensogut s e i n e Herren wie er der ihrige.

JUDAS Er wird seine Knechte verachten und frei sein.

PILATUS Und wird er auch von sich selbst frei sein? Wird sein eigener Machthunger ihn jemals ruhen lassen? Blickt auf uns Römer, und statt Euch in Neid und Haß gegen uns zu verzehren, sucht von uns zu lernen! Sieh: es gab da ein kleines Völkchen, das wir lange Zeit ebenso haßten wie Ihr Juden uns Römer. Da kam ein Tag, an dem wir unsere Rache kühlen durften: das kleine, hochmütige Volk, das uns so lange getrotzt hatte, geriet in unsere Hände. Wir hatten ihm Vernichtung geschworen, und unser Schwur ist erfüllt worden: es gibt keine Griechen mehr. Wir zerstörten ihre Tempel, wir raubten ihre Tafeln und Bildsäulen, wir verbrannten ihre Bücher und Pergamentrollen: ihr ganzes Leben gedachten wir mit einem wuchtigen Schlag zu verlöschen. Aber ihren Geist vermochten wir dennoch nicht zu töten. Und diesen Geist haben sie uns sterbend als rächendes Vermächtnis hinterlassen: er wird ihren Fall sühnen, tiefer und schmerzlicher, als es das feurigste Kriegsschwert vermag. Dieser Geist erzählt uns täglich und stündlich von dem Unwert unserer Eroberung. Er weist uns unerbittlich von unserem Siegerwerk auf uns selbst zurück, und alle die Städte und Völker, die uns zu Füßen liegen, sind für uns keine Dinge mehr, an denen wir unseren Herrscherstolz sättigen können, sie sind grinsende Fratzen geworden, die uns höhnisch entgegenraunen:

»Was habt Ihr vollbracht? Könnt Ihr etwas besitzen, so lang Ihr Euch selbst nicht besitzt? Ihr seid stärker als wir. Aber seid Ihr auch stärker als Eure Taten? Ihr habt Euch betrogen – betrogen!« – Ihr Juden, lernt von uns Römern! Die Weltgier hat uns arm gemacht. Auf Kaiserthronen sind wir Bettler geworden. Von der Welt umbuhlt, umbuhlen wir uns selber. Warum wollt Ihr siegen, hassen, töten? Lernt lieben, danken und bewundern! Lechzt nicht nach gebeugten Knien, sondern erfleht von Eurem Gott, daß er Eure Knie sich beugen lehre! Dann werdet Ihr die Könige, die wahrhaft Reichen sein, und wir Weltbeherrscher werden zu Euch pilgern und Euch um Almosen bitten!

JUDAS *halb für sich* Die Weisheit des Nazareners …

PILATUS Ich habe mit ihm gesprochen, und er hat mir vieles enthüllt.

JUDAS Die Zeit wird erst enthüllen, ob er die Wahrheit geredet hat.

PILATUS Was ist Wahrheit? Jene Lüge, die die meisten glauben! Betet zu Eurem Gott um den Messias, und wenn er ein gütiger Gott ist, dann – dann sicherlich wird er ihn Euch nicht senden!

JUDAS Ich bete zu meinem Gott, damit er mir meine Wünsche erfülle!

PILATUS Es gibt viele Menschen, die an unerfüllten Wünschen sterben, doch am unglücklichsten sind jene, die an ihrer Wünsche Erfüllung zugrunde gehen.

JUDAS Ich kenne meinen Weg. Gottes Wille ist die Fackel, die ihn erleuchtet. Und Gott weiß von keinem Messias, der am Kreuze stirbt.

PILATUS D e r ist k e i n Messias! Aber ob er sterben wird – *Er geht nach hinten, kommt wieder nach vorn, steigt die Treppe hinauf und dreht sich auf den ersten Stufen noch einmal um:* –Wer weiß? *Er begibt sich auf die Terrasse und bleibt in der äußersten Ecke links unbeweglich an die Brüstung gelehnt. Der Himmel umwölkt sich. Wetterleuchten.*

JUDAS Herr, sendest Du mir diesen zur Prüfung? *Vor sich hin murmelnd:* Gott versucht die Gerechten, aber nur der

Ungerechte versucht Gott. *Plötzlich leidenschaftlich:* Ein Zeichen – Herr – ich bedarf eines Zeichens! *Ferne Donnerschläge.* Hier will ich warten, bis Du mir ein Zeichen schickst, hier will ich harren, bis der Tag erlischt, und wollen, wollen, wollen, daß er stirbt. *Er kauert sich unter den Baum.*

PILATUS *kommt nach vorn, blickt zum Himmel, geht wieder unruhig hin und her und murmelt* Wie sonderbar, daß solche Menschen sterben können! *Plötzlich in einer höchsten Erregung:* Wenn es wahr ist, wie der Rabbi sagt, daß es über den Wolken einen Zeus gibt, der mehr ist als Zeus und mehr sogar als die allmächtige Tyche, die unser Leben dichtet, wenn Du da droben wirklich bist, dann tu ein Wunder! *Rasch ins Haus.*

Der Himmel hat sich noch stärker umwölkt; es ist fast finster; das Gewitter nähert sich. Es treten auf: CLAUDIA, JAIRUS, LIVIA, NIKODEMUS, JOHANNES.

JOHANNES *in höchster Bewegung, wendet sich zum Gehen.*

NIKODEMUS Wohin, Johannes, wohin?

JOHANNES Ich weiß es nicht; der Meister ruft; fort, fort!

Er stürmt den Fußweg hinab; alle sehen ihm erstaunt nach.

MATTHÄUS *kommt von rechts.*

NIKODEMUS *auf ihn zu* Oh, welche Zeiten!

MATTHÄUS *finster* Fürwahr, sonderbare Zeiten. Ich habe Angst.

NIKODEMUS Sei ruhig – Ihr habt nichts zu fürchten.

MATTHÄUS *visionär* Ich muß immer denken an Jochanaans letztes Wort –

NIKODEMUS *überrascht* Sein letztes Wort? Sprich, sprich! Warum verschwiegst Du?

CLAUDIA *blickt hinab* Sieh, wie selbst die Herden zittern und die Erde sich bewegt gleich einem Meer!

JAIRUS Um den Himmel zieht sich's wie ein schwarzer Vorhang!

CLAUDIA Seine Mutter kam. Sie wandelte zwei Tage und zwei Nächte, von einem dunklen Traumgesicht getrieben.

MATTHÄUS Er sprach: Du wirst sehen den, der da kommen wird, aber … *Stockt.*

NIKODEMUS *forschend, eindringlich* Sein letztes Wort!

MATTHÄUS *düster* Aber der Messias ist nicht der … *Schweigt.*

NIKODEMUS *betroffen* Nicht, der da kommen wird? Was sprach er weiter?

MATTHÄUS Dann starb er.

LIVIA *richtet sich hoch auf und fällt mit einem singenden Seufzer zusammen.*

Alle eilen auf sie zu.

CLAUDIA Livia! Ruft den Arzt!

JAIRUS *kniet bei ihr* Laßt. Hier kam ein anderer Arzt. *Er nimmt sie auf die Arme; zu den anderen:* Laßt – ich – allein.

NIKODEMUS Ich ahne etwas, was ich nicht zu sagen wage. Wo ist seine Mutter? Ins Haus zu seiner Mutter. *Alle ins Haus. Der Sturm beginnt durch die Luft zu pfeifen und den Baum zu schütteln.*

JUDAS *erhebt sich aus seiner kauernden Stellung und späht auf die Straße hinab* Adonai, ich höre Dich! Im Sturm, im Sturm! *Er geht voll Unruhe die Treppe hinauf und späht von dort wieder hinab.* Der Tag erlischt! Der Tag erlischt am Mittag! Ist das das Zeichen? *Man hört Schritte.*

JOHANNES *kommt mit einer brennenden Laterne von unten und geht in großer Hast die Treppe hinauf.*

JUDAS *tritt ihm einen Schritt entgegen und blickt ihm fragend, in höchster Spannung, ins Gesicht.*

JOHANNES *bejaht schmerzerfüllt und eilt ins Haus.*

JUDAS *in höchster Ekstase* Er ist es nicht! *Donner, Blitz, Sturm, beginnender Hagel.* Oh, laß mich ihn suchen, laß mich ihn finden, Adonai, der Du Deine Feinde wie Ton vernichtest! *Er steht hochaufgerichtet an der Brüstung, murmelt ein leidenschaftliches hebräisches Gebet und breitet wie beschwörend die Arme über die Stadt aus. Das Gewitter bricht mit voller Wucht los; Hagel prasselt auf die Steinfliesen. Judas zieht die Kapuze über den Kopf und kämpft sich durch das*

Wetter über die Treppe auf die Straße hinab, wo man ihn verschwinden sieht.
Aus dem Hause hört man den Aufschrei einer weiblichen Stimme: »Jesus!«
Der Blitz fährt in den Baum und reißt ihn mitten entzwei.
Der Vorhang saust herab.

Viertes Bühnenbild

Ein anderer Teil von Bezetha

Rechts erblickt man ein Stück vom Garten des Pilatus: Myrten, Zypressen, Thuja und Oleander, von einem Steingitter umgeben. Vor der Gittertür eine Bank. Links ist ein großes Felsengrab zu sehen. Es besteht zunächst aus einem mannshohen Unterbau, auf dem sich erst das eigentliche Grab befindet, das durch einen riesigen Steinwürfel geschlossen ist. Dieser ist jedoch, da er in die Öffnung hineingeschoben ist, nicht zu sehen. Hinten eine sehr breite holprige Straße mit Blick aufs Gebirge. Tiefe sternenlose Nacht. Vor dem Grabe drei Wachen: der Römer, der Ägyptier, der Grieche; zwischen ihnen drei geschichtete Schilde und Speere, darüber eine Fackel. Vor dem Garten eine vierte Wache.

Dieses Bühnenbild spielt hinter einem Gazeschleier.

Der Vorhang geht langsam auf. Die drei Wachen stehen regungslos, wie schlafend. Die vierte ist von einem Baum gedeckt und nicht zu sehen. Von hinten kommt eine Brise, einmal, zweimal, dann stärker und fährt durch die Wipfel der Bäume. Ein Gewitter ist ganz ferne im Abziehen. Der Wind erhebt sich plötzlich mit großer Kraft. Die Fackel flackert hell auf und verlischt. Es ist finster.
Der Ägyptier zieht einen Feuerstein und versucht mehrmals vergeblich, Funken zu schlagen. Dabei stößt er in den Schilderhaufen und wirft ihn um. Er murmelt einen unterdrückten Fluch. Er bekommt jetzt Feuer und entzündet die Fackel.
Pause.
Die drei Wachen stehen wieder regungslos. Der Ägyptier gähnt. Über die Straße fährt ein Marktwagen, von einem Maulesel gezogen, ohne Kutscher. Zwei Männer mit Laternen gehen hinter ihm, leise sprechend. Sie bleiben stehen, deuten über die Berge, blicken aufmerksam zum Himmel und gehen weiter.
Wetterleuchten.

DER RÖMER Jetzt nähert sich's wieder.

DER ÄGYPTIER Das ist ein anderes Gewitter. Es kommt von der anderen Seite.

DER GRIECHE Der Himmel ist zusammengerollt wie ein Buch.

Ein ungeheures Knarren wird vernehmbar.

DER RÖMER Die erste Morgenstunde. Da öffnen sie das große Tempeltor. Die erste Morgenstunde! Und es ist Nacht.

DER GRIECHE Es ist schon der zweite Morgen, daß die Sonne nicht aufgeht.

DER ÄGYPTIER Derlei zählt bei uns in Pelusium zu den Gewöhnlichkeiten. Aber wir haben Beschwörer, die es bannen. Ihr Römer versteht das nicht.

DER RÖMER Es ist eine der außerordentlichsten Erscheinungen. Niemand vermag sich an ähnliches zu erinnern.

DER ÄGYPTIER Ja, hier – und in Rom! Aber am Nil, wie gesagt, da ist es fast etwas Alltägliches. Asklepiades vermochte Nacht in Tag zu verwandeln.

DER RÖMER Wie denn? Nacht in Tag?

DER ÄGYPTIER Oder auch Tag in Nacht. Wenn er die Rechte ausstreckte, wurde die Sonnenkugel schwarz, wenn er die Linke ausstreckte, zerbrachen die Hörner des Mondes. Fast allen unseren Priestern ist dergleichen geläufig. Ihr könnt es nicht. Es ist darum, weil Ihr keine Lichtgötter habt; zum Anrufen.

DER RÖMER In der Schlacht am trasimenischen See wurde es auch plötzlich Nacht. Wir verloren deshalb die Schlacht. Es war aber Mars, unser Kriegsgott.

DER ÄGYPTIER Ja, Ihr Römer habt nur Kriegsgötter.

DER RÖMER Wir brauchen keine anderen.

DER ÄGYPTIER Überhaupt – was versteht Ihr von Religion? Wir haben die meisten Gottheiten. Wir haben zum Beispiel allein viererlei Anubis.

DER RÖMER Euer Anubis hat einen bellenden Hundskopf und kann nicht einmal lateinisch.

DER ÄGYPTIER Aber dafür hat Osiris zehntausend Namen und ist der Vater aller heiligen Aale.

DER RÖMER *leckt sich die Lippen* Wir essen die Aale.

DER GRIECHE *empordeutend* Oh, seht doch nach Westen! Steht dort nicht ein blutrotes Kreuz?

DER RÖMER Wo? Am Himmel? Niemand sieht ein Kreuz.

Die drei starren angestrengt zum Himmel.

THEUDAS *kommt auf die Straße und schleicht sich an den Garten.*

DIE WACHE *tritt aus dem Dunkel und hält ihm den Speer vor.*

THEUDAS Guter Freund –

WACHE Zurück!

THEUDAS Guter Freund, ich muß zum Landpfleger und noch in dieser Stunde.

WACHE Das Losungswort.

THEUDAS Es ist eine Sache von höchster Wichtigkeit. Leib und Leben steht auf dem Spiel.

WACHE Das Losungswort.

THEUDAS Es handelt sich hier nicht um Losungsworte, sondern um weit gewaltigere Dinge, ich – *Er will sich durchdrängen.*

WACHE *schleudert ihn zurück* Weg.

THEUDAS Mein Freund, Du spielst mit Deinem Kopf. Du wirst gleich anders denken, wenn ich Dir sage ... es ist nämlich, es ist – *er bemerkt* MENACHEM, *der auf der Straße aufgetaucht ist* – nichts. *Er geht zu Menachem und bespricht sich leise mit ihm.*

THEUDAS Ah, Menachem, da bist Du endlich! Du bist mein Schwestersohn, Du stehst mir näher als alle die anderen, Dir will ich sagen, was mir widerfahren ist. Heute nacht erschien mir Abraham selber im Traum.

MENACHEM *mit Bewunderung* Abraham selber?

THEUDAS *nickt* Und sagte mir: einer von Euch muß eine Tat tun. Und als ich frug: bin ich es, von dem Du redest, schüttelte er das Haupt und erwiderte: nicht Du, Du bist für das Allergrößte aufgespart. Aber der Dir am nächsten steht, der muß eine Tat tun.

MENACHEM Was für eine Tat soll das sein?

THEUDAS Eine Tat, die eine Rettung ist und ein Beispiel zugleich. Du mußt jemand töten.

MENACHEM Ich soll jemand töten? Ist's eine von den Wachen?

THEUDAS Glaubst Du, ich denke so gering von Dir, daß ich Dir dies kleine Werk auftrüge? Höher hinauf!

MENACHEM *unsicher* Einen Hauptmann?

THEUDAS Höher hinauf! Den, der selber einen Hauptmann töten kann, wenn es ihm beliebt. Hast Du mich endlich verstanden?

MENACHEM Ich hab Dich verstanden. *Pause. Dann mit plötzlichem Entschluß:* Gib mir Deinen Dolch.

THEUDAS *gibt ihm hastig den Dolch* Und tu's von der Seite.

MENACHEM *blickt den Dolch an, steckt ihn ein* Ich tu's von der Seite.

THEUDAS Und wenn sie Dich greifen sollten, sag nichts davon, daß Du mein Schwestersohn bist.

MENACHEM *wie geistesabwesend* Sie werden mich nicht greifen. *Er geht langsam ab.*

THEUDAS *blickt ihm befriedigt nach und verschwindet nach der anderen Seite.*

DER ÄGYPTIER Ich möchte darauf wetten, daß die beiden Kerle Sikarier waren.

DER RÖMER Sikarier? was ist das wieder für eine neue Sekte?

DER ÄGYPTIER Das ist keine Sekte. Das ist eine Mördergesellschaft. Sie rotten sich zu fünft und sechst und zehnt an einen heran, und plötzlich fährt Dir ein Stück Eisen schneller als ein Lichtstrahl in den Leib. Dann werfen sie sich allesamt mit lauten Klagen über den Toten, und Du weißt nie, wer es war, denn das Messer im Rücken redet nicht.

DER RÖMER *summt vor sich hin*

Uns Laren sei gnädig,
Mars, Mars,
Laß ab vom Verderben,
Sei satt, grauser Mars.
Pause.

DER ÄGYPTIER Wer war eigentlich der, dessen Grab wir hier bewachen?

DER RÖMER Ein jüdischer Zauberer, den Pilatus kreuzigen ließ.

DER GRIECHE *leise* Ich stand an seinem Kreuz.

DER ÄGYPTIER Richtige Zauberer gibt es nur bei uns in Ägypten. Da war zum Beispiel Polemo von Saïs.

DER GRIECHE Ich stand an seinem Kreuz bis zum Schluß. Als er starb, stieß er einen Schrei aus.

DER ÄGYPTIER Polemo von Saïs brauchte einen Lahmen bloß anzusehen, und er tanzte und sprang, und wenn er einem Blinden über die Augen strich, so konnte er durch Licht und Dunkel sehen wie ein Leopard.

DER GRIECHE Es war ein höchst sonderbarer Schrei. Ich habe nie aus einem menschlichen Munde einen solchen Schrei vernommen. Es war, als hätten sich alle Empfindungen, die je ein Mensch gehabt, in diesem einen Schrei vereinigt.

DER ÄGYPTIER Polemo kannte auch magische Kräuter, mit denen er Seen und Flüsse austrocknen konnte.

DER GRIECHE Oh, seht – da kommt seine Mutter!

DREI VERSCHLEIERTE FRAUEN *gehen langsam über die Bühne.*

DER GRIECHE *nach einer Pause* Als ich ein Knabe von zwölf Jahren war, da traf ich einmal eine uralte Sibylle.

DER RÖMER Das kann nur in Rom gewesen sein.

DER GRIECHE Es war auch in Rom. Und sie sagte mir, daß eines Tages, noch ehe mein Haar bleich werden würde, alle Götter sterben würden.

DER ÄGYPTIER Götter können doch nicht sterben.

DER GRIECHE Die Sibylle sagte, sie könnten es.

DIE WACHE VOR DEM GARTEN Seid still, Jairus kommt.

JAIRUS *und der* CENTURIO *kommen aus dem Garten.*

JAIRUS Als Julius Cäsar ermordet wurde, fand ebenfalls eine Sonnenfinsternis statt. Sie dauerte aber viel kürzer.

CENTURIO In diesem Lande ist selbst die Natur verrückt.

JAIRUS Kommt da nicht ein weißer Schein von Osten? *Im Vorübergehen zum Römer:* Nichts Neues?

DER RÖMER Nichts, Herr.

JAIRUS Es wird heute zu tun geben. *Indem er sich im Abgehen noch einmal umdreht:* Und schwatzt nicht so viel.

DER RÖMER Der Primipilus hat Recht. Das Reden taugt nichts. Das Wachen fällt einem doppelt schwer, wenn man auch noch denken soll. Laßt wenigstens unsere Ohren schlafen.

DER ÄGYPTIER Kannst Du nicht im Wachen schlafen? Das hab' ich in Bithynien gelernt.

DER GRIECHE Ja, es ist schön, reglos dazustehen und zu träumen.

Die Wachen stehen wieder unbeweglich wie am Beginn der Szene. Der Himmel hat sich in der Tat mit einem nächtlichen weißen Schein überzogen.

EIN HEROLD *geht über die Straße und ruft mit lauter Stimme* Das Kriegsrecht ist übers Land verhängt. Wer Waffen trägt, hat sie unverzüglich im Prätorium abzuliefern. Wer es unterläßt, verfällt der Strafe. *Er verschwindet.* Das Kriegsrecht ist übers Land verhängt. Wer Waffen trägt, hat sie unverzüglich … *Die Stimme verhallt.*

DREI GEHEILTE *gehen hinten vorüber.*

DER ERSTE Mich hat er gehen gemacht.

DER ZWEITE Mich hat er sehen gemacht.

DER ERSTE Uns allen hat er geholfen, mir und Dir und Dir, und sich selbst hat er nicht helfen können. Wie ist das nur möglich?

DER DRITTE Mich hat er hören gemacht. Das hätte er nicht tun sollen. Denn seit ich höre, weiß ich, daß mein Schwager mich auf dem Markte bestiehlt.

DER ZWEITE Seit ich mein Gesicht wieder habe, bemerke ich auch viel Übles, das mir früher unbekannt war. Aber ist das nicht doch das Bessere? Solange ich blind war, war ich glücklich, das ist wohl wahr. Aber nun, da ich sehen kann, habe ich die Möglichkeit, weise zu werden, und das ist mehr als Glück.

DER ERSTE Als ich lahm war, haben mich alle beschenkt. Jetzt sagt mir ein jeder, ich soll arbeiten.

DER DRITTE Ich weiß jetzt, daß mein Weib mich nicht liebt. Solange ich taub war, las ich nur in ihren Blicken, und mit den Blicken können Frauen leicht betrügen.

Aber jetzt höre ich den Ton ihrer Stimme, und nun vermag sie mich nicht mehr zu täuschen.

DER ZWEITE Seit ich sehe, weiß ich von meinem Weib, daß sie es mit dem Palastwächter hält. Es war ein großer Schmerz für mich. Wenn ich blind geblieben wäre, hätte ich weiter an sie glauben dürfen. Aber wenn ich nicht sehend geworden wäre, hätte ich ihr dann verzeihen können? Und ist wissendes Verzeihen nicht mehr als blindes Vertrauen? *Sie gehen vorüber.*

BARRABAS *tritt auf mit einer Rotte. Er ist ein riesiger Kerl mit einem wilden Bart und trägt einen großen Knüttel in der Hand* Laßt keinen durchschlüpfen, der Goldenes oder Silbernes an seinen Kleidern hat, einerlei, ob es ein Römischer oder ein Jüdischer ist. Und habt vor allem auf das fette Priestervolk ein Auge. Die haben jetzt die Taschen voll von Passahsekeln.

EIN BESESSENER *lallt* Wir werden alle Römer schlachten. Wir werden ihr Fleisch essen und uns salben mit ihrem Blute und uns bekleiden mit ihrer Haut.

EINER AUS DER ROTTE Seht den! Wie die sieben bösen Geister ihn hin und her werfen!

BARRABAS *lachend* Das sind die besten im Kampf! Sie fürchten sich vor nichts, weil sie keine Gefahr sehen. Ich ernenne Dich zu meinem königlichen Leibwächter! Und nun folgt mir zur Synagoge! Wir wollen auch eine kleine Tempelsteuer einheben, und kurzer Hand! Jehovah gehört die ganze Welt, was kann ihm an ein paar goldenen Bechern und Schüsseln liegen? Und im Tempel sind die Schuldbriefe verwahrt, die brennen mit! Das wird manchem von Euch nicht ganz unangenehm sein, was, Margaloth? *Er lacht unbändig.* Wenn ich mit Euch zufrieden bin, erhält jeder von Euch eine Tetrarchie!

DIE ROTTE Es lebe unser König Barrabas! *Alle ab.*

Über die Straße kommen JOHANNES, MARIA, MATTHÄUS *und* SIMON *mit einem Esel.*

SIMON Fort von Jerusalem, nur fort aus dieser Stadt des falschen Glanzes ohne Seele. Kommt, folgt mir in die

Heimat, auf die Wiesen Galiläas. Hätt ich sie nur nie verlassen, wär ich nur immer an meinem See geblieben, bei den stummen Fischen. Komm, mein Grauer, wir wollen unsre Bürde weitertragen. Lasttiere sind wir beide, sind wir alle, alle!

JOHANNES Die Sonne fragt nicht, ob sie aufgehen soll, wenn ihren Weg auch noch so schwere Wolken kreuzen.

SIMON *zu Johannes* Trauere nicht um sie. Sie ist bei ihm. Sie starb wie eine Blume, der der Gärtner starb.

JOHANNES Ich trauere nicht um sie. Ich trauere auch nicht mehr über mich. Denn das hab ich nun gelernt: nur Tote kann man wirklich lieben. Die Lebenden sind immer außer uns, die Toten aber, die sind in uns. Die Kraft der Liebe kann nur Totes ganz umfassen, weil nur Totes ihr ganz gehört. Leben ist von Leben durch tausend tiefe Klüfte hoffnungslos geschieden. Tote sind von uns durch nichts getrennt als durch den schmalen Strom der Zeitlichkeit. Und auch den Meister werden wir jetzt erst wahrhaftig lieben können. Nun ist er heilig, denn heilig sind nur die Toten. *Sie gehen.*

MATTHÄUS *sagt im Abgehen* Der Vorhang vor am Allerheiligsten ist zerrissen – mittendurch –, das bedeutet, daß der Messias doch noch kommen muß.

VOLK *kommt von hinten. Rufe: »Wir wollen nicht mehr zahlen!«, »Sie sollen alle Abgaben abschaffen!«, »Und alle Zölle!«, »Und alle Gefangenen freigeben!«.*

THEUDAS *unter ihnen* Wäre es nicht das Beste, Herodes wieder zum König von ganz Palästina zu machen, wie es sein Vater war?

EIN ANDERER Es soll überhaupt niemand über uns herrschen; wir sind ein Gottesvolk.

LUCILIUS *tritt auf, mit einer Rolle.*

EINER Seht den römischen Würger!

EIN ANDERER Was hat er in der Hand?

EINER Sicher wieder ein Raubbefehl!

LUCILIUS Seid Ihr besessen? Das ist ja Aufruhr!

JAIRUS *und der* CENTURIO *kommen zurück.*

JAIRUS Platz!

CENTURIO Das Kriegsrecht ist in Kraft! *Das Volk weicht ungern zurück.*

LUCILIUS Wir sind zu milde gegen dieses Volk. *Ab.*

JAIRUS Zu milde – ja! Aber wir werden Euch zu bändigen – *Er greift nach hinten und stürzt lautlos zusammen.*

EINER *wirft sich über ihn* Oh, edler Mann!

EIN ANDERER Du Zierde Roms!

DIE DREI WACHEN *stürzen herbei und rufen* Ein Sikarier! Ein Sikarier!

CENTURIO Wir werden den Schuldigen zu finden wissen. Ihr seid alle meine Gefangenen!

THEUDAS Jetzt zeigt, was Ihr unter dem Mantel habt!

ALLE JUDEN *ziehen verborgene Waffen hervor.*

THEUDAS *höhnisch* Wir haben jetzt auch Zähne!

CENTURIO *zieht das Schwert und retiriert fechtend* Wehe Euch! Ich komme wieder, und dann werden wir Euch die Zähne einschlagen. *Ab.*

Es entsteht ein Handgemenge; die drei Wachen werden vertrieben, die vierte Wache hat sich geflüchtet.

EINER Der Herr ist mit uns!

EIN ANDERER Auf, alle zu den Waffen!

EIN DRITTER Seht, wie sie fliehen, wenn wir eins sind!

EINER Jerusalem ist unser!

THEUDAS Jetzt fürchten uns die Römer; laßt mich verhandeln!

Das Volk strömt nach hinten und will ab.

JUDAS *kommt ihnen entgegen* Wer spricht da von Verhandeln? Seht Ihr nicht, daß der Tag gekommen ist? *Er drängt sie wieder nach vorne.* Sind nicht die Zeichen da? Steht nicht geschrieben: Wenn der Herr von Zion her brüllt, wird der Boden beben, wie der Nil sich hebt und senkt, und die Sonne wird am Mittag untergehen? Seht! Die Erde zittert, und den hellen Tag deckt Finsternis! Die Messiaswehen sind da! In Krämpfen liegt die Tochter Zions, und wie eine Gebärerin windet sie sich. Der Tag des Gerichts wird kommen wie ein Feuerregen; und alle Übermütigen und Missetäter werden vergehn wie

Stroh. Und Rom wird sein wie ein vom Himmel gefallener Morgenstern.

EINER Hört auf Judas, den Sohn Simeons!

JUDAS Nicht Judas, der Sohn Simeons; Judas, der Sohn des Zornes, der Sohn der Rache! Glaubt nicht denen, die sagen, Israel müsse der Fußschemel sein für die Feinde! Gott ist nicht Stab für Mühe, Seil für Ertrinkende! Laßt brausen und schäumen die Wogen, aber wachet und kämpfet! Der Herr Zebaoth ist mit uns, der Gott Jakobs ist unsere Burg! Schon ist der in unserer Mitte, der uns hilft, nun, da der Morgen tagt. Der Held, der Bogen knickt, Speere zerbricht, der Wagen mit Feuer verbrennt, der die Heiden zusammenrafft in seinem ehernen Schleppnetz wie Fische, der ihr Blut verschüttet wie Staub und ihr Mark verspritzt wie Dreck! Auf tausend Meilen wird man's ihm ansehen, daß er der Rechte ist. Er weilt vielleicht schon unerkannt unter uns. Ein jeder von uns kann es sein. Dieser – dieser – dieser – Du – oder Du – oder ich –

ALLE *wie aus einem Munde* Ja, Du – Du – Du –Du bist der Messias!

JUDAS *zurückweichend* Was sagt Ihr da? Ich – der Messias?

EINER Ja, ja! Ist's nicht wie ein Flammenkranz um sein Haupt?

JUDAS *blickt zum Himmel* Herr, soll das eine neue Prüfung sein?

EINER Wie konnten wir so lange blind sein?

EIN ANDERER Er ist's!

EIN DRITTER Zögere nicht länger!

JUDAS Den Beweis – gebt mir den Beweis!

EIN VIERTER Daß Du zögerst, ist der Beweis! Zauderte nicht auch Moses vor dem Dornbusch? Und sprach: Herr, schicke einen anderen – Herr, schicke meinen Bruder Aron –?

JUDAS Laßt mich denken ...

EINER Hier gibt es kein Denken.

JUDAS Adonai – ist das Deine Meinung? Auch Elias wandelte lange Jahre allein und dachte gering von sich, unbewußt seiner Sendung, bis –

EINER Höre auf mich. Es ist Sünde, Gottes Willen vorzugreifen. Aber es ist ebenso Sünde, Gottes Willen sich zu versagen, wenn er ihn deutlich kündet.

JUDAS *hingerissen* Nun, so brich denn herein, tausendjähriges Schicksal, und schwemme fort, wen Du willst, wen Du kannst! Die Zeit ist angebrochen, wo das Gewaltige den Menschen ergreifen darf!

DAS VOLK Auf zum Tempel! Salbt ihn mit dem heiligen Öle! Gebt ihm das goldene Szepter!

JUDAS Nichts! Nichts gebt mir als ein Schwert! *Es geschieht, er betrachtet es, es bebt in seiner Hand.* Seht, wie es funkelt von Haß und hin und her wankt im Rausche des Zornes! *Er hebt es empor.* Folgt mir nach! Die Römer haben lange genug unseren blutigen Schweiß und unsere zitternde Ohnmacht gefressen – jetzt sollen sie unser Eisen zu fressen bekommen.

DAS VOLK *hebt ihn auf die Schultern* Der Herr Zebaoth ist mit uns! Der Gott Jakobs ist unsere Burg! *Sie tragen Judas begeistert davon.*

EIN LETZTER *folgt langsam* Das muß wahr sein; denn Judas heißt soviel wie Judenkönig.

THEUDAS *ist zurückgeblieben, schleudert ihnen seinen Dolch nach und knirscht zwischen den Zähnen* Dummes Volk! Sklaven des Worts! *Ab.*

Die Erde bebt.

Von der anderen Seite kommen QUIRINIUS *und* PASSIENUS.

QUIRINIUS Welch eine Nachricht! Welch eine Nachricht!

PASSIENUS Kein bloßes Gerücht?

QUIRINIUS Ich fürchte, nein.

PASSIENUS Und ganz plötzlich tot?

QUIRINIUS So plötzlich, wie eben die Schierlingswurzel wirkt.

PASSIENUS *entsetzt* Was sagst Du da? Die Schierlingswurzel?

QUIRINIUS Niemand darf etwas erfahren. Wer davon spricht, wird niedergestoßen. *Hinter der Szene Tumult.*

Verdammt! Da läuft's schon durch die Stadt. Jetzt heißt's die Hand am Schwertgriff halten.

PASSIENUS Zum Prokurator! Zum Prokurator! *Sie gehen in den Garten.*

Die Erde bebt stärker.

VOLK *kommt unter Tücherschwenken und Geschrei in großer Menge auf die Bühne.*

EINER Triumph! Der Kaiser ist tot!

EIN ANDERER Nicht tot! Nicht tot! Ermordet!

EIN DRITTER Von seinen eigenen Leuten beim Mahl vergiftet!

EIN VIERTER Die große Spinne am Tiber ist niedergestreckt von der Schleuder des Herrn, ihre gierigen Fänge sind verdorrt.

EIN ANDERER Und hier flieht Rom vor unsern Waffen! Judas kämpft wie ein Panther!

WIEDER EIN ANDERER Sie weichen vor seinem Blick, noch eh er das Schwert hebt!

Das Volk verläuft sich.

Die vierte Wache kommt zurück und späht ängstlich der Menge nach. Von der anderen Seite kommt in großer Aufregung ein anderer Soldat rasch an der vierten Wache vorbei. Er zeigt einen blutbefleckten Mantel und sagt: »Mordanschlag auf den Prokurator.« Beide bestürzt ab in den Garten. Hornsignale; entfernter Waffenlärm. Der Himmel überzieht sich allmählich mit Feuerschein.

PILATUS *kommt auf* STROBYLUS *gestützt langsam von hinten und setzt sich auf die Bank.*

STROBYLUS Der Stoß glitt an der Gürtelschnalle ab. War diese nicht, so war's der Tod.

PILATUS *hier wie im Folgenden mehr zu sich selbst als zu Strobylus sprechend* Der Tod. Wie sonderbar ist doch der Tod. Wie seltsam ist es, daß die Geister sterben mit den Körpern.

STROBYLUS Du bebst. Ich will um Fackeln.

PILATUS Da lag er, ganz entseelt. Der so viel Seelen weckte, er selbst nun ohne Seele. Welch ein Geheimnis.

STROBYLUS Von wem redest Du? Das Fieber scheint –

PILATUS Er kann nicht mehr zu Ende denken. Und außer ihm kann's keiner. So werden wir ein stummes Rätsel bleiben müssen.

STROBYLUS Du sollst nicht sprechen. Die Schwäche –

PILATUS Er starb, und Rom stand nicht an seinem Kreuz.

STROBYLUS Das Blut fließt wieder stärker. Soll ich um Heliodorus schicken?

PILATUS *ungeduldig* Du siehst ja, daß ich lebe. *Wieder vor sich hin:* Und doch – nun ist ihm ja geworden, was er gewollt hat: die Welt liegt ganz fernab von ihm, ganz fern …

Ein Hornruf.

STROBYLUS Das ist die Ala Reiter, die uns Herodes zur Hilfe schickt.

PILATUS Er ging im tiefsten Ekel. Er hat die Menschheit erkannt und starb daran. Ich habe sie auch erkannt und bleibe leben. Es ist im Grunde wenig Unterschied, der Unterschied einer Geste. Es gibt nur dies: Wissen und sich von der Welt abwenden oder ein blinder Tatenheld sein. Und beides ist nicht das Rechte. Der große Plato hat sein Leben mit Gedanken gefüllt, und es war nicht das Rechte. Der große Alexander hat sein Leben mit Taten gefüllt, und es war nicht das Rechte. Und dennoch gibt es kein Drittes! Zwischen Weisheit und Handeln kein Drittes! Oder weißt Du ein Drittes?

STROBYLUS Nein. Man steht an seinem Platz und ist einmal denkend, einmal tätig, wie es der Augenblick verlangt.

PILATUS Vielleicht haben die Propheten dieses Volkes doch recht. Vielleicht tritt bisweilen doch Gott unter die Menschen. Ein Gott, der nicht im rechten Augenblick erscheint, ist nur ein Ornament.

STROBYLUS Glaubst Du an Theophanien?

PILATUS Ich weiß es nicht. Aber das weiß ich: wenn Gott überhaupt jemals die Erde berührt, so müßte er es jetzt tun.

STROBYLUS Jetzt? In dieser verruchtesten aller Zeiten, wo nur Gewalt, Geld und Genuß am Ruder sitzt?

PILATUS Ebendarum. Zeiten, in denen Güte und Weisheit herrscht, bedürfen keines sichtbaren Gottes.

STROBYLUS Der Himmel ist ganz in Feuer getaucht. Die Juden legen Brand an den Tempel. So fängt es immer an.

PILATUS Bisweilen aber ist mir, als ob es nicht bloß Ekel gewesen wäre, was ihn zum Sterben brachte, als ob er noch etwas anderes damit gemeint hätte …

STROBYLUS Was könnte das sein?

PILATUS Ich weiß es nicht.

STROBYLUS Der Boden donnert unter uns. Man kann nicht recht erkennen: ist es das Erdbeben oder unsere Katapulte?

PILATUS *erhebt sich* Für Großes fallen sah ich viele, für Großes sterben nur den einen. *Er schauert zusammen.* Mich friert.

STROBYLUS Komm, komm ins Haus.

PILATUS Mich friert und 's ist doch eine Maiennacht. *Sie gehen in den Garten.*

Die Bühne ist vollkommen leer. Hinter der Szene Kriegsrufe, Waffenklirren, Hörner und Trompeten, allmählich schwächer werdend.

Die Erde beginnt ungeheuer zu beben.

Der Feuerschein am Himmel verglimmt.

Aus der viereckigen Lücke zwischen dem Felswürfel und dem Grabe dringt helles Licht.

Der Felsblock schiebt sich langsam aus der Öffnung.

Der Lichtschein verstärkt sich.

In dem Augenblick, wo der Würfel an der Kante angelangt ist und im Begriff steht, das Gleichgewicht zu verlieren, fällt ein schwarzer Vorhang.

Wenn der Vorhang unten ist, hört man den Felsblock mit ungeheuerm Krachen zu Boden stürzen.

Kurze Pause bei verdunkeltem Zuschauerraum.

Der Epilog

Wenn der Vorhang sich wieder hebt, ist auf der Bühne die Sonne voll aufgegangen. Die ganze Szene liegt in strahlender Helle, Soffiten- und Rampenbeleuchtung sind jedoch ausgeschaltet, so daß auf die auftretenden Figuren von vorne kein Licht fällt und das nun Folgende den Eindruck eines Schattentheaters macht.

JUDAS *steht hochaufgerichtet, statuenhaft unbeweglich in der Mitte der Bühne und starrt in das offene Grab* Die Nacht ist aus. Nicht mehr hör ich in ihrem Sturme meinen Namen. Die Sonne ist da und trägt sein Antlitz. *Er läßt sein Schwert fallen.* Israel, Dein König ist besiegt. Dein Traum ist ausgeträumt. Gott schenkte Dir den Messias – für eine Nacht! Die Nacht kommt nie mehr wieder. So will ich zur Nacht kommen. *Er löst seinen Gürtel und begibt sich in den Garten.*

Von hinten ertönen verworrene Rufe, in die sich bisweilen eine Art Gesang mischt.

SIMON *und* JOHANNES *schreiten schattenhaft über die Straße.*

SIMON Ich sah ihn – oh, ich sah ihn! Plötzlich stand er am Teich in unserer Mitte und redete mit uns. Und dann ward er vor unseren Augen langsam emporgehoben, und eine Wolke entnahm ihn unseren Blicken und schwebt und schwebt noch jetzt. Sahst auch Du ihn, Johannes?

JOHANNES Nein, Petrus. Ich sah ihn nicht. Wahrhaft selig sind nur, die nicht sehen und dennoch glauben. *Sie gehen vorüber. Die Silhouette des* PILATUS *taucht rechts vorne auf.* LUCILIUS *erscheint links vorne.* QUIRINIUS stößt zu ihm.

QUIRINIUS Wie steht's auf der Burg?

LUCILIUS Ich komme aus dem Tal. Jetzt sagen sie gar, der fremde Rabbi sei zum Leben zurückgekehrt und wandle am Bach.

QUIRINIUS Man besetze unverzüglich das Grab.

LUCILIUS Capito hat bereits Befehl gegeben. Obschon ich glaube, daß von dieser Seite nichts zu fürchten ist.

QUIRINIUS Einerlei.

PILATUS *nebenhin* Sie rufen ihn wohl zum König aus?

LUCILIUS Nein. Denn in diesem Falle hätte man doch wohl einschreiten müssen.

PILATUS Ich meine: zum Messias, wie sie es nennen.

LUCILIUS Auch davon hab ich nichts gehört.

PILATUS *ungeduldig* Nun, beim Zeus, was rufen sie denn?

LUCILIUS Sie rufen nur immerzu: Hosianna dem Gekreuzigten, Hosianna dem Gekreuzigten!

PILATUS *starr* Was war das? Dem Ge-kreuzigten? *Er bleibt stehen. Gesang. Gebet und Hosiannarufe nähern sich.*

KOMMANDO DES CENTURIO *hinter der Szene* Manipel rechts vor! *Rasseln und Tritte.*

STROBYLUS *kommt von links zu den beiden anderen, lebhaft* Die Nachricht war falsch! Cäsar lebt! Cäsar lebt! *Die drei freudig bewegt.*

PILATUS *immer unbeweglich* Zwischen Wissen und Handeln das Dritte! Wenn das – das Dritte wäre!

Eine RÖMISCHE ABTEILUNG *kommt im Schnellschritt von links hinten, umzingelt das Grab und schwenkt links vorne ab.*

PASSIENUS *kommt.*

STROBYLUS Was gibt's?

PASSIENUS Judas, den Führer der Zeloten, fand man soeben von eigner Hand erhängt im Garten des Pilatus!

PILATUS *für alle anderen Vorgänge vollkommen teilnahmslos* Das war das Dritte! Götter! Ja, das ist das Dritte!

Die Linksstehenden besprechen sich noch einige Augenblicke, Quirinius, Lucilius und Passienus verabschieden sich und gehen, Strobylus tritt zu Pilatus.

STROBYLUS Herr, die Stadt ist ein Tollhaus. Niemand weiß mehr, was er will, was er tun soll, wohin er gehört. Auf dem Tempelberg ist Barrabas mit seiner Rotte ins Heiligtum gedrungen und hat alle Goldgeräte geraubt, der bucklige Theudas steht an der Spitze der Sikarierbande und will ihm die Beute wieder abnehmen; die Tempelwache des Kaiphas ist zwischen beiden eingekeilt. Unsere sebastenische Kohorte läßt sich den Tod Cäsars nicht ausreden und ruft Macro zum Kaiser aus, Herodes hat mit seinen Reitern in wilder Flucht die Stadt verlassen. Titurius hat die Ballisten aufstellen lassen und schießt die Antonia in Brand. Ich brauche dringend genaue Befehle.

PILATUS Quirinius hat bis auf weiteres den Oberbefehl über Stadt und Gebiet von Jerusalem.

STROBYLUS Und wohin darf ich Dir Nachrichten senden?

PILATUS Nach Gallien.

STROBYLUS *blickt erstaunt.*

PILATUS Ich bin vom heutigen Tage an nicht mehr Prokurator von Judäa. Ich gehe nach Vienna. Leb wohl.
Strobylus sieht ihn noch einen Augenblick verwundert an, dann rasch ab.

PILATUS *immer mit demselben starren Blick, murmelt* Wie sie rufen! Wie sie rufen! *Er geht mit tief gesenktem Kopf in den Garten.*
Die Rufe sind zu einem vollen, reinen Gesang angeschwollen. Eine große goldene WOLKE *zieht über den Himmel.*
Man erblickt den MANN IM MAUSGRAUEN MANTEL, *der ihr langsam und traurig folgt.*

Ende

Nachwort zur Judastragödie

Bernard Shaw sagt in einer seiner Vorreden: »Es ist eine törichte Behauptung, daß ein Autor seine Werke für sich selbst sprechen lassen soll. Allerdings veröffentlichen die meisten Dramatiker ihre Stücke ohne Abhandlungen; aber nur weil sie keine schreiben können. Ich überlasse die vornehme Zurückhaltung denen, die in erster Linie Gentlemen und erst in zweiter Linie literarische Arbeiter sind.« Man gestatte mir, daß ich mich dieser Ansicht anschließe und in möglichst aphoristischer Form einige Fragen bespreche, die mit dem vorliegenden Drama mehr oder weniger zusammenhängen. Ich beschränke mich dabei natürlich auf jene Eigenschaften meines Stückes, die geeignet sein dürften, Befremden zu erregen. Diese sind, wie ich vermute, die folgenden. Erstens: es hat eine Technik, die in gewissen Partien an den Film erinnert; zweitens: es spielt im Altertum (während doch heutzutage das Historische auf der Bühne für deplaziert gilt); drittens: es behandelt dieses antike Milieu nicht klassisch, sondern naturalistisch; viertens: es läßt aber trotzdem Wunder geschehen; fünftens: es schildert Judas als den Messias und Jesus als das Gegenteil davon.

Der Dramatiker kann keine neuen Formen schaffen

In den meisten Literaturgeschichten ist zu lesen, daß die Dramatiker immer ihre Hauptaufgabe darin erblickt hätten, das Theater ihrer Zeit »mit kühnem Griff« zu revolutionieren, in eine neue Form umzugießen. Sieht man sich aber außerhalb dieser Literaturgeschichten in der wirklichen Weltliteratur um, so findet man regelmäßig, daß das genaue Gegenteil der Fall war. Die Dramatiker haben an der Theaterform, die sie vorfanden, niemals das geringste zu ändern vermocht, sie haben sich ihr immer anpassen müssen, ob es ihnen bequem war oder nicht. Meistens war es ihnen natürlich sehr unbequem. Euripides, der reiche müde Erbe einer Kultur, die in Philosophie, Seelenkunde, Ausdruckstechnik, Kunst des Sehens und Hörens nahezu bis an die letzten Grenzen gelangt war, sah sich genötigt, seine psychologischen Differentialkalküle mit äußeren Mitteln zur Darstellung zu bringen, die für einen Indianertanz oder einen Dorfzirkus gerade noch fein genug gewesen wären. Shakespeare mußte seine Phantasiewelt, die alles enthielt, was es gibt, und daneben noch so ziemlich alles, was es nicht gibt, in einer bretternen Matrosenschenke realisieren, und dieser erotischste aller Dramatiker hatte ein Ensemble ohne Weiber! Molières Zerrissenheit, Unruhe und opalisierende Laune wurde in einen langweiligen vergoldeten Salon gesperrt, unter Menschen, deren höchster Ehrgeiz es war, das Aussehen und das Gefühlsleben einer Drahtpuppe zu erlangen. Bloß Ibsen war es vergönnt, die Form vorzufinden, die ihm vollkommen gemäß war, das Theater mit verdunkeltem Zuschauerraum, scharf isolierter, grell beleuchteter Bühne, drei festen Zimmerwänden und massiven verstellbaren Möbeln: die Bühnenform, wie sie die soeben zu Weltherrschaft gelangte Bourgeoisie sich geschaffen hatte.

Nun verändert das Theater ja aber doch im Laufe der Geschichte seine Form. Wer also verändert diese, wenn es die Dichter nicht tun? Nun ganz einfach der Zeitgeist. Er ist es, der alle Institutionen schafft, der jeder Generation ihr bestimmtes Mienenspiel vorschreibt, der die neuen Formen hervorbringt: in der Religiosität so gut wie in der Interpunktion, im Naturgefühl so gut wie in der Haartracht.

Der Kinematograph als Erzieher

Die neue Theaterform, die der Geist der Gegenwart geschaffen hat, ist der Kinematograph. Der Kinematograph ist durchaus nichts Zufälliges. Kein anderes Zeitalter hätte ihn erfinden können. Es gibt überhaupt keine zufälligen Erfindungen. Daß ein Gemälde oder ein lyrisches Gedicht das organische Produkt des Zeitalters ist, in dem es geschaffen wurde, wissen heutzutage sogar schon die Universitätsprofessoren; aber mit den Erfindungen und Entdekkungen ist es auch nicht anders: sie sind ebenfalls einfache Folgeerscheinungen der jeweiligen seelischen Gesamtverfassung der Menschheit. Zwar müssen noch immer alle Schulknaben lernen, die »Neuzeit« sei eine Wirkung der Entdeckung Amerikas; aber es verhielt sich gerade umgekehrt: ein solches Geschlecht, wie es damals lebte, mit diesem neuen Wagemut, diesem Drang in die Weite, diesem wiedererwachten Realismus, dieser edeln Neugierde und Wißbegierde *mußte* in Westindien landen, mit derselben zwingenden Notwendigkeit, mit der es die Kirchenreformation herbeiführen, das Schießpulver und die Buchdruckerkunst erfinden, das kopernikanische System aufstellen mußte. Und ebenso ist es nicht wahr, daß das ausgehende neunzehnte Jahrhundert dem Telephon, dem Telegraphen, den Blitzzügen und dergleichen Dingen ein neues Gefühl von Zeit und Raum, ein unendlich beschleunigtes Lebenstempo verdankt, sondern dieses neue Tempo war das Primäre, dieses neue Zeit- und Raumgefühl wurde mit der Generation, die den Magnetismus, die Elektrizität und die Dampfkraft nutzbar machte, bereits geboren, es *mußte* diese Lebensformen sich schaffen. Immer ist der *Geist* das Primäre, beim einzelnen wie bei der Gesamtheit.

Versöhnen wir uns also mit dem Kinematographen! Er ist ein Ausdruck unserer Zeit und ein sehr prägnanter. Zunächst: er ist kurz, rapid, gleichsam chiffriert. Das paßt sehr gut zu unserem Zeitalter, das ein Zeitalter der Extrakte ist. Sodann: er hat etwas Skizzenhaftes, Abruptes, Lückenhaftes, Fragmentarisches. Das ist im Sinne des modernen Geschmacks ein eminenter künstlerischer Vorteil. Die Erkenntnis der Schönheit des Fragments beginnt sich allmählich in allen Künsten Bahn zu brechen; schließlich ist ja aber alle Kunst nichts anderes als ein geschicktes und bisweilen geniales Auslassen von Zwischengliedern. Ferner ist der Kinematograph etwas höchst Dilettantisches. Ein eminenter, noch lange nicht genug geschätzter künstlerischer Vorteil! Denn was ist ein »Dilettant«? Ein Künstler, der Temperament, Universalität, Verachtung für Einzelheiten und eine neue Technik hat. Richard Wagner war ein musikalischer Dilettant, er wußte nicht, wie man eine Fuge schreibt; Mitterwurzer konnte weder eine Rede gliedern noch seinen Körper ebenmäßig bewegen; Nietzsche war nicht imstande, systematisch zu denken, und Monet konnte nicht zeichnen. Und ein ähnlicher Dilettant ist der Kinematograph.

Die Kulisse als Held

Was aber das Wichtigste ist: im Kinematographen erreicht die untermenschliche Welt der Tiere und Pflanzen, der Häuser und Maschinen, des ganzen Naturpanoramas eine künstlerische Bedeutung, die sie in dramatischen Darstellungen bisher noch nicht gehabt hat. Das, was man bisher in der Theatersprache ziemlich abfällig »Dekoration« genannt hat, steht beim Kinematographen eigentlich im Vordergrund. Hier greift die stumme Außenwelt auf Schritt und Tritt als ein wirksamer Faktor in die Entwicklung und bestimmt die Schicksale der Menschen fast wie eine handelnde Person, nicht als eine bloße Ausstattungsangelegenheit, die man auch ebensogut weglassen könnte, sondern als das Gegenteil von Staffage, so zwar, daß man eher den Eindruck hat, daß die Menschen die Staffage, die Dekoration sind. Kurz: die kinematographische Technik auf das Theater zu übertragen wäre eine der Aufgaben des Dramatikers der Zukunft.

Dieser Dramatiker wird in den meisten Fällen dem Halben, Unausgeführten, Abgerissenen den Vorzug geben. Er wird ferner vor der Pantomime keineswegs zurückschrekken, nicht nur aus Gründen des Naturalismus, sondern auch, weil die stumme Handlung sehr oft die vielsagendere Handlung ist. Denn man darf nie vergessen: der wahre

Dichter jedes Dramas kann immer nur das Publikum sein. Die innere Phantasie des nüchternsten und beschränktesten Menschen ist immer noch hundertmal packender und geheimnisvoller als alle gesprochenen Worte der Welt. Wie wäre es denn möglich, daß alle Menschen die Natur so wunderbar schön finden, wenn nicht alle Menschen stumme Dichter wären? Wie könnte denn irgendein Mensch etwas Zusammenhängendes denken oder etwas Leidenschaftliches empfinden, wenn er nicht ein Dichter wäre? Und welcher Dramatiker vermag auch nur annähernd so originell, anschaulich und ergreifend zu gestalten wie der nächtliche Traum eines gewöhnlichen Handwerkers oder eines kleinen Kindes? Die schönsten und tiefsten Verse können nicht annähernd das ausdrücken, was der einfachste Galeriebesucher *unartikuliert* empfindet. Wie töricht ist es daher, wenn der Theaterdichter seinem stärksten, begabtesten und hilfsbereitesten Bundesgenossen: der Publikumsphantasie nicht den weitesten Spielraum läßt!

Was aber jenes Mitspielenlassen der Szenerie anbelangt, wobei die tote Kulisse gewissermaßen zum Akteur erhoben wird, so mögen jene Leute, für die die Neuheit einer Sache stets ein Einwand gegen diese Sache ist, sich damit beruhigen, daß diese ästhetische Theorie gar nicht so neu und unerhört ist, wie sie auf den ersten Blick erscheint. Sie geht mindestens bis auf Shakespeare zurück. Zum Beispiel die erste Szene im »Hamlet«: hier ist die Umwelt schon fast ein Stück der Exposition. Man fühlt es: wer diesen Schauplatz betritt, *muß* Hamlets Vater erblicken, aus dem Grauen und Dunkel wächst das Gespenst förmlich hervor. Oder die Nacht im »Macbeth«: sie ist sozusagen der Hauptintrigant. An etwas Ähnliches hat wohl auch Schiller gedacht, als er »Wallensteins Lager« schrieb: das Bild dieses Lagers, in möglichst starken Farben hingemalt, ohne alle Nebenbeziehungen, bloß durch sich selbst wirkend, diese bunte, gefährliche Masse, *einem* zielbewußten Willen gehorchend, erklärt schon durch ihr bloßes Dasein Wallensteins Verbrechen.

Naturalismus?

Wenn die stummen, ja selbst die toten Dinge auf diese Weise in den Dienst des Dramatikers gestellt werden, so ist das eigentlich der äußerste Naturalismus; und wenn man will, ist es sogar der roheste, platteste und kunstloseste, der sich denken läßt. Aber von der anderen Seite gesehen, ist es höchster Stil. Stil: das ist etwas möglichst Festes, Starres, Monumentales. Daher hat die Baukunst die größte stilbildende Kraft, sie ist die »stilvollste« Kunst. Ebendarum hat die Skulptur stets mehr den Charakter des Stilisierten als die Malerei. Die Natur hat immer Stil. Auf diese Weise läßt sich also – und gerade auf dem Wege über den Naturalismus – wieder Monumentalität auf der Bühne erreichen. Um es in eine kurze Formel zu fassen: der Weg der Entwicklung geht vom *naturalistischen* Stil zum naturalistischen *Stil*.

Die Poesie der Historie

Es ist eine bekannte Tatsache, daß Träume oft viel stärker auf uns wirken als wirkliche Erlebnisse. Woher kommt das? Weil das Erlebnis immer eine viel geringere Realität hat als die Phantasie. Man versucht dies häufig damit zu erklären, daß man sagt: Träume seien schrecklich oder bedeutsam, weil ganz ungewöhnlich schreckliche oder bedeutsame Dinge in ihnen vorgehen. Das ist aber nicht richtig. Dasselbe Ereignis packt uns oft viel mehr, wenn wir es träumen, als wenn wir es wirklich erleben. Träume sind eindrucksvoll, weil sie Träume sind. Und ebenso verhält es sich mit den historischen Ereignissen, die uns die Geschichte überliefert, und denen, die wir als Zeitgenossen miterleben. Die ersteren sind berichtet, vorgestellt, gedacht, sie sind in der Phantasie und eine Art Traum, die letzteren sind bloß wirklich. Die ersten kommen zu uns im Gewande der Dichtung und haben daher jene eigentümlich aromatische, berauschende, verwirrende Wirkung, die die

Wirklichkeit nie hat. Die französische Revolution hat auf alle Späteren einen tieferen Eindruck gemacht als auf die Sensibelsten unter den Zeitgenossen. Wenn wir die Sache miterleben, so schiebt sich zwischen die tiefen seelischen Eindrücke, die sie machen könnte, immer die Fülle der alltäglichen Details und sprengt die Wirkung. Die Nähe ist zu groß, das Körperliche zu aufdringlich, wir können die Sache gewissermaßen anfassen: die Illusion, die mysteriöse Fernwirkung ist zerstört. Die Dinge sind nur groß, wenn man die Möglichkeit hat, sie von oben zu sehen. Um zu erkennen, daß der Montblanc groß ist, muß ich ihn von seiner Spitze oder vom Luftballon aus betrachten. Solange ich ihn besteige, sehe ich ihn überhaupt nicht. Das Leben, das ich mit meinen Mitmenschen lebe, wird in lauter kleine Molekularbewegungen zerlegt, und darüber kann ich zu keinem Gesamtbild kommen. Je ferner wir einer Sache stehen, desto tiefer wirkt sie auf uns, desto poetischer erscheint sie uns. Die Natur hat immer etwas Poetisches, weil sie uns so fremd ist, weil wir so gar nichts von ihr wissen. Ein Tier ist schon nicht mehr so poetisch wie eine Pflanze, weil uns die Tiere etwas näher stehen. Aus demselben Grunde erscheint uns ein Kind poetischer als ein Erwachsener, ein fremdes Volk poetischer als das eigene, ein Toter poetischer als ein Lebender. Und dasselbe gilt natürlich von der Vergangenheit. Schon unsere eigene Vergangenheit hat einen eigentümlich halbromantischen Charakter: wir denken an frühere Erlebnisse, selbst wenn sie peinlich waren, immer mit einem gewissen Neid und finden, das Leben sei damals schöner gewesen. Das, was *war*, wirkt auf uns allemal tiefer als das, was *ist*.

Dies ist der Grund, warum alle tragischen Dichter immer instinktiv in die Vergangenheit gegriffen haben. Und ebendies ist auch der Grund, warum die Komödiendichter sich stets in der Gegenwart bewegt haben. Schon Aristophanes und Menander haben sich um die Historie ebensowenig gekümmert wie Molière und Nestroy. Der größte deutsche Tragiker, Heinrich von Kleist, hat nur ein einziges Stück geschrieben, das in der Gegenwart spielt: die Komödie »Der zerbrochene Krug«. Und der größte Komödiendichter aller Zeiten, Henrik Ibsen, hat auch eine der größten Tragödien geschrieben: die »Kronprätendenten«, die aber im dreizehnten Jahrhundert spielen.

Das Altertum war nicht antik

Einer der Vorteile der Historie ist auch der, daß sie sich in den Augen der Nachwelt fortwährend verwandelt, während die Gegenwart in ihren Grundlinien eindeutig ist. Was nun speziell unsere heutige Altertumskunde anlangt, so wird es vermutlich immer eines ihrer ehrendsten Kennzeichen bleiben, daß sie verlernt hat, ihr Forschungsgebiet mit ihren Nostalgien und Wünschen zu sehen. Sie hat, wenn man so sagen darf, festgestellt, daß die Alten nicht antik waren. Und in der Tat: wer etwa Platons Dialoge oder die römischen Satiriker naiv und unphilologisch liest (soweit ein heutiger Mensch dazu überhaupt noch imstande ist), der wird finden, daß in den Alten weniger Altertümliches war als in den Deutschen des achtzehnten Jahrhunderts und daß die Gebärde der Euripideischen Medea weniger »klassisch« gewesen sein muß als die Geste der Charlotte Wolter. Was den sogenannten »humanistischen Gebildeten« vom Altertum zurückgeblieben ist, das sind einige tote Kostümstücke: Leier, Peplos, Lorbeer, Myrte, Olivenkranz. Es geht ihnen wie Faust, der von der griechischen Helena nur ein leeres Kleid in den Händen behält; und der Rest ist Wolke.

Wir wissen heute, daß es den Griechen mit dem Sonnenauge und den Römer mit der Erzstirn niemals gegeben hat, aus dem sehr einfachen Grunde, weil es ganz unmöglich ist, daß es solche Menschen zu irgendeiner Zeit und an irgendeinem Ort gegeben haben kann. Wir wissen heute, woher die Ästhetik und Geschichtskenntnis der deutschen Klassiker ihren Ursprung genommen hat: aus der Generation, die ihnen vorherging, einer Generation von physisch und geistig unterernährten, unterentwickelten, schiefgewachsenen Schulmeistern, Literatoren und Kunstpedanten, aus der staubigen Enge der Bibliotheken und Schreibstuben, der Stickluft der kleinen Provinzgassen. Wir empfinden heute nicht die antike, sondern *diese* Welt als eine »historische«: in ihrer Alterswurmstichigkeit, ihrem Geruch von Holzpflaster und Tranlampe, ihrer rührend-lächerlichen Würde und Gravität. Was verstand man denn damals unter der vielgerühmten »Einfachheit der Alten«? Nichts anderes als die notgedrungene körperliche und seelische Bedürfnislosigkeit des deutschen Hauslehrers, Prorektors und Reisebegleiters! Sie waren Gott sei Dank nicht »einfach«, diese Griechen und Römer, sondern sehr verwickelt, sehr anspruchsvoll und vor allem *späte* Menschen. Ein Volk wie die Griechen, dessen hervorstechendste Eigenschaft in der lebhaftesten, beweglichsten Fähigkeit des Aufnehmens, in einer hypertrophisch entwickelten Gabe des Sehens bestand, ein Volk wie die Römer, dem die ganze Welt gehörte, das mit dem kältesten Naturalismus jeder Nation ihr Lebensgesetz ablauschte, um sie dadurch um so sicherer zu beherrschen: – neu entdeckt und »verstanden« von einer Menschengruppe, die überhaupt noch nicht gewöhnt war, von ihren Augen Gebrauch zu machen, die ihr ganzes Weltbild aus Büchern, Exzerpten und Urteilen über Urteile anderer holte!

Das Groteskste an diesem ungeheuerlichen Mißverständnis war aber seine Wirkung. Sie war so, wie wenn etwa ein monomanischer, beschränkter, aber sehr tüchtiger Gymnasiallehrer in eine Klasse tritt, die aus lauter sehr lebhaften, begabten und wißbegierigen Schülern besteht, und nun durch seinen Unterricht den Geist dieser Klasse in eine schiefe, schädliche und rückläufige Bewegungsrichtung zwingt. Schiller, eines der stärksten deutschen Temperamente, Goethe, dessen ganzes Leben, Denken und Gestalten nur auf das Auge gestellt war, Cornelius, eine eminent zeichnerische und aller toten Plastik völlig abgeneigte Natur und vor allem überhaupt eine Natur: – sie und durch sie die vielen anderen übernahmen ohneweiters das klassizistische Pensum; und Napoleon, der wilde, tausendäugige Sohn der Tatsachen hatte als empereur nichts Eiligeres zu tun, als den leeren lackierten Empirestil zu schaffen.

Jesus der Antichrist

Es ist zu bedauern, daß es außer Strauß und Renan bisher noch keinem Autor gelungen ist, mit einem »Leben Jesu« in weitere Kreise zu dringen. Renans parfümierte Dorfidylle ist ein Buch, das nur in Frankreich entstehen konnte, denn nur in diesem Lande gibt es eine solche Virtuosität der impressionistischen Technik und nur in diesem Lande bringt man es fertig, über Fragen der Religion und Ethik mit einem solchen vollkommenen Mangel an Ernst zu sprechen. Das französische Talent, aus allem: Gott, Liebe, Freiheit, Ruhm, Alltag, einen ungeheuren Kolportageroman zu machen, befindet sich hier auf einem seiner leuchtenden Kulminationspunkte. Neben diesem Buch wirkt die Art, wie der ehrliche D.F. Strauß mit entsetzlich langweiligem Scharfsinn und gänzlicher psychologischer Ahnungslosigkeit die Bibel seziert, fast wie eine Erholung. Seitdem hat die theologische Wissenschaft in einer Reihe tiefer, wohlunterrichteter und gründlicher Werke so ziemlich die ganze evangelische Tradition als einwandfreies historisches Material wieder in ihre Rechte eingesetzt; aber diese Werke werden vom großen Publikum nicht gelesen, denn sie sind weder in die verlockende Eleganz des Renanschen Saisonromanes gekleidet, noch teilen sie den Vorzug des Straußischen Buches, daß sie der Halbbildung den billigen Triumph der »Aufgeklärtheit« verschaffen.

Eines der Hauptprobleme der modernen Religionswissenschaft ist nun die Frage nach der Messianität Jesu. Hier kann man unter den Theologen drei Gruppen unterscheiden. Die einen – sie werden jedoch von Jahr zu Jahr seltener – halten an der überlieferten Anschauung fest, daß zwischen dem Alten und dem Neuen Testament eine ähnliche Harmonie bestehen müsse, wie sie ganz zweifellos zwischen den einzelnen Teilen des Neuen Testaments besteht, und sind demgemäß bemüht, Jesus als identisch mit dem jüdischen Messias nachzuweisen. Die zweite Gruppe hat sich der Erkenntnis nicht verschließen können, daß ein solcher Nachweis ohne Gewaltsamkeiten und Künsteleien nicht möglich ist, und steht daher auf dem Standpunkt, Jesus sei allerdings der längst prophezeite Messias gewesen, aber er habe die messianischen Vorstellungen erweitert, vergeistigt, mit einem tieferen Gehalt erfüllt und auf eine höhere Stufe gehoben. Aber wenn Jesus die Idee der jüdischen Messianität vollkommen umgedacht hat (und zwar bis zur Negation), welchen Zweck hat es dann noch, an einer Titulatur festzuhalten, die in einem christlichen Munde das genaue Gegenteil von dem bedeutet, was die alten Juden darunter verstanden haben? Warum geht man dann nicht noch einen kleinen Schritt weiter und sagt einfach: Jesus war *nicht* der Messias? Diese Auffassung vertritt, wenn auch nicht gerade expressis verbis, eine dritte Gruppe von Theologen, die sich vorläufig noch stark in der Minderheit befindet; immerhin ist unter ihnen eine Autorität vom Range Wellhausens. Es kommt noch hinzu, daß sich Jesus kein einziges Mal als Messias bezeichnet hat. Die wenigen Evangelienstellen, die hier herangezogen zu werden pflegen, sind vollkommen zweideutig und beweisen bestenfalls, daß er von einigen so genannt wurde. Wir können hier auf die Details nicht eingehen; Herr Dr. de Jonge, ein wenig bekannter Gelehrter von höchst bizarren, bisweilen hart ans Pathologische grenzenden Anschauungen, aber außerordentlichen Kenntnissen, hat diese Seite der Frage einer genauen textkritischen Untersuchung unterzogen und ist zu sehr überraschenden Resultaten gelangt. Für den Laien aber genügen zwei sehr einfache Erwägungen; erstens: wenn Jesus der Messias war, warum hat er nichts von dem getan, was man vom Messias erwartete?, und zweitens: wenn Jesus der Messias war, warum haben ihn die Juden nicht anerkannt, warum erkennen sie ihn bis zum heutigen Tage nicht an?

Der Grundzug des Judentumes ist ein tiefgewurzelter,

organischer Materialismus. Selbst dort, wo der jüdische Geist sich in die allerspiritualistischsten Höhen verliert, behält er doch noch immer den Charakter des Materialismus, der sich *verstiegen* hat; und immer bleibt er rationalistisch. Die Annahme, daß die Wirklichkeit aus jenen Dingen bestehe, die man beweisen, womöglich abtasten kann: dieser himmelschreiende Nonsens ist eine jüdische Erfindung; und, wie wir hinzufügen können, auch der Aberglaube der romanischen Völker, vor allem der Franzosen. Die größten Narreteien, die die romanische Rasse geglaubt oder begangen hat, haben alle immer noch irgendeine sinnliche Basis. Die französische Ideologie hängt doch immer irgendwie mit der greifbaren, sichtbaren, schmeckbaren Realität zusammen, hinter jedem Phantom steckt schließlich etwas Wirkliches: hinter dem Troubadourwesen die Frau, hinter den Kreuzzügen die Eroberung Palästinas, hinter der grande révolution die Verbilligung der Lebensmittel. Der französische chevalier setzte jederzeit gern sein Leben aufs Spiel, aber eben für seine Ehre, seinen Namen, seine soziale Stellung. Das jüdische Volk hat in zahllosen Kriegen den äußersten Heroismus und die blindeste Todesverachtung bewiesen, aber immer aus sehr realistischen Gründen. Alle großen jüdischen Reformatoren waren Realpolitiker, das jüdische Ritual besteht im wesentlichen aus sanitätspolizeilichen Vorschriften, und die höchste Idee des Judentums, eben der Messiasgedanke, ist verstiegen, aber keineswegs weltfremd, er ist ein *konkretes Hirngespinst*. Daher die ungeheure Erbitterung des gesamten zeitgenössischen Judentums gegen Jesus, *nicht* gegen den Neuerer (denn solche waren dem beweglichen Volksgeist durchaus gemäß), *nicht* gegen den Bekämpfer der Hierarchie (denn dies wurde von einem großen Teil der Nation gebilligt), *nicht* gegen den Anwalt der unteren Schichten (auch dafür war die Stimmung durchaus günstig), sondern gegen den *gefährlichen Frondeur*, der zu verkünden wagte: »Mein Reich ist nicht von dieser Welt.« Dies mußte das Grundpathos, den tiefsten Instinkt, den innersten Lebenskern des Judentums tödlich verletzen, denn es war in Wahrheit die vollständige

Aufhebung und Umkehrung des spezifisch jüdischen Weltgefühls. Daß *Jesus das Transzendente* in die Religion und Ethik einführte, daß er der Menschheit zum Bewußtsein brachte, dieses sei das allein Wirkliche; darin besteht die ungeheure Revolution, die vom Judentum auch sogleich richtig gewertet wurde. Die Messiasidee konnte nur von einem widerlegt werden, der ihre innersten Voraussetzungen untergrub. Daß die Welt nicht mit dem Schwert erobert werden kann, erobert werden darf, sondern nur mit dem Geist, das war etwas schlechthin Neues, ein Gedanke, der vorher in keines Juden und in keines Heiden Kopf gegangen war. Kurz, wenn der Messias der Christos sein soll, der Gesalbte, der König – und dies ist zweifellos die korrekte jüdische Auffassung –, dann war Jesus nicht mehr und nicht weniger als der leibliche Antichrist.

Das Wunder als eine Form der physikalischen Energie

Ein Wunder ist eine Naturerscheinung, deren Verständnis der Wissenschaft noch nicht gelungen ist. Das heißt: der Durchschnittswissenschaft, wie sie in Polytechniken und Lehrerseminaren betrieben wird. Die echte Wissenschaft, die schöpferische und wirklich fortschreitende, hat nämlich zu allen Zeiten im Wunder einen ihrer Fundamentalbegriffe gesehen; denn jede in die Tiefe gehende Erklärung einer empirischen Tatsache ist nichts anderes als die Feststellung eines Wunders. Der Philologe beschäftigt sich mit dem Wunder der Sprache, der Botaniker mit dem Wunder des Pflanzenlebens, der Historiker mit dem Wunder des Weltlaufs und so weiter; lauter Geheimnisse, die noch kein Mensch zu entziffern vermocht hat. Ja selbst der Physiker – wenn er nämlich genial ist – stößt fortwährend auf Wunder. Je tiefer eine Wissenschaft in die Sphäre des Wunderbaren einzudringen vermag, desto wissenschaftlicher ist sie. Und die Kultur einer Zeit läßt sich an der Zahl der Wunder messen, die sie exakt nachzuweisen vermocht hat. Ein Zeitalter ist umso aufgeklärter, je mehr Rätsel es entdeckt.

Hieraus ergibt sich, wie hoch die Kultur der Zeit zu bewerten ist, in der wir uns befinden. Wenn wir keine Wunder mehr erleben, so kommt das nicht daher, daß wir klüger, sondern daher, daß wir temperamentloser, phantasieärmer, instinktschwächer, geistig leerer, kurz, daß wir dümmer geworden sind. Wir kommen uns ungeheuer human und gescheit vor, wenn wir unsere Zustände mit denen des Mittelalters vergleichen. Es erscheint uns düster, beschränkt, leichtgläubig. Und in der Tat: damals glaubte man wirklich alles. Man glaubte jede Erzählung, jeden Traum, jedes Gerücht, jedes Gedicht, man glaubte an Wahres und Falsches, Weises und Wahnsinniges, an Heilige und Hexen, an Gott und an den Teufel. Aber man glaubte auch an sich. Überall sah man Realitäten, selbst dort, wo sie nicht waren: alles war *wirklich*. Und überall sah man die höchste aller Realitäten, Gott: alles war göttlich. Daher trotz aller Jenseitigkeit, Dürftigkeit und Enge der prachtvolle Optimismus jener Zeiten: wer an die Dinge glaubt, ist immer voll Zuversicht und Freude. Das Mittelalter war nicht finster, das Mittelalter war hell! Mit einer ganzen Milchstraße, die der Rationalismus in Atome aufgelöst hat, können wir nicht das geringste anfangen, aber mit einem pausbackigen Engel und einem bockfüßigen Teufel, an den wir von Herzen glauben, können wir sehr viel anfangen! Man sagt uns freilich, Fetischismus, Mythologie und dergleichen seien alberne und rohe Dinge; aber wir haben diese schlimmen Dinge ja auch noch in unserem heutigen Leben, nur in unsäglich platterer, geistloserer und gemeinerer Form: unsere Fetischtempel heißen Börse, Zeughaus und Parlament, und unsere Mythologie lesen wir täglich dreimal in der Zeitung.

Es geschehen heute keine Wunder mehr, aber nicht, weil wir in einem so fortgeschrittenen und erleuchteten, sondern weil wir in einer so heruntergekommenen und gottverlassenen Zeit leben.

Was sagt Gott dazu?

Die Intensität, mit der diese Frage gestellt wird, ist in der Tat das, was jedem Zeitalter und jedem Individuum seinen Rang anweist. Die Frage selbst lebt in jedem Menschen; denn der Glaube an das Göttliche hat ganz zweifellos den Charakter eines Instinkts; daß der Verstand imstande ist, diesen, *wie jeden anderen* Instinkt, zeitweilig zurückzudrängen und unwirksam zu machen, ist kein stichhaltiger Einwand. Es liegt im Wesen jedes Instinkts, daß er der Organisation, in der er auftritt, nützlich ist. Dieselbe Kraft, die die Pflanzenwurzel Phosphor wählen läßt, treibt den Menschen zum Gottglauben und allem, was damit zusammenhängt. Wir können die Existenz Gottes mit derselben Stringenz beweisen, mit der wir die Existenz von Eiweiß beweisen können; vielleicht mit keiner größeren, aber sicher mit keiner geringeren. Gott ist für unsere Seele, was Eiweiß für unseren Körper ist: ein auf die Dauer unentbehrlicher Assimilationsstoff.

Inhalt und Zweck aller schöpferischen Tätigkeit besteht in nichts anderem als in dem Nachweis, daß das Gute, der Sinn, kurz: Gott in der Welt überall vorhanden ist. Diese höchste, ja einzige Realität ist immer da, aber meist unsichtbar. Der Genius macht sie sichtbar: dies ist seine Funktion. Man nennt ihn daher mit Vorliebe gotterfüllt. Die Tatsache »Gott« erfüllt ihn derart, daß er sie überall wiederfindet, wiedererblickt, wiedererkennt. Dieses Wiedererkennen Gottes in der Welt ist die eigentümliche Fähigkeit und Begabung jedes großen Menschen.

Aber die Frage »Was sagt Gott dazu?« hat niemand so rein, tief und innig gestellt wie Jesus von Nazareth, und niemand hat sie so vollkommen beantwortet, für alle Dinge des Himmels und der Erde, die größten wie die kleinsten: für Denken und Handeln, Lieben und Hassen, Essen und Trinken, Gebären und Sterben. Und darum wird, solange Wesen von unserer Art und Anlage leben werden, mit vollem Recht er und nur er der wahre Sohn Gottes genannt werden.

William Shakespeare: »Macbeth«

Dieses geheimnisvolle Werk, anzuschauen wie ein grauenhafter schwarzer Wellentrichter, der tausend Taten und Tränen, Träume und Leidenschaften der irrenden Erdkreatur blind und gierig in sich hineinstrudelt, von zahllosen Bewunderern als die stärkste dramatische Blase gepriesen, die dieser Planet bisher ausgeworfen hat, ist im Grund nichts anderes als ein sehr sonderbarer Zwitter aus skrupellosem Kolportagetheater und tiefster Seelenoffenbarung. Was wollte Shakespeare damit? Ein Zugstück schreiben, dessen geballten Schreckwirkungen das Publikum willenlos erliegen muß? Ein Gegenstück zum »Hamlet« schaffen, indem er zeigte, daß übermäßige Tatensucht noch viel verderblicher wirkte als krankhafte Tatenflucht? Oder ganz einfach, weil durch dic Thronbesteigung Jakobs schottische Stoffe sich als aktuell empfahlen, einmal diese hervorholen? Oder die letzten Weisheiten über Weltlauf und Schicksal verkünden, die sich dem Genie auf dem Scheitel seiner Erdenbahn enthüllt hatten? Nun, das weiß natürlich niemand; aber es hätte auch wenig Sinn, einer Entscheidung dieser Frage nachzugrübeln. Es ist etwas von alledem darin: jedoch die Mischung, die dabei herauskam, ist etwas durchaus Irrationales, und nur der Philister kann glauben, daß er sie zu analysieren vermag. Was ist denn ein Künstler? Ein ungeheures Absurdissimum, eine Fleisch gewordene Paradoxie, ein Arsenal von Widersprüchen, Idiotismen und Perversitäten, ein Narr wie alle anderen, ja mehr als alle anderen, weil er mehr Mensch ist als sie, ein pathologisches Original, dem ganzen dunkeln Lebensgewimmel, das ihn begleitet, im tiefsten fremd, aber auch seinesgleichen fremd, ja sich selber fremd. Der große Mann ist der große Solitär: was seine Größe ausmacht, ist gerade dies, daß er ein Unikum, eine Psychose, eine völlig beziehungslose Einmaligkeit darstellt. Er steht da als ein einsamer riesenhafter Sonderling, eine überlebensgroße Figur und beunruhigende Ausnahme, zeitlos, vorauseilend, voll Grillen und Krankheiten, isoliert und monströs. Es ist nichts mehr darüber zu sagen.

Aber nun erhebt sich die zweite Frage: was bedeutet »Macbeth« für *uns*? Es ist klar, daß sich, vom künstlerischen Standpunkt aus, die ganze Bedeutung dieses Dramas in dieser einen Frage zusammenfaßt. Was das Werk früheren Zeiten gewesen ist, mag den Historiker interessieren, es muß ihn sogar interessieren; uns hingegen, die wir im Theater sitzen, berührt diese Frage nicht im geringsten. Oder vielmehr: wenn sie uns berührt, so empfinden wir nicht mehr rein, sondern unter der Suggestion von Nebenvorstellungen, die der klingende Firmenname »William Shakespeare« in uns erweckt.

In der Tat ist nun das »Macbeth«-Problem für uns kein Problem mehr. Oder doch zumindest eines, das sich sehr verschoben hat. Der seelische Inhalt des Dramas ist der Ehrgeiz, der »Wille zur Macht«; mit diesem ist es so durch und durch imprägniert wie mit einem starken narkotischen Parfüm. Nun, diese Leidenschaft wird vermutlich nie aussterben, ja es ist wahrscheinlich, daß sie den kommenden Menschen in noch viel heftigerem Maße beherrschen wird als den vergangenen. Sie wird sich verstärken. Aber das heißt: sie wird sich verfeinern. Wir sind ehrgeizig und machtbegierig. Aber eine Krone scheint uns nicht mehr das richtige Mittel, um diese Leidenschaften zu befriedigen. Und auf keinen Fall würden wir zu diesem Zweck Morde begehen. Man hat die Mordlust, die in vielen, vielleicht in allen Menschen steckt, bisher dadurch in Schranken halten wollen, daß man sie als etwas Entsetzliches, grauenhaftes Tierisches darstellte. Das war wohl nicht die rechte Pädagogik. Aber wir sind im Begriff, eine bessere zu finden, und zwar aus unseren tiefsten Instinkten heraus. Der Mord fängt nämlich an, etwas Lächerliches zu werden. Eine wirklich humane Kultur wird erst in dem Augenblick die Welt beherrschen, wo alle Gebildeten einen Mörder höchst komisch finden werden. Dann werden die rudimentären Formen aus früheren Zeiten, jene Menschen mit atavistischer Mordlust, vielleicht eher in sich gehen, denn sie werden an ihrer schwächsten Seite gepackt werden: an ihrer Eitelkeit. Bisher hat man sie nur an der Furcht zu packen gesucht. Und dann wird man vielleicht auch über »Macbeth« lachen, obgleich er ja vielleicht wirklich das größte Drama aller Zeiten ist. Er wird uns vorkommen wie eine Knockaboutkomödie.

Nun, so weit sind wir ja leider heute noch nicht; aber doch auf dem Wege. Und hieraus ergibt sich eine psychologische Schwierigkeit, die kein Schauspieler und kein Regisseur der Welt restlos zu lösen vermag. Ist Macbeth unser Bruder, unser zweites Ich, die schreckhafte Projektion unserer eigenen versteckten Wünsche und Gedanken, führt er vor uns das Drama unserer eigenen seelischen Möglichkeiten auf? Nein, das tut er nicht: wir wollen nicht König von Schottland werden, nicht einmal Than von Cawdor. Wie soll man also »Macbeth« spielen, wenn er nun doch einmal gespielt werden muß? Ich denke, am ehesten noch: ganz voraussetzungslos, ohne sich um irgendwelche Schwergewichte der dramatischen Logik, Psychologie und Ethik zu kümmern, als grausiges Volksmärchen aus uralten Zeiten, als Gespenstergeschichte, Vision und Alpdruck. Die Neuinszenierung des Burgtheaters (über deren Text ich mich ausführlich äußern werde, sobald er mir gedruckt vorliegt) schlägt diesen Ton glücklich an, wenn auch nur in einzelnen Teilen und nicht so ganz hemmungslos, wie sie es ruhig dürfte. Immerhin: sie spielt das Ganze stark auf die reinen Stimmungsvaleurs hin, weniger auf Seelenmalerei, und das ist sehr wohltuend. Die große Kunst Shakespeares – und eine Kunst, die immer wirksam bleiben wird, weil sie auf rein artistischen Bedingungen ruht – besteht ja eben darin, daß er immer nur ein paar Farben hinwirft, diese aber dann mit der zwingendsten Sicherheit und feinsten Modulationsgabe das ganze Stück hindurch festhält. So besteht denn auch der »Macbeth« im Grunde nur aus zwei Farben: Nacht und Blut. Die Nacht im »Macbeth« ist sozusagen der Hauptintrigant, man fühlt: aus ihrem Grauen und Dunkel müssen all die schwarzen bösen Taten mit fast physikalischer Notwendigkeit hervorgehen, in dieser Atmosphäre müssen sich alle schlimmen Träume und Begierden zu Wirklichkeiten verdichten. Sehr schön wirkt auch das gewollt Skizzenhafte, Abrupte, sozusagen Epigrammatische der einzelnen Bühnenbilder: hier ein paar gezackte und gegiebelte Schatten, und wir haben Macbeths Schloß, dort ein paar fahle Baumprofile, und wir haben Macbeths Park. Und durch den feststehenden Rahmen, den zwei schwere, dumpfe Türme bilden, wird eine Schnelligkeit der Verwandlung ermöglicht, die in den Gang des Dramas ein beängstigendes und zugleich befreiendes Stakkato bringt. Auch der Gedanke, den wandelnden Wald von Dunsinan so zu zeigen, daß er zur unteren Hälfte von einem Felsen gedeckt ist und so wirklich den Eindruck eines wandelnden Waldes macht, ist sehr glücklich; nur sollte er, wenn er die Bühne gefüllt hat, stehenbleiben, so daß man das Gefühl hätte: es geht noch endlos weiter. In den Hexenszenen kommt Heines Lust am Grausig-Grotesken für meinen Geschmack ein wenig zu stark zu Wort: dieses Gekreische und Gefeixe ist zwar gute uralte englische Tradition, aber wir denken heutzutage doch mehr an den Schicksalsgehalt dieser Szene, hier hätte eine Stimmgabel, die an Maeterlinck orientiert ist, vielleicht reiner und voller getönt. Jedoch die Szene der Hekate ist wiederum von einer wunderbaren Unwirklichkeit, die die ganze Aufführung wohl hauptsächlich deshalb nicht überall hat, weil dies den vollendetsten Takt und die höchste Innerlichkeit bei jedem einzelnen der Darsteller erfordert hätte.

Diese haben, wie es gar nicht anders möglich ist, zum Teil versagt. Manche spielten noch immer lärmendstes, schmetterndstes altes Burgtheater, einige versuchten es mit einer heute auch bereits veralteten Nervosität. Namen nennen hat bei einem so figurenreichen Stück wenig Zweck: es läßt sich ja doch nicht mehr ändern und würde nur den Eindruck eines Katalogs von Klassenzensuren machen. Besonders starke Eindrücke waren Heines prachtvoller Banquo, die knappe, warme Männlichkeit Sieberts als Ross, die adelige Sanftmut der Wohlgemuth als Lady Macduff, die wunderbar sichere Tönung, mit der Marie Mayer die kleine Rolle der Kammerfrau sprach, und das stilvoll und doch charakteristisch gehaltene Mörderpaar, in dem Herr Huber sich knapp in die Nähe Forests spielte, was gewiß viel heißen will. Die Pförtnerszene ist von bedeutenden englischen Forschern, wie Coleridge und Collier, als Schauspielereinlage bezeichnet worden; mir kommt dies nicht recht wahrscheinlich vor. Es ist höchst shakespearisch, mitten in die tragische Gipfelszene plötzlich die Fratze des Clowns blicken zu lassen. Schiller hat diesen Auftritt bekanntlich aufs äußerste gemildert, wir empfinden nicht mehr so klassizistisch und würden ihn ganz gut vertragen; aber er erfordert den größten Geschmack und Takt des Darstellers. Wenn man aber, statt jedes Wort aufs behutsamste abzuwägen und über einzelne Roheiten, die nach Renaissance- und Globetheater schmecken, sachte hinwegzugleiten, noch aus eigenem allerlei Requisitenspäße beisteuert, wie dies Herr Maierhofer tat, so fängt die Sache an, gefährlich zu werden.

Der Macbeth ist kein solcher Bluthund, wie ihm gemeinhin nachgesagt wird. Er ist im Grunde ein Opfer seiner Phantasie, die ihm die sonderbarsten Bilder schafft, ein Stück Hamlet, ein Stück Dichter, ein Stück Shakespeare. So etwas gibt ihm auch Herr Devrient, und mit schönster und reinster Wirkung: als einen Menschen der Gesichte, der Träume, der Telepathie und Hypnose, der seine geheimnisvollen Pfade wie unter einem fremden Druck wandelt. Und daß er einer der wenigen heutigen Schauspieler ist, die Könige zu spielen verstehen, weiß jeder, der ihn einmal gesehen hat. Auch die Lady ist nicht jener weibliche Krampus, als der sie noch so häufig gilt. Sie ist mindestens ebensosehr das liebende Weib, das einfach seine Bestimmung erfüllt: den geliebten Mann zur Verwirklichung der höchsten Möglichkeiten anzustacheln, die in ihm schlummern. Es ist die wunderbare Gabe der Medelsky, jeder Rolle das Letzte an Weiblichkeit zu geben, und so spielte sie eine Lady, die mehr ergriff als erschreckte. Unvergeßlich sind einzelne Momente ihrer Rolle: ihr nachtwandlerischer Gang über die Treppe, die von allen Schatten des Verhängnisses umwitterte Briefszene gleich am Anfang und ihr Erschauern im roten Königsmantel nach der Bankettszene: wie sie plötzlich zitternd wie in Blut gehüllt dasitzt, an der Seite des ihr durch gemeinsame Schuld nur noch mehr verbundenen Gatten. Überhaupt war das Zusammenspiel des Paares ganz außerordentlich: es waren hier Wort und Gebärden, Töne und Blicke, die oft geradezu etwas von strindbergschem Geist offenbarten: von der magischen Dämonie und Schicksalhaftigkeit und der tiefen, unentrinnbaren Sündigkeit, die in dieser, in jeder Geschlechtsgemeinschaft lauert.

Meine Doppelseele

Mit einem Volksstück »Die Kinderbergstadt« bestieg Herr Heinrich Rienößl, bisher deutschösterreichischer Steuerbeamter, zum erstenmal die Bühne. Er mußte aber sogleich erkennen, daß das Theater nur auf Distanz eine prächtige und glänzende Erscheinung ist; kaum kommt man näher mit ihm in Berührung, so gibt es nichts als Ärger und Verdruß. Und dabei ist Herr Rienößl an der ganzen Affäre wirklich vollständig unschuldig.

Gerade einen Tag vor der Premiere der »Kinderbergstadt« faßten nämlich die Wiener Schauspieler in einer Versammlung des »Österreichischen Bühnenvereins« den Beschluß, die Presse nicht mehr zu Generalproben zuzulassen, und als die Herren Beurteiler vollzählig im »Deutschen Volkstheater« erschienen, um sich über die Stellung, die Herr Rienößl in der deutschen Literaturgeschichte einnimmt, etwas näher zu informieren, fanden sie versperrte Türen. Rasch gefaßt, organisierten sie sich jedoch ebenfalls und schritten zur Gegenblockade, indem sie beschlossen, die Schauspieler nicht mehr zu rezensieren. Ich bin nun vielleicht nicht ganz ungeeignet, in dieser Sache ein objektives Urteil zu fällen, da ich sozusagen beide Parteien in meiner Seele vereinige; denn ich war ja selber jahrelang als Schauspieler engagiert und wäre sogar vor einiger Zeit beinahe in den Präsidialausschuß des Österreichischen Bühnenvereins delegiert worden, wenn es mir nicht noch im letzten Moment gelungen wäre, meine Wahl durch allerlei Intrigen zu vereiteln.

Blicke ich also in meine Schauspielerseele, so muß ich sagen, daß eine Generalprobe mir nicht dazu angetan erscheint, dem Besucher ein richtiges Bild von unseren Leistungen beizubringen. Eine Generalprobe, bei der alles klappt, kommt nur äußerst sporadisch vor; der Fall tritt so selten ein, daß wir – abergläubisch, wie das Bühnenvölkchen schon einmal ist – dies für ein schlechtes Omen halten. Die Requisiten sind fast niemals vollzählig versammelt; und auch wenn sie es sind, so sind sie doch nicht alle am richtigen Ort; und auch wenn sie es wären, so würde doch immer noch das Mißtrauen, das wir infolge zahlreicher übler Erfahrungen diesen Verhältnissen entgegenbringen, uns unsicher und nervös machen. Der Text sitzt meist nicht ganz fest, und wenn er sitzt, so sitzen die Stellungen nicht, und selbst wenn sich die Monstrosität ereignet, daß auch diese sitzen, so sind wir doch immer noch nicht in Gewißheit darüber, ob unser Partner sich in derselben glücklichen Lage befindet. Und vor allem fehlt die Hauptsache: der raunende, summende, vibrierende, mit gespannter Erwartung geladene Bienenstock »Publikum«. Statt dessen, wer sitzt in einer Generalprobe? Ein paar gähnende, mißgelaunte Skribenten, ein paar höhnisch lächelnde, übelwollende Kollegen, ein paar stets unzufriedene und skeptische Direktionsmitglieder.

Man kommt sich wie ausgesetzt vor, die Bühne wird zum Pranger. Es fehlt für das, was man da oben tut, nicht nur jedes Tonikum, sondern auch jede Entschuldigung. Die einzige Entschuldigung für Theaterspielen ist nämlich ein passendes Publikum. Denn man mag sich auf der Bühne noch so töricht gebärden, die Menschen, die für diesen Anblick auch noch Geld auslegen, sind zweifellos noch törichter, und dieses Verhältnis setzt den Darsteller in eine Position unleugbarer geistiger Überlegenheit. Fällt jedoch dieser Umstand weg, so erhebt sich jene gefährliche, stets auf der Lauer liegende Frage, die der Tod jeder Schauspielkunst ist: »Wozu das alles? Warum habe ich mir das Gesicht blau und rot angemalt wie ein Hottentottenpriester, Kleider umgehängt, die hierzulande kein Mensch trägt, und eine lästige Haarmütze auf den Kopf gestülpt? Es weiß ja doch jeder Mensch hier, daß ich der Egon Friedell bin und nicht der Kaiser von China!« Natürlich bin ich infolgedessen schlecht. Der Herr Kritiker aber, der meist von dieser Probe meiner Kunst genug zu haben pflegt und sich daher die Abendvorstellung schenkt, geht nach Hause und schreibt: »Herr Friedell war wieder einmal ganz unmöglich.« Wenn man daher die Sache einigermaßen billig ansieht, so muß man sagen: Wir Schauspieler sind zweifellos im Recht.

Blicke ich nun in meine Kritikerseele, so muß ich sagen, daß wir Kritiker ohne die Generalprobe keine solide und einigermaßen ernst zu nehmende Arbeit leisten können. Wir wären, wenn uns der Besuch der Generalprobe verwehrt wird, gezwungen, in der Zeit von 11 bis 1 Uhr nachts eine längere feinsinnige Kritik und in vielen Fällen einen ganzen tiefschürfenden Essay zu Papier zu bringen. Das ist schon rein physisch eine Unmöglichkeit; und außerdem brauchen wir gerade so gut Stimmung wie die Herren Schauspieler; die muß aber natürlich ausbleiben zu einer Zeit, wo ein normaler Mensch bereits vollkommen ausgeleert, abgeschnurrt und von der Tagesarbeit durchlöchert ist und nur noch für Alkoholismus, politische Diskussionen, Erotik und ähnliche den Geist nicht übermäßig in Anspruch nehmende Beschäftigungen befähigt zu sein pflegt. Was mich betrifft, so war ich seit meiner Geburt noch nie von 11 bis 1 abgeklärt. Was wäre also die Folge? Ich würde schlecht schreiben, und zwar in doppeltem Sinne: erstens Blödsinn und zweitens, in meiner Verbitterung, Verrisse. Und die Leser würden sagen: »Dieser Friedell ist ein Schwein« und die Schauspielerinnen: »Er hat eben von mir nicht erreicht, was er gewollt hat.« Wenn man daher die Sache einigermaßen billig ansieht, so muß man sagen: Wir Kritiker sind zweifellos im Recht.

Ich hoffe, hiemit meinen Standpunkt mit aller wünschenswerten Klarheit präzisiert zu haben. Im übrigen aber scheint mir das Ganze weniger eine Rechtsfrage als eine Machtfrage zu sein, das heißt: es wird sich darum handeln, wer länger die Rezensionen entbehren kann: wir Schauspieler oder wir Kritiker. Was jedoch das Werkchen anlangt, das der unfreiwillige Anlaß dieses Konfliktes war, so bitte ich den geneigten Leser, mir zu gestatten, daß ich in diesem Fall meinen Boykott von der Darstellung auf das

Dargestellte ausdehne, und mir die Versicherung zu glauben, daß über Herrn Rienößl wirklich nicht mehr zu sagen ist, als daß er so heißt. Dagegen gab ein neuer junger Schauspieler eine Liebhaberrolle mit so unkonventionellen Mitteln einer höchst subtilen und ausdrucksvollen Charakteristik, daß man sich sicher an seinen Namen gewöhnen müßte, wenn ich ihn nennen dürfte.

Hunger!

Vorgestern nacht drang, gleich dem Heulen der Verdammten aus Dantes bleiernen Malebolge, ein vielhundertstimmiger Chor von Männern und Frauen aus dem Gebäude des Landesgerichts, der stundenlang das Wort »Hunger!« wiederholte. Er schnitt mit unerschütterlicher Gleichmäßigkeit, fast rhythmisch, ohne an Kraft abzunehmen, stundenlang durch die Nacht. Die Passanten blieben einen Augenblick stehen, da sie zunächst befürchteten, sie könnten es mit einem ernstlichen Zwischenfall zu tun haben, und schritten, als sie sahen, daß es sich bloß um eine einmütige Verzweiflungstat der Internierten handle, beruhigt weiter durch die Sommernacht, die, abgesehen von dieser kleinen Störung, schön, klar und angenehm war. Gestern haben dann auch jene, die nicht Ohrenzeugen waren, durch die Zeitungen von diesem schauerlichen Protest Kenntnis erlangt.

Um nicht einen Augenblick lang über meinen Standpunkt in dieser Sache Zweifel aufkommen zu lassen, möchte ich gleich von vornherein bemerken, daß ich diese Niederträchtigkeit von allen den zahllosen, die die österreichische Regierung während ihrer jahrhundertelangen glorreichen Tätigkeit begangen hat, für die infamste halte. Für die infamste, weil sie die feigste ist: nämlich am schwersten zu fassen und am bequemsten hinter den Grundsätzen unserer heutigen Moral in Deckung zu bringen. Mit der Mentalität des Philisters durch jahrelangen Ekel hinlänglich vertraut, höre ich natürlich die verschiedenen Einwände, mit denen er in solchen Fällen öffentlicher Verantwortlichkeit sich und die anderen dumm zu machen pflegt, bereits ehe er sie ausgesprochen hat. Der frivolste, der daher hierzulande der beliebteste sein dürfte, lautet: es wird schon nicht so arg sein, die Gefangenen wollen natürlich ihre

Kost verbessern und wählen dazu ein möglichst drastisches Mittel, aber Hunger brauchen sie darum noch lange nicht zu haben. Hierauf habe ich bloß zu erwidern, daß ich allerdings nicht die letzten vierzehn Tage in sämtlichen Zellen des Landesgerichtes verbracht habe und mich daher auf die allgemeine Frage beschränken muß, ob man glaubt, daß die Insassen des Gefängnisses diesen stundenlangen Nachtchor zu ihrer persönlichen Belustigung veranstaltet haben? Darauf wird man sagen: Nun, zugegeben, daß es ihnen nicht brillant geht; der Staat hat aber eben nicht mehr Lebensmittel zur Verfügung, da kann man halt nix machen! Worauf ich jedoch zu meinem Bedauern entgegnen muß: ein Staat, der nicht imstande ist, seine Internierten ausreichend zu verpflegen, und damit aufs unzweideutigste zu erkennen gegeben hat, daß er nicht imstande ist, eine seiner allerprimitivsten Aufgaben zu erfüllen, ist nicht als Staat anzusehen, sondern als ein die europäische Völkergesellschaft entehrendes Zerrbild von Staat und ist daher im Interesse der Kultur und Menschlichkeit sofort aufzulösen oder in die Kolonie eines anderen lebensfähigeren Staatswesens zu verwandeln. Will er aber diesem gerechten Schicksal entgehen, so bleibt ihm nur die Möglichkeit offen, von der Steuer eines jeden seiner Bürger einen bestimmten Prozentsatz ausschließlich für den Zweck zu verwenden, daß Verurteilte während der Verbüßung ihrer Freiheitsstrafe vor Hungerqualen geschützt werden. Nun kommt aber die schurkischste, obgleich scheinbar plausibelste Entgegnung: es geht vielen anderen, die gar nichts verbrochen haben, ja auch nicht besser! Ganz richtig; aber diese befinden sich auch nicht in der Obhut des Staates. Wenn ein Arbeitgeber oder sonst ein Privatmann den ihm anvertrauten Personen nicht genug zu essen gibt, so tut er das als fehlbares Individuum; der Staat hingegen hat, zum mindesten in der Theorie, unfehlbar und moralisch unanfechtbar zu sein; und geht er mit dem Beispiel der vollkommensten Unsittlichkeit voran, so hat jegliche menschliche Gemeinschaft aufgehört und wir befinden uns in Sodom und Gomorrha. Ich vermute übrigens, daß hinter dieser letzten Argumentation, die man wohl am häufigsten hören wird, sich nichts anderes verbirgt als die berüchtigte »Vergeltungstheorie«, die ja noch heute nicht nur von Laien, sondern auch von gelehrten Juristen vertreten wird. Gegen diese Theorie ist nun gar nichts einzuwenden. Es steht natürlich jedem Staat frei, sich an Übeltätern zu rächen, wie ja jedem Staat alles freisteht, wozu er den Willen und die Macht hat, zum Beispiel auch (wie es bei einigen leider inzwischen eingegangenen Staatswesen der Fall war) das Verbrennen von Witwen, das Opfern von Jungfrauen und das Verspeisen von politischen Gegnern; nur ist ein solches Gemeinwesen, das sich theoretisch und praktisch auf den Standpunkt der Vergeltung stellt, dann auch logischerweise verpflichtet, nicht nur das Christentum als Staatsreligion abzuschaffen, sondern auch seine Bekenner als Anhänger staatsfeindlicher Grundsätze zu verfolgen.

Was die Gefängnisbehörde anlangt, so wird sie möglicherweise eine gedrehte und gewundene Erklärung abgeben, in jenem barbarischen Analphabetendeutsch, das sie seit vielen Jahren mit Glück zur Verschleierung von Tatbeständen verwendet und das sich im Verkehr mit der Öffentlichkeit so sehr bewährt hat, daß es auch von den wenigen Ausnahmsbeamten bevorzugt wird, die imstande wären, eine Sachlage mit den Mitteln der menschlichen Sprache so zu bezeichnen, daß man ohneweiters erkennt, worum es sich handelt. Sie wird also etwa auf die »derzeit vorübergehend unzulängliche Inverkehrsetzung der Approvisionierung« hinweisen und was dergleichen unkontrollierbare Flausen mehr sind. Oder betonen, daß nachweisbar alle Häftlinge die rayonierten Quantitäten bekommen wie jeder andere Mensch, was eine kecke Verhöhnung des Publikums wäre, die sie hoffentlich nicht wagen wird. Oder darauf aufmerksam machen, daß es den Inhaftierten gestattet ist, von ihren Anverwandten »Zubußen« zu beziehen; was aber nur beweisen würde, daß in dem kleinen Zuchthaus des Landesgerichtes ähnliche Zustände herrschen wie in dem großen Zuchthaus, in dem wir anderen uns befinden, indem auch dort die Schieber besser leben. Oder sie wird sich am Ende gar zu einer detaillierten Aufstellung des Gefängnismenüs aufraffen, die aber, wie ich schon jetzt bemerken möchte, wertlos sein wird, denn sie wird bestenfalls angeben, welche Speisen die Gefangenen bekommen, nicht aber, wie sie zubereitet sind, während sich doch nur aus einer genauen Aussage über den Gehalt an Fett, Eiweiß und Kohlehydraten entnehmen ließe, ob die in der Nahrung enthaltene Kalorienmenge ausreichend ist.

Ich glaube jedoch, die Behörde wird nichts von alledem tun, sondern sie wird sich auf jene Praktik beschränken, mit der sich dieser Jammerstaat sogar als Großmacht ein halbes Jahrtausend durchgefrettet hat: sie wird den Mund halten und sich um den unbequemen Vorfall herumzudrücken suchen.

Aber zum Glück gibt es ein ungeschriebenes moralisches Gesetz, das allem »Sichdrücken« in Natur und Gesellschaft aufs energischste widerstrebt. Jedes Unrecht hat nämlich die Eigenschaft, daß es zu seiner Korrektur sogleich ein anderes, ihm entgegengesetztes Unrecht ins Leben ruft und so das Gleichgewicht wiederherstellt. »Res nolunt diu male administrari«, sagt ein weiser lateinischer Spruch: die Dinge lassen sich auf die Dauer nicht mißbrauchen. Es ist, obgleich wir die Todesstrafe heuchlerisch abgeschafft haben, heute bereits in weiten Kreisen bekannt, daß in unserer »jungen Republik« die Gefängnishaft der physiologisch nicht absolut vollwertigen Individuen (und das sind ja sehr viele Verbrecher, eben weil sie Verbrecher sind) einer langsamen Auflösung durch Hunger gleichkommt. Da wir nun keineswegs damit einverstanden sind, daß der Staat in dieser hinterlistigen Form neuerlich eine Todesstrafe einführt, und zwar eine, die unvergleichlich grausamer ist als die frühere und hundertmal mehr Delikte trifft als die frühere, so bleibt uns nichts übrig als eine Art passive Resistenz. Wir werden als Geschworne bei allen leichteren Vergehen prinzipiell und ohne der Verhandlung auch nur zuzuhören, mit dem Freispruch vorgehen und selbst in ganz schweren Fällen uns die Sache noch sehr überlegen; denn daß ein achtfacher

Raubmörder geköpft wird, könnte allenfalls noch hingehen, aber ihn zu jahrelangem Martertode zu verurteilen, ist niemand berechtigt. Ferner werden wir es natürlich nicht mehr vor uns verantworten können, von irgendeinem Verbrechen, das zu unserer Kenntnis gelangt, dem Gericht eine Anzeige zu erstatten, kurz: gerade die gewissenhafteren Staatsbürger werden sich wohlüberlegt und zielbewußt in den Dienst einer fortschreitenden Anarchie stellen.

Dies wird und muß die Folge von Zuständen sein, die – ich schrecke vor der schimpflichsten Bezeichnung, über die unser Planet derzeit verfügt, nicht zurück – einfach ungarische zu nennen sind.

Ferdinand Bonn, der letzte Komödiant

Ferdinand Bonn verdient ein gewisses kulturhistorisches Interesse. Er verkörpert nämlich einen Typus, der ganz offenbar im Aussterben begriffen ist, wie die Büffel und die Rothäute. Holtei hat einem seiner Romane, der seinerzeit viel gelesen und bewundert wurde, den Titel »Der letzte Komödiant« gegeben. Inzwischen sind noch viele Komödianten erschienen; aber es scheint, daß Ferdinand Bonn nunmehr wirklich für absehbare Zeit der letzte ist.

Die beiden berühmtesten deutschen Schauspieler von heute dürften wohl Bassermann und Moissi sein. Sie sind zugleich Vertreter zweier Typen von Schauspielern, der einzigen, die es heute noch gibt. Bassermann ist eine Art Kunstgelehrter. Man muß nur sehen, wie er auf die erste Probe kommt! Da steht meist schon jedes Detail ganz fest; die Pausen, die Stellungen, die »Gänge«, die Betonungen, das Spiel mit den Requisiten: alles ist bereits in zäher und minutiöser Gedankenarbeit eingeteilt und geordnet, wie in einem Fahrplan, nichts der Laune, dem Zufall, der Eingebung des Augenblicks überlassen, im Augenblick des Spieles doch immer wie neugeschaffen. Moissi hat gar nichts von einem Gelehrten, aber auch gar nichts von einem Komödianten. Er verfügt im Grunde nur über einen einzigen Ton, den müden, gequälten, ein wenig vorwurfsvollen Ton eines kranken und frühreifen Knaben; aber dieser eine Ton ist einmalig in der gesamten bisherigen Geschichte des Theaters. Bei anderen modernen Schauspielern wiederum kreuzen sich diese Typen, so verdankte Kainz zum Beispiel seine Kunst teils seiner physiologischen Besonderheit, teils der Schärfe und dem Reichtum seiner Geistesarbeit; aber irgendwie prominiert jeder heutige Darsteller von Rang entweder durch das eine oder durch das andere. Im Grunde sind aber beide Abarten verhältnismäßig späte

Entwicklungsprodukte, die nur in höchstkultivierten, überreifen und schon ein wenig ermatteten Zeitaltern auftauchen: das Primäre ist der Schauspieler, der einfach Theater macht. So hat noch vor drei oder vier Generationen jedermann empfunden: ein Schauspieler, das war der Mensch, der alles konnte, alles können mußte, ein »Versteller«, der heute verliebt oder betrunken, morgen jähzornig oder geistreich war, der alle Stände, alle Kostüme, alle Temperamente mühelos an- und auszuziehen vermochte, der nichts weiter zu besitzen brauchte als eine auswechselbare Seelengarderobe, diese aber möglichst bunt, prächtig und reichhaltig.

Von dieser Art ist Ferdinand Bonn, ich wüßte keinen zweiten Darsteller von Format, der ihm hierin noch gliche; seine Gattungsgenossen findet man nur noch auf der Schmiere. Dieses Wort ist ihm denn auch unzählige Male in seinem Leben zugeschleudert worden. Wenn er aber bereit sein sollte, ein bißchen darüber nachzudenken, so wird er vielleicht finden, daß es gar keine so schreckliche Beleidigung ist, sondern ebensogut eine Art Ehrentitel bilden kann; gerade in unserer heutigen Zeit. Es bedeutet nämlich, wenn auch ein wenig grob und gehässig ausgedrückt, daß man ihn mitten in unserer so gründlich gesitteten, vernünftigen und sozialisierten Welt für einen outlaw und outsider hält, für etwas, das sich mit den herkömmlichen Kunstmaßen nicht ausrechnen läßt, für ein Stück Lederstrumpf, laterna magica und Meßbude, für eine Art Zauberer, wenn auch von ordinärer Kategorie; aber immerhin für einen Zauberer. Er nimmt also in der Schauspielkunst etwa dieselbe Stellung ein wie Karl May in der Literatur, auf den auch alle gescheiten und kunstsinnigen Menschen so furchtbar schimpfen, ohne jedoch verhindern zu können, daß der übrige Teil der Menschheit ihn begeistert liest. Als ich ein kleiner Junge war, hatte ich zwei Ideale: Roßkastanien und farbige Gelatine. Später erfuhr ich freilich, daß diese wunderbaren glänzenden Früchte ein sehr gewöhnliches und botanisch tiefstehendes Obst sind und diese mysteriösen, wie Purpur und Mondlicht schillernden Platten einen sehr geringen nationalökonomischen Wert darstellen. Aber dennoch habe ich, und mit mir sicher zahllose andere Kinder, mit den Roßkastanien und den bunten Gelatinetafeln die schönsten Stunden verbracht. Ganz ähnlich nun funktioniert das erwachsene Publikum im Theater. Es will keine Rationalität, sondern Farbe, Lärm und Glanz.

Und diese fand und findet es nun in der Tat bei Ferdinand Bonn; auf der Bühne und im Leben. Schließlich ist jeder Mensch der Dichter seiner eigenen Biographie, und dies hat sich auch bei Bonn gezeigt. Wo er hinkam, und er kam fast überall hin, geriet alles in eine neue Bewegung. Von den Skandalen und Romanen, die sich ganz wie von selbst um sein Leben kristallisierten, lebte eine ganze Generation von Kulissenschnüfflern. Er brachte Romantik ins Dasein, freilich oft von der billigen Sorte, aber Romantik ist ja in den allermeisten Fällen, viel öfter, als wir es uns eingestehen wollen, etwas Billiges, Plattiertes, Bazarmäßiges, dem Ramsch Verwandtes. Das Aufsehen, das er allenthalben erregte, war zum großen Teil ein unliebsames: er dürfte wohl der verrissenste Schauspieler deutscher Zunge sein. Die Liste abfälliger Urteile, auf die er zurückblicken kann, ist eine sehr ehrwürdige. Schon 1891, als er sein Engagement im Burgtheater antrat, schrieb Altmeister Speidel über ihn: »Wem Verworrenheit als Genialität gilt, ruhelose Hast als Leben, für den wird Herr Bonn ein genialer und lebensvoller Schauspieler sein. Doch genug! Es wird sich nun zeigen, ob Herr Bonn gesonnen ist, im Burgtheater seine üblen Manieren abzulegen, von den hier versammelten Künstlern zu lernen.« (Wie man sieht, war das noch die schöne Zeit, wo ein Kritiker ruhig den strengen, mit Verantwortung beladenen Kunstrichter spielen konnte, ohne sich entsetzlich lächerlich zu machen.)

Es ist nicht recht begreiflich, warum Bonn sich gerade den Nathan als Debütrolle gewählt hat. Denn der Nathan ist die Schlichtheit, Selbstverständlichkeit und Herzenswärme in Person, während doch Schlichtheit von allen ersinnbaren Charaktereigenschaften diejenige ist, die sich mit Bonn am wenigsten verträgt, und das Herz offenbar derjenige Körperbestandteil, der bei ihm am rudimentärsten entwickelt ist. Er hat übrigens die Rolle überraschend maßvoll gespielt, wenn auch durchaus äußerlich: gern legt er die Hand auf die Brust oder läßt sie in seinem wunderschönen, glänzend weißen Bart spielen, und wenn er Sentenzen oder Monologe spricht, so scheint jede Pore seines Antlitzes der Galerie zuzurufen: seht her, ich denke nach! Wenn er dann, wie nicht anders zu erwarten, laut bejubelt wird, schreitet er ernst und würdig vor die Rampe und macht dabei jene längst aus der Mode gekommenen Armbewegungen, welche soviel sagen sollen wie: ich habe mein Bestes getan, aber ich fürchte, Sie tun mir zuviel Ehre an! Und doch liegt über alledem ein undefinierbares Aroma, ein Fluidum, das von jedem geborenen Schauspieler ausgeht; und ein solcher ist Ferdinand Bonn zweifellos.

Man hat oft versucht, die Schauspieler in allgemeine Kategorien einzuteilen: zum Beispiel in diejenigen, die immer nur sich selbst spielen, und in diejenigen, deren künstlerisches Wesen gerade darin besteht, daß sie selber niemals erscheinen, sondern immer nur eine täuschend vorgehängte Maske; oder auch in solche, die ihre Gestalten mit einem Griff rund und ganz hinstellen, ohne sich viel in Details zu verlieren, und in solche, die gerade umgekehrt ihre Figuren aus einem vielfältigen Mosaik von Einzelzügen aufbauen. Ich glaube nun, eine gar nicht üble praktische Einteilung wäre die in Schauspieler, denen man zuhört, und Schauspieler, denen man nicht zuhört. Die einen können noch so fähig, versatil und bühnensicher sein: man schenkt ihnen nicht jene gesammelte Beachtung, die im Theater unerläßlich ist, ihr Magnetismus arbeitet sozusagen undicht. Die anderen können voll von Unarten und selbst Verlogenheiten und Geschmacklosigkeiten sein: wenn sie auftreten, so ladet sich der schwarze Trichter des Zuschauerraums mit Spannung. Ferdinand Bonn gehört unstreitig zu der letzteren Gruppe. Um alle seine Schöpfungen ist immer eine eigentümliche Phosphoreszenz, sie gehen niemals grau und leer, sondern stets festlich dekoriert einher. Der Schmuck ist, wie gesagt, nicht immer fein, er ist nicht immer echt, aber wir sind ja schließlich im Theater. Das Licht der Bühne ist nun einmal nicht das natürliche der Sonne und des Mondes, es ist das künstliche, gemachte, schreiende des Scheinwerfers und der bunten Glaslaterne.

Jedoch pflegt der gewissenhafte Kritiker in solchen Fällen zu sagen, wir wollen der Entwicklung nicht vorgreifen. Denn bei Ferdinand Bonn pflegt das Unmögliche ja meistens das Wahrscheinliche zu sein. Aber irgendeine Emotion wird er sicher ins Deutsche Volkstheater bringen, ins Ensemble und ins Publikum. Und wäre es auch nur die, daß man sich schrecklich über ihn ärgern wird.

Hans Müller: »Flamme«

Im dritten Akt der »Flamme« sagt einer, und zwar ziemlich deutlich ad spectatores, wie man das ja von Hans Müller gewohnt ist: »Der Schaffende ist im Tiefsten unverwundbar.« Wenn sich das also so verhält, und ich glaube: man kann gar nicht daran zweifeln, dann fallen sämtliche Hemmungen bei mir weg, und ich will dem Dichter einmal rund und offen sagen, was ich von ihm halte.

Ein geistvoller Literarhistoriker machte vor einiger Zeit im Gespräch zu mir eine Bemerkung: Der künstlerische Grundzug Hans Müllers ist die Schamlosigkeit. Ich finde, daß mit diesem einen Wort wie durch eine Strukturformel die ganze Art Hans Müllers erklärt wird: seine großen und dauernden Erfolge bei der Menge und zugleich das Mißbehagen, das er Menschen von etwas anspruchsvollerem Geschmack immer bereitet hat und wohl auch immer bereiten wird. Es ist nämlich in der Kunst nicht viel anders als in der guten Gesellschaft: es gibt eine Menge Dinge, die nicht eigentlich verboten sind, ja die man nicht einmal durch irgendwelche Verbote einigermaßen eindeutig und unmißverständlich umschreiben könnte und deren Vorhandensein dennoch äußerst peinlich, ja katastrophal wirkt. Hans Müller besitzt die eigentümliche Gabe, mit allem, was er sagt oder auch nur andeutet, mit jeder Bewegung, jedem Gesichtsausdruck, den er als Dichter annimmt, alle feineren Empfindungen zu verletzen. Wie er das fertigbringt, das ist eben sein Geheimnis, das geht in die unaufschließbaren Quellen hinunter, aus denen jede Persönlichkeit gespeist wird. Und Hans Müller ist ganz zweifellos eine Persönlichkeit, so gut wie Sudermann eine ist oder wenigstens war: er ist der stärkste, konzentrierteste, umrissenste Ausdruck der Kitschbedürfnisse um 1920. Um nun den jeweiligen Wünschen der oft recht launenhaften Kundschaft stets mit einer solchen Flinkheit und Unbedenklichkeit entgegenkommen zu können, muß man eben jene Eigenschaft besitzen, die in der menschlichen Sprache als Schamlosigkeit bezeichnet wird.

Aber wie ist denn das? Ist denn die Schamlosigkeit nicht gerade das Privileg des Künstlers, ist sie nicht die unerläßliche Voraussetzung, der treibende Motor, der tiefste Sinn seines ganzen Schaffens? Hat es je einen großen Dichter, Denker, Gestalter gegeben, der nicht sein innerstes Wesen in seinen Werken ununterbrochen ans Licht gespült hätte? Hat nicht schon Goethe den Götz »das Bruchstück einer großen Konfession« genannt, und verdienen nicht alle seine anderen Werke ganz dieselbe Bezeichnung? Haben große Maler, zum Beispiel Rubens, Rembrandt, Raffael, je etwas anderes dargestellt als die verborgensten Geheimnisse ihrer Sexualität? Reißt sich nicht Strindberg coram publico die Brust auf, und gibt es irgendeinen Winkel in seinem Privatleben, den er nicht wiederholt und deutlich dramatisiert hätte? Das ist ja eben der Hauptwert des Künstlers, daß er frei ist von den ängstlichen Rücksichten des Philisters, der sein ganzes Leben mit Masken und Vorhängen umgibt, daß er alle Welt teilnehmen läßt an den Wundern seines Schicksals, an den lehrreichen Kreuzungen seiner Erdenbahn.

Also Schamlosigkeit ist sozusagen das Handwerkszeug des Künstlers, und man kann ihm aus dieser Eigenschaft so wenig einen Vorwurf machen, daß vielmehr ihr Mangel einen Einwand gegen ihn bilden würde. Aber die Legitimation dazu kann er nur aus einem ethischen Pathos von höchster Intensität ziehen, aus einem fanatischen, fast pathologischen Besserungswillen, aus einem moralischen Furor, der ihn fast wider Willen unaufhaltsam vorwärts treibt. Und vor allem: aus der unbedingtesten Ehrlichkeit. Diese fehlt aber Hans Müller. Er weiß das vielleicht selber gar nicht, denn er ist objektiv verlogen, er lügt sich offenbar auch selbst an. Das Recht zur psychologischen Vivisektion mit allen ihren Grausamkeiten und Peinlichkeiten hat jedoch nur der echte Seelenanatom, und das Recht zum psychologischen Exhibitionismus hat nur der echte Reformator. Es ist nichts dagegen einzuwenden, daß »in Pfuhle hinabgeleuchtet werde«; aber kokett arrangierte Pfuhle, die mit der Realität gar nicht übereinstimmen, Pfuhle, die nur dazu da sind, um einem wichtigtuerischen Autor von ziemlich subalternen geistigen Absichten ein Modesujet abzugeben, die brauchen wir uns nicht gefallen zu lassen. Hans Müller hat keine Ahnung von der Psychologie einer Prostituierten, er hat nur eine sehr deutliche Ahnung davon, wie man aus dem Prostituiertenmilieu ein effektvolles und erfolgsicheres Theaterstück herausschlägt.

Frau Martha Popper

Während ich für gewöhnlich die lästige Neigung habe, über allerlei weltgeschichtliche Figuren wie Raffael, Napoleon, Hans Müller oder Buddha Betrachtungen anzustellen, möchte ich mich heute einmal mit einer Gestalt befassen, die noch nicht zur Säkularerscheinung avanciert ist. Es handelt sich um Frau Martha Popper. An diesen Namen wird man sich gewöhnen müssen. Ich will ja nicht so weit gehen, zu behaupten, daß diese Frau im Geschichtsunterricht gleich nach dem Weltkrieg kommen wird (obgleich ich hoffe, daß es einmal eine Zeit geben wird, wo man auch den Weltkrieg nicht mehr in der Schule lehren wird), aber einen Platz im Lesebuch hat sie sich zweifellos verdient.

Frau Martha Popper fuhr in einem Ringstraßenwagen der elektrischen Trambahn, den sie bei der Oper verließ. Als sie sich schon in der Kärntnerstraße befand, wurde sie von einem Subjekt attackiert, das sich als »Zivilkontrollor« deklarierte und mit der Begründung, sie sei »schwarz gefahren«, in den Ruf ausbrach: »Legitimieren Sie sich!« Wenn ich der Telepath Paulsen oder sonstein Magier wäre, so würde ich veranlassen, daß durch eine Störung im Sprachzentrum allen österreichischen Amtsorganen auf vier Wochen das Wort »legitimieren« abhanden käme; dies hätte nämlich die erfreuliche Folge, daß der österreichische Staat sofort krepieren würde, denn ohne dieses Wort ist jeder hiesige Beamte vollkommen hilflos. Auf diesem Wort, das seinen gesamten Geistesschatz bildet, beruht seine ehrfurchtgebietende Stellung unter den übrigen Sterblichen. Denn erstens ist es ein Fremdwort, und zweitens jagt es unbändigen Schrecken ein, weil ein anständiger Mensch sich hierzulande nie legitimieren kann; im Besitz der zahllosen Papiere, die dazu nötig sind, befinden sich nur Kettenhändler, Defraudanten, hohe Staatsfunktionäre und ähnliche Persönlichkeiten, die bereits mit einem Fuß im Ausland stehen; aber gerade diese brauchen sie nicht, weil sie bei uns noch nie angehalten worden sind. Frau Martha Popper konnte sich natürlich auch nicht legitimieren, aber sie besaß noch ihre Trambahnkarte, die sie – ohne die sonst so verehrungswürdige Frau verletzen zu wollen – offenbar nur aus Schlamperei nicht weggeworfen hatte, womit der Beweis erbracht war, daß sie entgegen der Behauptung des Beamten weiß gefahren war. Dieser verzichtete nunmehr großmütig auf weitere Legitimationen, erteilte aber auf das Ersuchen, sich nun seinerseits zu legitimieren, einen abschlägigen Bescheid, da dies allem Anschein nach nicht mehr in sein Ressort gehörte.

Jedes andere österreichische Staatsbürger hätte nun daraufhin zwar laut vor sich hin geschimpft, auch seinen Hausbesorger und dessen Kollegen von den umliegenden Häusern über die Affäre nicht uninformiert gelassen, sie aber im übrigen mit einem »Ah was, i wer mi net herstellen« der Vergessenheit übergeben, ohne zu bedenken, daß von dieser permanenten Haltung des Sichnichtherstellens, die das Publikum bei uns einnimmt, alle Infamien, Trotteleien und Fahrlässigkeiten der hiesigen Behörden ihr Leben fristen. Frau Martha Popper aber – und hier beginnt ihr Verhalten heroischen Lesebuchcharakter anzunehmen – stellte sich her und ging der Sache nach. Sie befragte zunächst die Straßenbahndirektion um den Namen jenes Individuums. Und nun ereignete sich der unglaublichste Moment in dieser an furchtbaren Aufregungen gewiß nicht armen Geschichte: die Straßenbahndirektion machte diesem Patron von Zivilrevisor die Mauer und verweigerte die Auskunft! Ich will kein weiteres Wort über diese bodenlose Unverschämtheit verlieren; ich könnte sonst leicht beleidigend werden. Aber hier hatte das Heldentum der Frau Martha Popper noch immer nicht seine Schranken gefunden: sie ging der Sache *noch* weiter nach, erzwang durch das Gericht von der Straßenbahndirektion die Lüftung der Anonymität jenes Wegelagerers, und der Richter verurteilte diesen zu einer Geldstrafe von fünftausend Kronen.

Nun, das ist ja höchst erfreulich, und dieser bon juge wird zweifellos seinen Ehrenplatz in der Lesebuchgeschichte von der beherzten Frau Martha Popper erhalten; aber es bleibt die Frage zurück: welchen Schutz genießen Personen, die nicht über die hohe moralische Energie einer Martha Popper verfügen, deren Erscheinung ja zu den unwahrscheinlichen Glücksfällen zu zählen ist, wie sie uns die Geschichte bisher nur auf vereinzelten Höhepunkten, wie etwa bei Jeanne d'Arc, Mutter Gracchus, Johanna Sebus und Charlote Corday, gezeigt hat? Vor allem aber lehrt uns der Fall der Frau Martha Popper, daß der »Naderer«, der Spitzel, der Denunziant ganz offenbar ein österreichischer character indelebilis ist. Es zeigt sich überhaupt, und gerade durch die großen sozialen Umwälzungen der letzten Jahre, immer deutlicher, daß die Regierungsform eines Volkes etwas höchst Sekundäres und das Entscheidende vielmehr die Lebensform ist, die in ihm von allem Anfang an entwicklungsgeschichtlich angelegt ist: der geistige und moralische Querschnitt, das seelische Diagramm sozusagen, das sich unter wechselnden äußeren Umständen nur sehr unwesentlich verändert. Jedes Volk stellt eine bestimmte Varietät des Typus Mensch dar, die, ziemlich unabhängig vom »Milieu«, ihre eigenen Bildungsgesetze in sich trägt, ebenso wie ein Apfelbaum durch verschiedene Pflege, Bewässerung, Bodenbehandlung, Okulation und dergleichen sich reicher oder kümmerlicher, feiner oder ordinärer entwickeln, aber doch schließlich immer ein Apfelbaum bleiben wird. So ist zum Beispiel die unzerstörbare Grundform Deutschlands der Militarismus: ein Volk, in dem jeder einem anderen gehorcht, der wiederum einem anderen zu gehorchen hat, während die Lebensformel der Franzosen das Kolportagedrama darstellt: eine Nation, in allen ihren Daseinsäußerungen eingestellt auf die romantische Kulisse, die brillante Phrase, das wirkungsvolle Arrangement, den schönen Skandal. Am deutlichsten zeigt sich der Sachverhalt an Rußland: in diesem ungeheuren Reiche hat sich nichts geändert als einige Schlagworte: das edle, geduldige, aber vollkommen aktionsunfähige Volk ist nach wie vor geknechtet, väterlich mißhandelt von einer kleinen Minorität von unklaren Ideologen, die das Recht und den Mut zur grausamen Unterdrückung von Millionen aus der Überzeugung schöpfen, damit deren Bestes zu wollen; aus ganz derselben Psychose entsprangen auch alle Gewaltakte des Zarismus. Und so sind auch wir eine Bevölkerung geblieben, über der nach wie vor der Alpdruck des »k.k.« liegt, das durch alle Übermalung immer wieder siegreich hervorbricht: das »k.k.« ist das ewige Lebenssymbol des Österreichers. Der Fall der Frau Martha Popper lehrt uns, daß die österreichische Republik nichts als ein dummer Witz ist, denn Republik heißt Gemeinwesen, und solange die Staatsbürgerschaft auf Schritt und Tritt von zudringlichen, mißtrauischen Revisoren, Kontrolloren, Registratoren und ähnlichem Büttelgesindel verfolgt ist, kann sich kein freier, selbsttätiger Gemeinsinn, kein moralisches und politisches Verantwortungsgefühl des einzelnen entwikkeln.

In Amerika gibt es überhaupt keine Trambahnschaffner, geschweige denn als Fahrgäste kostümierte Revisoren. Der Passagier wirft dort seine Münze in einen im Wagen angebrachten Automaten und erhält dafür die Karte. Trotzdem hat man bisher noch nicht gehört, daß die amerikanischen Trambahnen deshalb hätten eingestellt werden müssen, sie florieren sogar ganz ausgezeichnet und befinden sich in einem viel menschenwürdigeren Zustand als die unserigen. Wahrscheinlich gibt es in Amerika überhaupt keine Schwarzfahrer. Man wird vielleicht sagen: weil der Amerikaner überhaupt von Natur korrekter ist als der Österreicher. Ja, ja, ganz recht, aber *warum* ist er korrekter? Weil ihm dort, in dieser wirklichen Republik Vertrauen entgegengebracht wird. Kein noch so drakonisches Gesetz, kein noch so zahlreiches Polizisten- und Beamtenheer, keine noch so scharfe und allgegenwärtige Kontrolle kann nämlich einen solchen Zwang ausüben wie das Vertrauen. Das sicherste, ja das einzige Mittel, die Menschen anständig zu machen, besteht darin, daß man sie für anständig hält. Solange der Passagier der Straßenbahn sich von einer Rotte eifrig spähender, zum Teil tückisch vermummter Schergen umgeben weiß, ist das Schwarzfahren eine Art Kampf zwischen zwei einander feindlichen Rassen oder Menschenarten, etwa wie zwischen Indianer und Cowboy oder Schmuggler und Grenzsoldat, und erlangt dadurch die Würde eines gefahrvollen, abenteuerreichen, keineswegs unehrenhaften Sports; jedenfalls ist der kühne Schwarzfahrer moralisch nur seinem Erbfeind, dem Revisor, verantwortlich, der aber auf einer so tiefen sittlichen Stufe steht, daß hier von einer ethischen Rechnung und Gegenrechnung kaum die Rede sein kann. Sobald aber jede Kontrolle wegfällt, ist er nur noch sich selbst verantwortlich: und den ungeheuren Druck *dieser* Verantwortung kann, das behaupte ich steif und fest, auf die Dauer kein Mensch aushalten.

Hingegen Druck, der von *außen* kommt, erzeugt unfehlbar inneren Gegendruck. Wo wird mehr geprüft, kontrolliert, beaufsichtigt als in der Schule? Und wo auf der ganzen Welt wird ausgedehnter, zielbewußter und skrupelloser geschwindelt als in der Schule? (Und in dieser Richtung, nämlich in der entgegengesetzten, scheint mir auch die einzig denkbare Lösung des kommunistischen Problems zu liegen. Es gibt nur *eine* Möglichkeit, die Menschen zu Kommunisten zu machen: indem nämlich jeder für sich zu Hause und in voller Freiheit damit anfängt, selber einer zu sein. Und dies ist eben der ewige Circulus vitiosus des kommunistischen Programms: eine kommunistisch organisierte Welt setzt Menschen von einer idealen ethischen Höhe voraus; und gerade diese Menschen sind die einzigen, die keine kommunistisch organisierte Welt brauchen.) Revisionen aber von jener Unverfrorenheit und Tölpelhaftigkeit, wie sie Frau Martha Popper erlebte, können nur zur Folge haben, daß mit einer finsteren Entschlossenheit und fanatischen Energie, wie sie nur der ehrliche Haß zu erzeugen vermag, weiter gemogelt wird, und das ist die einzige korrekte Antwort auf die Praktiken einer Behörde, die sich für sozialistisch ausgibt, in Wirklichkeit aber noch durchaus vom Geiste des Metternichschen Polizeistaates erfüllt ist. Das ist der Fluch des »k.k.«, eines Zustandes, in dem die Bevölkerung in zwei Gruppen zerfällt: in eine dummfreche, größenwahnsinnige, aufsässige Bureaukratie und in ein beispiellos gutmütiges Publikum, das sich von ihr geduldig vexieren läßt. Da sich aber dieser letztere Teil immer noch zweifellos in einer bedeutenden Majorität befindet, so spricht dieser ganze Sachverhalt sehr beredt für die Liebenswürdigkeit und Noblesse des österreichischen Volkscharakters, und von diesem Gesichtspunkt aus ist der Fall der Frau Martha Popper, von der wir hiermit für einige Zeit Abschied nehmen wollen, eigentlich höchst erfreulich.

Angsttraum des Germanisten

An der letzten Neuinszenierung des »Tell« im Burgtheater, die einen gemäßigt expressionistischen, sozusagen einen rechtskubistischen Weg beschritten hat, fiel mir auf, mit welcher geflissentlichen Hast und gewissermaßen betonten Gleichgültigkeit die Schauspieler über Zitate wegsprechen. Es klingt etwa so, wie wenn Tell zu seinen Mitunterrednern sagen wollte: »Der Starke, aber wozu es betonen, das wißt Ihr ja schon aus der Schule, also der Starke ist bekanntlich am mächtigsten allein.« Es ist dies ja allerdings wahrscheinlich der einzige Weg, um diese Stellen herumzukommen, denn sie sind heute bereits schlechterdings unmöglich. Sie wirken wie ein Kupferstich, den schon so viele Finger angefaßt haben, daß er bereits ganz verwischt und undeutlich geworden ist und nur noch ein paar trübe Flecke zu sehen sind. Man *hört* sie nicht mehr. Man hat vielmehr den Eindruck: warum sagt Tell als Monolog gerade dieses Gedicht auf, warum nicht zur Abwechslung den ebenso schönen »Taucher«? Das sind die Nachteile, wenn man eine klassische Figur ist.

Die Vorstellung, daß der »Tell« einmal noch nicht ganz druckfertig, sondern erst bei der Stenotypistin zum Abschreiben war, hat etwas Gespenstisches. Es ist gruselig, sich vorzustellen, daß Schiller noch im letzten Moment hätte einige Zitate ändern und zum Beispiel schreiben können: »Der Kräft'ge herrscht nur, wenn er einsam ist«, oder: »Die liebe Heimat schreib ins Herz Dir ein, in sie senk alle Fasern Deines Wesens, sie ist das Erdreich, das den Saft Dir beut.«

Das wird uns gleich weniger befremdend klingen, wenn wir erstens bedenken, daß Schiller ja einen Teil seiner Sentenzen aus früheren Tell-Dichtungen entnommen hat, wo sie inhaltlich gleich, aber formell ein wenig anders gelautet haben, und daß er sie ja gerade so gut hätte wörtlich benutzen können, in welchem Falle wir sofort andere geflügelte Worte besäßen, also zum Beispiel statt des allen Oberlehrern so teuern »Wär' ich besonnen, hieß ich nicht der Tell« die Vorlage aus dem Urner Spiel: »Wär' ich vernünftig, witzig und schnell, so wär' ich nicht genannt der Tell«, die sich sogar reimt. Zweitens möge man sich daran erinnern, daß Schiller – darin eben ein echter Theatraliker, dem es weniger auf Psychologie und Logik als auf starke Effekte, Stimmungen und Bilder ankam – es überhaupt mit dem Schicksal seiner Figuren niemals sehr genau nahm, sondern sich ohne große Skrupel oft noch mitten in der Arbeit, ja einigemal sogar nach der definitiven Beendigung des ganzen Werkes aus mehr oder weniger äußerlichen Gründen zu sehr einschneidenden Änderungen der Fabel und Handlung entschlossen hat. So endet zum Beispiel Franz Moor in der Mannheimer Theaterbearbeitung nicht durch Selbstmord, sondern wird von Schweizer (der infolgedessen ebenfalls am Leben bleibt) und den übrigen Räubern vor Karl Moor geschleppt, der in einer, theatralisch genommen, sehr effektvollen, vom psychologischen Gesichtspunkt aus etwas kindischen Szene über ihn zu Gericht sitzt. Was den »Tell« anlangt, so schreibt Schiller noch im letzten Moment, als schon die Rollen ausgeteilt werden sollen, am 28. Februar 1804 an Goethe: »Ich habe drei neue Weiber darin kreiert, um die drei noch übrigen Schauspielerinnen mit Anteil in das Stück hineinzuziehen, weil sie nicht gern Statisten machen.« Und Goethe erzählt Eckermann am 18. Januar 1825, Schiller habe ursprünglich in der Apfelschußszene Geßler ganz einfach einen Apfel vom Baum brechen und vom Kopf des Knaben schießen lassen. »Dies war nun ganz gegen meine Natur, und ich überredete ihn, diese Grausamkeit doch wenigstens dadurch zu motivieren, daß er Tells Knaben mit der Geschicklichkeit seines Vaters gegen den Landvogt großtun lasse, indem er sagt, daß er wohl auf hundert Schritt einen Apfel vom Baum schieße.« Das Tollste dieser Art ist aber doch der veränderte Schluß, den Schiller dem »Fiesko« auf

Anraten des Freiherrn von Dalberg bei der Uraufführung gegeben hat. In dieser Bearbeitung fängt Fiesko den Streich Verrinas auf, und die Menge dringt mit dem Ruf »Fürstenmord« erbittert auf den Attentäter ein, der sich voll Befremden zu fragen beginnt, ob dieses Volk, das selbst den Arm seines Retters aufhält, denn überhaupt befreit sein *wolle*. Fiesko aber bedeutet ihnen, zurückzuweichen, und spricht: »Ein Diadem erkämpfen, ist groß – es wegwerfen, göttlich. Seid *frei*, Genueser! (Er zerbricht das Zepter und wirft die Stücke unter das Volk.) Und die monarchische Gewalt vergehe mit ihren Zeichen.« Zu Verrina aber sagt er: »Genuas Freiheit war in *diesem* Busen entschieden, ehe Verrina noch dafür zitterte – aber Fiesko *selbst* mußte der Schöpfer sein. (Verrinas Hand ergreifend, mit Wärme und Zärtlichkeit.) Und jetzt doch mein Freund wieder, Verrina?« Verrina (begeistert in seine Arme stürzend): »Ewig!« Fiesko (mit großer Rührung, einen Blick auf das Volk geworfen, das mit allen Zeichen der Freude noch auf den Knien liegt): »Himmlischer Anblick – belohnender als alle Kronen der Welt. (Gegen das Volk eilend.) Steht auf, Genueser! Den Monarchen hab' ich Euch geschenkt, umarmet Euren glücklichsten Bürger.« (Der Vorhang fällt.)

Schade, daß Schiller von dieser Fassung später wieder abgekommen ist: sie hätte eine ganze Reihe wunderschöner neuer Aufsatzthemen ergeben. Zum Beispiel: »Schuld und tätige Reue Fieskos in Schillers gleichnamigen Drama« oder »Der versöhnende Grundgedanke in Schillers Fiesko-Dichtung, aufgezeigt am Gang und Ausgang der Handlung« oder »Wie wird in Schillers Meisterdrama die Umkehr des Helden Fiesko begründet und vorbereitet?

Einleitung: Schiller, der Dichter des deutschen Volkes, Hauptteil: I. Fieskos Versuchung in den ersten drei Akten. II. Seine Krisis im vierten Akt. III. Der Weg zum Siege über sich selbst, vom Dichter mit zwingender Notwendigkeit motiviert a) durch Fieskos äußere Handlungsweise, b) durch seinen inneren Entwicklungsgang. Schluß: Die dramatische Literatur, zumal die deutsche, ein Spiegel der Menschheit.«

Unter dem Eindruck dieser und ähnlicher Vorstellungen habe ich gestern nacht einen schrecklichen Traum gehabt, der ungefähr folgenden Inhalt hatte.

Eckermann berichtet vom 26. Oktober 1827: »Wir kamen, bei Gelegenheit der Neustudierung am hiesigen Theater, auf ›Tell‹ zu reden. Ich rühmte die immer noch zunehmende Wirkung dieses Schauspiels, und Goethe sagte: Ja, es ist vortreffliches Werk, aber es ist dazu erst langsam geworden. Die guten Leutchen glauben nämlich immer, es sei, bei großen Produkten der Poesie, alles von vornherein so bestimmt und abgeteilt gewesen wie in einem Kalender oder Schießreglement und das Werk fertig gegossen wie Pallas aus dem Haupte des Kroniden gestiegen. Aber so verhält es sich mitnichten! Was ist da alles gebosselt, poliert, gerückt und gestutzt worden, davon die unbefangen genießenden Nachfahren sicher vermuten, es sei schon immer am ersten Tage dagewesen! Ich will Ihnen, fügte er, mein Erstaunen gewahrend, mit einem schalkigen Lächeln hinzu, ein großes Geheimnis verraten. Der herrliche Monolog des Tell, der den Beschluß des vierten Aktes bildet, war anfänglich von Schillern gar nicht so geplant gewesen und ist erst auf meinen emsigen Zuspruch hin so gestaltet worden. Hören Sie, mein Bester, und erschrecken Sie: in der ursprünglichen Konzeption war vorgesehen, daß Tell den Geßler kurzerhand über den Haufen schießt und sein Recht hierauf denn auch im Selbstgespräch vorher genau begründet, ja es sollte sogar im fünften Akt eine Szene mit Parricida folgen, die nochmals den Gegensatz zwischen Verwandtenmord aus Ehrliebe und Tyrannenmord aus Freiheitsliebe leibhaftig illustriert hätte. Jedoch der Tyrannenmord gehört zum Vorstellungsleben der Alten und ist denn auch dort, in so viel einfacheren und zugleich rascheren Zuständen, als Ideal begreiflich und am Platz, für unser Gefühl hingegen ist ein blutbefleckter Held ohne Sühne allemal eine widrige Vorstellung. Daher mußte Tell entweder von seiner Tat abstehen oder dem Ganzen den Charakter der Tragödie nachträglich aufgedrückt werden, was immer etwas Mißliches an sich hat. Möchten Sie aber nun wohl glauben, daß ich dennoch, trotz dieser sonnenklaren, reiflich gefaßten Gründe, mit Schillern meine liebe Not hatte, ihn von dem einmal gesetzten Plan abzubringen? Aber so war nun einmal der große Mann! Bei ihm konnte es nie genug kräftig und sinnlich zugehen. Wir hätten übrigens auch so ein recht artiges Stück, aber eines, das den Hörer in moralischem Zwiespalt entläßt. Das Publikum, fuhr Goethe nach einer kleinen Pause fort, merkt eben nie etwas von den Bergen von Arbeit und Schwierigkeit, die vor jedem Kunstwerk getürmt sind. Aber das ist recht! Denn sähe es den vielen Schweiß, er würde ihm die reine Freude des Anschauens verkümmern. Aber darum ist er doch geflossen, alle Tage, und ohne ihn ist, einige seltene beglückte Stunden ausgenommen, nie was Tüchtiges zutage gefördert worden, und das ist auch recht.«

Am 29. Dezember 1803 schreibt Schiller an Körner: »Ich bin doch recht froh, daß ich's nun so gemacht habe, aber es war eine rechte Last. Um den Parricida ist mir leid, da, auch abgesehen von dem moralischen Effekt der Szene, von dieser Figur ein gewisses Grauen ausgegangen wäre, das gegen den heiteren Abschluß einen wirksamen Kontrast der Tinten ergeben hätte. Einige schlagende Sentenzen, die nun fortgefallen sind, lassen sich gut im Warbeck unterbringen, der jetzt, nun der Teil nahezu vollendet ist, wiederum in mir zu rumoren anfängt. Daß ich drei Verszeilen aus Zwing-Uri herübergenommen habe, wirst Du wohl sehen, und dort wird ihr Mangel wenig Schaden tun. Der neue Schluß des Monologs dünkt Goethen trefflich. Auch den Anfang hab' ich auf Deinen Rat in der Diktion ohnmerklich abgeändert. Dafür, daß Geßler im vierten Akt um seine Rede kommt, wird er reichlich entschädigt durch die große Wahnsinnsszene, die sicher guten Sukzeß tun wird. Lieb ist mir's auch wegen Iffland, der nun einen wesentlich dankbareren Part hat und so für die Annahme günstiger präokkupiert ist, auch nehm' ich vielen Theaterleitern, nun

Geßler nicht mehr unbedingt zu Pferd kommen muß, eine billige Ausflucht. Hier hast Du den umgeschmolzenen Teil (das Dir bekannte hab' ich fortgelassen). Gib das Manuskript ja nicht aus der Hand.

Durch diesen engen Bergpaß muß er reiten.
Es zieht kein andrer Pfad nach Osten.
Hier führ' ich's aus.
Nur einmal treffen Ort und Stunde so zusammen.
Dort jener dichte Busch voll breiter Zweige
Entzieht mich seinem Blick.
Dies sei mein Auslug. Dort schwirr' ab, mein Pfeil!
Des Passes Enge läßt mich leicht entweichen.
(Mit einer schrecklichen Gebärde zum Himmel weisend.)
Bring Dein Geschäft mit jenem dort in Ordnung.
Dein Tag neigt sich zur Nacht, und spärlich rinnen
Nur wen'ge Körner Dir noch in der Lebensuhr.
Hat meine Hand vorm Haupt des Sohnes nicht gezittert,
Wird sie auch vor der Brust des Wütrichs nicht erbeben.
(Er setzt sich und versinkt in tiefes Sinnen.)
Doch wie? Was faßt mich an? Was fährt, gleich Gletscherwind
Durchs Dach des Sennen, plötzlich kältend mir
Durch meine Seele? Ist mir's nicht,
Da ich der zarten, unschuldsvollen Kindlein denke,
Als ob sie ihre sanften, nassen Blicke
In stummem und ach! so beredtem Vorwurf
Zu mildem Fleh'n an mir emporgeheftet hielten.
Wie wenn im letzten Augenblicke noch
Sie meines Pfeiles Lauf, den nie zu widerrufenden,
Zu hemmen strebten? – Rache! Was ist Rache?
Sie ist des Größern, der dort oben thront,
Der alle Haare zählt auf unsern Häuptern,
Er mag sie fallenlassen, wenn's ihm rechtens dünkt.
Ihm ziehmt's, die Stunde zu bestimmen, doch nicht uns.
Rache trägt keine Frucht! Sich selbst ist sie
Die fürchterliche Nahrung, ihr Genuß

Ist Mord, und ihre Sättigung ist Grausen.
Schlaf, Pfeil, im Köcher! Aufgespart nur, nicht entzogen
Bleibt jener Bösewicht dem Richterspruch,
Der aller Untat wie ein Schatten folgt.
Sei's auch ein langer Schatten, dennoch folgt er Dir
So sicher, wie die Sonne scheint: nicht meines Amtes ist's,
Fürwitzig ihn zu kürzen.

(Geßler und Rudolf der Harras erscheinen auf der Höhe des Weges.)

Landvogt. Dein Weg bleib ungekreuzt! Schlaf ruhig,
Wenn Du es *kannst*!

(Er nimmt den Pfeil und betrachtet ihn lange und mit tiefer Bewegung.)

Plan und Tat! Welche eine dünne Scheide trennt Euch!
Und dennoch: Zwischen Euch liegt alles, was dem schwachen Menschen
Die Hölle, was ihm die höchste Himmelsseligkeit entbeut.
Geplant führt jede Handlung jedes Erdenkindes
Ein einmaliges eignes Sonderdasein.
Trägt sie allein die Seelenfarbe dessen,
Dem sie im Busen still herangereift.
Getan zeigt sie die unverrückbar ew'ge Einform,
Die sie zu Schwestern *aller andern* macht.
Plan ist der weise Vater, Tat die feile Tochter,
Die sich der Welt hingibt: ein fahler Bastard.
Nur wenn Du denkst, schaffts Du Dein freies Reich.
Im *Handeln* machst Du Dich der Menge gleich.

(Er schlägt sich nachdenklich in die Büsche.)

Frießhardt und der Geharnischte (eilfertig von rechts):
Der Landvogt kommt! Platz! Macht die Gasse frei!

(Indes man Geßler und Rudolf der Harras mit reichem Gefolge zu Pferd den Hohlweg passieren sieht und eine ferne sanfte Schalmei den Beschluß macht, fällt der Vorhang.)«

Steinbruch

Vermischte Meinungen und Sprüche

Joseph Popper-Lynkeus in bewundernder Verehrung

Die Herausgeber von Aphorismen und Anekdoten machen es wie Leute, die Kirschen oder Austern essen. Sie beginnen mit den besten und nehmen schließlich alle.

Chamfort

Zur Philosophie des Alltags

Au Lecteur

Im Grunde können wir den anderen nur sagen, was sie schon wissen. Wir vermögen einem Menschen nur diejenigen Dinge mitzuteilen, die er immer schon latent in sich gehabt hat. Im anderen Falle wird er sie entweder rundweg ablehnen oder so lange »auf seine Art« auslegen, bis sie ihm ähnlich sind und nicht mehr uns. Es hätte wenig Sinn, einem Esel Eidotter aufdrängen zu wollen, indem man ihm erklärte, es sei ein höchst nahrhaftes, wohlschmeckendes und bekömmliches Gericht. Er würde es uns einfach nicht glauben. Aber nehmen wir selbst an, es gelänge uns, seinen Abscheu zu überwinden, was wäre die Folge? Er würde aus den Eidottern machen, was er bisher aus Disteln und Kohl gemacht hat: einen Esel.

Theatrum Mundi

Oft beobachte ich von meinem Fenster aus die gegenüberliegenden Fenster. Ganz gleichgültige, fremde, unbedeutende Menschen tun dort drüben fremde, unbedeutende und gleichgültige Dinge: sie öffnen Schränke und schließen sie, machen sich rätselhafte Handreichungen, gehen ab und zu, flüstern miteinander oder sitzen bloß unbeweglich da. Da war zum Beispiel ein junges Mädchen: sie zog des Morgens, in der kühlen Frische des noch unberührten Tages die Fenstervorhänge in die Höhe, warf einen kurzen, forschenden Blick auf die Straße und verschwand im Dunkel des Zimmers. Später ließ sie die Vorhänge wieder herab: am Abend, wenn bereits graue Nebel aus den Gassen emporstiegen, oder an drückend heißen Sommernachmittagen, wenn alles Leben stillzustehen schien. Sie war weder ungewöhnlich schön noch ungewöhnlich anmutig; aber während sie diese Dinge tat, umfloß sie stets eine unbeschreibliche Schönheit und Anmut. Dann war da eine einfache Familie, die des Mittags wie ein Bild um den weißgedeckten Tisch saß und des Abends eine große geheimnisvolle Lampe anzündete, die aussah wie der heilige Gral; ferner ein Mann, der den ganzen Tag in Hemdärmeln über einen wackligen Tisch gebeugt war und schrieb, immerzu schrieb, und eine junge Köchin, die unbekannte Dinge zerschnitt und in einen Topf warf, bisweilen aber plötzlich starr wurde und mit leerem Blick lange vor sich hin spähte, in eine weite, unsichtbare Ferne, und ein kleines Mädchen, das an einer Puppe nähte, und ein anderes kleines Mädchen mit sinnenden Augen, das gar nichts tat: lauter mysteriöse Märchendramen, romantische Schauspiele in zahllosen Fortsetzungen. Man glaubt beim Anblick dieser Phantome unmittelbar den lautlosen Pendelschlag der Schicksalsuhr zu vernehmen. Man erfährt nie, worum es sich handelt, und weiß doch mehr, als man je erfahren könnte. Es sind die vollkommensten Theatervorstellungen der Welt. Sind wir in solchen Blicken dem wahren Kern des Lebens, dem Herzen seines Geheimnisses nicht näher, als wenn wir uns in seine betäubenden und verwirrenden Bewegungen mischen?

Zweck und Beruf des Menschenlebens

Sich ununterbrochen an Kräften und Schicksalen messen, die die Gefahr in sich tragen, daß man an ihnen zerbricht. Für die begabte Frau ist dieses gefahrdrohende Schicksal der Mann, wir aber müssen uns ein solches immer erst suchen – oder erfinden.

Sei, der du bist

Jedes Tier, jede Pflanze lebt naturgemäß und organisch. Eine Eidechse, eine Wasserrose, eine Koralle will von Anbeginn nichts als ihre Eidechsen-, Wasserrosen- und Korallenbestimmung erfüllen. Der Mensch hingegen will fast immer etwas anderes als das, wozu die Natur ihn geschaffen hat. Er steht nie an seinem Platz und schielt immer nach andern. Die Natur hat zum Beispiel seine gesamten Organe dazu bestimmt, Geschäftsverträge zu kopieren, Bücher zu führen, Ziffern zusammenzuzählen. Aber er ist nicht zufrieden damit und schämt sich dieser prosaischen Tätigkeit, weil andere eine andere Beschäftigung haben. Ein zweiter wieder hat von Natur aus die Werkzeuge erhalten, um in stiller Abgeschiedenheit zu arbeiten, Beobachtungen an Beobachtungen zu reihen, Tatsachen zu verknüpfen und vorsichtige Schlüsse zu ziehen. Das paßt ihm aber nicht, und er blickt neidisch und ärgerlich auf Menschen, die mitten auf der Bühne der Welt stehen, ein reiches und buntes Dasein führen und aufregende Erlebnisse haben. Nun wären aber alle Menschen gleich wertvoll, wenn sie dem Naturgesetz gehorchten. Was daher den Rangunterschied unter ihnen ausmacht, ist nicht die Art ihrer Beschäftigung und der Umfang ihrer Begabung, sondern der Grad ihrer Natürlichkeit. Unverlogene Menschen sind immer groß.

Das Licht der Welt vermehren

Ist denn das nicht die göttliche Mission jedes einzelnen Menschen auf dieser Erde, eine Mission, die jeder erfüllen soll, aber im Grunde auch jeder erfüllen *kann*? Irgendein Licht steckt in jedem Ding, jedem Ereignis, jeder noch so unscheinbaren Betätigung. Insgeheim wirkt in jedem, auch dem unscheinbarsten Menschen irgendeine nur ihm eigentümliche Fähigkeit und Kraft; diese Fähigkeit und Kraft allein ist es ja, der er seine Existenz verdankt, die ihn am Leben erhält; ohne sie wäre er niemals dieses einmalige Individuum geworden. Aber die Menschen besitzen meistens zu wenig Aufrichtigkeit gegen sich selbst, zu wenig *Liebe* gegen sich selbst, um diese ihre einzigartige Fähigkeit nun auch zu erkennen und gesammelt auf den einzigen Punkt zu lenken, wo sie Nutzen und Licht bringen kann. Wäre dies der Fall, so wimmelte die Erde von Genies auf allen Gebieten! Jedoch zugleich mit jenem Talent, das die Menschen von Gott haben, hat der Teufel ihnen in einer unbewachten Stunde eine Art Gegenmitgift verliehen, nämlich den unglückseligen Hang, niemals das sein zu wollen, was sie sind. Diese sonderbare Geisteskrankheit scheint so alt zu sein wie die Menschheit: wenigstens gibt es keine noch so ehrwürdige kulturhistorische Quelle, aus der wir sie nicht leicht herausdiagnostizieren könnten; ja im Grunde waren ihr sogar schon Adam und Eva verfallen. Gibt es etwas Schöneres als das Paradies? Und doch hatte es für Adam und Eva einen einzigen Fehler; es war nämlich ihre Bestimmung. Und der Mensch hält nun einmal nur das für ein Paradies, was ihm *nicht* bestimmt ist. Also handelten die ersten Menschen ganz logisch und folgerichtig, als sie den Geboten Gottes nicht gehorchten, freilich nach einer vom Teufel erfundenen Logik.

Der Fluch der Verschwiegenheit

Fast jeder Mensch könnte den übrigen nützen: durch die Feststellung irgendeiner neuen Tatsache, die nur er kennt, die Richtigstellung irgendeines Irrtums, den nur er durchschaut, die Lösung irgendeines Rätsels, das nur er versteht. Aber er vergräbt diese Dinge in Schweigen, falscher Scham und bornierter Diskretion. Er hält diese Dinge für Privatangelegenheiten, mit denen man Unbeteiligte nicht behelligen dürfe. Aber keine Wahrheit ist eine Privatangelegenheit, niemand hat das Recht, sie dazu zu machen. Keine menschliche Beziehung verdient in Schweigen erstickt zu werden, und wenn sie in die finsteren und verborgenen Abgründe der menschlichen Seele hinunterreicht – gerade dann verdient sie es am meisten, ans Licht gebracht, von allen betrachtet, studiert, verstanden, aufgehellt zu werden. Diskret sein heißt: die Entwicklung der Wahrheit aufhalten, Stücke der großen allgemeinen Realität, die zu kennen jeder Lebende das Recht hat, perfid eskamotieren. Der Philister hat immer ein schlechtes Gewissen. Das allein aber ist das Schlechte an ihm. In dem Augenblick, wo man über die schlechteste Sache von der Welt spricht, ehrlich spricht, ist sie fast schon gut, ist sie aus einer häßlichen Verirrung eine wertvolle Lebenswahrheit geworden, an der die anderen lernen können.

Bleibe bei dir

Das beklagenswerteste Geschöpf dieser Zeit ist der *Reisende.* Er »sieht sich die Welt an«: aber dies hat zur Folge, daß er sich die einzige Welt, die wirklich ist, nämlich seine eigene, *niemals* ansieht! Überall trägt man Zylinder und Boas, liebt man die Musik und die Straßenreinigung, hat man mehr oder weniger dieselben Anschauungen über Parlamentarismus, Feldbau und gesellschaftliche Etikette, überall herrscht die gleiche Reisewut; und der Koreaner träumt von einer Reise nach Hamburg, weil er hofft, dort das zu erfahren, weswegen der Hamburger nach Korea möchte. Und wir begreifen den treffsicheren Volksinstinkt, der für Ahasver, der dem guten Heiland sein Dach verweigerte, als schrecklichste Strafe dies ersann, daß er ihn zum ewigen Weltreisenden machte. Und warum fahren die Menschen irgendwohin, wo sie nichts zu suchen haben und wo sie niemand brauchen kann? Weil sie sich selbst nicht ertragen! Aber gerade dieses gefürchtete »eigene Ich«, vor dem sie in fremde Länder davonlaufen, fährt als blinder Passagier überallhin mit. Und wenn diese Ablenkung den Menschen nichts nützt, so spielen sie Hasard oder bringen harmlose Tiere um. Und wenn auch das nicht hilft, so machen sie einen Weltkrieg.

Der goldene Boden

In jedem solid und kundig geübten Handwerk liegt etwas, das zur Verehrung, ja zur Bewunderung herausfordert. Um einen Schrank, einen Rock, eine Uhr wirklich gut zu machen, dazu gehört eine gewisse Sittlichkeit: Achtung vor dem gottgeschaffenen Material, Selbstzucht, Nachdenken, treue Hingabe an die Sache, Sinn für das Wesentliche. Ein Meister ist allemal etwas sehr Schönes, ob er einen Schuh macht oder einen Dom.

Der Alkohol

Der Alkohol ist ein Gift. Das haben die Physiologen bewiesen. Aber gegen den Alkohol ist damit gar nichts bewiesen. Denn ein Gift kann immer noch eine Medizin sein.

Der Alkohol gleicht auch darin einer Medizin, daß er schlecht schmeckt. Leute, die geistige Getränke zu sich nehmen, weil sie ihnen gut schmecken, sind gar keine Alkoholiker. Sie trinken den Alkohol nicht, sie *essen* ihn. Sie sind alle noch leicht zu retten; denn man könnte ihnen jederzeit Bier, Wein oder Branntwein durch ein anderes Gericht ersetzen, das noch schmackhafter ist. Der richtige Alkoholiker trinkt mit Überwindung. Für ihn ist die Weinflasche identisch mit der Lebertran- und Kirschlorbeerflasche.

»Wann wird denn endlich«, rufen die Antialkoholiker mit Emphase, »die Menschheit so weit sein, daß sie sich nicht mehr betäuben muß? Daß sie dieses schädliche, unwürdige und unmännliche Gift nicht mehr braucht?«

Wann? In dem Augenblick, wo alle Niedertracht, Ungerechtigkeit, Roheit und Dummheit aus unseren Mitmenschen entfernt sein wird. In dem Augenblick, wo alle Unvollkommenheit, Unnatürlichkeit, Krankheit und Unfähigkeit aus uns selbst entfernt sein wird. Dann werden wir den Alkohol nicht mehr brauchen, der ja nichts anderes ist als ein Antitoxin gegen die Enttäuschungen, die die anderen und wir selbst uns bereiten. Dann wird der Name »Alkohol« für uns nicht mehr bedeuten als etwa der Name »Wasserstoffsuperoxyd«.

Viele Künstler waren Alkoholiker. Aber man muß sich hier vor einer Verwechslung von Ursache und Wirkung hüten. Sie waren nicht Künstler, weil sie Alkoholiker waren. Sie waren Alkoholiker, weil sie Künstler waren. Weil sie Künstler waren, empfanden sie die Häßlichkeit und Unzulänglichkeit gewisser Realitäten tiefer und schärfer, und dies machte sie zu Alkoholikern.

Daß aber umgekehrt der Alkohol die künstlerische Inspiration irgendwie fördern kann, daß die »Muse« sich durch gegorene Kohlehydrate anlocken läßt, ist unwahrscheinlich. Sie läßt mit sich keine Geschäfte machen. Und wenn ein Künstler sich durch Spirituosen auf eine unwahre und unredliche Weise in Stimmungen versetzt hat, die gar nicht die seinigen sind, so darf er sich nicht wundern, daß niemand ihm diese erschlichenen Stimmungen glaubt. Die *natürlichen* Räusche aber sind nicht beim Schnapshändler für Geld zu kaufen. Diese Räusche sind wirklich, ja sie sind wirklicher als alle Wirklichkeit. Es ist aber sicher, daß sie um so zögernder herankommen werden, je mehr man sie durch Gewaltmittel herbeizwingen will.

Lob der Halbheit

Alles Ganze, Vollendete ist eben vollendet, fertig und daher abgetan, gewesen; das Halbe ist entwicklungsfähig, fortschreitend, immer auf der Suche nach seinem Komplement. Vollkommenheit ist *steril.*

Die bange Wahl

Dem Menschen bleibt nur die Wahl zwischen Schmutz und Langeweile (Schiller sagte »Sinnenglück« und »Seelenfrieden«).

Los der Analphabeten

Jeder Mensch wird mit einem sehr stattlichen Scheck auf die Zukunft geboren; aber dieser Scheck ist für die meisten Menschen wertlos, denn sie sind nicht imstande, ihn zu lesen.

Lasciate ogni speranza

Die wirklichen Erlebnisse liegen im Gebiet des Unausgesprochenen und Unaussprechlichen. Was sich *sagen* läßt, kann niemals ganz wahr sein. Kleide einen Gedanken in Worte, und er verliert alle Bewegungsfreiheit. Unser Wissen ist allemal besser als unsere Reden.

Was ist Wahrheit?

Das Leben ist für den Alltagsmenschen ein wissenschaftliches Problem, für das Talent ein künstlerisches und für das Genie ein religiöses.

Jede Wahrheit tritt zuerst als Irrlehre in die Welt, denn die Welt ist immer von gestern.

Bei einem Denker sollte man nicht fragen: *welchen* Standpunkt nimmt er ein, sondern: *wie viele* Standpunkte nimmt er ein? Mit anderen Worten: hat er einen *geräumigen* Denkapparat, oder leidet er an Platzmangel, das heißt: an einem »System«?

Jede neue Wahrheit beginnt als Anachronismus; sie wird erst langsam wahr. Es braucht immer eine gewisse Zeit, bis ihre Tiefe heraufsteigt, nach oben kommt und sichtbar, das heißt: oberflächlich wird.

Die meisten unserer heutigen Wahrheiten haben so kurze Beine, daß sie geradesogut Lügen sein könnten.

Ein gedachtes Leben ist voll Größe, ein gelebter Gedanke ist voll Erde.

Alle Dinge haben ihre Philosophie

Ja noch mehr: alle Dinge *sind* Philosophie. Alle Menschen, Gegenstände und Ereignisse sind einfache Verkörperungen eines bestimmten Naturgedankens, einer eigentümlichen Weltabsicht. Aber die Dinge pflegen oft erst spät einem einzigen dazu Berufenen ihren Sinn zu enthüllen. Wie lange hat es gedauert, bis der magnetische Stahl dem sehenden Auge Gilberts seine wunderbaren wirksamen Kräfte enthüllte! Wie lange hat es gedauert, bis die einfache und elementare Tatsache der menschlichen Seele von einem galiläischen Wanderprediger entdeckt wurde! Wie viele geheime Naturkräfte warten noch immer geduldig, bis *einer* kommt und den Gedanken in ihnen erlöst! Daß die Dinge *geschehen*, ist nichts: daß sie *gewußt* werden, ist alles. Der Mensch hatte seinen schlanken, ebenmäßigen Körperbau, seinen aufrechten, edlen Gang, sein weltumspannendes Auge seit Jahrtausenden und Jahrtausenden: in Indien und Peru, in Memphis und Persepolis; aber schön wurde er erst in dem Augenblicke, wo die griechische Kunst seine Schönheit entlarvte und abbildete! Und darum scheint es uns auch immer, als ob über Pflanzen und Tiere eine eigentümliche Melancholie gebreitet sei: sie alle sind schön, sie alle sind Sinnbilder irgendeines tiefen Schöpfungsgedankens, aber sie wissen es nicht, und darum sind sie traurig.

Die Probe

Eine Philosophie hat erst dann ihre Existenzberechtigung bewiesen, wenn mindestens eine Handvoll Menschen an ihr verrückt geworden ist.

»Widersprüche aufdecken«

Jeder fruchtbare Kopf widerspricht sich. Er erkennt eine bestimmte Wahrheit, aber in demselben Augenblick erkennt er auch die gegenteilige Wahrheit. Er widerspricht sich, weil er *mehr* von den Menschen und Dingen weiß als die übrigen Menschen.

Nicht zu verwechseln

Es gibt eine doppelte Originalität: eine gute und eine schlechte. Originell ist jeder neue Organismus: diese *physiologische* Originalität ist wertvoll und fruchtbar. Es gibt aber auch eine *pathologische* Originalität, und die hat gar keinen Wert, obgleich sie vielfach als die einzige und echte Originalität gilt. Aber diese Originalität, die *auffällt*, ist etwas sehr Pöbelhaftes und Flaches, und außerdem hat sie gar keine Lebensfähigkeit. Es ist die Originalität der siamesischen Zwillinge und des Kalbs mit zwei Köpfen.

Platon oder Pluton?

Das ist die Frage; wem von beiden sollen wir dienen? Sollen wir dem »Licht« opfern oder der »Finsternis«? Die hellen Gipfel besiedeln, wo alles klar, luftig, sonnig, durchsichtig, einfach und schön ist? Oder in die dunklen Tiefen hinabgraben, wo alles schwankend, brauend, unterirdisch, rotglühend, höllisch ist? Wo soll unser Reich sein? Sind es die *Höhen* des Geistes oder die *Höhlen* des Geistes? Was ist für uns vorteilhafter? – Aber diese Frage ist müßig. Damit, daß eine Sache für uns »vorteilhafter« ist, ist sie noch nicht *unsere* Sache. Wir können immer nur tun, was wir müssen. Und wir von heute müssen »hinunter« und dürfen nicht »hinauf«. Wir haben leider keine Wahl. Auch der Weg nach oben würde für uns ganz von selber ein abschüssiger Weg. Wie Odysseus müssen wir schon bei Lebzeiten die Hadesfahrt tun. Aber immer noch lieber Odysseus als Ikarus. So ist es ehrlicher, so ist es vielleicht auch für *uns* vorteilhafter.

Geduld gegen Irrtümer

Es steht nicht in unserer Macht, Irrtümer »abzulegen«, wie man Kleider ablegt, weil einem andere besser gefallen, sondern erst, wenn wir unsere Irrtümer nicht mehr brauchen, wenn sie wirklich »aufgetragen« sind, entsteht in uns die Kraft, sie abzulegen.

Neue Vernunft wirkt lächerlich

Wir pflegen alles Vernünftige erst dann ernst zu nehmen, wenn es eigentlich *nicht* mehr ernst zu nehmen ist, in dem Augenblicke nämlich, wo es eingelebt ist, was aber ganz dasselbe bedeutet wie ausgelebt.

Der Instinkt für Analogien

Der Instinkt für Analogien ist das untrügliche Merkmal des unkünstlerischen, unproduktiven, ungenialen Menschen. Die Bemerkung: »Das ist mir nichts Neues, das habe ich schon gelesen« wird man am häufigsten im Munde unkultivierter und unbegabter Menschen hören. Der bedeutende Kopf dagegen weiß, daß er *nichts* »schon irgendwo anders gelesen hat« und daß alles neu ist. Dem Europäer scheint es, als ob alle Neger dieselben Gesichter hätten, weil er von Negergesichtern nichts versteht. Und dem Philister scheint es, als ob alle Menschen dieselbe geistige Physiognomie hätten, weil er von geistigen Physiognomien nichts versteht.

Was lehren uns die Marskanäle?

Keineswegs ohne weiteres eine höhere geistige Stufe der Marsbewohner. Wenn wirklich dieser ganze Stern von einem gradlinigen, geometrisch angelegten Schema und Netz überzogen ist, so würde dies eher zu dem Schluß berechtigen, daß wir es hier mit einer großen *Instinkt*-Organisation an der Art der Termitenbauten zu tun haben. Es gibt auf unserem Planeten nur ein einziges Land, das ebenfalls riesige Flächen mit einem ausgedehnten Fluß- und Kanalsystem bedeckt hat, und dieses Land ist China! Vielleicht ist es ein ganz besonderes und im Weltall sehr selten in Erscheinung tretendes Vorrecht gerade der Erdbewohner, daß sie *keine* exakten Anpassungen vornehmen, sondern individuelle, ungenaue, unlogische, ja größtenteils falsche, mit einem Wort: daß sie *denken.* Vielleicht ist unser Stern der Stern der *unvollkommenen* und *daher individuellen* Organismen. Dies wäre eine sehr sonderbare Stellung, die wir einnehmen. Der Mars wäre demnach viel weiter, als wir je sein werden, soweit zweckmäßige Organisation der Lebensbedingungen in Betracht kommt, dort gäbe es keine Krankheiten, keine falschen Züchtungsergebnisse, keine Kriege, keine Verbrechen, sondern alles verliefe in mathematischer Vollkommenheit, Exaktheit und Ordnung. Aber dort gäbe es auch keine Fiktionen und Täuschungen, keine Kunst, keine Wissenschaft, keine Philosophie, keine Erotik: denn alles das sind bloße lebensteigernde und lebenverklärende Irrtümer. Und so wäre demnach das Privileg der Erdenwesen das »Recht auf Irrsinn«?

Damaskus

Nur der Jude Paulus konnte die Idee des Judentums in ihrem innersten Kern auflösen; nur in Luther, dem katholischen Priester, konnte der Katholizismus sich radikal verneinen; nur ein so durch und durch theologisch und moralisch orientierter Geist wie Nietzsche konnte Antichrist und Immoralist werden. Und war es nicht Graf Mirabeau, der die französische Revolution ins Rollen brachte? Um etwas mit der tiefsten Leidenschaft bekriegen zu können, muß man aufs tiefste daran leiden können, und um daran wirklich leiden zu können, muß man es *sein*.

Die Überwindung der Physik

Es ist eine oft beobachtete Tatsache, daß gerade die hellsichtigsten Köpfe in reifen Jahren zu einer Art Köhlerglauben zurückkehren, über den sich der »vorurteilslose« Positivist nur deshalb erheben zu können glaubt, weil er ein moralischer und intellektueller Parvenü ist. Daß es keinen Zufall gibt, keine übelwollenden Dämonen und boshaften Kobolde, das weiß er; auch scheint es ihm erwiesen, daß ein Freitag sich in nichts Wesentlichem von einem Sonntag unterscheidet und daß zwischen der Tatsache, daß man den linken Fuß zuerst aus dem Bette schiebt, und irgendeinem äußeren Ereignis unmöglich physikalische Beziehungen bestehen können. Daß aber alles untereinander in Beziehung steht; daß es geheimnisvolle überphysikalische Zusammenhänge gibt, die wir nur deshalb übernatürlich nennen, weil wir ihr Gesetz noch nicht entdeckt haben; daß es zwar keine Dämonen gibt, wohl aber einen Dämon, für jeden Menschen einen eigenen, der ihn regiert und hin und her bewegt, einen Dämon, der um so mächtiger, gefährlicher und magischer ist, je größer ebendieser Mensch ist; daß unser Schicksal sich zwar nicht mittels astrologischer Geheimbücher aus den Sternen ablesen läßt, daß es aber doch dort genau aufgeschrieben ist: das alles weiß er noch nicht. Er hat einige ungereimte Vorurteile abgelegt und sich einige nützliche Kenntnisse zugelegt, aber er ist viel zu eingebildet auf diese kleinen provisorischen Errungenschaften, um sich über sie stellen zu können, um zu wissen, daß es gewissermaßen nur punktierte Hilfslinien sind, nützlich und unentbehrlich wie alle Hilfslinien, aber schließlich doch nur dazu da, um eines Tages ausradiert zu werden. Die Physik ist etwas, das überwunden werden muß, und zwar – durch Physik.

Kultur ist Reichtum an Problemen

Der Fortschritt des Menschen besteht in der Zunahme ihres problematischen Charakters. Je polychromer die Ideale einer Zeit sind, je dehnbarer ihre Werte, desto vergeistigter erscheint sie uns. Der Pegel der Kultur steht am tiefsten, wenn sie am eindeutigsten ist.

Falscher Irrationalismus

Es ist entweder alles rätselhaft oder nichts. Die Frage, was die Dinge wirklich sind, ist natürlich für *jedermann* »zu hoch«. Alles ist ein Symbol, ein Gleichnis, ein Bild, daher letzten Endes unerklärlich, wie man ja auch ein Gemälde nicht »erklären« kann. Aber mit welchen Farben und in welcher Technik es gemalt ist, kann man sehr wohl sagen, wenn man etwas von Malerei versteht. Das Phänomen des Magnetismus ist das verwirrendste Geheimnis, das sich denken läßt, und auch der größte Naturforscher kann es nicht enträtseln. Aber eine mathematische Formel kann er dafür finden! Das *Empirische* einer Erscheinung muß allemal zu ergründen sein, das ist immer nur eine Frage der

Urteilskraft und der Sachkenntnis. Man darf und soll also alles für erforschbar halten, nur soll man nicht glauben, dann habe man den Schlüssel des Weltgeheimnisses, wie das die törichten Monisten tun. Gottesfurcht und Demut vor den ewigen Rätseln läßt sich mit wissenschaftlicher Neugierde und Glauben an die menschliche Vernunft sehr wohl vereinigen.

Zuwartend

Zuwartend ist die Gesamtstellung, die die Philosophie zu den Dingen einnimmt. Alle gute Philosophie ist im tiefsten Sinne Parodie, Selbstparodie. Sie ist eine Art von sublimer Selbstverhöhnung des menschlichen Geistes. Sie tut so, als ob sie etwas wüßte; und dennoch ist die einzige geistige Betätigungsform, die über die tiefe Relativität, gröber gesagt: die tiefe Unwissenheit alles menschlichen Denkens genau und bestimmt unterrichtet ist. Das ist der ironische Grundzug, das sokratische Element *aller* Philosophie, nicht bloß der sokratischen.

Philosophie will bewegen und nichts als bewegen. Sie verändert fortwährend, sich selbst aber verändert sie eigentlich niemals. Sie wird zu allen Zeiten bleiben, was sie zu allen Zeiten gewesen ist: eine Entwicklungsbeschleunigerin. Sie hat insofern große Ähnlichkeit mit einem chemischen Ferment. Wir dieses verursacht sie bloß Zersetzungen und Umbildungen, ohne sich an den Umwandlungsprozessen, die sie hervorgerufen hat, selbst zu beteiligen: sie gibt nur den Anstoß.

Wenn wir daher den Wert einer beliebigen Philosophie zu beurteilen haben, so wollen wir nicht fragen, was sie ist: Monismus oder Dualismus, Empirismus oder Kritizismus, Ideologie oder Tatsachenwissenschaft. Wir wollen fragen, wie sie *wirkt.* Ist sie eine produktive Zersetzerin, ist sie die Ursache von neuen geistigen Chemismen, steigert sie die Geschwindigkeit seelischer Reaktionsvorgänge? Dann ist sie Philosophie.

Kurzum:

Es gibt eine bestimmte, ziemlich kleine Zahl von unveränderlichen Wahrheiten. Aber die Stellung, die die einzelnen Menschen zu diesen Wahrheiten einnehmen, ist eine recht verschiedenartige. Der Durchschnittsmensch *zweifelt sie an.* Das Talent macht den vergeblichen Versuch, *sie zu vermehren.* Und das Genie *wiederholt sie.*

Lieber Leser,

wenn schon ich mir so oft widerspreche, so ist es wirklich gänzlich überflüssig, daß auch noch Du mir widersprichst.

Zur Wissenschaft von der Seele

Der Psycholog

Wenn ich auf einem Berge stehe und von dort aus einen entlegenen Punkt fixiere, so sagen die Resultate meiner Beobachtung von diesem Punkt nicht übermäßig viel aus, wohl aber sehr viel von meiner Sehkraft, der Art meines Standortes, der Atmosphäre, die mich umgibt. Mit anderen Worten: Psychologie ist die Wissenschaft von der Seele – dessen, der sie betreibt.

Wissen und Handeln

Die Seele alles Handelns ist Blindheit. Wer einmal weiß, kann nicht mehr handeln. Wissen heißt die Tat wegwerfen und die Leidenschaft verleugnen.

Das Echo

Es gibt manche Erlebnisse in unserem Dasein, die uns nichts zu sagen haben, solange wir sie anrufen; und wir halten sie für stumm. Aber wenn wir nur die Geduld haben, ein wenig zuzuwarten und stillezuhalten, so hallt uns mit einem Male ihr drei- und vierfaches Echo donnernd zurück.

Die Monde in unserer Erscheinungswelt

Es gibt Dinge in unserem Leben, die keine eigene Leuchtkraft besitzen: sie enthüllen uns erst ihr Wesen, wenn ein fremdes Licht auf sie fällt. Aber dann erblicken wir sie plötzlich in einem seltsamen und zauberhaften Glanze, während alles übrige in Nacht versunken ist.

Man muß sich selbst Mysterium sein

So vieles auch die Menschen unterscheidet, es gibt doch nur eines, was sie wahrhaft im Range und in der Tiefe unterscheidet: nämlich dies, ob sie sich als Schale eines ihnen selbst fremden und unbekannten Kerns fühlen, als Ausstrahlung einer geheimnisvollen, ja feindlichen und furchterregenden Kraft.

Nichts ist draußen

Unsere Seele macht es ganz genauso wie unser Körper: sie verzehrt eine Menge der verschiedenartigsten Stoffe, aber aus allen diesen Stoffen baut sie immer wieder die gleiche Sache auf: nämlich sich selbst. Die Kuh macht aus allem Milch und Dünger, die Biene macht aus allem Wachs und Honig, der Künstler macht aus allem Schönheit, der Melancholiker macht aus allem Trauer, und der Genius macht aus allem etwas Neues. Jeder menschliche Organismus ist auf ein bestimmtes Quantum Freude und Leid gewissermaßen geeicht, und hat er dieses nicht, so ist er seelisch unterernährt und fühlt sich unglücklich. Ein Leben kann verfehlt sein, weil weniger Schmerz in ihm ist, als es braucht, und es kann verfehlt sein, weil mehr Freude in ihm ist, als es verdauen kann. Aber dies sind immer schon Krankheitserscheinungen. Eine gesunde Seele wird ganz von selber jene Diätetik einschlagen, die ihrem Gleichgewichte entspricht. Wie viele »psychologische Rätsel« erfahren da mit einem Male ihre höchst einfache Lösung! Oft trifft er einen Menschen, der soeben einen Schmerz erlitten hat, ein weit stärkerer Schlag, und dieser zweite läßt ihn kalt und stumm. Man nennt diesen Menschen dann hart und gefühllos. Aber er hatte ganz einfach seine »Kummergrenze« *schon vorher* erreicht. Und wie oft sieht man Frauen und Mädchen ohne jeden ersichtlichen Grund in Tränen ausbrechen! Ist das Hysterie? Nein, es ist höchste Gesundheit: der Organismus hungert nach Trauer und befriedigt rücksichtslos dieses Bedürfnis, auch »ohne Grund«. Der

Regenwurm frißt Erde und lebt und gedeiht dabei, denn er weiß die Nahrungsstoffe, deren er bedarf, auch in dem toten Erdreich aufzuspüren; und ebenso: wer Freude *braucht*, wird Freude finden, überall, auch in Tod und Finsternis. Auf die *»seelische Stoffwechselgleichung«* kommt es an! Jeder hat eine andere, aber alle sind gleich glücklich, wenn sie die ihrige erfüllen. Es ist ganz gleichgültig, was das Leben einem Menschen zufügt, er leidet doch immer nur das, was er leiden muß. Ob man arm oder reich, jung oder alt ist, macht keinen Unterschied. Das arme Kind ist mit seiner leeren Zigarettenschachtel ebenso glücklich wie das reiche Kind mit seinem kompletten Kaufmannsladen. Nietzsche, der kaum einen Tag lang völlig gesund war und nie einen wahren Freund und Versteher fand, ersann sich eine Philosophie der extremen Lebensbejahung, und Byron wurde durch ein Leben voll Ruhm, Liebe, Reichtum und Schönheit zum Weltverächter. Verfolgen wir die Sache weiter, so gelangen wir in gerader Linie zu der Folgerung, daß jeder Selbstmord nichts anderes sein kann als der Ausdruck eines Defekts, einer unheilbaren Betriebsstörung im Organismus. Und ebenso notwendig gelangen wir auf diesem Wege zu einem optimistischen Fatalismus. Gott regiert die Welt nicht von außen, nicht mit Schwerkraft und chemischer Affinität, sondern im Herzen der Menschen: wie deine Seele ist, genauso ist das Schicksal der Welt, in der du lebst und handelst. Nichts ist draußen.

Nur in die Sehnsucht

Nur in die Sehnsucht vermögen die Menschen ihre eigensten Gedanken, Kräfte, Möglichkeiten zu legen. Nur in ihren Wünschen und Hoffnungen sind sie originär, singulär, sie selbst. Im Besitz, in der Erfüllung, im *Haben* verschwindet ihr *Sein*, hier werden sie Gattung, Tier, Mechanismus, Begriff: – sie sind dann plötzlich wie alle anderen.

La Tragedia Umana

Die Menschen fragen sich immer: *wie spät* ist es?

Lob der fixen Idee

Nur durch übertriebenes, leidenschaftliches, ja, wenn man will, pathologisches Interesse kann man in das Herz einer Sache eindringen. Die hausbackenste und beschränkteste Mutter versteht ihr Kind in allen seinen Lebensäußerungen, auch wenn es ein Genie oder ein Verbrecher ist: sie gelangt zu diesem Verständnis durch ihre übertriebene, keineswegs logisch berechtigte Mutterliebe. Und so ist es mit allem. Kühle Unparteilichkeit und »Objektivität« haben keinerlei Zugänge zu den Dingen. Der Dichter versteht von der Welt und ihrem Lauf nur darum mehr als die übrigen Menschen, weil er sie lieber hat. Wenn man will, ist alles Übertreibung: jede lebhaftere Handlung, jedes tiefere Gefühl. Aber Übertreibung ist das einzig Produktive, und alles Neue und Große ist durch sie geschaffen worden. Alle Entdeckungen waren Übertreibungen, fixe Ideen, solange sie noch in den Gehirnen ihrer Urheber existierten. Idée fixe! Alles Großes ist eine idée fixe, muß eine idée fixe sein. Die griechische Weltkultur war eine idée fixe Alexanders des Großen, die deutsche Einheit war eine idée fixe Bismarcks, die Erdumdrehung war eine idée fixe Galileis, Westindien war eine idée fixe des Columbus, sogar eine falsche! Die Schönheit der Welt ist eine idee fixe des Dichters. Und die Wahrheit: die sollte in jedem Menschen eine idée fixe sein.

Aufgabe des Menschen:

Steuermann seines Narrenschiffes zu sein.

Polychromie

Vielleicht sind die größten Menschen einfach diejenigen, die die meisten Eigenschaften haben, so daß die Bedeutung eines Menschen im geraden Verhältnis zu der Anzahl der Attribute stünde, die man ihm beilegen könnte. Und vielleicht wird einmal eine Zeit kommen, in der es nicht die größte Schande sein wird, *schlechte* Eigenschaften zu haben, sondern *wenige* Eigenschaften zu haben.

Die wenigsten Menschen leben ihre eigene Biographie.

Der Mensch im Verkehr

Ein kluger Mensch wird schon aus Egoismus bescheiden sein. Er schützt sich damit vor seinem perfidesten Gegner: vor sich selbst.

Von zwei gleich gescheiten Menschen wird derjenige den weiteren Horizont haben, der mehr Herz hat. Mit anderen Worten: Wärme dehnt aus.

Artige Verbeugungen machen, nicht mit dem Messer essen, seine Karte abgeben – das ist noch nicht Wohlerzogenheit. Die Seele seines Mitmenschen bekommen, für drei Stunden seine Melancholien, seine Indiosynkrasien, seine Schulden, seinen Ehrgeiz, seine Krankheiten haben: das heißt wohlerzogen sein.

Der menschliche Verkehr besteht ganz einfach darin, daß jeder des anderen Irrenwärter ist. Nur aus diesem Altruismus kann man die Kraft schöpfen zu der noch viel schwierigeren und ernsteren Aufgabe: sein eigener Irrenwärter zu sein.

Der Mensch schwankt im Verkehr mit seinen Brüdern zwischen zwei falschen Extremen: zwischen kalter Distanz und stilloser Fraternität. Wenn du kein Herz hast, so wirst du einem andern niemals etwas bedeuten können; aber wenn du ihm nicht wenigstens so fern bleibst, daß er dich sehen kann, so wirst du ihm auch nichts bedeuten.

Erst wenn zwei Menschen sich nichts mehr zu sagen haben, beginnt der menschenwürdige Verkehr.

Für die meisten Menschen hat der Nebenmensch nur dann Wert, wenn er als ihr Vergrößerungsspiegel fungiert. Der größte Teil unserer Gesellschaftsformen ist hierauf zurückzuführen.

Es wäre der größte Leichtsinn, Schulden zu machen, wenn man die Absicht hätte, sie zu bezahlen.

Ja, wenn die reichen Leute *Vergnügen* am Geldausgeben hätten: dann müßte man freilich Sozialist werden. Aber so …

Was das Gymnasium wert ist, sieht man weniger an denen, die es besucht haben, als an denen, die es *nicht* besucht haben.

Der Franzose spricht gern und stolz von »la mort sans phrase«. Aber er hat noch nie daran gedacht, es einmal mit »la vie sans phrase« zu versuchen.

Die Seele des Engländers

In ihr gibt es keine moralischen Konflikte; infolgedessen hat er die Welt erobert. Er ist in ethischen Dingen ein unerreichter Virtuose der doppelten Buchführung. Er ist ebenso fromm wie geschäftstüchtig, man kann gar nicht sagen, was von beidem er in höherem Maße ist. Nur befindet sich beides bei ihm in vollkommen getrennten Seelenfächern. Wenn er das eine öffnet, ist das andere fest geschlossen, ja er erinnert sich gar nicht, daß das andere überhaupt existiert. Er glaubt an den Feiertagen an Gott und die Ewigkeit und während der Woche an die Physik und den Börsenbericht, und beide Male mit der gleichen Inbrunst. Am Sonntag ist die Bibel sein Hauptbuch, und am Wochentag ist das Hauptbuch seine Bibel.

Kultur

Der bulgarische Oberstleutnant, der alle drei Kriege mitgemacht hatte, sagte zu mir: »Wir sind ein armes Volk, das heißt: an Kultur. Wir haben nur einen einzigen Wunsch: möglichst viel von allen anderen Völkern zu lernen.« Ich sagte zu mir selbst: Ein Volk, das diesen Wunsch hat, ist nicht arm an Kultur, sondern unermeßlich reich an Kultur und besitzt überhaupt die höchste Kultur, die irgendein Volk auf der Welt haben kann. Es besitzt das, wodurch Deutschland in seiner großen Zeit groß war, nämlich die sogenannte »Fremdländerei«, die einfach darin besteht, daß man das, was am anderen gut und wertvoll ist, anerkennt, versteht und seinem eigenen Wachstum einzuverleiben versucht. Es besitzt das, was Frankreich niemals besessen hat und weswegen Frankreich unfähig war zu jener europäischen Hegemonie, von der es immer geträumt hat. Es besitzt das, was aus Goethe Goethe gemacht hat. Goethe hatte nämlich ebenfalls nur eine einzige Leidenschaft: zu lernen. Er fragte jedem Menschen, jedem Ding und jedem Ereignis seine geheime innere Weisheit ab, denn irgendeine Weisheit steckt in allem und jedem. Es ist dies überhaupt das wesentlichste Merkmal, nach dem sich eine Einteilung der Menschen, Völker und Rassen treffen läßt. Wenn irgendein Mensch sagt: »Bitte, in *dieser* Angelegenheit bin ich *Fachmann*, da kann man mir nichts Neues erzählen«, so hat er mit dieser Bemerkung bereits untrüglich bewiesen, daß er kein Fachmann ist, sondern das Gegenteil davon, nämlich ein leerer, aufgeblasener, beschränkter, unwissender Tropf. Es ist dies im Grunde auch das Wesen und der Sinn aller Religion, vor allem des Christentums. Sich nicht hochmütig gegen andere Völker abschließen und sich nicht für etwas Besonderes, Besseres und Exquisites halten, wie es das Volk tat, aus dem Christus hervorging; sondern allen, auch den Kleinen und Niedrigen, den Armen und Unwissenden sich mit Liebe und Verständnis nähern, ist die einzige Möglichkeit, größer, klüger und besser zu werden. Es ist auch das Wesen aller Kunst. Für den Künstler gibt es auf der ganzen Welt nichts Gleichgültiges, Nebensächliches, Minderwertiges: das Kleinste ist für ihn genauso wichtig, tief und interessant wie das Größte. Wenn alle Bulgaren so denken, dann haben sie eine ungeheure Zukunft, dann sind sie ein Eroberervolk, eine »grande nation«, nämlich groß und erobernd nicht durch Größenwahnsinn und Ländergier, sondern durch den weisen Willen, alle Kraft der ihrigen hinzuzuaddieren.

Die meisten Menschen schämen sich origineller Beobachtungen, sie halten sie für eine Art Vergehen gegen die Sittlichkeit.

Es gibt Menschen, die selbst für Vorurteile zu dumm sind.

Soeben höre ich einen Esel sagen: »Das sind lauter schillernde irreführende Paradoxa.«

Über Religion und Moral

Zur Naturgeschichte unserer Zeit

Man wird wohl sagen dürfen, daß das letzte Menschenalter von einem so vollkommenen Skeptizismus erfüllt war, wie er vielleicht noch niemals vorher erblickt worden ist. Frühere Zeiten *lehrten* die Skepsis, diese Menschen aber *lebten* sie. Zweifel an jeglicher Realität war das geheime Vorzeichen, das alle ihre Handlungen begleitete. Solange man noch über Sein oder Nichtsein *philosophiert*, ist es nicht schlimm. Diese aber hatten bereits aufgehört zu philosophieren; und das war das Gefährliche. Ein neuer Menschentypus war höchst bedrohlich in die Erscheinung getreten: der »Skeptiker des Lebens«.

Aber indem wir immer tiefer in die dunkeln Kammern des Schicksals eindrangen, erreignete sich plötzlich etwas Sonderbares: unser Auge, an die Dunkelheit gewöhnt, empfand einen schwachen Lichtschimmer, der von der entgegengesetzten Richtung herkam und uns anzeigte, daß auch in den Gegenden, die wir betreten hatten, nicht völlige Finsternis herrschte. Die *Dinge* hatten wir abgetan, aber nun erschien es uns auf einmal, als sei noch irgendein Licht *hinter den Dingen*, ein Licht, das wir niemals erblicken werden, das sich uns aber doch als vorhanden ankündigt. So entstand eine neue Gewißheit, die unklarer ist als die früheren, aber dafür um so sicherer; unaussprechlich, aber darum auch nicht mit Worten widerlegbar; *unfaßbarer* als jede andere, aber ebendeshalb um so *unantastbarer*. Der Zweifel wurde zur Wurzel einer neuen sublimierten Gewißheit.

Jeder Skeptizismus muß in einen neuen Dogmatismus münden. Dies ist seine innere Legitimation, seine natürliche Aufgabe, sein einziger Sinn. Nihilismus ist bisweilen wohltätig und notwenig, doch nur als Vorstufe zu einer neuen, höheren Ordnung. Aus dem Chaos der Völkerwanderung erstand die wunderbare Stufenordnung der mittelalterlichen Gotteswelt. Aus dem Irrsinn der französischen

Revolution entstand der napoleonische Imperialismus. Aus den Torheiten des Jahres achtundvierzig wurde die deutsche Einheit geboren. Aus der moralischen Anarchie des Römerreichs erhob sich das Christentum. Ein ähnlicher Vorgang vollzieht sich auch heute. Atheismus ist endgültig unmöglich geworden, Glaube, Verehrung, Bejahung zieht wieder in die Welt ein. Aber wir werden die Atheisten nicht mehr verbrennen, nicht mehr mit Gesetzen verfolgen, nicht einmal mehr beschimpfen. Wir werden sie nur noch lächerlich finden.

Jehovah Indelebilis

Der ungeheure Riß, der durch das Christentum jeglicher Observanz geht und den zu verkleistern mehr als fünfzig Menschengenerationen vergeblich ihren Scharfsinn, ihr Wissen und ihren Glauben aufgeboten haben, besteht darin, daß man einen rein national gedachten, nur den Interessen seiner Landsleute zugewandten, nachträgerischen, jede Konkurrenz unversöhnlich verfolgenden *Judengott* mit *Gott* zu identifizieren versuchte. Etwas Ähnliches hatten ja auch schon die Stoiker unternommen, indem sie behaupteten, Gott sei nichts anderes als der vergeistigte Zeus. Das eine ist ebenso blasphemisch wie das andere. Ganz folgerichtig erklärten denn auch die Marcioniten (die klarsten und schärfsten Denker unter den frühen Christen), es existierten zwei Gottheiten: nämlich der »Demiurg«, der die Welt geschaffen habe (unter »Welt« verstanden sie »Juden« und erklärten daher den Weltschöpfer für etwas Bösartiges), und der »höchste Gott«, der zur Erlösung von der Welt seinen Sohn gesandt habe. Sie empfanden ganz richtig, daß, wenn man sich schon nicht entschließen könne, den Judengott ganz zu leugnen wie irgendeinen anderen Volksgott, die einzige logische Möglichkeit in der Annahme der Zweigötterei bestehe, einer Art Dualismus nach persischem Vorbild, wobei der Judengott natürlich den Geist der Finsternis vertritt. Da aber eine solche Auslegung nichts ist als ein maskierter Rückfall ins Heidentum, so konnte die Kirche sie natürlich nicht akzeptieren. Man griff daher immer wieder zu Ausgleichen und Kompromissen, die von vornherein aussichtslos bleiben mußten und in die christliche Dogmatik ein Element der Zweideutigkeit, Unsicherheit und Rabulistik gebracht haben. Die Marcioniten (und andere) hatten übrigens auch vorgeschlagen, das Alte Testament einfach hinauszuwerfen, aber auch damit drangen sie nicht durch: Jehovah, auch darin ein echter Jude, *ließ* sich nicht hinauswerfen, und so ist bis zum heutigen Tage die reinste Religionslehre, die jemals in die Welt getreten ist und jemals in die Welt treten wird, verdorben und verwirrt durch das Gespenst eines rabiaten alten Beduinenhäuptlings und das manische Geschrei seiner Geschäftsträger, der Propheten.

Das Monstrum der Schöpfung

Das Zentralproblem des Christentums, dem es seine Entstehung verdankt, das seine gesamte geschichtliche Entwicklung und alle Kämpfe der Sekten beherrscht hat und aus dem es immer wieder neue Nahrung und Lebenskraft ziehen wird, ist die ungeheure Frage: Wie kommt es, daß der Mensch einerseits ein ganz unleugbar böses Geschöpf ist und andrerseits doch nicht böse sein *will*? Warum trifft er keine klare Wahl zwischen den beiden Möglichkeiten, die ihm gegeben sind? Kurz gesagt: warum tut er das Böse mit bösem Gewissen? Er ist weder Tier noch Engel. Das Tier unternimmt ohne moralische Skrupel alles, was ihm und seiner Nachkommenschaft nützt. Der Engel besitzt Gewissen und handelt danach. Der Mensch tut weder das eine noch das andere. Er lebt weder »gottgefällig« noch »natürlich«. Durch dieses monströse Dilemma wird er zum grotesken Unikum, zum Absurdissimum in der gesamten Schöpfung. Er ist eine grandiose Mißgeburt, ein wandelnder Fragebogen. Wenn er gut ist, warum tut er das Böse? Wenn er böse ist, warum liebt er das Gute? Diese beiden beängstigenden Fragen stellt jedes Menschenschicksal von neuem.

Religiöses Jakobinertum

Religion ist wie alles Edle, Reine und Tiefe niemals eine Sache der Gemeinsamkeit und Gemeinschaft. Religion ist eine aristokratische Angelegenheit. Man kann in Massen Steine klopfen und im Varieté sitzen, man kann in Massen fressen und saufen, politisieren und Menschen umbringen, aber man kann nicht in Massen Gott verehren, sowenig, wie man in Massen lieben kann. Der unsinnige Glaube, daß alle menschlichen Lebensäußerungen gemeinsam verrichtet werden können, ja sollen, hat in unserer heutigen Kultur seinen Gipfelpunkt erreicht, wir betreiben alles in Rotten, Riegen, Kompagnien: Kunst, Wissenschaft, Naturgenuß, Religion. Das ganze Leben soll nichts sein als ein dankbares Objekt für Formen, Formeln, Paragraphen, Reglements. Der Wille unserer Zeit, der aus der ganzen Menschheit eine Fabrik, eine Kaserne, ein Riesenhotel, einen Trust, eine Korrektionsanstalt machen will, verbindet folgerichtig das Massentreiben mit der Uniformierungstendenz. Dies endet schließlich allemal im Jakobinertum. Kultus eines abstrakten und leeren »être suprême«, alles andere ist dann »suspekt«, heimliches Aristokratenwesen. Der große Rückschlag gegen alle diese Dinge muß von der Religion ausgehen, von einem neuen Verhältnis zu Gott, wie alles von Gott her seinen Anfang nehmen muß.

Glaube

Gewiß, die Lehre Jesu, seine Gottessohnschaft, ja sogar seine Existenz: dies alles ist bis zu einem gewissen Grade eine Sache des Glaubens. Aber alles ist eine Sache des Glaubens. Wer absolut will, kann alles bezweifeln. Die ganze Welt, mein eigenes Ich ist auch nur ein Glaube. Und es hat ja in der Tat Menschen gegeben, die das Ich, die überhaupt alles Wirkliche leugneten. Zu allem brauchen wir Glauben, zu jeder einfachsten Betätigung. Von diesem Glauben leben wir. Das war ja eben die ewige Tat, die Jesus vollbracht hat, daß er einer Menschheit, die bereits gelernt hatte, an allem zu zweifeln, zurief: Zweifelt nicht! Diese Welt ist, und sie ist ein Werk Gottes. Alles ist, auch das Geringste und Niedrigste: die Ärmsten und Einfältigsten, die Kinder, die Sünder, die Lilien und Sperlinge, alles dies ist, wenn ihr daran glaubt, wenn ihr es liebt. Diese beiden größten, ja einzigen Realitäten: Gott im Himmel und die Liebe auf der Erde hat er neu bekräftigt.

Druckfehlerteufel

Ich schrieb einmal folgendes: »Der Mensch ist ein ewiger Gottsucher. Was man auch sonst von ihm aussagen wollte, wäre sekundär. Denn aus dieser einen Quelle strömt alles, was er tut und unterläßt.« Der Setzer aber druckte: »Der Mensch ist ein ewiger Goldsucher.« Dieser Druckfehler war wirklich und wahrhaftig vom Teufel, und zwar von jenem Teufel, der nicht bloß das Gedruckte regiert, sondern auch das Geschriebene, und nicht bloß das Geschriebene, sondern auch die Gehirne derer, die es schreiben, und nicht bloß die Gehirne, sondern auch die Seelen, und nicht bloß die Seelen, sondern die ganze Welt. Kurzum: das Tragische dieses Druckfehlers bestand darin, daß er keiner war.

Es gibt flache Egoisten und tiefe Egoisten. Die letzten nennt man Altruisten.

Der Philister als Freigeist

Man kann auch als Immoralist noch immer ein Philister sein. Jeder Mensch, der von der Ansicht ausgeht, daß die Gesetze, die für ihn gut sind, auch für andere gelten müssen, ist ein Philister. Die Freiheit hingegen besteht darin, daß jeder tut, was seine Individualität ihm vorschreibt. Wenn mich jemand zum Beispiel zur Freiheit in erotischen Angelegenheiten zwingen will, während es in meiner Natur liegt, diese Beziehungen als vorwiegend unfreie und gebundene aufzufassen, dann *beschränkt* er meine Freiheit. Wenn jemand mir verbieten will, in moralischen Dingen ein Philister zu sein, obgleich gerade dies mir entspricht, so stellt er an mich ein *philiströses* Verlangen.

Sittlich

Was zu einem Kunstwerk *gehört*, was an ihm organisch ist, das pflegen wir das Schöne an ihm zu nennen; was zu einem Menschen gehört, all das ausnahmslos, aber nur das, müssen wir an ihm sittlich nennen.

Absurdum

Haben jene, die aus der Tatsache des »Elends in der Welt«, der »ungerechten Güterverteilung« und dergleichen erbärmlichen Argumenten auf die Nichtexistenz Gottes schließen, schon einmal bedacht, daß ihre ganze Beweisführung nichts ist als kindischer und dilettantischer Anthropomorphismus? Gott irgendwelche (auch zur höchsten Vollkommenheit gesteigerte) menschliche Eigenschaften beizulegen ist bereits *irreligiös.* Daß Gott vollkommen unfaßbar und unverständlich ist, eben darin bestand ja die neue und tiefe Erkenntnis des Christentums, im Gegensatz zum Judentum, das sich seinen Gott immer bloß als einen besonders begabten Oberjuden vorgestellt hatte. Wir dürfen daher auch von Gott nicht die Qualitäten eines braven Bezirksrichters verlangen, schon deshalb, weil wir ja nicht wissen können, ob das, was wir »Gerechtigkeit« nennen, nicht etwas vollkommen Idiotisches ist.

Und ferner zeigen diese Einwände eine völlige Mißkenntnis oder vielmehr Unkenntnis des Begriffes der »Erlösung«. Diese Erlösung, die Jesus verkündigt hat, bestand in der einfachen Feststellung der Tatsache, daß Gott die Welt wirklich regiert; *wie* er sie regiert, hat Jesus nicht gesagt. Wer an diese Tatsache glaubt, der lebt allemal und überall in einer guten und gerechten Welt, einerlei, wie es ihm äußerlich ergeht. Wer an diese Tatsache nicht glaubt, der ist unselig, auch wenn seine Geschäfte noch so brillant gehen.

Vom Standpunkt des bürgerlichen Gesetzbuches oder einer platten Philistermoral betrachtet, war Jesu Leben und Tod die denkbar größte Ungerechtigkeit Gottes; der reinste, aufopferndste, gotterfüllteste Mensch wurde verachtet, verhöhnt und gekreuzigt. Daß aber Jesus gleichwohl niemals an Gott gezweifelt hat, beweist mehr als seine Predigt, wie er es gemeint hat.

Aenigma christianissimum

Daß es den Bösen gut geht, ist nur in der Ordnung, sie bezahlen ja für ihr materielles Glück reichlich damit, daß sie ohne Gott leben müssen. Aber wie kommt es, daß es auch den *Guten* so oft gut geht? Daß sie zu ihrer Gewißheit, Gott zu gefallen, und zu ihrem Bewußtsein, gut zu sein, auch noch den äußeren Lohn haben? Ist das nicht ein unverdienter Überschuß, eine Art Überzahlung? Ich möchte dieses Problem das Aenigma christianissimum nennen.

Summa

Der »böse Mensch« ist der *Kitsch* der Schöpfung.

Zur Naturgeschichte des Genies

Wenn einem Kanarienvogel neue Federn wachsen, so ist er krank und »neurasthenisch«. Aber vom Genie, dem die neuen Gedanken wachsen, verlangt man, daß es »gesund« sei.

Vielleicht hat das Genie bloß mehr Glück gehabt als die übrigen Menschen. Es durfte *langsam* werden, was es *ist*, während die anderen *schnell* werden mußten, was sie *nicht* sind.

Sich selbst

Genialität ist die Unfähigkeit, jemals etwas anderes ausdrücken zu können als sich selbst und immer wieder sich selbst. Solange ein Mensch sich selbst darstellt, kann er niemals flach, niemals langweilig, niemals unoriginell werden. Denn es gibt nur eine einzige Art von Unmoralität und Häßlichkeit: etwas anderes sein zu wollen, als man ist. Darum wirken Tiere niemals banal. Die Gans ist dumm, der Hahn ist affektiert, der Affe albern, das Känguruh ist einfach unmöglich. Trotzdem geht die Dummheit einer Gans niemand auf die Nerven, wir finden dieses Tier sogar höchst anziehend und amüsant. Man kann stundenlang einem Hahn zusehen, wie er eingebildet, icherfüllt, wichtigtuerisch vor seinen Hennen sich dickmacht. Aber von einem Menschen mit einem solchen Benehmen würden wir sofort davonlaufen. Und doch auch wieder nicht davonlaufen; wenn es nämlich seine innerste Natur wäre, sich so zu betragen. Der Falstaff ist der Liebling der ganzen Welt, und doch ist er nichts als ein dickes Weinfaß voll abscheulicher Eigenschaften. Aber das Genie Shakespeare hat ihm Natürlichkeit geschenkt und hat dadurch ihn selbst zum Genie gemacht. Darum ist es ganz wahr, wenn auch in anderem Sinne wahr, wenn man gesagt hat: das Genie darf sich alles erlauben.

Norm als Exzeption

Das Genie ist nichts Überlebensgroßes, Hypertrophisches, Exzeptionelles, *Barnum*artiges, sondern die richtige Lebensgröße und der natürliche Kanon. Ein genialer Mensch verhält sich zu den übrigen nicht wie der Riese zu den Zwergen, sondern wie das Normalgebilde zu den Freaks. Daß das Genie eine organische Form ist, die höchst selten vorkommt, ist nur ein Beweis hiefür. Denn das Normale ist ja überhaupt in der Natur die höchst seltene Ausnahme, und Mißbildungen und Unregelmäßigkeiten sind die Regel. Auch die körperliche Erscheinung des Menschen ist in Millionen von Fällen einmal vollkommen den anatomischen Gesetzen entsprechend. Und einen *geistig* ganz normalen Menschen, dessen Seele absolut nach dem Kanon gebaut ist, nennt man Genie. Man hat bei solchen Menschen nicht den Eindruck von etwas Absonderlichem und Außergewöhnlichem. Sondern im Gegenteil, man denkt sich: wenn es in der Welt richtig zuginge, müßten alle Menschen von einem ebensolchen Weltblick sein wie Bismarck, ebensolche Gehirne besitzen wie Kant, ebenso zu leben verstehen wie Goethe und ein ebenso gebautes Herz haben wie Emerson. An allen diesen Menschen ist nichts von »Kunst« zu spüren: niemand kann ihnen irgendwelche Handgriffe abmerken, denn sie haben gar keine angewendet. Verwunderlich ist an ihnen nur dies eine: daß nicht alle übrigen Menschen ihnen gleichen. Und das Charakteristische ihrer Schöpfungen besteht darin, daß jedermann von ihnen den Eindruck hat: »Es ist ein Zufall, daß *ich* es nicht gemacht habe.« Und so falsch dieses Urteil auch im Grunde ist, so ist es doch das einzige Merkmal, das uns die sogenannten »ewigen« Kunstwerke von den bloßen modischen Meisterstücken unterscheiden läßt. Denn diese letzteren erfüllen ihre Zeitgenossen zwar regelmäßig mit der allergrößten Bewunderung, aber dafür sehen spätere Zeitalter in ihnen nur noch »historische Belege für den damaligen Kulturzustand«.

Das Genie widerlegt

Darin besteht seine ganze Leistung. Plato, Kant, Goethe, Nietzsche widerlegten. Und zwar taten sie das weniger mit Worten, ja nicht einmal so sehr mit Taten, sondern einfach dadurch, daß sie *da waren.* Sie fanden eine Kulturverfassung vor und sahen ein, daß sie auf einer falschen Basis ruhte, oder richtiger gesagt: auf einer unmodernen Basis. Sie warfen diese Basis um, ohne daß es ihnen viel Mühe gemacht hätte.

Alles von vorne

Der originelle Mensch glaubt nur an das, was er selbst erfahren hat. Für die meisten Menschen ist das ganze Leben nicht eine unmittelbare persönliche Erfahrungstatsache, ein Erlebnis, sondern eine Art Mitteilung aus zweiter Hand. Das Original aber stellt sich zu jeder, der kleinsten wie der größten Tatsache zunächst skeptisch, es läßt die Dinge an sich herankommen, um sie zu prüfen. Der Durchschnittsmensch verhält sich passiv zur umgebenden Welt, er läßt sie auf sich einwirken, seine Vorstellungen sind tote Abdrücke und nicht Resultate einer lebendigen Aktion, einer *Reaktion* gegen die Eindrücke. Der originelle Mensch hingegen hat den Grundsatz: es muß alles von vorne angefangen werden. Und hierin liegt die gemeinsame Bedeutung aller genialer Menschen auf allen Gebieten, in Kunst und Wissenschaft, in Religion und Politik. Es ist gleichgültig, auf welche besondere Lebenssphäre sie ihren Blick richten: immer ist dies ihr Standpunkt und ihre Aufgabe. Descartes und die Scholastik, Richard Wagner und die Oper, Virchow und die Pathologie, Luther und der Katholizismus, Ibsen und das Drama, Newton und die Mechanik, Lavoisier und die Chemie: es ist immer dieselbe Stellung. Sie glauben nicht daran, daß etwas richtig ist, weil es bisher von allen für richtig gehalten wurde. Es kommt gar nicht darauf an, daß ein solcher Denker auf diesem Wege zu neuen, überraschenden und entgegengesetzten Resultaten kommt, sehr oft erkennt er die Richtigkeit des *Bestehenden*; sondern es ist eben der Weg, diese bestimmte Methode des Denkens, die ihn von anderen unterscheidet.

Es ist an einem Künstler ein ungenialer, unkünstlerischer Zug, wenn er ein sogenanntes »geniales« Leben führt. Denn ein Genie sein heißt nichts anderes, als von einer Mission getragen sein und sich daher als höchst notwendig und unentbehrlich empfinden. Bei kleinen Geistern mag vielleicht ein solches »geniales« Sichwegwerfen, sich psychisch und physisch vergeuden, noch die einzige Möglichkeit sein, um eine Art höheren Lebensstil und eine gewisse Ästhetik zu erreichen, beim Genie jedoch ist es stillos und unästhetisch. Ein Bismarck oder Moltke, der sich in die Schlacht wagt, wäre unmoralisch.

Wenn man die Arbeitskraft eines Künstlers rühmt, so ist das geradeso, wie wenn man den Materialwert eines Kunstwerks preist.

»Das Genie schöpft aus dem vollen.« Aber das ist nicht das Wesentliche, denn aus einem gewissen Reichtum und Überreichtum seiner Persönlichkeit schöpft jeder irgendwie begabte Mensch. Vielmehr zeichnet sich das Genie dadurch aus, daß es nicht der Sklave seines Reichtums ist, sondern aus seiner Fülle immer nur genau so viel schöpft, als es gerade für den gegebenen Zweck braucht, und nicht bemüht ist, in jede Sache, die es macht, alle seine Qualitäten und Künste hineinzustopfen.

Es gibt vielleicht viele unverstandene *Talente*, aber ein unverstandenes Genie ist nicht denkbar, wenigstens auf die Dauer nicht. Denn »Talent« ist immer irgendeine hypertrophisch entwickelte und darum schwer verständliche Einzelbegabung, und man muß selber eine Dosis von demselben Talent besitzen, um es erfassen zu können. Das Genie dagegen hat in jedermann einen Freund und Versteher, weil es ein Stück von jedem Menschen enthält. Darum ist auch das Talent eindeutig und das Genie vieldeutig.

Für den genialen Menschen gibt es nichts Geistvolleres, Tieferes als seine eigene Lebensgeschichte. Wenn große Künstler und Philosophen jeder unbedeutenden Einzelheit ihres Lebens eine Art religiösen Kult gewidmet haben, so kann nur ein sehr oberflächlicher Mensch glauben, daß dies Selbstberäucherung war; sie haben sich eben nur mit den tiefsten Dingen befaßt, die ihnen zugänglich waren. – Es gibt nichts Falscheres als die so häufige Behauptung: nur seichte Menschen reden viel von sich selbst. Das Gegenteil ist richtig. Der seichte Mensch spricht fast nie von sich. Die Täuschung, als ob er dies tue, wird dadurch bewirkt, daß er sehr viel von äußeren Dingen redet, die nur für ihn wichtig sind, zum Beispiel von *seinem* Mittagessen, *seinem* Vordermann im Amt, *seinem* Geschäftslieferanten. Von sich selbst aber spricht er fast nie, und wenn, wie von einem Fremden. Die bedeutenden Menschen aber haben immer und immer wieder von sich selbst geredet: sie spürten nämlich, daß dies eigentlich das einzige Thema sei, worüber sie ein *Recht* hätten, zu reden.

Größenwahn des Denkers

Es ist ein Irrtum, wenn man glaubt, daß das Denken ein Vorgang sei, der uns frei mache: denn auch die Gedanken liegen ja nicht in unserer Macht. Was in uns denkt, ist ein unkontrollierbarer, undirigierbarer Folgeprozeß unserer Gesamtvitalität, unseres Stoffwechsels, unserer Blutzirkulation, unserer Verdauung. Wer vermöchte den Anteil zu bestimmen, den Schopenhauers chronische Obstipation an Schopenhauers pessimistischer Philosophie gehabt hat? Und Carlyles einzigartige Denk- und Schreibweise: seine dunkle Weitschweifigkeit, sein überheiztes Pathos, seine unartikulierte, mühsame, immer mit sich selbst ringende Prosa, der ganze Rhythmus seiner Gedankenbewegung, bei dem man stets in Zweifel ist, ob man ihn feurig oder holprig nennen soll: – wie sehr ist dies alles, wodurch Carlyle doch erst zum unnachahmlichen Unikum in der gesamten Weltliteratur wird, der Ausdruck von Carlyles Dyspepsie!

Klassisch

Immer wiederholt sich die alte Geschichte vom Scherbengericht, die wir alle so oft aus dem Deutschen ins Lateinische und, wenn wir Pech hatten, sogar ins Griechische übersetzen mußten. Die Griechen, die ein für allemal den Kanon des menschlichen Körpers aufgestellt haben, sind auch in dieser Frage des Kanons der menschlichen Seele vorbildlich gewesen. Sie haben auch diese Elementartatsache der menschlichen Natur klassisch ausgedrückt, nämlich gesund, naiv und mit lapidarer Klarheit: die Stellung, die die Menschen zu jeder geistigen Überlegenheit einnehmen: »Wir brauchen dich, Genie, aber du bist uns lästig. Wir möchten deine Bildsäulen um keinen Preis entbehren, Phidias, aber eigentlich ist es eine Frechheit von dir, ein so großer Künstler zu sein, und von dir, Themistokles, ein so großer Feldherr zu sein, und von dir, Aristides, so gerecht zu sein, und von dir, Sokrates, so weise zu sein, denn das alles sind wir nicht; und wir, das Volk, die Masse, der Durchschnitt, die Gewöhnlichen, sind doch eigentlich diejenigen, auf die es ankommt. Jede eurer Taten ist für uns eine Beleidigung, denn jede beweist uns aufs neue, daß in euch mehr Schönheit, Edelmut und Verstand ist als in uns allen zusammengenommen. Wir wissen recht wohl, daß wir ohne euch nicht auskommen könnten, aber das hindert nicht, daß wir in euch nichts anderes erblicken als ein notwendiges Übel, das wir nur genau so lange ertragen werden, als wir es ertragen müssen.« So dachten die Griechen, und so denken, wenn auch weniger bewußt und plastisch, alle Völker, und wer darüber klagt, daß das Genie verkannt werde, der ist selber ein Verkenner des Genies. Denn wäre es allgemein beliebt und anerkannt, so wäre es eben kein Genie. Der große Mann ist eine Naturkraft, ein Elementarereignis, eine Umwälzung, eine Katastrophe, und solche Erscheinungen nimmt man hin, aber man liebt sie nicht.

Plagiator

Bekanntlich hat Shakespeare im »Julius Cäsar« den Plutarch wörtlich abgeschrieben. Manche bedauern, daß dadurch ein häßlicher Fleck auf den großen Dichter fällt. Andere sind toleranter und sagen: ein Shakespeare durfte sich dies erlauben! Beiden ist jedoch zu erwidern: Wenn man von Shakespeare nichts anderes wüßte als dies, so würde dies allein ihn schon als echten Dichter kennzeichnen. Es ist wahr: große Dichter sind oft originell, aber immer nur, wenn sie müssen. Sie haben nie den Willen zur Originalität; den haben die Literaten. Der Dichter ist ein Mensch, der sieht und sehen kann, weiter nichts. Und er freut sich, wenn er einmal ganz ohne Einschränkung seinem eigentlichen Beruf obliegen kann: dem des Abschreibens. Wenn Shakespeare den Plutarch abschrieb, so tat er es nicht, *obgleich* er ein Dichter war, sondern *weil* er ein Dichter war. Die Halbgenies, die Talente, die Spezialisten suchen sich und überall nur sich. Sie erblicken in allem: in Gott, Natur, Menschen, Ereignissen, Büchern, nur eine Gelegenheit, sich in Szene zu setzen. Das Genie aber hat eine leidenschaftliche Liebe zum Guten, Wertvollen; es sucht nichts als dieses. Hat schon ein anderer die Wahrheit, zum Beispiel Plutarch, wozu sich auch nur um einen Schritt von ihm entfernen? Was könnte dabei herauskommen? Es bestünde die Gefahr, eine Wahrheit, die minder groß und wahr wäre, an die Stelle der alten zu setzen, und diese Gefahr fürchtet das Genie mehr als den Verlust seiner »Originalität«. Lieber schreibt es ab. Lieber ist es ein »Plagiator«.

Unersetzlich

Die Originalität jedes Menschen besteht in seiner Tüchtigkeit. Wer irgend etwas wirklich kann, der ist originell und unersetzlich. Darum ist die landläufige Bemerkung »Kein Mensch ist unersetzlich« so ziemlich das Dümmste, was gesagt werden kann. Sie wurde von jenen Menschen aufgebracht, die allerdings ersetzlich sind und auch in der Tat immer wieder ersetzt werden: von den Kretins. Ein bedeutender Mensch stirbt. »Das Leben geht dennoch weiter«, sagt man. Natürlich, es geht weiter. Aber wie? Mit einem Schlage ist aus einer wohl organisierten, zentralisierten Institution ein jämmerlicher Mißbetrieb geworden. Ein Mensch, der auf die Hirnschale fällt, »geht auch weiter«, aber als ein trostloses, bemitleidenswertes Zerrbild seiner selbst. Wenn Julius Cäsar nicht ermordet worden wäre, würden Europa, Afrika und Asien heute ein anderes Antlitz haben. Natürlich, sie sind nicht bei seinem Tode vor Schreck in den Ozean versunken, aber die Menschen haben sich jahrhundertelang vergeblich um Dinge abplagen müssen, die fast schon realisiert waren; und das ist ebenso schlimm. Man denke, daß Goethe bei Valmy gefallen wäre. Die ganze deutsche Kultur würde heute anders aussehen. Oder daß das Attentat auf Bismarck im Jahre 1866 geglückt wäre. Oder man wage sich auszudenken, daß Nietzsche heute noch, als noch nicht Achtzigjähriger, schaffend unter uns lebte. Das ist schon ganz unvorstellbar in seinen Wirkungen. Kleist erschoß sich im Alter von vierunddreißig Jahren. Infolgedessen haben wir kein deutsches Drama. Aber die Menschen sagen: niemand ist unersetzlich; war's nicht der, so war's ein anderer. Jawohl: Kotzebue.

Die genialen Bücher setzen uns immer wieder von neuem in Erstaunen. Wir erwarteten etwas Geistreiches und finden statt dessen das Gegenteil: etwas Wahres.

Der Dichter

Ein Dichter ist ein Mensch, der von der Zukunft mehr versteht als von der Gegenwart.

Ein Dichter ist ein Mensch, der für sich nur noch eine einzige Privatangelegenheit anerkennt: die Sache der Menschheit.

Die vergeßlichen Dichter

Jeder Mensch ist verliebt, jeder Mensch ist begeistert, jeder Mensch ist weise – aber nur in wenigen seltenen Augenblicken. Wie der Dichter die Frau *immer* sieht, so hat sie jeder Mensch mindestens einmal in seinem Leben gesehen: als er liebte; wie der Dichter die Natur, jedes Stück Rasen, jeden verschneiten Baumstumpf, jedes Tulpenbeet, jede alte Bretterhütte empfindet, so hat jeder schon irgendwann einmal Rasen, Baum, Blume und Brücke empfunden, aber nur ein kurzes Zeitteilchen, dann sank alles wieder hinab; er hatte es sofort wieder vergessen. Die meisten Menschen sind eben vergeßliche Dichter. Und ebenso vergeßliche Denker. Wer war nicht schon weise, freilich zumeist gerade dann, wenn er es am wenigsten zu sein glaubte? Gespräche von Holzfällern, Schmieden, Fuhrleuten, Handwerksburschen enthalten oft überraschende Wahrheiten, Tiefblicke, schärfste Sachurteile. Jeder Mensch, der einer Sache kundig ist, vermag über sie die vorzüglichsten Bemerkungen zu machen. Aber er weiß es nicht. Und er sammelt es nicht auf: er ist kein Reservoir seiner Weisheiten.

Der Dichter ist ganz einfach das ununterbrochen, was die übrigen Menschen alle fünf Jahre einmal sind. Er unterscheidet sich in nichts anderem von ihnen. Er lebt mit den Dingen in *dauernder Kryptogamie.* Er ist immer begeistert, immer verliebt und darum immer weise.

Zweierlei Tyrannen

Alle die Schreckensherrscher, von denen die Historie erzählt, die »Scheusale« der Weltgeschichte: Caligula und Tiberius, Danton und Robespierre, Cesare Borgia und Torquemada, was waren sie anderes als in die Realität verschlagene Künstler? Und alle die Künstler und Gestalter: Shakespeare und Michelangelo, Dante und Poe, Nietzsche und Dostojewski, was waren sie anderes als in die Kunst gerettete Menschenfresser? »Ich habe niemals von einem Verbrechen gehört, das ich nicht hätte begehen können«, sagte Goethe. Er brauchte keine Verbrechen zu begehen, weil er sie künstlerisch gestalten konnte. Und Nero, der Kaiser mit der großen Künstlerambition, wäre kein »Bluthund« geworden, wenn er die Kraft der dichterischen Gestaltung besessen hätte. »Qualis artifex pereo« – vielleicht ist es erlaubt, zu übersetzen: »Was für eine merkwürdige Art Künstler stirbt in mir.«

Der Glorifikator

Der Künstler kann nicht polemisieren, befeinden, er ist ein Verklärer und Rechtfertiger des Lebens, und wenn die Menschen und die Dinge durch seinen Kopf und sein Herz hindurchgegangen sind, so kommen sie schöner wieder ans Tageslicht, als sie jemals vorher gewesen sind. Goethe war nur dadurch imstande, aus seinem Leben ein so vollendetes Kunstwerk zu machen, weil er das Leben immer als berechtigt anerkannte, in allen seinen Gestaltungen: deshalb vermochte er es zu beherrschen. Shakespeare konnte nur darum die menschlichen Leidenschaften so meisterhaft gestalten, weil er sie alle gelten ließ. Hätte er sich pharisäisch und hochnäsig über seinen Falstaff gestellt und ihn als einen Auswurf der Menschheit betrachtet, so hätte er ihn niemals schildern können. Aber er hat ihn geliebt, in allen seinen Infamien, Hohlheiten und Verkommenheiten, und so wurde dieser miserable Kerl der Freund aller. Und er hat seinen Macbeth geliebt, seinen Jago, seinen Richard

Gloster, alle diese schwarzen Schurken waren ein Stück von seinem Herzen. Franz Moor dagegen wird an allen Ekken und Enden zur Psychose, er ist kein wirklicher Mensch, wir glauben nicht recht an ihn. Und warum? Weil sein Erzeuger selbst nicht recht an ihn glaubte, weil er ihn nicht genug lieb hatte, weil er sich nicht sagte: auch dieser hat recht, denn sie haben ja alle recht, alle, alle! Haßt der Zoologe den Maulwurf? Nein, das überläßt er dem Gartenknecht. Aber darum *versteht* er auch den Maulwurf.

Was war Homer anderes als ein Historiker »mit ungenügender Quellenkenntnis«? Dennoch wird er in alle Ewigkeit recht behalten, selbst wenn eines Tages ein Professor mit ungeheurem wissenschaftlichen Apparat beweisen sollte, daß es überhaupt kein Troja gegeben hat.

Das, was von einem Dichter »bleibt«: seine dürftigen und mühseligen Aufzeichnungen – das ist der am wenigsten wertvolle Teil seiner Persönlichkeit. Es sind ein paar dünne Licht- und Wärmestrahlen; nicht die Licht- und Wärmequelle selbst. Freilich leuchtet und wärmt diese, auch erkaltet, noch weiter; aber das kommt nur daher, daß ihre Strahlen so langsam zu uns dringen.

Einer der wichtigsten Rangunterschiede unter den Schriftstellern besteht darin, ob sie bloß selber denken oder ob sie auch die übrige Welt zum Selbstdenken bringen.

Gewisse Bücher schmecken fade, gleich chemisch reinem Wasser. Sie sind uns zu destilliert, zu »abgeklärt«, wie wir höflich umschreibend sagen: in Wirklichkeit meinen wir damit ganz einfach, daß sie ungenießbar sind.

Es gibt Bücher, die wie Pfützen sind: flach und dunkel. Dann aber wieder gibt es Bücher, in denen alles sozusagen wegbeleuchtet ist: alle Dinge sind da in einem so scharfen, grellen Sonnenlicht, daß sie uncharakterisch werden. Die angemessene und natürliche Beleuchtung ist das »zerstreute« Licht. Das weiß jeder Photograph, und der Schriftsteller, der ja nichts anderes zu sein hat als der Photograph seiner Gedanken und Empfindungen, sollte es auch wissen.

Die echten Dichtungen haben eine Scheu davor, zu Buchstaben zu gefrieren. Die besten Gedichte sind nur mit dem Herzen aufgeschrieben und kommen niemals in die Setzmaschine.

Alle berühmten Bücher sind gut, und fast alle guten Bücher sind berühmt, wenn es auch manchmal einige Zeit dauert, bis sie es werden; und die Klage, daß es so viele unbekannte Talente gebe, stammt fast immer von Menschen, die bloß unbekannt sind. Alles Gute, Wertvolle hat die innere Tendenz, sich den Menschen mitzuteilen, es greift infolge eines, man möchte fast sagen: physikalischen Naturgesetzes um sich. Ein Mensch fasse irgendwo, in irgendeinem Winkel der Erde einen neuen, schönen und tiefen Gedanken, und dieser Gedanke wird sich so sicher und unwiderstehlich ausbreiten wie Gas.

Eine Dichtung ist erst dann zu Ende gedichtet, wenn sie den Leser gefunden hat, der spürt, was sie *unbewußt* gewollt hat.

Alle echten Dichtungen sind schöne Rätsel und wollen gar nichts anderes sein. Der Dichter unterscheidet sich von den übrigen Menschen dadurch, daß er die Bewegungen des Lebens in ihrem ganzen Reichtum und in ihrer ganzen Tiefe spürt. Aber man darf nicht vergessen, daß er eben darum der einzige Mensch ist, der sich niemals einbildet, das Leben zu verstehen.

Eine Dichtung ist nichts anderes als eine Aufforderung an das Publikum, zu dichten. Je mehr Spielraum sie gewährt, je mehr Stellen sie offenläßt, desto bedeutender ist sie. In jedem Versteher erwächst ihr ein neuer Dichter. Tausend Auffassungen sind möglich, und alle sind richtig.

Daß Kunst einfach Natur wiederholt, ist logisch und psychologisch unmöglich, denn immer tritt etwas hinzu, was nicht Natur ist: nämlich ein Mensch. Daß Kunst gar nichts mit Natur zu tun hat, ist ebenso unmöglich, denn immer ist etwas dabei, was Natur ist: nämlich ein Mensch.

Es gibt heute schon Naturalisten, die aus lebenwahren Theaterstücken schöpfen.

Er weiß es nur nicht

Die Kunst ist keine Sache der seltsamen und ungewöhnlichen Erlle sind richtig.

Daß Kunst einfach Kunst wiederholt, ist logisch und psychologisch unmöglich, denn immer tritt etwas hinzu, was nicht Natur ist: nämlich ein Mensch. Daß Kunst gar nichts mit Natur zu tun hat, ist ebenso unmöglich, denn immer ist etwas dabei, was Natur ist: nämlich ein Mensch.

Es gibt heute schon Naturalisten, die aus lebenwahren Theaterstücken schöpfen.

Er weiß es nur nicht

Die Kunst ist keine Sache der seltsamen und ungewöhnlichen Erlebnisse. Was den Dichter befruchtet, ist weit mehr das kleine Leben des Alltags als die großen Abenteuer. Außerdem hat fast jeder Mensch eine Menge von höchst absonderlichen Dingen erlebt, nur hat er es nie gemerkt. Der Philister weiß nicht, daß er in einer Welt von lauter Originalen lebt und daß sein ganzes Dasein ein höchst abenteuerliches, phantastisches Märchen war. Er wartet immer auf Feen und Drachen, aber die Feen und Drachen sind da, nur inkognito. Noch weniger ist ihm bekannt, daß er selbst im Grunde eine höchst merkwürdige, verwickelte, singuläre Persönlichkeit ist. Er erfährt nie die Wahrheit über sich. Man möchte solchen Menschen nur wünschen, daß sie einmal an einen Dichter kämen, der ihnen ihren Charakter erklärte. Aber sie würden ihm wahrscheinlich nicht glauben und sich denken: »Er ist ein Dichter.«

Imaginärer Dialog

Einem berühmten Dichter sagte einer seiner Verehrer: »Ich wundere mich jedesmal von neuem über die auserlesene Liebenswürdigkeit und Güte, mit der Sie allen Menschen, auch Briefträgern, Droschkenkutschern und Lohndienern, begegnen.« Darauf sah ihn der Dichter ganz erstaunt an und sagte: »Ja was wäre denn der Unterschied zwischen uns und den anderen, wenn wir nicht ein bißchen liebevoller und teilnehmender wären?«

Die Realität enttäuscht, sie ist eigentlich das *Unwirkliche*; und der dies zuerst erkannte, war der erste Dichter.

Das Wort »Berufsdichter« ist ein Unsinn. Der Beruf des Dichters ist der jedes anderen Menschen: leben, assimilieren und assimiliert werden, Energien anhäufen und weitergeben, eine von den Millionen Komponenten der Weltbewegung bilden. Daneben fällt dann bisweilen etwas Lyrik oder Drama ab. Der echte Dichter *sezerniert* Dichtungen.

Der Dichter ist der Mensch, der die meisten Mitgefühle hat. Zwischen Jesus und Shakespeare besteht nur ein Gradunterschied.

Die gute alte Zeit

Wie gut hatte es doch der Dichter früherer Zeiten, noch der von gestern! Ihm gab ein Gott zu sagen, was er leidet! Ein großes, unschätzbares Geschenk; aber nicht, wie man bisher gemeinhin glaubte, für die *Menschheit*, als welcher es mit der Zeit allmählich gleichgültig werden dürfte, in wie guten oder wie schlechten Reimpaaren ein Mensch seine Privatangelegenheiten auszuplaudern vermag. Nein: bloß ein Glück für *ihn*! Er besaß noch die unbegreifliche Fähigkeit, die Dinge aus sich herauszureden, von sich wegzureden, in Worten von sich *abzustoßen*. Eine Gabe von ungeheurem hygienischen Wert! Ob so einer sich in unsterblichen Sonetten oder in miserablen Gartenlaubegedichten Luft machte, das ergibt einen sehr geringen Unterschied! Die Hauptsache ist: beide, der gottgeweihte Dichter und der sentimentale unfähige Esel, hatten ein *Ventil*.

Aber der *kommende* Dichter, der nicht mehr imstande ist, mit so groben und falschen Ausdrucksmitteln wie Worten zu arbeiten, der Mensch des *schöpferischen Schweigens*, blickt voll Neid auf jene anderen, die letzten, die *reden* konnten. Er kann seine »inneren Gluten« nicht mehr aus sich herausblasen in »feurigen Gedichten«, er muß sein Feuer in seinem eigenen Leibe verbrennen. Vielleicht kommt es doch einmal in irgendeiner anderen Energieform ans Tageslicht, ja, das ist sogar ganz unvermeidlich, denn Energie geht nicht verloren. Aber wer weiß, in welcher Form? Vielleicht als ein neuer kühner Gedanke, vielleicht als eine dramatische Vision, hingekleckst mit vier Farben, die die Menschen nie wieder vergessen werden, vielleicht als eine Seite Prosa, die wie eine eherne Tafel ist, vielleicht als eine gute Handlung, vielleicht als eine *böse* Handlung, vielleicht auch nur als die bloße Kraft, weiter zu schweigen.

Über die Weiber

Sind die Frauen tief? Daß man einem Wasser nicht auf den Grund blicken kann, beweist noch nicht, daß es tief ist.

Nur häßliche Frauen sind erziehungsfähig; und bei denen hat es keinen Zweck.

Die Frauen sind keine Menschen. Das macht sie so anziehend.

Der Dichter und die Liebe

Was die Frau an der Liebe liebt, ist, daß sie *geliebt wird*, aber der Mann, und zumal der Künstler, liebt an der Liebe gerade dies, daß er *liebt.* Dichter können niemals »*glücklich*« lieben: keinerlei Realität vermag sie auszufüllen, und nun gar diese armselige Irrealität »Frau«: wie könnte die ihnen genügen? Und dennoch: ebensowenig können Dichter »*unglücklich*« lieben, denn in der Frau, wer sie auch sei, lieben sie ja gar nichts anderes als ihr höheres Selbst, ihre eigenen Gedichte. Was wir in die Dinge »hineintragen«, das geben sie uns getreulich zurück: ein sehr einfaches Naturgesetz. Sieh in der Frau ein nichtiges, flaches, albernes Geschöpf, so wird sie dir genau das sein, nicht mehr; sieh in ihr ein mysteriöses Wesen, eine zarte Zaubergestalt, den »Stern deines Daseins«, so wird sie dir dieser Stern sein. Was sie wirklich ist: wer vermöchte das zu sagen? Vermutlich nichts.

Dies ist auch der Sinn des berühmten Goethischen Wortes: »Wenn ich dich liebe, was geht's dich an?« Ob seine Liebe »erwidert« wird oder nicht, ob er der glückliche »Erhörte« oder der unglückliche »Refüsierte« ist, das hat einen Dichter wohl noch niemals ernsthaft gekümmert. Denn er wird ja *niemals* erhört: die Frau, die er liebt, kann sich ihm niemals hingeben, denn sie existiert ja gar nicht. Und andrerseits wird er ja *immer* erhört, denn der wahre Gegenstand seiner Liebe: seine Phantasien, Dichtungen und

Träume, die sind ihm immer gegenwärtig. Seine Liebe wird immer »erwidert«: – aber nur vom Echo seines eigenen inneren Reichtums.

Der arme Werther erscheint uns heute als ein sehr beneidenswerter Seelenlogiker, denn er hatte noch eine so genaue Richtung, ein so absolutes Ziel: die Erotik selbst war ihm noch kein Problem.

Liebe ist zumeist ein Kontrakt, den zwei Eitelkeiten miteinander schließen: wobei gewöhnlich eine Partei die überfordernde ist.

Man kann den Frauen nur mit zweierlei ein wirkliches Vergnügen machen: mit Geld und mit schlechter Behandlung.

Behandle jede Dame liebenswürdig und zuvorkommend, auch wenn sie nicht mehr jung und schön ist; sie könnte vielleicht doch eine Journalistin sein.

Ideales Ballgespräch: Gnädigste sind, wie alle Frauen, anders als die anderen Frauen.

Ich verstehe nicht, wie man homosexuell sein kann. Das Normale ist doch schon unangenehm genug.

Brautschau

In dem Falle, als ein Mann so dumm sein sollte, seiner Frau zu verbieten, daß sie allein das Kaffeehaus besuche, werden sich folgende fünf typische Reaktionen entwikkeln:

Nr. 1: Ich gehe leidenschaftlich gern ins Kaffeehaus, aber leider: mein Mann hat es verboten.

Nr. 2: Bitte, sagen Sie meinem Mann um Himmels willen nicht, daß ich im Kaffeehaus war, der Arme regt sich sonst so auf.

Nr. 3: Ich hasse das Kaffeehaus: aber ich werde mich doch nicht von meinem Mann tyrannisieren lassen.

Jawohl, mein Lieber, ich *war* im Kaffeehaus: es war reizend, und man hat mir *sehr* den Hof gemacht, sagt Nr. 4; und war gar nicht dort.

Nr. 5: Ich gehe ins Kaffeehaus, nicht *obgleich* es mir mein Mann verboten hat, nicht *weil* es mir mein Mann verboten hat, sondern weil ich nichts dabei finde und es vor mir als freiem, vernünftigem und anständigem Menschen selbst verantworten kann.

Nr. 1 ist eine Kuh, Nr. 2 ein Luder, Nr. 3 eine Gans, Nr. 4 ein Mistvieh, heiraten könnte ich nur Nr. 5; aber die ist mir zu fad.

Jupiter oder: Ars Amandi

Wenn Jupiter liebte, so kam er als Stier, als Goldregen, als Singschwan oder als Wolke.

Und er wurde geliebt, denn die Frauen lieben die Stiere, die Goldregen, die Singschwäne und besonders die Wolken.

Aber niemals kam er als Jupiter ...

Leichter Alkohol, in kleinen Schlucken genommen, wirkt stärker als ein schweres Getränk, das man in einem Zuge genießt. Ähnlich ist der Unterschied zwischen Büchern, die in einem Zuge gehen, und solchen, die ihren Inhalt tropfenweise hergeben. Die ersteren haben einen *stärkeren* Gehalt, aber die letzteren machen einen *volleren* Kopf.

Vorrede zu »Das ist klassisch!«. Nestroy-Worte

In den Dreißiger- bis Sechzigerjahren lebte in Wien ein Schauspieler, der durch die hinreißende Komik seiner hageren, windschiefen Figur, seiner endlosen, schlenkernden Gliedmaßen und seiner blechernen schnarrenden Zungenschnelligkeit, durch seinen schlagenden und geistesgegenwärtigen Extempores und seinen zähen und drolligen Kampf mit der Zensur und schließlich auch durch eine lange Reihe glücklich zusammengestellter Gelegenheitspossen große und dauernde Popularität genoß. Dies war die eine Hälfte Johann Nestroys, seine äußere Hülle, die die Welt, und zumal die wienerische, so oft und gern für den ganzen Menschen zu nehmen und ausschließlich gelten zu lassen pflegt. Daneben aber gab es noch einen zweiten Nestroy, einen sokratischen Dialektiker und kantisch analysierenden Geist von höchster Feinheit und Schärfe, eine shakespearisch ringende Seele, die mit einer wahrhaft kosmischen Phantasie die Maßstäbe aller menschlichen Dinge verzerrte und verrückte, um sie eben dadurch erst in ihren wahren Dimensionen aufleuchten zu lassen. Dieser schöpferische Ironiker in Nestroy war, seinen Zeitgenossen völlig unbekannt, zu einem postumen Leben verurteilt, ja er führt sogar noch bis zum heutigen Tage für die meisten ein anonymes Dasein. Daß dem so ist, kommt zunächst daher, daß der souveräne und radikale Skeptiker auf dieser Welt immer einen schweren Stand hat: die Menschen, die sich ihre handlichen, kompakten Zusammenhänge von gestern nicht auflösen lassen wollen, empfinden ihn instinktiv als ihren Feind und vergessen nur zu gern, daß die geistige Gesundheit, die Entwicklungsfähigkeit und fortschreitende Kraft jener Epoche von der Menge geistigen Dynamits abhängt, der ihr zur Verfügung steht. Dazu kommt aber noch als besonderer Grund, daß Nestroy in einer Stadt wirkte, die von jeher eine unglaubliche Virtuosität darin besesssen hat, sich ihrer Erzieher zu entledigen und jedermann, der ihr durch Wahrheitsliebe unbequem wurde, zum Jongleur und Bajazzo zu degradieren.

Und doch muß man wieder andererseits sagen, daß wohl nur in Wien ein solcher Genius entstehen konnte, dessen Grundwesen sich vielleicht am einfachsten mit einem Wort (das aber eigentlich Hermann Bahr gehört) als barock bezeichnen läßt. Wien, das in den Tagen der Barockzeit seinen kulturellen und künstlerischen Höhepunkt erklommen hat, ist im Grunde bis zum heutigen Tage in seinen eigenartigsten und sichtbarsten, seinen reichsten und feinsten Lebensäußerungen eine Barockstadt geblieben. Das Wesen der Barocke ist, kurz gesagt, die Alleinherrschaft des rechnenden, analysierenden, organisierenden Verstandes, der das aber nicht wahrhaben will und sich daher in tausend abenteuerliche Masken und künstliche Verkleidungen flüchtet; die klare, sichtende, überschauende Intelligenz, die sich, des trockenen Tones satt, einen wilden Formen- und Farbenrausch antrinkt; Rationalismus, der sich als bunteste, vielfältigste Sinnlichkeit kostümiert. Dies ist auch das Wesen Nestroys: er ist von einer kristallenen Nüchternheit, einer brennenden Luzidität, die die Menschen und Dinge förmlich zerleuchtet, und dabei doch voll heimlicher Sehnsucht nach all den verwirrenden, narkotischen Dingen, die das Leben erst begehrenswert und interessant machen; ein starker, wissender und weltkundiger Geist und dabei doch umwittert von dem Aroma der problematischen Natur. Und darüber hinaus hat er noch den tiefsten Sinn der Barocke ausgedrückt: jene sublime und fatale Fähigkeit, ja Nötigung, mit dem ganzen Leben zu spielen und nichts ernst zu nehmen, auch nicht das eigene Ich.

Dies alles zwingt uns, in Nestroy den größten, ja den einzigen Philosophen zu erblicken, den der deutschösterreichische Stamm hervorgebracht hat. Daß die Literaturgeschichte weit davon entfernt ist, diese Tatsache auch nur zu ahnen, kommt daher, daß sie noch immer von Professoren geschrieben wird, diese aber, infolge ihres Berufes daran gewöhnt, zwischen »Fortschritt« und »sittlichem Betragen« einen Kausalnerus herzustellen, unmöglich einen Menschen von der Biographie Nestroys in die Selekta aufrücken lassen können und überdies dem – übrigens auch in intelligenten Kreisen als den ihrigen verbreiteten – Irrtum huldigen, daß ein Philosoph notwendig ein sogenannter »ernster Mensch« sein müsse. Man könnte aber gerade im Gegenteil sagen, daß der Philosoph erst dort anfängt, wo der Mensch damit aufhört, sich und das Leben seriös zu nehmen; und es gibt in der Tat fast keinen großen Denker, bei dem wir diese Behauptung nicht in dieser oder jener Form lesen könnten: Sie findet sich bei Heraklit und Plato, bei Kant und Schopenhauer, bei Pascal und Nietzsche, kurz überall.

Nestroy war ein echter Philosoph auch darin, daß er kein System besaß. Wo er irgendeine moralische Ungleichung bemerkte, da stellte er sie ans Licht und gab sie dem Spott preis. Deshalb hat er auch niemals ein politisches Programm gehabt und galt gleichermaßen den Konservativen als bedenklicher Umstürzler wie den Liberalen als finsterer Reaktionär. Von rechts und links angefeindet zu werden ist aber immer das Los aller echten Komödiantentemperamente, denen es gar nicht anders möglich ist, als alle Dinge von oben zu betrachten, von einem erhöhten Standpunkt olympischer Heiterkeit, vor dem rechts und links nur zwei Hälften und meistens zwei recht lächerliche Hälften desselben menschlichen Grundwesens sind. Nestroy war zweifellos das, was Nietzsche einen »freien Geist« genannt hat: seine außerordentliche Witterung für alles Komplizierte, Widerspruchsvolle, Vieldeutige, sich Kreuzende und Aufhebende in der menschlichen Natur, seine seltene Gabe, gerade die halben, gemischten, gebrochenen Seelenfarben auf seine Palette zu bringen, macht ihn zum unmittelbaren Erben und Fortsetzer Lawrence Sternes, Lichtenbergs und Kierkegaards und stellt seine Bühnenpsychologie neben die moderne Chromatik eines Wilde und Shaw. Und auch darin erinnert er an die beiden Iren, daß er ganz skrupellos gerade die ordinären Sorten der Bühnenliteratur: das Kolportagedrama, das Rührstück, das Familienmelodram, den Schwank und die Posse, bevorzugt, aber freilich im höchsten Maße veredelt hat, indem er ihnen seinen reifen, funkelnden, facettenreichen Geist okulierte. Er nahm eben nichts ernst, auch sein eigenes Handwerk nicht: obgleich er natürlich das Hohle und Leere aller Theatermache vollkommen durchschaute, arbeitete er doch ganz unbefangen mit den längst hergebrachten Requisiten und uralten Versatzstücken, denen die Lustspielschreiber seit Menander und Plautus Publikumsgelächter zu entlocken pflegen; auch hat er ebenso unerschrocken gestohlen wie Shakespeare, Molière oder Sheridan. Alles Technische ist bei ihm gewollt primitiv, aber dieses grobe Gerüst dient ihm ja nur dazu, um daran die gestuftesten, menschenkundigsten Bosheiten aufzuhängen. An Shaw erinnert er übrigens auch darin, daß er ein Auslöser der Romantik war, ein unerbittlicher Unterminierer allen Pathos und Zerreißer lebensverfälschender Illusionen. Sein »Lumpazivagabundus« ist die dramatische Vernichtung der romantischen *Form*, seine späteren Werke zerstören die romantischen *Inhalte*: eine lebensgefährlichere Parodie auf den Byronismus als der »Zerrissene« ist nie geschrieben worden; und dieser Kampf gegen die Mode der Sentimentalität war ungleich schlagender als der seines berühmten Zeitgenossen Heine, der den Romantiker, der in ihm selbst steckte, niemals ganz überwunden hat. Aber es ist eine seltsame Tragikomödie im Leben Nestroys, daß seine Generation den großen Zeitkritiker und Gesellschaftssatiriker, den sie so dringend nötig hatte, in ihm nicht erkannte und sich bloß an die «Spassetteln«, den Scherz und die Ironie, aber nicht an die tiefere Bedeutung hielt. »Soziale Lustspiele sind ein wahrer Schatz für die Bühne«, sagte Laube und beklagte, daß die deutsche Produktion auf diesem Gebiete so viel ärmer sei als die französische, ohne zu bemerken, daß dicht neben ihm ein Dichter lebte, der alljährlich mit der größten Mühelosigkeit soziale Lustspiele produzierte, die die zeitgenössischen französischen an Glanz, Kraft und Natürlichkeit ebenso weit hinter sich ließen wie ein echtes Gemälde einen Dreifarbendruck oder ein lavaspeiender Berg ein Brillantfeuerwerk.

Und über das alles hinaus hat Nestroy in seinen Lustspielen die ganze Lust seiner Zeit eingefangen, einer Zeit, die in ihrer eigenartigen Poesie so nie wiederkehren wird: und damit hat er die höchste Aufgabe des Komödienschreibers erfüllt. Und wenn Goethe gesagt hat, daß Voltaire Frankreich sei, so könnte man mit ebenso großer Berechtigung behaupten, daß Nestroy Wien sei, jenes ewige Wien, wie es war, ist und sein wird: eine ganze Landschaft mit dem von ihr genährten, entwickelten, zur Reife und zur Überreife gebrachten Menschenschlag ist in ihm klingend und leuchtend geworden. Seine Werke sind eine Art Memoirenliteratur, im Grunde die einzige, die es gibt. Ohne solche Glücksfälle wüßten wir nichts von vergangenen Zeiten, wir hätten bloß fremde Hieroglyphen, die uns verwirren und enttäuschen. Nestroys Komödien sind ein unvergängliches Stück seelische Kostümgeschichte. Er hat die Gestalt seiner Zeit aufbewahrt, mit allen ihren Stärken und Gebrechen, ihren Gesundheiten und Krankheiten, ihren ernsten und lächerlichen Falten, und da steht sie nun: konserviert in Spiritus, in gutem, reinem, starkem Spiritus.

Die nachfolgende Auswahl bringt nun freilich nur den Spiritus ohne die Gestalt, und in einem solchen Isolierungsverfahren liegt bei einem echten Theatertemperament, wie es Nestroy war, immer etwas Gewaltsames. Denn ein wirklicher Dramatiker wird niemals Aperçus bringen, um geistreich zu sein, sondern um die jeweilige Bühnensituation zu erhellen oder die Charaktere zu schattieren. Daher muß man sich zu allen den folgenden Aussprüchen immer Nestroys Figuren hinzudenken oder doch wenigstens ihn selbst, sein kaustisches, ja, wie die Zeitgenossen versichern, oft faunisches Antlitz, das alle menschlichen Lügen, Illusionen und Dummheiten mit einem resignierenden Lächeln abdiziert hat und doch nicht darauf verzichten kann, alle Fratzen des tausendfältigen täglichen Lebens zum eigenen und fremden Spaß nachzuschneiden. Aber andererseits wird vielleicht gerade durch dieses künstliche Ablösen eines Teiles des verschwenderisch reichen Witz- und Wortschmuckes, in den Nestroy seine Dichtungen gekleidet hat, etwas klarer werden, welche sprudelnde Fülle von Weisheit und intimer Seelenkunde diesem Geist eigen war; und vielleicht wird damit bei einigen eine richtige Wertung und Einstellung des Phänomens Nestroy angebahnt werden. Jahrzehntelang hat sich der von plumpen und stumpfen Literaturprofessoren irregeleitete Blick des Publikums nur an die rohen Formen gehalten, die Nestroy als täuschende Emballage benutzte, um eine ganz verbotene Ware, nämlich Philosophie, aufs Theater zu bringen, wie ja auch einem ungeübten Auge die Mimikry des amerikanischen Blattschmetterlings nicht sichtbar ist. Aber darin, in dieser Ununterscheidbarkeit beruht ja gerade der praktische Wert der Mimikry. Nestroys Mimikry an die Lokalposse war ein Mittel im Kampf ums Dasein, durch das er erreichte, das seine Stücke aufgeführt, beklatscht und belebt wurden. Es wäre aber an der Zeit, heute, wo es dem Theatergeschäft Nestroys nicht mehr schaden kann, endlich zu erkennen, daß man es mit einem springlebendigen Blattschmetterling zu tun hat und nicht mit einem toten Blatt.

Warum ich nicht Theaterdirektor geworden bin

Ich gehöre zu den nicht gar so zahlreichen Subjekten, die nahezu sämtliche Berufe, die es beim Theater gibt, bereits ausgeübt haben. Ich bin – um mit der, wie ich selbst zugeben muß, unwichtigsten Funktion des Theaters zu beginnen – Dramatiker, Verfasser einer richtiggehenden Tragödie, die vom Burgtheater angenommen ist: da hierüber ein sorgfältig ausgearbeiteter, genau stipulierter Vertrag mit Termin, Konventionalstrafe und allen möglichen Schikanen vorliegt, so wird sie allerdings wohl niemals zur Aufführung kommen. Ich war jahrelang Schauspieler, und zwar nicht bloß an einer Reihe von Wiener Bühnen, sondern auch an einem wirklichen Theater, nämlich bei Max Reinhardt, und wenn ich alle die Rollen, die ich schon gespielt habe, zusammenzählen wollte – wozu ich aber durch keine Macht der Welt zu bringen bin –, so würde sicher weit mehr als ein Schock herauskommen. Wie ich Regisseur war, das habe ich in den Kabaretts schon so oft erzählt, daß ich damit niemanden mehr behelligen will, ferner war ich Theaterkritiker und bin es sogar leider noch, ich war auf verschiedenen Sommertourneen Beleuchter und Vorhangzieher, ja ich war auch sogar schon Theaterpublikum, kurz, ich habe den Unfug gründlich und von allen Seiten mitgemacht: *im* Theater, *fürs* Theater, *übers* Theater, was man will. Nur an einem einzigen Unfug habe ich mich noch nicht beteiligt, dem gröbsten: Theaterdirektor war ich noch nie. Ich hätte es ja – es bleibt hoffentlich unter uns – schon ein paarmal werden können: man hat mich bei mehreren der letzten Direktionskrisen gefragt, wie denn ich mich zu der eventuellen Konstellation der möglicherweise ins Kalkül kommenden Frage einer Direktionsübernahme stellen würde: natürlich nur so ganz unter der Hand, denn direkt ins Gesicht wagt man ja einem unbescholtenen Menschen so etwas nicht zuzumuten. Ich muß gestehen: ich habe anfangs ein wenig geschwankt, aber dann habe ich einen Zettel genommen und darauf sauber aufgeschrieben, was für und was gegen eine solche Position spricht; bekanntlich pflegte ja auch Kollege Schopenhauer sich eine solche Liste anzulegen, wenn er mit einem wichtigen Entschluß kämpfte. Und da befand sich auf der linken, der Proseite, eigentlich nur ein einziges, allerdings sehr gewichtiges Argument: es werden eine Menge Menschen zerspringen. Dem stand aber auf der Kontraseite eine endlose Serie von Einwänden gegenüber. Nehmen wir an, ich wäre vor zwei oder fünf Jahren oder irgendwann Leiter einer Wiener Bühne gewesen – heute wäre ich es auf keinen Fall mehr, denn ich wäre sicher noch schneller hinausgeflogen als die übrigen Direktoren –, was wäre eingetreten? Nun, zunächst einmal hätte ich mich mit der ganzen Welt verfeindet. Erstens mit sämtlichen Kritikern, weil ich ihre Theaterstücke abgelehnt hätte – denn Kritiker schreiben fast immer schlechte Theaterstücke –; zweitens mit allen übrigen Dramatikern, denn auch diese hätte ich ja nur zu einem kleinen Bruchteil spielen können, und die wenigen, die ich gespielt hätte, hätten behauptet, ich hätte sie in Grund und Boden gespielt; drittens mit sämtlichen Schauspielern: mit den bei mir engagierten, weil ich sie ungenügend beschäftigt hätte – und *jeder* Schauspieler findet sich ungenügend beschäftigt, weil man ihn doch beim besten Willen nicht an allen Abenden gleichzeitig alle Rollen spielen lassen kann –, mit den bei mir nicht engagierten, weil ich sie nicht sofort mit einer Riesengage für mein Unternehmen gewonnen hätte; und schließlich mit dem gesamten Rest der Wiener Bevölkerung, weil es ja in dieser schönen Stadt überhaupt keinen Menschen gibt, der nicht entweder ein Stück in der Lade liegen hat oder sich für einen heimlichen Kainz oder Girardi hält. Außerdem aber hätte ich mich überhaupt unmöglich gemacht, denn ich hätte das Theater schlecht geleitet. Oder kann mir vielleicht irgend jemand sagen, wie ich es hätte anstellen sollen, es *gut* zu leiten? Ist irgendein Programm erfindlich, das Aussicht gehabt hätte, den Beifall der Presse, des Publikums, der Mitglieder zu finden? Hätte ich sogenannte Dichter gespielt, so hätte es geheißen, ich mache müßige literarische Experimente, ich sei ein Snob, aber kein praktischer Theatermann; hätte ich Kassenstücke, also Mist gespielt, so hätte ich mich damit natürlich auch nicht in der Achtung der Menschen befestigt; hätte ich einige prominente Schauspieler engagiert, so hätte man geschrien, bei mir herrsche eine unkünstlerische Starwirtschaft; hätte ich versucht, ein Ensemble zu schaffen, so hätte man mir vorgehalten, ich sei ein Unterdrücker der machtvollen künstlerischen Individualität. Hätte ich expressionistisch inszeniert, so hätte ich mich als Narr und Schwindler dekouvriert; hätte ich normal inszeniert, so wäre ich als reaktionärer Schwachkopf dagestanden; hätte ich das Bühnenbild zurücktreten lassen, so hätte man gesagt, mein Theater sei eine dürftige Schmiere; hätte ich viel auf Ausstattung verwendet, so hätte man es einen Zirkus genannt. Kurz, die von mir seit Jahren mit dem größten Aufwand an Umsicht und Geschicklichkeit verheimlichte Tatsache, daß ich vollkommen unfähig bin, wäre binnen wenigen Monaten unwiderruflich ans Tageslicht gekommen; mein ganzes mühsames Lebenswerk wäre mit einem Schlage vernichtet gewesen, ganz abgesehen davon, daß noch allerhand andere diffamierende Details aus meinem Privatleben von meinen zahllosen Feinden aus dem Dunkel gezerrt worden wären, zum Beispiel, daß mein älterer Bruder Operetten schreibt und dergleichen mehr. So aber: wie schön ist das Leben! Immer wird es einige edle, gütige Optimisten geben, die von Zeit zu Zeit sagen: »Warum dieser Friedell nie eine Theaterdirektion bekommt! Der hätte doch wahrhaftig das Zeug dazu, ein Art moderner Laube! Aber natürlich: da ruft man alle möglichen ahnungslosen Idioten herbei, und nur an den, der es wirklich könnte, denkt niemand! Das ist echt österreichisch.« Und das ist sogar ein Verhältnis, das sich von Jahr zu Jahr verbessert. Denn immer mehr Menschen blamieren sich als Theaterdirektoren, immer kleiner wird der Kreis derer, die es noch nicht waren, immer höher schwillt das Unrecht, daß man mich übergeht. Und diesen, wie jedermann zugeben wird, für mich durchaus angenehmen und schmeichelhaften Zustand wünsche ich bis zu meinem Tode zu erhalten.

Außerdem habe ich schon so viele Pleiten persönlich mitgemacht, daß ich einigen Grund habe, gegen die Aussichten, die ein Direktor hat, mißtrauisch zu sein. Ohne ruhmredig zu sein, kann ich behaupten, daß ich in diesem Punkt ein erstklassiger Fachmann bin. Bisher habe ich sechzehn Pleiten erlebt, teils als leidender, teils als verursachender Faktor. Ja, es wird sogar vom Bühnenvölkchen, das bekanntlich ein wenig abergläubisch ist, behauptet, daß ein Unternehmen mit dem ich in irgendeiner Beziehung stehe, allein schon infolge dieser magischen Berührung unter allen Umständen dem Untergang geweiht sei: man schreibt mir also eine Art malocchio zu. Ich selbst habe darüber kein Urteil; denn was wissen wir Menschen von den in uns schlummernden geheimnisvollen Fernkräften, aber jedenfalls hat die bisherige Empirie dieses Gerücht noch nicht widerlegt. Infolgedessen tragen die Unternehmer seit einiger Zeit Bedenken, mich zu engagieren: sie haben sich selbständig gemacht und machen jetzt schon ohne mich Pleite. Ein Etablissement hat sogar die Kühnheit gehabt, *vor* mir Pleite zu machen, es hatte mich nämlich für den zweiten Monat engagiert und ging schon im ersten Monat ein, und zwar mit Karl Forest, der überhaupt, ich muß es neidlos anerkennen, in diesem Punkt sehr tüchtig ist und vermutlich der einzige, der mich, wenn ich einmal die Augen schließen sollte, wird ersetzen können.

Die Gründe, warum ein Theater Pleite macht, sind Legion; warum aber ein Theater geht, das habe ich noch nicht herausbringen können. Einer der Hauptgründe für Pleite ist die bereits seit Jahrtausenden einwandfrei festgestellte meteorologische Tatsache, daß es im Sommer heiß ist. Daß dieses so einfache wissenschaftliche Faktum noch nicht bis zur Kenntnis der Theaterleiter gedrungen ist, beweist, neben vielen anderen Beweisen, wie ungebildet dieser Stand ist. So erschien zum Beispiel vor einigen Jahren bei mir ein bekannter Wiener Schriftsteller und erklärte, er wolle in den Monaten Juli und August ein »Bunte Bühne« aufmachen, für die er mich unbedingt engagieren müsse. Es werde ein Bombengeschäft werden, denn infolge der ungünstigen Reiseverhältnisse könne kein Mensch aufs Land gehen, alle würden daher in die Bunte Bühne gehen. Ich erwiderte ihm: die erstere Beobachtung ist richtig; aber Sie vergessen eines: Die Menschen könnten auf den Gedanken kommen, sich in den Zwischenräumen aufzuhalten, die sich zwischen Bunter Bühne und Landaufenthalt befinden. Aber er ließ sich nicht raten, und ich machte mit ihm meine vierzehnte Pleite. Einer wäre mir übrigens fast ausgekommen. Es war der Besitzer eines sehr gut gehenden Kabaretts, und er erklärte: »Ich engagiere Sie unbedenklich! Mein Geschäft ist unverwüstlich.« Tatsächlich ging das Unternehmen nach wie vor ausgezeichnet, und jeden Abend nach meinem Vortrag erschien dieser freche Mensch mit höhnischer Grimasse und sagte: »Bitte! Bereits auf drei Tage ausverkauft.« In der Mitte des Monats jedoch starb nach achtundsechzigjähriger Regierung Kaiser Franz Josef I., das Lokal mußte sperren und wurde meine elfte Pleite. Da wir gerade bei der Politik sind, so möchte ich auch nicht unerwähnt lassen, daß die glorreiche österreichische Revolution auf eine unmittelbare Intervention zurückzuführen ist. Im Herbst 1918 war nämlich Hermann Bahr vorübergehend der Leiter des Burgtheaters. Eines Tages bat er mich zu sich und eröffnete mir, daß er die Absicht habe, ein intimes kleines Nebentheater (offenbar in der Art des späteren Schloßtheaters) einzurichten: für dieses Theater wolle er mich engagieren. Ich sagte: »Ja, ja, sehr schön, sehr ehrend; aber als korrekter Mensch fühle ich mich verpflichtet, Sie aufmerksam zu machen: wo ich bin, ist Pleite.« Hermann Bahr erwiderte überlegen lächelnd: »Das ist mir natürlich bekannt; aber mit dem Hofburgtheater werden Sie nicht fertig werden.« Es waren jedoch kaum vierzehn Tage vergangen, da machten die Habsburger Pleite und mußten nach mehr als sechshundertjähriger Tätigkeit ihre Direktion niederlegen.

Was übrigens speziell die Burgtheaterdirektion anlangt, so darf ich eine wichtige medizinische Entdeckung nicht unerwähnt lassen, die ich vor einiger Zeit gemacht habe. Diese Direktion ist nämlich eine tödliche Erkrankung. Alle im letzten Menschenalter zur Beobachtung gelangten Fälle endeten letal, wenn nicht rechtzeitig etwas dagegen geschah. Förster und Berger starben sozusagen im Direktionssessel; Burckard und Schlenther, zwei Naturen von außerordentlicher Lebenskraft, der eine der Typus des zähen Ostelbiers, der andere der Prototyp des nicht umzubringenden Bajuwaren, starben nicht lange nach ihrem Abgang; einige retteten sich durch schleunige Flucht aus diesem mörderischen Klima; Herman Bahr, dessen Gesundheit ohnehin schwankend war, war weise wie immer und machte schon nach wenigen Wochen Schluß; von der Lebensrettung Albert Heines darf ich, ohne unbescheiden zu sein, behaupten, daß die Menschheit sie mir schuldet, da ich ihm in einer langen Heurigensitzung dieses eben damals von mir entdeckte biologische Phänomen genau auseinandersetzte: Hofrat Millenkovich verdankt sein Dasein nur einem rechtzeitig vorgenommenen operativen Eingriff der Intendanz: Hofrat Thimig zählt nicht: der ist als Eingeborener gegen den Burgtheaterbazillus immun wie der Neger gegen die Tsetsefliege; und was Wildgans anlangt, so kränkelt dieser bisher kerngesunde Mann bereits sichtlich, und ich kann ihm nur raten, die Sache nicht auf die Spitze zu treiben, wenn er den zweifelhaften Genuß, weiter Direktor zu sein, nicht mit seinem jungen, hoffnungsvollen Leben bezahlen will.

Arthur Schnitzler
Zu seinem sechzigsten Geburtstag

Die bleibende Bedeutung Schnitzlers scheint mir in dreierlei zu liegen.

Zunächst hat er als einer der ersten den impressionistischen Menschen auf die Bühne gestellt; dieser impressionistische Mensch hatte den ungeheuren Vorsprung, nicht mehr aus einer oder zwei Seelen zu bestehen, sondern aus einem ganzen Gesellschaftsstaat von Seelen, die sich in steter Verschiebung und Gegeneinanderbewegung befinden und dennoch stets ein gesetzmäßiges und symmetrisches Gebilde hervorbringen, ganz wie in einem Kaleidoskop. Um dies erkennen und gestalten zu können, muß man die Gabe besitzen, die Welt sozusagen mit Facettenaugen zu betrachten: als ein vielflächiges Gebilde, das zahllose Seiten und Ecken hat; und diese Gabe hat Schnitzler in hohem Maß bewährt.

Sodann aber hat er, was mit dem ersten eng zusammenhängt, den Mut und die Kraft besessen, in die geheimnisvolle Dunkelkammer des menschlichen Unterbewußtseins hinabzusteigen und dort jene bedeutsamen und widerspruchsvollen Verschränkungen, Rückbeziehungen und Polaritäten aufzuspüren, deren Entdeckung sich an den Namen Sigmund Freuds knüpft. Man kann sagen: er hat bereits zu einer Zeit, als diese Lehren noch im Werden begriffen oder nur auf einen kleinen Kreis von Fachgelehrten beschränkt waren, die Psychoanalyse dramatisiert.

Und schließlich – und das scheint mir das Wichtigste, obgleich es vielleicht manche für eine sekundäre und subalterne Funktion halten werden –: er hat in seinen Romanen und Theaterstücken das Wien des Fin de siècle eingefangen und für spätere Geschlechter konserviert; eine ganze Stadt mit ihrer einmaligen Kultur, mit dem von ihr genährten und entwickelten Menschenschlag, wie er sich in einem bestimmten Zeitpunkt der Reife und Überreife auslebte, ist durch ihn klingend und leuchtend geworden. Er hat damit für seine Zeit etwas Ähnliches geleistet wie Nestroy und Schwind für das Wien das Vormärz. Seine Werke sind ein unverlierbares Stück seelische Kostümgeschichte. Er hat eine Art Topographie der Wiener Seelenverfassung um 1900 geschaffen, an der man sich später einmal zuverlässiger, reicher und genauer orientieren wird als an den dickleibigsten Kulturhistorien.

Wie ich interner Kritiker war

Von allen Theaterberufen ist der des Kritikers vielleicht der schrecklichste. Vor einiger Zeit schrieb mir der Chefredakteur der Berliner »B. Z. am Mittag«: »Denken Sie eigentlich noch hie und da daran, daß wir Sie als Wiener Theaterkorrespondent engagiert haben?« Ich antwortete ihm: »Selbstverständlich denke ich daran, sogar täglich und stündlich, und weil mir vor diesem Gedanken ununterbrochen so furchtbar graust, eben darum schicke ich Ihnen ja keine Berichte.« Vor ungefähr drei Jahren genoß ich sogar das Glück, als sogenannter interner Kritiker dem Redaktionsstab einer neugegründeten Wiener Tageszeitung anzugehören. Ich wollte zunächst ablehnen, weil ich nämlich in Erfahrung gebracht hatte, daß ein Burgschauspieler, mit dem ich seit Jahren befreundet bin, in der nächsten Saison eine große Shakespeare-Rolle kreieren werde, und dann sagte ich mir überhaupt: es ist dir bis jetzt unter ungeheuren Opfern an Intelligenz und Charakter gelungen, dich so ziemlich mit allen Leuten gut zu stellen, kaum bist du aber Kritiker, so ändert sich das sofort; denn schimpfst du auf einen Dichter oder sonstigen Zeitgenossen, so hast du ihn zum Feind: lobst du ihn aber, so hast du alle seine Kollegen zu Feinden. Der liebenswürdige Herausgeber beruhigte mich aber, indem er sagte: »Mit *Ihrer* Feder dürfen Sie sich erlauben, was Sie wollen, denn Sie nimmt ja kein Mensch ernst. Im übrigen erwarte ich von Ihnen, daß Sie die Wiener Tageskritik auf ein ganz neues Niveau heben werden.« Nun, darin sollte er sich nicht getäuscht haben: das Niveau meiner Referate war wirklich neu. Nachdenklich angelegt, wie ich nun einmal bin, hatte ich bereits lange Jahre über die Stellung des Theaterkritikers im Weltall gegrübelt und war zu dem Resultat gekommen, daß die geistige und sittliche Reformierung dieses Berufes nur von dem Prinzip strengster Aufrichtigkeit und rücksichtslosester Wahrheitsliebe ihren Ausgang nehmen könne. Ohne nach rechts und links zu blicken und mich jemals durch irgendwelche Kameraderien und Protektionssachen beirren zu lassen, fußte ich in meinem Urteil immer nur auf der klaren Realität der Tatsachen. Ich schrieb zum Beispiel: »Dieses Stück ist ein wahres Kleinod, denn ich war beim Verfasser schon viermal zum Essen eingeladen« oder »Diese Schauspielerin ist ein Phänomen, denn sie ist die Cousine eines Redaktionskollegen«. Aber mit diesem Wahrheitsfanatismus erntete ich ebensowenig Dank wie Brand und Gregers Werle. So nahm es mir zum Beispiel ein Wiener Dichter furchtbar übel, daß ich bei einem derartigen Anlaß geschrieben hatte: »Seine Dichtung ist ein Gipfelpunkt europäischer Theaterkunst: aber ich muß trotzdem sagen: noch lieber wäre es mir gewesen, wenn ich bei *Maeterlinck* Grammelpogatschen bekommen hätte.« Er stellte mich empört zur Rede und sagte: »Ich möchte wirklich wissen, was Sie zu diesem rüden Ausfall veranlaßt hat. Von dem Niveau Ihrer Kritik will ich gar nicht reden: aber Verleumdungen verbitte ich mir. Ich führe eine erstklassige Küche: wann haben Sie je bei mir Grammelpogatschen bekommen?« Ich erwiderte: »Nun, das war so eine kleine poetische Lizenz. Übrigens habe ich mich da vielleicht wirklich ein wenig vergaloppiert, aber ich werde Sie rehabilitieren. Sie wissen ja, daß die ›B. Z. am Mittag‹ meine Kritiken nachdruckt: ich werde sofort telegraphieren, daß dort ›Mohnnudeln‹ genannt werden.« Es passierten mir aber auch sonst allerhand Entgleisungen. Da lebt zum Beispiel in Wien ein Mensch namens Lunzer, der jahrelang Schauspieler war. Jetzt hat er sich geläutert und spielt nicht mehr Theater, sondern schreibt mit meinem älteren Bruder Operetten. Der gab einmal in einem Detektivstück eine Episode, die nur im ersten Akt auftritt, einen Arzt. Ich schrieb infolgedessen: »Gestern abend habe ich gesehen, wie vorsichtig man mit Superlativen sein soll. Ich habe immer geglaubt, Herr Lunzer sei der schlechteste Schauspieler der Welt: aber der Mensch, der im vierten Akt den schurkischen Kammerdiener gibt, ist noch unvergleichlich schlechter.« Am nächsten Tag sagte der Herausgeber zu mir: »Da haben Sie das Blatt wieder einmal schön blamiert, der im vierten Akt war doch auch der Lunzer!« ...

Wenn mir nun beim Theater etwas nicht paßte, so pflegte ich zu dem altbewährten Mittel des reinigenden, befreienden, alles lösenden großen Krachs zu greifen. Dessen Durchführung stößt jedoch in einer Redaktion auf Schwierigkeiten. Auf der Bühne zum Beispiel genügt die einfache Bemerkung: »Bitte, dann kann ich ja gehen«, um einen beispiellosen Skandal auszulösen. Ein einigermaßen routinierter Regisseur oder Direktor wird darauf prompt antworten: »Aber bitte, es hält Sie niemand.« Hierdurch gerät nämlich der Wortwechsel sogleich in den richtigen Fluß, von seiten des Schauspielers fällt das Wort »Schmiere«, von seiten des Leiters das Wort »Schmierant«, und das übrige macht sich dann von selbst. In einer Redaktion jedoch wird jede scharfe Bemerkung sogleich durch eine urbane Erwiderung abgeschliffen, von allen Seiten eilen Beschwichtiger herbei, kurz, die primitivsten Gesetze des gesellschaftlichen Verkehrs werden außer acht gelassen. Denn das Mindeste, was man verlangen kann, wenn man ausfällig wird, ist doch dies, daß auch der andere ausfällig wird. Hier aber keineswegs! Man stößt in luftgefüllte Säcke. Auf die Bemerkung zum Beispiel, die Herrschaften mögen sich solchen Mist wie Glossen vom Redaktionsdiener schreiben lassen, erhält man die Antwort: »Wir werden sofort Ihre Anregung mit Dank weiterleiten, fürchten aber, daß es an den Honorarbedingungen scheitern wird.«

Von da an ging meine Kritikerlaufbahn steil abwärts. Zunächst kam die Sache mit Karl Forest. Es war nämlich gerade wieder eine Teuerungsbewegung unter den Kohlenhändlern ausgebrochen, und ich klagte Forest, daß man sich ja unter diesen Verhältnissen gar nicht mehr richtig werde erwärmen können. Darauf sagte Forest: »Ja, wenn du aber auch so dumm bist, mit Kohle zu heizen! Ein vernünftiger Mensch heizt doch heutzutage nur noch mit Alkohol. Das ist nicht nur viel schmackhafter, sondern auch viel billiger.« Ich erwiderte: »Das erstere leuchtet mir vollkommen ein, aber beim letzteren käme es auf eine Probe an.« – »Die können wir ja gleich machen«, sagte Forest, »gehen wir zu Stiebitz, prüfen wir den dortigen Slivowitz, und wenn ich finde, daß ich genug von den darin enthaltenen Kalorienmengen abbekommen habe, so werde ich es dir sagen, und du wirst mir recht geben müssen.« Die Sache verlief aber nicht vollständig programmgemäß: er bekam zwar genug, konnte es aber nicht mehr sagen. Auf dem Heimweg wären wir noch beinahe wegen Wachebeleidigung arretiert worden: ein Schutzorgan sagte nämlich zu uns: »Legitimieren Sie sich!«, und wir erwiderten ihm etwas Ähnliches. Am nächsten Tag sagte der Nachtredakteur zu mir: »Sagen Sie, warum fehlten in Ihrem gestrigen Nachtreferat in allen Sätzen die Prädikate? Verfolgten Sie damit eine bestimmte stilistische Absicht?« – »Ja», sagte ich, »es war ein Versuch, die Dinge etwas gedrängter und chiffrierter beim Namen zu nennen, expressionistisch sozusagen: aber ich bin von dieser Schreibweise inzwischen wieder abgekommen.«

Kurz: an jedem meiner Beiträge hatte man irgend etwas auszusetzen. Eines Tages aber bekam ich sogar einen rekommandierten Brief, in welchem stand: »Verehrter Herr Doktor! Sie sandten uns gestern einen sehr interessanten Aufsatz über ›Macbeth‹, den wir aber bereits im ›Prager Tageblatt‹, in den ›Frankfurter Nachrichten‹ und in der ›Düsseldorfer Lokalzeitung‹ gelesen haben. Wir machen Sie höflichst darauf aufmerksam, daß man mit einem Gesäß nicht auf mehreren Hochzeiten tanzen kann.« Es blieb mir nichts anderes übrig, als eine Postkarte zu nehmen und darauf zu antworten: »Sehr geehrte Redaktion! Sie unterschätzen mein Gesäß.«

Schließlich fanden alle diese Konflikte eine Lösung darin, daß das Blatt Pleite machte. Übrigens eine meiner schönsten Pleiteleistungen: eine Tageszeitung, die in vier Monaten eingeht: das ist vielleicht ein in der Geschichte des Gazettenwesens einzig dastehender Fall.

Im übrigen gibt es nichts Leichteres, als ein erster Kritiker zu werden. Es ist in ein paar Stunden zu erlernen: man muß nur das Rezept wissen. Davon soll das nächste Kapitel meiner Lebenserinnerungen handeln.

Hermann Bahr: »Die gelbe Nachtigall«

Der »Rahl«, dem ersten Werk seiner großen Romanserie, hat Hermann Bahr eine Art Selbstanzeige beigelegt, in der er bekennt, es habe ihn seit Jahren gereizt, sich ein Verzeichnis der sämtlichen menschlichen Typen anzulegen, und so wolle er denn »einen Atlas der Menschheit aufzeichnen« und zum Schluß den Versuch machen, »jeden der in der heutigen bürgerlichen Welt möglichen Typen auf seinen höchsten Ausdruck zu bringen und in einem vollkommenen Exemplar so darzustellen, daß darin der Typus ganz zum Individuum, das Individuum ganz zum Typus geworden scheint«. Was den kleinen, aber vielfältigen Kosmos des Theaters anlangt, jenen glänzenden und gefräßigen, bunten und boshaften Polypenstock, dessen geheimnisvoll nichtiges Treiben die Menschen immer von neuem reizt, so hat Bahr das Ziel, das er sich damals gesetzt hat, längst erreicht, und am hinreißendsten in der »Gelben Nachtigall«: Die Aufgabe aller Kunst, gerade im Einmaligen, Besonderen, Unwiederholbaren die bleibende platonische Idee ahnen zu lassen, ist hier aufs Schönste gelöst. Die Aufführung dieses Stückes war daher die liebevollste und verständigste Ehrung, die das Deutsche Volkstheater diesem freien und reichen Geist zu seinem sechzigsten Geburtstag erweisen konnte.

Weniger liebenswürdig war es hingegen von der Direktion, wieder einmal keine Generalprobe zu veranstalten. Ich begebe mich daher, was die Darstellung und Inszenierung anlangt (aus den letzthin hier erörterten Gründen), in den Generalstreik. Ich bin mir sehr wohl bewußt, um welche kostbaren Belehrungen ich dadurch die Leser der »Stunde« bringe, und man möge mir die Versicherung glauben, daß mir dieser Entschluß nicht leicht geworden ist, um so mehr, als ja auch ich auf ein erlesenes Vergnügen verzichten muß, denn was könnte reizvoller und anregender sein, als die Leistungen der einzelnen Schauspieler mit treffenden Adjektiven zu belegen? Aber wo es sich um Prinzipien handelt, hat der flüchtige Sinnengenuß zurückzutreten. Wer sich anmaßt, über andere zu richten, muß auch gegen sich selbst streng sein können. Sittliche Höhe ist das erste Erfordernis für den Kritiker, wie Alexander Moissi so richtig hervorgehoben hat. All ihr Geist und alle ihre Schönheit können den Rezensenten nichts nützen, wenn sie keine großen Charaktere sind. Was wir brauchen sind Menschen von Grundsätzen, starke, bis zum Starrsinn unbeugsame Naturen. Ein Schuß Kohlhaas muß in die Kritik kommen.

Johann Nestroy: »Einen Jux will er sich machen«

Bei der letzten Aufführung dieses Werkes, die ich mitgemacht habe, befand ich mich oben. Das ist fast auf den Tag neun Jahre her, wir befanden uns noch im Besitz des Sandschaks und Lodomeriens und waren daher etwas übermütig, und so konnte es denn geschehen, daß im Strauß-Theater eine Vorstellung des »Jux« veranstaltet wurde, in der Ida Roland, Eisenbach, Eckert, ich und noch einige interessante Persönlichkeiten mitwirkten. Überflüssig, zu erwähnen, daß das Ganze einer Anregung des Herrn Siegfried Geyer zu verdanken war, denn die meisten Dinge, die sich ereignen, sind einer Anregung des Herrn Siegfried Geyer zu verdanken. Ich bin sehr im Zweifel, ob nicht schon die Erschaffung der Welt auf eine Anregung des Herrn Siegfried Geyer zurückzuführen ist, jedenfalls muß er dabei irgendwie seine Hand im Spiele gehabt haben. Ich vermute dies deshalb, weil auch im Kosmos bekanntlich Verschiedenes ganz und gar nicht klappt, wenn auch nicht eine so haarsträubende Unordnung herrscht, wie es bei unseren Nestroy-Abenden der Fall war; auch hoffe ich im Interesse der Menschheit, daß sich bei der Schlußbilanz die Schöpfung als ein wesentlich besseres Geschäft herausstellen wird.

Um über den äußeren Erfolg der Sache wahrheitsgemäß berichten zu können, dazu mangelt mir vermutlich die Objektivität. Ich weiß nur, daß bei der siebenten Vorstellung ein Zuschauer irrsinnig wurde, indem er mitten in einem entzückend interpretierten Quodlibet aufsprang, mit dem Stock wütend gegen die Bühne drohte und unter dem Ruf: »Es ist eine Frechheit, Nestroy so zu verhunzen!« das Haus verließ. Eigentlich hätte ich mich über diese Auffassung ärgern sollen, aber als ich sah, wie sehr die Roland darüber zersprang, wurde mir dieser an sich vielleicht unliebsame

Zwischenfall zur reinen Genugtuung. Der Weise muß verstehen, auch aus widrigen Erlebnissen das Schöne zu schöpfen, das in ihnen verborgen liegt. Noch um vieles herber war jedoch die Kritik, die Meister Oskar Sachs (bekanntlich der eine von den beiden Künstlern, die heute noch Nestroy spielen können) an uns übte. Er schickte an Thaller, den anderen von den beiden, eine Postkarte, auf die er die Besetzung geklebt hatte, und schrieb darüber: »Vatter Nestroy, scheiß oba!«

Zu unserer Entschuldigung muß ich jedoch erwähnen, daß keinerlei Proben stattgefunden hatten, sondern nur einige angsterfüllte Beratungen. Und doch wären sie sehr nötig gewesen, denn ich hatte tatsächlich zu singen. Der Kapellmeister, mein erbittertster Feind im Ensemble, erklärte, ich sei ein Phänomen und es sei ebenso leicht, einer Sau das Schreiben wie mir das Singen beizubringen. Ich erwiderte ihm jedoch höflich, daß bei dem heutigen Stande der Tierpsychologie eine schreibende Sau durchaus keine Unmöglichkeit bilde und dazu nur Geduld, Geschicklichkeit und Liebe von seiten des Sauhirten erforderlich sei. Dies ärgerte ihn offenbar, denn von nun an rief er mir immer aus dem Orchester allerlei Spitznamen, zu, wie »Es«, »Des« und »Fis«, und einmal nannte er mich sogar entrüstet »Fisis!«, aber ich würdigte seine Sottisen keiner Erwiderung. Er fuhr jedoch fort, mich in seiner Gaunersprache zu apostrophieren und fortwährend zu verlangen, ich soll mich nach ihm richten, wo doch schon der Kapellmeister jedes kleinsten Hippodroms wissen muß, daß er den Auftretenden zu folgen hat und nicht umgekehrt.

Hievon abgesehen, ist es sehr erfreulich, daß das Burgtheater endlich einmal einen wirklichen österreichischen Klassiker spielt. Freilich etwas spät, wenn man bedenkt, daß schon Laube diese Möglichkeit gehabt hätte. »Soziale Lustspiele sind ein wahrer Schatz für die Bühne«, schrieb er, beklagend, daß die deutsche Produktion auf diesem Gebiete so viel ärmer sei als die französische, ohne zu bemerken, daß dicht neben ihm ein Dichter lebte, der alljährlich mit der größten Mühelosigkeit soziale Lustspiele produzierte, die die zeitgenössischen französischen an Kraft, Glanz und Natürlichkeit ebenso weit hinter sich ließen wie ein echtes Gemälde einen Dreifarbendruck oder ein lavaspeiender Berg ein Brillantfeuerwerk.

Nachdem ich aber seinerzeit als Nestroy-Darsteller so wenig gewürdigt wurde, müßte ich ein Sokrates, Buddha oder Lao-tse sein, um der Burgtheateraufführung gegenüber die nötige Sachlichkeit zu bewahren, und so überlasse ich denn die Beurteilung meinem trefflichen Kollegen, dem wegen seiner kristallenen Luzidität und seines hohen sittlichen Ernstes mit Recht allgemein verehrten Anton Kuh.

Zur Psychopathologie des Schaupielers

Die Aufgabe, jene sonderbare Form des Irrsinns, die man Theaterspielen nennt, von oben her zu psychologisieren und eine Art experimentelle Pathologie der Schauspielkunst zu liefern, stößt auf große Schwierigkeiten, und ich muß schon jetzt um Entschuldigung bitten, wenn ich bei ihrer auch noch so skizzenhaften Durchführung sehr enttäuschen sollte. Man kann natürlich die schönsten theoretischen Erörterungen anstellen, und sie sind ja auch schon oft angestellt worden: aber sie sind alle miteinander völlig wertlos, weil sie eben recht theoretisch sind. Stammen sie von Nichtschauspielern, also zum Beispiel Literaten, Dichtern, Gelehrten und so weiter, so sind sie gänzlich unmaßgebend, denn kein Mensch, und wenn er das größte Genie der psychologischen Einfühlung wäre, ist imstande, sich in jene merkwürdige Psychose des Theaterspielens zu versetzen, ohne sie persönlich erlebt zu haben. Was aber die Schauspieler selbst anlangt, so sind sie, falls man sie vor die Aufgabe stellt, von den seelischen Grundlagen ihrer Tätigkeit Rechenschaft zu geben, entweder vollkommen außerstande, das Geringste darüber auszusagen, oder aber sie bringen, bewußt oder unbewußt, faustdicke, parfümierte Lügen vor, das heißt, sie spielen eben weiter Theater. Der Grund, warum man über das Theaterspielen nicht philosophieren kann, ist ganz klar. Über eine Sache philosophieren heißt: diese Sache zugleich erleben und betrachten, zugleich draußen und drinnen stehen: steht man bloß draußen, so fehlt die empirische Grundlage, ohne die alle Philosophie leeres Geschwätz ist: steht man bloß drinnen, so fehlt die geistige Vogelschau, ohne die alle Philosophie blindes Herumtappen ist. Beim Theaterspielen kann man aber nur drinnen stehen oder vielmehr: wenn man imstande ist, sich während dieser Tätigkeit zugleich über sie

Rechenschaft zu geben, so ist man kein Schauspieler, sondern ein Dilettant. Ich bitte, mich nicht mißzuverstehen. Selbstverständlich kann (und muß sogar) der Schauspieler ein sogenannter denkender Künstler sein: er muß genau wissen, was er tut: aber nur in den Einzelheiten. Über die allgemein menschlichen und seelischen Grundlagen seines Berufes darf er aber nicht nachdenken, sonst geht es ihm wie dem Nachtwandler, der, sowie er zum Bewußtsein seines Zustandes gebracht wird, sofort vom Dach stürzt und sich das Genick bricht. Auch diese Feststellung könnte übrigens noch mißverstanden werden. Ich meine nämlich: ein Schauspieler kann sehr gut außerhalb der Bühne ein geistig überlegener und sogar ethisch orientierter Mensch sein; aber wenn er auf der Probe oder gar vor dem Publikum steht, muß er alles sofort vergessen: und er vergißt es auch ausnahmslos.

Mein Freund und Kollaborator Alfred Polgar hat einmal in jener milden und wohlmeinenden Art, die er besonders gern gegen ihm Nahestehende zur Schau zu tragen pflegt, zu meinem Lobe hervorgehoben, ich sei ein schauspielerischer Dilettant; ein Dilettant unterscheide sich nämlich von den Berufsschauspielern sehr vorteilhaft dadurch, daß er sich seiner Unfähigkeit schäme, während diese sich etwas darauf einbilden. Ich glaube aber: da hat der gute Alfred, der überhaupt an dem Fehler leidet, seine Mitmenschen zu überschätzen, mir zu viel Ehre erwiesen: ich bin nämlich gar kein Dilettant, sondern in dem Augenblick, wo ich mit der Bühne zu tun kriege, bin ich ein ebenso großer, ja vielleicht ein noch größerer Idiot als alle anderen und mit sämtlichen sittlichen Defekten behaftet, die der Bazillus der Bühnenatmosphäre unvermeidlich erzeugt. »Erkenntnis« vermag dagegen gar nichts. Wenn ein Arzt zukkerkrank ist, so hat er vor der gedankenlosen Menge der medizinisch ungebildeten Zuckerkranken das voraus, daß er eine Blutanalyse von sich machen und den Zuckergehalt genau konstatieren kann, aber dieser Zuckergehalt wird nicht um ein einziges Prozent geringer dadurch, daß der Kranke Medizin studiert hat. Ja es ist sogar zu beobachten, daß die Ärzte meistens hypochondrischer sind und sich kränker zu fühlen pflegen als die von der Theorie unberührten Laien. Und so glaube ich denn auch, daß ich in meiner Eigenschaft als Schauspieler jene Form von moral insanity sogar noch um eine Nuance ausdrucksvoller verkörpert habe als die anderen. Wenn ich daher ein Art psychologischer Autovivisektion versuche, so tue ich das ganz außerberuflich, und es darf nicht die ungerechte Annahme erwecken, ich sei als Schauspieler gescheiter oder sittlich höherstehend als irgendein anderer Kollege.

Beim Schauspielerberuf tritt uns gleich auf den ersten Blick eine ungeheuerliche Paradoxie entgegen: er ist der wertloseste und zugleich der am heißesten umworbene von allen Theaterberufen. Die Theaterleidenschaft aller Klassen, aller Lebensalter, aller Stände hat die Unüberwindlichkeit und wilde Energie einer Naturkraft. In jeder neuen Generation schlägt sie immer wieder ihre Wurzeln. Besonders in Wien und Österreich ist der Theaterirrsinn ja geradezu eine Volksepidemie. Wenn man hierzulande mit einer jungen Dame spricht, einerlei, ob sie Millionärstochter, Probiermamsell oder Doktorin der Philosophie ist: immer wird zum Schluß herauskommen, daß sie »eigentlich« zum Theater will. Denn sie hat eine so gute Aussprache. Aber auch im späteren Alter streben die Menschen immer noch nach dem Theater. Alle: die Aristokraten, die Beamten, die Gelehrten, die Politiker, die Industriellen wollen irgendeine Beziehung zum Theater. Sie suchen leidenschaftlich die Bekanntschaft mit irgendeinem Schauspieler oder einer Sängerin, sie arrangieren unter großen Geldopfern Wohltätigkeitsvorstellungen, weil sie das in Berührung mit den Bühnenleuten bringt, sie werden Theateraktionäre und verzichten gern auf ihre Dividende, wenn sie dafür unbeanstandet hinter die Kulissen gehen dürfen. Das Höchste aber für den Wiener sind Freikarten. Fühlt er sich nämlich im Besitz eines Billetts, auf dem das märchenhafte Wort »frei« aufgedruckt ist, so hat er die Idee, daß er gewissermaßen »dazugehört«. Nichts ist ihm verhaßter, als der fremde zahlende Besucher zu sein, mit dem die Kunst ihr kaltes Geschäft macht. Ich glaube, die Wiener Theater, die ja jetzt fast alle mit Riesenschritten der Pleite entgegengehen, könnten sich ganz leicht sanieren: wenn sie sich entschließen wollten, von jetzt an um das Doppelte des Preises Freikarten zu verkaufen.

Es ist doch wohl nicht genügend, wenn man das Ganze einfach abtut, daß man es für ein Produkt des österreichischen Schwachsinns erklärt. Denn erstens hat man dazu wahrhaftig nicht nötig, sich auf das abliegende und relativ irrelevante Theatergebiet zu begeben, und zweitens muß man sich doch sagen: hinter einer Leidenschaft, die sich so elementar geltend macht, muß irgendeine psychische Tatsache stehen, irgendein Instinkt, ein organischer Wille und Trieb.

Zuerst springt ja freilich nur das Absurde der Sache in die Augen. Denn was ist denn am Schauspieler so Außergewöhnliches und Faszinierendes, das ihn an Suggestionskraft alle anderen Künstler übertreffen ließe? Ja ist denn an der Schauspielkunst, auch nur als bloßer Beruf genommen, irgend etwas besonders Beachtenswertes und Verehrungswürdiges? Ein Beruf kann in dreierlei Rücksicht Anerkennung beanspruchen: physisch, intellektuell und ethisch. Am Arbeiter, am Kaufmann, am Ingenieur imponieren vorwiegend gewisse physiologische Qualitäten: Fleiß, Zähigkeit, technische Geschicklichkeit; an Berufen wie dem des Lehrers, des Richters, des Geistlichen überrascht uns die Selbstzucht, die Selbstentäußerung, die Fähigkeit, für andere zu leben; beim Gelehrten und Künstler bewundert man die Universalität, die Bildung, die Geistigkeit des Berufs. Aber der Schauspieler zählt als Arbeitskraft überhaupt nicht – denn das bißchen Rollenlernen und Herumschreien auf den Proben ist doch keine Arbeitsleistung –, und von Selbstverleugnung ist bei ihm ebensowenig die Rede wie von Geistigkeit und Bildung: ich spreche natürlich nur vom breiten Querschnitt, der allein für eine generelle Beurteilung maßgebend ist. Und in sonderbarstem Widerspruch zu dieser beruflichen Minderwertigkeit ist der Schauspieler so ziemlich die einseitigste und beschränkteste Varietät von Berufsmensch, die es gibt. Jeder andere ist einmal am Tage schließlich doch kein Fachsimpel mehr: wenn ein Advokat vier Stunden von seinen Prozessen gesprochen hat, spricht er schließlich dann doch von Teesorten oder von der Jagd und von einer anderen Sache, die ihn interessiert. Aber der richtige Normalschauspieler wird nie von etwas anderem reden als vom Theater, weil er von etwas anderem nicht das geringste versteht (und vom Theater, unter uns gesagt, übrigens auch nicht). Und trotz alledem wird keine künstlerische oder soziale Tätigkeit so gefeiert wie die des Schauspielers. Es ist ja wahr: dem Mimen flicht die Nachwelt keine Kränze; aber dafür flicht die Mitwelt niemandem so viele wie ihm. Ich glaube, wenn man die Lorbeeren zusammenzählen wollte, die Ibsen im Laufe seines Lebens überreicht wurden, und diejenigen, die Hansi Niese bis jetzt bekommen hat, so würde sich ein bedeutender Überschuß zugunsten der letzteren ergeben.

Das Publikum

Was ist denn das überhaupt, das Publikum? Hierüber hat Chamfort einmal eine ebenso konzise wie unzweideutige Auskunft gegeben. Als er eines Tages ein Buch lobte und man ihm die gegenteilige Meinung des Publikums entgegenhielt, rief er entrüstet aus: »Das Publikum! Das Publikum! Wieviel Dummköpfe müssen denn zusammenkommen, damit ein Publikum entsteht?« Ich kann mich nun dieser Ansicht nicht vollkommen anschließen. Ich bitte meine geneigten Leser, das nicht als eine captatio benevolentiae aufzufassen; aber ich halte Sie nämlich für gar nicht dumm, ich halte Sie sogar für sehr gescheit. Natürlich nicht als einzelne, sondern als Ganzes. Wenn nämlich eine bestimmte Anzahl von Menschen, und je mehr, desto besser, sich vereinigen, um sich von irgendeinem Erlebnis gemeinsam ergreifen zu lassen, so hören sie plötzlich auf, Privatmenschen, also Idioten zu sein (die griechische Übersetzung für Privatmann heißt bekanntlich Idiotes), und aus ihnen tritt siegreich der Wille der Gattung hervor, jene fortschrittlichste, instinktsichere und unendlich weise Kraft, die unseren Planeten regiert. Fragt man einen sogenannten Fachmenschen, so wird man allerdings in den meisten Fällen die gegenteilige Ansicht zu hören bekommen. Durch die Jahrhunderte klingt die Klage der Verleger, Zeitungsherausgeber, Konzertagenten, Theaterdirektoren: man dürfe dem Publikum nun einmal nichts Neues, nichts Tiefes, nichts Ernstes vorsetzen, sein Geschmack sei immer nur auf platte Unterhaltung, auf Kitsch und Konvention gerichtet. Das ist aber ganz einfach eine Umkehrung des wahren Sachverhalts. Die rückständigen, ordinären und oberflächlichen Elemente sind die Fachleute. Vor allem sind sie entsetzlich feig. Und außerdem blitzdumm: sonst hätten sie schon längst herausbekommen, daß jenes Gespenst »Publikum«, auf das sie mit permanentem Schrekken blicken, eben ein Gespenst ist, nämlich gar nicht existiert. Es verhält sich damit wie mit jener Kafferngottheit, die in einer großen unzulänglichen Felsenhöhle lebte und von den Kaffern regelmäßig eine große Menge Nahrung und Kostbarkeiten zum Opfer erhielt. Eines Tages jedoch erschien ein frecher, aber ziemlich gescheiter Missionar und erbrach zum Entsetzen aller Kaffern die Höhle. Und es zeigte sich, daß die Höhle leer war. Das Publikum, als eine greifbar umrissene seelische Erscheinung mit deutlich durchgearbeitetem Weltbild, klarer ethischer Dominante, scharf bestimmbarem Gesichtskreis ist gar nicht der Wirklichkeit entnommen, sondern existiert nur in den Gehirnen verängstigter Zeitungsschreiber und Theaterleute. Das Publikum ist nichts anderes als ein großes Aufnahmebecken, in das man alles hineingießen kann, ein Riesenmaul, das alles in sich hineinfrißt und zermalmt, was man ihm vorsetzt. Daß es aber lieber Gutes frißt als Schlechtes, scheint mir völlig außer Frage. Das zeigt sich sofort ganz unzweideutig, wenn wir den Blick vom Tag und von der Stunde nur um einige Jahrzehnte zurückschweifen lassen. Woher kommt es zum Beispiel, daß von dem Modedichter Vulpius, dessen »Rinaldo Rinaldini« seinerzeit verschlungen wurde, heute nur noch ein paar Seminaristen etwas wissen, während sein Schwager Goethe, der Verfasser des damals ebenfalls gierig gelesenen Saisonschlagers »Werther«, heute noch allgemeine Anerkennung genießt? Als die naturalistische Bewegung in Deutschland einsetzte, da sprach man von Sudermann und Hauptmann wie von zwei Dioskuren, ja viele stellten sogar Sudermann höher, und die »Ehre« ist in der Tat nicht nur öfter gespielt worden als »Hannele«, sondern hat auch zunächst intensiver gewirkt. Oder, um die Gegenwart ins Auge zu fassen: glaubt man wirklich, daß in fünfzig Jahren jemand von Schönherr oder Hans Müller auch nur den Namen wissen wird, ja, daß die Millionen von Menschen, die heute vor deren Stücken sitzen, nicht schon in diesem Augenblick, mitten im Applaus das ganz deutliche Gefühl haben, daß es sich um Tageswerke handelt? Und umgekehrt: gibt es auch nur eine einzige Zelebrität, die mehr als hundert Jahre alt ist und es nicht verdiente, eine Zelebrität zu sein? Sind Homer und Dante denn nicht wirklich die größten Epiker, Plato und Kant die größten Philosophen? Und wenn man alle Theatervorstellungen der letzten hundert Jahre durchgehen wollte, so würde als meistgespielter Dramatiker ganz bestimmt Shakespeare herauskommen. Wer hat also diesen Männern den ihnen gebührenden Platz mit so untrüglich sicherem Urteil angewiesen? Vielleicht die Literaturprofessoren? Die nehmen ein Genie doch erst ernst, wenn schon der letzte Postbeamte es verdaut hat. Nein, niemand anderer als das Publikum trifft diese kunstsinnigen und verständnisvollen Entscheidungen: man muß ihm nur ein bißchen Zeit lassen. Wird ihm von der Gemeinheit oder dem Dilettantismus der sogenannten kompetenten Faktoren minderwertige Nahrung geboten, so akzeptiert es auch diese, aber nur, weil es keine besseren bekommt: und früher oder später wird sein Instinkt es, trotz aller Hemmungen, die ihm von den leitenden Kreisen bereitet werden, doch an die richtige Quelle führen. Daher kann man auch bei allen Genies einen unerschütterlichen Glauben nicht nur an ihr Werk, sondern auch an ihren Erfolg beobachten. Schopenhauer hat vierzig Jahre auf den Ruhm warten müssen, aber nicht eine einzige Zeile, weder in seinen Schriften noch in seinen Briefen, weist darauf hin, daß er auch nur einen Augenblick lang an dem Sieg seiner Philosophie irre geworden ist. Nietzsche, der während der ganzen Zeit seiner Produktivität eine Obskurität war, redet dennoch stets von sich in einem Ton, als ob bereits alle Welt wüßte, wer er sei. Stendhal sagte: »Im Jahre 1900 wird mich alle Welt plötzlich zu lesen beginnen«, und er hat es fast auf das Jahr erraten. Auf die Dauer gibt es kein verkanntes Genie.

Es gibt Protisten, die sich zu Zellvereinen oder Zellkolonien zusammentun: diese Tierchen besitzen dann zwei Seelen, nämlich eine Individualseele und eine sogenannte Zönobialseele, die sich als Gemeingefühl des ganzen Zellenstockes äußert. Ähnlich geht es dem Menschen als

Publikum. Zu seiner Individualseele bekommt er plötzlich eine zweite hinzu: die Publikumsseele. Ich möchte daher Chamforts Frage so beantworten: ich weiß nicht, wie viele Dummköpfe zusammenkommen müssen, damit ein Publikum entsteht, aber ich glaube: wenn genug von ihnen beisammen sind, so entsteht etwas, das viel gescheiter ist als sie. Es kommt nun im einzelnen ganz darauf an, ob einer genug Enthusiasmus und Hingebung besitzt, um ganz in der überlegenen Kollektivseele des Zellenstockes aufzugehen, oder ob er dünkelhaft an seiner Individualseele festhält, die gar nichts versteht. Und ich glaube, daß der erstere Fall der weitaus häufigere ist. Ich horche daher im Theater immer auf die Bemerkungen, die das Publikum macht, und habe da sehr oft treffende Urteile gehört, die nur selten einem zünftigen Kritiker einfallen. Hierunter möchte ich nicht jenen Ausspruch eines Generals rechnen, der in der »Frau vom Meere« zu seiner Gattin äußerte: »Das ist nichts für Erwachsene«; aber es war schließlich ein General. Wohl aber, was eine Probiermamsell in »Gyges und sein Ring« zu ihrer Kollegin sagte: »Die Rhodope wird halt einen Schönheitsfehler gehabt haben.« Ich finde, daß man die schiefe Psychologie und den konstruierten Konflikt dieses Hebbel-Dramas gar nicht schlagender charakterisieren kann.

Die Theaterdirektoren schlagen immer ein schreckliches Lamento an, wenn sie auf das Unterhaltungsbedürfnis des Publikums zu sprechen kommen. Aber dieses Bedürfnis ist ein sehr gesundes und berechtigtes. Gute Theaterdichtungen sind nämlich immer unterhaltlich. Sehr treffend sagt Otto Ludwig in seinen »Shakespeare-Studien«: »Wenn wir Shakespeares Gestalten sich vor uns ausleben sehen, so wird der nicht am wenigsten bezeichnende Ausdruck für die Art ihrer Wirkung der sein, der sie als »amüsant« bezeichnet. Sie sind alle gute Gesellschafter, in deren Gegenwart Langeweile nicht aufkommen kann.« Und sind »Götz«, die »Räuber« und die »Wildente« nicht ebenfalls amüsant? Und was die Dialoge des Plato anbelangt, so könnten sie noch heute in jedem literarischen Kabarett aufgeführt werden. Wenn aber das Publikum in Dichtungen wie »Iphigenie« und die »Braut von Messina« nicht hineingeht, so hat es ganz recht: es sind eben schlechte, nämlich fade Theaterstücke. Schon Voltaire hat gesagt: »Die einzige schlechte Dichtungsgattung ist die langweilige.«

Trotzdem wäre es sehr falsch, zu glauben, daß das Publikum bloß Unterhaltung haben will. Es will, allerdings mehr im Unterbewußtsein, noch etwas anderes.

Der Unfug

Der Schriftsteller und überhaupt jeder, der mit dem Publikum in einen geistigen Verkehr tritt, hat nur zwei Möglichkeiten: entweder er sagt, was das Publikum erwartet, also das Vertraute, das Gestrige, das Konventionelle, oder er sagt die Wahrheit, also das Gegenteil davon. Tut er das erstere, so wird ihn das Publikum mit Beifall und Auszeichnungen überschütten und ihn im Unterbewußtsein, in seinem weisen Gattungsbewußtsein, das immer recht hat, aufs tiefste verachten als das unbauchbarste und überflüssigste Geschöpf in der Welt. Tut er das letztere, so wird ihn das Publikum verhöhnen, verleumden und von sich stoßen und im Unterbewußtsein mit tiefster Dankbarkeit verehren als das einzige Wesen, das hienieden wirklich notwendig ist.

Es gibt Schriftsteller, die den »Zeitgeist« ansprechen: darunter hat man die Summe jener Vorurteile zu verstehen, die zu einem bestimmten Zeitpunkt auf der Erdoberfläche die herrschenden sind. Diese Schriftsteller sind Idioten oder Heuchler.

Es gibt Schriftsteller, die die »Wahrheit« aussprechen: darunter hat man die Summe jener Erkenntnisse zu verstehen, die vorläufig noch das schlechte Gewissen gegen sich haben. Jede Wahrheit beginnt nämlich als Anachronismus. Es braucht immer eine gewisse Zeit, bis ihre Tiefe heraufsteigt, nach oben kommt und sichtbar, das heißt: oberflächlich wird.

Die Schriftsteller dieser letzteren Art sind die einzig berechtigten. Ihre Mission ist: Unruhe und Mißtrauen zu verbreiten. Ihre scharfen Fragen dringen durch die Lücken und Risse der geistigen Schicht, auf der wir soeben behaglich wohnen, lockern sie auf, verwittern sie, spalten sie auseinander. Ihre beiden wesentlichsten Eigenschaften sind: Taktlosigkeit und Indiskretion. Sie sprechen über alles. Sie dekouvrieren. Ohne Schamgefühl. Nach rechts und links. Nach allen Seiten. Sie erörtern Angelegenheiten, über die die Menschen niemals zu sprechen pflegen, wie wenn sie einen geheimen Kontrakt geschlossen hätten, diese Dinge ein für allemal nicht zu berühren. Und sie stellen fortwährend Fragen, und zwar taktlose. Sie fragen: ist das Gute denn auch wirklich gut, ist das Wahre auch wirklich wahr, ist das Altehrwürdige nicht vielleicht bloß alt, aber gar nicht ehrwürdig? Ist das Einfache nicht am Ende ungemein verwickelt, das Durchsichtige höchst problematisch, das Vertrauteste, sehr rätselhaft? Der Dichter, der Schriftsteller, der Künstler, der Prophet – man kann diese lästige und ein wenig verrückte Menschenklasse nennen, wie man will: man erkennt sie ja doch sofort aus den anderen heraus – ist also der geborne outsider, das enfant terrible der Menschheit, der Störenfried und Fremdkörper in der gesitteten Gesellschaft. Er ist unnütz, ja schädlich, er gilt als Unfug.

Nun hat es aber mit dem Begriff »Unfug« eine sehr sonderbare Bewandtnis. Solange eine Sache in der öffentlichen Meinung als Unfug *gilt*, ist sie lebensfähig; in dem Augenblick aber, wo die kompakte Majorität, der breite Querschnitt der Gesellschaft *aufhört*, in ihr einen Unfug zu erblikken, ist sie wirklich zum Unfug geworden. Jede arrivierte Sache ist eine erledigte Sache. Die Menschheit pflegt nämlich alles Vernünftige erst dann ernst zu nehmen, wenn es nicht mehr ernst zu nehmen ist, in dem Augenblick nämlich, wo es eingelebt ist, was aber ganz dasselbe bedeutet wie ausgelebt. Wenn wir sagen: die Sache hat sich »durchgesetzt«, so meinen wir damit ganz einfach, daß sie von der geistigen Mittelklasse eingeholt worden ist, daß sie eine Institution geworden ist, und das heißt: rückständig; denn Institutionen sind immer rückständig. Das können wir auf allen erdenklichen Kulturgebieten beobachten. Beginnen wir mit der Religion. Eines der wenigen profanen Zeugnisse für die historische Existenz des Heilands ist die vielumstrittene Stelle aus Sueton, welche lautet: »Zu jener Zeit erregten die Juden auf Anstiften eines gewissen Chrestus in Rom Streitereien und Verdruß und mußten deshalb von Kaiser Claudius ausgewiesen werden.« Nun, Sueton war ja kein genialer Durchleuchter der Historie wie etwa Thukydides, sondern bloß ein ausgezeichneter Sammler und Erzähler von welthistorischem Tratsch, eine geschmackvolle und fleißige Mediokrität, aber gerade darum dürfen wir in ihm einen der kompetentesten und charakteristischsten Wortführer der römischen Mentalität erblicken; und wir erfahren also aus seiner Bemerkung ziemlich genau die offizielle Meinung der damaligen gebildeten Kreise über das Christentum: man hielt es für einen jüdischen Unfug. Das hat sich bekanntlich im Laufe der späteren Jahrhunderte geändert: das Christentum eroberte sich durch seine ebenso tiefe wie einfache Lehre die halbe Welt, es wurde zu einer Kirche mit Bischöfen und Priestern, Domen und Altären und einer genau geregelten, komplizierten Katechetik und Liturgie, es wurde zur allgemein anerkannten, verehrten und gefeierten Institution, und genau in dem Augenblick begann es von seiner ursprünglichen Höhe herabzugleiten, zu erstarren und zu fossilieren. Es versank in den tiefen, starrkrampfähnlichen Schlummer der Arriviertheit. Und immer bedurfte es gewisser genialer und mutiger Unruhestifter, wie es im Mittelalter die Mystiker waren oder am Beginn der Neuzeit die Reformatoren, um den schlafenden christlichen Gedanken aufzuwecken und wiederzubeleben. Alle diese Männer wurden von der Kirche, die in jenen Zeiten die Repräsentantin der öffentlichen Meinung war, verkannt, exkommuniziert, was in klerikaler Sprache so viel heißt wie: als grober Unfug erklärt. Aber auch der Protestantismus konsolidierte sich, petrifizierte zur Staasreligion, und auf einmal wurde auch er ein totes System von Wortklaubereien und Schuldogmen. So daß schließlich einigen verzweifelten Wahrheitssuchern nichts übrigblieb, als dem Christentum überhaupt abzuschwören. Seit es aber in jedem zweiten sächsischen oder deutsch-böhmischen Provinznest Monistenbünde gibt und Salbaderer, die Zarathustra-Predigten halten, verstehen wir jenen merkwürdigen, erst vor wenigen Monaten ans Licht gekommenen Brief, den Strindberg bereits vor fast vierzig Jahren an Nietzsche schrieb, wo noch kein Mensch diesen Namen aussprechen, geschweige denn behalten konnte, und in dem er sagt: »Ich bin glücklich, daß Ihre Lehre bis jetzt esoterisch geblieben und nur einigen wenigen Bewunderern zugänglich geworden ist. In dem Augenblick, wo Sie bekannt und verstanden sein werden, wird der Pöbel Sie duzen und zu sich erniedrigen.«

Seit der Sozialismus Regierungspartei geworden ist, ist er geradeso zur sterilen Bureaukratie erstarrt wie der Absolutismus und der Liberalismus. Ebenso verhält es sich mit den Erfindungen. Sie alle wurden ursprünglich entweder für teuflische Bubenstücke oder für alberne Spielereien gehalten. Heute aber beginnen die »technischen Errungenschaften« des XIX. Jahrhunderts, die von aller Welt als die größten Wunder und Wohltaten gepriesen werden, sich nachgerade zu einer unerträglichen Belästigung auszuwachsen, die den geistigen und moralischen Fortschritt der Menschheit mehr verhindert als irgend etwas anderes.

Von diesem Schicksal ist auch das Genie nicht geschützt. Woher kommt es, daß so ein klassischer Dichter uns so gar nichts Rechtes mehr zu sagen hat? Waren sie vielleicht am Ende doch keine großen Dichter? Durchaus nicht: sehr groß; der Grund liegt in einer anderen Eigenschaft, ich nannte sie schon: weil sie klassische Dichter sind. Ein Dichter wird zum Klassiker, das heißt soviel wie: jedermann versteht ihn, sogar die Schullehrer. Das heißt: er ist zum Normalmenschen, zur menschlichen Norm, registriert, kanonisch geworden, das heißt: er ist nicht mehr da. Er hat seine Mission erfüllt, er hat sich verbreitet über den ganzen Erdraum, alle Köpfe indossiert mit seinem neuen Wissen und zu jeder einzelnen menschlichen Seele sich hinzuaddiert. Er hat sich *verteilt* unter alle, sich verflüchtigt in die ganze Menschheit. Er ist aus einer verborgenen, einer latenten Kraft etwas Offenkundiges, Stationäres geworden, aus dem labilen Gleichgewicht ist er in das stabile der Totenstarre übergegangen.

Woher kommt nun die sonderbare Fähigkeit des Dichters, Neues zu schaffen? Sie kommt ganz einfach daher, daß er, im Gegensatz zu allen übrigen Menschen, die Dinge nicht auf ihre Nützlichkeit hin ansieht, sondern auf ihr Wesen. Alle anderen wollen etwas von ihrer Umwelt, sie sehen sie mit praktischen Augen an, bewußt oder unbewußt fragen sie sich bei allem: wozu kann ich oder mein Ober-Ich, die Gesellschaft, das verwenden? Der Dichter allein blickt mit idealen Augen auf die Erscheinungen, er forscht nicht nach ihrem Nutzen, sondern nach ihrer Idee, er fragt nicht: was sind sie für mich, sondern: was sind sie für sich? Daher kann und muß er stets Neues entdecken. Denn das, was wir »Nutzen« nennen, ist das, was die Art, die Gattung will, das ewig Gleiche, und daher eine ziemlich stupide, jedenfalls aber höchst langweilige Angelegenheit. Das Wesen der einzelnen Geschöpfe ist aber niemals dasselbe, denn der liebe Gott ist nun einmal ein extremer Individualist. Nicht zwei Amöben und zwei Schachtelhalme hat er ganz gleich geschaffen, und jedem Menschen hat er eine Seele geschenkt, einmalig, einzigartig, keiner zweiten vergleichbar, nie vorher so dagewesen, nie nachher so wiederkehrend, ein Lichtstreifen zwischen zwei Unendlichkeiten – eine Seele: aber darüber denkt niemand nach. Nur der Dichter tut es, der denkt ununterbrochen darüber nach, der Dichter und das religiöse Genie.

»Religiös« empfinden heißt die Menschen und Dinge auf ihren Eigenwert hin ansehen, heißt dichterisch empfinden; »sozial« empfinden heißt die Menschen und Dinge auf ihren Nutzwert hin ansehen, heißt undichterisch empfinden. Zweifellos ist diese letztere Einstellung die praktisch vorteilhaftere, aber die Natur, die das Prinzip hat, jede Förderung auf der einen Seite durch einen Mangel auf der anderen Seite auszugleichen, entzieht dem undichterischen Menschen dafür die Möglichkeit reiner Erkenntnis. Er gelangt nie zum Einblick in Wesen und Gesetz einer anderen, in Wesen und Gesetz seiner eigenen Seele. Er ist dazu verurteilt, sein Leben lang nur jene Ausschnitte aus der Wirklichkeit zu erblicken, die ihm förderlich sind, sein Leben lang nützlich, das heißt: einseitig, falsch, unoriginell, philiströs zu empfinden.

Der Dichter hingegen betrachtet die Umwelt, als ob sie gänzlich unnütz wäre. Der Dichter nimmt die Realität, nämlich das, was die »Menschheit« Realität nennt, nicht ernst, für ihn ist die Wirklichkeit das Unwirkliche, und der das zuerst erkannte, war der erste Dichter. Hiedurch befreit er sich von der Beschränktheit und Blindheit des Selbsterhaltungstriebes, er zerreißt den Schleier der Maja, den der Nützlichkeitsinstinkt zwischen die Welt und die erkennende Seele gelegt hat. Er sieht die Realität nicht mehr unter dem Aspekt der Tierheit, nämlich als Fördernis oder Hemmnis seiner Ernährung und Fortpflanzung, sondern unter dem Aspekt der Göttlichkeit: als selbstherrliches freies Kunstwerk.

Ich sagte vorhin: was den Menschen zu dieser Nützlichkeitseinstellung treibe, sei der dumpfe Gattungswille; sieht man aber etwas näher zu, so ist vielleicht sogar das falsch. Es ist mehr als wahrscheinlich, daß die Natur mit uns etwas ganz anderes vorhat: was das ist, wissen wir freilich nicht, aber es dürfte etwas anderes sein. Es läßt sich aus manchen Zeichen schließen, daß sie diese ganze Mißgeburt »Mensch« mit seinem Wahn, die Welt zu rationalisieren, für eine durch eigenen Dünkel verunglückte Episode hält und von diesem Nützlichkeitshanswurst mit seinem bleiernen Ernst und seiner läppischen Würde, der nicht mehr die naive Sorglosigkeit des Tiers und noch nicht die heilige Sorglosigkeit des Engels hat, nichts wissen will. Dies ist auch eine der wenigen Fragen, über die das Alte und das Neue Testament sich einig sind. Denn während Jesus uns ermahnt, so unbekümmert und untätig wie die Lilien auf dem Felde zu sein, steht am Eingang der Bibel die Erzählung vom Paradies und der Vertreibung daraus. Aus dieser Geschichte geht ganz unzweifelhaft hervor, daß Gott dem Menschen ursprünglich ein Dasein in unnützem Nichtstun zugedacht hatte und dann leider gezwungen war, ihn zu praktischer Arbeit zu verdammen. Und der »Segen« der Arbeit dürfte eine Erfindung der kapitalistischen Bourgeoisie sein, die der vorläufig zu eigenen Gedankenkonzeptionen noch unfähige Sozialismus von ihr ganz kritiklos übernommen hat.

Brief an Louis Ullstein

Sehr geehrter Herr Ullstein,

nachdem ich durch einen angenehmen Zufall die Chance hatte, in diesem Sommer Ihre persönliche Bekanntschaft zu machen, möchte ich mir heute erlauben, mich in einer Sache, die an sich rein geschäftlicher Natur ist, an Sie zu wenden!

Es handelt sich um meine »Kulturgeschichte der Neuzeit«, die sich schon dadurch als eine starke geistige Leistung kennzeichnet, daß sie, noch ehe eine Zeile von ihr veröffentlicht worden ist, bereits zahlreiche Menschen dazu gebracht hat, sich über sie viele ernste Gedanken zu machen. Nämlich die Funktionäre des Ullsteinhauses.

Ich weiß natürlich nicht welche, da ja der Verlag Ullstein nicht ein mit menschlichen Vorstellungsmaßen faßbares Wesen ist. Soviel ist jedoch klar, daß dieses vielköpfige anonyme Ungeheuer sich mit allen Fibern dagegen sträubt, den ersten Band meines Werkes, der bereits seit einem Jahr vollkommen fertiggedruckt und – wie ich neidlos anerkennen will – in vortrefflicher Ausstattung vorliegt, erscheinen zu lassen.

Mein Werk, das den Untertitel trägt: »Die Krisis der europäischen Seele von der schwarzen Pest bis Ullstein«, soll drei Bände umfassen, und man hat mir nun den Vorschlag gemacht, alle drei auf einmal erscheinen zu lassen. Damit mutet man mir aber zu, mein Werk noch jahrelang liegenzulassen, ja vielleicht überhaupt auf sein Erscheinen zu verzichten, denn möglicherweise ist bis dahin Ullstein schon bankerott. Während es sich, wenn der erste Band jetzt erscheint, nur um einen kleinen Detailbankerott dieses Bandes handeln würde, weil ich von vornherein so vorsichtig war, mich an diesem faulen Geschäft nur mit 10% zu beteiligen.

Ich begreife ja, daß der Verlag vor einer Kulturgeschichte Angst hat, aber die bisherigen Kulturgeschichten sind nur deshalb von den Lesern gemieden worden, weil sie von Kunsthistorikern geschrieben waren. Daß es sich aber im vorliegenden Falle um keine derartige solide Arbeit handelt, dafür bürgt, denke ich, sowohl der Name des Verlags wie der Name des Verfassers.

Daß ich den vollen juristischen Anspruch auf sofortige Ausgabe des ersten Bandes habe, geht sogar aus den allgemeinen Bestimmungen des deutschen Verlagsrechts wie aus den Punkten meines Vertrages hervor, wonach der Erscheinungstermin schon für den Herbst 1925 festgesetzt war. Dies scheint auch der Verlag einzusehen, was ich daraus schließe, daß bisher nur ich ihm grobe Briefe geschrieben habe, während er sich mehr auf die Taktik verlegte, höflich, aber in beträchtlichen Pausen zu antworten.

Und somit komme ich zu der Bitte, die ich an Sie habe, nämlich auf die mir unbekannten, für Sie aber vielleicht feststellbaren Köpfe dieser Hydra in dem Sinne einzuwirken, daß sie von nun an auf meine Briefe postwendend reagieren und sich überhaupt umgehendst zur Herausgabe des ersten Bandes entscheiden. Sollte diese Verschleppungstaktik, die bereits ein Jahr währt, noch so weitergehen, so müßte ich die Angelegenheit meinem Anwalt übertragen, der sie mit den schmutzigsten Mitteln wie Schadenersatzansprüchen u. dgl. verfolgen würde, was mir als ethisch hochstehenden Menschen natürlich die ernstesten Gewissensbisse bereiten würde.

Ich habe von Ihrer Frau Tochter gehört, daß Sie demnächst nach Wien kommen wollen, und ich würde mich freuen, Sie bei dieser Gelegenheit zu sehen, wobei ich hoffe, daß wir dann bereits über andere interessantere Dinge reden können, da bis dahin durch Ihre Intervention alles bereits erledigt sein wird.

Ihr sehr ergebener

Egon Friedell

Die österreichische Seele

Herrn Dr. Egon Friedell, Wien.

Wir wären sehr erfreut, wenn Sie sich an unserer Weihnachtsumfrage, über deren Thema Sie aus der Beilage das Nähere ersehen, beteiligen wollten. Wir sind überzeugt, daß Ihr Beitrag eine Perle werden wird. Gewiß werden Sie das Bedürfnis fühlen, sich über den Gegenstand möglichst umfassend und eingehend zu äußern; trotzdem möchten wie Sie bitten, Ihre Darstellung mit Rücksicht auf die zahlreichen anderen Zusendungen möglichst zu komprimieren.

Hochachtungsvoll

Redaktion der »Frankfurter Zeitung«

Sehr geehrter Herr Friedell!

Wir erhielten ein Couplet »In der Welt geht's drüber, drunter, aber Österreich geht net unter« aus der Feder des Salonhumoristen Eugen Friedel, dem die Post irrtümlicherweise unsere Einladung zugestellt hat. Wir schicken Ihnen anbei einen Durchschlag unseres Briefes und erwarten Ihr Manuskript in spätestens acht Wochen, d. i. bis zum 15. Dezember.

»Frankfurter Zeitung«

Herrn Schriftsteller Hanns Sassmann, Wien.

Lieber Freund,

es wird Dich gewiß freuen zu hören, daß mich die »Frankfurter Zeitung« zu einem Weihnachtsbeitrag aufgefordert hat. Noch selten hat mich eine Arbeit so interessiert wie diese. Endlich erinnert man sich an das Land Walthers von der Vogelweide! Das Ausland braucht uns halt doch! Und Österreich wird ihm zeigen, was es kann. Der Beitrag muß eine Perle werden. Du wirst daher einsehen, wie wichtig es ist, daß Du Dich sofort an die Arbeit machst. Aber bitte, nicht zu kurz, sonst heißt es gleich wieder, daß wir nur Plaudereien schreiben. Ich erwarte Dein Manuskript in spätestens 8 Tagen.

Dein Egon Friedell

P. S. Gib acht, daß nichts vorkommt, was bei Bahr und Hofmannsthal Anstoß erregen könnte. Das ist das Wichtigste.

Lieber Friedell,

ich bin sehr erfreut und geschmeichelt, daß Du an mich gedacht hast. Auch mich hat noch selten eine Arbeit so interessiert wie diese. Nur kannst Du nicht verlangen, daß ich Dir meine wichtigsten Überzeugungen zum Opfer bringe. Warum soll man Bahr und Hofmannsthal nicht giften? Gerade bei der Behandlung eines so ernsten Gegenstandes, wo noch dazu die ganze Welt auf uns blickt, dürfen keine persönlichen Rücksichten mitsprechen. Das wäre österreichisch. Das Manuskript erhältst Du binnen drei Tagen. Um welches Thema handelt es sich denn überhaupt?

Dein Hanns Sassmann

Lieber Sassmann,

ich habe es kommen sehen, daß ich, sowie ich mich mit Dir einlasse, sofort Scherereien haben werde. Ich habe natürlich keine Zeit gehabt, den Brief so genau zu studieren, weil ich rasch ins Theater mußte, um ihn dort herumzuzeigen, und kann ihn jetzt absolut nicht mehr finden. Möglicherweise habe ich ihn im Café Prochaska auf dem Stammtisch liegenlassen. Im Café Grillhuber habe ich ihn noch bestimmt gehabt. Es kann auch sein, daß mir ihn in der City-Bar jemand gestohlen hat, um sich damit patzig zu machen. Ich ermächtige Dich jedoch, bei der »Frankfurter Zeitung« anzufragen, worum es sich handelt.

Dein Friedell

Lieber Friedell,

ich tue doch gewiß alles, was nur menschenmöglich ist, aber das kannst Du nicht von mir verlangen. Ich kann doch nicht an eine Zeitung schreiben, von der ich kein einziges Redaktionsmitglied persönlich kenne. Ich weiß auch gar nicht, wie man eine solche reichsdeutsche Redaktion anredet. Zum mindesten müßtest Du mir also das Konzept eines Briefs aufsetzen.

Dein Sassmann

Gestern im »Schriftstellerklub« sind alle zersprungen, weil Du mich und keinen von ihnen aufgefordert hast.

Lieber Sassmann,

zuerst hast Du die Sache mit Begeisterung übernommen, und jetzt soll ich alles für Dich machen. Große Reden führen und dann nichts leisten: das ist echt österreichisch.

Dein Friedell

Lieber Sassmann,

habe soeben vom Zahlkellner im Café Demimonde erfahren, daß es sich um einen Artikel über Österreich handelt. Jetzt hast Du also keine Ausrede mehr.

Dein Friedell

Lieber Friedell,

über Österreich zu schreiben ist schwer. Was wird das Ausland dazu sagen?

Sassmann

Hochverehrter Meister!

Sehr geschätzter Herr Sassmann!

In meinem Restaurant habe ich erfahren, daß Sie der Hauptmitarbeiter der »Frankfurter Zeitung« sind. Schon lange war es mein Wunsch, an diesem hervorragenden Organ ebenfalls mitarbeiten zu dürfen. Es wird Ihnen ein leichtes sein, durch Ihre Beziehungen dies zu vermitteln. Ich habe mich zwar bis jetzt noch nicht schriftstellerisch versucht, bin aber ein langjähriger persönlicher Bekannter von Franz Werfel. Sollte Ihnen eine mündliche Aussprache erwünscht sein, so finden Sie mich täglich von zehn bis eins und drei bis sechs im Café Pyramide.

In aufrichtiger Bewunderung

Franz Zehntbauer,
städtischer Marktkommissär

Sehr geehrter Herr Friedell,

wir vermissen Ihren Beitrag. Wir rechnen um so gewisser auf sofortige Einsendung des Manuskripts, als es uns so kurz vor Weihnachten nicht mehr möglich wäre, für Sie einen Remplacanten zu finden.

Ergebenst »Frankfurter Zeitung«

Lieber Sassmann,

Weihnachten steht vor der Tür, und Du hast mir noch immer nicht die englische Seife für Lina besorgt. Echt österreichisch!

Dein Friedell

Dringendes Telegramm an Egon Friedell.

Rasute blifta settmil hapta hapta 1/2.

»Trankfurter Leitung«

Lieber Sassmann,

zu meiner Bestürzung erfahre ich im Café Eden, daß Du den Beitrag für die »Frankfurter Zeitung« richtig verschlampt hast. Damit hast du mir ungemein geschadet; denn das hätte für mich der Anfang einer dauernden Mitarbeit werden können, und außerdem werden sie mich jetzt bei der nächsten Rundfrage möglicherweise übergehen. Ganz abgesehen vom Prestige beim Ausland. Das alles verdanke ich Dir!

Friedell

Lieber Friedell,

ich weiß nicht, was Du noch haben willst. Erst vorige Woche war ich in drei Gesellschaften, die bisher noch nie das geringste von Dir gehört hatten und sich jetzt um mich gerissen haben, bloß weil ich mit Dir bekannt bin. Überall werde ich vorgestellt als »der Freund des berühmten Friedell, der die Frankfurter Zeitung hat aufsitzen lassen«. Du bist die populärste Persönlichkeit von Wien. Und das verdankst Du mir. Du siehst also, daß ich doch nicht so »unzuverlässig« bin, wie Du immer behauptest.

Sassmann

Lieber Sassmann,

in Österreich wird man eben nur zum großen Mann, wenn man etwas auffällig nicht tut. Kaiser Josef hat unter größtem Aufsehen keine Reformen durchgeführt, Laudon hat unter allgemeiner Aufmerksamkeit Friedrich den Großen nicht besiegt, und Lueger hat unter ungeheurem Zulauf nichts für Wien geleistet. Für die »Frankfurter Zeitung« haben schon viele nicht geschrieben, aber keiner ist dadurch der Mittelpunkt Wiens geworden. Weil die anderen eben kein Talent haben. Zumindest kein österreichisches Talent.

Friedell

Von der Steuerbehörde für den 18. bzw. 19. Bezirk,
Wien, Niederösterreich.

Herrn Dr. Egon Friedell, Chefredakteur der
»Frankfurter Zeitung«.

Auf Grund der amtlichen Erhebungen werden Sie auf Grund ihrer Lohngenüsse aus Ihrer Tätigkeit als ausschließlicher Verfasser der periodischen Druckschrift »Frankfurter Zeitung« für die Jahre 1926 bis 1929 in die Gruppe Ia der allgemeinen Erwerbssteuer, rsp. Ib der temporären Einkommenssteuer eingereiht. Die Höhe der vorauszuzahlenden Nachtragssteuer wird aus der Einkommensstufe für das zweite Semester der unmittelbar dem dazwischenliegenden Jahre des vorhergehenden dritten Halbquartals als zweite Rate der Zuwachsstaffel vorgeschriebenen Katasterumlage, jedoch vermehrt um den mit der Steuernovelle vom 3. Jänner 1921 für die nicht in die für die unter die Befreiung von der direkten Einkommensmehrertragssteuer fallenden vorgesehenen kommunalen Erwerbszuschlag, jedoch abzüglich der bereits für die der Versteuerungsperiode vorausgegangenen letzten drei – soweit sie noch in diese Periode fallen – schuldigen Vermehrungssteuerquoten bis spätestens zum als Stichtag geltenden 1. Dezember 1926 eingezahlten Beträge errechnet.

Wie mein Nekrolog aussehen soll

Eine kleine Anleitung für künftige Biographen zur richtigen Gestaltung des Nachruhms

»Die europäische Theaterwelt hat einen unersetzlichen Verlust erlitten. Gestern starb, mitten auf der Bühne, der unvergleichliche Menschendarsteller Egon Friedell, und damit ist der letzte Schauspieler von überlebensgroßem Format von uns gegangen. Friedell erinnerte manchmal an Talma, bisweilen an Garrick, am meisten an Novelli, den er jedoch an Verwandlungsfähigkeit übertraf. In seiner souveränen Suggestionskraft hatte er große Ähnlichkeit mit Mitterwurzer, in der Anmut seiner Bewegungen mit Fanny Elßler sowie der unvergeßlichen Neuberin. Im Leben war er ein ebenso großes Original wie auf der Bühne, denn er pflegte sich in seinen Mußestunden nicht mit jenen Dingen zu befassen, mit denen sich sonst Schauspieler zu vergnügen pflegen: er schrieb kleine Gelegenheitsdichtungen, wie die ›Judastragödie‹, ja in seinen letzten Lebensjahren arbeitete er sogar an einer ›Kulturgeschichte der Neuzeit‹, die freilich wohl kaum für die Öffentlichkeit bestimmt war, aber gleichwohl von dem tiefen Bildungsstreben zeugt, das diesen gewaltigen Histrionen erfüllte. Entdeckt wurde er von Max Reinhardt, dem dadurch für immer ein hervorragender Platz in der deutschen Theatergeschichte gesichert bleibt. Eine jahrzehntelange, innige Freundschaft verband ihn mit dem berühmten Kritiker Alfred Polgar, dessen Lebensarbeit bekanntlich eine seit langem erwartete monumentale Monographie über diesen größten Jünger Thaliens bildet. Meister Bassermann wird durch den Tod Friedells in große Verlegenheit gesetzt werden, da sich unter den Lebenden jetzt wohl kaum mehr ein würdiger Träger des Ifflandringes finden dürfte. In später Nachtstunde teilt uns die Direktion der Wiener Reinhardtbühne mit, daß infolge der durch Friedells Ableben hervorgerufenen katastrophalen Besetzungsschwierigkeiten dieses Theater auf unbestimmte Zeit geschlossen bleibt.«

Selbstanzeige

Soeben ist im Verlag C. H. Beck in München der erste Band von Egon Friedells »Kulturgeschichte der Neuzeit« erschienen. Das Werk schildert von einem völlig neuen Gesichtspunkt in glänzender Dialektik und fast dramatischer Spannung an einer Fülle farbiger Bilder den Schicksalsweg der europäischen Gesamtkultur von der schwarzen Pest bis zum Dreißigjährigen Krieg und wird kaum verfehlen, in den geistig interessierten Kreisen großes Aufsehen zu erregen. Hoffentlich lassen sich unsere Leser durch die nachfolgende launige Selbstkritik des Verfassers die Freude an dem im Grunde tief seriösen Werk nicht verderben.

(Anmerkung der Redaktion) [des neuen Wiener Journals]

Vor allem muß ich die Leser bitten, bei der Schöpfung des Endurteils freundlichst in Betracht ziehen zu wollen, welche gigantischen Schwierigkeiten und Hemmungen bei der Durchführung meiner Arbeit zu überwinden waren. Wie ich in der »Einleitung« meiner Kulturgeschichte ausführlich dargelegt habe, war es mein unverbrüchliches Leitprinzip, eine möglichst unwissenschaftliche Darstellung zu geben. Diese ideale Forderung habe ich nicht einen Augenblick aus den Augen verloren: sie überall restlos zu erfüllen dürfte freilich die bescheidenen Kräfte eines einzelnen übersteigen, und wohl nur allzuoft wird man den guten Willen für die Tat nehmen müssen.

Der Nachweis aller einzelnen Ungenauigkeiten, Willkürlichkeiten und Entstellungen würde einen viel zu großen Raum in Anspruch nehmen, auch glaube ich diese Aufgabe getrost Berufeneren überlassen zu dürfen; aber der geneigte Leser darf versichert sein, daß ein ehrliches Stück Arbeit geleistet wurde. Dem Laien wird bei der Lektüre allerdings manches wertvolle Detail entgehen müssen, aber auch er wird, wenn nur das Interesse am Gegenstand hinlänglich stark ist, genug unkontrollierbare Behauptungen und sonstige Dubiosa zu entdecken vermögen; im übrigen freilich muß ich mich auf den Verlegenheitsrat beschränken, er möge das Buch vorläufig so lesen, als ob das meiste, was darin steht, einfach wahr wäre. Vielleicht schöpft er aus dem Studium die Anregung zu einer eindringenderen Beschäftigung mit der Materie, die ihm später einmal ein fruchtbringendes Aufspüren von Fehlern ermöglicht; und schließlich ist mir ein Leser, der oberflächlich genug ist, meine Untersuchungen für exakt zu halten, immer noch lieber als gar keiner.

Allerdings muß ich, gleich fern von Beschönigung wie von falscher Scham, das freimütige Bekenntnis ablegen, daß ich Namen, Jahreszahlen, statistische Angaben und überhaupt alle sogenannten positiven Daten nirgends wissentlich gefälscht habe. Jeder Einsichtige wird mir jedoch zugestehen müssen, daß ein subjektiveres Verfahren in einem Zeitalter der allgemeinen Volksschulbildung, der Konversationslexika und der Überschwemmung mit Tabellen und Handbüchern eine aussichtslose Donquichotterie gewesen wäre. Ein gutes Feld für Inkorrektheiten verschiedenster Art bot jedoch das Gebiet der »Auffassung«, über die sich bekanntlich nicht streiten oder vielmehr nur streiten läßt, sowie die »Zusammenfassung«, das heißt: die eigenmächtige Gruppierung von Tatsachen, die offenbar nichts miteinander zu tun haben. Daß in dieser Rücksicht bei fester Konsequenz auch auf engem Raum Entscheidendes geleistet werden kann, zeigt zum Beispiel gleich am Anfang der Abschnitt über die »Seele des Mittelalters«, wo in dem knappen Rahmen weniger Seiten zwei kardinale Verstöße untergebracht werden konnten: die Feststellung, daß Augustinus der repräsentative Denker des Mittelalters gewesen sei, obgleich er gar nicht im Mittelalter gelebt hat, und die Identifizierung von Mittelalter und Gotik, obgleich diese nur wenige Jahrhunderte umfaßt hat.

Bei der »Übergangszeit« stand es ziemlich mißlich, weil hier die Quellen so spärlich und eindeutig sind, daß man teils gar nichts Zuverlässiges weiß, teils absolut hinfällige

Angaben fast unmöglich sind. Aber auch hier wurde wenigstens der Versuch gemacht, durch ein unzulässiges optisches Verfahren, das die Geschehnisse von hundertfünfzig Jahren fast als gleichzeitig betrachtet und sozusagen in *ein* Blickfeld zusammenschiebt, ein schiefes Bild zu erzeugen. Immerhin mögen auch hier manche Korrektheiten unterlaufen sein.

Relativ dankbar war die Behandlung der Renaissance. Hier ist der Gelehrtenfleiß vieler Generationen so unermüdlich bis in alle Schlupfwinkel hinein tätig gewesen, daß es für den Nichtspezialisten fast undenkbar ist, andere als fragwürdige Ergebnisse zutage zu fördern. Auf dem Gebiet der Periodisierung hingegen hat der Eigensinn ebenderselben Gelehrten eine solche Konfusion erzeugt, daß man leider von einer dilettantischen Lösung der hierher gehörigen Fragen kaum mehr reden kann, da für jeden erdenklichen Trugschluß eine Autorität als Gewährsmann beigebracht werden kann. Auch mein Versuch, über das Wesen der Hochrenaissance eine unhaltbare Ansicht zu verbreiten, muß als gescheitert betrachtet werden, da dieselbe Irrlehre bereits an mehreren Universitäten doziert wird.

Für den Abschnitt »Das Hereinbrechen der Vernunft« muß ich um besondere Nachsicht bitten, da er sich teils mit einer längst versunkenen Kultur, wie der mexikanischen, befaßt, der sich auch der unvoreingenommenste Forscher nicht anders als durch phantastische Vermutungen nähern könnte, teils eine so primitive Beschäftigung wie das Entdecken behandelt, über die beim besten Willen keine Mißverständnisse möglich sind. Das Kapitel »Der Beginn« erörtert ohne ausreichendes Beobachtungsmaterial und ohne strenge Beweisführung eine Reihe von Fragen, die mehr dem medizinisch-naturwissenschaftlichen Fachkreis angehören, was eine reine Fleißarbeit darstellt, da ich als Verfasser eines Geschichtswerkes gar nicht verpflichtet gewesen wäre, auch in diesen Dingen inkompetent zu sein. Tatsächlich werden die Historiker hier einen schweren Stand haben, da sie, welches Zugeständnis ich aber nicht als unzulässige captatio benevolentiae aufzufassen bitte, auf diesem Gebiet mindestens ebenso große Dilettanten sind wie ich.

Ein ziemlich abenteuerlicher Mißbrauch wurde mit Begriffen wie »Schwachsinn« und »Wahnsinn« getrieben, indem ich, wenn es mir zusagte, nicht bloß gewisse prominente Persönlichkeiten, sondern auch vielköpfige Parteien, ja ganze Zeitalter für geistesgestört erklärte, wobei ich mich zur Verschärfung der psychiatrischen Terminologie bediente. Ferner war ich, wo es nur immer anging, eifrig beflissen, allerlei Klatschgeschichten, Legenden, unverbürgte Versionen und dergleichen als legitim zu behandeln. Da aber die ganze Weltgeschichte im Grunde nur ein großer Tratsch ist, so gebe ich mich keiner Täuschung darüber hin, daß man dieses Verfahren nur cum grano salis als unwissenschaftlich bezeichnen kann.

Der zahlreichen Mängel, die meiner Arbeit anhaften, bin ich mir also wohl bewußt. Doch tröstet mich hiebei mancherlei. Zunächst die Hoffnung, daß mein gesunder Instinkt für das Unzutreffende mich in vielen Fällen unbewußt geleitet und auch dort zu pseudowissenschaftlichen Resultaten geführt hat, wo ich sie gar nicht beabsichtigt habe. Sodann mein festes Vertrauen in die Zukunft, die sicher viele grobe Mißverständnisse und vor allem eine Menge falscher Daten enthüllen wird, die dem heutigen kurzsichtigen Geschlecht noch verborgen sind. Und schließlich das ermutigende Bewußtsein, daß gerade der am ernstesten Strebende immer nur für einen kleinen Kreis von Kennern, für ein Idealpublikum schreibt. Das meine sind die Fachgelehrten. Ich bin der festen Überzeugung, daß sie die Feinheiten meines Werkes viel besser zu würdigen wissen werden, als ich selber es vermag.

Praktische Lebenskunst

(Antwort auf eine Umfrage)

Da ich nicht annehmen kann, daß meine Privatmarotten für die Öffentlichkeit hinlänglich interessant sind, so möchte ich nur einige allgemeine *Lebensregeln* mitteilen, die sich mir im Laufe der Jahre bewährt haben und von denen ich glaube, daß sie auch anderen nicht schaden dürften.

1. Mache Dir im vornhinein eine genaue *Zeiteinteilung*, womöglich für die ganze Woche, jedenfalls aber immer für den nächsten Tag, und halte sie genau ein. Es kommt dabei gar nicht darauf an, daß Du eine besonders große Anzahl von Stunden der Arbeit reservierst, sondern nur darauf, daß Du in der Zeit, die Du der Arbeit bestimmt hast, auch wirklich arbeitest. Du kannst ruhig in Deine Tabelle setzen: von 4 bis 6 Uhr nachmittag rauchen und in die Luft starren; Du kannst überhaupt alles Denkbare hineinsetzen, wenn es Dir angenehm oder ersprießlich erscheint: die Hauptsache ist, daß Du es einhältst.

2. Lasse nie einen unangemeldeten *Besuch* zu Dir: ein unerwarteter, der zehn Minuten bleibt, irritiert Dich für den ganzen Tag; ein vorgesehener, den Du mit zwei Stunden eingestellt hast, fügt sich reibungslos in Dein Tagewerk.

3. Besuche so selten wie möglich ein *Kaffeehaus.* Selbst sogenannte »überbürdete« Menschen trifft man sehr oft im Kaffeehaus, das ihnen die Zeit stiehlt, ohne ihnen dafür eine wirkliche Rekreation zu bieten. Würden sie diese Zeit mit wahrer Erholung (zum Beispiel: träumend in der Sonne liegen) oder Aufarbeitung ihrer Arbeitsrückstände ausfüllen, wären sie weder übermüdet noch überbürdet.

4. *Schlafe* mindestens acht Stunden; es gibt aber auch Menschen, die zehn Stunden brauchen. Es ist eine ganz falsche Rechnung, wenn man glaubt, durch Früheraufstehen Zeit zu gewinnen. Um das, was man dem Schlaf entzo-

gen hat, wird die Arbeit nicht nur langsamer, sondern auch lustloser, also in doppelter Hinsicht entwertet.

5. Emanzipiere Dich vom *Mittagessen*: Es kostet Dich mitten im Tage mindestens zwei Stunden Verdauung und dadurch verursachte Gehirnlähmung. Nimm einige Schnitten Weißbrot und dazu abwechselnd einen Teller Fleischbrühe oder ein Trinkei oder ein Glas Yoghurt oder eine Tasse Milchkaffee oder eine Portion gekochte Pflaumen (aber nicht alles auf einmal). Anfangs wirst Du etwas Hungergefühl empfinden, in zwei Wochen wirst Du daran gewöhnt sein.

6. Verbringe Dein Leben teils (möglichst rasch) *gehend*, teils ausgestreckt *liegend*, aber sitzend oder stehend nur in jener Zeit, wo Du durch äußere Umstände dazu gezwungen bist. Besonders das Sitzen ist ein ungesunder und unnatürlicher Unfug, der uns nicht zum Bewußtsein kommt, weil wir in ihm von Jugend auf erzogen sind. Das Sitzen ist eine der vielen infamen und menschenfeindlichen Erfindungen der Neuzeit. Die Orientalen verbringen seit Jahrtausenden ihr Dasein im liegenden Zustand: die Griechen und Römer lagen, wie jedermann weiß, sogar beim Essen. Kein Tier sitzt von Natur, Hund und Katze tun es hier und da, weil sie schon so lange in der korrumpierenden Gesellschaft des Menschen leben: Kuh, Pferd oder Löwe tun es nie, außer im Zirkus. Liegender Zustand erzeugt in uns Milde, Objektivität, Gleichgewicht, Überlegenheit; Sitzen erzeugt Nervosität, Geldgier, Malice, Unzufriedenheit.

7. Was schließlich den *Alkohol* anlangt, so glaube ich, daß er bei allen Tätigkeiten, die exaktes strenges Denken erfordern, absolut von Übel ist. Rechnungsmethoden, scharfe logische Operationen, Gruppierung von Analogien, Überblicken langer Tatsachenreihen: dies und dergleichen ist mit Alkoholgenuß natürlich unvereinbar. Aber wenn es sich um blitzartiges Erfassen weit auseinanderliegender Zusammenhänge, um kühne, ja absurde Assoziationen, um neuartige Kombinationen handelt, kann er oft von Nutzen sein. Die Vorstellungen, die in unserem nüchternen geordneten Denken unzertrennbar miteinander verknüpft sind,

lösen sich plötzlich auseinander, wenn die normalen Hemmungen der Logik und das Kausalitätsgefühl fortfallen, und neue Verbindungen sind möglich. Und im übrigen glaube ich, daß die Menschheit den Alkohol so lange brauchen wird, als sie genötigt sein wird, sich über ihre eigene Unzulänglichkeit hinwegzutäuschen: also vermutlich noch ziemlich lange.

Glückwünsche an Egon Friedell

Statt eines Berichtes über die Feier des 50. Geburtstages Friedells in Wien veröffentlichen wir hier die von F. Th. Csokor abgeschriebenen Glückwunschtelegramme an den Komiker-Historiker.

Doktor Egon Friedell
Wien
Pippa tanzt heute für den Weber der Kulturgeschichte, Egon Friedell, das Urbild meines Till!
Doktor Gerhart Hauptmann.

Egon Friedell
Wien
Sie, verlassen im gottlosen juste milieu der Deutschen mit nun fünfzigjähriger Hoffnungslosigkeit bedeutend und trotz notwendiger Menschenverachtung gleich mir gesonnen mitzutun, um Zukunft, in die wir uns wölben, grüßt mit rauschendem Glückwunsch der andere große Satiriker einer unseligen Nation, die keinen Spaß versteht.
Karl Sternheim

Egon von Friedell
zu Wien in Händen
Der niemals niemand anrief ruft dich an
aus bronzebraunen reben wächst achat
sesam dein hirn wer kost der worte würdigstes
aber die zunge die am wein verschmeckt
sich formt zum fest des ruches aller freuden
die du ... o jünglinge preist mit den ungeringen namen ...
wir halten dich in händen einen kelch
wir trinken ... dich ... zerspring uns nicht darob.
Stefan George.

L. T.: (Brieftelegramm):
Dem Meister der Kulturgeschichte

Wien, Gentzgasse 7

Ein gewachsener Mensch, von Ambition und Schliff, der – man soll so sagen – sublim beraten, schlechterdings nicht umhinkonnte, Philosophie zur himmlischen Braut seines patrizisch gezüchteten Hirnes wählend, im Studententrubel Heidelberg verstrickt, nun im Alter der Stillung am Blut auftaucht, ja, zehnmal fünf Jahre geleitet vom Blute der Ahnen, das aus Wein und bunterlei Phantastik ihn zur Bildung von Kunstwerk vermag und drüber hinaus sich – heiliger Sebastian seiner Sendung – als Schauspieler – von dem Juwelenschrein des Wissens unter den rieselnden Lärm der Bühne begibt, sich zu verwandeln – kurz, in einem Wort: Dieses monströse Unikum, diese Paniske Natur, dieser Polydaimon, dieses mittelalterliche Universale, diese reduction scientium et artium in deum, dieser gotische Türsturz mit der Kosmologie alles menschlichen Erfahrens, Trachtens, Glaubens, Ersehnens an der Domfassade der Menschheit – Egon Friedell – er lebe so hoch, wie es ihm gebührendermaßen zu stehen angemessen sei vor seinem

Thomas Mann.

Friedell
Europe

Zwischen Berlin und New York radiotet mich Kunde vom Fest gehälfteten Jahrhunderts an. Schräg einstürzt Explosion von Licht zu würdigster Verklärung. Rast schmetternd Hemisphäre an Hemisphäre? Fällt Erde zum Urschoß? Nichts würgt nichts. Drüber weg reizt zu Formung von Werk Mensch vollendet: In Egon Friedell!

Georg Kaiser.

Friedell
Wien, Gentzgassen

Blüah weitar teutscher Ackerrr!

Korl Schönherr.

Friedellllll
Wihin
Da ifflandrig schon bergner fergäben grinde für sie iffland-armband

Albert Bassermann.

Georg Friedl
Wien
Dem Durchschauer Judas im Judas – heil!

Hitler m. p.

Egon Friedmann
Wien
Dem Sänger des Judas Ischariot ein Sportheil

Hakoah.

Friedell
Wien
Erbitten für Kollektivspiel mitwirkend drei Regimenter roter Kavallerie Judastragödie auf Oktoberwiese stop Moskauer Zensur wünscht belanglose Änderung stop Handlung soll sich nicht um Christus drehen

Tairoff.

Friedell
Wien
Wie alt wären Sie erst, wenn Sie keinen Alkohol getrunken hätten!

Antialkoholliga.

Egon Friedell
Wien
Die Früchte Ihrer Pflaumenblüte wünscht Ihnen in vergeistigter Form

Die Spirituszentrale.

Egon Friedell, Kabarettier
Wien
Herzlichsten Glückwunsch dem Kollegen von Geistestrapez!

Artistenloge Wien.

Friedell
Wien
Sogar den Fünfziger müssen Sie mir nachmachen. Sie, Herr Kollege, Sie?

Max Pallenberg.

Egon Friedell
Wien
Glückwunsch trotz Ihering!

Kerr.

Egon Friedell
Wien
Glückwunsch Trotz Kerr!

Ihering.

Egon Friedell
Wien
Rückdrahtet stop ob zu fünfzigstem stop Judastragödie stop bolschewistisch stop stop aufführen soll stop Judas Trotzky stop Herodes Stalin stop

Piscator.

Egon Friedell
Wien, Gentzgasse 7/III
Für die Biografie Ihres nun anbrechenden Lebensabends, auf Wunsch auch Nekrolog vorgelegt zur Begutachtung, prompteste Bedienung, erste Referenzen, empfiehlt sich dringendst

Josef Chapiro.

Keine Antwort genügt, komme dennoch sofort.

Meine Schule

Nein: das hätte ich niemals gedacht, daß ich noch einmal eine Schule haben werde! Ich komme mir bereits ein bißchen so vor wie Leopold von Ranke. Sie ist allerdings erst durch ein einziges Historikerexemplar repräsentiert, und dieser ist ein alter Trinkbruder von mir: aber bei allem muß schließlich einer den Anfang machen, und wer wäre zum Schüler geeigneter als der Empfänger alkoholischer Offenbarungen? Das Werk, von dem ich rede, heißt: »Das Reich der Träumer, eine Kulturgeschichte Österreichs vom Urzustand bis zur Republik«, ist von Hanns Sassmann verfaßt und im Verlag für Kulturpolitik erschienen und trägt an der Spitze des Blattes, ich meine: des Buches, ein ganzseitiges Inserat auf meine »Kulturgeschichte«, in dem sich der Autor unter den vorschriftsmäßigen Elogen zu meiner historischen Methode bekennt.

Nein: wenn das der gute Professor Wulff noch erlebt hätte, der mich seinerzeit aus dem Goethegymnasium zu Frankfurt am Main exmittierte! Als meine Anverwandten weinend bei ihm erschienen, um ihn zu einer Abänderung seines Entschlusses zu bewegen, blieb er unerbittlich, indem er erklärte: »Dieser Junge gehört überhaupt in keine Schule!« Und nun habe ich sogar eine! Auch sonst ist es schade, daß er meine »Kulturgeschichte« nicht mehr mitgemacht hat: was hätte er zum Beispiel zu dem Kapitel »Die Erfindung der Antike« gesagt! Ich empfinde den Tod dieses vortrefflichen Pädagogen, an dem ich allerdings zu mindestens einem Prozent mitschulig war, als ausgesprochenen Regiefehler.

Übrigens haben mich die Professoren auch sonst schwer enttäuscht. Sie haben es in einem geradezu beleidigenden Maße an Beschimpfungen fehlen lassen, und einige Blätter für Unterrichtswesen haben sich sogar nicht entblödet, mein Buch als »Hilfswerk« zu empfehlen. Solche Zustände sind eben nur in einer Weltkrise möglich.

Eigentlich dürfte ich mich ja als Kulturhistoriker über diese Dinge gar nicht wundern, denn der Geschichtsprofessor ist dem Wandel der Mode ebenso unterworfen wie die Geschichte selbst und wie jeder andere Gesellschaftstypus. Heute geht er glattrasiert, und das ist schon ein grober Stilfehler, er hat keine Eierflecken mehr auf der Weste, dagegen nicht selten Bügelfalten, ja es gibt sogar schon welche, die ein Monokel tragen! Da sind freilich für mich keine Geschäfte zu machen. Mein einziger Trost ist jener Berliner Studienrat, der einer jungen Dame, als sie auf die ihr gänzlich gleichgültige Frage: »Was verdanken wir Lessing?« als Antwort den betreffenden Absatz aus meiner Kulturgeschichte abschrieb, unter dem Elaborat vermerkte: »Ich bin von Ihnen Besseres gewöhnt. Besonders der Stil hat sich seit dem letzten Male verschlechtert«, und jener Wiener Universitätsprofessor, der sich äußerte: »Ich werde über Friedell einen Artikel schreiben: Pierrot als Kulturhistoriker.« Da sich dies in Wien zutrug, war die Bemerkung in einer Stunde zu meiner Kenntnis gelangt, und ich ließ ihm erwidern, er werde den Artikel schwerlich anbringen, denn er unterschätze die Beziehungen des Pierrots zur Presse. Er hätte sich dazu höchstens ein kommunistisches oder zionistisches Organ aussuchen können, aber in solchen Blättern schreiben Universitätsprofessoren nicht, und außerdem hatte die zionistische »Stimme« mein Schaffen bereits unter dem noch viel prägnanteren Titel »Nebbich als Kulturhistoriker« gewürdigt. Noch liebloser war eine führende kommunistische Zeitung: ihre Besprechung begann mit den Worten: »Dieses Dreckbuch«, da habe ich gar nicht erst weitergelesen, indem ich dachte: dieser Anfang gefällt mir schon nicht, auch wenn der Tadel im weiteren Verlauf noch so sehr abgeschwächt werden sollte: etwas wirklich Ermunterndes ist kaum mehr zu gewärtigen.

Aber kehren wir zu meiner Schule zurück. Vielleicht ist dieses Buch von Sassmann, wie gesagt, das Signal, und in nicht allzuferner Zeit wird es allenthalben »Friedellisten«

geben, wie es Darwinisten, Platoniker oder Hussiten gibt. Aber vermutlich habe ich gar keinen Grund, mir das zu wünschen, denn soviel ich aus meiner »Kulturgeschichte« weiß, sind so zahlreiche Schüler gar nichts Erfreuliches, indem sie mit Vorliebe den Lehrer durch Mißverständnisse kompromittieren und noch obendrein gegen ihn eine Art »Oedipuskomplex« entwickeln; eines der krassesten Beispiele hiefür haben wir gerade an den Psychoanalytikern. Weshalb auch Freud, als ihm einmal eine begeisterte Dame sagte, am großartigsten fände sie seine Theorie von der Sublimation, im Hinblick auf einen solchen seiner Apostel erwiderte: »Ja, aber wer sublimiert mir den Stekel?« Außerdem haben Schüler auch noch sehr oft die unangenehme Eigenschaft, daß sie die Defekte ihrer Vorbilder entlarven; so haben zum Beispiel Gutzkow und Laube Schiller demaskiert und die »neurasthenischen Liebhaber« Kainz.

Gegen Janns Sassmann habe ich aber keinerlei derartige Beschwerden, sondern ich muß sagen, daß er meine Methode geradezu virtuos handhabt. Wie meine Leser sich vielleicht gütigst erinnern werden, besteht diese darin, daß sie gewollt und prinzipiell unwissenschaftlich ist. Diese ideale Forderung hat auch Sassmann keinen Augenblick aus den Augen verloren; sie überall restlos zu erfüllen dürfte freilich die bescheidenen Kräfte eines einzelnen übersteigen. Daß er Namen, Jahreszahlen, statistische Angaben und überhaupt alle sogenannten positiven Daten nirgends wissentlich gefälscht hat, kann ich ihm nicht zum Vorwurf machen; denn jeder Einsichtige wird zugeben müssen, daß ein subjektiveres Verfahren in einem Zeitalter der allgemeinen Volksschulbildung, der Konversationslexika und der Überschwemmung mit Tabellen und Handbüchern eine aussichtslose Donquichoterie gewesen wäre. Vorbildliches hat er jedoch auf dem Gebiet der »Auffassung« geleistet, über die sich bekanntlich nicht streiten oder vielmehr nur streiten läßt, sowie in der »Zusammenfassung«, das heißt: der eigenmächtigen Gruppierung von Tatsachen, die nichts miteinander zu tun haben. Daß in dieser Rücksicht bei fester Konsequenz auch in knappem

Rahmen Entscheidendes geleistet werden kann, zeigt gleich der erste Abschnitt, der von der Römerzeit bis zum Erlöschen der Babenberger führt, indem er durch ein zweifellos unzulässiges Verfahren weit voneinander entfernte Epochen, Völker, Kulturen koordiniert und gewaltsam in ein einziges Blickfeld zusammenschiebt. Auch hat der Verfasser insofern einen sehr gesunden Wahlinstinkt bewiesen, als er sich besonders eingehend mit der keltischen Frage sowie mit den Rassenproblemen befaßte, zwei Gebieten, die der unwissenschaftlichen Behandlung ein höchst fruchtbares Feld darbieten, da niemand eindeutig zu sagen vermag, was Rasse ist, und kein Mensch genau weiß, wer die Kelten waren. Auch im zweiten Kapitel, das von den Habsburgern handelt, konnte Ersprießliches zutage gefördert werden, denn diese waren ein so varietätenreiches und undurchsichtiges, gleich den Quadratzahlen stets eine positive und eine negative Wurzel ergebendes Geschlecht, daß es schlechterdings unmöglich ist, über sie etwas Authentisches zu sagen. Ebenso vorteilhaft lag es bei dem dritten Kapitel über die »Austrobarocke«, wo durch die allseitige Durchschnüffelung von seiten der Kunstgelehrten alles so vieldeutig, zerspalten und unanschaulich geworden ist, daß von einer undilettantischen Lösung der hierhergehörigen Fragen nicht mehr geredet werden kann. Andererseits kann ich meinen Freund die peinliche Enthüllung nicht ersparen, daß einige seiner hier vorgetragenen Ansichten bereits an manchen Universitäten doziert werden.

Die eingehenden Erörterungen des Autors über österreichische Parteipolitik, die einen großen Teil des fünften Kapitels füllen, will ich ihm nicht als Apostasie von meiner Schule buchen, denn hier handelt es sich um eine so primitive geistige Betätigung, daß über sie Irrlehren kaum möglich sind. Aber auch der Versuch des vierten Kapitels, vom Josefinismus eine unsachliche Darstellung zu geben, muß als gescheitert betrachtet werden, da er viel zu gründlich belegt ist, und selbst in die Schlußabsätze über die unmittelbare Gegenwart haben sich zahlreiche Korrektheiten eingeschlichen. Daß Sassmann eifrig beflissen ist, allerlei

Klatschgeschichten, Legenden, unverbürgte Versionen und dergleichen als legitim zu behandeln, ist zwar ganz im Sinne meiner Methode; da aber die ganze Weltgeschichte und ganz vorzüglich die österreichische Geschichte im Grunde nur ein großer Tratsch ist, läßt sich auch dieses Verfahren nur cum grano salis als unwissenschaftlich bezeichnen.

Jetzt wird aber der Verleger finden, daß ich das Buch nicht genug gelobt habe. Und so stehe ich denn nicht an, zu konstatieren, daß es an geistigem Gehalt, sprachlicher Ausdrucksfähigkeit und pschologischem Einfühlungsvermögen auf demselben Niveau steht wie meine »Kulturgeschichte der Neuzeit«.

Jetzt werden aber viele finden, daß ich es noch immer nicht gelobt habe.

Brief an eine Filmgesellschaft

Zunächst möchte ich vorausschicken, daß ich den Film »Condottieri« nur aus der mir vorgelegten Synopsis kenne – da es sich aber bei dem in Frage stehenden Plagiat lediglich um den Bau handelt, so dürfte dieses Material genügen.

Der Filmentwurf »Burg gen Osten« handelt von dem Kampf eines südösterreichischen Bauernführers gegen die Türken, der Filmentwurf »Condottieri« von dem Kampf eines norditalienischen Söldnerführers gegen Florenz und den Papst. Die Ähnlichkeit kann also nicht in der äußeren Gestalt der Fabel liegen, sondern nur in ihrem Kern. Dieser besteht darin, daß ein heldenhafter Anführer die Seinen zum Kampf eint und (in »Burg gen Osten« verwundet, in »Condottieri« sterbend) siegt. Ich bin nun tatsächlich der Ansicht, daß das Sujet des Films »Condottieri« entlehnt ist, aber nicht aus dem Filmentwurf »Burg gen Osten«, sondern (was den Charakter des Helden und das historische Milieu anlangt) aus Wagners »Rienzi« (was das Schicksal des Helden anlangt), aus Schillers »Jungfrau von Orleans«.

Goethe hat einmal erklärt, es gebe nur sechsundvierzig dramatische Situationen. Er hat sich auch die Mühe gegeben, sie zu formulieren, und eine von ihnen mit den Worten beschrieben: »Ein Befreier setzt sich an die Spitze und geht unter.«

Die großen Vorwürfe unterscheiden sich dadurch von den kleinen, daß sie nicht plagiiert werden können: sie sind dazu nicht originell genug. Die Originalität einer Idee steht nämlich im umgekehrten Verhältnis zu ihrer geistigen Bedeutung. Die großartige These »Alles ist eines«, mit der Thales die abendländische Philosophie eröffnete, kann nicht unter Urheberschutz gestellt werden. Dagegen die

Bemerkung Feuerbachs »Der Mensch ist, was er ißt« kann vermöge ihrer einzigartigen Plattheit sehr leicht geschützt werden. Der gigantische Einfall des Prometheus, der am Anfang aller menschlichen Zivilisation steht, konnte so wenig geschützt werden, daß fast alle Rassen der Erde einen anderen Erfinder der Feuertechnik angeben. Ein neuerfundener originell schließender Hosenknopf hingegen genießt sofort den sichersten Patentschutz. Dasselbe Verhältnis besteht zwischen der Grundidee des »Faust« und dem einmaligen Sujet eines albernen Schwanks. Was nur einem einzigen einfallen kann, ist stets von untergeordneter Bedeutung.

Das berühmteste Lustspiel des achtzehnten Jahrhunderts war zweifellos Sheridans »Lästerschule«. Es behandelt die Geschichte vom guten und vom bösen Bruder, und zwar halten alle den guten Bruder für den bösen und den bösen für den guten. Ferner lieben die beiden ungleichen Brüder dasselbe Mädchen, das aber natürlich nur die Liebe des guten, scheinbösen erwidert. Schiller hat diesen Stoff dreimal behandelt, aber vor ihm hatte ihn Klinger bereits viermal behandelt, zum erstenmal in seinem Ritterdrama »Otto«, und schon dort heißt der edle Bruder Karl, wenn auch nicht gerade Moor. Und bei Sheridan heißt er ebenfalls Karl. Wir müssen aber noch hinter Sheridan zurückgehen, nämlich bis zu Fieldings berühmtem Roman »Tom Jones«, in dem genau dieselben Figuren vorkommen. Und eigentlich müßten wir bis zur Bibel zurückgehen, auf deren ersten Seiten bereits die Geschichte von Kain und Abel steht. Das Sujet ist also vom lieben Gott, von dem übrigens auch alle anderen Sujets abstammen, weshalb die Menschen nicht über Herkunft streiten sollten.

Dr. Egon Friedell

Wie ich entdeckt wurde

(Antwort auf eine Umfrage)

Ja, als was denn? Ich hatte und habe so viele Berufe, daß Sie sich da schon ein wenig genauer ausdrücken müssen. Wie ich als Kabarettier entdeckt wurde (zusammen mit Marya Delward, die damals ein entzückendes schnippisches Backfischchen war), dürfte heute keinen Menschen mehr interessieren; ebenso dürfte meine Tätigkeit als Theaterkritiker bereits vergessen sein, außer von einigen Schmierenschauspielern, die ich mit Mitterwurzer verglichen habe. Als Dramatiker wurde ich von niemand entdeckt. Hingegen habe ich immerhin die Genugtuung, daß wegen meiner »Judastragödie« meine verehrten Freunde Albert Heine und Max Paulsen demissionierten: der erstere, um sie nicht spielen zu müssen; der letztere, weil er sie gespielt hatte. Als Schauspieler wurde ich natürlich von Max Reinhardt entdeckt. Als ich ihn vor meinem ersten Auftreten (es war als Kaiser in der deutschen Uraufführung von Shaws »Androklus und der Löwe«) schüchtern fragte: »Aber wäre es nicht besser, wenn Sie sich für diese Rolle einen Schauspieler kommen ließen?«, erwiderte er überlegen lächelnd: »Schauspieler interessieren in Berlin nicht.« Als Geschichtsforscher wurde ich von einer zionistischen Zeitschrift (ich glaube, sie hieß »Die Stimme« oder so ähnlich) entdeckt: in einem vortrefflichen Essay, der den Titel führte: »Nebbich als Kulturhistoriker«. Möglicherweise gebührt dieser Ruhm auch einer führenden kommunistischen Zeitschrift; das kann ich aber nicht beurteilen. Denn ihre Kritik begann mit den Worten »Dieses Dreckbuch«; da habe ich gar nicht erst weitergelesen, indem ich mir, empfindlich, wie Schriftsteller einmal sind, dachte: dieser Anfang gefällt mir schon nicht; auch wenn der Tadel im weiteren Verlauf noch so sehr eingeschränkt wird: etwas wirklich Ermunterndes ist kaum mehr zu gewärtigen. Eine andere Besprechung (ebenfalls in einer zionistischen Zeitschrift) betonte, das meiste erinnere an Fritz Grünbaum. Das empfinde ich als durchaus schmeichelhaft und doch auch wieder als ungerecht, denn ich kann auf Ehrenwort versichern, daß ich die Kulturgeschichte von Fritz Grünbaum nicht gelesen habe. Als Germanist wurde ich von Professor Jakob Minor entdeckt, der mir, da er bekanntlich schwerhörig war, das Doktorat magna cum laude verlieh.

Ist die Erde bewohnt?

In ihrer genaueren Formulierung lautete diese Frage, die vor zwei Lichtjahren auf dem innersten Planeten des Sternpaars Cygni (»Die Schwäne«), eines der uns zunächst gelegenen Sonnensysteme, gestellt wurde: Sind die Trabanten des Fixsterns Sol bewohnt oder wenigstens bewohnbar? Sie wurde von den Gelehrten einstimmig verneint. Sie erklärten:

1. Nur Planeten von Doppelsonnen sind bewohnbar, weil nur sie durch die einander aufhebenden Anziehungskräfte der beiden Gegensonnen in Gleichgewicht und Ruhe erhalten werden. Sol ist jedoch ein Einzelstern und seine Planeten daher Drehsterne. Die hierdurch bewirkte grauenvolle Bewegung läßt jeden Gedanken an dortiges Leben als Wahnwitz erscheinen.

2. In der Atmosphäre der Soltrabanten wurden beträchtliche Mengen des Sauerstoffs festgestellt, jenes bösartigen Giftgases, von dem schon geringe Spuren genügen, um alle Lebenskeime zu vernichten.

3. Es steht völlig außer Zweifel, daß auf keinem Soltrabanten die Durchschnittswärme 500 Grad übersteigt, ja auf manchen sinkt sie bis zu 100 Grad! In einer Temperatur, die so weit davon entfernt ist, Violettglut zu erzeugen, vermag Leben nicht zu entstehen, geschweige denn sich zu höheren Formen zu entwickeln.

4. Sol ist einer der lichtschwächsten Fixsterne. Die gesamte Lichtmenge, die er während eines Solarjahrs produziert, würde grade noch genügen, um die Bewohner des nächsten seiner Planeten eine Cygnalsekunde lang zu ernähren! Selbst wenn man also einen Augenblick lang die absurde Hypothese annehmen wollte, daß auf einem sauerstoffverpesteten, in blitzschneller Rotation befindlichen Ball »Lebewesen« existieren können, so könnten diese eben

nur einen Augenblick lang leben, denn im nächsten wären sie bereits an Lichthunger elend zugrunde gegangen.

5. Sämtliche Solplaneten sind ungeheuer schwer. Selbst der leichteste von ihnen, der dreiundzwanzigste, wiegt noch immer etwa vierzigtausendmal soviel wie beide Cygni zusammen. Infolgedessen müssen diese Monstra eine Gravitationskraft besitzen, die die Existenz luftartiger Geschöpfe völlig ausschließt. Da Leben nur in Gasform möglich ist, so erledigt sich schon durch diese Tatsache die ganze Frage nach der Bewohnbarkeit dieser Weltkörper.

6. Da Sol eine immerhin mehrtausendfach höhere Temperatur und eine viel geringere Dichte als seine Planeten besitzt, so wäre die Möglichkeit, daß er selbst bewohnt ist, theoretisch denkbar. Aber auch sie muß verneint werden. Denn die Spektralanalyse hat festgestellt, daß er einen hohen Prozentsatz an Eisen enthält. Von diesem furchtbaren Gas würde ein Milligramm ausreichen, um Myriaden von Cygnoten durch die Kraft seines Magnetismus auf der Stelle zu töten. Die ehernen Naturgesetze, die die Wissenschaft entschleiert hat, gelten auch für die Lebenserscheinungen und umspannen unerbittlich den ganzen Kosmos, wehalb man müßige Spekulationen über die Bewohnbarkeit unserer benachbarten Liliputsonne und ihrer toten Drehsterne den Romanschriftstellern überlassen sollte. –

Nur ein verrückter Privatdozent der Philosophie erklärte: Selbstverständlich sind alle Solplaneten bewohnt, wie überhaupt alle Weltkörper. Ein toter Stern: das wäre ein Widerspruch in sich selbst. Jeder Weltkörper stellt eine Stufe der Vollkommenheit dar, einen der möglichen Grade der Vergeistigung. Jeder ist ein Gedanke Gottes: also lebt er und ist er belebt, wenn auch seine Bewohner vielleicht nicht immer so aussehen wie ein Professor der cygnotischen Astronomie.

Worauf ihm wegen Verhöhnung der Fakultät die Befugnis zur öffentlichen Gedankenübertragung entzogen wurde.

Brief an Lina Loos

Liebe Lina!

Die Menschen, die den Sinn der Menschheit ausmachen, zerfallen in drei Gruppen: die Helden, die Genies und die Heiligen.

Die Helden müssen sich grundsätzlich überschätzen, da sie sonst ihre übermenschliche – oder wenn Du willst – ihre unmenschliche Aufgabe nie vollbringen könnten.

Die Heiligen besitzen die von Dir geforderte Bescheidenheit, weil sie eben nicht mehr ganz von dieser Welt sind.

Von den Genies hingegen sagt Carlyle: »Sie besitzen die Gabe, allen Menschen und Dingen ihr richtiges Maß abzusehen.«

Diese Fähigkeit muß sich natürlich auch auf die Selbstbeurteilung erstrecken. Sie stellen sich weder »auf die Zehen«, noch machen sie sich künstlich kleiner (was ebenso albern und verlogen wäre wie das erstere), sondern präsentieren sich in ihrer natürlichen Lebensgröße und kennen genau den Platz, an dem sie stehen. Sie halten sich nicht für mehr wert als die anderen (das erst wäre unbescheiden), sondern bloß für Träger von Fähigkeiten und Vollbringer von Leistungen, die den Durchschnitt überragen: wie weit, das wissen gerade sie am allergenauesten zu bestimmen.

Ich habe hier bisher noch nie einen Fehlgriff bemerkt, weder im Sinne der Über- noch der Unterschätzung. Schopenhauer schrieb als 30jährige Obskurität an den Verleger Brockhaus: »Das Buch, das ich Ihnen übergebe, enthält eine Gedankenreife, die noch nie vorher in eines Menschen Kopf gekommen. Es ist eines von jenen Büchern, die nachher Quelle und Anlaß von hundert anderen Büchern sein werden.«

Nietzsche schreibt an Brandes: »Ich habe den Deutschen die tiefsten Bücher geschenkt, die sie bisher besitzen.« (Unter diesen befand sich aber keines, für das er die Druckkosten begehrt hätte.)

Stendhal schrieb 1830: »Ich antizipiere den Geist von 1900.«

Als man Michelangelo aufmerksam machte, daß seine Statue des Papstes nicht ähnlich sei, sagte er: »Wem wird das in zehn Jahrhunderten auffallen?«

Bei den beiden letzten Beispielen ist besonders zu beachten, wie genau und sicher die beiden ihren Wirkungsradius berechnet haben: Stendhal auf 70, Michelangelo auf 1000 Jahre.

Es ist mir selbstverständlich niemals eingefallen, mich mit dem Dichter Schiller zu vergleichen, sondern nur mit dem Historiker. Wenn Du das für ein »Sich-auf-die-Zehen-Stellen« hältst: so verstehst Du a) von Schiller, b) von mir, c) von künstlerischer Geschichtsschreibung einen Schmarrn!

Es küßt Dich Dein

Egon

Brief an das »Neue Wiener Journal«

Sehr geehrte Redaktion!

Da heute gerade die führenden Blätter sich zur Füllung ihrer Spalten mit jedem Schmarrn beschäftigen, so halte ich es für sehr unwahrscheinlich, daß Sie meinen 60. Geburtstag ebenso übergehen werden wie den des Negus von Abessinien. Obgleich ich infolge meines überlangen Wirkens in der Öffentlichkeit nachgerade auch gegen die kompromittierendsten Lobsprüche völlig abgehärtet bin, so bin ich trotz meines hohen Alters noch nicht abgeklärt genug, um bei offenkundig falschen Angaben nicht nervös zu werden. Darum stellte ich Ihnen folgende zuverlässige Daten zur Verfügung, wobei Ihrer Kritik bei der Auswahl und Ihrer Phantasie bei der Glossierung noch immer genug Raum bleibt:

Geboren am 21. Jänner 1878 in Wien, zweimal in Österreich und zweimal in Preußen maturiert, beim viertenmal glänzend bestanden. In verhältnismäßig kurzer Zeit in Wien zum Doktor der Philosophie promoviert, wodurch ich die nötige Vorbildung zur artistischen Leitung des Kabaretts »Fledermaus« erlangte. Da ich zur Erholung von dieser verantwortungsvollen Nachttätigkeit mich bei Tage mit essayistischen Arbeiten beschäftigte, erwarb ich den Titel eines »lachenden Philosophen«. Worauf mir nichts übrigblieb, als zu dessen Widerlegung die »Judastragödie« zu schreiben, deren Uraufführung im März 1923 im Burgtheater (mit Devrient als Pilatus, Hugo Thimig als Petrus, Aslan als Herodes und Lotte Medelsky als Maria Magdalena) stattfand.

Anders als viele meiner Kollegen wurde ich erst auf Grund meiner dramatischen Tätigkeit Theaterrezensent. Mein Mangel an Kritik brachte Reinhardt auf den Gedanken, mich unter die »Schauspieler des Theaters in der Josefstadt« einzureihen. Als Darsteller neuzeitlicher Gestalten hatte ich Gelegenheit, umfangreiche Materialien zu meiner dreibändigen »Kulturgeschichte der Neuzeit« zu sammeln, von der bisher eine englische, amerikanische, schwedische, norwegische, dänische und finnische Ausgabe veranstaltet wurde und eine italienische vorbereitet wird, während Frankreich und Bulgarien bisher ein unbegreifliches Desinteressement gezeigt haben. Da einige Fachgelehrte mir die Kompetenz für die Erforschung der Neuzeit absprachen, ließ ich vor einem Jahr den ersten Band meiner »Kulturgeschichte des Altertums« erscheinen. Im kommenden Februar werde ich in Leichts Varieté* auftreten.

Zur Vermeidung eines Mißverständnisses möchte ich noch bemerken, daß ich Geburtstagsartikel prinzipiell nicht honoriere.

Ihr Egon Friedell

* Eine berühmte Bretterbühne im Wiener Prater.

Die Reise mit der Zeitmaschine

Einleitung

Eine ungewöhnliche Korrespondenz*

1.
Mr. H. G. Wells, London

Wien, am 3. Februar 1908

Hochgeehrter Meister!

Ein begeisterter Verehrer, ja Verschlinger Ihrer sämtlichen Werke gestattet sich, eine bescheidene Anfrage an Sie zu richten, die Sie hoffentlich nicht allzusehr belästigt. Sie haben in Ihrem vor längerer Zeit erschienenen prachtvollen Roman »Die Zeitmaschine« einen Gelehrten geschildet, der mit einem Apparat seiner Erfindung in die vierte Dimension, nämlich in die Zeit, zu reisen vermag. Er versucht es zunächst nach vorne: in die Zukunft, und die Schicksale, die ihm dabei widerfahren, sind von Ihnen mit einer dichterischen Phantasie ausgesponnen, die jeden Leser entzücken muß. Er kehrt zurück, erzählt seine Erleb-

* Man wird bemerken, daß sämtliche Personen, die im Nachfolgenden das Wort ergreifen, an einem sonderbaren Defekt leiden: sie sind vollkommen unfähig, bei der Stange zu bleiben. Es hat dies seinen Grund darin, daß es sich durchwegs um Angehörige der sogenannten geistigen Berufe handelt. Diese unterscheiden sich bekanntlich von den übrigen Menschen durch einen erstaunlichen Mangel an Konzentrationsfähigkeit. Man kann es geradezu als das Hauptmerkmal aller »geistigen Arbeiter« ansehen, vom Dichter und Metaphysiker mit »Ewigkeitsgehalt« bis herunter zum Nachtreporter und Budenausrufer, daß sie stets vom Hundertsten ins Tausendste kommen. Als gewissenhafter Berichterstatter fühle ich mich jedoch verpflichtet, den Briefwechsel in dem vollen Umfang wiederzugeben, in dem er tatsächlich stattgefunden hat. Wer jedoch diese bisweilen fast an Gedankenflucht grenzenden Erörterungen ebenso deplaziert findet wie ich, möge sie und die ohnehin nur für rückständige Dickköpfe geschriebene »Vorerinnerung« so rasch wie möglich überfliegen, um dann sogleich mit der gröberen, aber konsistenteren Nahrung zu beginnen, wie sie die Schilderung der Mißgeschicke und Abenteuer des Helden in den späteren Abschnitten bietet.

nisse, besteigt bald darauf wieder den Apparat, um in die Vergangenheit zu reisen – und hier bricht der Roman ab. Sie sagen: »Der Zeitreisende verschwand. Und, wie jedermann heute weiß: er ist niemals zurückgekehrt. Wir können nichts tun als uns darüber wundern. Wird er jemals wiederkommen? Vielleicht ist er, als er in die Vergangenheit zurückwirbelte, unter die blutdürstigen behaarten Wilden der frühen Steinzeit geraten oder in die Tiefen des Kreidemeeres oder unter die grotesken Saurier, die riesigen Eidechsenungetüme der Jurazeit. Vielleicht promeniert er eben jetzt – wenn ich mir überhaupt eine Vermutung erlauben darf – auf einem von Plesiosauriern bevölkerten Korallenriff oder am Ufer eines einsamen Salzsees der Triasperiode.«* Nun aber sind seit dem Erscheinen des Romans bereits einige Jahre verflossen, während deren ich oft und angestrengt über jene Reise in die Vergangenheit gegrübelt habe. Es gibt meiner Ansicht nach hier nur zwei Möglichkeiten. Entweder: in Ihrem Bericht steckt ein Körnchen Wahrheit: in diesem Falle wäre es doch immerhin denkbar, daß man von dem seltsamen Manne inzwischen Nachricht bekommen hätte. Oder aber: er ist überhaupt eine freie Erfindung Ihrer genialen Feder – warum zögern Sie dann so lange mit der Fortsetzung der Erzählung, die doch nur von Ihrer Willensentschließung abhängt? Und es spricht alles dafür, daß diese letztere Annahme die zutreffende ist: sogar das Verhalten des Zeitreisenden selber und noch mehr das seiner Umgebung. Der Zeitreisende sagt einmal: »Wenn Sie die ganze Wahrheit wissen wollen ... ich glaube selber nicht recht an alle diese Dinge«, und ein andermal: »Nein, ich kann nicht verlangen, daß Sie das alles glauben. Nehmen Sie es für eine Lüge – oder eine Prophezeiung. Denken Sie: ich habe es in

* Die Stellen aus der »Zeitmaschine« sind nicht in der deutschen Übersetzung zitiert, die sich im Buchhandel befindet, sondern neu übertragen. Auch der Briefwechsel ist in Übersetzung wiedergegeben, da er in englischer Sprache stattfand. Mr. Wells kann nämlich nicht Deutsch: dies dürfte die einzige Eigenschaft sein, die er mit seinem Übersetzer gemeinsam hat.

meinem Laboratorium geträumt. Kurz: nehmen Sie es als Roman; aber was halten Sie davon?« Und der »Herausgeber« Mr. Blank (allem Anschein nach der Klügste und Seriöseste des Kreises) erwidert seufzend: »Wie schade, daß Sie kein Romanschreiber sind!« und erklärt auf dem Heimweg das Ganze für eine »amüsante Lüge«. Und ein Journalist, »ein ernster schüchterner Mann mit einem Bart, der den ganzen Abend lang den Mund nicht auftut« (Sie verschweigen seinen Namen leider ebenso wie den des Zeitreisenden), hüllt sich in vielsagendes Schweigen. Aber selbst gesetzt, es gäbe den Zeitreisenden, was ja trotz allem immer noch möglich ist, und er hätte seine Zeitreise wirklich vollführt, was mir nach allem mehr als unwahrscheinlich vorkommt: dann hätten Sie erst recht die Obliegenheit, alles, was Sie über ihn in Erfahrung bringen konnten, genau zu berichten, und wenn Sie nichts in Erfahrung bringen konnten, wenigstens dies zu berichten. Es ist das ganz einfach eine Pflicht gegen Ihre unzählbaren Bewunderer, zu denen ich zu zählen bitte

Ihren sehr ergebenen Egon Friedell.

P. S. Bei dieser Gelegenheit erlaube ich mir, Sie auch um ein Autogramm zu ersuchen. Aber bitte keinen bloßen Namenszug, sondern einen schönen, recht langen Sinnspruch, der noch nicht im Druck erschienen ist.

2.

Herrn Egon Friedell, Wien

London, am 11. Februar 1908

Mein Herr!

Ihre Hoffnung war trügerisch: Mr. Wells, in dessen Auftrag ich Ihnen schreibe, fühlt sich durch Ihre Anfrage sogar *sehr* belästigt. Er hält sie für nichts weniger als »bescheiden«. Gibt es etwas Anmaßenderes (als weibliches Wesen kann ich keinen stärkeren Ausdruck gebrauchen) als den Versuch, unter dem Deckmantel der Verehrung fremde Geheimnisse auszuspionieren? Und noch dazu in so manierloser Form! Denn die ebenso unüberlegten wie ungehobelten Ausdrücke: »bewundernswerte Phantasie«, »geniale Erfindung« und dergleichen, mit denen Sie im Zusammenhang mit Mr. Wells um sich zu werfen belieben, kann dieser doch nur als grobe und aufreizende Beleidigungen empfinden. Selbst wenn sie nicht von boshafter Absicht diktiert sein sollten, was ich in Ihrem Interesse annehmen will, zeugen sie von einer blamablen Verständnislosigkeit und sind jedenfalls geeignet, Mr. Wells aufs tiefste herabzusetzen. Auf solche Verehrer verzichtet Mr. Wells! Wofür halten Sie ihn eigentlich? Sie verwechseln ihn offenbar mit einem Politiker. *Deren* Beruf ist es, Tatsachen zu erfinden. Und wer erlaubt Ihnen, sein wissenschaftliches Protokoll einen Roman zu nennen? Da verwechseln Sie ihn mit seiner Köchin: *die* hat Phantasie, wie alle undisziplinierten Gehirne. Mr. G. B. Shaw, der ja bei Euch in Deutschland so beliebt ist, hat allerdings die traurige Kühnheit gehabt, Mr. Wells einen Romantiker zu nennen; er weiß aber nicht, daß er selbst ein unheilbarer Phantast und Lügenverbreiter ist, der unter der täuschenden Emballage des »Realismus« eine neue Ideologie in unsere Literatur geschmuggelt hat. Oder vielleicht weiß er es sogar: das spräche für seine Intelligenz, aber auch für seine besondere Gefährlichkeit! Aber wie dem auch sei: Mr. Wells läßt Ihnen sagen, daß alle Dichter der Teufel holen soll! Poesie ist etwas für Kinder und Naturvölker, und selbst die Kinder sollte eine vernünftige Erziehung vor solchem Gift bewahren. Poesie verleitet zur Ungenauigkeit, zur Denkfaulheit, zur Unsittlichkeit. Wer sich systematisch daran gewöhnt hat, nicht bei der Stange der Wahrheit zu bleiben, ja wohl gar einen Ruhm darin erblickt, sie möglichst kühn zu überspringen, wird sehr bald auch in allen andern Dingen des Lebens die Gewissenhaftigkeit verlieren. »Wer lügt, der stiehlt« lautet ein allbekanntes Sprichwort; und in der Tat sehen wir, daß alle Dichter stehlen. Eure Klassiker haben unsern Shakespeare bestohlen, und er selbst war der König der Diebe. Aber selbst wenn die Dichter gelegentlich einmal ihre eigenen Gedanken abschreiben, ist das noch immer ein sehr billiges Geschäft. Denn etwas zu erdichten ist hundertmal leichter, als etwas zu entdecken, und etwas auszuspinnen ist hundertmal bequemer, als etwas nachzuprüfen. Daher hält es Mr. Wells mit Plato, der die Lektüre Homers verbieten wollte, und mit unserem großen Philosophen Mr. Hume, der gesagt hat: alle Bücher, die keine Angaben über Experimente oder Zahl, Maß und Gewicht enthalten, gehören ins Feuer! Mr. Wells findet die trockenen, aber soliden Ausgrabungsberichte Schliemanns unvergleichlich spannender als die temperamentvollen, aber unsachlichen Faseleien der Ilias und eine Logarithmentafel bedeutend origineller als die ganze Göttliche Komödie.

Aus alledem werden selbst *Sie* den Schluß zu ziehen vermögen, welche der zwei von Ihnen angenommenen »Möglichkeiten« allein in Betracht kommt. Von den beiden *ist* nämlich die letztere (daß es sich um eine freie Erfindung handelt) gar keine; denn ein wissenschaftlicher Berichterstatter, der erfindet, ist ganz einfach unmöglich. Möglich, daß es bei Ihnen zuhause solche unmöglichen Leute gibt; bei uns nicht. Die Gründe, mit denen Sie Ihre Vermutung stützen, zeigen Ihre ganze Ahnungslosigkeit, wie ich es gelinde nennen will. Die zweifelnden Äußerungen des Zeitreisenden sind selbstverständlich alle *ironisch* gemeint, und zwar von einer Ironie, die jedes bessere Pferd verstehen müßte! Was Mr. Blank anlangt, so ist er mit voller Deutlichkeit nicht als der »Klügste und Seriöseste«, sondern als der Bornierteste und Oberflächlichste des Kreises geschildert, wofür allein schon sein Beruf bürgt: haben Sie denn nicht bedacht, daß er Herausgeber einer Zeitung ist, und noch dazu einer großen? Aber Sie scheinen ohne »Konklusionen« zu lesen (wieder einmal weiblich zart ausgedrückt). Und Ihr dritter Kronzeuge, der Journalist Mr. Anthony Transic, schweigt allerdings den ganzen Abend, aber nicht »vielsagend«, sondern aus purer Dummheit!

Aber auch die andere Eventualität, die Sie ansetzen, trifft in der Form, in der Sie es tun, keineswegs zu. Der Bericht über die Zeitreise enthält nämlich nicht etwa »ein Körnchen Wahrheit«, sondern die ganze Wahrheit und nicht ein Körnchen Fiktion. Was für sonderbare Vorstellungen von schriftstellerischer Anständigkeit müssen bei Ihnen verbreitet sein! Sie halten es also allen Ernstes für denkbar, daß ein unbescholtener Autor wie Mr. Wells die Stirne haben könnte, einem Referat über ein wissenschaftliches Experiment von höchster Tragweite etwas hinzuzusetzen oder auch nur wegzunehmen? Ein ingeniöser Gelehrter wie Mr. ... (hier war im englischen Originalmanuskript etwas sorgfältig durchgestrichen) hätte seine gefahrvollen Versuche also nach Ihrer Ansicht nur zu dem Zwecke gemacht, um Mr. Wells die Unterlage zu einigen feuilletonistischen Spielereien zu liefern? Sehr gütig, daß Sie die Möglichkeit, es gebe den Zeitreisenden, mit einigem Zögern einräumen: natürlich gibt es ihn. Aber Ihr Betragen ist in jedem Fall unentschuldbar. Denn entweder *zweifeln* Sie an seinem Dasein: dann ist dieser Zweifel eine kontinentale Ungezogenheit, die mit aller geziemenden Entrüstung zurückgewiesen werden muß, oder Sie *glauben* an sein Dasein: dann ist Ihre Anfrage eine ebenso ungebührliche Indiskretion, denn nur für den Fall, daß es sich um ein Geschöpf der Phantasie handelt, hätten Sie das Recht, über seine Lebensschicksale Auskunft zu verlangen. Und endlich ist es eine Anmaßung, Mr. Wells über seine Verpflichtungen belehren zu wollen. Gerade weil er seine Pflicht gegen den Zeitreisenden und dessen Ruf sehr wohl kennt, verweigert er jede Auskunft. An der Striktheit dieser Ablehnung mögen Sie die geringe Delikatesse Ihrer Anfrage ermessen.

Ihre aufrichtige

Dorothy Hamilton
Sekretärin

P. S. Ihr Ersuchen um ein Autogramm muß Mr. Wells ebenfalls ablehnen. Da er von Beruf Schriftsteller ist, so übt er das Schreiben auch nur beruflich aus und fühlt sich nicht veranlaßt, an Privatpersonen schriftliche Arbeiten zu liefern. Er findet Ihr Ansinnen nicht weniger sonderbar, als wenn Sie von einem Buchhalter, dessen Beruf das Rechnen ist, verlangen wollten, er solle zu Ihrem Privatvergnügen eine Kolonne addieren, und dazu noch eine möglichst lange. Und Sie als Schauspieler wären sicherlich sehr erstaunt, wenn einer Ihrer »Verehrer« Ihnen zumutete, ausschließlich für ihn eine Rolle zu memorieren.

3.

Mr. Anthony Transic, London

Wien, am 19. Februar 1908

Sehr geehrter Herr!

Die beiliegenden beiden Kopien informieren Sie über meinen Briefwechsel mit Mr. Wells. Dieser Korrespondenz verdanke ich auch Ihren Namen, der in dem Roman oder vielmehr dem Protokoll über die Zeitmaschine (ob absichtlich oder aus Versehen, kann ich nicht beurteilen) nicht erwähnt wird. Daß mein Brief Sie, obgleich er einer genaueren Adressenangabe entbehrt, ohne erhebliche Verzögerung erreichen wird, steht für mich außer Zweifel, denn die Londoner Post ist so findig, daß sie sogar eine Depesche ohne Namensnennung, nämlich an den Zeitreisenden, bestellte; man kann aber auch sagen: nicht bestellte. Nämlich so: sogleich nach Empfang des Briefes der Miß Hamilton schickte ich ein Telegramm an »Time Traveller London« und bekam es prompt zurück mit dem Vermerk »gone on a journey«. Das ist ja bei einem »Reisenden« nicht weiter verwunderlich, daß er sich auf einer Reise befindet; nur was das für eine Reise sei, hätte ich gar zu gern gewußt. Ist er noch immer auf Zeitreise? Oder schon wieder? Oder nur auf einer ganz gewöhnlichen, wie auch andere Sterbliche sie unternehmen? Aber auf solche Detailfragen pflegt die Post leider keine Auskunft zu erteilen. Immerhin ist damit nunmehr unwiderleglich bewiesen, daß der Zeitreisende existiert. Ich will damit nicht sagen, daß ich in die Angaben, die Mr. Wells mir machen ließ, irgendeinen Zweifel gesetzt hätte. Ich habe Mr. Wells immer für einen besonders honorigen Charakter gehalten und tue es jetzt erst recht. Über sein Talent denke ich allerdings seit den Enthüllungen seiner Sekretärin weniger anerkennend. Wenn er nur ein Protokoll geliefert hat, so bleibt an schriftstellerischer Leistung nichts zurück als die von ihr selbst zugegebene Farblosigkeit und Formlosigkeit. Der menschliche Gesichtskreis wird durch seinen Bericht allerdings erweitert, aber das ist nicht *sein* Verdienst, sondern das des Zeitreisenden. Er hat gar keinen Anlaß, Bernhard Shaw so von oben herab abzutun. Denn selbst zugegeben, daß dieser Ideologie eingeschmuggelt hat, so bliebe ihm immer noch der Ruhm der Emballage. Auch ein gänzlich wertloses Medikament, das in einem delikaten Schokoladenüberzug steckt, oder ein exquisit ausgestattetes Knallbonbon, in dem sich nichts als Luft befindet, hätte noch immer einen gewissen Reiz: nennen Sie das immerhin Luxus. Nun enthält aber das, was Mr. Wells Shaws Ideologie nennt, ebenfalls einen Schatz von Wahrheiten; nur sind es keine physikalischen, sondern moralische.

Mr. Wells tut nämlich sehr unrecht, wenn er meine irrtümliche Vermutung, er sei ein Dichter, als grobe Beleidigung empfindet. Zu einer Beleidigung gehört doch die Absicht, und diese war ganz offensichtlich nicht vorhanden. Zudem gilt das hierzulande gar nicht als Ehrenkränkung.

Nun, die Philosophie des »Pragmatism«, die der Amerikaner William James begründet hat, ist der Ansicht: unser gesamtes Weltbild ist eine Konvention, die sich durchgesetzt hat, weil sie nützlich ist, eine »praktische Fiktion«; und der große französische Mathematiker Henri Poincaré sagt in seinem Buch »La valeur de la science«, auch das System der Mathematik sei nur eine Konvention, es sei weder wahr noch falsch, es sei bequem; wir haben die euklidische Geometrie akzeptiert, nicht weil sie richtiger, sondern weil sie für uns wichtiger ist als die nichteuklidische. Wenn also sogar Linien, Flächen und Würfel Fiktionen sind, so brauchte Mr. Wells sich in seiner wissenschaftlichen Ehre nicht gar so gekränkt zu fühlen, weil ich auch ihm einige zutraute. Wenn Mr. Wells behauptet, ich hätte ihn, als ich ihm Phantasie zuschrieb, mit seiner Köchin verwechselt, so irrt er sich: seine Köchin hat eben die Phantasie einer Köchin, und er hat die Phantasie eines Wells – oder hätte sie, wenn er den Bericht erfunden hätte. Hingegen könnte man seine Sekretärin sehr leicht für eine Köchin halten, da sie gegen einen Briefschreiber, dessen ganze Schuld ein übergroßes Interesse an den Schriften des Mr. Wells ist, einen solchen Ton anschlägt. Ich möchte nicht gerne wissen, was für Ausdrücke sie gebraucht, wenn sie sich nicht so gelinde ausdrückt, wie sie fortwährend versichert.

Dies führt mich zu dem Zweck meines Schreibens. Der Brief der Miß Hamilton erscheint mir nämlich in mehrfacher Hinsicht verdächtig. Wenn ich einen Brief erhielte, über den ich so dächte wie Mr. Wells über meinen, würde ich entweder gar nicht antworten oder mit ein paar kühlen Zeilen. Dieser Brief ist aber ziemlich lang – wesentlich länger als der meine –, woraus ich schließe, daß Mr. Wells aus irgendeinem Grunde ein schlechtes Gewissen hat. Dies deutet er auch am Schluß selber an, indem er sagt, es sei seine Pflicht gegen den Gelehrtenruf des Zeitreisenden, jede Auskunft zu verweigern. Auf dieselbe Vermutung führt auch die auffallend gereizte Tonart des Briefes, die durch den meinigen nicht im geringsten motiviert ist. Die Geschichte hat zweifellos einen Haken, hinter den ich gerne kommen möchte.

Also der Zeitreisende existiert: denn er ist postbekannt. Und existiert doch auch wieder nicht: denn man weiß nicht, *wo* er ist und *ob* er überhaupt ist. Denn »gone on a journey« kann bei diesem Reisenden sehr leicht auch Reise in die Ewigkeit bedeuten oder, was dasselbe ist, eine Reise in Welten, die durch unüberbrückbare Zeiträume von uns getrennt sind. Daß er sich aber noch immer auf der Reise befindet, die er im Jahre 1905 angetreten hat, und inzwischen nicht ein einziges Mal wieder gelandet ist, glaube ich nicht, und zwar aus folgendem Grunde. In diesem Falle hätte nämlich Mr. Wells bloß zu sagen brauchen: es hat sich nichts Neues ereignet, der Zeitreisende ist nach wie vor verschollen. Ein Anlaß, die Auskunft zu verweigern, läge nicht vor. Andererseits gebe ich Ihnen folgendes Problem zu bedenken, über das ich oft nachgegrübelt habe: wie ist es überhaupt denkbar, daß der Zeitreisende nach Jahren zurückkehrt? Er kann doch nur sofort zurückkehren oder gar nicht. Denn wenn er sich auch ein halbes Jahrhundert lang in der Vergangenheit oder Zukunft aufhielte, so hätte er durch seine Zeitmaschine dennoch stets die Möglichkeit, wieder genau an den Zeitort zu gelangen, von dem er ausgegangen war. Für uns wäre er also gar nicht weggewesen oder doch nur die unbedeutende Zeit lang, deren er mit seiner blitzschnellen Maschine zum Durcheilen der in Frage kommenden Zeitstrecken bedurfte. Sie sehen, die Sache ist ziemlich kompliziert. Man möchte fast sagen, rätselhaft. Aber rätselhaft ist auch das Benehmen des Mr. Wells.

An diesen kann ich mich nicht gut mehr wenden, und es wäre wohl auch aussichtslos. Also bleiben nur die anderen Freunde des Zeitreisenden. Da wäre nun am naheliegendsten Mr. Blank, der »Herausgeber«. Ich habe mich aber für Sie entschieden, und zwar gerade weil Sie den ganzen Abend nicht den Mund auftaten. Solche Personen sind erfahrungsgemäß schriftlich sehr mitteilsam. Zudem sind Sie Journalist: und wenn ein Journalist etwas weiß, so kann er es nicht bei sich behalten. Also *wenn* Sie etwas wissen, so bitte ich Sie herzlich, es mir mitzuteilen. Meine übrigen Bemerkungen können Sie ruhig für kontinentale Vorurteile halten.

Hochachtungsvoll Egon Friedell

4.

Herrn Egon Friedell, Wien

London, am 20. März 1908

Werter Herr!

Ihren Brief habe ich mit großer Aufmerksamkeit gelesen: er steckt in der Tat voll von Vorurteilen. Besonders über schriftstellerische Wahrheitsliebe scheint man bei Ihnen sehr sonderbare Vorstellungen zu haben. Und die Monsterbeispiele, die Sie für die Erlaubtheit der Lügenhaftigkeit anführen, finde ich nicht sehr glücklich gewählt. Den Homer haben schon seine eigenen Landsleute, die alten Griechen, nicht ernst genommen, und nicht erst Plato, sondern schon Heraklit, der ihn einen Schädling und Flausenmacher genannt hat, und Pythagoras, der lehrte, Homer müsse in der Unterwelt büßen für die leichtfertigen Fabeln, die er verbreitet habe. Am gründlichsten hat ihn bereits der Philosoph Xenophanes abgefertigt, als er sagte, wenn der Dichter der Ilias als Ochse auf die Welt gekommen wäre, so hätte er die Olympier als Ochsen geschildert; aber diese Dinge werden wahrscheinlich auf den deutschen Schulen aus »Idealismus« verheimlicht. Daß die Maschine etwas Phantastisches an sich hat, will ich nicht leugnen, aber gerade dies, möchte ich sagen, beweist ihre Realität. Denn die Wirklichkeit ist viel phantastischer und phantasievoller als alle Klügeleien und Stoppeleien der Dichter. Es ist ihnen zum Beispiel noch niemals gelungen, ein Fabeltier zu ersinnen, das zugleich originell und überzeugend wäre; aber in der Natur stoßen wir immer von neuem auf Modelle sowohl vorweltlicher als noch lebender Geschöpfe von phantastischstem Einfall, die sie mühelos komponiert hat: Teleskopfische, Rädertiere, Seesterne, Seehunde, Flughunde, Vogelechsen, Schrecksaurier! In einer einzigen kleinen Leberblume steckt mehr Konzeption und Gestaltungskraft als in sämtlichen Künstlergehirnen der Welt. Selbst der Drache ist nicht unsere eigene Erfindung, sondern eine Reminiszenz aus der Zeit der Flugreptilien.

Ich habe längere Zeit geschwankt, ob ich Ihren Brief beantworten soll, aber schließlich sagte ich mir, daß Ihr lebhaftes Interesse Ihnen ein Anrecht darauf gibt, die ganze Wahrheit zu erfahren. Wobei ich allerdings bemerken möchte, daß ich von dem Wert der Neugierde nicht so hoch denke wie Sie. Einer der typischsten Fälle der Weltgeschichte zum Beispiel, die Indiskretion des Kolumbus, der so lange im Atlantischen Ozean herumschnüffelte, bis er Amerika entdeckte, ist uns teuer zu stehen gekommen. Christian science, Negerfrage, Nikotinvergiftung, Syphilis, Trustwirtschaft: das sind so die Hauptspezialitäten, mit denen dieser Erdteil uns beschenkt hat, den Amerikanismus nicht zu vergessen. Sapienti sat. Und Kartoffeln esse ich nicht.

Aber um ehrlich zu sein: der obige Grund war für mich nicht der entscheidende. Hinzu kam als wichtigstes Motiv die Rücksicht auf meinen Freund, den Zeitreisenden. Ich finde nämlich, daß Mr. Wells eine verfehlte Taktik beobachtet. Die übergroße Schroffheit seiner Ablehnung ist in der Tat geeignet, Verdacht zu erwecken. Er hätte sich zumindest dazu nicht der Miß Hamilton bedienen dürfen, denn nach der Ansicht aller, die sie kennen, ist dieser Rotkopf ein Blaustrumpf, und ein naseweiser dazu. Sie hat die Gelegenheit benützt, um allerhand Halbkenntnisse auszukramen, und sich entschieden im Ton vergriffen. Der Ausfall gegen Mr. Shaw war höchst überflüssig: was kann er denn dafür, daß er wirtschaftlich gezwungen ist, Melodramen zu schreiben (siehe Shakespeare)? Unter diesen Umständen haben Sie vollkommen recht, wenn Sie das Schweigen des Mr. Wells als das versteckte Bekenntnis einer Schuld des Zeitreisenden auslegen. Und um Ihnen zu beweisen, daß Sie unrecht haben, will ich Ihnen alles enthüllen.

Denn von einer Schuld kann hier keineswegs die Rede sein. Eher von Pech. Oder von Zerstreutheit. Schließlich kann man nicht an alles denken, das werden Sie doch verstehen. Das heißt: bis jetzt verstehen Sie noch gar nichts. Aber die Sache war im Grunde sehr einfach – so einfach, wie eben nur die Wahrheit sein kann.

Der beigebogene Bericht hat den Vorteil, daß er sich fast durchwegs aus Aufzeichnungen zusammensetzt, die sogleich nach jedem Ereignis niedergeschrieben wurden. Dies verbürgt bis zu einem fast vollkommenen Grade sowohl ihre Treue wie ihre Lückenlosigkeit. Wo der Zeitreisende spricht, habe ich mich bemüht, möglichst wörtlich zu reproduzieren, und auch dies dürfte mir in hohem Maße gelungen sein, da ich ein sehr gutes Gedächtnis besitze und außerdem als Interviewer in der Wiedergabe mündlicher Äußerungen durch ein jahrelanges Training geschult bin. Im übrigen habe ich natürlich weder das Talent noch den Ehrgeiz, ein Erzähler zu sein, aber auch der Zeitreisende ist, wie Sie bemerken werden, kein guter Erzähler: das pflegen hervorragende Naturforscher höchst selten zu sein. Newton hat zwar bekanntlich große theologische Abhandlungen verfaßt; aber die Erzählungskunst, die er in diesen entwickelt, hätte wohl kaum seinen Weltruf begründet. Mir sind nur zwei Naturforscher von Weltruf bekannt, die zugleich große Darsteller waren: der Franzose Buffon und der deutsche Professor Helmholtz. Aber auch diese beiden Ausnahmen lassen sich erklären: Buffons Gebiet war die beschreibende Naturwissenschaft, die mit Recht Naturgeschichte heißt und daher, wenn sie wahrhaft gemeistert werden will, einen großartigen Erzähler verlangt; und was Herrn Helmholtz anlangt, so war seine Krondomäne die Theorie: es sind ihm zwar einige bewunderungswürdige Erfindungen zu verdanken, zum Beispiel der Augenspiegel, aber in seiner Haupteigenschaft war er spekulativer Physiker, ich möchte sagen: Philosoph. Und der Philosoph stellt dar, der Forscher hingegen, zumal der praktische, stellt fest. Nun aber ist der Zeitreisende so durch und durch Praktiker, daß er nichts als Praktiker ist: ihn interessiert nur die Anwendung, niemals die Theorie. Und von Naturgeschichte versteht er ungefähr so viel, daß ich nicht sicher bin, ob er eine Linde von einer Eiche unterscheiden kann und ob er die Wölfe zum Geschlecht der Hunde oder der Katzen rechnet.

Da ich aus dem miserablen Englisch Ihrer beiden Briefe schließen muß, daß Sie diese Sprache nicht sonderlich beherrschen, so habe ich den Bericht durch meine Gattin Laura, geborene Müller, die selber eine Deutsche ist, übersetzen lassen. Ich setze selbstverständlich voraus, daß Sie die Mitteilungen, da sie zum Teil kompromittierendes Material enthalten, als streng vertraulich behandeln und nicht herumzeigen oder gar der Öffentlichkeit übergeben. Ich hoffe, Sie werden den Eindruck gewinnen, daß ich kein Dummkopf bin, wie Mr. Wells anzunehmen beliebt. Ich habe den ganzen Abend lang weder »aus Dummheit« noch »vielsagend« geschwiegen, sondern weil man mich nichts gefragt hat. Wir Engländer reden nämlich nur, wenn wir gefragt werden. Sie haben gefragt: hier ist die Antwort.

Anthony Transic

Vorerinnerung

Kurze Belehrung für Nichtswisser und Besserwisser

Ehe der Bericht des Mr. Transic anhebt, sei eine kurze Zwischenbemerkung eingeschaltet, die aber eigentlich für normal intelligente Personen überflüssig ist. Sie richtet sich nur an zwei Gruppen von Menschen: die völligen Ignoranten und jene Sorte von superklugen Eseln, die mit ihrer banalen Skepsis alles anzunagen versuchen, die Leute vom Schlage jenes Monsieurs Pérés, der in einem dicken Buch den Beweis unternahm, daß Napoleon niemals gelebt habe, vielmehr nichts anderes sei als eine Personifikation der Sonne, und der »Baconianer«, deren radikalster Flügel erklärt, daß nicht nur Shakespeare, sondern auch Cervantes Pseudonyme seien, unter denen Bacon geschrieben habe.

Es sind nämlich bis in die jüngste Zeit immer wieder Zweifel laut geworden, ob die Zeitmaschine wirklich existiere, ja auch nur möglich sei, Zweifel, die sich nur aus neidischer Mißgunst, wie sie großen Erfindern zu allen Zeiten entgegengebracht wurde, oder aus völligem Mangel an physikalischen Kenntnissen erklären lassen. Zumal seit dem Hervortreten der Relativitätstheorie sollte niemand mehr den Mut haben, Einwände vorzubringen. Der Zeitreisende sagt zur Erläuterung seiner Maschine ungefähr folgendes: »Es ist Ihnen sicherlich bekannt, daß eine ›mathematische‹ Linie, eine Linie von der Dicke ›null‹ keine materielle Existenz besitzt. Das ist eine pure Abstraktion. Ebensowenig kann ein Würfel, der bloß Länge, Breite und Höhe besitzt, eine reelle Existenz haben. Die meisten Menschen *sind* zwar dieser Ansicht. Aber denken Sie einmal einen Augenblick nach: kann ein momentaner Würfel existieren? Ich meine: kann ein Würfel, der keinerlei Zeitdauer besitzt, eine reelle Existenz haben? Daraus folgt, daß jeder materielle Körper eine Ausdehnung nach vier Richtungen aufweisen muß: er muß Länge, Breite, Höhe und – Dauer besitzen. Es gibt also vier Dimensionen, drei, die wir die drei Ebenen des Raumes nennen, und eine vierte: die

Zeit. Die Wissenschaft weiß sehr gut, daß die Zeit nur eine Abart des Raums ist. Betrachten Sie einmal ein ganz populäres wissenschaftliches Diagramm, diese Wetterkarte. Die Linie, die ich mit meinem Finger nachziehe, zeigt die Bewegung des Barometers. Gestern früh war er so hoch, gestern nachts fiel er, heute morgen stieg er wieder und so weiter. Das Quecksilber hat doch offenbar die Linie in keiner der landläufigen Richtungen des Raumes gezogen? Aber ganz zweifellos *zog* es eine Linie, und diese Linie hat sich, so müssen wir schließen, längs der Zeitdimension bewegt.«

Man kann sich nicht gut klarer und einleuchtender ausdrücken. Wenn ich den Ort eines Körpers bestimmen will, so brauche ich drei Daten: wie weit ist er vor oder hinter mir, wie weit ist er rechts oder links von mir und wie weit ist er über oder unter mir – und dann weiß ich noch immer nicht, wo er ist. Denn dazu brauche ich noch die Angabe, wann er ist. Wenn ich mit einer jungen Dame um acht Uhr ein Rendezvous habe und wir verabreden das nächste auf »zwei Tage später, zu derselben Zeit, an genau demselben Ort: das vierte Boskett links vom Parktor«, so ist es nicht derselbe Ort, denn die Erde hat sich inzwischen bewegt, die Sonne hat sich bewegt, das Weltsystem hat sich bewegt. Die Sonne eilt mit einer Geschwindigkeit von zwanzig Kilometern in der Sekunde auf den Fixstern Wega in der Leier zu, der aber seine Gattungsbezeichnung sehr wenig verdient, denn er rast mit einer Schnelligkeit dahin, die noch um ein Drittel größer ist als die der Sonne. Für die Milchstraße ist das aber noch gar nichts: sie legt sechshundert Kilometer in der Sekunde zurück, tausendmal soviel wie eine Kanonenkugel, und da sollte das vierte Boskett an seinem Platze geblieben sein? Für die Rendezvousdame und mich ist es der »gleiche« Ort; aber, müßte ein Beobachter sagen, der in jeder Beziehung weniger leichtfertig wäre als wir beide: die zwei Orte sind nicht gleich, sondern »gleichen« sich nur, wie etwa ein Würfel von sieben Meter und einer von sieben plus zwei Meter Länge, Breite und Höhe. Die genaue Ortsangabe des zweiten Rendezvous ist, angenommen, daß das erste am siebenten Mai dieses Jahres stattfand: »Viertes Boskett links vom Tor, neunter Mai, acht Uhr abends«, wohlgemerkt: die Ortsangabe! Nur unter diesen Daten vermöchte ein kosmischer Betrachter, der nicht die Bewegung der Erde, der Sonne, der Leier, der Milchstraße automatisch mitgemacht hätte, den Rendezvousort aufzufinden. Wer glauben wollte, das Zeitdatum sei überflüssig, wäre ebenso kindisch wie der Passagier eines Überseedampfers, der annähme, er befinde sich, wenn er am Mittwoch auf der »gleichen« Bank sitzt wie am Montag, an demselben Ort. Es befinden sich aber alle Körper auf einer solchen Schiffsbank! Nur die Geister nicht, weil diese, wie man zu sagen pflegt, in der »vierten Dimension« leben. Das heißt: sie können sich in der Zeit vorwärts und rückwärts bewegen, wozu wir nur in den drei Richtungen des Raumes imstande sind. Deshalb vermögen sie als »Revenants« aus der Vergangenheit emporzutauchen und als »Klopfgeister« Zukünftiges vorherzuverkündigen. So erklären sich die oft beobachteten Erscheinungen Verstorbener und geheimnisvollen Warnungen vor Kommendem auf eine ganz natürliche Weise. Sie erscheinen uns sofort nicht mehr als Wunder, wenn wir uns entschließen, in Dingen der Physik etwas weniger gedankenlos zu sein. Daß die Materie für Geister kein Hindernis bildet, erklärt sich von diesem Gesichtspunkt aus ebenso einfach. Die Materie hat eben vier Dimensionen, und wir vermögen uns nur in dreien zu bewegen. Wir glauben irrtümlich, unsere Schranke sei der Raum, aber gerade der ist für uns nach allen Seiten offen. Unsere große Schranke ist die Zeit, an der wir sozusagen festgewachsen sind. Wären wir Flächenwesen, die sich nur in den zwei Dimensionen des rechts und links, vorne und hinten zu bewegen vermöchten, so wäre die dritte Dimension der Höhe und Tiefe für uns das große Hindernis und Geheimnis, das Reich der Geister. Und in der Tat empfinden auch wir noch diese Dimension als die geistigere. Man ersieht hieraus, daß Personen, die noch immer die Tatsache der sogenannten Spukphänomene in Abrede stellen, dies nur ihrer geistigen Rückständigkeit und mangelhaften mathematischen Schulung verdanken. Der Glaube, daß es nur drei Dimensionen gebe, ist ein primitiver Aberglaube, und der Zweifel an der vierten Dimension ist die Skepsis eines Abc-Schülers. Lange Zeit hielt man die Fernwirkung für eine unwissenschaftliche Vorstellung, dies tat sogar noch der große Newton. Heute weiß jeder Bauer, der einen Radioapparat besitzt, daß es sie gibt. Noch vor fünfzig Jahren weigerte sich der große Billroth, an einer hypnotischen Sitzung auch nur teilzunehmen; heute wird die unbefugte Anwendung der Hypnose gerichtlich verfolgt: gewiß die höchste öffentliche Anerkennung, die sich denken läßt. Ebenso hat Kant, die größte Denkkraft, die die Welt jemals erblickt hat, in seiner berühmten Satire »Träume eines Geistersehers« Swedenborg, obgleich dessen telepathische Leistungen urkundlich bezeugt waren, als Schwärmer und Erzphantasten hingestellt. Alle diese Dinge: physikalische Fernwirkung, Hypnose, Telepathie, Spiritismus (dieser sogar noch heute), sind als »höherer Blödsinn« angesehen worden. Aber in solchem »höheren Blödsinn« und in nichts anderem besteht der Fortschritt der menschlichen Erkenntnis.

Die Bemerkung des Zeitreisenden, daß die Zeit nur eine Abart des Raums sei, war eine geniale Antizipation der Relativitätstheorie. Diese hat einwandfrei festgestellt, daß jedem Ort eine bestimmte Zeit zugeordnet ist, daß die Zeit eine Funktion des Orts ist. Deshalb verwenden wir auch für Zeit und Raum ein gemeinsames Maß: diese Einheit ist ein »Zeitmeter«, das heißt: die Zeit, deren die Lichtkraft zum Zurücklegen eines Meters bedarf. Das Licht hat bekanntlich eine Geschwindigkeit von dreihunderttausend Kilometern in der Sekunde, folglich braucht es zu einem Kilometer eine Dreihunderttausendstelsekunde und zu einem Meter den tausendsten Teil davon: eine Dreihundertmillionstelsekunde. Dies ist ein Zeitmeter. Ein Zeitmeter erscheint uns als eine äußerst geringfügige Größe, aber das ist eben ein relativer Standpunkt! Er ist in der Langsamkeit unseres Auffassungsvermögens begründet. Hätte dieses annähernde Lichtgeschwindigkeit, so würden wir sehr wohl bemerken, daß die Zeit sich bewegt. Aber dafür würden wir wiederum so gut wie gar nicht wahrnehmen können, daß der Raum sich bewegt und die Dinge in ihm! Wir könnten es nur durch »astronomische« Beobachtungen erschließen, ähnlich wie wir jetzt durch solche Beobachtungen die Bewegung der Zeit erschließen. Denn für ein so blitzschnelles Auffassungsvermögen würde es keine fallenden Steine geben, sondern nur schwebende, die während eines Menschenalters kaum merklich von der Stelle rückten, und Greise würden ihren Enkeln von der Geschichte dieser Steine erzählen; und der Flug der schnellsten Kanonenkugel würde einen Meter in etwa sechs Tagen zurücklegen, wäre also in der Tat ein »astronomisches« Ereignis. Umgekehrt braucht das uns verliehene Auffassungsvermögen zum Zurücklegen eines Zeitmeters (da das Jahr rund 31½ Millionen Sekunden zählt) fast zehn Jahre: kein Wunder, daß wir diese Größe nicht bemerken oder, wie die Mathematiker zu sagen pflegen, »vernachlässigen«. Die Körper haben für uns keine Ausdehnung in der Richtung des Vorher und Nachher: wir glauben, ein Körper von der Dimension vier Uhr nachmittags sei derselbe, der er war, als er noch die Dimension vier Uhr früh besaß, bloß weil seine übrigen drei Dimensionen sich nicht verändert haben. Aber er ist derselbe nur in unserem Bewußtsein. Einen ähnlichen Fehler machte die Antike, als sie annahm, die Erde ruhe unveränderlich an ihrem Platze, weil es für den Augenschein so aussah. Und wir glaubten, die Zeit ruhe unveränderlich an ihrem Platze. In der Praxis des täglichen Lebens spielen beide Irrtümer ja auch tatsächlich keine Rolle.

Die Sonne geht für uns noch geradesogut auf und unter wie für Ptolemäus, keinem Menschen fällt es ein, zu sagen: die Erde geht unter. Und ebenso können wir auch getrost an der Fiktion festhalten, die Zeit sei etwas Fixes, der ruhende Schoß, in dem die Körper schlafen. Es ist ein Vorurteil, aber ein ungefährliches. Wir werden die junge Dame am Boskett dennoch finden, und wenn sie unpünktlich ist, kann sie sich nicht auf die vierte Dimension ausreden. In

Wirklichkeit aber sind das Fixe wir, die sich nicht in der Zeit bewegen können.

Wir. Aber nicht der Zeitreisende. Denn obgleich er kein Gespenst ist, so vermag er doch die vierte Dimension auf und ab zu gleiten, wie wir die dritte. Seine Erfindung beruht auf einer höchst einfachen Erwägung, einer so einfachen, daß er es für überflüssig gehalten hat, sie zu erläutern. Übrigens sind fast alle genialen Erfindungen einfach, Kolumbuseier. Zum Beispiel der Feuerbohrer, der Flaschenzug, die Töpferscheibe. Und doch hat es zweifellos sehr lange gedauert, bis man ihr Prinzip entdeckte. Oder gibt es etwas Einfacheres als die Dynamomaschine? Der elektrische Strom magnetisiert Stahl, der Magnetismus des Stahls vermag umgekehrt elektrische Ströme zu erzeugen. Werner Siemens ließ durch den Strom den Magneten verstärken und durch den Magneten wieder den Strom und erhielt durch dieses sich immer mehr steigernde Wechselspiel eine starke und dauernde Kraftquelle, die das Antlitz der Erde verändert hat. Man sollte meinen: darauf hätte jeder Gewerbeschüler kommen müssen.

Der Gedankengang des Zeitreisenden war folgender: Für gewöhnlich bewegen wir uns in drei Dimensionen – oder glauben es zu tun. In Wahrheit nämlich bewegen wir uns immer nur in *einer* Dimension: entweder nach vorn oder hinten oder nach rechts oder links oder nach oben oder unten. Mit einem Wort: bei jeglicher Bewegung, die wir machen, isolieren wir eine Dimension. Am deutlichsten wird dies bei der Höhenrichtung. Wenn ich einen Berg besteige, so bewege ich mich zwar seitlich und nach oben, also in zwei Dimensionen, aber nur weil meine Höhenbewegung *unvollkommen* ist. Eine Lerche, ein Wasserstrahl, ein Luftballon, schon der kleine, der als Kinderspielzeug dient, steigt immer kerzengerade in die Höhe. Der primitive Mensch, der sich nur zu Fuße oder bestenfalls auf einem Tragtier nach oben bewegte, hielt diese Bewegung für selbstverständlich und dachte nicht viel über sie nach. Aber mit zunehmender Zivilisation begann man Apparate zu ersinnen, die diese Bewegungsrichtung mit vollem Bewußtsein isolierten: Aufzüge, Motoren, Äroplane, bis zum Stratosphärenflugzeug. Ganz so, wie es der Luftschiffer und der Taucher in der Höhentiefendimension und schon jeder Besitzer eines Schiebkarrens in der Richtung macht, die ihm seine Nase angibt, macht es der Zeitreisende mit der Zeitdimension: er isoliert sie. Auch wir tun dies, wie soeben ausgeführt wurde, ununterbrochen, aber nur in verschwindend minimalen Beträgen, indem wir etwa alle zehn Jahre einen Zeitmeter zurücklegen, und außerdem tun wir es nicht willkürlich. Wir tun es wie der unwissende Wilde, der einen Berg hinabkollert. Der Zeitreisende verhält sich zu uns wie Herr Piccard zu jenem Wilden.

Sie sehen: die Idee der Zeitmaschine ist so einfach, daß man fast enttäuscht ist. Aber die Idee ist noch nicht die Ausführung! Und zu dieser gehörten eben die fabelhaften technischen Kenntnisse und Geschicklichkeiten des Zeitreisenden. Auf die hierher gehörigen Details kann ich nicht näher eingehen: sie würden eine eigene Abhandlung erfordern und beim Leser eine Vorbereitung in der höheren und höchsten Mathematik voraussetzen, über die er kaum verfügen dürfte und die ich, offen gestanden, selbst nicht besitze. Sie werden vielleicht daraufhin finden, daß Sie ohne eine solche wissenschaftliche Demonstration nicht bemüßigt seien, an die Zeitmaschine zu glauben. Daran kann ich Sie nicht hindern, aber ich möchte Sie nur darauf aufmerksam machen, daß Sie doch auch an die Newtonsche Gravitationstheorie und an das kopernikanische System glauben. Nun, und haben Sie die Beweise überprüft? Dazu ist unter zehntausend Menschen kaum einer imstande, denn es verlangt ungewöhnliche mathematische und physikalische Kenntnisse, fast so große wie das Verständnis der Zeitmaschine. Nur das eine will ich erwähnen, daß von den Stoffen, die zum Bau des Apparats nötig sind, das Radium der wichtigste ist. Denn dieses besitzt bekanntlich die Fähigkeit, dauernd Becquerelstrahlen auszusenden und durch Atomzerfall beständig ein Gas, die sogenannte Emanation, zu erzeugen. Es ist also eine Art perpetuum mobile, das das Gesetz von der Erhaltung der Energie ignoriert. Und außerdem besteht zwischen jenen flüchtigen, zum Teil nur noch mit den feinsten Apparaten meßbaren oder sogar unmeßbaren und bloß erschließbaren Energien und der Zeitenergie ein gewisser Zusammenhang. Denn es gibt selbstverständlich auch eine Zeitenergie, die – doch dies gehört bereits zum Bericht des Mr. Transic.

Erstes Kapitel

Zeitreisender startet

Es war am vierten Mai 1905, als der Zeitreisende seine Fahrt in die Vergangenheit antrat. Ich war über seine Pläne genauer unterrichtet als Mr. Wells, da ich noch am Abend vorher mit ihm eine längere Unterredung gehabt hatte. Er beabsichtigte durchaus nicht, zu den Sauriern zu reisen, obgleich ich etwas dergleichen gern gesehen hätte. Ich bin nämlich in meiner freien Zeit leidenschaftlicher Paläontologe, und da wäre es für mich von höchstem Interesse gewesen, zu erfahren, ob die von mir lebhaft bestrittene Hypothese Mr. Huxleys, das Ursprüngliche seien die wasserbewohnenden Tiere gewesen, sich auf diesem Wege experimentell widerlegen lasse. Ich vertrete nämlich die Ansicht, daß von allem Anfang an sowohl Landfauna wie Meeresfauna bestanden hat und ... daß Landleben und Wasserleben zwei große Urtatsachen sind. Es muß also zum Beispiel in der Juraperiode von vornherein sowohl Krebstiere wie Spinnentiere gegeben haben.

Aber der Zeitreisende war durch die Abenteuer seiner Fahrt in die Zukunft mißtrauisch und nüchtern geworden. Er verwies auf die großen Gefahren einer solchen Unternehmung. Zunächst sei es völlig unsicher, ob er nicht in eine Eisperiode gelangen und sogleich bei seiner Ankunft jämmerlich erfrieren würde, denn die einzelnen Abschnitte des Jura ließen sich bei dem heutigen Stande der Wissenschaft nur mit einer Genauigkeit von zwei- bis dreimalhunderttausend Jahren berechnen. Also sei vielleicht das Turmzimmer seines Laboratoriums, in dem die Zeitmaschine steht, bei seiner Landung ein Eisblock und er mittendrin! (Ich brauche wohl kaum daran zu erinnern, daß sich die Zeitmaschine nur in der Früherspäterdimension bewegt, der Ort, an dem sie sich befindet, aber stets der gleiche bleibt.) Ja, wer verbürge ihm, ob er überhaupt auf Festland träfe? Wisse man denn auch nur annähernd, wie die Gegend von Richmond in der Jurazeit ausgesehen habe?

Vielleicht war sie ein Golfstrom, vierhundert Meter unter dem Meeresspiegel. Vielleicht aber auch das Kerngebiet eines aktiven Kraters. Und ob Ertrinken oder Verkohlen dem Erfrieren vorzuziehen sei: das sei eine offene Frage. Und schließlich und vor allem interessiere ihn dieses ganze Spinnenzeug inklusive meiner Theorie überhaupt nicht.

Da ich sah, daß er nicht umzustimmen sei, versuchte ich sein Interesse wenigsten auf den ersten Menschen zu lenken. Dies sei doch eine Angelegenheit von höchstens ein- bis zweimalhunderttausend Jahren. Er brauche bloß mit seiner Maschine in Intervallen von, sagen wir, fünftausend Jahren das Terrain abzusuchen, bis er auf menschliche Spuren träfe. Und das sei doch gewiß eine Frage, die für jedermann von höchstem Interesse sei.

»Für jedermann«, ereiferte sich der Zeitreisende, »aber nicht für mich! Glauben Sie, ich habe Lust, mich mit der Rückständigkeit und Rechthaberei der Gelehrten herumzuschlagen? Würde das, was ich ihnen zu berichten hätte, in ihr derzeitiges System passen, so würden sie mit überlegenem Lächeln erklären, das hätten sie ja schon immer gewußt; wenn es nicht hineinpaßt, werden sie es mit demselben Dünkel als ›Dilettantismus‹ ablehnen. Ich aber halte *ihre* ganze Entwicklungstheorie für Dilettantismus. *Natura non facit saltus!*«

Er hatte überhaupt einen Widerwillen gegen alle ungarantierten Zeiten gefaßt, wie er sie nannte. Schon das Altertum lehnte er ab. »Man würde«, führte er aus, »meinen Apparat für eine römische Kriegsmaschine halten und mit einem Pfeilregen empfangen. Und überhaupt gibt es nichts Uninteressanteres als das antike Britannien. Bessere Indianer, weiter nichts! Es war eine unbegreifliche Marotte Julius Cäsars, dieses Land zu erobern, eine fast ebenso rätselhafte wie sein Mangel an Aberglauben, der ihn das Leben gekostet hat. Aber auch das englische Mittelalter kann mir gestohlen werden: lauter Raubrittereien! Und fast noch ärger sah es bei uns zur Zeit der Reformation aus: nichts als stupide und ordinäre Glaubenskämpfe! War man ein frommer Katholik, der dem Papst anhing, so wurde man als

Hochverräter enthauptet; war man ein ehrlicher Protestant, der nichts von Zeremonienwesen wissen wollte, so wurde man als Kirchenschänder gehängt; war man ein strenger Calvinist, der die Brotverwandlung leugnete, so wurde man als Ketzer verbrannt. Aber auch die berühmte ›Aufklärung‹ ist mir nicht aufgeklärt genug. Erinnern Sie sich doch nur, was Papin mit seinem Dampfboot passierte! Und wenn man mir meine Zeitmaschine ebenfalls in Stücke schlüge, welcher entsetzliche Gedanke, daß ich den ganzen Rest meines Lebens in einer schweren unsauberen Haarmütze und einem verschwitzten, drahtgesteiften Samtpanzer verbringen müßte, ohne Gabel, ohne Nachthemd, ohne Straßenbeleuchtung, als Bodenbelag eine Mischung aus Kienruß und Bier, und daß ich, der ich gewöhnt bin, mit der Zeitmaschine zu reisen, fortan gezwungen wäre, in einer Schneckenkutsche zu fahren, die alle zehn Minuten im Morast steckenbleibt, oder in der dunklen luftlosen Luke eines Segelschiffs, in steter Gefahr, zu stranden, von Piraten überfallen zu werden oder zumindest infolge ausschließlichen Genusses von Pökelfleisch und Dörrgemüse den Skorbut zu bekommen!«

»Ja, zum Donnerwetter«, rief ich ungeduldig, »warum wollen Sie denn dann überhaupt Ihren Apparat in Bewegung setzen, wenn Ihnen keine Zeit paßt?«

»Weil ich ins Jahr 1840 kommen will.«

»Was damals los war, können Sie doch in jeder alten Nummer der ›Times‹ nachlesen. Übrigens war meines Wissens damals gar nichts los.«

»Doch. In jenem Jahr hat Carlyle seine sechs Vorlesungen über ›Helden, Heldenverehrung und das Heroische in der Geschichte‹ gehalten. Wie oft habe ich mir schon gewünscht, den warmen und harten Prophetenklang dieser Stimme zu hören, diesen breiten schottischen Dialekt, der wie ein Gesang ist, diesen eigentümlich holprigen und feurigen Redefluß, der dahinbraust wie ein Wildbach über Geklüft und Gestrüpp! Da es damals noch kein Grammophon gab, muß ich zur Zeitmaschine greifen.«

Ich war wie aus allen Himmeln gerissen. Dazu also hatte

der Zeitreisende mit dem höchsten Aufwand an Ingenium, Scharfsinn und Geschicklichkeit seine Wundermaschine erbaut, um die überheizten Tiraden dieses barocken Landpredigers zu vernehmen! Aber sogleich mußte ich über meine eigene Besorgnis lächeln. Ich wußte: der Zeitreisende war ein viel zu kühner und wissenshungriger Forscher, als daß er dabei stehenbleiben würde. Es konnte gar nicht anders kommen, als daß er von da zu den überraschendsten und furchtbarsten Entdeckungen fortschreiten würde. Hierin sollte ich mich freilich gründlich getäuscht haben. Das heißt, nicht in ihm: an Mut und Erkenntnisdrang fehlte es ihm tatsächlich nicht, sondern in seinen Entdeckungen, die wohl überraschend waren, aber nicht ebenso fruchtbar.

Es war schon spät geworden: »Wann reisen Sie?« fragte ich.

»Morgen punkt zehn Uhr vormittags.«

»Dann erwarte ich Sie etwas nach zehn in Ihrem Laboratorium, um zu erfahren, ob Mr. Carlyle wirklich so penetrant schottisch gesprochen hat. Und vielleicht machen Sie auch ein paar nette Aufnahmen. Aber ich glaube: damals gab es ja ohnehin schon Daguerreotype?« Ich wandte mich zur Tür.

»Nein, tun Sie das lieber nicht«, rief mich der Zeitreisende noch einmal zurück. »Erwarten Sie mich nicht zu der Zeit, von der ich ausgegangen bin.«

»Ja, wann denn sonst?« fragte ich erstaunt.

»Ja, sehen Sie«, erwiderte er etwas verlegen, »es ist vielleicht eine Schrulle von mir, aber ich möchte nicht gern als vorzeitig Gealterter herumgehen.«

»Wie meinen Sie das?«

»Nun, es könnte doch sein, daß es mir in dem gemütlichen London der Vierzigerjahre so gut gefällt, daß ich ein halbes Jahr dort bleibe oder gar noch länger: drei, vier, fünf Jahre. Jetzt denken Sie: ich komme an denselben Zeitort zurück und alle meine Altersgenossen, aber auch meine übrigen Bekannten sind sich völlig gleichgeblieben, bloß ich bin älter geworden. Ich habe ein paar graue Haare bekommen, ein paar neue Falten, und vor allem bin ich seelisch älter geworden. Dadurch würde plötzlich ein ganz schiefes, ganz irrationales Verhältnis zu meinen Mitmenschen entstehen. Zu einem Jugendfreund müßte ich plötzlich ›junger Freund‹ sagen, und dieser würde von sich denken: ›Ich hab mich doch viel besser konserviert.‹ Jemand, der um fünf Jahre jünger war als ich, wäre nun auf einmal um das Doppelte jünger. Kurz, ich käme mir vor wie einer, der in der Klasse sitzengeblieben ist. Aber auch bei viel kürzeren Zwischenräumen, schon bei zehn oder zwanzig Tagen, würde seelisch etwas nicht stimmen. Die Zeit ist eben ein sehr subtiler Gegenstand, der mit feinen Fingerspitzen, ich möchte sagen: mit Takt angefaßt werden will. Nicht umsonst ist Takt auch eine Bezeichnung für Zeitmaß. Ich werde also genau so lange ausbleiben – als ich ausgeblieben bin.«

»Und woran werde ich merken, daß Sie wieder da sind?«

»Ich verständige Sie sofort. Auf dem Wege, den wir gewöhnt sind. Und den nur wir gewöhnt sind. Ist's recht so?«

»Danke. Guten Start!«

Zweites Kapitel

Das rätselhafte Funkentelegramm

Nach seinen letzten Eröffnungen erwartete ich den Zeitreisenden nicht allzubald zurück. Die paar Vorträge wären zwar schnell absolviert gewesen, und daß er sich im viktorianischen London besonders wohl fühlen werde, bezweifelte ich stark. Denn damals gab es zwar keine Perücken und bierrußbestrichenen Fußböden mehr und andrerseits schon Gabeln, Nachthemden und Gasbeleuchtung, ja sogar bereits Streichhölzer und Stahlfedern (bei uns, auf dem Kontinent erst viel später!) und den ersten Schraubendampfer, aber einem Mann von dem Unternehmungsgeist des Zeitreisenden konnte das nicht genügen. Ich war daher, wie gesagt, fest überzeugt, daß er sich alsbald auf ganz andere Abenteuer begeben werde. Mit einem Märchenapparat, gegen den Fausts Zaubermantel eine Kleinigkeit ist und sogar das lenkbare Luftschiff nichts Besonderes wäre, forscht man nach der Beantwortung anderer Fragen als der Carlyleschen, ob Mahomet ein Scharlatan und Cromwell ein Held war. Ich nahm also eine mehrwöchige Abwesenheit als Mindestmaß an und verbrachte die nächste Zeit ohne besondere Spannung. Indes schon nach kurzem erstattete er mir seinen ersten Bericht, aber nicht persönlich, sondern auf eine andere und sonderbare Weise.

Der Zeitreisende und ich gehören zu den wenigen Privatpersonen in London, die an ihrem Hause eine Station für drahtlose Telegraphie besitzen; wahrscheinlich sind wir sogar die einzigen. Da der Staat für die Ausbeutung und Vervollkommnung dieser neuen Erfindung so gut wie nichts tut, sind die Wißbegierigen und Fortgeschrittenen darauf angewiesen, sich um diese Dinge aus eigener Initiative zu kümmern. Jeder eiserne Balkon und jedes Regenrohr kann schon als Antenne dienen, und beim Empfang naher Sendungen arbeiten solche Ersatzantennen sogar besonders gut. Die Errichtung eines genügend langen Senderdrahts ist schließlich keine kostspieligere Sache als ein Blitzableiter; und den Fritter kann man sich mit einiger Geschicklichkeit selber herstellen. Aber die Menschen machen vernünftige Sachen nur, wenn sie behördlich dazu gezwungen werden. In die American bar gehen sie von alleine. Immerhin hatte diese Gedankenfaulheit der Londoner für uns auch ihr Gutes: bei unserem Funkenverkehr ereigneten sich niemals Störungen, denn die einzigen Engländer außer uns, die miteinander drahtlos telegraphieren, sind ein paar Schiffskapitäne und Küstenbedienstete. Wir benützten unsere Apparate ziemlich häufig, aber zumeist war der Zeitreisende der Sender und ich der Empfänger. Er telegraphierte mir interessante Beobachtungen, Experimente, Berechnungen, manchmal sogar gelungene Scherze. Auch diesmal hatte er mir in seinen Abschiedsworten versprochen, mich, angekommen, sofort drahtlos zu verständigen.

Es war etwa sechsunddreißig Stunden nach seiner Abreise, gegen zehn Uhr abends, als der Kohärer anschlug. Ich eilte zum Taster und empfing ein Telegramm des Zeitreisenden, das mich mit Erstaunen und Verwirrung erfüllte. Es lautete: »Schrecklicher unvorhergesehener Zwischenfall. Lebe und bin gesund, aber Sie werden mich nie wiedersehen. Ihr trostloser M.«

Ich war wie mit einem Hammer vor den Kopf geschlagen. Im ersten Moment dachte ich an eine Mystifikation. Aber von wem sollte diese ausgegangen sein? Die Tatsache unserer beiden drahtlosen Stationen war nur meinen nächsten Freunden bekannt, den Freunden des Zeitreisenden überhaupt nicht: selbst Mr. Wells wußte nichts davon. Und keinem dieser wenigen war ein so geschmackloser und roher Scherz zuzutrauen. Auch hätte der Verüber eines solchen Unfugs einen Einbruch in die versperrte Wohnung des Zeitreisenden unternehmen müssen, wozu gewiß keiner dieser Gentlemen fähig war. Erst allmählich gelang es mir, meine Gedanken zu sammeln. Von welchem Punkte der Erde kam dieses Funkentelegramm? In welcher fernen Gegend weilte der Zeitreisende, daß er genötigt war, diesen Benachrichtigungsweg einzuschlagen? Aber das war ja Unsinn! Er war doch nur in die eine Dimension der Zeit gereist und hatte das Turmzimmer seines Laboratoriums gar nicht verlassen. Was veranlaßte ihn also, sich dieses Fernsprechmittels zu bedienen, da er doch nur eine Droschke zu nehmen brauchte, um in meine Wohnung zu gelangen? War er durch irgend etwas in seiner Bewegungsfähigkeit behindert und genötigt, sich auf diese Weise von seinem Hause aus mit der Umwelt zu verständigen? Lag er vielleicht krank im Bett? Aber er telegraphierte doch deutlich: »Lebe und bin gesund.« Oder befand er sich in der Macht eines feindlichen Willens? Aber dann hätte er um Hilfe ersucht. Und was bedeutete dieses rätselhafte: »Aber Sie werden mich nie wiedersehen«? Hatte er den Verstand verloren? Vielleicht war er in seinem kühnen Forschungsdrang zu weit in die Zeit gereist, in die geheimnisvolle schrankenlose Tiefe der Zeit, und hatte dort an das furchtbare Problem der Unendlichkeit gerührt und dadurch seine engen menschlichen Sinne so verwirrt, daß er als Geistesgestörter zurückkehrte? Welche von diesen Vermutungen war die richtige? Vielleicht keine.

Ich beschloß, mir sofort Gewißheit zu verschaffen und mich nach seiner Wohnung zu begeben. In fliegender Hast, ohne Hut, stürzte ich auf die Straße. Nach dem »Londoner Stadtlexikon« sollen siebentausend von den elftausend Lohnkutschen, die London besitzt, Hansoms sein, aber noch nie habe ich eines erwischt, wenn ich es brauchte. Natürlich trottete auch diesmal wieder ein Cab herbei. Ich versprach dem Kutscher ein halbes Pfund, und wir eilten davon, wenn dieser Ausdruck gestattet ist.

Die Villa machte den Eindruck völliger Unbewohntheit. Still und friedlich lag sie da, in der milden Wärme der schönen Frühlingsnacht. Grillen zirpten in der Ferne, um die Gaslaterne schwirrten lustig die Maikäfer, am Gartenzaun blühten die Dotterblumen, und aus einer Nachbarvilla krächzte ein Grammophon den Refrain des schönen Liedes »*the honey and the bee*«: »Du bist der Honig und ich bin die Bien'!«; und ich mußte unwillkürlich denken: ob sich der Zeitreisende wohl jetzt an einem Zeitort befindet, wo es keine Grammophone gibt? Am Eingang ein Zettel: »*Gone on a journey.*« Ich hämmerte mit dem Klopfer gegen die Tür: es regte sich nichts. Ich stemmte mich mit aller Kraft gegen sie, bis sie nachgab. Ein vorbeikommender Policeman hätte gegen den Mann ohne Hut, der die Tür eindrückt, vermutlich die feindseligsten Gedanken gehegt. Natürlich hatte ich die Streichhölzer vergessen. Ich tappte mich ins Haus hinein, und erst nach längerem Suchen in der schwachen Mondbeleuchtung fand ich im Schreibzimmer eine Schachtel. Aber das Gas war abgestellt, ich mußte zurück zum Gasmesser. Endlich konnte ich Licht machen. Auf dem Schreibtisch war alles so ziemlich unverändert. Auf der Mittelplatte lag eine Tabelle mit Berechnungen, die vorher noch nicht dagewesen war. Wahrscheinlich hatte er noch kurz vor seiner Abreise gearbeitet. Darauf begab ich mich in den ersten Stock ins Laboratorium, wo noch eine vergessene rote Glühlampe brannte wie das Ewige Licht. Auch dort einige Spuren neuerlicher Arbeit, aber keine wesentlichen Veränderungen. Im Turmzimmer keine Zeitmaschine: also doch auf der Zeitreise! Aber vor kaum einer Stunde mußte er doch von hier aus telegraphiert haben? Völlig unerklärlich! Ich trat ins Freie – das Grammophon war inzwischen in einen ordinären Cakewalk übergegangen –, und voll banger und unklarer Gedanken kehrte ich nach Hause zurück.

Drittes Kapitel

Man erfährt den Namen des Zeitreisenden

Die nächsten Tage und Nächte verbrachte ich in fruchtlosen Grübeleien. Ich erwog die abenteuerlichsten Möglichkeiten. Vielleicht handelte es sich um ein Geistertelegramm? Es gibt bekanntlich Poltergeister, denen allerlei Schabernack schon zuzutrauen ist. Oder am Ende war er selber schon ein Verewigter? Aber er hatte doch ausdrücklich hervorgehoben: »lebe«. Und selbst wenn sich diese Bemerkung mit einiger Gezwungenheit so deuten ließ, daß er damit das »höhere Leben« im Jenseits meine, so wäre es doch auf jeden Fall gänzlich sinnlos, wenn ein Geist von sich behaupten wollte, er sei gesund. Andrerseits war aber wieder in Rechnung zu ziehen, daß die Äußerungen, die auf spiritistischem Wege zu uns gelangen, sehr oft unzusammenhängend, widersinnig und unverständlich sind.

Es waren inzwischen fünf Tage vergangen. Ich saß mit meiner Frau beim Frühstück, und wir debattierten; natürlich über das Telegramm. Meine Frau vertrat als neueste Auffassung die Ansicht, »Sie werden mich nie wiedersehen« bedeute Abbruch des Verkehrs, ich hätte den Zeitreisenden durch irgend etwas gekränkt und er wolle nun nichts mehr von mir wissen.

»Aber er sagt doch etwas von einem unvorhergesehenen schrecklichen Zwischenfall«, widersprach ich erregt.

»Dieser Zwischenfall war eben dein Benehmen«, sagte Laura. »Du« – in diesem Augenblick schlug der Kohärer an.

Ich stürzte zum Apparat und las das Telegramm ab. »Gott sei Dank«, rief ich erfreut, »er kommt!«

»Wer sagt dir denn das?« erwiderte Laura, die bereits den Taster mitabgehört hatte.

»Nun, er telegraphiert doch: Kommet bestimmt heute zehn bis elf in mein Studierzimmer. Sonst alles verloren.«

»Jawohl, *du* sollst kommen«, wiederholte Laura hartnäkkig, »aber von *ihm* steht in dem Telegramm nichts.«

»Aber weshalb sollte er mich denn in seine Wohnung bestellen, wenn er nicht da ist? Übrigens: warum ist sonst alles verloren?«

»Das wirst du ja in zwei Stunden erfahren.«

Der Sicherheit halber fand ich mich schon um halb zehn in dem bezeichneten Zimmer ein – diesmal, wo ich keine Eile hatte, boten mir zwei Hansoms ihre Dienste an – und wartete gespannt auf die Dinge, die da kommen würden. Trotz Lauras Einwänden war ich fest überzeugt, daß der Zeitreisende zur angekündigten Zeit mit seiner Maschine eintreffen werde. Die Wohnung war natürlich unverändert; bloß auf dem Schreibtisch fand ich das Lichtbild einer schönen, jungen Dame mit einem Stuartkragen, das ich das letztemal offenbar übersehen hatte, und auf der Rückseite die Worte: »Sie fahren an die fernsten Küsten, aber in Ihrer eigenen Seele reisen Sie nicht (Lactantius).« Übrigens unwesentlich. Um Viertel elf hörte ich ein surrendes Geräusch auf dem Tische. Ein nebelhaftes Etwas rotierte mit einer rasenden Geschwindigkeit, die die Papiere ins Flattern brachte, verlangsamte sich, wurde deutlicher und blieb schließlich mit einem knackenden Laut stehen. Ich hob es auf: es war die kleine Zeitmaschine.

Sie werden sich erinnern, daß der Zeitreisende, ehe er daranging, den großen Apparat für seinen eigenen Gebrauch zu bauen, ein kleines Modell anfertigte, das für sich allein in die Zeit reisen konnte. Oder vielmehr zwei: eines sandte er in Gegenwart mehrerer Personen, unter denen auch ich mich befand, zur Probe auf Nimmerwiederkehr in die Zeit (er wußte selber nicht, ob in die Vergangenheit oder in die Zukunft), ein zweites behielt er zurück. Dieses hielt ich jetzt offenbar in der Hand. Ich öffnete das kleine Ding und fand darin einen Zettel. Ich entfaltete ihn: es war ein Brief des Zeitreisenden, seine eigene Handschrift, die mir wohlbekannten, etwas eigensinnigen und schnörkeligen Gelehrtenzüge. Er lebte also noch und war wohl auch noch im Besitz seiner Dispositionsfähigkeit.

Das Schreiben gab mir allerdings wenig Aufschlüsse über seine derzeitige Situation. Es waren nur ein paar hastig hingeworfene Worte; dabei hatte die Schrift etwas Fahriges, Nervöses, und ich konnte aus gewissen Kennzeichen (ich bin ein wenig Graphologe) darauf schließen, daß der Schreiber sich in einem Zustand hochgradiger geistiger oder körperlicher Abspannung befunden haben mußte. Bisweilen war ein »ist« oder »und« ausgelassen: der Brief war zweifellos in Eile oder Verwirrung geschrieben. Er lautete: »Lieber Mr. Transic. Bitte gehen Sie an das zweite Büchergestell links von der Tür, dort stehen auf dem vierten Regal eine Anzahl Jahrgänge der Vierteljahrsschrift »Mind«. Auf dem Vorsatzblatt des neunten Bandes befindet sich eine mit Bleistift geschriebene Zahlentabelle. Reißen Sie sie heraus und stecken Sie sie in die Zeitmaschine. Ferner werden Sie in meinem Laboratorium in einer grünen Schale ein Quantum Pechblende finden. Auch dieses in die Zeitmaschine. Das Ganze adressieren Sie an den sechsten Dezember 1904. Ich beschwöre Sie, alles genau und prompt auszuführen. Mein ganzes Lebensglück hängt davon ab. Ich werde mich von nun an regelmäßig auf diesem Wege mit Ihnen in Postverbindung setzen.«

Obgleich der Inhalt des Briefes mich keineswegs merklich klüger machte, besorgte ich selbstverständlich alles sofort, wie angegeben, und schickte die Zeitmaschine in den bezeichneten Tag. Die Handhabung ist ungemein einfach. Man muß nur den Zeiger auf den gewünschten Termin einstellen und auf den einen der beiden weißen kleinen Hebel drücken, der mit »*back*« bezeichnet ist. Ein Surren, eine immer gespenstischer werdende Kreiselbewegung, und das Maschinchen war verschwunden.

Aber was bedeutete das alles? Den Zeitort, an dem der Zeitreisende sich aufhielt, wußte ich nunmehr, aber was hatte er denn zum Henker im Dezember 1904 zu suchen? Noch nachdenklicher als das letztemal – das Grammophon sang gerade: »Ach, sagen Sie geschwind, sind Sie das schöne Kind, das gestern zur Nacht, es war so um acht, mich hat angelacht« – verließ ich die Villa.

Laura sagte bloß: »Ich habe ja gleich gesagt, daß er nicht selber kommen wird.«

Am nächsten Tag wurde ich schon um fünf Uhr morgens durch den Kohärer geweckt. Das Telegramm meldete nur fünf Worte: »Unglücklicher, wo bleibt die Maschine?« Ähnliche Mahnungen regnete es nun in der nächsten Zeit zu den verschiedensten Tages- und Nachtzeiten und in den verschiedensten Tonarten: drohend, bittend, anklagend, gebieterisch, zerknirscht, so daß Laura und ich allmählich in eine Art Wahnsinnszustand gerieten. Warum war die Zeitmaschine nicht angekommen? Ich hatte sie sorgfältig adressiert, ein Versehen war ausgeschlossen. Am meisten aber brachte uns zur Verzweiflung, daß wir nicht herausbekommen konnten, wie und wo die Telegramme aufgegeben waren. Ich verbrachte zu diesem Zweck einen ganzen Tag in der Wohnung des Zeitreisenden und beauftragte meine Frau, wenn Telegramme ankämen, die Empfangszeit genau zu notieren. An diesem Tage kamen vier Telegramme an, aber an dem Sender des Zeitreisenden hatte sich nichts gerührt. Nach und nach wurden die Sendungen aber seltener und schließlich hörten sie ganz auf. Die letzte lautete: »Sie sind ein Rhinozeros.«

Wochen um Wochen waren seitdem vergangen. Wir sprachen noch immer stundenlang von unserem verschollenen Freund, aber bereits ohne Hoffnung. Auch an seinem Hause ging ich noch öfters vorbei, aber nur noch aus einer Art wehmütiger Pietät. Mit traurigen Gedanken betrachtete ich die einsame Villa, in der so viele kühne und originale Entwürfe das Licht der Welt erblickt hatten, alle nun ohnmächtiges Papier, da der einzige, der sie in die Wirklichkeit hätte übersetzen können, auf eine dunkle Reise gegangen war. Eines Abens – es war bereits der sechste Juli – stand ich wiederum in seinem Garten, über die Unvollkommenheit menschlichen Wissens brütend. Es war ein schöner Abend, wie damals, als ich das erste Telegramm erhielt. Wiederum tanzten die Nachtschmetterlinge um die Flamme der Straßenlaterne, am Zaun blühten schon die Heckenrosen. Frösche quakten um die Wette mit dem Grammophon, das den neuesten Schlager sang: »Ja, so ein Auto, das ist was Feines, was Ungemeines, bald groß, bald kleines.« Da erblickte ich in dem erleuchteten Rahmen des Fensters, das zum Studierzimmer des Zeitreisenden gehört, die Silhouete einer hohen, etwas gebückten Gestalt, die mir, ein wenig matt, mit der Hand zuwinkte. »*Sie* sind es?« stammelte ich verdutzt. »Ja«, sagte mit müder Stimme Mr. James Mac Morton, denn er war es.

Viertes Kapitel

Der Widerstand der Erdzeit

Er sah ein wenig herabgekommen und derangiert aus: bleich, mit tiefliegenden Augen, vernachlässigter Kleidung, gedunsenem Gesicht und rötlicher Nase; und merklich gealtert, so daß ich unwillkürlich denken mußte: vielleicht ist er doch bedeutend länger ausgewesen als zwei Monate. Er bat mich, Platz zu nehmen, und mit ein wenig rauh klingender Stimme sagte er: »Ich bin schon seit ein paar Tagen hier. Aber ich habe mich noch nicht völlig gesammelt. Ich habe viel durchgemacht. Aber das ist ja jetzt vorbei. Die Hauptsache: die Zeitmaschine ist ein Irrtum. Für die Vergangenheit gänzlich unbrauchbar. Aber im streng wissenschaftlichen Sinn eigentlich auch nichts für die Zukunft. Vorbeigelungen. Ein stupides Spielzeug.«

»Aber –«, sagte ich.

»Ich werde Ihnen alles erklären. Natürlich hätte ich bei einigem Nachdenken das Ganze im voraus wissen müssen. Übrigens auch Sie. Aber Sie haben wenigstens die Entschuldigung, daß Sie verheiratet sind.«

»Ja aber –«

»Sie werden alles der Reihe nach erfahren. Es strengt mich nur noch etwas an.«

»Möchten Sie nicht ein Glas Portwein nehmen? Sie scheinen sehr abgespannt zu sein.«

Der Zeitreisende winkte heftig ab. »Nein. Keinen Alkohol. Davon habe ich genug abbekommen. Aber eine Pfeife wird mit guttun. Sie gestatten doch, daß ich mir im Erzählen meinen Tabak mische?« Dabei griff er zu einer Tätigkeit, die er immer mit großem Eifer und einer gewissen Wichtigkeit ausübte. Sie bestand darin, daß er etwa ein Dutzend Päckchen verschiedener in- und ausländischer Tabaksorten auf eine sehr gewissenhafte Weise vermischte. Zuerst schüttete er alles zusammen, dann grub und knetete er es mit beiden Händen ineinander, bildete kleine Häufchen, die er ähnlich bearbeitete, und schließlich goß er das Ganze in einen polierten Holzkasten, den er gründlich schüttelte; und diese primitive Beschäftigung schien ihn zu erheitern und zu zerstreuen. Diesmal aber, glaube ich, tat er es aus einem anderen Grund, nämlich um eine gewisse Verlegenheit zu verbergen. Es war in sein Wesen etwas Unsicheres und Resigniertes gekommen, das ich früher an ihm nicht gekannt hatte, eine gewisse Gedrücktheit, wie sie Menschen eigen ist, die Blamables oder Kränkendes erlebt haben. Und es war ein sonderbares Schauspiel, wie er da, in die höchst gleichgültige Beschäftigung des Tabakmischens scheinbar angelegentlich vertieft, langsam und tonlos seinen merkwürdigen Bericht begann. Allmählich wurde er aber etwas wärmer, und ich glaube, am Schlusse siegte wieder seine alte Heiterkeit über ihn, jene Heiterkeit, die jedem echten Denker eignet, indem sie ihn lehrt, die Erscheinungen des Lebens von oben zu betrachten.

»Punkt zehn Uhr«, begann er, »natürlich Londoner Zeit,

auf die auch meine Maschine eingestellt ist, begab ich mich programmäßig auf die Reise – oder vielmehr: ich versuchte es. Ich klebte einen Zettel für die Post an die Tür, sperrte als vorsichtiger Mann den Gasmesser ab, begab mich ins Turmzimmer und bestieg den Apparat. Ich schaltete eine mittlere Geschwindigkeit ein und drückte den Hebel für ›Zurück‹ nieder: aber es ereignete sich nicht das Geringste. Ich drückte stärker, schließlich so stark ich konnte, auf die Gefahr hin, eine zu hohe Anfangsgeschwindigkeit zu bekommen und über das Jahr 1840 hinauszuschießen: es rührte sich nichts; der Zeiger des Zifferblatts blieb unbeweglich auf Null. Ich untersuchte die Maschine von oben bis unten in ihren sämtlichen Teilen: es war alles in tadelloser Ordnung. Ich bestieg sie nochmals: sie änderte ihr Verhalten nicht. Ich verwendete den Rest des Tages darauf, alle Formeln noch einmal genau zu überprüfen; aber alles stimmte bis aufs I-Tüpfelchen. Es war klar: irgendein besonderer Umstand, ein prinzipielles Hindernis mußte mir entgangen sein.

In solchen Fällen – es war natürlich nicht das erstemal, daß meine Berechnungen ganz unvermutet durch eine unbekannte Instanz durchkreuzt wurden – pflege ich die Sache zu betrinken. Ich bin nicht der Ansicht der extremen Abstinenzler, daß der Alkohol die menschlichen Geisteskräfte unter allen Umständen brachlegt und schwächt. Wo es auf blitzartiges Erfassen entlegener Zusammenhänge und kühne, bis zur Absurdität neue Kombinationen ankommt – und darauf beruhen ja alle Entdeckungen und Erfindungen –, kann er bisweilen recht gute Dienste leisten. Ich machte mir also einen Grog zurecht, und da es schon Mai war, meinen berühmten ›kalten Grog‹. Das Rezept, nach dem ich dieses vortreffliche Getränk bereite, ist, wie Sie vielleicht schon wissen, ungemein einfach. Ich fülle ein Wasserglas zu einem Drittel mit Eiswasser und ergänze das restliche Volumen mit Jamaikarum: ein äußerst erfrischendes Sommergetränk. Wenn man die Sache komplizierter machen will, kann man noch in jedes Glas zehn Gramm Zucker hineintun; ich halte das aber für eine übertriebene Finesse und außerdem den hundertgrammweisen Genuß von Zucker für unhygienisch. Und nun trank ich langsam und methodisch, indem ich in die Luft starrte und mich bemühte, an gar nichts zu denken. Denn der Geist des Rums arbeitet am besten, wenn man ihn nicht stört.

Ich weiß nicht, beim wievielten Glase ich hielt, als tatsächlich wie ein Blitzschlag die Erleuchtung kam. Ich hatte ganz einfach den Widerstand der Erdzeit übersehen. Wie dieses Hindernis zu besiegen sei, war mir allerdings noch völlig unklar, aber ich war froh genug, wenigstens den Schlüssel des Rätsels in der Hand zu haben; die praktische Lösung der Frage konnte ich ohnehin erst am nächsten Tage mit ausgeruhtem Gehirn in Angriff nehmen. Ich begab mich zu Bette und schlief einen so guten Schlaf, wie man ihn nur nach einem so vorzüglichen Schlummergetränk haben kann.«

Fünftes Kapitel

Die Dame von übermorgen

Der Zeitreisende hatte seine Mischtätigkeit beendigt, begann seine schöne lange Pfeife zu stopfen und wiederholte langsam: »Widerstand der Erdzeit. Sie verstehen?«

»Hm – nicht ganz«, erwiderte ich.

Der Zeitreisende hatte seine Pfeife in Brand gesetzt. »Die Sache ist doch ungemein einfach. Ein jeder Körper *ist* nicht nur Zeit, sondern *hat* auch Zeit. Mit anderen Worten: er besitzt nicht nur eine bestimmte *Zeitdimension*, sondern auch eine bestimmte *Zeitenergie*. Die Zeitenergie eines Körpers findet ihren Ausdruck in dem Weg, den er in der Zeiteinheit zurücklegt. Eine Kanonenkugel zum Beispiel absolviert in einer Sekunde vier- bis sechshundert Meter: diese vier- bis sechshundert Metersekunden sind ihre Zeitenergie, die sich, wie jede andere Energieform, entweder als potentielle Energie (Energie im Spannungszustand) oder als lebendige Energie (Energie in Aktion) zu äußern vermag.

Ebenso besitzt jeder Stein, jeder Pfeil, jeder Blitzstrahl, jeder Wasserstrahl eine bestimmte Zeitenergie, die man im unwissenschaftlichen Sprachgebrauch als seine ›Geschwindigkeit‹ zu bezeichnen pflegt. Als Einheitsmaß für *räumliche* Energie hat Helmholtz bekanntlich das ›mechanische Wärmeäquivalent‹ aufgestellt: der Wärmemenge, die imstande ist, die Temperatur eines Pfunds Wasser um einen Grad zu erhöhen, entspricht die mechanische Kraft, deren es bedarf, um ein Pfund 425 Meter hoch zu heben; auf denselben Generalnenner läßt sich natürlich auch jede chemische, elektrische, magnetische oder sonstige räumliche Arbeitsleistung bringen. Das Grundmaß nun für die *zeitliche* Energie jedes Körpers, seine ›Pferdekraft in der Zeit‹, wenn ich mich so ausdrücken darf, ist die Lichtgeschwindigkeit: dreihunderttausend Kilometer in der Sekunde; ein ungeheures Energiequantum, von dem aber die meisten irdischen Körper nur einen winzigen Bruchteil besitzen. Die Energie ist nach der Formel, die schon Leibniz aufgestellt hat, gleich dem Produkt aus der Masse m und dem Quadrat der Geschwindigkeit v. Die Geschwindigkeit wiederum erfahren Sie, wenn Sie den Weg s durch die Zeit t dividieren. Die Formel ist also $\mathrm{m}\left(\frac{\mathrm{s}}{\mathrm{t}}\right)^2$. Sie ersehen daraus, daß die vorhin erwähnte Kanonenkugel, die der vulgären Anschauung mit einer sehr hohen Zeitenergie ausgestattet erscheint, in Wahrheit eine sehr geringe besitzt, denn ihre Masse ist gering und die Größe v noch viel geringer, da ihr Zähler s sechshundert Metersekunden beträgt, ihr Nenner t aber dreihundert Millionen Metersekunden (die Lichtgeschwindigkeit) und im Quadrat gar nur dreihundert Billionen. Da war meine Zeitmaschine doch wirklich ein Bedürfnis! Gleichwohl besitzen alle Menschen eine gewisse Zeitenergie, mit der sie sich fortbewegen, auch *ohne* meine Zeitmaschine, nur eben nicht so schnell: nämlich mit *ihrer* Zeitmaschine. Diese Zeitmaschine ist die *Erde*. Sie dreht sich, wie jedes Kind weiß, innerhalb vierundzwanzig Stunden um ihre Achse: dieses Arbeitsquantum an Zeitenergie bezeichnen wir als ›Tag‹. Wie man in der Elektrotechnik von einer Spannung von soundso viel ›Volt‹ oder einem Widerstand von soundso viel ›Ohm‹ spricht, so reden wir von einer Erdzeitleistung von sieben ›Tag‹, dreißig ›Tag‹, dreihundertfünfundsechzig ›Tag‹: die für diese Quanten gebräuchlichen Fachausdrücke dürften Ihnen bekannt sein. Die Zeitenergie eines ›Tag‹ wird errechnet, indem man die Masse der Erde mit dem Quadrat ihrer Geschwindigkeit multipliziert. Diese Geschwindigkeit $\frac{s}{t}$ ist gleich dem Erdumfang von vierzigtausend Kilometern, dividiert durch vierundzwangzig Stunden oder 86400 Sekunden, das sind nahezu 463 Metersekunden. Die Geschwindigkeit der Erde ist also geringer als die unserer schnellsten Geschosse, dafür ist aber ihre Masse sehr bedeutend. Aber an meiner Zeitmaschine gemessen, ist auch diese Energie, die wir kurz die ›Erdzeit‹ nennen wollen, nicht erheblich. Würde die Erde sich um ihre Achse in zwölf Stunden drehen und der Erdumfang achtzigtausend Kilometer betragen, so wäre die Zeitmaschine, auf der wir permanent reisen, viermal so schnell, als sie jetzt ist, ihre Energie, die ›Erdzeit‹, viermal so groß, eine Erdsekunde viermal so kurz. Das ist doch vollkommen klar, nicht wahr? Nun komme ich mit meiner Zeitmaschine, die ja unvergleichlich bedeutendere Energien zu erzeugen vermag. Aber man darf eines nicht vergessen: meine Zeitmaschine ist und bleibt eine *irdische* Zeitmaschine. Sie ist daher mit demselben Quantum an Erdzeit ausgestattet wie alle übrigen Körper dieser Planeten. Ferner kann ich mir mit meiner Maschine jeden Zeitort beliebig wählen, nur den Ort der ersten Abfahrt nicht, der für mich unverrückbar festgelegt ist: er ist immer die Gegenwart, die durch den Zeigerstand ›null‹ angezeigt wird. Beides war für mich nicht nur irrelevant, sondern sogar ein Vorteil, solange ich *mit* der Erdzeit, das heißt: in die Zukunft reiste; in dem Augenblick aber, wo ich in die Vergangenheit, nach rückwärts, also *gegen* die Erdzeit fuhr, bildete ihre Energie einen Hemmungskoeffizienten, den Widerstand der Erdzeit, den ich zu überwinden hatte. Nun sollte man glauben, daß das für meinen Apparat eine Kleinigkeit hätte sein müssen, denn die Leistung der Erdzeitmaschine ist doch gegenüber den Zeitenergien, die ich zu entwickeln vermag, sehr gering. Gewiß! Aber jede Bewegung braucht doch eine noch so geringe Anfangsgeschwindigkeit, einen Impuls, um in Gang zu kommen, und woher sollte ich den nehmen? Ich konnte nicht anfangen, wenn ich die Erdenergie gegen mich hatte, denn solange meine Maschine *noch nicht* lief, steckte sie rettungslos in der Erdzeit, die sich nur nach vorne bewegt, und um sie ins Laufen zu bringen, dazu *brauchte* ich eben die Erdzeit. Sie allein war es, die mir die notwendige Anfangsgeschwindigkeit geben konnte: deshalb vollzog sich der Start in die Zukunft auch so äußerst glatt. Mit einem Wort: ich konnte nicht *abstoßen*. Eine lächerliche Situation; ich mit meiner gigantischen Maschine im ohnmächtigen Kampfe mit diesen 463 Metersekunden Erdzeit!

Aber schon am nächsten Morgen, als ich im Bette über den Fall meditierte, kam ich auf die Lösung des Knotens. Ich hatte nichts weiter zu tun, als ein Stückchen *vorzufahren*. Ich mußte die Erdzeit benutzen, um abzustoßen, ein Stück in die Zukunft fahren, anhalten, umdrehen und dann wieder zurückfahren. Dann besaß meine Maschine bereits ein genügend großes Quantum an potentieller Energie, um den Widerstand der Erdzeit überwinden zu können. Kurzum: ich mußte sie mit Zeitenergie *laden*. Dann konnte ich ohne Schwierigkeit über die Jetztzeit und ihre antagonistische Bewegung hinwegsetzen. Es war also ganz einfach das, was man beim Springen einen Anlauf nennt, nur mit dem Unterschied, daß man beim Anlauf zurückgeht: ich aber lief vor.

Ich war über die rasche Lösung so erfreut, daß ich beschloß, sofort zu reisen. Ich war prachtvoll ausgeschlafen und das Wetter herrlich: die Vögel zwitscherten ausgelassen in den frischen Maimorgen, die Luft sang, die ganze Natur dampfte von duftendem Leben und reckte sich daseinsfreudig der Sonne entgegen. Ich kleidete mich eilig an, hängte Kamera und Feldstecher um und fuhr, es war sieben Uhr zehn, in bester Laune in den siebenten Mai: für die Überwindung der Erdzeit hätte zwar *ein* Tag Zeitenergie genügt, ich nahm aber vorsichtshalber das doppelte Quantum. Das Turmzimmer war bei meiner Ankunft natürlich völlig unverändert; wie ich aber umdrehen wollte, fiel mir ein, daß ich in der Eile vergessen hatte, zu baden und zu frühstücken. Ich begab mich also nach unten. In meinem Studierzimmer bemerkte ich, daß doch nicht alles beim alten geblieben war, denn erstens war das Wetter in unwirtlichen Nebel und Sprühregen umgeschlagen, und zweitens saß dort eine junge Dame, die bestimmt vorher nicht dagewesen war, eine aparte Erscheinung mit bronzenen Haaren und meerblauen Augen, nach meiner Taxierung eine Studentin. Sie kauerte unbeweglich im melancholischen Schein des Regentages und blickte düster vor sich hin. Als sie mich erblickte, schreckte sie nervös empor, indem sie verwundert ausrief: ›Ja was machen *Sie* denn hier?‹

›Ja was machen *Sie* denn hier?‹ replizierte ich unwillkürlich und wenig höflich, und mich verbessernd, setzte ich hinzu: ›Sie müssen entschuldigen. Ich bin hier bei mir.‹

›Das weiß ich‹, sagte die aparte Dame, sich sammelnd, ›und *Sie* müssen entschuldigen. Wenn ich geahnt hätte, daß Sie so bald zurückkommen würden, hätte ich niemals … Ich weiß nicht, wie ich es Ihnen erklären soll … es war sicher sehr unpassend von mir … aber ich hatte den sehnlichen Wunsch, einmal diese Räume zu sehen, in denen ein solcher Mann … und heute, als ich vor dem Kolleg an Ihrem Haus vorbeiging, fand ich die Tür bloß angelehnt und da –‹

›Ich bedaure, daß ich Sie gestört habe‹, sagte ich etwas verwirrt.

›Sie haben mich tatsächlich gestört‹, sagte sie stockend. ›Nämlich … ich hatte die Absicht, Ihnen mein Bild zu bringen … aber natürlich nur in Ihrer Abwesenheit … ich hatte mir vorgestellt, daß Sie es irgendwann einmal finden, wenn Sie wieder an Ihrem Schreibtisch sitzen …‹

In der Tat lag auf meinem Schreibtisch ihre Photographie. ›Vielen Dank‹, sagte ich. ›Das Bild ist entzückend.

Aber was auf der Rückseite steht – von irgendeinem Kirchenvater, wenn ich nicht irre? –, verstehe ich nicht ganz.‹

›Ja, leider‹, sagte sie, und ihr Antlitz nahm wieder den düstern Ausdruck von vorhin an. ›Und vielleicht‹, fuhr sie fort, ›wäre es überhaupt besser, wenn ich es wieder mitnehme. Denn jetzt ist das eine ganz falsche Situation …‹

›Denken Sie, ich sei überhaupt gar nicht dagewesen‹, sagte ich, und da ich fühlte, daß meine Verlegenheit wuchs, fügte ich hinzu: ›Ich muß ohnehin gleich wieder fort. Wollen Sie meinem Start beiwohnen?‹

›Oh, gerne‹, erwiderte sie mit freudiger Teilnahme.

›Aber‹, fragte ich im Hinaufgehen, weniger aus Neugierde, als um Konversation zu machen, ›woher wußten Sie denn überhaupt, daß ich auf Reisen bin?‹

Sie senkte den Kopf. ›Erstens klebte doch der Zettel an Ihrer Tür und dann … aber das war schon wieder ganz ungehörig … ich habe nämlich einige Ihrer Depeschen an Mr. Transic abgehört …‹

›Nein!‹ rief ich ehrlich erstaunt. ›Und ich dachte, wir wären die einzigen drahtlosen Telegraphisten! Wer hat Ihnen denn das beigebracht?‹

›Ich studiere mathematische Physik‹, sagte sie errötend.

›Also *daher* Ihr Interesse? Und ich hätte Sie auf Kunstgeschichte taxiert!‹

›Ja, daher mein Interesse‹, wiederholte die schöne scholar-lady.

Ich hatte den Sattel der Maschine bestiegen. ›Ich werde Ihnen alles von mir erzählen.‹

›Sie wollen mir von sich erzählen?‹ fragte sie gespannt.

›Ja, alles, alle Erlebnisse meiner Reise.‹

›Ach so. Das wird doch ohnehin in allen Zeitungen stehen.‹

›Aber Ihnen werde ich es zuerst erzählen.‹

›Das darf ich nicht annehmen. Ich kann Sie doch nicht Ihrer kostbaren Zeit berauben.‹

›Aber niemand hat doch so viel Zeit wie ich! Mir gehört doch alle Zeit der Welt!‹

Die fremde Dame antwortete nicht sogleich. Dann

sagte sie leise: ›Das glauben Sie nur. Niemandem gehört die Zeit so wenig wie Ihnen.‹

›Das verstehe ich nicht ganz.‹

›Nun‹, fuhr sie in lebhafterem Tone fort, ›Sie sind doch ein Reisender. Allerdings die originellste Art von Reisendem, die die Welt jemals gesehen hat, das gebe ich zu – aber immerhin! Der Reisende ›sieht sich die Welt an‹: aber das hat zur Folge, daß er sich die einzige Welt, die wirklich ist, nämlich seine eigene, *niemals* ansieht! Deshalb hat auch die Legende für die größte Sünde, die Ahasver beging, als er dem guten Heiland das Dach verweigerte, die schrecklichste Strafe ersonnen und ihn zum ewigen Weltreisenden gemacht. Und warum fahren die Menschen irgendwohin, wo sie nichts zu suchen haben? Weil sie sich selbst nicht ertragen! Aber gerade dieses gefürchtete ›eigene Ich‹, vor dem sie in fremde Länder davonlaufen, fährt als blinder Passagier überallhin mit.‹

Ich war etwas ergriffen. ›Mein Fräulein‹, sagte ich, ›wenn Sie so seelenvoll sprechen, so vergißt man, daß Sie schön sind.‹

›Das ist wundervoll gesagt‹, erwiderte sie mit gesenkten Blicken, ›aber eben nur gesagt. Und jetzt, bitte, reisen Sie! Ich *bitte* Sie darum.‹

Ich wollte noch etwas sagen, aber sie sah mich so flehend an, daß ich unwillkürlich den Hebel niederdrückte. Aber die Maschine ging schon wieder nicht! Ich drückte und drückte: es wiederholte sich das Spiel vom Tage vorher, sie blieb auf Null.

Die schöne Kollegin verfolgte mit Teilnahme meine Bemühungen, und ich erklärte ihr den Fall. ›Herrgott‹, rief ich verzweifelt, ›habe ich denn schon wieder etwas übersehen?‹

›Das kann ich natürlich nicht beurteilen‹, sagte sie, ›aber wenn ich Ihnen einen Rat geben darf: fahren Sie ruhig los.‹

›Aber wohin denn?‹

›Irgendwohin. So lange, bis es geht.‹

›Aber das ist sehr riskant! Ich werde nicht immer das Glück haben, in so angenehme Gesellschaft zu geraten wie diesmal. Bedenken Sie: wenn ich in irgendeine trostlose Zeit der Überzivilisation verschlagen werde, wo die Menschen in Riesenstädten unter der Erde wohnen – denn daß es einmal dazu kommen wird, scheint mir ausgemacht –, oder in die barbarischen Zeitläufte einer neuen Völkerwanderung, und ich kann nicht mehr zurück!‹

›Das ist nicht zu befürchten. Einmal *muß* es gehen. Sie sind doch auch von Ihrer *ersten* Reise in die Zukunft anstandslos zurückgekehrt.‹

›Das ist wahr! Dieser Gedankengang ist zwingend. Sie sind klug. Miß –‹

›Gloria. Aber ich bin gar nicht so klug. Die Männer gelangen zu ihren Einfällen durch Verstand, wir durch – Interesse.‹

›Also Sie nehmen wirklich ein ernstliches Interesse an meiner Arbeit?‹

›Gewiß. Hätte ich denn sonst so viele Ungehörigkeiten begangen?‹

Ich hatte wieder meinen Sitz eingenommen: ›Miß Gloria‹, sagte ich, ›hören Sie mich an. Ich bitte Sie, nur wenige Minuten noch hier zu verweilen. Wohin ich fahren werde, weiß ich noch nicht; aber wohin ich zurückkehren werde, das weiß ich. Hier am siebenten Mai werde ich landen, bei *Ihnen* werde ich landen.‹

Sie schüttelte den Kopf. ›Tun Sie das nicht, Mr. Morton‹, sagte sie sanft, aber bestimmt. ›Ich werde nicht eine Minute länger hier bleiben. Es hätte auch keinen Zweck. Unsere Zeiten sind zu verschieden.‹

›Sie meinen: so verschieden, daß sie sich nie schneiden können?‹

›Ja‹, sagte sie leise. Und wie wenn sie zu sich selbst spräche, fügte sie langsam hinzu: ›Es wäre denn, wenn –‹

›Wenn –‹, fragte ich gespannt und beugte mich vor. Aber ihre Worte sollten tatsächlich ein Monolog bleiben. Denn während ich mich im Sattel aufrichtete, drückte ich unversehens den Hebel auf stärkste Geschwindigkeit, und ehe Miß Gloria ihren Satz vollendet hatte, befand ich mich im Jahr 1995.

Sechstes Kapitel

London am Himmel

Ärgerlich stoppte ich ab. Die Maschine stand noch immer im Turmzimmer, was meine Laune ein wenig verbesserte, denn es war immerhin recht schmeichelhaft für mich, daß es nach neunzig Jahren noch existierte. Aber bei näherer Betrachtung bemerkte ich, daß es sich einigermaßen verändert hatte. Die Wände bestanden aus einer Art flüssigem, schwach irisierendem Metall, und rings um den Plafond liefen zitternde Stangen aus einer blaugrünen Lichtmasse. Ich begab mich ins Freie, nicht ohne meine Maschine mitzunehmen; mir war nämlich noch rechtzeitig eingefallen, daß die Ankunft im Turmzimmer bei der Fahrt ins Jahr 1840 nicht ratsam sei, denn damals stand es noch nicht. Ich wäre als in der Luft gelandet und zwei Stockwerk tief zu Boden gestürzt. Ich lehnte den Apparat ans Haus und blickte um mich. Von Pflanzenwuchs war keine Spur: weithin nichts als eine homogene glasig schimmernde Fläche. Rings in der Luft kein Laut: denn es gab auch offenbar keine Tiere; andrerseits auch kein Grammophon. Ja ich möchte sogar sagen, daß es auch keine Luft gab: sie atmete sich völlig geschmacklos und erinnerte in ihrer Fadheit an destilliertes Wasser. Ich hob den Feldstecher: aber ich konnte weit und breit kein London entdecken. Als ich ihn sinken ließ, bemerkte ich in meiner nächsten Nähe einen jungen Mann von intelligentem, aber teilnahmslosem Gesichtsausdruck, der unbeweglich vor einer lackschwarzen Lichtschlange stand. Er grüßte mit einem Senken der Augenlider und sagte: ›Der Herr ist Hochschotte?‹

›Nein‹, erwiderte ich etwas verwundert. ›Warum meinen Sie?‹

›Weil Sie die altertümliche Nationaltracht anhaben, die nur noch von den Bauern in Hochschottland getragen wird.‹

Daran hatte ich gar nicht gedacht. Ich nahm mich allerdings in meinem Pfeffer-und-Salz-Anzug, dem hohen

Kragen und den steifen Manschetten neben meinem Gegenüber etwas sonderbar aus, dessen ganze Kleidung in einer enganliegenden gelblichen Asbesthaut bestand. Ich sagte: ›Nein, das hat einen anderen Grund. Sie haben doch sicher schon etwas von einer Zeitmaschine gehört?‹

›Nein‹, erwiderte der unbewegliche Mann, ›davon habe ich nichts gehört.‹

Es erschien mir unter meiner Würde, nähere Erklärungen zu geben, und ich sagte bloß: ›Darf ich fragen, weshalb Sie sich dann hier aufhalten?‹

›Ich bin Observer bei der Energiefaktorei Savory & Son.‹

›Und welche Arten von Energie erzeugen Sie?‹

›Welche Arten? Es gibt doch nur *eine*! Und wir erzeugen selbstverständlich alles: Pelze, Eier, Holz, Salz, Milch, Gemälde, Urmetall!‹

›Und für wen machen Sie das alles?‹

›Na, für die Londoner!‹

›Aber wo *ist* London?‹

Der Asbestmann deutete mit den Augenlidern nach oben. Ich blickte in die Höhe und sah ein Häusermeer mit Markthallen, Kasernen, Rennbahnen, Theatern, Kathedralen – am Himmel! London lag nicht mehr ›überm Meer‹, sondern über der Erde! Wie das zustande gekommen war, genierte ich mich den Mann an der Lichtschlange zu fragen: er hätte mich sonst wirklich für einen schottischen Gebirgsanalphabeten gehalten. Übrigens ließ es sich so ziemlich kombinieren: es war offenbar gelungen, die Gravitationsenergie zu bemeistern und mit deren Hilfe die Höhenlage der Körper beliebig zu verschieben. Ich dachte: für die Luftkurorte ist diese neue Lage Londons jedenfalls eine ruinöse Sache; aber der Londoner Nebel dürfte sich dadurch nicht gerade verringert haben – im Gegenteil! Und vorsichtig, um meine Ignoranz nicht allzusehr zu verraten, fragte ich nebenhin: ›Und wie ist man mit dem Wetter zufrieden?‹

›Mit unserem Wetter war noch jeder zufrieden‹, sagte mein Gegenüber. ›Glauben Sie, Savory hätte sonst schon seit vier Jahren für ganz Südengland das Wettererzeugungsmonopol? Es heißt ja nicht umsonst eine Redensart: ›zuverlässig wie Savory's Wetter‹. Und dabei schlagen unsere Wolkenpreise jede Konkurrenz. Aber allen kann man es natürlich nicht recht machen. Wenn wir kondensieren, heißt es: bei dem Regen geht kein Mensch in die Luftspiele! Und wenn wir sublimieren, heißt es: an einem so schönen Tag nimmt sich kein Mensch ein Stratotaxi! Und gut geht's ja ohnehin niemandem.‹

›Aber erlauben Sie, wenn Sie alles, was es gibt, erzeugen, kann es doch keine Not geben!‹

›Ja, das ist eben das Rätsel! Je mehr wir kriegen, desto weniger haben wir! Das war doch im kleinen schon in den Vierzigerjahren so, als das Goldland Ophir entdeckt wurde. Sind wir vielleicht dadurch reicher geworden? Im Gegenteil! Ebenso war es doch auch, als in Europa noch die Zollschranken bestanden, mit den Einzelländern: je mehr Waren eines hatte, desto ärmer war es! Oder sehen Sie mich an: als Observer habe ich bloß dazustehen, für den Fall, daß wider Erwarten etwas nicht klappen sollte, wie der Souffleur im Theater. Ich habe also eigentlich gar nichts zu tun. Infolgedessen bin ich elend bezahlt. Und warum? Weil die verd... Energiefaktorei mit ihren Atomdissoziatoren von zwölfeinhalb Milliarden Pferdekräften alles ganz von alleine macht! Dabei kämpfen wir seit Jahren vergeblich um den Zweiundzwanzigstundentag.‹

›Zweiundzwanzigstundentag? Ja um Gottes willen: wann schlafen Sie denn dann?‹

Der Asbestmann riß die Augen auf. ›Schlafen? Ja gibt's denn bei Ihnen zuhause kein Ultraviolett?‹

›Nicht ... überall‹, stotterte ich verlegen.

›Da werden Sie aber bei dem heutigen Überangebot schwer mitkommen. Denn sehen Sie: bei der derzeitigen Lage des qualifizierten Arbeiters ...‹

Das Gespräch drohte ins Sozialpolitische überzugehen, ganz wie die Gespräche von 1905. Ich sagte daher ablenkend: ›Kann man hier irgendwo baden und frühstücken? Ein Glas Bier würde mir genügen.‹

›Bier? Was ist das? Aber wenn Sie frühstücken wollen,

so nehmen Sie doch oben in der Stadt am ersten besten Automatenzerstäuber einen Sauerstoffimbiß! Und ein Bad können Sie sogar gratis haben. Da brauchen Sie bloß links hinters Haus ins ultrarote Feld zu treten. Übrigens‹, fügte er etwas geringschätzig hinzu, ›Sie kommen wohl von sehr weit her?‹

›Ja‹, beendigte ich das Gespräch, ›ich komme aus einer ziemlich entfernten Gegend.‹

Ich hatte genug vom Jahre 1995. Ich brauche das wohl nicht näher zu begründen. Indem ich hastig auf meinen Apparat zustrebte, stolperte ich – und fiel durch den Asbestmann. Er war projiziert.

Ich machte mich daran, meine Maschine zu besteigen, deren Sitz mir etwas breiter vorkam, und hantierte an den Hebeln. Sie funktionierten schon wieder nicht! Aber diesmal nicht nur der für Vergangenheit, sondern auch der für die Zukunft! Der dicke Angstschweiß trat mir auf die Stirn. Eine unausdenkbare Vorstellung, für immer hier bleiben zu müssen, in diesem scheußlichen Jahr 1995, wo Gemälde in Energiefaktoreien hergestellt wurden und ein Regenbogen ein Konkurrenzgeschäft war! Wo es zum Lunch Sauerstoff und zum Mittagessen Kunsteier gab und in Kleidern hinterm Haus gebadet wurde. Und wo die Erholungsstatt in acht Stunden Federbett in Bestrahlung mit Ultraviolett bestand und die Geselligkeit in Gesprächen mit Kerls, die von weiß Gott wo übertragen waren! In diesem Moment bekam ich jedoch einen Rippenstoß, und eine näselnde Stimme sagte: ›Herr, was machen Sie auf meinem Radiodrom?‹ Nie hätte ich es für möglich gehalten, daß man jemandem für einen Rippenstoß so dankbar sein könne! Ich hatte mich geirrt: es *war* gar nicht meine Zeitmaschine. Sie stand unversehrt ein paar Schritte daneben. Ich hörte noch, wie ein Mensch in einer phosphoreszierenden Bluse und einem Lichthelm, indem er mit einem tadellosen Sprung auf den anderen Apparat aufsaß, aufgebracht murmelte: ›Was fällt Ihnen ein, an meinem Kathodensammler herumzuspielen? Das größte Malheur kann passieren. Schauspielerbagage. Scheren Sie sich lieber auf Ihre Theaterprobe! Und überhaupt hasse ich historische Stücke! – aber gleich darauf war er mit einem dumpfen Knall verschwunden, nichts als den zischenden Streifen einer veilchenblauen Flamme hinter sich zurücklassend.

Siebentes Kapitel

Die beiden Ägypter

Ich machte mir keine weiteren Gedanken über diesen eingebildeten Sportfex und bestieg meine Maschine. Sie ging! Nicht nur nach vorne, auch in die Gegenrichtung! Ich hatte den Widerstand der Erdzeit überwunden. Hocherfreut fuhr ich los; zunächst vorsichtshalber ganz langsam. Die Sonne ging unter oder vielmehr umgekehrt auf; und auf, indem sie umgekehrt unterging. Ich schaltete eine etwas stärkere Geschwindigkeit ein. Der Mond verlor ein Viertel nach dem anderen oder vielmehr: bekam es. Allmählich begann sich auch Vegetation zu regen: umgehauene Bäume, die sich wieder aufrichteten; Früchte, die sich in Blüten verwandelten; verdorrte Blätter, die ergrünten; Sträucher, die ihre Zweige einzogen; Pilze, die in die Erde schossen. Voll Behagen sog ich die Luft ein, die wieder normal geworden war. Denn zu den vielen fatalen Eigentümlichkeiten jener gräßlichen Zeit, der ich soeben glücklich entronnen war, gehörte es auch, daß sie infolge des Mangels an jeglichem pflanzlichen Leben keinen Ozon besaß. Alles Vegetabilische: Kartoffeln, Getreide, Hülsenfrüchte und dergleichen, wurde ja von Savory und ähnlichen Firmen auf mechanischem Wege erzeugt. Es gab große ›Obstwerke‹, ›Gemüsewerke‹ und so weiter: wozu also die Anpflanzungen? Mit der Vegetation war natürlich auch alles tierische Leben verschwunden, das für unseren Geschmack einer Landschaft erst den letzten Reiz verleiht: Käfer und Schmetterlinge; Vögel und Bienen; Nager und Kriechtiere. Ob die Londoner von 1995 auch ihre animalische Nahrung künstlich herstellten, konnte ich in der

Kürze nicht feststellen: vielleicht waren sie von ihr ebenso abgekommen wie von den geistigen Getränken, oder vielleicht, ich traue es ihnen zu, delektierten sie sich an Fleischgas und luden einander zu Alkoholinjektionen ein.

Ich hing dergleichen müßigen Vermutungen nach, als ich plötzlich an meiner Maschine eine unheimliche Veränderung bemerkte. Sie fuhr unsicher, geriet sozusagen ins ›Schleuern‹, der Zeiger zitterte unruhig hin und her, die Bewegung kam ins Stocken. Irgendeine unbekannte Gegenkraft hemmte den bisher so glatten Ablauf des Mechanismus. Woher sie kam, war mir natürlich völlig unklar, aber ihre Wirkung war nur zu deutlich spürbar. Prinzipiell sind selbstverständlich Störungen in der vierten Dimension genausogut möglich wie in den drei anderen, aber ich hatte geglaubt, in der Praxis mit derartigen kaum rechnen zu müssen. Wirkte vielleicht die Zeitenergie der Erde sich erst jetzt auf eine geheimnisvolle Weise aus? Oder vielleicht – noch naheliegender – war ich in den Wirkungsradius einer anderen Zeitmaschine gekommen, am Ende gar mit ihr kollidiert! Ich befand mich im Jahr 1957: da mußte es schon viele Zeitmaschinen geben. Aber so oder so: ich war ganz unzweifelhaft in einen *Zeitschatten* geraten und hatte dadurch die Gewalt über mein Fahrzeug verloren. Eine sehr heikle Situation: etwa so, wie wenn bei einem dahinsausenden Expreßzug aus mysteriösen Gründen auf einmal die Kesselfeuerung versagt. Zum Nachdenken war da nicht viel Zeit, und in dem instinktiven Gefühl, damit das Richtige zu tun, riß ich die Maschine jäh herum, das heißt: ich drückte den Gegenhebel tief hinunter und fuhr zurück oder vielmehr vor, indem ich mit einer Geschwindigkeit von fast einem Zehntel Zeitmeter in der Sekunde, die mich schwindeln machte, in die Zukunft raste. Aber damit war ich noch rechtzeitig der gefährlichen Einflußsphäre des geheimnisvollen Zeitschattens entwichen. Der Zeiger wies auf das Jahr 2123. Aufatmend stoppte ich ab und – schwebte doppelmannshoch über der Erde! Der Boden Londons hatte sich gesenkt! In jähem Schreck dachte ich zuerst weniger an mich als an meine Maschine. Aber schon stürzten wir.

Es geschah uns aber gar nichts. Wir sanken in einen teigweichen Lehmteppich. Ich atmete zum zweitenmal auf und betrachtete die Gegend, die mir beinahe wiederum zum ewigen Aufenthalt bestimmt gewesen wäre. Denn wäre meine Maschine zertrümmert worden, so hätte ich sie ohne Material und Tabellen nie wieder rekonstruieren können. So weit ich blicken konnte, sproßten aus dem üppigen Boden, der sich bei näherer Betrachtung als eine Art zäher, merkwürdig goldgelber Schlamm erwies, die herrlichsten Gewächse, die einen würzigen, fast betäubend starken Duft ausströmten: kolossale gefächerte Purpurblumen von der Form eines unsymmetrischen Papierdrachens, durchsichtige Riesenpflanzen in den Farben zarter Glaspaste, die aussahen wie ans Land versetzte Glockenmedusen, und merkwürdige Stauden, die zweierlei Gewächse hervorbrachten: die einen wie große violette Ananasäpfel, die anderen wie meterlange ziegelrote Spargel.

Nichts regte sich. Nur eine große kupferglänzende Eidechse kroch an mir empor und blieb ohne die geringste Scheu auf meiner Schulter sitzen. Häuser gab es auch diesmal keine zu sehen. Ich blickte empor: aber London stand auch nicht mehr am Himmel. ›Also doch unter der Erde‹, murmelte ich, und gleich darauf erblickte ich zwei männliche Gestalten, die sich mir langsam näherten. Ihre Haut hatte die Farbe tiefen Bronzebrauns, und auf ihren sanften bartlosen Gesichtern ruhte ein feierlicher entrückter Ernst. Angetan waren sie mit einem viereckigen Stück Wollstoff, das um Schultern und Hüften geschlungen war, sonst trugen sie keinerlei Kleidung, keine Schuhe, keine Kopfbedeckung. Als sie meiner ansichtig wurden, stutzten sie; dannn grüßten sie zeremoniös, indem sie die flache Hand auf die Stirn legten und mich ehrerbietig umwandelten. Als diese Prozedur beendet war, sagte der ältere der beiden in einem reinen, aber sehr altertümlichen Englisch, etwa aus der Zeit Chaucers, wie ich es seit meiner Schulzeit nicht mehr gehört hatte: ›Wir können uns nicht erklären, wie der Selige hierhergekommen ist.‹

Bei diesen Kolonialen konnte ich nicht gut eine Kenntnis meiner Zeitmaschine voraussetzen. Ich bemühte mich daher, ihnen, so kurz und so gut es ging, das Wesen und die bisherigen Schicksale meiner Erfindung zu erläutern. Sie hörten mir aufmerksam und mit offenkundigem Verständnis zu, und dann sagte der jüngere: ›Dann ist es der Hochselige, dessentwegen wir hierher gekommen sind.‹

›Wie meinen Sie das?‹

›Wir kommen vom sechsten Katarakt‹, antwortete der ältere. ›Dort ist unsere Heimat und unsere Arbeitsstätte: die große Schule. Sie besteht seit mehr als dreitausend Jahren. Als sie gegründet wurde, herrschten über Ägypten noch die Söhne des Amon.‹

›Und womit beschäftigt sich diese Schule?‹ fragte ich.

›Mit Geschichtsforschung. Wir zählen bereits dreiundzwanzig Lehrerdynastien. Aber uns beiden fiel das Los zu, die Ufer der Heimat verlassen zu müssen. Als die ersten. Vielleicht auch die letzten.‹

›Aber‹, fragte ich, ›wenn Sie sich niemals vom sechsten Katarakt entfernten, wie konnten Sie da Geschichtsforschung betreiben?‹

›Wir tun es nicht nach den Methoden, die im Abendland üblich sind – oder vielmehr waren. Diese Methoden fußten auf logischen Konjekturen und auf empirischen Untersuchungen: Ausgrabungen, Archivstudien, Inschriftenentzifferungen. Diese Quellen trügen. Sie sind vieldeutig, trübe doppelzüngig und oberflächlich. Wir versuchen, uns der geschichtlichen Wahrheit auf reineren Pfaden zu nähern, die sicherer leiten: durch Innenschau, sympathetischen Erfühlen, Fernwitterung und geistige Schlüsse, aber nicht logische, sondern intuitive. So entrollt sich den Begnadeten unter uns nach vorne und rückwärts ein klares lückenloses Bild des Weltgeschehens in Gesichten.‹

›Und warum haben Sie sich dennoch schließlich zur Empirie entschlossen?‹ fragte ich etwas ironisch.

›Eines Tages – es war das erstemal seit den Zeiten unseres erhabenen Stifters – mußten wir zu unserem Befremden bemerken, daß unsere Intuitionen sich verwirrten, ineinanderschoben und in nebelhaftes Grau zerflossen.

Irgendeine geheime Gegenkraft, etwas Fremdes, Feindliches und Auflösendes hatte sich in die Kette des Geschichtsablaufs gedrängt und drohte sie zu sprengen. Wir erfühlten seinen Sitz im Norden, und auf uns fiel die Wahl, es aufzusuchen. Wir wandern bereits seit zweieinhalb Jahren. Und nun haben wir es gefunden.‹

›Und was ist es?‹

›Was sonst als Ihre Zeitmaschine? *Sie* ist das große Unvermutbare im historischen Geschehen, das Unvorhergesehene und – der Erhabene wird verzeihen – Nichthineingehörige. Sie ist das *Widergeschichtliche*. Sie macht jeden Geschichtsablauf unmöglich, indem sie ihn jederzeit umkehren, rückgängig machen, verdoppeln, verschieben, in Absurdität ersticken kann.‹

›Ja, aber meine Zeitmaschine ist doch nun einmal da! Und die Weltgeschichte auch! Die beiden müssen sich eben vertragen.‹

›Das ist unmöglich. Es gibt nur zwei *einseitige* Lösungen. Entweder es gibt keine Weltgeschichte, oder es gibt keine Zeitmaschine.‹

›Wenn dem wirklich so ist, so ist das für die Weltgeschichte sehr bedauerlich. Denn die Zeitmaschine gibt es doch zweifellos. Oder zweifeln Sie daran?‹

Der Ägypter antwortete nicht sogleich. Dann sagte er sinnend: ›Diese Frage läßt sich nur durch Innenschau lösen. Jedenfalls war es eine wunderbare Fügung, daß wir genau in dem Augenblick hier eintrafen, als Sie landeten. Wunderbar und doch im Spiegel einer höheren Kausalität sehr begreiflich, ja fast selbstverständlich.‹

›Ja, ich wollte eigentlich gar nicht hierher‹, sagte ich. ›Die Ursache war ein unerklärlicher Zwischenfall.‹ Und ich erzählte ihnen vom Zeitschatten.

Der jüngere Ägypter nickte und sagte: ›Das war ein Selenit.‹

›Ja‹, sagte der Ältere. ›Aber das konnte der Erhabene in der Tat nicht voraussehen. Denn Ihre Zeit wußte ja noch nichts von den Mondbewohnern. Ich kann es Ihnen auch nicht so ganz erklären, denn um es sich richtig vorstellen zu können, muß man jene Fähigkeiten besitzen, die Sie die ›okkulten‹ nennen würden. Aber die Ursache der Störung werden Sie sofort begreifen. Die Mondbewohner leben in der vierten Dimension. Das heißt: sie haben ebenfalls nur drei Hauptdimensionen wie wir, aber drei andere, und eine davon ist die vierte. Infolgedessen können sie sich in der Zeit bewegen, aber nicht oder doch nur unmerklich in der – aber das würde zu weit führen. Das Hemmnis Ihrer Fahrt bestand ganz einfach darin, daß Sie in das Zeitfeld eines Seleniten geraten waren. Hätten Sie sich, wie Sie annahmen, mit einer anderen Zeitmaschine gekreuzt – ich habe übrigens niemals von einer anderen gehört –, so hätten Sie deren Zeitfeld glatt passiert, höchstens, wenn sie Gegenrichtung gehabt hätte, mit einer gewissen Verlangsamung; die Störung bestand vielmehr lediglich darin, daß es ein Selenit war. Denn der Mond hat eine andere Zeit als die Erde. Die Differenz ist zwar nicht bedeutend, aber sie genügte, um Ihre Maschine aus dem Gleichgewicht zu bringen.‹

›Aber‹, fragte ich mißtrauisch, ›wenn das so ist, so kann es mir doch jederzeit wieder passieren?‹

›Gewiß. Aber es gibt dagegen ein einfaches Mittel. Sie brauchen bloß hohe Geschwindigkeit einzuschalten. Dann *schneiden* Sie das Zeitfeld, das heißt: Sie passieren es so rasch, daß es keine Zeit hat, seine Wirkung zu äußern. Sie hätten gar nicht umzudrehen brauchen. Die Steigerung der Geschwindigkeit hätte genügt. Aber wie gesagt: es *sollte* wohl so sein, daß Sie hier landeten.‹

›Aber‹, fragte ich, ›wie sind *Sie* hierhergekommen? Ohne Fahrzeuge, ohne Werkzeuge, ja sogar ohne Schuhe?‹

›Wir bedürfen dieser Dinge nicht. Wie ich dem Hochseligen bereits sagte, besitzen wir diese Fähigkeit, durch sympathetische Schau in das Innere alles Lebendigen zu dringen. Infolgedessen sind wir imstande, uns die vegetabilischen Kräfte ebenso zu Freunden und Dienern zu machen wie Sie durch rechnenden Verstand die mineralischen. Ihre Methode ist die mechanische, unsere Methode die vitale. Unser Material ist das Reich des Organischen. Ihr Material ist das Reich des Toten. Ihre Motoren sind elektrische, unsere Motoren sind geistige Ströme. In einem keimenden Blümchen schlummern gewaltigere und vielfältigere Kräfte als in einem Dampfkessel. Aber sie gehorchen nicht der Magie der Zahl wie die leblosen Dinge, sondern der Magie des beseelten Worts.‹

›Sie verzeihen, wenn ich Ihnen nicht ganz folgen kann‹, sagte ich etwas gereizt, denn das schwüle Gerede begann mir auf die Nerven zu gehen. ›Haben Sie lieber die Güte, mir zu sagen, wie man nach da unten kommt. Ich habe noch nicht gefrühstückt und möchte gern nachsehen, ob man in London noch immer kein Bier bekommt. Aber Sie wissen natürlich nicht, was das ist?‹

›Wie sollten wir nicht wissen, was Bier ist!‹ sagte der Ägypter lächelnd. ›Wir haben es doch erfunden! Aber was meinen Sie mit: da unten?‹

›Nun, natürlich das unterirdische London!‹

Der Ägypter schüttelte den Kopf. ›Es gibt kein London mehr. Es ist verschwunden.‹

›Aber wieso denn?‹ fragte ich entsetzt.

›Nun, wie es immer geht … Kriege … Revolutionen … es ist immer dasselbe. Euch Abendländer erschreckt das noch, weil Ihr zu jung seid. Eure Geschichte hat kein Alter, und Euer Alter hat keine Geschichte. Aber wie sollte es denn anders sein? Jeder Krieg gebiert eine Revolution und jede Revolution einen Krieg. Aber wenn es Sie interessiert? Es begann mit dem Streit um die Polkappen …‹

›Nein!‹ wehrte ich hastig ab. ›Es interessiert mich gar nicht! Wenn Sie mir jetzt die Geschichte der nächsten zweihundert Jahre nach rückwärts erzählen, so bleibt mir nichts übrig, als mich aufzuhängen. Wenn ich den Roman vorblättere, wie dies gewisse törichte und ungezogene Leser tun, so hat er jeden Reiz für mich verloren. Die beiden großen Mächte, die uns zwingen, unser Dasein auch unter widrigen Umständen fortzusetzen, sind die Hoffnung und die Neugierde. Sie sind die starken Fittiche, die unser Leben tragen und emportragen. Unsere Unwissenheit ist der Motor, der uns zu unseren kühnsten Abenteuern antreibt, die Wurzel unserer Tatkraft. Ein Mensch, der alle Verknotungen und Verschränkungen des Schicksals in ihrem Zusammenhange zu erblicken vermöchte, brächte nicht mehr den Mut zu einer Tat auf. Wer weiß, kann nicht mehr handeln.‹

›Das ist sehr weise gesprochen‹, sagte der Ägypter, ›aber muß man denn handeln?‹

›Ich habe‹, fuhr ich fort, ohne seinen Einwand zu beachten, ›obgleich ich nicht im Besitz Ihrer geheimnisvollen Intuition bin, bloß mit Hilfe meiner schlicht errechneten Maschine, einen weiteren Blick in die Geschichte getan, als er Ihnen jemals vergönnt sein wird. Und ich bedaure es tief. Denn dieser Blick war schaudererregend.‹ Und ich erzählte ihnen, was ich auf meiner Reise in das Jahr achthundertzweitausend gesehen hatte, deren Protokoll Mr. Wells veröffentlicht hat: eine Menschheit, die sich in zwei Spezies gespalten hatte: die einen, die Eloi, durch fortgesetzten Müßiggang zur höchsten physischen Verfeinerung und Verschönerung, aber zugleich auf ein Niveau völliger Infantilität gelangt, die anderen, die Marlocks, durch ununterbrochene manuelle Tätigkeit zu affenartigen Unterweltsgeschöpfen, stupiden Arbeitsmechanismen geworden.

Der ältere Ägypter schüttelte ungläubig den Kopf. ›Daran glaube ich nicht. Leben ist Geist, und das Gesetz des Geistes ist Steigen. Rückschläge kommen immer wieder vor, aber sie bedeuten nur Scheintod, ein Einatmen und Kräftesammeln wie im Winter. Sehen Sie doch unser Ägypten an! Schon vor zwölf Jahrtausenden gab es an der Wurzel des Deltas, die damals viel näher am Meer lag, eine Riesensiedlung, die Stadt des Seth, von der aus Göttersöhne über ganz Ägypten geboten. Sie wurde zerstört, und viele, viele Metropolen wurden ihre mächtigen Nachfolgerinnen. Und dazwischen immer wieder jahrhundertelang Ruinen! Aber was Sie da erzählen, wäre etwas Definitives. Das kann ich nicht glauben.‹

›Dann bleibt Ihnen nur die Wahl, mich für einen Narren oder einen Lügner zu halten!‹ rief ich unwillig.

Der Ägypter verneigte sich respektvoll, die Hand auf der

Stirn. ›Ich bezweifle natürlich nicht die Wirklichkeit der Eindrücke des Hochseligen‹, sagte er sanft. ›Aber die Eindrücke des Menschen –‹

›Darf ich‹, mischte sich der Jüngere ins Gespräch, ›die Vermessenheit haben, an den Liebling der Sonne eine Frage zur richten? Wissen Sie bestimmt, daß das, was Sie sehen, sich *hier* ereignet hat?‹

›Ja, wo denn sonst? Meine Maschine fährt doch nur in die eine Dimension der Zeit! Ich hatte mich doch die ganzen achthunderttausend Jahre lang nicht vom Fleck bewegt!‹

›Darf ich fragen, welche Geschwindigkeit der Erlauchte während dieser Zeit eingeschaltet hatte?‹

›Selbstverständlich die stärkste. Sonst hätte ich doch diesen riesigen Zeitweg gar nicht bewältigen können. Die höchste Zeitenergie, die meine Maschine zu entwickeln vermag, ist der Zeitmeter, die Dreihundertmillionenmetersekunde, das heißt: rund zehn Jahre in der Sekunde, also brauchte ich auch mit der Maximalgeschwindigkeit immer noch über zweiundzwanzig Stunden.‹

Die beiden Ägypter sahen sich an und lächelten. Der Jüngere sagte: ›Dann war, was der Hochselige beobachtet hat, nicht auf dieser Erde. Die höchste Geschwindigkeit ist die des Lichts. Daher muß, beim Passieren so großer Entfernungen, die Bewegung der Zeit ganz ebenso wie die des Lichtstrahls eine Krümmung erleiden. Ihre Fahrt führte Sie auf die andere Erde, eine Erde anderer Zeit. Was Sie sahen, war kein Ende, sondern ein Anfang, die Entstehung zweier neuer großartiger Formen des Lebens aus primitivsten Kindheitsstadien: die eine dazu erkoren, die Schönheit, den Adel, die Güte zu verkörpern, die andere dazu bestimmt, der Pflicht, der Arbeit, dem Fortschritt zu dienen, und am Ende der Entwicklung die eine ganz Seele, die andere ganz Geist! Um das Schicksal unserer Erde zu erforschen, hätten Sie geradlinig fahren müssen. Aber dazu hätten Sie viel langsamer fahren müssen. Und bei der Kürze des menschlichen Lebens, zumal da ja Hin- und Rückfahrt in Betracht kommt, wären Sie nicht allzu weit gekommen.

Die Möglichkeiten Ihrer Maschine sind also, zumindest für die Zukunft, ziemlich begrenzt. Wahrscheinlich auch für die Vergangenheit, obgleich die Bewegungsgesetze für negative Zeiten vermutlich andere sind.‹

Ich bekam einen roten Kopf. ›Jetzt reißt mir aber die Geduld!‹ rief ich aufgebracht. ›Erst erklären Sie meine Maschine für nicht existenzberechtigt, für etwas, das nicht in die Weltgeschichte hineingehört, und jetzt wollen Sie mir gar beweisen, daß sie überhaupt nichts taugt! Immerhin bin ich an unseren Rendezvousort etwas rascher gelangt als Sie. Denn Sie brauchten zu Ihrer Wanderung zweieinhalb Jahre, also mehr als neunhundert Erdumdrehungen und ich vielleicht eine Hundertstelumdrehung! Ich habe die Ehre, mich zu empfehlen.‹

›Wir sind untröstlich, das Mißfallen des Götterfreundes erregt zu haben‹, sagten fast gleichzeitig die beiden Ägypter.

Aber ich war nicht zu besänftigen. Mit einem Satz bemächtigte ich mich meiner Maschine, berührte den Rückhebel und fuhr davon. Immerhin hatten die superklugen Einwände der Ägypter sich schon so in meinem Unterbewußtsein verankert, daß ich unwillkürlich mit einer sehr mäßigen Geschwindigkeit ankurbelte. Die Ägypter wurden verschwommen, und als letztes Bild aus dem Jahre 2123 konnte ich noch wie durch einen Nebel erkennen, wie ihre beiden hageren Gestalten den Platz, auf dem ich mit meiner Zeitmaschine gestanden hatte, ehrfurchtsvoll umwandelten.

Achtes Kapitel

Die Katastrophe

Ich war wütend. Diese beiden bloßfüßigen Idioten! Erst erzählten sie mir etwas von ihrer hirnverbrannten Schule, wo man zum Tacitus wird, wenn man seinen Nabel betrachtet, dann von Mondkälbern, die Zeitschatten werfen, und von Schneeglöckchen, die Maschinen treiben, und schließlich wollten sie mir die Zeit verbiegen! Und die dunkle Empfindung, daß sie vielleicht sogar irgendworin recht hatten, war nur geeignet, meinen Ärger zu verstärken. Denn daß das Licht auf große Entfernungen sich nicht geradlinig fortpflanzt, stimmte. Lag dies an der großen Geschwindigkeit, so mußte es auch auf die Zeit Anwendung finden. Ich beschloß, mir jedenfalls gelegentlich die Sache noch einmal durchzurechnen.

Ich trudelte langsam dahin. Der häufige jähe Luftwechsel tat mir nicht gut. War die Atmosphäre im Jahre 1995 zu ozonarm gewesen, so hatte sie diesmal für meine Ansprüche zuviel Ozon gehabt. Ich war von der narkotischen Duftfülle der Riesenpflanzen fast ebenso benommen wie von den hirnumnebelnden Reden der Ägypter. Andrerseits fühlte ich meine Unternehmungslust gerade durch die fortwährenden Hindernisse gesteigert. Der Plan, das Jahr 1840 aufzusuchen, kam mir auf einmal kleinbürgerlich und armselig vor. Als das Mindeste an Fahrtleistung erschien mir jetzt ein Abstecher in die Zeit der Atlantiskultur. Das war doch höchstens eine Angelegenheit von zwanzigtausend, ja vielleicht gar nur fünfzehntausend Jahren. Was mochte damals hier gestanden sein? Vielleicht einer jener zehntausend Türme aus ›Goldkupfererz‹, von denen Plato erzählt, umstampft von trompetenden Elefantenhorden in Messingrüstungen, und vielleicht war gerade wieder Krieg oder Revolution. Immer dasselbe! Es war den zwei Bronzehäuten richtig gelungen, mir die Weltgeschichte zu verekeln. Und nun faßte ich, durch ihre Reden, die noch immer in mir nachklangen, aufgestachelt, einen titanischen Gedanken: ich beschloß, das Problem der Zeit zu ergründen. Ich werde, sagte ich mir, immer tiefer in die Vergangenheit des Planeten fahren – möge die Zeitbewegung sich immerhin dabei krümmen – in die Millionen und Billionen Jahre seiner Entstehungsgeschichte, bis in seinen Gaszustand und darüber hinaus, bis dahin, wo es noch keine Erde gab, auch keine Erde ›anderer Zeit‹! Was würde dann sein? Hier lag der Schlüssel. Denn meine Maschine war doch, solange sie in die Vergangenheit oder Zukunft der Erde fuhr, immer nur eine irdische Maschine: sie besaß Erdzeit, wenn auch millionenfach vervielfältigt. Was aber, wenn die Erde verschwunden war – welche Zeit besaß sie dann? Dann mußte ich auf völlig freie Zeit stoßen, auf Zeit an sich, auf abstrakte Zeit sozusagen, auf den Begriff der Zeit. Das Ganze war eine Folge meines Blumenrauschs. Denn es war eine törichte Idee, nicht wahr? Aber beruhigen Sie sich; ich kam nicht so weit – nicht annähernd so weit.

Während meiner Fahrt war mit einem Schlage wieder London am Firmament erschienen: es muß einer plötzlichen Katastrophe zum Opfer gefallen sein. Es blieb eine Zeitlang majestätisch auf seinem Wolkensockel stehen, und dann begannen seine imposanten Türme und Häuserblöcke ein Stockwerk nach dem andern zu verlieren, bis sie schließlich gänzlich verschwanden. Und nun schossen Riesenmassen von Schutt und Bruchstein zu unserm guten alten irdischen London zusammen, erst überdacht von gigantischen Luftbauten: hundertstöckigen Rampen, elastischen Schwebebrücken, Betonschleifen, dann immer niedriger und vertrauter in den Formen. Immer näher rückte die eigene Zeit: ich befand mich bereits im Jahr 1911. Ich muß gestehen, daß ich dem Datum meiner Ausfahrt nicht ohne eine gewisse Besorgnis entgegensah. Vielleicht konnte sich beim Überschreiten dieses Punkts doch noch irgend etwas Widriges ereignen: irgendein ›Grenzzwischenfall‹, dessen Möglichkeit ich nicht bedacht hatte. Ich verringerte meine Geschwindigkeit; aber der Zeiger rückte unerbitterlich vor: jetzt stand er schon auf November 1905. Ich verlangsamte meine Fahrt immer mehr. Als ich durch den siebenten Mai glitt, erblickte ich den Bruchteil einer Sekunde lang Glorias flammendes Bronzehaar. Sie saß noch immer in derselben unbeweglichen Haltung, in der ich sie verlassen hatte. Das bedeutete nach Erdzeit Stunden. So lange also wartete sie schon! Aber ehe ich Zeit fand, darüber nachzudenken, wies der Zeiger auf den vierten Mai.

Der Apparat machte einen kleinen Hopser, wie wenn ein Rad über einen Stein hüpft, und surrte weiter: in den dritten Mai. Die Passage war gelungen. Die Vergangenheit war erobert. Ihr weites Reich lag offen vor mir.

Ich war in der gewohnten Luft wieder völlig nüchtern geworden und in bester Laune. Eigentlich, dachte ich mir, hätte ich bei Gloria Station machen müssen, ich hatte ihr doch versprochen, an sie den ersten Bericht zu erstatten. Aber eigentlich erst den Bericht über die ganze Reise. Aber wer weiß, wie lange die dauerte! Und sie wartete doch schon so lange. Aber ich brauchte sie ja gar nicht warten zu lassen: ich konnte ja in jeder beliebigen Zeit landen. Ich brauchte bloß, bei meiner Rückkehr, am siebenten Mai zu stoppen. Aber sie wartete doch bereits stundenlang. Wie war das also eigentlich? Wenn ich –

In diesem Augenblick ergriff mich ein heftiger Windstoß und ich fühlte, wie ich aus dem Apparat gehoben und mit dem Rücken gegen etwas Hartes geschleudert wurde. Ein Sausen und Brausen, das in heftiges Prasseln überging, schlug an mein Ohr, und ein eisiger Schauer durchfuhr meine Glieder. Gleichzeitig wurde es stockfinster, und ich verlor das Bewußtsein.«

Neuntes Kapitel

Winternacht am Maimorgen

Der Zeitreisende tat einige tiefe Pfeifenzüge. »Finden Sie nicht«, sagte er, »daß das eigentlich ein sehr ungenauer und falscher Ausdruck ist: ›das Bewußtsein verlieren‹? Meiner Ansicht nach kann man alles verlieren, nur nicht das Bewußtsein. Die Narkotisierten sind angeblich bewußtlos. Aber sie erleben alles mögliche, halten lange Reden und führen ganze Szenen auf. Dazu gehört doch Bewußtsein! Ferner gibt es nach der Versicherung fast aller maßgebenden Psychologen keinen traumlosen Schlaf: also verläßt uns auch im Schlaf niemals das Bewußtsein. Auch von Personen, die sich im höchsten Affekt: des Zornes, der Angst, der Liebesraserei, befinden, sagt man, sie seien nicht bei Besinnung. Aber sie begehen in diesem Zustand sehr oft

Handlungen von geradezu raffinierter Zweckmäßigkeit. Ebenso verhält es sich mit den Hypnotisierten: sie handeln höchst vernünftig, also müssen sie doch Bewußtsein haben. Ebenso mit den Betrunkenen: Was diese reden und tun, hat oft geradezu *metaphysischen* Charakter. Andrerseits können wir auch im nüchternsten Zustand allerhöchstens zehn Vorstellungen auf einmal im Bewußtsein behalten: wenn die elfte auftaucht, ist die erste schon wieder untergegangen. Und doch ist sie da: sonst könnte sie nicht wiederkommen. Der Behälter, in dem sie ruht, ist eben das Bewußtsein.

Also das Bewußtsein ist immer da: im Rausch, in der Ohnmacht, im Trance, im Scheintod, ja sogar nach dem Tode. Der Tod ist nichts als eine Narkose, aus der man nicht spricht, ein Schlaf, der im falschen Ruf steht, traumlos zu sein. Daraus folgt aber, daß das Bewußtsein auch schon vor der Geburt dagewesen sein muß, denn –«

»Das sind ja höchst anregende und neuartige Aspekte, die Sie hier eröffnen«, sagte ich, auf meinem Stuhle rükkend, »aber noch mehr würde es mich derzeit interessieren, die Erklärung Ihres Zeitmaschinenunglücks zu erfahren. Warum wurden Sie aus dem Sattel geschleudert? Wieso wurde es plötzlich stockfinster?«

»Aber ich bin ja eben dabei«, sagte der Zeitreisende. »Lassen Sie mich nur der Reihe nach vorgehen. Zunächst mußte ich Ihnen doch erklären, wieso ich das Bewußtsein verlor und wieso ich es nicht verlieren *konnte*.«

»Und als Sie wieder zu sich kamen, was geschah da?«

»Wiederum ein falscher Ausdruck. Man ist immer bei sich.«

»Also was geschah, als das bei Ihnen eintrat, was man mit einem schlechten Wort als ›zu sich kommen‹ bezeichnet?«

»Das erste, was ich bemerkte, war eine schmerzhafte Beule an meinem Hinterkopf, die zusehends anschwoll. Langsam gewöhnte sich mein Auge an die Dunkelheit, und nun sah ich, daß ich neben meinem Hause auf dem Gartenboden lag, der steinhart und eiskalt war. Es war tiefe

Nacht. Ein heulender Windstoß schüttelte die kahlen Bäume. Wütende Güsse dicker Hagelschloßen, vermischt mit Schnee, rauschten hernieder und peitschten mir ins Gesicht. Ich war bereits völlig durchnäßt. Ich erhob mich mühsam und tastete mich ins Zimmer. Natürlich hatte ich keine Streichhölzer mit, und außerdem erinnerte ich mich mit Verdruß, daß der Auerstrumpf bei der letzten Verwendung abgenützt und schadhaft gewesen war. Endlich fand ich Zünder und konnte Licht machen. Aber zu meiner angenehmen Überraschung war der Strumpf intakt und leuchtete wie neu. Ich begab mich zum Kamin, um Feuer zu machen. Aber die Scheite brannten bereits. Waren hier Heinzelmännchen am Werke?

Ich blickte um mich. Mein Studierzimmer war unverändert. Aber wie ich hierhergekommen war, war mir unerklärlich. Ich hatte doch nicht gestoppt! Oder war meine Maschine von selber stehengeblieben? Wo war sie denn überhaupt? Erst jetzt viel mir ein, daß ich in meiner Verwirrung mich gar nicht um sie gekümmert hatte. Ich stieß das Fenster auf und blickte hinab; aber ich konnte sie nicht entdecken.

Ich stürzte vors Haus und suchte alles ab: sie war unauffindbar. In tiefster Niedergeschlagenheit kehrte ich in mein Zimmer zurück. Ein neuerlicher Wetterschauer ergriff die offenen Fensterflügel und schüttete die Scheiben klirrend ins Zimmer. Die Hagelkörner tanzten auf dem Teppich.

Ich schloß die Läden und verfiel in tiefes Sinnen. Was war geschehen? Das waren ja Dinge wie am Jüngsten Tag! War der Widerstand der Erdzeit eben doch nicht zu besiegen gewesen? Er konnte sich ja ganz gut erst einen Tag später ausgewirkt haben: statt am vierten am dritten Mai. Aber woher die Detonation und der Sturz? War eine Explosion vor sich gegangen infolge irgendeiner Reibung, der Reibung der beiden kämpfenden Zeiten? Aber das war ja Unsinn. Reibung ist doch nur unter Körpern, unter dreidimensionalen Größen möglich, und diese Vorgänge konnten sich nur in einer Dimension der Zeit ereignet haben. Und selbst diesen unmöglichen Fall angenommen: so hätten sich doch zumindest Überreste meiner zerplatzten Maschine vorfinden müssen. Aber es war nicht ein Stückchen von ihr vorhanden, nicht ein einziges Rad, keine Spur ihrer Existenz. Sie war wie vom Erdboden weggewischt. Und draußen tobten Schneesturm und Eishagel am dritten Mai! Und dazu tiefe Nacht am Morgen! Denn diese Tageszeit mußte jetzt sein. Meine Maschine hat nämlich keine kleineren Zeiteinheiten als einen Tag. Das ist ja ohnehin schon sehr wenig: nicht einmal der dreieinhalbtausendste Teil eines Zeitmeters. Ich konne also nur wieder kurz nach halb zehn Uhr morgens gelandet sein, denn soviel war es bei meiner Abfahrt von den Ägyptern.

Ich zündete mir eine Zigarre an, was bei mir immer das Zeichen übelster Laune ist, und grübelte weiter. Am Ende hatte ich alles nur geträumt: die sanfte meeräugige Gloria, den projizierten Mann von Savory, die purpurnen Drachenblüten und die verdrehten Ägypter? Vielleicht war das Ganze eine Grogphantasie, und ich war gar nicht weggewesen? Aber eine Reihe von Anzeichen bewiesen mir nur zu greifbar, daß alles positive Wirklichkeit war. Hier war mein Zimmer, aber ganz anders, als ich es verlassen hatte: der Auerbrenner statt der Morgensonne, rote Kaminglut statt des blauen Maihimmels und ein wilder Orkan statt der weichen Frühlingsluft. Ich fühlte, sah und hörte alle diese Veränderungen mit meinen wachen nüchternen Sinnen. Ich fühlte den eisigen Windzug durch die klappernden Fensterläden, ich hörte das Prasseln des Hagels und das Heulen des Sturmes, ich sah das Wasser und die Glassplitter auf meinem Teppich, und das Wichtigste und Betrüblichste von allem: was ich nicht sah, war meine Maschine. Wo war sie?

Ich hatte einigermaßen meine Ruhe wiedergewonnen und bemühte mich, an der Hand kalt logischer Erwägungen zu einem vernünftigen Resultat zu gelangen. So viel war klar: ich hatte den Widerstand der Erdzeit nicht überwunden, aus irgendeinem unbekannten Grunde, denn ich befand mich hier, in meinem Zimmer und nur einen einzigen Tag in der Vergangenheit. Aber das erklärte mir noch immer nicht das fatale Verschwinden meiner Maschine. War der Widerstand der Erdzeit unbesiegbar, so hätte sie einfach stehenbleiben müssen. Und woher kam die Finsternis? Die hatte doch mit dem Widerstand der Erdzeit nicht das geringste zu schaffen. Und das Unwetter?

Hier hatte ich einen Gedanken – wenn man ihn so nennen kann. Vielleicht war gerade meine gewaltsame Katastrophe die Ursache des plötzlichen Wetterumschlags. Was ist denn Wetter? Eine Zeiterscheinung. Wenn es gut ist, nennt man es eine ›schöne Zeit‹, *beau temps, bel tempo*. Und die unerklärliche Nacht war vielleicht die Sonnenfinsternis. Ohne Sonne gibt es keine Zeit, also auch keine Zeitmaschine: daher war diese vorübergehend verschwunden. Natürlich war das alles ausgesuchter Blödsinn. Am dritten Mai war doch gar keine Sonnenfinsternis. Und ein von mir sozusagen nachgeliefertes Unwetter war auch eine Undenkbarkeit. Aber in meinem niedergedonnerten Zustand wären Sie wahrscheinlich auf nicht viel Gescheiteres gekommen.

Ich schloß die Haustür und nahm mechanisch die Zeitung aus dem Postkasten. Es waren die ›Sunday Times‹. Merkwürdig: der dritte Mai war doch gar kein Sonntag. Geistesabwesend durchflog ich die einzelnen Spalten. Feuilleton: eine schreckliche Plauderei: ›Was wir uns zu Sankt Nikolaus wünschen‹. Diese Albernheiten hätte die Redaktion sich doch wirklich bis zum sechsten Dezember aufheben können. Oder waren sie noch vom letzten Nikolaustag liegengeblieben? Theater und Kunst: Die Erstaufführung von Pineros neuer Komödie ›Sinchens Geheimnis‹ findet nächste Woche im Haymarket-Theater statt. Das war aber doch bereits ein Theaterskandal? ›Im Strand-Theater haben die Proben zu den Christmasspielen begonnen.‹ Was zum T... sollen Proben zu Weihnachtsspielen im Mai? Vom Kriegsschauplatz: ›Seit der Schlacht am Schaho herrscht zu Lande nach wie vor der Stellungskrieg, während Port Arthur belagert wird. Heute wurde der ›hohe Berg‹, das Vorwerk an der Nordwestseite der Stadt, nach zehntägiger Bestürmung geräumt. Die Verteidigung leitete

General Kondratenko. Danach ist, wenn es den Russen nicht noch rechtzeitig gelingt, Entsatz heranzuschieben, mit dem Fall der Festung in wenigen Monaten, ja vielleicht sogar schon in Wochen zu rechnen.‹ Aber zum Donnerwetter, der Russisch-japanische Krieg war doch schon beendet! Von wann *ist* denn die Zeitung?

Zu dumm. Ich hatte eine alte Nummer erwischt: vom sechsten Dezember. Aber warum steckte sie noch im Postumschlag? Mein zerstreuter Blick fiel auf den Wetterbericht: ›Seit gestern herrscht in London eine Witterung, wie sie selbst im Dezember zu den Seltenheiten gehört: Schneegestöber, untermischt mit Hagel, und orkanartige Stürme.‹ Komisch: genau dasselbe Wetter wie jetzt ...

Mit einem Male glaubte ich alles zu verstehen. Ich war gar nicht im dritten Mai, ich war wirklich im sechsten Dezember! In Gedanken versunken, hatte ich offenbar gar nicht beachtet, daß ich schon weitergeglitten war. Vielleicht auch hatte ich unversehens den Hebel berührt und das Tempo beschleunigt. Aber das erklärte noch immer nicht das plötzliche Stehenbleiben des Apparats und vor allem sein rätselhaftes Verschwinden. Denn die Zeitmaschine mußte doch da sein, sie war doch in der Zeit, in jeder Zeit, in tausend Jahren so gut wie vor tausend Jahren, morgen und übermorgen so gut wie gestern und vorgestern.

In diesem Augenblick wäre ich beinahe ohnmächtig geworden. Denn ich erkannte mit einem Schlage die ganze furchtbare Wahrheit.«

Zehntes Kapitel

Zweimal Burgunder

Der Zeitreisende entzündete seine Pfeife, die er vor Erregung hatte ausgehen lassen, und sagte dumpf: »Sie werden zugeben, daß es eine wahrhaft entsetzliche Situation war. Eine der trostlosesten und grauenvollsten, die sich denken lassen. Eine Lage, in der sich, seit die Welt besteht, noch niemals ein Mensch befunden hat und hoffentlich nie wieder einer befinden wird. Allen Gefahren, die mich auf meiner Fahrt bedroht hatten, war ich glücklich entronnen: dem Widerstand der Erdzeit, den Kathodenstrahlen des Radiodroms, dem Zeitschatten des Seleniten, dem Sturz von stockhoher Tiefe: aber dieses Hindernis war unüberwindlich.« Er verstummte und blickte düster vor sich hin.

»Warum meinen Sie?« fragte ich unsicher.

»Aber begreifen Sie denn noch immer nicht?« rief er. »Der Fall lag doch verteufelt klar. Ich war in eine Zeit hineingefahren, in der meine Maschine noch nicht erfunden war! Wie hatte ich, ein sogenannter wissenschaftlich denkender Kopf, diese primitive Tatsache übersehen können! In einer Zeit, wo sie noch nicht existierte, konnte ich freilich mit meiner Zeitmaschine nicht reisen! Sie werden lächeln, und ich hätte es wahrscheinlich auch getan, wenn die Sache für mich nicht gar so fatal gewesen wäre ...«

Es entstand eine Pause. Der Zeitreisende schwieg und stieß Dampfwolken aus.

Ich sagte: »Ich begreife. Aber die Geschichte stimmt nicht. Wann haben Sie Ihre Maschine vollendet?«

»Auf den Tag genau kann ich es Ihnen nicht sagen. Aber es war Mitte Januar.«

»Nun gut! Dann hätte Ihre Maschine Mitte Januar versagen müssen, und Sie hätten *dort* stranden müssen, aber nicht am sechsten Dezember. Und Ihre Situation wäre dann gar nicht so verzweifelt gewesen. Denn Ihre Maschine mußte in dem Augenblick versagen, wo auch nur eine einzige Stange oder Schraube fehlte. Der Rest wäre erhalten geblieben. Sie hätten dann bloß die fast fertige Maschine vom, sagen wir, vierzehnten Januar durch diese fehlende Stange oder Schraube zu ergänzen und mit dem wieder funktionierenden Apparat in unsere Zeit zurückzufahren brauchen.«

»Ja«, sagte der Zeitreisende, »das sollte man meinen. Aber nach längerem Nachdenken kam ich darauf, daß es sich leider nicht so verhielt. Meine Maschine hatte den Widerstand der Erdzeit überwunden. Sie hatte ihn nur zu gut überwunden! Denn sie hatte sich so mit Energie geladen, daß sie infolge des ihr innewohnenden Trägheitsgesetzes noch eine Zeitlang weiterlief. Dadurch erklärte sich auch die Nachtzeit. Eine Katastrophe richtet sich nicht nach meinem Zeitmesser und seiner Gradeinteilung. Irgendwann, in dem Millionenbruchteil eines Zeitmeters, war die Energie erschöpft, und die Bewegung hörte auf. Und dabei hatte ich noch Glück im Unglück gehabt: wäre ich, als die Katastrophe eintrat, nicht so langsam gefahren, sondern hätte eine höhere oder gar die höchste Geschwindigkeit gehabt, so wäre ich viel weiter geschleudert worden, vielleicht wirklich bis zu Mr. Charlyle oder ins Zeitalter der Königin Anna, und dann wäre meine Situation gänzlich aussichtslos gewesen und wir hätten uns nie mehr wiedergesehen.«

»Den Unterschied sehe ich nicht ein«, sagte ich. »Wenn Ihre Maschine einmal fort war, so war es ziemlich gleichgültig, ob Sie sie zur Zeit des Spanischen Erbfolgekrieges oder des Russisch-japanischen Krieges verloren.«

»Ich werde Ihnen das später erklären. Ich dachte übrigens die längste Zeit genauso wie Sie, und deshalb hielt ich auch tatsächlich meine Lage für hoffnungslos. Bedenken Sie doch nur: für immer unverrückbar festgenagelt an den Abend des sechsten Dezember 1904!« Er schwieg verstört.

Ich wußte nicht recht, was ich sagen sollte. »Wenn es Sie noch immer so erregt«, stammelte ich, »so erzählen Sie es mir lieber ein andermal. Oder nehmen Sie wenigstens ein Glas Whisky-Soda.«

»Nein«, wehrte er ab, »nur Soda ohne Whisky. Das wird mich beruhigen.« Er trank gierig.

»So, und jetzt können wir fortfahren. – Ich brütete noch lange vor mich hin, aber ich war unfähig, einen klaren Gedanken zu fassen. Auch machte nach den vielen aufwühlenden Eindrücken, die ich gehabt hatte, nunmehr die Erschöpfung ihre Rechte geltend. Ich begab mich zu Bett und verfiel in dumpfen, unruhigen Schlummer.

Als ich erwachte, hatte ich einige Mühe, den Zusammenhang wiederzufinden. Die geschlossenen Fensterläden, der prasselnde Kamin, die ›Sunday Times‹: alles war noch da. Auch der Auerstrumpf brannte noch; selbstverständlich, er war ja eine Art Ewiges Licht. Durch den Schlaf hatte ich mich wieder so weit gesammelt und erfrischt, daß ich nach Hilfsquellen auszuspähen begann. Zunächst galt es, ein Mittel zur Kommunikation zwischen mir und der Gegenwart ausfindig zu machen: – zwischen meiner und Ihrer Gegenwart meine ich. Und als dieses ergab sich mir nach längerem Nachdenken die drahtlose Telegraphie. Der elektrische Funke hat bekanntlich dieselbe Geschwindigkeit wie das Licht: dreihunderttausend Kilometer in der Sekunde. Er bewegt sich daher mehr als Sechshunderttausendmal so schnell wie die Erde; zu einem Tag braucht er weniger als eine Sechshunderttausendstelsekunde. Mit diesem Vehikel konnte ich natürlich die Spannung von fünf Monaten, die zwischen mir und meiner Zeit lag, spielend leicht überbrücken; es war eine Sache von einer Viertausendstelsekunde. Ich sandte Ihnen also das erste Telegramm. Es war ein bißchen verworren,. Aber ich konnte Ihnen doch auf diesem Wege nicht alles auseinandersetzen: so lange Telegramme gibt es ja gar nicht, und am Ende hätten Sie mich erst nicht verstanden. Immerhin: die nötigsten Anordnungen ließen sich in dieser Verständigungsform treffen. Ein Mißstand war allerdings nicht zu beseitigen: es mußte ein einseitiger Verkehr bleiben. Denn *Sie* konnten nicht an *mich* telegraphieren: die Bewegung der elektrischen Energie läßt sich nicht umkehren, sie ist immer nur einsinnig nach vorne gerichtet.

Das Ziel, auf das ich meine Anstrengungen zu konzentrieren hatte, war klar umrissen: ich mußte mit allen Mitteln versuchen, meine Maschine zu rekonstruieren. Aber wie das anfangen? Zunächst fehlten mir die komplizierten rechnerischen Unterlagen. Diese ließen sich vielleicht mit großem Aufwand an Fleiß wiederherstellen; aber einige wichtige Formeln, zu denen ich erst Ende Dezember gelangt war, waren mir unwiderruflich entfallen. Und vor allem brauchte ich Radium. Woher dieses nehmen?

Indes eines Tages – aber das ist falsch ausgedrückt: für

mich gab es ja nur *einen* Tag – stieß ich auf einen wertvollen Bundesgenossen, an den ich unbegreiflicherweise bisher gar nicht gedacht hatte. Es war die kleine Zeitmaschine. Sie war nicht nur ein unschätzbares Modell für den Bau der großen, sondern sie konnte auch selbständig in die Zeit reisen. Jetzt war auf einmal die Möglichkeit eines gegenseitigen Verkehrs und sogar eines Transports gegeben! Voll Eifer traf ich die Vorkehrungen, die Ihnen bekannt sind. Mittels dieses kleinen Fahrzeugs konnte ich hoffen, bei einiger Geduld und Zähigkeit alles Fehlende zu ersetzen. Meine Laune hatte sich bedeutend gebessert.«

»Aber warum schickten Sie mir dann so wütende Telegramme?«

»Weil das Maschinchen niemals ankam!«

»Aber ich hatte es doch ganz genau adressiert!«

»Ich weiß«, sagte der Zeitreisende. »Eben weil Sie so genau adressiert hatten ... Ich mache Ihnen selbstverständlich keinen Vorwurf. Es war nicht Ihre Schuld, sondern die meinige oder, sagen wir, die Schuld der Verhältnisse. Aber ich konnte es mir damals nicht erklären und war natürlich außer mir. Ich glaube, ich depeschierte etwas von einem Nilperd?«

»Nein«, sagte ich, »es war ein Rhinozeros. Aber das tut nichts zur Sache.«

»Ich zerbrach mir den Kopf«, fuhr der Zeitreisende fort, »aber ich fand keine Lösung. Vielleicht, dachte ich zunächst, lag es daran, daß ich keine genaue Tageszeit angegeben hatte? Aber daran konnte es nicht liegen. Bei Ihrer bekannten Gefälligkeit und Zuverlässigkeit – bitte, das soll kein Kompliment sein – mußte ich annehmen, daß Sie sich meines Auftrags so rasch wie möglich entledigen würden. Dann mußte die Maschine so um elf Uhr vormittags eintreffen. Das war zwar nicht die richtige Zeit, aber gar kein Unglück. Denn dann mußte sie am Abend schon da sein. Böse wäre es nur gewesen, wenn Sie sich bis spätnachts Zeit gelassen hätten. Aber das war nicht anzunehmen, um so mehr, als ich sie um schnelle Erledigung ausdrücklich ersucht hatte.«

»Ich entsandte die Maschine um zehn Uhr neununddreißig.«

»Na, sehen Sie!« nickte der Zeitreisende. »Dann fiel mir der Widerstand der Erdzeit ein. Den hatte doch die kleine Zeitmaschine ebensogut zu überwinden wie die große. Davon wußten Sie aber noch nichts, und so hatte sie offenbar bei der Rücksendung versagt. Übrigens hätte Ihnen mein Gegenmittel, auch wenn Sie es gekannt hätten, nichts geholfen. Denn Sie konnten die kleine Zeitmaschine wohl in die Zukunft schicken, aber nicht mitfahren. Nach einigem Nachdenken erkannte ich jedoch, daß auch diese Deutung nicht in Betracht kam. Denn ich selber hatte ja die Maschine in die Zukunft geschickt, und als sie bei Ihnen ankam, war sie schon mit einer Energie von fünf Monaten, also hundertfünfzigfacher Erdzeit, geladen.

Aber wenn auch nicht die Ursache, die Tatsache war klar genug: keine Zahlen, kein Material; und nun war das kostbare Modell auch weg! Damit schien mir jede Hoffnung auf Rückkehr in die Heimatzeit abgeschnitten. Ich gab meinen Fall auf.

Es ist ein sehr sonderbarer Zustand, wenn die Zeit sich nicht mehr bewegt. Keine Hoffnungen, aber auch keine Befürchtungen. Keine Spannung, aber auch keine Sorge. Natürlich auch keine Nahrungssorgen. Ich stand damals gerade vor den abschließenden theoretischen Vorarbeiten für den Bau meiner großen Maschine. Ich solchen Fällen, wenn mich etwas ganz okkupiert, pflege ich mich, um ungestört arbeiten zu können, in meinem Hause gewissermaßen zu verbarrikadieren, und so hatte ich auch diesmal wie bei einem Belagerungszustand für Vorräte an Holz, Tabak, Konserven, Bier, Zwieback und dergleichen ausgiebig vorgesorgt. Die Fensterläden öffnete ich angesichts der unerträglich feuchten und stürmischen Winternacht natürlich niemals. Das hätte auf die Dauer unangenehm werden können: aber zum Glück hatte ich mir einige Monate vorher einen vorzüglichen neuen Ventilator einbauen lassen, der meinen Lufthunger vollkommen befriedigte. Aber das fortwährende Leben bei künstlicher Beleuchtung ging mit sehr auf die Nerven. Ich bin wirklich ein ›Freund der Sonne‹, wie die beiden schrecklichen Nilmänner mich anzureden beliebten, und gar kein Nachtmensch; auf Soiréen und Redouten werde ich seekrank; Sie haben mich oft deswegen verspottet.

Übrigens entdeckte ich auch einiges Tröstliche. So zum Beispiel auf dem untersten Regal eines Bücherschranks, neben Frazers ›Wörterbuch der angewandten Chemie‹, eine ganze Batterie Romanée, Pommard und Nuits. Es ist ein eigentümlich prickelnder Genuß, seinen eigenen Burgunder zweimal zu trinken. Außerdem waren auch die sechs Flaschen Canadian Club Whisky wieder da, der wie uralter Cognac schmeckt. Aber auch der wiedergeborene Hummersalat von Croß & Blackwell war nicht übel.

Im ganzen aber war meine Lage nichts weniger als scherzhaft. Denken Sie doch: ein Mensch ohne Zukunft! Ich kam mir vor wie ein moderner Peter Schlemihl: ein Mensch ohne Schatten. Denn wir Menschen werfen unsere Schatten voraus, nicht hinter uns. ›Die Menschen‹, sagt Emerson, ›sind wandelnde Prophezeiungen der Zukunft.‹ Vor mir aber war eine schwarze Wand. Ich hatte mir zu viel Zeit angemaßt und war dafür jetzt dazu verurteilt, den Rest meines Lebens ohne Zeit zu verbringen. Denn auch die Vergangenheit gehörte mir nicht mehr. Es gibt keine Vergangenheit ohne Zukunft.

Wenn man solchen Gedanken konsequent nachgeht, kann man verrückt werden. Ich versuchte daher, mich abzulenken. Zunächst diente mir dazu der Burgunder. Ein geheimnisvolles Getränk: feurig und bleiern, beflügelnd und beschwerend zugleich, ähnlich wie der Ihnen so verhaßte Carlyle. Lange Zeit befand ich mich in einem dauernden leichten Dusel, man sieht es mir vielleicht ein wenig an? Aber in meiner Lage wäre selbst General Booth zum Potator geworden.

Dann suchte ich Trost in Büchern. Aber nicht in Werken der exakten Fächer, die bisher meine Hauptlektüre gebildet hatten, denn die Wissenschaft war mir verleidet. Deshalb betrat ich auch nie wieder mein Laboratorium.

Die meiste Stärkung aber fand ich in einer alten Mystikerbibliothek, die ich noch von meinem Vater geerbt und früher nie beachtet hatte. Am schönsten von allem fand ich das Wort Meister Eckharts, das mir wie für mich geschrieben schien: ›Es ist alles *ein* Nun.‹ Und ich mußte an die Legende vom Mönch von Heisterbach denken, der in einem Tag ein Jahrtausend durchwandelte, denn vor Gott macht das keinen Unterschied: ›Ihm ist ein Tag wie tausend Jahre, und tausend Jahre sind ihm wie ein Tag.‹

Und verhält es sich etwa anders? Ist denn unser ganzes Dasein mehr als eine Viertelstunde Regenbogen, ein Lichtstreif zwischen zwei Unendlichkeiten? Gelangt die Seele, auch wenn sie hundert Jahre lebt, näher an die Ewigkeit als in einem Tag? Und könnte umgekehrt ein Weiser, der einen Tag lang wahrhaft gelebt hätte, indem er geduldig und inbrünstig seiner Seele lauschte, vom Pulsschlag der Ewigkeit nicht alles vernehmen, was uns in unserer irdischen Lebensform überhaupt zu Ohren zu dringen vermag? Und war dieses kristallene ›ewige Nun‹, in dem ich thronte, nicht im Grunde der erhabenste und eines Menschen würdigste Zustand? Aber zu groß, zu erhaben für einen schwachen Menschen.

Ich sagte laut vor mich hin: ›Die Zeit steht still.‹ Und ich horchte andächtig auf ihr Schweigen.

In diesem Augenblick durchfuhr mich ein panischer Schreck. Meine durch die dauernde Stille und die tiefe Sammlung geschärften Ohren hörten, wie ganz deutlich, wenn auch ungemein leise, eine Uhr schlug. Und zwar in meinem Hause! Es war wie eine gespenstische Replik. Die Zeit stand also doch nicht still? Die Schläge kamen von oben. Einen Augenblick war ich wie versteinert, dann stürzte ich in rasender Eile, drei Stufen auf einmal nehmend, in mein Laboratorium.

Elftes Kapitel

Zeitreisender landet

Als ich die Tür aufstieß, prallte ich betroffen zurück. Es war heller Tag! Draußen blaute über schneebeglitzerten Tannen ein heiterer, windstiller Wintermorgen. Die Uhr wies tickend auf elf Uhr eins, und der Sekundenzeiger lief. Ich blickte auf den Abreißkalender: er zeigte den fünften Februar. Noch ganz benommen begab ich mich ins Turmzimmer: dort zeigte der Kalender in der Ecke den einunddreißigsten Dezember. Sonderbare Konfusion! Im Untergeschoß war es Nacht, im Obergeschoß Morgen, im Studierzimmer war ein anderer Tag als im Laboratorium und dort wieder ein anderer als im Turmzimmer.

Ich blickte in die andere Ecke. Und dort entdeckte ich etwas, das mich vor Freude fast wahnsinnig gemacht hätte. Denn dort stand, funkelnd im Morgenlicht, intakt und komplett – meine Zeitmaschine! Es hätte nicht viel gefehlt, und ich hätte sie umarmt und geküßt. Ich fragte nicht viel danach, wie sie von der Hauswand zwei Stock hoch geklettert war, sondern bestieg sie und machte von ihr zum ersten und zum letzten Male einen vernünftigen Gebrauch: ich fuhr mit ihr in meine Heimatzeit.

So, das ist meine Geschichte.«

»Entschuldigen Sie«, sagte ich, »aber das ist nicht die *ganze* Geschichte. Denn Sie haben mir noch immer nicht erzählt, wie Sie wieder zu Ihrer Maschine gekommen sind.«

»Aber das ist doch höchst verwunderlich, daß Sie darauf nicht schon längst von selber gekommen sind! Bei mir in meiner Depression und halb wahnsinnigen Verfassung war das noch einigermaßen verständlich. Aber Sie hätten doch die jedem Kind bekannte Erscheinung des Älterwerdens nicht übersehen dürfen. Jeder Mensch legt doch jeden Tag eine bestimmte Zeitspanne zurück: eben einen Tag. Hat einer zwanzig Jahre Zeitstrecke (zwei Zeitmeter) zurückgelegt, so bezeichnen wir ihn als zwanzig Jahre ›alt‹; dann wird er dreißig alt und so weiter. Hat einer um zwei Jahre mehr Zeit zurückgelegt als ein zweiter, so sagen wir, er sei um zwei Jahre ›älter‹; und hat dieser zweite selber zwei Jahre zurückgelegt, so sagen wir wiederum, er sei um zwei Jahre älter. Das ist doch bis zur Stupidität einfach. Nun, und so war auch ich täglich um einen Erdentag älter geworden und langsam nachgerückt. Das heißt: die Distanz zu meiner eigenen Zeit konnte ich nicht überwinden, die blieb selbstverständlich immer dieselbe; denn mit jedem Tag, den ich älter wurde, rückte auch meine Zeit um einen Tag vor. Aber meine Zeitmaschine konnte ich einholen, denn von deren Vollendung trennten mich nur knappe sechs Wochen. Hätte ich bei der Katastrophe eine höhere Geschwindigkeit gehabt, so wäre ich weiter geschleudert worden und hätte länger warten müssen. Es war also keineswegs gleichgültig, ob ich im Dezember 1904 landete oder im Zeitalter der Königin Anna, wie Sie vorhin annahmen. Denn dann hätte ich ja um zweihundert Jahre älter werden müssen, bis ich wieder zu meiner Maschine gekommen wäre.«

»Aber Sie vollendeten doch Ihre Maschine Mitte Jänner. Warum zeigte dann der Kalender im Laboratorium den fünften Februar und der im Turmzimmer den einunddreißigsten Dezember?«

»Auch das erklärt sich auf sehr primitive Weise. Der Kalender im Turmzimmer war ganz einfach ein alter Kalender, der nach Ablauf des Jahres 1904 nicht mehr erneuert worden war. Aber das Datum im Laboratorium stimmte. Es war tatsächlich der fünfte Februar. Denn erst an diesem Tage betrat ich den Raum. Ich hatte mich volle drei Wochen zu lange in dem vermeintlichen sechsten Dezember aufgehalten. Hätte ich das Laboratorium regelmäßig aufgesucht, so hätte ich mir diese Überzeit ersparen können. Und vor allem hätte ich mir meine ganze Verzweiflung ersparen können, denn dann hätte ich sofort erkennen müssen, daß mein Abenteuer zeitlich begrenzt war: auf etwas vierzig Tage. So aber waren einundsechzig Tage daraus geworden. Meine Zeit hielt also bereits beim vierten Juli. Um diesen zu erreichen, bedurfte ich bloß der kurzen Fahrt über hundertneunundvierzig Tage, die Differenz, die durch die Katastrophe entstanden war. Ich bin, wie gesagt, schon seit vorgestern hier, aber ich hatte wirklich kein Bedürfnis nach Geselligkeit.«

»Und jetzt verstehe ich auch«, setzte ich eifrig hinzu, »warum die kleine Zeitmaschine trotz richtiger Adressierung nicht ankam. Sie war nämlich falsch adressiert! Als Ihr Telegramm eintraf, war es der zehnte Mai. Ich hätte daher die Maschine nicht in den *sechsten* Dezember schicken sollen, sondern in den *zwölften*. Denn dort befanden Sie sich damals gerade.«

»So ist es«, nickte der Zeitreisende, »und Sie trifft, wie gesagt, nicht der geringste Vorwurf.«

»Aber Sie auch nicht!« rief ich ärgerlich. »Schuld ist die Unintelligenz und Rückständigkeit des Menschengeschlechts. Warum hat nicht schon Stephenson zugleich mit dem Dampfroß das Zeitroß erfunden? Und warum hat Marconi nicht herausbekommen, wie man drahtlos in die Vergangenheit telegraphieren kann? Denn es gibt doch auch *negative* Elektrizität. Also –«

Der Zeitreisende winkte düster ab. »Das ist jetzt vorbei«, sagte er. »Aber«, fügte er mit resigniertem Lächeln hinzu, »eine kleine Nebenentdeckung habe ich doch gemacht. Wenn man nämlich mit der Zeitmaschine ganz langsam fährt, so kann man mit der Camera bewegliche Bilder aufnehmen.«

»Seien Sie nicht böse«, erwiderte ich, »aber dazu braucht man keine Zeitmaschine. Eine ähnliche Erfindung ist von den Brüdern Lumière schon vor Jahren gemacht worden.«

»Aber mit meiner Zeitmaschine geht die Sache doch unvergleichlich besser.«

»Sicherlich. Aber welchen Sinn sollten solche Zeitphotographien haben? Für wissenschaftliche Zwecke wird das Verfahren schon seit längerem angewandt – ich las erst jüngst wieder davon in einer biologischen Fachzeitschrift. Und für das große Laienpublikum haben doch solche photomechanischen Experimente nicht das geringste Interesse.«

»Na, egal«, sagte der Zeitreisende müde. »Jedenfalls: was von alledem zurückbleibt, ist eine gigantische Blamage. Die Wissenschaft hat wieder einmal ein klägliches Fiasko erlitten. Und das weiß ich: ich werde das mißglückte Ding nie wieder benützen. In die Vergangenheit nicht, aber auch nicht in die Zukunft. Denn was gibt's schon dort? Übertechnik oder Untertechnik! Savoryidioten und Katarakt-idioten! Und überhaupt: wie lächerlich ist dieser ganze ›Eroberungsdrang des Forschers‹! Wenn man immer nur äußere Eroberungen in der Welt macht, ob im Raum oder in der Zeit oder in welcher Dimension immer, so versäumt man dabei, die einzige Eroberung zu machen, die sich lohnt, ja die überhaupt möglich ist: die des eigenen Ich.«

»Verzeihen Sie«, sagte ich, »aber haben Sie nicht heute abend schon einmal etwas Ähnliches gesagt? Oder nein: es war Miß Gloria.«

»Möglich«, sagte der Zeitreisende und hüllte sich in Rauchwolken.

Schluß

Eine naheliegende Korrespondenz

1.
Mr. Anthony Transic, London

... und so brauche ich Ihnen wohl nicht nochmals zu versichern, zu wie tiefem und dauerndem Danke ich Ihnen verpflichtet bin. Trotzdem scheinen mir einige wenige Punkte noch der Aufklärung bedürftig, und ich bitte Sie daher, nicht ungehalten zu sein, wenn ich, durch Ihre große Liebenswürdigkeit ermutigt, einige ergänzende Fragen an Sie richte.

Erstens: es ist vollkommen klar, warum die Maschine Mr. Mortons bei seinem Start am vierten Mai 1905 *nicht* funktionierte. Ebenso klar ist es, warum sie bei seinen Rückfahrten aus den Jahren 1995 und 2123 *funktionierte.* Hingegen ist es nicht klar, warum sie am siebenten Mai versagte. Denn da war sie doch schon mit Vorsprung geladen, besaß also eine genügende Energie, um den Widerstand zu überwinden.

Zweitens: Der Zeitreisende erklärte, seine Maschine nie wieder besteigen zu wollen. Aber seitdem sind nahezu drei Jahre vergangen, und es sieht fast so aus, als hätte er seitdem seinen Entschluß geändert. Die Zeit vermag ja viel, selbst der Schneckengang unserer geringfügigen Erdzeit. Es wäre doch auch jammerschade, wenn Mr. Morton seinen Apparat, der sich ja für die Zukunft – zumindest für die nahe – sehr gut bewährt hat, nicht gelegentlich zu kleinen Entdeckungsfahrten benützte. Und ich vermute stark, daß er sich derzeit auf einer solchen befindet. Denn was sollte *»gone on a journey«* bei ihm anderes bedeuten? Daß er zu einem Naturforscherkongreß oder auf die Löwenjagd gefahren ist, ist ihm doch nicht gut zuzutrauen.

Drittens – aber das ist eigentlich eine Privatangelegenheit –: was ist aus Gloria geworden? Haben die beiden »sich gefunden«, wie man zu sagen pflegt?

Gerne hätte ich mich bei Ihnen mit einem besonders interessanten Bericht aus Wien revanchiert, aber mir fällt nichts ein. Der Kaiser nimmt noch immer zum Gabelfrühstück ein Glas saure Milch und zum Mittagessen ein halbes Huhn, und das Parlament beschäftigt sich noch immer mit der böhmischen Sprachenfrage. Die Metternich veranstaltet noch immer Wohltätigkeitsakademien, und das Burgtheater spielt noch immer Komtessenstücke. Peter Altenberg trägt jetzt Sandalen.

Ich muß mich darauf beschränken, Sie meiner besonderen Ergebenheit zu versichern.

Friedell.

2.

Hrn. Egon Friedell, Wien

Sehr geehrter Herr,

Ihre erste Frage zeigt eine eingehende Beschäftigung mit dem Gegenstand, die wiederum auf ein lebhaftes Interesse schließen läßt. Ich bin daher gern bereit, sie zu beantworten. Da ist nämlich Mr. Morton ein Lapsus passiert, wie sie bisweilen auch den größten Gelehrten unterlaufen. Er hatte die Erdzeit errechnet, indem er *s* durch *t* dividierte: 40 000 Kilometer durch 86 400 Sekunden. Das ergab weniger als eine halbe Kilometersekunde. Aber er hatte ganz übersehen, daß die Erde eine erheblich größere Leistung an Zeitenenergie vollbringt. Denn sie dreht sich ja nicht bloß um ihre eigene Achse, sondern auch um die Sonne, indem sie in 365 ¼ Tagen 936 Millionen Kilometer zurücklegt, das sind fast dreißig Kilometer in der Sekunde. Das bedeutet zwar immer erst den zehntausendsten Teil eines Zeitmeters; aber andererseits sind 29 710 Meter plus 463 Meter (die Zeitenenergie der Achsendrehung, die natürlich dazugerechnet werden muß), also 30 173 Meter in der Sekunde doch 65 ⅙mal soviel als das Energiequantum, das Mr. Morton angenommen hatte. Also war sein Ansatz viel zu niedrig, und Gloria hatte instinktiv das Richtige getroffen, als sie ihm riet, einfach weiterzufahren.

Was nun diese anlangt, so ist Ihre Anfrage in der Tat *sehr* privat! Und außerdem: was glauben Sie denn eigentlich? Ich schicke Ihnen einen wissenschaftlichen Expeditionsbericht, und Sie verlangen eine Liebesgeschichte mit happy end! Ich referiere Ihnen über Formeln und Gleichungen, die aufgehen (oder auch nicht aufgehen), und Sie erwarten, daß zwei sich kriegen! Es scheint, daß bei Ihnen in Wien alles mit einem »G'spässie« enden muß: so nennt man ja wohl bei Ihnen einen Flirt, wie mir Laura erzählt hat, die zwar aus Dresden stammt, aber den Wiener Dialekt sehr gut beherrscht. Übrigens haben Gloria und der Zeitreisende selbstverständlich geheiratet.

Und dies enthält zugleich die Beantwortung der dritten Frage: Mr. Morton befindet sich gegenwärtig auf der banalsten und interessantesten aller Reisen: nämlich auf der Hochzeitsreise. Er forscht derzeit, wie Ihr überspannter Peter Altenberg sagen würde, in den Meeraugen seiner jungen Gattin. Wie es dazu kam? Ja, das ist nun wirklich ein Roman; aber den erwarten Sie nicht von mir, denn über Romane denke ich ähnlich wie Mr. Wells.

Ganz ergebenst Transic.

Epilog

Wie hat ein Gentleman sich in diesem Falle zu verhalten?

Siebenundzwanzig Jahre waren seit meiner Korrespondenz verflossen, und ich hatte den Zeitreisenden, die Zeitmaschine, Mr. Transic und das sonderbare Protokoll beinahe vergessen. Da stieß ich eines Tages, als ich in alten Schubladen stöberte, wieder auf das Faszikel. Und da kam mir der Gedanke, ob ich es nicht vielleicht doch der Öffentlichkeit übergeben sollte? Es gewährt doch immerhin einen nicht uninteressanten Einblick in die Schicksale eines originellen Forschers und seiner kühnen Versuche. Und auch aus mißglückten Experimenten kann die Wissenschaft mancherlei profitieren. Und deshalb scheint mir Mr. Mortons »Reise in die Vergangenheit« der Beachtung derer nicht unwürdig, die die nüchterne und bisweilen fast lederne Schilderung der Abenteuer, denen ein wissenschaftlicher Gedanke ausgesetzt ist, für ein fruchtbringenderes Lesestück halten als so manches kunstvolle Luftgewebe aus »Dichter«-Phantasien, hinter denen nichts steckt als die Zügellosigkeit eines überreizten Vorstellungslebens. In diesem Punkte bin ich sogar mit der unausstehlichen Miß Hamilton einer Meinung.

Auch die ungeschickte Form scheint mir keinen beachtenswerten Einwand zu bilden. Es ist wahr: der gute Mr. Transic ist nicht einmal ein begabter Reporter, geschweige denn ein Erzähler. Und auch Mr. Mortons Bericht ist keine aufgebaute und abgestufte Darstellung, sondern der wirre Monolog eines in fixen Ideen denkenden Spezialisten. Aber sowohl er wie Mr. Transic haben vor vielen Erzählern, die zu glänzen und zu spannen verstehen, eine große Tugend voraus: sie lassen nichts aus und flicken nichts ein, sie verschieben und vertuschen nichts. Das ist für Zwecke der Erkenntnis völlig ausreichend, und mehr wäre hier sogar weniger. Wem dies nicht genug dramatisch ist, der gehe ins Kino.

Aber ich bin berechtigt, Tatsachen preiszugeben, die geeignet sind, Personen von ernstem Wollen und edler Gesinnung in bedenklicher Weise bloßzustellen?

Von den Beteiligten scheint mir Mr. Wells die wenigste Rücksicht zu verdienen, und zwar aus mehreren Gründen. Erstens hat er den groben Brief der Miß Hamilton veranlaßt. Zweitens hat er eine dreibändige »Weltgeschichte« geschrieben und ich eine dreibändige »Kulturgeschichte«. Aus diesem Anlaß hat ein englischer Kritiker geäußert, ich sei der deutsche Wells. Wenn Mr. Wells das gelesen hat – und Menschen, die etwas drucken lassen, lesen alles, was über sie gedruckt wird, auch wenn sie das Gegenteil beteuern –, so ist er natürlich seitdem mit jenem Flegel von Kritiker verfeindet. Und seine Animosität hat sich – obgleich ich bloß die passive Zufallsursache dieses Affronts war, aber so sind nun einmal die Menschen – sicher auch auf mich übertragen. Ferner ist die deutsche Übersetzung seines Geschichtswerks miserabel und die englische Übersetzung des meinigen ausgezeichnet, so ausgezeichnet, daß ich sogar schon daran gedacht habe, sie ins Deutsche zurückzuübersetzen; und auch das dürfte ihn gereizt haben. Da spielt es also schon gar keine Rolle mehr, ob ich ihn noch etwas mehr gegen mich einnehme. Endlich drittens: Mr. Wells hat den Ehrgeiz, Geschichte »von einem Laien für Laien« zu schreiben, und ich ebenfalls, indem ich der Ansicht bin, daß das bisherige geringe Interesse für Kulturgeschichte hauptsächlich daher kommt, daß sie von Kulturhistorikern verfaßt wurde. Nun kann es aber – und ich bin neidlos und objektiv genug, dies einzuräumen – keinem Zweifel unterliegen, daß das Geschichtswerk des Mr. Wells noch unwissenschaftlicher ist als das meinige und sich bei mir trotz ehrlichem Streben nach Ungeschichtlichkeit mehr Sachliches und Fachliches eingeschlichen hat als bei ihm; daher er auch den weitaus größeren Erfolg hatte. Er ist also auf einem engbegrenzten Spezialgebiet: dem der dilettantischen Geschichtsschreibung, mein Konkurrent, und noch dazu der siegreiche. Da hat er wirklich auf zarte Behandlung keinen Anspruch.

Und schließlich: wir leben in einem skeptischen Zeitalter. Es wird viele Menschen geben, die das Ganze überhaupt für einen albernen Scherz oder eine frivole Verleumdung halten werden. Sie werden behaupten, daß Mr. Morton London nicht am Himmel erblickt haben konnte, weil sie dort bisher nur Lichtreklamen für Schokoladenkrem und Schuhkrem bemerkt haben, daß es keine Seleniten gibt, weil sie noch mit keinem von ihnen Mondschweine gehütet haben, und daß man nicht zweimal dieselben sechzig Flaschen Burgunder trinken kann, weil sie es selbst nicht einmal fertiggebracht haben. Und auch bei denen, die nicht so mißtrauisch veranlagt sind, kann es Mr. Morton gleichgültig sein, was sie von seinen Zeitreisen denken, da er doch längst keine mehr unternimmt.

Aber seien wir ehrlich: Vertrauliche Mitteilungen bleiben vertraulich, auch wenn sie ein Menschenalter erreicht haben, und »kompromittierende Enthüllungen« sind einem Gentleman niemals gestattet, auch wenn ihr Gegenstand noch so weit zurückliegt. Auch die Wahrscheinlichkeit, ja sogar die Gewißheit, daß man sie ihm ohnehin nicht glauben würde, gibt ihm keinen Freibrief. Genug, daß er sie glaubt. Dergleichen wäre höchstens bei einem zünftigen Historiker entschuldbar. Denn dieser könnte zu seiner Rechtfertigung zweierlei anführen: daß das Aufschnüffeln verflossener Blamagen sein Beruf sei und daß seine Bohrresultate nur immer wieder zur Kenntnis seiner Kollegen gelangen. Aber ich bin ja leider kein Historiker.

Nachwort

> Schließlich ist jeder Mensch der
> Dichter seiner eigenen Biografie.
> Dichter sind unter allen Umständen
> hoffnungslose Dilettanten.
> Nur beim Dilettanten decken sich
> Mensch und Beruf.
>
> Egon Friedell

Zum erstenmal in seinem Leben hatte der einundzwanzigjährige Egon Friedmann Glück. Die Herren der Prüfungskommission des Königlichen Preußischen Gymnasiums zu Hersfeld unter Vorsitz des siebzigjährigen Schuldirektors Dr. Konrad Duden – bekannt als Verfasser des »Vollständigen Orthographischen Wörterbuches der deutschen Sprache« – kamen dem unsicher und unbeholfen wirkenden Kandidaten weit entgegen. Bemerkungen wie: »Findet mit Nachhilfe«, »irrt sich anfangs in der Zeit«, »nachdem ihm geholfen worden war«, »verbessert sich nachträglich«, »gelingt ihm der Beweis nicht«, »spricht sich unsicher aus«, »ist ihm nicht bekannt« kehren regelmäßig im ausführlichen Prüfungsprotokoll wieder; trotzdem lauten die Endzensuren in den Fächern Religion, Deutsch, Latein, Griechisch, Französisch, Geschichte, Mathematik und Physik »gut« oder »befriedigend«. Der Externe Friedmann erhält am letzten Prüfungstag, dem 20. September 1899, das Zeugnis der Reife ausgehändigt. Es war der vierte und damit letzte zulässige Versuch des künftigen Egon Friedell, die nötigen Voraussetzungen zu schaffen, von einem weitverzweigten Familienclan loszukommen, der ihm sein Erbe vorenthielt und ihn dazu bestimmen wollte, das zu werden, was die zahlreichen Onkel und Vettern auch waren: Fabrikbesitzer, Kaufleute, Juristen und Makler.

Kindheit und Jugend Friedells standen unter keinem guten Stern. Die Mutter brennt mit einem Sprachlehrer durch, und der schon ältere, kränkliche Vater, der Wiener Tuchfabrikant Moriz Friedmann, verfeindet mit der Verwandtschaft, kann sich kaum um seine Kinder kümmern. Eine Erzieherin, Fräulein Marie Gabriel, betreut den siebenjährigen Oscar, den anderthalbjährigen Egon und die wenige Wochen alte Else; außerdem führt sie den Haushalt. Als der Vater 1891 stirbt, kommen die Kinder unter mehrere Vormundschaften und werden zu verschiedenen Verwandten gegeben; der dreizehnjährige Egon zu einer Schwester des Vaters nach Frankfurt am Main. Im heimatlichen Wien war er zwar kein hervorragender, aber doch ein guter Schüler gewesen; im preußischen Frankfurter Gymnasium mit einem völlig anders gestalteten Unterrichtsprogramm rutscht er binnen weniger Monate auf hintere Klassenplätze ab. Seine Versuche, sich wenigstens mit allerlei Unsinn hervorzutun, enden mit dem Verweis von der Schule. Im Abgangszeugnis vom 12. 3. 94 wird mit seltsamem Lakonismus vermerkt: »Er mußte unsere Anstalt verlassen, weil sein längeres Verbleiben mit der Schulordnung nicht vereinbar war.« Später wird Friedell in Kabarettvorträgen seine Version zu diesem biographischen Detail geben (»Büberei«) und es zum Ausgangspunkt seiner Betrachtungen über »ernste Menschen« (z. B. Lehrer) und alle übrigen (Lausbuben) machen – wie er überhaupt alles, was ihm von nun an widerfährt, um Nuancen verändert und stilisiert, im kleinen Kreis heiter erzählt, dann auf der Bühne witzig vorträgt, es schließlich als Zeitungs- oder Zeitschriftenbeitrag, der irgendwann in eines seiner Bücher eingeht, veröffentlicht und in jedem Falle daran seine paradoxen Ansichten über Gott und die Welt, Genies und Philister, Dilettanten und Spezialisten, Geschichte und Erkenntnis, Seele und Geist, Kunst und Wirklichkeit knüpft. Sein Hang zur ausgefeilten, aber scheinbar nebenher produzierten Pointe, seine Lust an wie zufällig wirkenden, aber sorgfältig erarbeiteten Formulierungen verstellte ihm allerdings verhängnisvoll oft die Sicht auf Tatsachen, Zusammenhänge, Hintergründe – auch wenn es um ihn selbst ging. Vielleicht hat er das Schreiben des Gymnasialdirektors – »Betrifft: Ausweisung eines Schülers ... jüdischer Religion« – an die vorgesetzte Behörde nie gesehen; der allgemeine Mief aus Denunziantentum, Untertanengeist, moralischer Entrüstung und unfreiwilliger Komik, der aus den Zeilen aufsteigt, kann ihm aber nicht unbekannt gewesen sein: »Dieser Schüler hat seit einiger Zeit in absichtlicher Weise die Lehrer der Klasse zu stören und zu ärgern gesucht; Ermahnungen und Strafen blieben fruchtlos. Bei der Untersuchung einiger neuerer Fälle von Unbotmäßigkeiten zeigte er eine solche Verlogenheit, daß ein weiteres Arbeiten an der Erziehung dieses Schülers uns aussichtslos erscheinen muß. Seine pietätlose Gesinnung gegen die Lehrer suchte er in der im übrigen gut gearteten Klasse weiter zu verbreiten; wir wurden hierauf durch die Mitteilung von Eltern aufmerksam gemacht. Zudem wurde erst jetzt der Leitung der Schule bekannt, daß die Mutter dieses Schülers in Wien in sittlich verkommenem Zustande lebt und daß ein älterer Bruder gleichfalls sich in verwahrlostem Zustande dort umhertreibt. Es ist also wahrscheinlich, daß auch unser bisheriger Schüler sittlich belastet und ungesund ist. Dies ist umso bedenklicher, als er plötzlich ein erhebliches Vermögen besitzt und der in Wien lebende Vormund ihn über die ihm zu Gebote stehenden Geldmittel aufgeklärt hat. Wir glaubten unter diesen Umständen die Verantwortung, den verderblichen Einfluß eines solchen Schülers auf unsere Anstalt fortwirken zu lassen, nicht mehr tragen zu können, zumal da er kein deutscher Reichsangehöriger ist und nur hier zur Pflege bei seinem Onkel wohnt.« Den gesellschaftlichen Mechanismus, der seine Repräsentanten zu solchen Urteilen befähigt, wird Friedell nie durchschauen; bestenfalls wird er die Erscheinung zur Kenntnis nehmen, sie auf die menschliche Natur zurückführen und mit einem Bonmot in sein phantastisches Menschheitsbild einbauen.

Es folgt eine fünfjährige Odyssee durch Internate und Pensionen in Österreich und Deutschland. Begleitet wird Friedell von dem ihm wohlgesonnenen, aber willensschwachen Lehramtskandidaten Dr. Heinrich Ruff. Der soll ihn auf das Abitur vorbereiten. Beiden gelingt es, die empörte Verwandtschaft immer wieder mit neuen Versprechungen hinzuhalten. Friedells einzige Vertraute, mit der er alles, was ihn bewegt, bei heimlichen Besuchen besprechen kann, ist Marie Gabriel. Bei ihr sieht er zum letzten Male seine Schwester – sie verschwindet bald darauf aus der Familie und taucht in der Pariser Boheme unter. (1964 interviewte ein Journalist die Mieter eines auf Abriß stehenden alten Stadtviertels. Zufällig auch eine fünfundachtzigjährige Malerin, die ihm erzählte, ihr Bruder sei der Schriftsteller Friedell gewesen. Von ihm wisse sie aber nur, daß er eine Kulturgeschichte geschrieben habe und tot sei.)

Ruff präpariert seinen Schützling besonders in den naturwissenschaftlichen Fächern, läßt sich jedoch gern zu Theater- und anschließenden Lokalbesuchen verleiten. In Berichten an die Vormünder werden Aussichten für ein eventuelles Studium auch ohne Abitur erwogen – es ist möglich, die Einjährig-Freiwilligen-Prüfung vorausgesetzt, auf diesem Wege eine Beamtenstelle in der k.u.k. Monarchie zu erhalten, auch ein Studienabschluß mit Doktorexamen und folgender Privatdozentur wird nicht ausgeschlossen. Tatsächlich belegt Egon Friedell, lange vor dem Hersfelder Ereignis, Vorlesungen in Philosophie, Philologie, Geschichte und Literatur an den Universitäten Heidelberg und Berlin. Besonders faszinieren ihn die Vorträge des Philosophiehistorikers Kuno Fischer, dessen mehrbändige »Geschichte der neueren Philosophie« für lange Zeit seine Lieblingslektüre wird. Fischer, der eine Synthese zwischen Kant und Hegel sucht, lehrt, daß alle Philosophie Selbsterkenntnis des Menschengeistes sei. Die Selbsterkenntnis stelle sich aber auf neue Grundlagen, wenn seltene »Wendepunkte …, wenn die Zeiten erfüllt sind«, eintreten. Dies geschieht, indem »wir uns befreien von unsern Leidenschaften, sobald wir sie denken; sie hören auf, unser Zustand zu sein, sobald sie unser Gegenstand werden … die Akte der Selbsterkenntnis sind in unserem Leben, was die Monologe in einem Drama; die Handlung zieht sich aus dem bewegten Schauplatz der Außenwelt in das innerste Gemüt zurück.« Dieser Gedanke setzt sich in dem jungen Studenten fest; er nimmt ihn als programmatische Leitidee und wird versuchen, ihn in vielfältiger Abwandlung immer wieder in seinen Werken zu fixieren und danach sein Leben einzurichten.

Unmittelbar nach dem bestandenen Abitur beginnt Egon Friedell, inzwischen nach Wien zurückgekehrt und an der K.K. Universität immatrikuliert, sein eben erworbenes Lebenskonzept zu verwirklichen. Gewarnt durch das Beispiel seines verschwenderischen Bruders Oscar, der auf Betreiben der Verwandtschaft finanziell unter Kuratel gestellt wurde und damit in seiner Bewegungsfreiheit in den Wiener Künstler- und Bohemekreisen erheblich eingeschränkt ist, nimmt er sich einen Anwalt, läßt sich auf dessen Empfehlung von einem Psychiater geistig-sittliche Reife sowie juristische Zurechnungs- und Handlungsfähigkeit attestieren und erhält im anschließenden Rechtsstreit mit Vormündern und Verwandten die volle Verfügungsgewalt über seinen Anteil am väterlichen Vermögen, von dessen Zinsen er mühelos leben kann. Um den Bruch mit der Familie komplett zu machen, legt er sich den Namen Fridell zu, den er bald in Friedell korrigiert. Die für die Öffentlichkeit bestimmte Version wird dann lauten: »Ich weiß nicht, ob dem lieben Leser bekannt ist, daß mir Gott bei meiner Geburt den Namen Friedmann zugedacht hat, ein zweifellos schöner Name, den ich jedoch abgelegt habe, weil er so gut wie gar nicht zu meinem Naturell paßt und weil ich nicht mit andern Leuten desselben Namens verwechselt werden will. Für diese Erwägung würde allein schon mein älterer Bruder maßgebend sein, der Hausdichter im Etablissement Ronacher ist.«

Die äußeren Voraussetzungen seines künftigen Lebens hat Friedell in wenigen Monaten geschaffen: er hat sich von seiner Herkunft befreit, ist unabhängig, besitzt Vermögen und keine Familie, kauft schließlich eine geräumige Wohnung, die er mit dem väterlichen Hausrat ausstattet und in der Marie Gabriel die Wirtschaft führt. Die inneren erweitert er durch Studien in den Bereichen Literatur, Philosophie, Psychologie, Logik und Wissenschaftstheorie. Er hört bei Professoren wie Gomperz, Mach, Jodl, Wickhoff,

Minor, Riegl, Boltzmann, Stöhr und Müllner (manche dieser Namen werden noch heute mit bedeutenden Leistungen in der Wissenschaftsgeschichte und Erkenntnistheorie verknüpft). Doch sie genügen Friedells Ansprüchen an Leitbilder nicht, er ist auf der Suche nach dem innersten Zusammenhalt der Welt und nach denen, die ihn wenigstens für Momente gefunden haben. Genies wie Lichtenberg oder Hebbel zum Beispiel, über die der in seinem Selbstgefühl sichtlich Gehobene bereits Dissertationsentwürfe verfaßt hat. Zwar bemerkt er bald, daß ihm doch noch Kenntnisse und Studiensemester zur Erlangung des akademischen Titels fehlen; die Niederschriften waren aber nicht vergebens – sie werden zu Vorworten reifen und schließlich in Ausschnitten in das große Sammelwerk seiner Betrachtungen und Aperçus eingehen – in die »Kulturgeschichte der Neuzeit«.

Zwecks eingehender Untersuchung der Welt vernachlässigt Friedell von Zeit zu Zeit erheblich die Universität und frequentiert dafür fleißig die Cafés und Restaurants, besonders jenes Caféhaus, in dem man dem geistigen Wien der Jahrhundertwende begegnen konnte: Schnitzler, Hofmannsthal, Kraus, Salten, Loos, Bahr, Beer-Hofmann, Roda Roda, Zweig, Polgar, und dem bewunderten Dichteroriginal Peter Altenberg. Dieser vor allem schien den Stein der Weisen, der ja dem der Narren so ähnlich sein soll, entdeckt zu haben; er fühlte sich ganz Sinnesorgan und lebte dem Augenblick, liebte Blumen, Luftballons, Frauen und andere schöne Dinge um ihrer selbst willen und forderte, Modernität im Leben, nicht in der Literatur zu suchen. Alfred Polgar, einer der frühen Jünger Altenbergs und bald Koautor Friedells, skizziert den alle gesellschaftlichen Verhältnisse ignorierenden Narzißmus, der die Subjektivität des Individuums zum Kosmos umdeutet: »Das Café Central ist nämlich kein Caféhaus wie andere Caféhäuser, sondern eine Weltanschauung, und zwar eine, deren innerster Inhalt es ist, die Welt nicht anzuschauen ... Das Café Central liegt unterm wienerischen Breitengrad am Meridian der Einsamkeit. Seine Bewohner sind größtenteils Leute, deren Menschenfeindschaft so heftig ist wie ihr Verlangen nach Menschen, die allein sein wollen, aber dazu Gesellschaft brauchen. Ihre Innenwelt bedarf einer Schicht Außenwelt als abgrenzenden Materials, ihre schwankenden Einzelstimmen können der Stütze des Chors nicht entbehren. Es sind unklare Naturen, ziemlich verloren ohne die Sicherheiten, die das Gefühl gibt, Teilchen eines Ganzen (dessen Ton und Farbe sie mitbestimmen) zu sein. Der Centralist ist ein Mensch, dem Familie, Beruf, Partei solches Gefühl nicht geben: hilfreich springt da das Caféhaus als Ersatztotalität ein, lädt zum Untertauchen und Zerfließen ... Die Gäste des Cafés Central kennen, lieben und geringschätzen einander.«

Altenberg, dem zahlende Bewunderer an seinen Stammtischen im »Central«, im Restaurant »Löwenbräu«, gleich hinter dem Burgtheater, oder in einem der Nachtlokale, die er als Varieté-Kritiker aufsuchte, immer willkommen waren, fand sofort Gefallen an dem zwanzig Jahre jüngeren Friedell, der sich durch gute Manieren, geistreiche Bemerkungen über Philosophie und Literatur sowie Spendierfreudigkeit ausgewiesen hatte. Friedell folgte willig Altenbergs Ausführungen über den magischen Idealismus, nahm belustigt an dessen nächtlichen Flugexperimenten teil, die lediglich durch abenteuerliche Quantitäten Alkohol vorbereitet wurden, reizte ihn auch öfter zu Wutanfällen und Handgreiflichkeiten, um im Gespräch zu bleiben, schickte dann umgehend fingierte Klageschriften – in einer hieß es: »Unter den wiederholten lauten Rufen ›elender Rotzbub‹ jagte er mich mit geschwungenem Regenschirm mehrere Male um die Stephanskirche herum. Zeugen: Mein Bruder Oscar und die Prostituierte Anna Boschek«, amüsierte sich über Altenbergs rührende Versöhnungsversuche und sorgte dafür, daß diese und ähnliche Eskapaden genügend bekannt wurden. Dieser und ähnlicher Unfug (– natürlich gab er auch dem später eine philosophische Dimension! –) war die Quelle seiner ersten Zeitungsveröffentlichungen und die Vorbereitung für die bald populär werdenden Kabarettauftritte, die er mit den Worten einzuleiten pflegte:

»Es ist mir beschieden, im Leben des Dichters Altenberg dieselbe Rolle zu spielen, die Eckermann im Leben Goethes gespielt hat...« Und dann folgten unter Beifall des anwesenden Dichters Altenberg-Anekdoten – wie die über die Keuschheit: »Einmal sagte Peter Altenberg über eine Dame: ›Diese Frau ist doch die einzige wirklich Glückliche. Und warum? Weil sie die einzige ist, die ein *vollkommen keusches* Leben führt! Weil sie *nie* das Gift der Sexualität in sich eingesogen hat! Weil sie *nie* geschlechtlich funktioniert hat! Weil sie immer ein vollkommen außerirdisches, jungfräuliches, unschuldsvolles, paradiesisches Dasein geführt hat! Und deshalb ist sie eine *ganz Friedvolle!* Alle Frauen könnten genauso glücklich leben und dieselben geistigen Höhen erklimmen, wenn sie, wie diese, die geniale Kraft hätten, sich *nie in ihrem Leben* von einem Manne berühren zu lassen!‹

›Aber Peter! sagte ich, sie hat doch drei Kinder!‹

›Was geht das *dich* an, du Rotzbub?!?‹«

Friedell hatte ein erstes Ziel erreicht: er war wer, man merkte sich seinen Namen und seine Erscheinung, die, elegant und unübersehbar, »nicht ganz so groß wie ein Riese und nicht ganz so dick wie ein Faß«, sich aufmachte, ein Wahrzeichen Wiener Künstlerlebens zu werden. Befestigt wurde sein Ruf dadurch, daß er sich, zur Überraschung seiner Bohemekollegen, plötzlich mit gespielter Beiläufigkeit dem Publikum als »Doktor der Philosophie« – kleine Kunstpause – »ohne Beruf« vorstellte und dies als hinreichenden Qualifikationsnachweis für eine ernsthafte Sache, wie es das Kabarett nun einmal sei, verstanden wissen wollte.

Daß die Dissertation »Novalis als Philosoph« nicht glanzvoll war und die mündlichen Fachprüfungen erst im zweiten Anlauf mit Glück bewältigt wurden, soll nur deshalb vermerkt werden, weil das Gutachten seiner Doktorväter, Prof. Jodl und Prof. Müllner, die Grundstruktur der Friedellschen Existenz hellsichtig anhand seiner Arbeitsmethode analysiert: »Die Aufsuchung der Beziehung seines (Novalis') Denkens zu der ihn umgebenden Philosophie hätte wohl tiefer graben können, obwohl der Verf. nirgends versäumt, auf gewisse Zusammenhänge hinzuweisen. Und vermutlich würde sich dabei ergeben haben, daß die sogen. Philosophie Hardenbergs in einem viel höheren Grade nur der zerstreute Anflug von Gedanken war, die da und dort von einzelnen Denkern systematisch ausgebildet worden waren. Manche Urteile des Verf. über philos. Dinge sind mehr von literarhistorischen als von philosophischen Gesichtspunkten und mehr von der *Begeisterung für die Romantik als von ernster wissenschaftlicher Kritik beherrscht.«*

Mit größerer Berechtigung als bei Novalis sind Friedells Ansichten über die Zeit, die Welt und das Leben, die er von nun an in seinen Vorträgen und Schriften entwickelt, als »zerstreuter Anflug von Gedanken« zu kennzeichnen. Und Begeisterung für den jeweiligen Gegenstand seines Interesses statt kritischer Aneignung bleibt die Grundhaltung seines Daseins. Aus der Bewunderung für sein früheres Idol Peter Altenberg schöpft er seine Theorien über den Dichter beziehungsweise das Genie – bei Friedell meist synonym gebrauchte Begriffe. Sein Merkmal ist nicht etwa literarisches Schaffen, sondern das Vermögen, durch die Totalität seines Da- und So-Seins, die jeweilige, ihm zugehörige und durch seine Existenz charakterisierte Kulturepoche – identisch mit dem Zeitgeist – exemplarisch zu repräsentieren. »So hat, zum Beispiel, Goethe eine Dichtung geschaffen, die höher steht und länger und tiefer wirken wird als der ›Faust‹, der ›Tasso‹ und seine anderen Meisterwerke. Sie heißt: Das Leben Johann Wolfgang Goethes, 1749–1832« (»Die Schaubühne. Ein Dialog«). Genies sind also jene Menschen, in denen das Wesen, der Geist ihrer Zeit vollkommen erfaßt wird und die durch ihr Vorhandensein *und* ihr Werk – seien es politische, wissenschaftliche oder künstlerische Leistungen – ihre Epoche eigentlich erst konstituieren. Und Altenberg, dessen impressionistische Telegrammdichtungen den Augenblick zur Ewigkeit, das Detail zum Allumfassenden umdeuteten, dessen Prosa das getreue Abbild seiner das Gestern und das Morgen, die politischen Zustände und die sozialen Verhältnisse ignorierenden, wahrhaft anachronistischen Lebensweise war, Altenberg, der die fleischgewordene Idee der introvertierten Wiener Fin-de-siècle-Kultur symbolisierte, mußte eben wegen dieser Symbolträchtigkeit von Friedell mit dem Etikett der Allgemeingültigkeit, der Epochenentsprechung versehen werden. Wie das Genie die abstrakt und ahistorisch gefaßte Menschheit schlechthin ist, so ist der »Dilettant«, diese Möglichkeitsform des Genies, nichts anderes als die in die Menschheitsfrühgeschichte projizierte Zukunftsvision einer Persönlichkeit, bei der Beruf und Berufung zusammenfallen; sein Gegenstück, der Spezialist (bezeichnenderweise Synonym für Philister) hingegen, ist kennzeichnend für die anachronistischen Abschnitte aller bisherigen Gesellschaften. Friedells unbekannter, gütiger Gott, der »gute Fremde« des frühchristlichen Gnostikers Markion, dessen einzig faßbare Entäußerungen die Existenz Jesu und die Heilsbotschaft der Liebe und der Tatlosigkeit sind, spiegelt jene Sozialutopien, die auf einen Gesellschaftszustand zielen, in dem existenznotwendige Arbeit mit freigewählter spielerisch-schöpferischer Beschäftigung identisch wird. Geschichte begreift Friedell als unendliche Aneinanderreihung von Anekdoten, die das Genie charakterisieren und demzufolge das immer wieder neu zu arrangierende Material für die Dichter der Gegenwart bilden. Damit wird phantastisch die Einsicht reflektiert, daß epochale Zäsuren der Menschheitsentwicklung eines neuen Denkens bedürfen. Friedells Ablehnung von Kunst in der Bedeutung von »Dichtung«, von Phantasie weist überraschend auf die Kritik der Ideologie als falsches Bewußtsein. Die Quellen der Friedellschen Weltanschauung sind durchweg in den Werken idealistischer Denker – von Plato über die Gnostiker bis Kant, Hegel, Schopenhauer und Nietzsche – zu finden, die die Erkenntnisfrage von der Seite des tätigen, allerdings abstrakt gefaßten Subjekts angingen. Die dabei notwendige Entgegensetzung von abstraktem Bewußtsein und Sein konnte logischerweise nie demokratisches, mußte immer aristokratisches, hierarchisches, elitäres Denken produzieren – dies die Kehrseite des

Friedellschen Geniebegriffs. Um Friedells bedeutendste Leistung, Dichter seiner eigenen Biografie gewesen zu sein, hinreichend würdigen zu können, muß auch der Privatmensch (»die griechische Übersetzung für Privatmensch heißt bekanntlich Idiotes«, pflegte Friedell zu sagen; siehe »Das Publikum«) beschrieben werden. Das erste Exemplar seiner 1904 gedruckten Dissertation – seine erste Buchpublikation – widmete er Marie Gabriel mit dem offenbarenden Nietzsche-Zitat: »Wenn man keine gute Mutter hat, so soll man sich eine anschaffen.« Bei den meisten seiner Wiener Bühnenauftritte saß die alte Dame im Parkett. Zu ihrer Unterstützung in Haushaltsdingen hatte der junge Doktor 1904 Hermine Schimann, eine unverheiratete Vierundzwanzigjährige, engagiert, die nach Fräulein Maries Tod 1917 die alleinige Regie in der großen Friedellschen Wohnung im dritten Stock in der Gentzgasse 7 übernahm und nun ihre dreizehnjährige Tochter, die bei Verwandten aufgewachsen war, zu sich nahm. Gerüchte, Friedell sei der Vater, wurden weder bestritten noch bestätigt. Innerhalb seiner vier Wände war der Hausherr, ewiger Junggeselle, ganz Gelehrter und Pedant dazu, der Besuche – nur angemeldete natürlich – noch seltener empfing, als er selber welche machte. Er arbeitete nach einem genau festgelegten Stundenplan, wie er überhaupt alle Regeln, die er aufstellte (siehe »Praktische Lebenskunst«), auch peinlichst befolgte. Auf einem Diwan liegend, konnte er stundenlang die Werke der von ihm bevorzugten Philosophen und Historiker studieren, seine Theaterrollen lernen und – mit wenigen Korrekturen – seine Zeitungs- und Zeitschriftenbeiträge in einem Zuge herunterschreiben. Dies verdankte er nicht nur seinem phänomenalen Gedächtnis und seiner hohen Konzentrationsfähigkeit, sondern auch der seine Mitmenschen oft nervenden Gewohnheit, durch häufig wiederholte Rede und Gegenrede einen Gedanken so oft hin und her zu bewegen, bis er für die Niederschrift »saß«. »Kreisgespräche« nannte er das. Geschriebenes las er Bekannten vor und änderte, wenn sich die von ihm erwartete Reaktion nicht einstellte – das war die »Trottelprobe«. Derartig geprüfte Formulierungen des genialen Dilettanten verschmolzen meist stilisierte persönliche Erlebnisse mit tatsächlich passenden oder passend gemachten Beispielen und Vergleichen aus Geschichte, Philosophie und Kunst und wurden so oft, wie für die Herausgeber und Verleger zumutbar war – und manchmal darüber hinaus –, wieder verwendet. Friedell war ein emsiger Selbstplagiator. Auch dafür hatte er sich eine Begründung zurechtgelegt: »Große Dichter sind oft originell, aber immer nur, wenn sie müssen. Sie haben nie den Willen zur Originalität: den haben die Literaten. Der Dichter ist ein Mensch, der sieht und sehen kann, weiter nichts. Und er freut sich, wenn er einmal ganz ohne Einschränkung seinem eigentlichen Beruf obliegen kann: dem des Abschreibens« (»Julius Caesar«). Weil Friedell selbstredend die vielen Selbstzitate nie anmerkte – Fußnoten und Quellennachweise verabscheute er –, gelang es ihm nicht nur, ein ganzes Buch mit dem doppeldeutig aufrichtigen Titel: »Steinbruch. Vermischte Meinungen und Sprüche«, das ausschließlich aus Zitaten seiner früheren Veröffentlichungen montiert war, herauszubringen, sondern darüber hinaus acht Jahre später für den Titel »Kleine Philosophie«, eine zweite Zitatenlese aus der ersten, erneut einen Verleger zu finden. Der vorliegenden Auswahl kommt diese Methode Friedells zugute: Obwohl seine umfangreichen Hauptwerke, die drei Kulturgeschichten – außer der dreibändigen »Kulturgeschichte der Neuzeit« und der Fragment gebliebenen zweibändigen »Kulturgeschichte des Altertums« ist das Altenberg-Buch »Ecce Poeta« hinzuzuzählen –, nicht aufgenommen werden konnten, ist etwa ein Drittel der hier aufgenommenen Textmasse auch in die drei genannten Werke eingegangen. Andererseits sind bei einer Friedellauswahl, die ungekürzte Arbeiten bringt, Wiederholungen einzelner Passagen nicht zu vermeiden.

Da die Anekdote nach Friedell kennzeichnender Ausdruck einer Persönlichkeit ist, soll das Thema Plagiat mit einer solchen beschlossen werden: Eine seiner älteren Geschichten war im Berliner »Querschnitt« unter »Anton

Kuh« erschienen. Friedell schrieb an den Plagiator: »Sehr geschätzter Herr Anton Kuh, mit Vergnügen sehe ich, daß Sie meine Plauderei ›Kaiser Josef und die Prostituierte‹ in unveränderter Wiedergabe, nur mit der Abänderung der drei kleinen Worte: von Anton Kuh, publiziert haben. Es ehrt mich, daß Ihre Wahl gerade auf mein bescheidenes, anspruchsloses Histörchen gefallen ist, da Ihnen doch die gesamte Weltliteratur seit Homer zur Verfügung stand. Ich hätte mich auch gern revanchiert, doch nach Durchsicht Ihres gesamten Œuvres fand ich nichts, worunter ich meinen Namen setzen möchte ...«

Der private Friedell war ein Paradox. Seinen minutiös geregelten Tagesablauf, in dem auch die Zeit seiner Kabarett- und Theaterauftritte exakt geplant war, unterbrach er, in den späteren Jahren allerdings seltener, durch grandios ausgedehnte Zechtouren. Reisen haßte er – sein Vorbild war Kant, der Königsberg nie verlassen hatte und trotzdem genau wußte, wie London aussah –, aber er sehnte sich nach Theater-Tourneen und Vortragsreisen. Er war ebenso gutmütig wie boshaft, ebenso albern wie seriös, ebenso phlegmatisch wie reizbar, ebenso sparsam wie großzügig. Perioden elementarer Faulheit wechselten mit Perioden angestrengter effektiver Arbeit. Er war schlampig und legte auf Eleganz und Sauberkeit Wert, er war bescheiden, eitel und ruhmsüchtig. Von einem Pressedienst bezog er sämtliche Artikel und Kritiken, die ihn erwähnten, zum Teil in mehreren Exemplaren. Alle seine Veröffentlichungen einschließlich der winzigsten Rezension dazu wurden sorgfältig gesammelt und katalogisiert. Theaterkritiken, die ihn ärgerten, las er, falls genügend Publikum da war, mit lauter Stimme seinem Hund Schnick vor, der dann wütend das Papier zerfetzte. Dennoch entsteht der Eindruck, er habe dies alles nie so recht ernst genommen und es mehr als dauerndes Spiel mit wechselnden Rollen auf riesiger Bühne betrachtet. Wenn er echte Leidenschaften hatte, so waren es die für das Theater und die für paradoxen Witz und philosophische Ironie – sei es im Kabarettvortrag oder gedruckt.

Seine Theaterpremiere hatte er an der Seite von Karl Kraus, Albert Heine, Adele Sandrock und Frank Wedekind in dessen »Büchse der Pandora« im Mai 1905. Es war eine geschlossene Veranstaltung im Wiener Trianon-Theater, denn das Stück war als sittenwidrig von der Zensur verboten worden. Getreu seiner Auffassung vom Dilettanten als Menschen, der durch amateurhafte Vielseitigkeit dem Schicksal des Fachidioten entgeht, dichtete er seine Biografie weiter als Schauspieler, Kritiker, Kabarettist, Feuilletonist, Regisseur, Essayist, Übersetzer, Conferencier, Dramatiker, Parodist, Herausgeber, Lyriker, Kulturphilosoph, Journalist, Erzähler, Dramaturg, Literarischer Bearbeiter, Drehbuchautor und »gerichtlich vereidigter Sachverständiger in Kabarett-Angelegenheiten« seit 1914, was er mit besonderem Stolz hervorhob.

In den Vorkriegsjahren feierte er seine größten Triumphe, wenn er in den gemeinsam mit Alfred Polgar verfaßten Parodien und Sketchen auf der Kabarettbühne stand. Ihr erfolgreichster Streich hieß »Goethe. Groteske in zwei Bildern«: Friedell als frankfurternder Geist Goethes geht anstelle eines angstschlotternden Prüfungskandidaten ins Examen zum Thema »Goethes Leben« – und fällt prompt durch, weil die Germanistikprofessoren und Goetheologen alles viel besser wissen als Exzellenz, der Dichterheros und große Dioskur von Weimar. Neujahr 1908 war die Premiere, und bis zum Februar 1938, wenige Wochen vor seinem Tod, hat Friedell diese Rolle immer wieder gespielt. Selbstpersiflage eigener Examenskatastrophen liegt in den Worten des schlechten Schülers Züst: »Und wenn ich die Prüfung nicht besteh', muß ich in ein Bankgeschäft, und ich möcht' doch so riesig gern Doktor der Philosophie werden, um im Kabarett auftreten zu können …« Die letzte Arbeit des Autorenduos Polgar/Friedell für die Kleinkunstbühne war ausnahmsweise sogar politisch brisant. Alexander Roda Roda und Carl Rößler hatten 1910 eine »Schnurre in drei Akten«, betitelt »Der Feldherrnhügel«, verfaßt, in der die Hohlköpfigkeit des Militärs, die Borniertheit der Bürokratie und der Dünkel der Regierenden dem Gelächter ausgeliefert wurden. Der zuständige Zensor im Ministerium für Religion, Kultur und Kunst teilte dem herbeizitierten Verfasserpaar resolut mit: »Solange die Monarchie besteht, wird dieses Stück in Österreich nicht aufgeführt.« Roda Roda hat Rößlers historischen Kommentar dazu überliefert: »Na, dann warten wir halt noch die paar Wochen!« Das Wort machte die Runde in Wien, und die Polfried AG, die Konjunktur nutzend, schrieb eine umwerfende Parodie auf die Satire: »Soldatenleben im Frieden. Ein zensurgerechtes Militärstück, in das jede Offizierstochter ihren Vater ohne Bedenken führen kann«. Aber die Zensur merkte auch hier etwas und verbot den Ulk ebenfalls. Monate später wurde er in München, im ausländischen Bayern, aufgeführt. In Österreich erst nach dem Sturz der Monarchie – wie der »Feldherrnhügel«.

Wie im »Goethe« kam Friedell während seiner improvisiert wirkenden, aber intensiv vorbereiteten Soloauftritte, die Karl Kraus als »Sprachwunder« bezeichnete, oft ironisch auf die eigene Lebensgeschichte zurück. Leider sind von diesen Vorträgen unter vielverheißenden Titeln wie »Vorurteile«, »Haben Goethe und Schiller wirklich gelebt?«, »Der Unfug des Theaters«, »Der Panamahut«, »Meine Habilitationsschrift«, »Das Altertum war nicht antik« und »Der Casanova im Wassertropfen« nur diejenigen erhalten, die in Zeitungen gedruckt wurden, die übrigen sind wahrscheinlich wie alle anderen ungedruckten Arbeiten Friedells einschließlich seiner Manuskripte und des Archivs von den Nazis vernichtet worden.

Im Salon einer Gönnerin machte Friedell 1910 die Bekanntschaft des Verlegers Samuel Fischer, der ihn mit einer Altenbergbiografie beauftragte. Inzwischen war allerdings Friedells euphorische Begeisterung für Peter Altenberg abgeklungen. Sein Ehrgeiz ging nunmehr dahin, »eine Art Naturgeschichte des Menschen nach 1900« im Abriß zu schreiben, um seine Auffassung von »den allgemeinen Artmerkmalen des Dichters« umfassender darzulegen. Friedell entledigte sich der Aufgabe, indem er umfangreich aus seinen früheren Veröffentlichungen Texte einmontierte. Es wurde sein erstes großes »Sammelwerk« und die Generalprobe für den Entstehungs- und Produktionsprozeß der folgenden Kulturgeschichten. Altenberg tauchte erst nach der Hälfte des Buches »Ecce Poeta« auf, und entgegen der Verlegererwartung wurden kaum biografische Details, dafür aber ausführliche Werkzitate und -analysen geboten. S. Fischer war nicht begeistert und verlangte Änderungen. Friedell lehnte ab. Verärgert, aber vertragstreu verlegte Fischer das Buch, enthielt sich aber jeder Reklame dafür und beendete die gerade begonnene Zusammenarbeit mit dem eigenwilligen Autor. Für Friedell war das eine nicht mehr ganz neue Erfahrung – er konnte sich mit Verlegern nicht arrangieren. Für die zweiundzwanzig zu Lebenszeiten veröffentlichten Bücher benötigte er fünfzehn Verlage. Abgesehen von der »Kulturgeschichte der Neuzeit« bei C.H.Beck erlebte keines davon eine Nachauflage.

Wittgensteins Schlußsatz im »Tractatus logico-philosophicus« variierend, kommentierte Friedell sein »Ecce Poeta«: »Man soll nur reden, wo man nicht schweigen darf; und nur von dem reden, was man *überwunden* hat – alles andere ist Geschwätz, ›Literatur‹, Mangel an Zucht. Meine Schriften reden *nur* von meinen Überwindungen. Es bedurfte immer erst der Zeit, der Genesung, der Ferne, der Distanz, bis die Lust bei mir sich regte, etwas Erlebtes und Überlebtes, irgendein eigenes Faktum oder Fatum nachträglich für die Erkenntnis abzuhäuten, auszubeuten, bloßzulegen, ›darzustellen‹ (oder wie man's heißen will). Insofern sind alle meine Schriften *zurück zu datieren* – sie reden immer von einem ›Hinter mir‹. ›Ecce Poeta‹, ein Werk, welches den stärksten *Anschein* der ›Aktualität‹ an sich trägt, war im Hintergrunde eine Huldigung und Dankbarkeit gegen ein Stück Vergangenheit von mir und tatsächlich eine Loslösung, ein Abschiednehmen. Solange man noch liebt, malt man gewiß keine solchen Bilder; man ›betrachtet‹ noch nicht, man stellt sich nicht dergestalt in die Ferne, wie es der Betrachtende tun muß. ›Zum Betrachten gehört schon eine geheimnisvolle *Gegnerschaft*, die des Entgegenschauens‹ –heißt es in dem genannten Buche selbst, mit einer verräterischen und schwermütigen Wendung, welche vielleicht nur für wenige Ohren war.« Er endet mit der Feststellung, »daß hier im Grunde nicht Peter Altenberg, sondern sein *Gegensatz* Egon Friedell zu Worte kommt«.

Weil er immer Leitsterne braucht, um seine Position im Heute zu bestimmen, wählt er neue Vaterfiguren: Hermann Bahr und Max Reinhardt. An Bahr faszinierte ihn die somnambule Sicherheit, mit der der erfolgreiche Kritiker, Romancier, Dramatiker und Essayist das Aufkommen jeder neuen Kunstströmung vom Naturalismus über Neuromantik und Impressionismus bis zum beginnenden Expressionismus erspürt und umgehend gefeiert hatte. Für Friedell repräsentiert Bahr, teils Gegenwart artikulierend, teils in die Zukunft weisend wie jedes Genie, sowohl die Endphase der untergehenden Epoche »Neuzeit«, die durch geschäftstüchtig-flachen Rationalismus und Technikherrschaft gezeichnet ist, als auch den »Kommenden«, den neuen Menschen, der Schönheit und Humanität, Vernunft, Güte, das Wissen um sich selbst harmonisch vereinigen wird (»Der Kommende«).

Vor dem Erscheinen dieser Vision in der Realität brach der Weltkrieg aus. Bahr wendet sich der Mystik und dem Katholizismus zu, denaturierte, um in Friedells Begriffen zu bleiben, vom Genie zum Talent. Friedell folgt mit der ihm eigenen Anomalie dem Vorbild Bahrs. In den ersten Kriegsmonaten hatte er mit einer Aufsatzsammlung »Von Dante zu d'Annunzio« in den chauvinistischen Chor der Mehrheit unpolitischer Intellektueller eingestimmt; bei Erscheinen der Broschüre im Spätsommer 1915 distanzierte er sich bereits ernüchtert und beschämt davon. Im Unterschied zu Bahr sucht Friedell in den Lehren frühchristlicher Häretiker Antwort auf die Fragen der Zeit zu finden; die Kirche als Zuflucht lehnt er ab wie alles, was etabliert und institutionalisiert und damit nach seiner Meinung versteinert und abgestorben ist. Mitten im Krieg schreibt er ein Drama, die »Judastragödie«, mit der Forderung nach Verzicht auf Gewalt und Besinnung auf die beispielhafte Existenz Jesu, der als vollkommenes Genie im Sinne Friedells der menschlichen Vernunft den Weg zum Frieden mit sich als Voraussetzung zum Frieden mit der Welt gewiesen habe. Sieben Jahre ringt der Autor darum, das Stück am Burgtheater unterzubringen. Wie um den Anachronismus seiner Botschaft zu demonstrieren, kommt es am 3. März 1923 in der Umgebung des Theaters zu Kämpfen zwischen zionistischen und nationalistischen Gruppen: es ist der Tag der lang ersehnten Uraufführung. Nach sieben Pflichtvorstellungen verschwindet das Stück aus dem Repertoire.

Der Leitstern für den philosophierenden Schriftsteller hatte in die Irre geführt. Nicht so der für den Schauspieler. Max Reinhardt, für dessen Theater Friedell und Polgar bereits ein Nestroy-Stück bearbeitet hatten, lernt den Amateurschauspieler und hervorragenden Selbstdarsteller noch vor dem Krieg anläßlich eines Friedell-Gastspiels im Berliner »Lindenkabarett« näher kennen. Der Theaterbesitzer und Regisseur, immer auf der Suche nach neuen Typen für sein Ensemble, engagiert ihn als Schauspieler und Dramaturg. Friedell fertigt eine Neufassung der Trebitsch-Übersetzung von Shaws »Androklus und der Löwe« und wird mit der Rolle des Cäsar besetzt. Er paßt die Figur seinem Charakter und seinem immer umfangreicher werdenden Leib an. Die Premiere geht am 25.11.1913 über die Bühne des Deutschen Theaters. Friedell hat seinen ersten großen Erfolg als Schauspieler. Regelmäßig gastiert der Reiseunlustige nun in Berlin und geht mit dem Ensemble auf Tournee.

Der Krieg lähmt bald den Theaterbetrieb, die Beziehungen zu Reinhardt lockern sich, Friedell spielt nun seltener und fast nur noch in Wien. In den ersten Nachkriegsjahren, in der Zeit von Streiks, Unruhen, Hunger und Inflation, gibt es für den Schauspieler Friedell kaum noch Rollen. Die Inflation hat sein Vermögen stark geschmälert, er sucht Brotarbeit und betätigt sich als Kritiker an verschiedenen Zeitungen. Er philosophiert über die »Geburt der Kritik aus der schöpferischen Impotenz« und schreibt gemäß seiner früheren Forderung an den Kritiker zumeist nur Gutes über die Stücke und ihre Darsteller.

Die Auszehrung seines Vermögens während der Inflation veranlaßt Friedell, die ererbte Mietskaserne mit mehr als hundert Wohnungen zu verkaufen. Als Tage später der Scheck mit einer sechsstelligen Summe eintrifft, kann er keine Straßenbahnfahrt mehr damit bezahlen. Ihm, dem eine sichere Rentierexistenz bisher ermöglicht hatte, soziale Verhältnisse nicht zur Kenntnis zu nehmen, die politische Gegenwart zu ignorieren, weil sie ihm ebenso uninteressant wie unbegreiflich war – ihn machte nun die verachtete Alltagsrealität spürbar auf ihre Verfügungsgewalt über den Menschen aufmerksam. Das Ende der Habsburger Doppelmonarchie hatte ihn nicht berührt, österreichischer Patriotismus war ihm ebenso fremd wie Loyalitätsgefühle für das gestürzte Herrscherhaus, dessen letzten Kaiser er achselzuckend als Linienoffizier abtat. Das unübersehbare und für jeden fühlbare Nachkriegselend aber machte ihn betroffen; es betraf ihn selbst. Er schreibt sarkastische Angriffe gegen den Nationalismus, die Diplomatie, die Justiz, die Zeitungen, den Staat: sie wirken hilflos, er reibt sich an Erscheinungen und sieht die Ursachen nicht; sein Weltbild zu revidieren wäre ihm als Letztes eingefallen.

In den Jahren 1923/24 kehrt die Welt in die »Normalität« zurück. Reinhardt gründet sein Wiener »Theater in der Josefstadt«, Friedell gibt die ungeliebte Theaterkritik endgültig auf, ist wieder Schauspieler, genießt über die Jahre hin in rund sechzig Bühnenrollen die Vervielfältigung seines Ichs. Er spielt in jüdischen Schwänken und in Shakespeare-Stücken, er spielt Molière, Hofmannsthal, Nestroy, Schiller, Offenbach und Werfel, aber immer so, daß der Kritiker-Freund Polgar im Parkett ironisch vermerkt: »Friedell nimmt, ›von Mal zu Mal‹, an Schauspielerität zu, ohne deshalb, gottlob, an Friedellismus etwas einzubüßen.« Oder: »Herr Friedell spielt höchst glaubwürdig einen Schauspieler, der den Tubal spielt.« Er spielt in Wien, bei Gastspielen in Salzburg und Berlin und ist mit Reinhardts Tournee-Ensemble unterwegs.

In den dürren Nachkriegsjahren hat Friedell emsig und kunstvoll aus den besten Teilen aller seiner bisherigen zerstreuten Reflexionen und paradoxen Gedankenspiele das Gerüst für sein Großwerk errichtet: für die Kulturgeschichte der Neuzeit. In einem ersten Entwurf schreibt er: »Unter Kulturgeschichte soll zunächst verstanden werden: ein ebenso einheitliches wie vielseitiges Gemälde sämtlicher Lebensäußerungen eines bestimmten Zeitalters.« Er beruft sich dabei auf Ideen Herders, Schillers, Hegels, Burckhardts, Carlyles, Taines, Lamprechts und Spenglers, will aber im Unterschied zu den Vorbildern den Stoff »dramatisch behandeln, ein Figurentheater aufschlagen, eine Art seelischer Kostümgeschichte entwerfen ... unter diesem Gesichtspunkt wird die Kulturgeschichte zu einer Porträtgalerie der repräsentativen Menschen«. Die Neuzeit beginnt damit, »daß der menschliche Verstand, der seit der Antike eine dienende und gebundene Rolle gespielt hatte, plötzlich mit außerordentlicher Vehemenz von neuem erwacht, um sich blickt und bemerkt, daß ihm die Welt gehört«. In einseitig rationalistischer Entwicklung gipfle schließlich die Neuzeit im Sieg der Technik und im Weltkrieg – das sei gleichzeitig ihre Krisis und ihr Ende. Goethes Faust spiegele in seiner Entwicklung vom Mystiker zum Realpolitiker dieses Zeitalter adäquat wider. Dieses phantastische Spiegelpanorama von Aufstieg und Verfall des bürgerlichen Zeitalters, dargestellt als Bewegung seiner Ideen und der Anekdotengeschichte seiner Helden, Dichter und Genies, der Akteure, Betrachter und Interpreten des Epochentheaters, weicht von vergleichbaren Arbeiten in zwei wesentlichen Punkten ab: Friedell betont den unwissenschaftlichen Charakter seines Werkes; er will keine endgültigen Wahrheiten verkünden – die es seiner Ansicht nach ohnehin nicht gibt –, er will Widerspruch provozieren, durch Paradoxe neues Denken in Bewegung setzen. Und er betrachtet die Menschheitsperspektiven optimistisch: »Das Abendland wird untergehen, soweit es von Spengler ist«, war ihm mehr als ein Bonmot. Beim Erscheinen des ersten Bandes der »Kulturgeschichte der Neuzeit« im Münchener Verlag C.H.Beck ist Friedell ein berühmter Mann; er hatte in den Vorjahren von der Bühne herab und durch Vorabdrucke einzelner Kapitel in diversen Zeitschriften wirksam Reklame für sich gemacht. Selbst die Ablehnung des Titels durch Ullstein und fünf weitere Verlage nutzte er zur Propagierung seines zwar unwissenschaftlichen, dafür aber unterhaltsamen Werkes. Bevor der dritte Band vorlag, waren die ersten beiden schon in mehrere Sprachen übersetzt. Thomas Mann lobte ihn, auch Hermann Hesse, Stefan Zweig, George Bernard Shaw, Alfred Döblin, Franz Blei und Knut Hamsun. Und der Verleger bot einen guten Vertrag für eine weitere Kulturgeschichte an.

Mit dem Jahre 1933 begann das letzte Kapitel der Lebensgeschichte des vielseitigen Dilettanten. In Deutschland waren die Nazis an die Macht gekommen, und auch in Österreich regte sich der Faschismus. Friedell, verbannt von deutschen Bühnen und aus deutschen Verlagen, verschloß lange die Augen vor der bedrohlicher werdenden Gefahr, spielte weiter seine Rollen und schrieb an der neuen Kulturgeschichte. Als er sechzig wurde, ahnte er das Ende. Freunde rieten ihm zum Exil; er winkte ab – einem Leben in der Fremde, mittellos, ohne seine geliebte Bibliothek und ohne die vertraute Wohnung, fühlte er sich nicht gewachsen. Er hatte mit dem Leben abgeschlossen. Vergeblich bat er einen Arzt, ihm Gift, einen Bekannten, ihm eine Pistole zu überlassen. Am 12. März 1938 okkupierten die Nazis Österreich. Als am Abend des 16. ein SA-Trupp in die Wohnung in der Gentzgasse eindrang, öffnete Friedell ein Fenster und sprang in den Tod.

Berlin, im Juli 1989 Reinhard Lehmann

Zeittafel

1878 Egon Friedmann am 21. I. als zweites Kind des Tuchfabrikanten Moriz Friedmann und seiner Ehefrau Caroline, geb. Eisenberger, in Wien (6. Bez.), Mariahilferstr. 110, geboren.

1879 Caroline Friedmann verläßt Mann und Kinder; die Haushälterin Marie Gabriel betreut die Kinder.

1883 Einschulung in die Städtische Allgemeine Volksschule (6. Bez.), Stumpergasse 10.

1887 Die Ehe der Eltern wird de jure aufgelöst.

1888 Einschulung im Mariahilfer Communal-Real- und Obergymnasium (4. Bez.), Amerlingstr.

1891 Tod des Vaters am 15. XII. E.F.s weitere Erziehung übernimmt auf Wunsch der Vormünder eine Schwester des Vaters, die in Frankfurt a.M. lebende Olga v. Gumpf.

1892 Besuch des Städtischen Gymnasiums Frankfurt a.M., Junghoffstr. 16.

1894 Ausschluß aus dem Frankfurter Gymnasium; vorübergehend Unterbringung im Gymnasial-Konvikt Horn/Niederösterreich, danach Besuch der Winkler'schen Knaben-Lehr- und Erziehungsanstalt Baden bei Wien.

1896 Vorzeitiger Abgang vom Gymnasium Baden wegen mangelnder Leistungen in naturwissenschaftlichen Fächern, danach Hospitant am Gymnasium Heidelberg, gleichzeitig Hörer an der dortigen Ruprecht-Karls-Universität. Erster Versuch zur Erlangung der Reifeprüfung mißlingt.

1897 19. V.: Immatrikulation an der Ruprecht-Karls-Universität Heidelberg, F. belegt »Griechische Philosophie«, »Der deutsche Roman«, »Deutsche Übungen«, »Französische Übungen«, »Kunstgeschichte des 19. Jahrhunderts«. Austritt aus der israelischen Kultusgemeinde.

Sept.: Zweiter Versuch zur Erlangung der Reifeprüfung am Gymnasium Berlin-Steglitz mißlingt.

1898 Okt.: Dritter Versuch zur Erlangung der Reifeprüfung am Akademischen Gymnasium Wien mißlingt, anschließend Aufenthalt in Berlin, Gasthörer an der Friedrich-Wilhelm-Universität.

1899 21. II.: E.F. legt in Wien die Prüfung für den Einjährig-Freiwilligendienst ab, geht dann nach Heidelberg zurück und bewirbt sich beim Königlichen Provinzialschulkollegium in Kassel um erneute Zulassung zum Abitur.

2. VIII.: Konrad Duden, Direktor des Königlich Preußischen Gym-

nasiums Bad Hersfeld, informiert E.F. über die vierte Zulassung zur Reifeprüfung.
20. IX.: E.F. besteht die Reifeprüfung in Bad Hersfeld.
7. X.: Immatrikulation an der K.K. Universität Wien.
18. XI.: Erneute Immatrikulation an der Ruprecht-Karls- Universität Heidelberg.
Rechtsstreit mit Verwandten und Vormündern, die ihm Verschwendung und geistig-sittliche Zurückgebliebenheit vorwerfen.
Im Wiener Lokal »Löwenbräu« und im Café Central Bekanntschaft mit dem Dichter Peter Altenberg und dem Architekten Adolf Loos.

1900 20. II.: E.F. erhält vom K.K. Ministerium für Kultus und Unterricht Bescheid über die Anerkennung seines Reifezeugnisses für Österreich.
E.F. wird die volle Geschäftstüchtigkeit zugestanden; er erhält dadurch die uneingeschränkte Verfügungsgewalt über das väterliche Erbe; endgültige Rückkehr zum Studium nach Wien; Kauf einer geräumigen Wohnung im Wiener Stadtbezirk Währing, Gentzgasse 7; den Haushalt führt Marie Gabriel.

1902 Vermutlich erste Theaterkritiken (verschollen).

1904 18. XI.: Promotion zum Dr. phil. an der K.K. Universität Wien. Die Dissertation *Novalis als Philosoph* erscheint in einem Münchener Verlag.
Hermine Schimann (geb. 1880) wird als zweite Haushälterin eingestellt.

1905 29. V.: Erster Auftritt als Schauspieler in der von Karl Kraus veranstalteten geschlossenen Aufführung der verbotenen Tragödie *Die Büchse der Pandora* von F. Wedekind im Wiener Trianon-Theater.
11. XII.: In Karl Kraus' Zeitschrift »Die Fackel« erscheint der erste nachweisbare Artikel E.F.s: *Vorurteile.*

1906 Mit Jahresbeginn Solovorträge in Marc Henrys Cabaret »Nachtlicht«.
10. V.: Erster Beitrag für S. Jacobsohns »Schaubühne«, der späteren »Weltbühne« (Mitarbeit E.F.s bis 1932)
Emerson. Sein Charakter aus seinen Werken. Bearbeitet und übersetzt von E.F. (Stuttgart)
Dez.: Engagement als Literat und Regisseur am »Intimen Theater«.

1907 Beginn der Mitarbeit an der Zeitschrift »März« (München), Texter beim Cabaret »Fledermaus«, Auftritte mit Solovorträgen und Altenberg-Anekdoten.
Nov.: *Die Regieprobe*, erster mit Alfred Polgar verfaßter Sketch (verschollen).

1908 1. I.: Uraufführung der Groteske *Goethe* von E.F. und A. Polgar in der »Fledermaus«.
Febr.: E.F. wird als Nachfolger M. Henrys artistischer Leiter der »Fledermaus«.
Goethe erlebt 200 Ensuite-Aufführungen mit E.F. als Goethe.

Goethe. Eine Szene. Von E.F. und A. Polgar (Wien, Leipzig).
Weitere »Fledermaus«-Premieren: 12. III.: *Die Wohltäter.* Eine gespenstische Komödie in 12 Szenen von E.F. und A.P. 1.X.: *Der Freimann oder Scharfrichter Käse.* Groteske von E.F. u. A.P. und *Der Petroleumkönig oder Donauzauber.* Muster-Operette in vier Bildern von E.F. u. A.P. 1.XII.: *Der Kabarettgedanke.* Szenischer Prolog von E.F. u. A.P.
Der Petroleumkönig oder Donauzauber. Musteroperette in vier Bildern. Von E.F. u. A.P. (Wien)
14. XI.: Premiere der Nestroybearbeitung *Revolution in Krähwinkel* von E.F. u. A.P. an der Max-Reinhardt-Bühne »Deutsches Theater« Berlin.

1909 *Hebbel. Ein verkleinertes Abbild seines Gedankenlebens. Zusammengestellt von E.F.* (Stuttgart)
1. II.: *Die zehn Gerechten.* Eine Kabarettrevue, und *Der Schatten des Lord Rahu.* Detektivkomödie frei nach F. Bonn als letzte Gemeinschaftsproduktionen E.F. u. A.P. für die »Fledermaus«, Cabaret und Lokal werden vom Besitzer zum Jahresende verkauft.
E.F. gibt Kabarettgastspiele in Wien, München, Hamburg, Berlin (bis 1913)

1910 Beginn der Mitarbeit am »Neuen Wiener Journal« (bis 1931).
Lichtenberg. Ein verkleinertes Bild seines Gedankenlebens. Zusammengestellt von E.F. (Wien)
Soldatenleben im Frieden. Ein zensurgerechte Militärkomödie (E.F. u. A.P.) (Wien)
E.F. erhält vom Verleger Samuel Fischer den Auftrag zu einer Altenberg-Biografie.

1911 *Soldatenleben im Frieden* in München aufgeführt, da in Österreich von der Zensur verboten.

1912 *Ecce Poeta* (Berlin)
Ägyptenreise und Italienaufenthalt

1913 Max Reinhardt engagiert E.F. als Dramaturg und Schauspieler.
25. XI.: erste Rolle am »Deutschen Theater« Berlin: Cäsar in G.B. Shaws *Androklus und der Löwe* (E.F. bearbeitete auch die Übersetzung des Dramas).

1914 ff. Gastspielaufenthalt mit Reinhardt-Ensembles u. a. in Hamburg, Breslau, Prag, Budapest.
Engagement im Wiener Bierkabarett »Simplicissimus« zusammen mit Fritz Grünbaum und Roda Roda.
Schauspieler am Johann-Strauß-Theater Wien (Zangler in Nestroys *Einen Jux will er sich machen*).
Thomas Carlyle: Heldenverehrung. Übersetzt und eingeleitet von E.F. (München)
H. Chr. Andersen: Satiren. Bearbeitet und eingeleitet von E.F. (Wien)

1915 Engagement an den Wiener Kammerspielen.
Von Dante zu d'Annunzio (Wien, Leipzig)

Beginn der Arbeit an der *Judastragödie*.

1916 6. IV.: Amtl. Namensänderung
Zweijahresvertrag an der Wiener Volksbühne, spielt vor allem Schurken und Bonvivants.
Häufige Vortragsabende in Cabarets (bis 1919).

1917 Tod der Erzieherin und Haushälterin Marie Gabriel; Hermine Schimann und ihre Tochter Herma (geb. 1904) führen den Haushalt.

1919 2. IX.: »interner Kritiker« der Zeitung »Der Morgen« (bis 15. IV. 1920).
18. IX.-30. X.: *Das Leben Jesu* erscheint in mehreren Fortsetzungen in der »Weltbühne«.
Theaterkritiken für mehrere Zeitungen u. a. für den »Frieden« und den »Neuen Tag« (wie R. Musil, A. Polgar, F. Blei, E.E. Kisch, G. Kaus, St. Großmann, A. Kuh, R. Olden, J. Roth, H. v. Hofmannsthal, L. Perutz).

1920 *Die Judastragödie. In vier Bühnenbildern und einem Epilog* (Wien, Prag, Leipzig)

1921 *Das Jesusproblem. Mit einem Vorwort von Hermann Bahr* (Wien, Berlin, Leipzig, München), textidentisch mit den »Weltbühnen«-Beiträgen vom Sep./Okt. 1919.
Zeitungsparodien (zus. mit A. Polgar) (bis 1925).

1922 *»Das ist klassisch!« Nestroy-Worte. Herausgegeben von E.F.* (Wien)
Steinbruch. Vermischte Meinungen und Sprüche (Wien)
Das Altenbergbuch. Herausgegeben von E.F. (Leipzig, Wien, Zürich)

1923 3. III.: *Die Judastragödie* am Wiener Burgtheater uraufgeführt, Regie: Albert Heine.
April: Theaterkritiker für die »Stunde« (bis Febr. 1924).
20. VIII.: Als Dr. Diafoirus in Molières *Der eingebildete Kranke* bei den von Max Reinhardt und Hugo v. Hofmannsthal begründeten »Salzburger Festspielen« auf Schloß Leopoldskron.

1924 *Lord Macanlay. Essays. Herausgegeben von E.F.* (Wien, Leipzig, München)
Ankündigungen der *Kulturgeschichte der Neuzeit* in einem Zeitungsinterview; Vorabdrucke in verschiedenen Zeitschriften. Febr.: Gründung des Wiener »Theaters in der Josefstadt unter der Führung von Max Reinhardt«. E.F. wird als dramaturgischer Berater und Schauspieler engagiert. Erste Rollen: 1. IV. Dottore (Goldoni, *Diener zweier Herren*), 9. IV. Kalb (Schiller, *Kabale und Liebe*), 16. IV. Berühmter Herr (Hofmannsthal, *Der Schwierige*), weiter u. a. als Tubal (Shakespeare, *Kaufmann von Venedig*), als Reporter (Werfel, *Maximilian und Juarez*).

1925 Herbst: Verleger Louis Ullstein lehnt ab, den bereits gedruckten ersten Band der *Kulturgeschichte der Neuzeit* auszuliefern, solange das Werk nicht abgeschlossen ist. Fünf weitere Verlage lehnen eine Übernahme ab.

1926 Nestroy-Bearbeitung *Alles und Nichts* (zus. mit Hanns Sassmann) für die Reinhardt-Bühnen.
Mitarbeit an der »Neuen Freien Presse« (wie H. Bahr, H. Mann, F. Salten).

1927 Mai: *Kulturgeschichte der Neuzeit. Die Krise der europäischen Seele von der schwarzen Pest bis zum Weltkrieg. Erster Band: Einleitung/Renaissance und Reformation*, erscheint in der C.H. Beck'schen Verlagsbuchhandlung, München, sie ist Max Reinhardt gewidmet.

1928 *Kulturgeschichte der Neuzeit. Zweiter Band: Barock und Rokoko/Aufklärung und Revolution (München)*
Testament E.F.s, in dem Hermine Schimann als Universalerbin eingesetzt wird.
Prozeß mit der Mutter, die Anspruch auf Unterstützung erhebt und ein Drittel der Einkünfte F.s erhält. Tod des Bruders Oscar Friedmann (geb. 1872)

1929 *Das letzte Gesicht. 68 Bilder, eingeleitet von E.F.* (Zürich)

1930 englische Ausgabe des ersten Bandes der *Kulturgeschichte der Neuzeit* erscheint, sie ist G.B. Shaw gewidmet.
Bau eines Sommerhauses in Kufstein/Tirol
Kleine Philosophie. Vermischte Meinungen und Sprüche (Wien)

1931 *Kulturgeschichte der Neuzeit. Dritter Band: Romantik und Liberalismus/Imperialismus und Impressionismus* (München).
Bearbeitung von Offenbachs *Hoffmanns Erzählungen* und der *Schönen Helena* (zus. mit H. Sassmann) für die Reinhardt-Bühnen. E.F. schreibt sich für die *Schöne Helena* eine eigene Sprechrolle (Merkur).

1933 Als Dr. Watson zusammen mit Curt Goetz (als Sherlock Holmes) in dessen Komödie *Dr. Med. Hiob Praetorius.*
Tod der Mutter.

1936 *Kulturgeschichte des Altertums. Leben und Legende der vorchristlichen Seele. Erster Teil: Ägypten und Vorderasien* (Zürich)

1938 Letzte Veröffentlichung im »Neuen Wiener Journal« zum 60. Geburtstag.
16. III.: Selbstmord angesichts in die Wohnung eindringender SA–Männer.
21. III.: Beerdigung auf dem Wiener Zentralfriedhof.

1940 Tod von Hermine Schimann.
Fragment des zweiten Bandes der *Kulturgeschichte des Altertums* erscheint unter dem Titel: *Kulturgeschichte Griechenlands* in Oslo

1946 *Die Reise mit der Zeitmaschine. Phantastische Novelle* (München)

1947 *Friedell-Brevier. Aus Schriften und Nachlaß ausgewählt von Walther Schneider* (Wien)

1950 *Das Altertum war nicht antik und andere Bemerkungen.* Herausgegeben von Walther Schneider (Wien)

1953 *Kleine Portraitgalerie.* Fünf Essays (München)

1955 *Aphorismen zur Geschichte.* Aus dem Nachlaß herausgegeben von Walther Schneider (Wien, Stuttgart)

1959 *Briefe.* Ausgewählt und herausgegeben von Walther Schneider. (Einzige von den Erben autorisierte Ausgabe) (Wien, Stuttgart)
1961 *Ist die Erde bewohnt?* (Werke, Auszüge). Eingeleitet und ausgewählt von Walther Schneider (Wien, Stuttgart, Graz)
Aphorismen und Briefe (Teilsammlung). Herausgegeben von Walther Schneider (München)
1965 *Wozu das Theater?* (Teilsammlung). Essays, Satiren, Humoresken. Herausgegeben und eingeleitet von Peter Haage (München)
1974 *Egon Friedells Konversationslexikon.* Herausgegeben und vorgestellt von Peter Haage (Zürich)
1982 *Abschaffung des Genies.* Essays bis 1918. Herausgegeben von Heribert Illig (Wien, München)
1983 *Selbstanzeige.* Essays ab 1918. Herausgegeben von Heribert Illig (Wien, München)
1985 *Meine Doppelseele.* Taktlose Bemerkungen zum Theater. Herausgegeben von Heribert Illig (Wien, München)
1986 Egon Friedell/Alfred Polgar: *Goethe und die Journalisten.* Satiren im Duett. Herausgegeben von Heribert Illig (Wien)
1988 Das Friedell Lesebuch. Herausgegeben von Heribert Illig (München)

Zu dieser Ausgabe

Die vorliegende Auswahl übernimmt ausschließlich Texte aus den im Quellenverzeichnis aufgeführten Büchern. »Die Judastragödie«, »Steinbruch« und »Die Reise mit der Zeitmaschine« sind ungekürzte Übernahmen der Erstveröffentlichungen, desgleichen die Einleitungen zu Lichtenberg, Andersen und Nestroy. Der Essay »Peter Altenberg« stammt aus dem Band »Kleine Porträtgalerie« und ist eine gekürzte und überarbeitete Fassung des Abschnittes »Der Dichter der Straße« aus »Ecce Poeta«. Die Sammelbänden entnommenen Beiträge wurden im Inhaltsverzeichnis wie folgt kenntlich gemacht:

(B) für »Briefe«
(T) für »Wozu das Theater«
(A) für »Abschaffung des Genies«
(S) für »Selbstanzeige«
(D) für »Meine Doppelseele«

Die für diesen Band ausgewählten Texte wurden, soweit möglich, nach dem Datum der Erstveröffentlichung geordnet. Da in den Sammlungen »Briefe« und »Wozu das Theater?«, die auch Fragmente aus dem nur zum geringen Teil geretteten Nachlaß Friedells enthalten, exakte Angaben zumeist fehlen, ist die Datierung der daraus entnommenen Beiträge unsicher.

Quellenverzeichnis

Egon Friedell: Die Judastragödie in vier Bildern und einem Epilog. Wien, Prag, Leipzig 1920.
Egon Friedell: Steinbruch. Vermischte Meinungen und Sprüche. Wien 1922.
Egon Friedell: Die Reise mit der Zeitmaschine. Phantastische Novelle. München 1946.
Egon Friedell: Kleine Porträtgalerie. Fünf Essays. Herausgegeben von Walther Schneider. München 1953.
Egon Friedell: Briefe. Ausgewählt und herausgegeben von Walther Schneider. Wien und Stuttgart 1959.
Egon Friedell: Wozu das Theater? Essays, Satiren, Humoresken. Herausgegeben und eingeleitet von Peter Haage. München 1965.
Egon Friedell: Abschaffung des Genies. Essays bis 1918. Herausgegeben und mit einem Nachwort Friedell als Buchautor von Heribert Illig. Wien, München 1982.
Egon Friedell: Selbstanzeige. Essays ab 1918. Herausgegeben und mit einem Nachwort Der ganze Friedell? von Heribert Illig. Wien, München 1983.
Egon Friedell: Meine Doppelseele. Taktlose Bemerkungen zum Theater. Herausgegeben und mit einem Nachwort Friedells Doppelseelen von Heribert Illig. Wien, München 1985.
Lichtenberg. Ein verkleinertes Bild seines Gedankenlebens. Zusammengestellt von Egon Friedell. Wien 1910.
H. Chr. Andersens Satiren. Bearbeitet und eingeleitet von Egon Friedell. Wien 1914.
»Das ist klassisch!« Nestroy-Worte. Herausgegeben von Egon Friedell. Wien 1922.

Inhalt

Gespräch mit Egon Friedell.
Von Karl Marilaun (S) 5
Egon Friedell als Nestroy-Autor.
Von Karl Marilaun (D) 10
Vorurteile (A) 14
Julius Cäsar (A) 22
Als ich Regisseur war (T) 31
Der Hund von Baskerville (T) 35
Was ist eine Tournee? (T) 40
Gustav Meyrink: »Der Albino, ein
Nachtgesicht« (D) 48
Shaw als Erzieher (A) 53
Theaterkritik (D) 62
Einleitung zu »Lichtenberg – Ein verkleinertes
Bild seines Gedankenlebens« 71
Der Dichter (A) 86
Der Kritiker (A) 113
Die Schaubühne. Ein Dialog (A) 126
Das Zeitalter Shakespeares (A) 142
Peter Altenberg 146
Prolog vor dem Film (A) 174
Originalität (T) 181
Aphorismus gegen die Germanisten (T) 186
Boheme (T) 190
Büberei (T) 194
Das Leben als Spiel (T) 200
Das Kabarett (D) 202
Meine Nestroy-Vorstellung (T) 207
Einleitung zu: Hans-Christian Andersens Satiren . . 212
Der Kommende (A) 220
Frank Wedekind (D) 224
Über Dilettantismus (A) 228

Eine Frage (S) 233
Haresu (T) 237
Wie ich zu Haresu kam (T) 244
Die Judastragödie 251
Nachwort zur Judastragödie 324
William Shakespeare: »Macbeth« (D) 339
Meine Doppelseele (D) 345
Hunger! (S) 349
Ferdinand Bonn, der letzte Komödiant (D) 354
Hans Müller: »Flamme« (D) 359
Frau Martha Popper (S) 362
Angsttraum des Germanisten (S) 368
Steinbruch 375
Zur Philosophie des Alltags 375
Was ist Wahrheit? 383
Zur Wissenschaft von der Seele 391
Der Mensch im Verkehr 396
Über Religion und Moral 400
Zur Naturgeschichte des Genies 407
Der Dichter 415
Über die Weiber 422
Vorrede zu »Das ist klassisch!«. Nestroy-Worte 425
Warum ich nicht Theaterdirektor
geworden bin (S) 431
Arthur Schnitzler. Zu seinem sechzigsten
Geburtstag (D) 437
Wie ich interner Kritiker war (S) 439
Hermann Bahr: »Die gelbe Nachtigall« (D) 443
Johann Nestroy: »Einen Jux will er sich
machen« (D) 445
Zur Psychopathologie des Schauspielers (S) 448
Das Publikum (S) 453
Der Unfug (S) 458
Brief an Louis Ullstein (B) 464
Die österreichische Seele (B) 466
Wie mein Nekrolog aussehen soll. Eine kleine
Anleitung für künftige Biographen zur
richtigen Gestaltung des Nachruhms (S) 472

Selbstanzeige (S) 473
Praktische Lebenskunst (S) 477
Glückwünsche an Egon Friedell (S) 480
Meine Schule (B) 484
Brief an eine Filmgesellschaft (B) 489
Wie ich entdeckt wurde (S) 491
Ist die Erde bewohnt? (S) 493
Brief an Lina Loos (B) 495
Brief an das »Neue Wiener Journal« (B) 497
Die Reise mit der Zeitmaschine 499

Nachwort 582
Zeittafel 603
Zu dieser Ausgabe 609
Quellenverzeichnis 610